Elektromobilität

Achim Kampker · Dirk Vallée
Armin Schnettler
Hrsg.

Elektromobilität

Grundlagen einer Zukunftstechnologie

2. Auflage

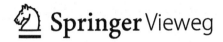

Hrsg.
Achim Kampker
Chair of Production Engineering of E-Mobility
Components (PEM) der RWTH
Aachen University
Aachen, Deutschland

Dirk Vallée
Institut für Stadtbauwesen und Stadtverkehr der
RWTH Aachen University
Aachen, Deutschland

Armin Schnettler
Institut für Hochspannungstechnik der RWTH
Aachen University
Aachen, Deutschland

ISBN 978-3-662-53136-5   ISBN 978-3-662-53137-2 (eBook)
https://doi.org/10.1007/978-3-662-53137-2

Die Deutsche Nationalbibliothek verzeichnet diese Publikation in der Deutschen Nationalbibliografie; detaillierte bibliografische Daten sind im Internet über http://dnb.d-nb.de abrufbar.

Springer Vieweg
© Springer-Verlag GmbH Deutschland, ein Teil von Springer Nature 2013, 2018
Das Werk einschließlich aller seiner Teile ist urheberrechtlich geschützt. Jede Verwertung, die nicht ausdrücklich vom Urheberrechtsgesetz zugelassen ist, bedarf der vorherigen Zustimmung des Verlags. Das gilt insbesondere für Vervielfältigungen, Bearbeitungen, Übersetzungen, Mikroverfilmungen und die Einspeicherung und Verarbeitung in elektronischen Systemen.
Die Wiedergabe von Gebrauchsnamen, Handelsnamen, Warenbezeichnungen usw. in diesem Werk berechtigt auch ohne besondere Kennzeichnung nicht zu der Annahme, dass solche Namen im Sinne der Warenzeichen- und Markenschutz-Gesetzgebung als frei zu betrachten wären und daher von jedermann benutzt werden dürften.
Der Verlag, die Autoren und die Herausgeber gehen davon aus, dass die Angaben und Informationen in diesem Werk zum Zeitpunkt der Veröffentlichung vollständig und korrekt sind. Weder der Verlag, noch die Autoren oder die Herausgeber übernehmen, ausdrücklich oder implizit, Gewähr für den Inhalt des Werkes, etwaige Fehler oder Äußerungen. Der Verlag bleibt im Hinblick auf geografische Zuordnungen und Gebietsbezeichnungen in veröffentlichten Karten und Institutionsadressen neutral.

Springer Vieweg ist ein Imprint der eingetragenen Gesellschaft Springer-Verlag GmbH, DE und ist ein Teil von Springer Nature.
Die Anschrift der Gesellschaft ist: Heidelberger Platz 3, 14197 Berlin, Germany

Autorenverzeichnis

Kap. 1	Prof. Dr.-Ing. Achim Kampker, Univ.-Prof. Dr.-Ing. Dirk Vallée, Univ.-Prof. Dr.-Ing. Armin Schnettler
Abschn. 2.1.1	Univ.-Prof. Dr.-Ing. Paul Thomes
Abschn. 2.1.2	Prof. Dr.-Ing. Achim Kampker, Dr.-Ing. Christoph Deutskens, Dipl.-Ing. Kai Kreisköther, Dipl.-Ing. Dipl.-Wirt. Ing. Alexander Meckelnborg, Sarah Fluchs, M. Sc.
Abschn. 2.1.3	Prof. Dr.-Ing. Achim Kampker, Dr.-Ing. Christoph Deutskens, Dipl.-Ing. Kai Kreisköther, Sarah Fluchs, M. Sc.
Abschn. 2.2	Univ.-Prof. Dr.-Ing. Dirk Vallée, Dipl.-Ing. Waldemar Brost, Univ.-Prof. Dr.-Ing. Armin Schnettler
Abschn. 2.3	Dr. rer. pol. Garnet Kasperk, Sarah Fluchs, M. Sc., Ralf Drauz, M. Sc.
Abschn. 2.4	Prof. Dr.-Ing. Achim Kampker, Dr.-Ing. Christoph Deutskens, Dipl.-Ing. Kai Kreisköther, Dipl.-Ing. Ruben Förstmann, Dipl.-Ing. Dipl.-Wirt. Ing. Carsten Nee
Abschn. 3.1	Univ.-Prof. Dr.-Ing. Dirk Vallée, Dipl.-Ing. Waldemar Brost
Abschn. 3.2	Univ.-Prof. Dr.-Ing. Armin Schnettler
Abschn. 3.3	Dr.-Ing. Ralf Kampker, Mitja Bartsch
Kap. 4	Dr. rer. pol. Garnet Kasperk, Sarah Fluchs, M. Sc., Ralf Drauz, M. Sc.
Abschn. 5.1	Dipl. Ing. Dirk Morche
Abschn. 5.2	Dipl. Ing. Fabian Schmitt
Abschn. 5.3	Dipl. Ing. Fabian Schmitt
Abschn. 5.4.1	Prof. Dr.-Ing. Klaus Genuit
Abschn. 5.4.2	Dipl.-Ing. Olaf Elsen
Abschn. 5.5	Dipl. Ing. Fabian Schmitt
Abschn. 5.6	Prof. Dr.-Ing. Achim Kampker, Dr.-Ing. Christoph Deutskens, Dr.-Ing. Heiner Hans Heimes, Ansgar vom Hemdt, M. Sc.; Christoph Lienemann, M. Sc.; Andreas Haunreiter, M. Sc.; Saskia Wessel, M. Sc.; Dipl.-Ing. Mateusz Swist, Dipl.-Ing. Andreas Maue
Abschn. 5.7	Prof. Dr.-Ing. Bernd Friedrich, Dipl.-Ing. Matthias Vest, Dr.-Ing. Tim Georgi-Maschler, Dr.-Ing. Honggang Wang

Abschn. 5.8	Prof. Dr.-Ing. Achim Kampker, Dr.-Ing. Christoph Deutskens, Dr.-Ing. Heiner Hans Heimes, Ansgar vom Hemdt, M. Sc., Christoph Lienemann, M. Sc., Ansgar Hollah, M. Sc.
Abschn. 6.1.1	Prof. Dr.-Ing. Thilo Röth
Abschn. 6.1.2	Prof. Dr.-Ing. Achim Kampker, Prof. Dr.-Ing. Uwe Reisgen, Dipl.-Wirt. Ing. Bastian Schittny, Dipl.-Wirt. Ing. Regina Thiele
Abschn. 6.2	Univ.-Prof. Dr.-Ing. Kay Hameyer, Univ.-Prof. Dr.-Ing. Rik W. De Doncker, Dipl.-Ing. Hauke van Hoek, Dipl.-Ing. Mareike Hübner, Dr.-Ing. Martin Hennen, Prof. Dr.-Ing. Achim Kampker, Dr.-Ing. Christoph Deutskens, Dipl.-Ing. Kai Kreisköther, M. Eng. Sebastian Ivanescu, Dipl.-Ing. Thilo Stolze, Dipl.-Ing. Andreas Vetter, Dipl.-Ing. Jürgen Hagedorn, Max Kleine Büning, M. Sc., M. Sc.; Christian Reinders, M. Sc.
Abschn. 6.3	Prof. Dr.-Ing. Achim Kampker, Prof. Dr.-Ing. Uwe Sauer, Dr.-Ing. Christoph Deutskens, Dr.-Ing. Heiner Hans Heimes, Saskia Wessel, M. Sc.; Andreas Haunreiter, M. Sc.
Abschn. 6.4	Univ.-Prof. Dr.-Ing. Dirk Müller, Dipl.-Ing. Björn Flieger, Dipl.-Ing. Kai Rewitz, Dipl.-Ing. Mark Wesseling

Inhaltsverzeichnis

1 **Einleitung** 1
Achim Kampker, Dirk Vallée und Armin Schnettler

2 **Grundlagen** 3
Achim Kampker, Dirk Vallée, Armin Schnettler, Paul Thomes,
Garnet Kasperk, Waldemar Brost, Christoph Deutskens, Kai Kreisköther,
Sarah Fluchs, Ruben Förstmann, Carsten Nee, Alexander Meckelnborg
und Ralf Drauz
   2.1   Elektromobilität – Zukunftstechnologie oder Nischenprodukt? 3
        2.1.1   Elektromobilität – eine historisch basierte Analyse 3
        2.1.2   Aktuelle Herausforderungen der Elektromobilität 15
        2.1.3   Elektromobilität als Zukunftstechnologie 21
   2.2   Infrastruktur für die Elektromobilität 29
        2.2.1   Netzinfrastruktur 31
        2.2.2   Fahrzeuge, Einsatzmuster und Infrastrukturbedarf 34
        2.2.3   Implikationen für die Infrastruktur 41
   2.3   Die neue Wertschöpfungskette 42
        2.3.1   Wertschöpfungskette als System von Aktivitäten 42
        2.3.2   Aufbau und Veränderungen upstream 44
        2.3.3   Aufbau und Veränderungen downstream 47
        2.3.4   Verschiebung der Wettbewerbslandschaft 48
        2.3.5   Verteilung der neuen Wertschöpfungskette nach Ländern 50
        2.3.6   Zusammenspiel von Akteuren 52
   2.4   Produktion von Elektrofahrzeugen 53
        2.4.1   Conversion Design vs. Purpose Design für Elektrofahrzeuge 54
        2.4.2   Technologische Trends von Gesamtfahrzeug und Komponenten ... 56
        2.4.3   Montage von Elektrofahrzeugen 65
        2.4.4   Herausforderungen für die Produktion von E-Fahrzeugen 67
        2.4.5   Lösungsstrategien für die Elektromobilproduktion 69
        2.4.6   Fazit 78
   Literatur 78

3 Infrastruktur ... 87
Dirk Vallée, Waldemar Brost, Armin Schnettler, Ralf Kampker und Mitja Bartsch

- 3.1 Mobilitätskonzepte ... 87
  - 3.1.1 Einführung ... 87
  - 3.1.2 Einsatzfelder von Elektromobilität ... 88
  - 3.1.3 Nutzergruppen und Nutzungsmuster ... 94
  - 3.1.4 Mobilitätskonzepte ... 99
  - 3.1.5 Externe Anschübe und weitere Wirkungen ... 105
  - 3.1.6 Fazit ... 107
- 3.2 Stromnetze ... 108
  - 3.2.1 Struktur der Stromversorgung in Deutschland ... 108
  - 3.2.2 „Intelligente Netze" ... 117
- 3.3 Servicenetz ... 118
  - 3.3.1 Service und Mobilität ... 118
  - 3.3.2 Komponenten eines Mobilitäts-Servicenetzes ... 119
  - 3.3.3 Servicestruktur im freien Automarkt und OES ... 121
  - 3.3.4 Werkstattkonzepte ... 123
  - 3.3.5 Elektro-Servicekonzepte ... 127
  - 3.3.6 Fazit ... 129
- Literatur ... 130

4 Geschäftsmodelle entlang der elektromobilen Wertschöpfungskette ... 133
Garnet Kasperk, Sarah Fluchs und Ralf Drauz

- 4.1 Gezeitenwende in der Automobilindustrie ... 133
  - 4.1.1 Einflussfaktoren auf die Marktentwicklung ... 135
  - 4.1.2 Absatzprognosen für Elektrofahrzeuge ... 143
- 4.2 Herausforderungen für Akteure entlang der Wertschöpfungskette ... 144
  - 4.2.1 Herausforderungen für Automobilhersteller und -zulieferer ... 144
  - 4.2.2 Herausforderungen für Energieversorgungsunternehmen ... 150
  - 4.2.3 Herausforderungen für Dienstleistungsunternehmen ... 151
  - 4.2.4 Das elektromobile Wertschöpfungssystem ... 152
- 4.3 Geschäftsmodelle der Elektromobilität ... 154
  - 4.3.1 Geschäftsmodelloptionen ... 154
  - 4.3.2 Wertschöpfungsarchitekturen ... 163
  - 4.3.3 Kompetenzgetriebene Kooperationen ... 165
  - 4.3.4 Neue Geschäftsmodelle der Elektromobilität ... 170
- 4.4 Zusammenfassung ... 178
- Literatur ... 179

5 Fahrzeugkonzeption für die Elektromobilität 181
Dirk Morche, Fabian Schmitt, Klaus Genuit, Olaf Elsen, Achim Kampker,
Christoph Deutskens, Heiner Hans Heimes, Mateusz Swist, Andreas Maue,
Ansgar vom Hemdt, Christoph Lienemann, Andreas Haunreiter,
Saskia Wessel, Ansgar Hollah, Bernd Friedrich, Matthias Vest,
Tim Georgi-Maschler und Wang Honggang

- 5.1 Fahrzeugklassen 181
  - 5.1.1 Zulassungspflicht und Typgenehmigung 181
  - 5.1.2 Fahrzeugklassen 184
  - 5.1.3 Fahrzeugklassen für Elektrofahrzeuge 186
- 5.2 Entwicklungsprozess 187
- 5.3 Package für Elektrofahrzeuge 191
- 5.4 Funktionale Auslegung 195
  - 5.4.1 Noise, Vibration, Harshness (NVH) 195
  - 5.4.2 Elektromagnetische Verträglichkeit (EMV) 206
- 5.5 Leichtbau 220
- 5.6 Industrialisierung 230
  - 5.6.1 Normen und Standards 231
  - 5.6.2 Produkt- und Prozessentwicklungsprozess 235
  - 5.6.3 Vom Prototyp zur Serienfertigung – Anlaufmanagement in der Elektromobilproduktion 239
  - 5.6.4 Zulassung und Zertifizierung von Batteriepacks 245
- 5.7 Recycling als Teil der Wertschöpfungskette 250
  - 5.7.1 Gesetzliche Rahmenbedingungen 250
  - 5.7.2 Generelles zu Batterierecyclingverfahren 253
  - 5.7.3 Stand der Technik von Forschung und Entwicklung 254
  - 5.7.4 Stand der Technik industrieller Recyclingverfahren 256
- 5.8 Remanufacturing als ergänzender Teil der Wertschöpfung 263
  - 5.8.1 Konzeptansätze zum Remanufacturing von Lithium-Ionen-Batterien 266
  - 5.8.2 Herausforderungen des Remanufacutring in der Batterie 266
  - 5.8.3 Potenziale von Remanufacturing für Batterien 267
  - 5.8.4 Zusammenfassung und Ausblick 269
- Literatur 269

6 Entwicklung von elektrofahrzeugspezifischen Systemen 279
Thilo Röth, Achim Kampker, Christoph Deutskens, Kai Kreisköther,
Heiner Hans Heimes, Bastian Schittny, Sebastian Ivanescu, Max Kleine
Büning, Christian Reinders, Saskia Wessel, Andreas Haunreiter,
Uwe Reisgen, Regina Thiele, Kay Hameyer, Rik W. De Doncker,
Uwe Sauer, Hauke van Hoek, Mareike Hübner, Martin Hennen,
Thilo Stolze, Andreas Vetter, Jürgen Hagedorn, Dirk Müller,
Kai Rewitz, Mark Wesseling und Björn Flieger

   6.1 Fahrzeugstruktur 279
       6.1.1 Body für Elektrofahrzeuge 279
       6.1.2 Produktionsprozesse der Fahrzeugstruktur 295
   6.2 Elektrischer Antriebsstrang 309
       6.2.1 Antriebsstrangkonzepte in Elektrofahrzeugen 310
       6.2.2 Elektrische Maschinen 316
       6.2.3 Leistungselektronik 323
       6.2.4 Prozesskette und Kosten elektrischer Maschinen 330
       6.2.5 Aktuelle Produktionsprozesse für Leistungshalbleitermodule 335
   6.3 Batteriesysteme und deren Steuerung 342
       6.3.1 Entwicklung eines Batteriesystems 342
       6.3.2 Produktionsverfahren Batteriezellen und -systeme 352
   6.4 Thermomanagement 361
       6.4.1 Herausforderung Thermomanagement im Elektrofahrzeug 361
       6.4.2 Systembetrachtung zum Thermomanagement 365
       6.4.3 Entwicklung und Produktion im Netzwerk 381
   Literatur 383

Stichwortverzeichnis 387

Mitarbeiterverzeichnis

Mitja Bartsch Hans Hess Autoteile GmbH, Köln, Deutschland

Waldemar Brost Institut für Stadtbauwesen und Stadtverkehr der RWTH Aachen University, Aachen, Deutschland

Christoph Deutskens Chair of Production Engineering of E-Mobility Components (PEM) der RWTH Aachen University, Aachen, Deutschland

Rik W. De Doncker ISEA – Institut für Stromrichtertechnik und Elektrische Antriebe der RWTH Aachen University, Aachen, Deutschland

Ralf Drauz Center for International Automobile Management (CIAM) der RWTH Aachen University, Aachen, Deutschland

Olaf Elsen StreetScooter GmbH, Aachen, Deutschland

Björn Flieger E.ON Energy Research Center (E.ON ERC) der RWTH Aachen University, Aachen, Deutschland

Sarah Fluchs Chair of Production Engineering of E-Mobility Components (PEM) der RWTH Aachen University, Aachen, Deutschland und Center for International Automobile Management (CIAM) der RWTH Aachen University, Aachen, Deutschland

Ruben Förstmann Chair of Production Engineering of E-Mobility Components (PEM) der RWTH Aachen University, Aachen, Deutschland

Bernd Friedrich IME Metallurgische Prozesstechnik und Metallrecycling der RWTH Aachen University, Aachen, Deutschland

Klaus Genuit HEAD acoustics GmbH, Herzogenrath, Deutschland

Tim Georgi-Maschler IME Metallurgische Prozesstechnik und Metallrecycling der RWTH Aachen University, Aachen, Deutschland

Jürgen Hagedorn Aumann GmbH, Espelkamp, Deutschland

Kay Hameyer Institut für Elektrische Maschinen der RWTH Aachen University, Aachen, Deutschland

Andreas Haunreiter Chair of Production Engineering of E-Mobility Components (PEM) der RWTH Aachen University, Aachen, Deutschland

Heiner Hans Heimes Chair of Production Engineering of E-Mobility Components (PEM) der RWTH Aachen University, Aachen, Deutschland

Ansgar vom Hemdt Chair of Production Engineering of E-Mobility Components (PEM) der RWTH Aachen University, Aachen, Deutschland

Martin Hennen ISEA – Institut für Stromrichtertechnik und Elektrische Antriebe der RWTH Aachen University, Aachen, Deutschland

Hauke van Hoek ISEA – Institut für Stromrichtertechnik und Elektrische Antriebe der RWTH Aachen University, Aachen, Deutschland

Ansgar Hollah Chair of Production Engineering of E-Mobility Components (PEM) der RWTH Aachen University, Aachen, Deutschland

Wang Honggang IME Metallurgische Prozesstechnik und Metallrecycling der RWTH Aachen University, Aachen, Deutschland

Mareike Hübner ISEA – Institut für Stromrichtertechnik und Elektrische Antriebe der RWTH Aachen University, Aachen, Deutschland

Sebastian Ivanescu Werkzeugmaschinenlabor WZL der RWTH Aachen University, Aachen, Deutschland

Achim Kampker Chair of Production Engineering of E-Mobility Components (PEM) der RWTH Aachen University, Aachen, Deutschland

Ralf Kampker Hans Hess Autoteile GmbH, Köln, Deutschland

Garnet Kasperk Center for International Automobile Management (CIAM) der RWTH Aachen University, Aachen, Deutschland

Max Kleine Büning Chair of Production Engineering of E-Mobility Components (PEM) der RWTH Aachen University, Aachen, Deutschland

Kai Kreisköther Chair of Production Engineering of E-Mobility Components (PEM) der RWTH Aachen University, Aachen, Deutschland

Christoph Lienemann Chair of Production Engineering of E-Mobility Components (PEM) der RWTH Aachen University, Aachen, Deutschland

Andreas Maue Chair of Production Engineering of E-Mobility Components (PEM) der RWTH Aachen University, Aachen, Deutschland

Alexander Meckelnborg Chair of Production Engineering of E-Mobility Components (PEM) der RWTH Aachen University, Aachen, Deutschland

Dirk Morche StreetScooter GmbH, Aachen, Deutschland

Mitarbeiterverzeichnis

Dirk Müller E.ON Energy Research Center (E.ON ERC) der RWTH Aachen University, Aachen, Deutschland

Carsten Nee Werkzeugmaschinenlabor WZL der RWTH Aachen University, Aachen, Deutschland

Christian Reinders Chair of Production Engineering of E-Mobility Components (PEM) der RWTH Aachen University, Aachen, Deutschland

Uwe Reisgen Institut für Schweißtechnik und Fügetechnik (ISF) der RWTH Aachen University, Aachen, Deutschland

Kai Rewitz E.ON Energy Research Center (E.ON ERC) der RWTH Aachen University, Aachen, Deutschland

Thilo Röth FH Aachen – University of Applied Sciences, Lehr- und Forschungsgebiet Karosserietechnik, Aachen, Deutschland

Uwe Sauer ISEA – Institut für Stromrichtertechnik und Elektrische Antriebe der RWTH Aachen University, Aachen, Deutschland

Bastian Schittny Werkzeugmaschinenlabor WZL der RWTH Aachen University, Aachen, Deutschland

Fabian Schmitt StreetScooter GmbH, Aachen, Deutschland

Armin Schnettler Institut für Hochspannungstechnik der RWTH Aachen University, Aachen, Deutschland

Thilo Stolze Infineon Technologies AG, Warstein, Deutschland

Mateusz Swist Werkzeugmaschinenlabor WZL der RWTH Aachen University, Aachen, Deutschland

Regina Thiele Institut für Schweißtechnik und Fügetechnik (ISF) der RWTH Aachen University, Aachen, Deutschland

Paul Thomes Lehr- und Forschungsgebiet Wirtschafts-, Sozial- und Technologiegeschichte der RWTH Aachen University, Aachen, Deutschland

Dirk Vallée Institut für Stadtbauwesen und Stadtverkehr der RWTH Aachen University, Aachen, Deutschland

Matthias Vest IME Metallurgische Prozesstechnik und Metallrecycling der RWTH Aachen University, Aachen, Deutschland

Andreas Vetter Infineon Technologies AG, Warstein, Deutschland

Saskia Wessel Chair of Production Engineering of E-Mobility Components (PEM) der RWTH Aachen University, Aachen, Deutschland

Mark Wesseling E.ON Energy Research Center (E.ON ERC) der RWTH Aachen University, Aachen, Deutschland

Einleitung

Achim Kampker, Dirk Vallée und Armin Schnettler

Die Automobilindustrie befindet sich in einem tief greifenden Wandel. Das Thema Elektromobilität gewinnt zunehmend an Bedeutung und wird zu einem in der Öffentlichkeit viel diskutierten Thema. Intensive Forschungsbemühungen seitens der Automobilindustrie zeigen die hohe Bedeutung für die Zukunft. Nach 125 Jahren Automobilentwicklung ändern sich Fahrzeug- und Antriebskonzepte grundlegend. Aber nicht nur das Produkt Auto wird neu definiert, der gesamte Wertschöpfungsprozess muss neu entwickelt werden.

So ist ein wichtiger Faktor für die Entwicklung der Elektromobilität die Einrichtung der notwendigen Infrastruktur. Konzepte für den Aufbau einer Ladeinfrastruktur sind genauso erforderlich wie die Weiterentwicklung des vorhandenen Stromnetzes. Zusätzlich ergeben sich Chancen für neue Geschäftsmodelle. Elektrofahrzeuge werden aufgrund der begrenzten Reichweite und der günstigen Haltungskosten interessant für Carsharing-Modelle und Fuhrparkbetreiber.

Neben diesen Herausforderungen hängt der Markterfolg der Elektrofahrzeuge im Wesentlichen von ihrer Wettbewerbsfähigkeit gegenüber Fahrzeugen mit konventionellem Antrieb ab. Aufgrund der Mehrkosten der Batterie sind Elektrofahrzeuge jedoch deutlich teurer in der Herstellung und unterliegen damit in der Folge einem hohen Kostendruck.

A. Kampker (✉)
Chair of Production Engineering of E-Mobility Components (PEM) der RWTH
Aachen University, Aachen, Deutschland
E-Mail: a.kampker@pem.rwth-aachen.de

D. Vallée
Institut für Stadtbauwesen und Stadtverkehr der RWTH Aachen University, Aachen, Deutschland

A. Schnettler
Institut für Hochspannungstechnik der RWTH Aachen University, Aachen, Deutschland
E-Mail: schnettler@rwth-aachen.de

© Springer-Verlag GmbH Deutschland, ein Teil von Springer Nature 2018
A. Kampker et al. (Hrsg.), *Elektromobilität*,
https://doi.org/10.1007/978-3-662-53137-2_1

Da 80 % der Herstellkosten schon in der frühen Phase der Produktentwicklung festgelegt werden, gewinnt das Thema der integrierten Produkt- und Prozessentwicklung im Bereich der Elektromobilität an Relevanz.

Das vorliegende Buch greift die genannten Aspekte auf und gibt einen umfassenden Überblick über die Ansätze zur Weiterentwicklung der Elektromobilität. Neben der Produkt- und Prozessentwicklung werden auch die Themen Infrastruktur und Geschäftsmodelle in den veränderten Wertschöpfungsprozessen behandelt.

Im zweiten Kapitel werden die Herausforderungen der Elektromobilität näher erläutert, eingeführt durch eine historische Betrachtung. Im Anschluss werden die Kernherausforderungen zusammenfassend dargestellt und Lösungsansätze in den Themenfeldern Infrastruktur, neue Wertschöpfungsketten und Integrierte Produkt- und Prozessentwicklung skizziert.

Das dritte Kapitel widmet sich dem Thema Infrastruktur. Mobilitätskonzepte sowie die städteplanerischen Aufgaben stehen hier im Mittelpunkt. Dazu gehören auch die Entwicklungsbedarfe im Stromnetz und die Möglichkeiten von intelligenten Abrechnungssystemen. Zur Infrastruktur zählen ebenfalls Servicebetriebe, die sich auf die neuen Anforderungen einstellen müssen, entsprechende Ansätze werden vorgestellt.

Die Veränderungen in der automobilen Wertschöpfungskette werden in Kap. 4 diskutiert. Neben den erforderlichen neuen Wertschöpfungsschritten wird die Beziehung zwischen Automobilherstellern und Zulieferern betrachtet. Zudem werden neue Geschäftsmodelle untersucht und zusätzliche Mobilitätsdienstleistungen benannt.

Kap. 5 gibt einen Überblick über die Veränderungen in der Automobilindustrie, die durch die Elektromobilität hervorgerufen werden. Dies betrifft vor allem die Fahrzeugkonzeption und den Entwicklungsprozess, die Funktionsauslegung, Eigenschaften und Attribute eines Fahrzeugs sowie das Gesamtsystem Fahrzeug. Die ganzheitliche Darstellung erfolgt aus Kunden-, Produkt- und Prozesssicht. Betrachtet werden die relevanten Fahrzeugklassen, in denen Elektromobilität sich zuerst durchsetzen wird, die Auswirkungen der revolutionären Veränderung auf den Entwicklungsprozess sowie das Package von Elektrofahrzeugen. Dem folgt die Diskussion der notwendigen, geänderten Funktionsauslegung, der geforderten Eigenschaften und Attribute von Elektrofahrzeugen im Hinblick auf Leichtbau, Akustik und Noise Vibration Harshness (NVH), der elektromagnetischen Verträglichkeit (EMV) als auch des derzeit sehr interessanten Themas der funktionalen Sicherheit.

Den Abschluss bildet Kap. 6 mit einer Betrachtung der neuen Komponenten. Dazu zählen der elektrische Motor, Umrichter, Powertrain Control Unit (PCU) bzw. Vehicle Control Unit (VCU), Batteriesystem und Battery Control Unit (BCU) und Ladesystem. Zudem werden Veränderungen gegenüber der konventionellen Bauweise bei Karosserie, Thermomanagement sowie Bordnetz und Informations- und Kommunikationstechnologie (IKT) dargestellt.

Das Buch liefert einen Gesamtblick auf das Thema Elektromobilität. Dazu war das Fachwissen einer Vielzahl von Experten erforderlich. Wir bedanken uns ganz herzlich bei allen Autorinnen und Autoren, die an diesem Buch mitgewirkt haben. Sie machten es mit ihren Ideen und ihrem Fachwissen möglich, dieses Buch herauszugeben. Ebenso bedanken wir uns beim Springer-Verlag für die äußerst kooperative und professionelle Zusammenarbeit.

Grundlagen 2

Achim Kampker, Dirk Vallée, Armin Schnettler, Paul Thomes,
Garnet Kasperk, Waldemar Brost, Christoph Deutskens,
Kai Kreisköther, Sarah Fluchs, Ruben Förstmann, Carsten Nee,
Alexander Meckelnborg und Ralf Drauz

2.1 Elektromobilität – Zukunftstechnologie oder Nischenprodukt?

2.1.1 Elektromobilität – eine historisch basierte Analyse

2.1.1.1 Motivation und Methode

Elektromotoren als automobile Antriebe besitzen eine rund 190-jährige Tradition. Ihre Ursprünge, und zwar auf der Straße, der Schiene und dem Wasser, fallen unmittelbar mit der Praxistauglichkeit des Elektromotors in den 1830er-Jahren zusammen, technisch ergänzt in den 1850ern durch brauchbare Bleiakkumulatoren und die Siemens'sche Entwicklung des dynamo-elektrischen Prinzips im Jahr 1866. Das Konzept ist damit älter als die mobile Anwendung von Verbrennungsmotoren. Mit ihnen fuhren erste Fahrzeuge in den 1860er-Jahren zu Wasser und zu Lande mit Hilfe des Lenoir'schen Gasmotors.

A. Kampker · C. Deutskens · K. Kreisköther · R. Förstmann · A. Meckelnborg
Chair of Production Engineering of E-Mobility Components (PEM) der RWTH Aachen University, Aachen, Deutschland
E-Mail: a.kampker@pem.rwth-aachen.de; c.Deutskens@pem.rwth-aachen.de; k.kreiskoether@pem.rwth-aachen.de; r.foerstmann@pem.rwth-aachen.de; a.meckelnborg@pem.rwth-aachen.de

D. Vallée · W. Brost
Institut für Stadtbauwesen und Stadtverkehr der RWTH Aachen University, Aachen, Deutschland

A. Schnettler
Institut für Hochspannungstechnik der RWTH Aachen University, Aachen, Deutschland
E-Mail: schnettler@rwth-aachen.de

P. Thomes (✉)
Lehr- und Forschungsgebiet Wirtschafts-, Sozial- und Technologiegeschichte der RWTH Aachen University, Aachen, Deutschland
E-Mail: thomes@wisotech.rwth-aachen.de

© Springer-Verlag GmbH Deutschland, ein Teil von Springer Nature 2018
A. Kampker et al. (Hrsg.), *Elektromobilität*,
https://doi.org/10.1007/978-3-662-53137-2_2

Den Durchbruch schaffte das Konzept auf Basis des 1876 patentierten Ottomotors in Form der Fahrzeugkonstruktionen von Daimler und Benz aus den Jahren 1885/1886.

Allerdings ist es weitaus jünger als das Antriebskonzept mittels Dampf. Die erste Wärmekraftmaschine realisierte erstmals auch das Konzept des ermüdungsfreien Antriebs. Dessen Anfänge lassen sich bis in die zweite Hälfte des 18. Jahrhunderts zurückverfolgen. Die schienengebundene Variante Dampfeisenbahn katapultierte seit den 1820er-Jahren, ausgehend von Großbritannien, dem Mutterland der Industrialisierung, nicht nur die Effizienz und die Qualität des Transports von Menschen und Gütern, sondern auch die Menschheit geradezu disruptiv in ungeahnte Dimensionen und generierte damit auch neue Anreize für den bis dato überwiegend pferdebewegten Straßenverkehr. (Schiedt et al. 2010; Voigt 1965; Weiher und Goetzeler 1981)

Auch das erste bis heute bekannte seriengefertigte Auto setzte 1878 auf Dampfbetrieb. 1879 präsentierte Siemens bereits die weltweit erste elelektrisch betriebene Lokomotive. Das erste E-Auto fuhr wahrscheinlich 1881 in Frankreich als Drei- und Vierrad. Im gleichen Jahr ging die erste Straßenbahn, ebenfalls ein Siemensprodukt dauerhaft in Betrieb. Ein Jahr später folgte mit dem „Elektromote" in Berlin der weltweit erste Oberleitungsbus; die erste O-Buslinie startete 1900 im Kontext der Pariser Weltausstellung. Ein E-Auto mit dem bezeichnenden Namen „La Jamais Contente" (frz: *Die nie Zufriedene*) wiederum bewegte 1899 erstmals einen Menschen auf der Straße schneller als 100 km/h. Ein Wagen der französischen Marke Krieger, die ihre Spezialität E-Taxis auch international vertrieb, schaffte 1901 ohne Nachladen eine Strecke von über 300 km mit einer mittleren Geschwindigkeit von knapp 20 km/h, während 1906 ein Dampfwagen zuerst die magische Marke von 200 km/h durchbrach. (Abt 1998; Georgano 1996; Kirsch 2000; Mom 1997, 2004; Weiher und Goetzeler 1981)

Die zitierten Schlaglichter indizieren mehrerlei: Mobilität darf als menschliches Grundbedürfnis gelten. Die Erfindung des mechanischen Antriebs erhöhte die Geschwindigkeit im Landverkehr, die zuvor über Jahrtausende quasi konstant verharrte, rasant und führte zu einem geänderten Mobilitätskonsum und -erleben. Es gab die typischen boomartigen Aktivitäten auf einem sich gerade entwickelnden, neuen Wachstumsmarkt. Im Bereich der Automobilität fielen sie zusammen mit einem Kopf-an-Kopf-Rennen dreier automobiler Antriebskonzepte. Dieser Prozess dauerte rund zwei Jahrzehnte, ehe sich seit Anfang des 20. Jahrhunderts die bis heute gültigen Pfadstrukturen herauszubilden begannen, geprägt vom, in Anlehnung an

---

G. Kasperk · R. Drauz
Center for International Automobile Management (CIAM) der RWTH Aachen University,
Aachen, Deutschland
E-Mail: garnet.kasperk@rwth-aachen.de; ralf.drauz@rwth-aachen.de

S. Fluchs
Chair of Production Engineering of E-Mobility Components (PEM) der RWTH Aachen University,
Aachen, Deutschland

Center for International Automobile Management (CIAM) der RWTH Aachen University,
Aachen, Deutschland
E-Mail: s.fluchs@pem.rwth-aachen.de

C. Nee
Werkzeugmaschinenlabor WZL der RWTH Aachen University, Aachen, Deutschland
E-Mail: c.nee@wzl.rwth-aachen.de

Kuhn (1962) so bezeichneten Verbrenner-Paradigma. (Canzler und Knie 1994; Dienel und Trischler 1997; Möser 2002; Rammler 2004) Die seinerzeit noch als verheißungsvoll zu bezeichnenden Marktchancen des E-Autos – Georgano (1996) charakterisiert die Jahre zwischen 1900 und 1920 als „Golden Age" des E-Autos – fielen in sich zusammen.

Insbesondere der Technikhistoriker Gijs Mom (1997, 2004) hat sich auf der Suche nach den Ursachen für den frühen Karrierebruch „des Autos von Morgen" akribisch, systematisch und philosophisch mit den historischen Zusammenhängen auseinandergesetzt. Im Ergebnis identifiziert er eine Mischung aus technischen und soziokulturellen Faktoren als für die Paradigmenentscheidung zugunsten des Verbrennungskonzepts verantwortlich, die gleichzeitig, quasi dialektisch, das Auto als Mobilitätssystem zum Erfolg führte. (Canzler und Knie 1994; Möser 2002)

Ausgehend von der Annahme einer wechselwirksamen Mensch-Technologie-Beziehung, lässt sich das Auto als sozio-technisches Konstrukt definieren. Entsprechend findet hier methodisch ein gemischter deduktiver und induktiver, Technik und Kultur verbindender Erklärungsansatz Anwendung. (Abt 1998, nach Ropohl 1979) Er bezieht sich weitgehend auf die industrialisierte Welt des Globus und inkludiert alle automobilen Nutzungsarten, die aufgrund spezifischer Rahmenbedingungen eine bestimmende Rolle spielten und spielen.

Ziel ist die Analyse der prozessbestimmenden Faktoren und Bedingungen von Elektromobilität im Vergleich zum auf fossiler Energie basierenden Verbrenner-Paradigma. Die Leitfrage ist, weshalb das moderne Normalauto zwar voll elektrifiziert ist, seine Antriebsquelle aber (immer) noch ganz überwiegend konventionell arbeitet – und ein regenerativ-energetischer Paradigmenwechsel, verbunden mit der Durchbrechung des derzeitigen Wegs, noch auf sich warten lässt, und zwar trotz aller Dringlichkeit angesichts des Klimawandels und endlicher fossiler Energievorräte.

2.1.1.2 Paradigmenbildung – Öl statt Strom

Die Ausgangsbasis der Untersuchung bildet neben einer vergleichenden quantitativen Bestandsaufnahme eine Stärken-Schwächen-Analyse der beiden Antriebskonzepte Verbrennungs- und Elektromotor. Sie erfasst zunächst die Phase vor dem Ersten Weltkrieg, der u. a. dem Verbrenner-Paradigma zum Durchbruch verhalf.

Ein Blick auf das Vorreiterland der automobilen Fortbewegung, die USA, zu Beginn des 20. Jahrhunderts bestätigt, dass noch keine Vorentscheidung für ein Antriebsprinzip gefallen war. Rund 40 % der Kraftfahrzeuge fuhren mit Dampf, 38 % setzten auf Strom und 22 % auf Benzin. In New York erreichten die E-Autos 1901 eine Quote von 50 %, gefolgt von Dampfautos mit etwa 30 %. Was absolute Zahlen angeht, bauten in den USA 1912, auf dem Höhepunkt des E-Mobilitätsbooms, 20 Hersteller beachtliche 33.842 E-Autos. Allein in Detroit, der E-Auto-Hochburg der USA, waren 1913 rund 6.000 Einheiten zugelassen. Andererseits kamen im gleichen Jahr landesweit bereits mindestens 80.000 Einheiten des seit 1908 von Ford gebauten „Model T" auf die Straße. Was das Typenspektrum angeht, waren 1914 alle heutigen im privaten und kommerziellen Bereich bekannten Varianten vorhanden, vom Sportwagen bis hin zum 10-Tonner-Schwerlastwagen. (Abt 1998; Banham 2002; Model T Ford Club of America 2011; Georgano 1996; Kirsch 2000; Möser 2002; Mom 1997; Rao 2009)

Mit bahnbrechenden Leistungen tat sich der österreichisch-deutsche Konstrukteur Ferdinand Porsche hervor. Auf der Pariser Weltausstellung des Jahres 1900 präsentierte die

Wiener Kutschenfabrik Lohner ein von Porsche entwickeltes E-Auto. Der „Semper Vivus" – man beachte die Kombination aus neuer Technik und alter Sprache – erregte ob seiner innovativen Technik im Zentrum des europäischen Autolandes Frankreich großes Aufsehen. Mit zwei Radnabenmotoren an der Vorderachse gilt er als erstes transmissionsloses und vorderradgetriebenes Auto. Der Wirkungsgrad soll bei über 80 % gelegen haben. Eine 410 kg schwere Bleibatterie sorgte für 50 km/h Höchstgeschwindigkeit und bis zu 50 km Reichweite bei einer Normleistung von rund 2,5 PS pro Motor. Eine Rennversion gilt mit ihren vier Radnabenmotoren mit einer Leistung von bis zu je 7 PS und einem gewaltigen Batteriegewicht von 1800 kg als das erste Allradauto.

Nicht viel später folgte mit dem „Mixte" als erstem seriellen benzin-elektrischen Hybrid ein weiterer Meilenstein. Die Preise des Lohner-Porsche begannen ab 8.500 Mark, etwa dem zehnfachen Jahresdurchschnittslohn eines Arbeiters. Abnehmer war die europäische Avantgarde der Adligen, Unternehmer und Künstler. Insgesamt wurden von dem Prestigeobjekt 300 Einheiten gebaut. Zum Vergleich: Der erste Opel kostete 1899 als günstiges Benzinfahrzeug mit 4 PS und Luftreifen 4.300 Mark, der legendäre erste Mercedes des Jahres 1901 mit 35 PS rund 16.000 Mark. (Barthel und Lingnau 1986; Fersen 1982, 1986; Lewandowski o. J.; Norton 1985; Seherr-Thoss 1974)

Diese kursorische Bestandsaufnahme spiegelt nicht zuletzt das ausgeprägte individuelle menschliche Mobilitätsbedürfnis wider. Denn zum einen verging jeweils nur eine kurze Zeit zwischen der Erfindung der Antriebstechnologie und ihrer mobilen Anwendung. Zum anderen offenbart sie die prinzipielle Offenheit des Antriebsspektrums. Dieses Schema sollte sich bald ändern. Denn wie bereits angedeutet trat nicht viel später der Ottomotor seinen Siegeszug als Automobilantrieb an, während das Dampfkonzept vor allem aufgrund seiner limitierten Handhabbarkeit für den Straßeneinsatz komplett ausschied. (Abt 1998; Kloss 1996; Lewandowski 2000; Möser 2002)

Die Stärken-Schwächen-Analyse ergibt für die Zeit der Jahrhundertwende folgendes Ergebnis: Als Stärken des E-Autos galten insbesondere sein anspruchsloser und drehmomentstarker Antrieb, die einfache Bedienung, unterstützt durch eine gut dosierbare Geschwindigkeitsregelung, sodann die Effizienz in Gestalt mäßiger Betriebskosten und einer guten Zuverlässigkeit sowie seine Umweltverträglichkeit in Form einer geringen Geräusch- und Geruchsentwicklung.

Gerade die letzteren Eigenschaften halfen auch, die verbreiteten Widerstände gegen das Auto generell aufzuweichen. Man denke etwa an den „Red Flag Act". Als bis 1896 im Vereinten Königreich geltendes Gesetz zur Verminderung von Unfällen im Staßenverkehr begrenzte er die maximal zulässige Geschwindigkeit von Dampfwagen auf vier bzw. in Ortschaften auf zwei Meilen pro Stunde. Zusätzlich schrieb er vor, dass immer zwei Personen das Fahrzeug führen und ein Fußgänger zur Warnung der Bevölkerung mit einer roten Flagge voranvorangehen müsse. Wir sehen hier auch einen Aspekt der Aushandlung der Straßennutzungsrechte unter den Verkehrsteilnehmern; und da war das bezüglich Geräusch- und Geruchswahrnehmnung eher sanfte E-Auto kompatibler, ebnete aber indirekt auch dem Benzinauto den Weg.

Als Schwächen galten die zunehmend als begrenzt empfundene Reichweite sowie die recht kurze Batterielebensdauer aufgrund von Kälteempfindlichkeit und Erschütterungsanfälligkeit. Ein Lebenszyklus von 6.000 km war aber wohl bereits machbar. Als psychologisches

Moment wird noch aus der männlichen Nutzerperspektive gemeinhin der geringe Spaßfaktor angeführt, der aus der Kombination von leichter Beherrschbarkeit und Zuverlässigkeit resultierte. Auch zum geschwindigkeitsfixierten ‚Sport' taugte das E-Auto nur bedingt. Die spezifischen Produktionsstrukturen mögen ebenfalls nachteilig gewirkt haben. Überwiegend konstruierten die Hersteller die Autos nicht selbst, sondern bauten sie aus zugelieferten Teilen zusammen, was die technische Entwicklung gehemmt haben könnte. (Abt 1998; Mom 1997; Norton 1985; Sauter-Servaes 2011)

Als schärfste Bedrohung des E-Autos sollte sich die rasche Entwicklung der Verbrennungsmotorentechnologie erweisen. Das Benzinauto eignete sich so einerseits positive Eigenschaften seines elektrischen Konkurrenten an. Insbesondere die verbesserte Zuverlässigkeit und Handhabbarkeit verkürzten den Komfortvorsprung des E-Autos. Andererseits konnten die Fahrer gleichwohl der „Lust an den Vibrationen des Verbrennungsmotors" ebenso wie dem geschwindigkeitsaffinen „joy riding" frönen (Mom 1997), während die Reichweite trotz höherer Geschwindigkeiten wuchs. Dies korrespondierte mit sich verändernden individuellen mobilen Bedürfnissen, die ebenfalls zu Lasten des E-Autos gingen.

Die Herausforderungen für das E-Auto-Konzept zu Beginn des 20. Jahrhunderts lassen sich leicht identifizieren. Es musste sich dem Benzinkonkurrenten anpassen und zugleich weiter an eigener Kontur gewinnen. Es galt, den Ausbau der Versorgungsinfrastruktur ebenso rasch voranzutreiben wie die Batterietechnik, und vielleicht würde ja ein kritischeres Umweltbewusstsein im Kontext mit tendenziell steigenden Einkommen die Marktchancen gerade in den wachsenden städtischen Verdichtungsräumen zumindest stabilisieren. Diese Faktoren angenommen, würden aus höherer Nachfrage resultierende Skaleneffekte schließlich auch den sich zunehmend abzeichnenden Preisnachteil gegenüber dem Benzinauto kompensieren.

Vor diesem Hintergrund veränderte sich das E-Auto zwischen 1905 und 1925 in vielerlei Hinsicht. Letztlich lassen sich alle Applikationen identifizieren, die auch heute Relevanz beanspruchen. Nicht nur Porsche experimentierte mit elektromotorischen Range-Extendern. Zur Verlängerung der Betriebszeiten setzte man schon 1896 Batteriewechselsysteme in Taxis ein. Zugleich wurden die Batterien robuster und leistungsfähiger. Damit wuchsen Radius und Geschwindigkeit. Überdies gelangen erstaunliche Ergebnisse im Bereich Schnellladung ebenso wie die Weiterentwicklung der Ladeinfrastruktur. So entstand u. a. eine Schnellladestationskette zwischen Philadelphia und Boston. Solche Anlagen trugen einerseits dazu bei, das E-Auto von seinem Image als reinem Nahverkehrsvehikel zu befreien. Andererseits dokumentieren sie die potenzielle Investitionsbereitschaft und damit den Glauben an den Erfolg des Konzeptes. (Kirsch 2000; Mom 2004)

Allerdings gab es auch mindestens zwei gravierende Rückschläge: Der seit 1912 zunehmend in Serie verbaute elektrische Anlasser für Benzinmotoren, seit 1919 auch in Ford's Modell T, bedeutete den Verlust eines wichtigen Komfortvorteils des E-Autos. Das gern zitierte „lady image" des E-Autos mutierte zum „old lady image" (Georgano 1996), obwohl nicht gesichert ist, inwieweit Frauen tatsächlich eine relevante Kundengruppe darstellten. Gleichwohl war dies ein Baustein im Set der Misserfolgskriterien. Zu allem Überfluss bot kurz darauf der Erste Weltkrieg dem Verbrennungskonzept die Möglichkeit, seine Leistungsfähigkeit unter schwierigsten Bedingungen überzeugend unter Beweis zu stellen: Die fortgeschrittene Motorisierung der alliierten Truppen gilt als ein kriegsentscheidendes Kriterium. Dies hatte langfristige Folgen, da die forcierte Entwicklung von Benzinmotoren zusammen mit der Massenproduktion die Preise schneller sinken ließ und das E-Auto auch bezüglich der Kosten ins Hintertreffen geriet. (Abt 1998; Barthel und Lingnau 1986; Fersen 1986; Möser 2002; Mom 2004; Seherr-Thoss 1974)

Zwar gab es in den frühen 1920er-Jahren noch eine kurze Erfolgswelle (Mom 2004), sie beruhte aber hauptsächlich auf der Wiederaufnahme der zivilen Produktion nach dem Krieg. Ein neuer Boom blieb aus. Mehr noch, bald darauf folgte der Rückzug des E-Auto-Konzeptes in bestimmte Nischen, wo es dem Benziner eindeutig überlegen war und bis heute ist, wie das folgende Kapitel dokumentiert.

Bezogen auf die 1920er-Jahre, fällt die Analyse ernüchternd aus. Sie belegt, dass die Optimierung des Konzeptes nicht ausreichte, um den Markterfolg zu sichern. Zwar wurden die Herausforderungen angenommen, der Durchbruch gelang aber nicht. Vielmehr bildete sich im zweiten Jahrzehnt des 20. Jahrhunderts das bis heute gültige Verbrenner-Paradigma vollständig aus, und zwar auch deshalb, weil der Aufbau konkurrierender Straßenverkehrsinfrastrukturen volkswirtschaftlich gesehen wenig Sinn machte. Das E-Auto-Konzept als Zukunftstechnologie verhalf zwar dem Auto entscheidend zum Durchbruch und ist deshalb als Erfolg zu werten. Es konnte sich aber trotz beachtlicher Technikfortschritte vor allem aufgrund der geringen Energiespeicherdichte der Batterien in einem unregulierten Markt nicht durchsetzen.

2.1.1.3 Leben in der Nische – Spezialfahrzeuge als Know-how-Speicher

Trotzdem wurde das Konzept weiterentwickelt, und zwar dort, wo es auf die Bereitstellung von sauberer Leistung in vorhersehbaren Betriebsabläufen und einem fest definierten Aktionsradius ankam. In dieser Nützlichkeitssphäre lebte das Prinzip des „elektrischen Pferdes" fort. (Mom 2004) Seit den 1920er-Jahren begegnen E-Autos überwiegend kommerziell genutzt, z. B. als Kleintransporter in geschlossenen Räumlichkeiten wie Hallen und Lagern, wo Emissionsfreiheit ein Muss war. Im Außeneinsatz stabilisierten sie vor allem im urbanen Umfeld in Form von Omnibussen, Kranken-, Feuerwehr- und Müllwagen sowie bei der Auslieferung von Milch, Post und Zeitungen ihre Position. Auch nach 1945 reihte sich immer wieder einmal ein Vorkriegsmodell mutig in den Verkehr ein. In Ostberlin sollen noch in den 1960er-Jahren Exemplare der in den 1920er-Jahren von der Firma Bergmann gebauten 2,5-Tonner-Kleinlastwagen zu sehen gewesen sein; auch ein Indiz für die Langlebigkeit der Technologie. (Georgano 1996)

Der exemplarische Blick auf den deutschen Markt zeigt folgende Resultate: Es existierten in der Zwischenkriegszeit mindestens zwölf Hersteller. Für die zweite Hälfte der 1930er-Jahre geht man von etwa 5.000 zugelassenen E-Autos aus, wovon etwa die Hälfte auf die lokale Postzustellung entfielen. Als spezielle deutsche Entwicklung gelten Elektrotraktoren. Als flexiblere Alternative zur zwischenzeitlich komplett elektrifizierten Straßenbahn verbreiteten sich Oberleitungsbussysteme. Die auf Importunabhängigkeit vom Erdöl zielende kriegsvorbereitende NS-Autarkiepolitik spielte hier eine erhebliche Rolle. Gleiches gilt für die erstmalige Normung von Batterien. Die bekannten konzeptionellen Schwächen blieben davon unberührt. (Abt 1998; Georgano 1996; Möser 2002)

Als besonders E-Auto-affiner Markt erwies sich Großbritannien. Hier dominierte ebenfalls der Einsatz im lokalen „stop and go"-Liefer- und Entsorgungsgeschäft. Die Stadt Birmingham hatte von 1917 bis 1971 ununterbrochen E-Autos im Fuhrpark, das letzte Fahrzeug wurde 1948 angeschafft. Das Highlight aber war und ist der „small electric van", der vor allem als Auslieferungswagen für Milch und Brot reüssierte. Anfang der 1930er-Jahre beförderte er rund 500 kg Nutzlast über 30 km weit. 1946 waren 7.828 dieser leichten, meist mit Batteriewechselsystemen ausgestatteten, als „milk-float" bezeichneten E-Autos in GB registriert. Zwei britische Milchwagen-Hersteller starteten sogar einen E-PKW-Neuanfang. Ein viersitziges Coupé im „petrol-car styling", basierend auf einer 64-Volt-Batterie, schaffte 1935 eine Höchstgeschwindigkeit von 42 km/h bei einer Maximalreichweite von 64 km. Es verkauften sich nur 40 Exemplare, wofür nicht zuletzt der hohe Preis von 385 Pfund den Ausschlag gab. Er lag fast das Doppelte über dem des populären Morris Ten, der annähernd 100 km/h bei beliebiger Reichweite versprach. In den USA begann zu dieser Zeit (1930) die bis heute währende Erfolgsgeschichte der zweisitzigen „golf-carts" und verwandter „shopping-carts". (Georgano 1996; Sauter-Servaes 2011)

Der Zweite Weltkrieg mit seiner rigiden Kraftstoffknappheit führte in Frankreich zu einer mangelgetriebenen kleinen Blüte des leichten E-Autos. 50 verschiedene Typen sollen bis 1942 entstanden sein, keiner davon erreichte auch nur annähernd Großserienstatus. Interessant ist diese Entwicklung deshalb, weil man Elektroantriebe in Verbrennermodelle implementierte; eine fortan häufig geübte Praxis. Die Dominanz des Verbrenner-Paradigmas dokumentiert die Tatsache, dass ein 1946 auf dem ersten Pariser Nachkriegssalon gezeigter CGE-Tudor-PKW nicht in Serie ging. Neue PKW-Versuche in den USA scheiterten ebenfalls trotz Reichweiten von knapp 200 km. (Georgano 1996; Möser 2002)

Die Ursachen des neuerlichen Scheiterns lagen nach wie vor im Verhältnis von Kosten und Nutzen, das sich nach 1945 noch einmal deutlich zugunsten des Verbrenners veränderte. Ähnliches gilt für den Omnibus- und LKW-Bereich, wo seit den 1920er-Jahren der sparsame und in der Leistungscharakteristik dem Elektromotor durchaus ähnliche Dieselantrieb vermehrt zum Einsatz kam. Die deutsche Post stoppte aus diesem Grund beispielsweise ein nach dem Krieg gestartetes E-LKW-Projekt. Ein Übriges tat in der BRD die seit 1955 geltende Besteuerung der E-Autos nach Gewicht. Sie wirkte in der Tat diskriminierend und ließ die verbliebenen Hersteller wie etwa Gaubschat, Lloyd und Esslingen die Produktion einstellen. Ein Gaubschat Elektro-Paketwagen, Baujahr 1956, angetrieben von einem Motor der Aachener Firma Garbe-Lahmeyer, war bis 1984 im Aluminiumwerk Singen in der internen Postzustellung im Einsatz.

In Großbritannien behauptete sich dagegen die Tradition der Milchwagen und erreichte in den 1970er-Jahren mit mehr als 50.000 Einheiten den höchsten Stand. In keinem anderen Staat der Erde waren bis dahin mehr E-Autos im Einsatz. Auch die berühmten Londoner Doppeldecker fuhren zeitweise oberleitungsgespeist elektrisch, wie überhaupt die kostengünstigen Trolleybusssysteme in den 1950er- und 1960er-Jahren weltweit ihre

Blüte erlebten, und zwar oft als Ergänzung oder Ersatz der elektrischen Straßenbahn. (Abt 1998; Barthel und Lingnau 1986; Bonin et al. 2003; Fersen 1986; Georgano 1996; Voigt 1965)

E-Mobilitätsinseln entstanden in autofreien Erholungsorten der Schweiz. In Zermatt, wo seit 1931 ein Autoverbot gilt, wuchs die Zahl der E-Autos seit 1947 beständig, als sich ein Privatmann das erste Exemplar, wahrscheinlich aus britischer Produktion, zulegte. Mehrere Kleinbetriebe bauten die E-Autos vor Ort bei wachsender Variantenvielfalt. Da die Elektrizität zudem ganz überwiegend aus Wasserkraft stammte, sehen wir hier frühe regenerative emissionsfreie Verkehrskonzepte.

Die weltpolitischen Krisen der 1950er-Jahre, wie der Koreakrieg und die Suezkrise 1956, führten zwar zu ersten kleinen Ölpreisschocks, hatten aber keine Auswirkungen auf das Paradigma. Öl überschwemmte als billige Energie geradezu die Märkte. Es gab also keine Notwendigkeit, sich vom Verbrennungsmotor abzuwenden, der im PKW-Diesel eine noch wirtschaftlichere Ergänzung bekommen hatte.

Zugleich begann mit dem wachsenden Wohlstand das Zeitalter der individuellen Massenmobilisierung. Der Verbrenner war dafür der ideale Antrieb. (Andersen 1999; Bonin et al. 2003; Möser 2002; Thomes 1996; Voigt 1965) Dass der Landmaschinenhersteller Allis-Chalmers 1959 erstmals einen auf dem seit den 1830er-Jahren bekannten Brennstoffzellenprinzip basierenden, einsatzfähigen Traktor mit 20 PS und einem Wirkungsgrad von 90 % zeigte, ging völlig unter.

Die Zukunft des E-Autos war ungewiss, wenn man einmal von den britischen „milk floats" absieht. Technik- und Gebrauchsparadigma formten sich wechselwirksam nach dem US-Muster in einem stabilen, fossilen und verbrennungsbasierten Automobilisierungspfad. (Rammler 2004)

2.1.1.4 Renaissance eines Zukunftskonzeptes

Eher unverhofft öffnete das sich im Zeitalter des Überflusses entwickelnde Umweltbewusstsein dem E-Auto-Konzept eine neue Chance, das Verbrenner-Paradigma aufzuweichen. Den Anfang machten einmal mehr die USA. Dort verstärkte die wachsende ökologische Sensibilisierung (Smog) seit Mitte der 1960er-Jahre getrieben durch einen ersten „Clean Air Act" die Suche nach Alternativen, während der Vietnamkrieg und die Hippiebewegung die Gesellschaft generell kritischer werden ließen. Die erfolgsverwöhnten Giganten Ford und General Motors testeten die umgerüsteten Alltagsmodelle Cortina und Opel Kadett als Demonstrationsobjekte auf der Basis von Blei- und Zinkbatterien. Zwei kleinere Firmen vertrieben umgebaute Renaults in geringer Stückzahl. 1968 präsentierte General Electric einen Versuchsträger, der zur Beschleunigung innovativ Zink- und zum Fahren Nickelbatterien einsetzte. Neben dem Showeffekt mag auch die Hoffnung auf die baldige Verfügbarkeit leistungsfähigerer Batterien die Aktivitäten angeregt haben. (Adams 2000; Möser 2002; Wehler 2008)

Da man sich in den USA aber nicht auf national verbindliche gesetzliche Regelungen einigen konnte, blieb es wie in der Anfangszeit bei unkoordinierten Initiativen einzelner Autoanbieter und Interessengruppen wie der Elektroindustrie, Elektrizitätserzeugern und

Batterieherstellern. Eine systematische Forschung kam ebenfalls nicht zustande. Ein Langstreckenwettbewerb zwischen MIT und CalTech brachte 1968 die ernüchternde Erkenntnis, dass man sich kaum vom Stand der 1920er-Jahre entfernt hatte. Denn die Durchschnittsgeschwindigkeit lag bei etwa 25 km/h. Da besaß der fast gleichzeitig ebenfalls in den USA von Jerry Kugel in Kooperation mit Ford erzielte Geschwindigkeitsrekord von rund 223 km/h nur statistischen Wert. Erst die weitere Verschärfung des Umweltrechts zu Beginn der 1970er motivierte zu koordinierterer Aktion.

Die US-Aktivitäten regten auch weltweit das Interesse an E-Autos neu an. Die 1972 publizierte Studie des Club of Rome mit dem mahnenden Titel „Die Grenzen des Wachstums" und die schockierende Ölpreiskrise 1973/74 trugen dazu bei, dass rund um den Erdball Nutz- und Personenwagen als Versuchsträger gebaut wurden und sich gewisse koordinierte Strukturen bildeten. (Georgano 1996) Beteiligt war der komplette Fahrzeug- und Zuliefermarkt. Bei den Fahrzeugen handelte es sich in der Regel um umgerüstete Verbrenner, wie etwa seit 1976 die CitiSTROMER auf Basis des VW Golf. Ausnahmen bildeten in den 1960er-Jahren der Comuta der Ford-Werke, der durch einen griechischen Reeder finanzierte, auf der Insel Syros seit 1972 produzierte Kleinstwagen Enfield-Neorion, ein 1969 in Amsterdam als Witkar lanciertes kommunales Micro-E-Carsharing-Konzept oder ein Stadtauto-Prototyp von Fiat 1976. (Abt 1998; Georgano 1996; Wikipedia o. J.)

Auf der Schiene stellte die Deutsche Bundesbahn 1977 den regulären Dampflokbetrieb ein. Alle Hauptstrecken waren seinerzeit elektrifiziert. Der Fahrrad- und Motorradhersteller Hercules baute zwischen 1973 und 1977 immerhin mehrere tausend elektrisch betriebene Kleimotorräder des Typs E1. Die Serienproduktion von E-Autos lag dagegen nach wie vor in weiter Ferne. Neben ungelösten Problemen wie Reichweite, Kosten und Ladeinfrastruktur verhinderte die dominante konventionelle fossile Stromerzeugung den Erfolg auf der Straße. Folglich bot die Elektromobilität auch keine Antwort auf die Forderung nach globaler Emissionsreduktion.

Mitte der 1980er-Jahre, als die zweite Ölkrise die Gesellschaft erneut kurzzeitig für das Thema nachhaltige Mobilität sensibilisierte, definierten Experten den Fahrzeugtyp des Vans und das Anwendungsgebiet der Elektromobilität in Firmenflotten als optimale Kombination für die dauerhafte Etablierung eines E-Auto-Marktes. Zudem gelang eine Steigerung der Batterieenergiedichte und mit der Wiederentdeckung der Brennstoffzelle als Antriebsmodul tauchte eine Alternative zur Batterieelektrik auf.

Parallel zum stetig wachsenden Umweltbewusstsein etablierten sich auch wieder E-Auto-Hersteller. Sogar Selbstbaukits erschienen auf dem Markt, während etablierte Produzenten vermehrt wieder Kleinwagen umrüsteten. (Canzler und Knie 1994; Georgano 1996; Möser 2002)

Im Zweiradsegment machte 1985 der Pionier Hercules erneut mit einer Weltneuheit auf sich aufmerksam, einem E-Rad mit Nabenmotor und Scheibenbremse. Über mehr als 20 Prototypen kam der Anlauf nicht hinaus. Als Erfolg erwies sich dagegen fünf Jahre später das elektrische Leichtmofa Electra, von dem sich etwa 19.000 Exemplare verkauften. (www.hercules-bikes.de)

Die sich verdichtende und verschärfere Gesetzgebung, verbunden mit immer konkreteren Maßnahmen, verbesserte zwar in den Folgejahren die Rahmenbedingungen für Elektromobilität, aber eine flächendeckende Diffusion scheiterte erneut an den bekannten technischen Schwachpunkten in Verbindung mit dem politischen Unwillen zu einer anreizorientierten Marktsteuerung, dem freiheitsgeprägten, individuellen Mobilitätsbedürfnis und dem letztlich fehlenden Nutzermehrwert. (Abt 1998; Möser 2002; Norton 1985; Sauter-Servaes 2011)

Als 1990 Kalifornien das „Zero Emission Vehicle" gesetzlich verankerte, setzte dieser Akt ein weltweites Zeichen, begleitet von der Forderung nach ökologischer Stromerzeugung. Als Konsequenz feierten auf IAA 1991 eine Reihe von Studien und Prototypen, u. a. von BMW, Mercedes, Opel und VW, Premiere.

Ein Jahr später baute Ford den Ecostar mit NaS-Batterie und einer mittleren Reichweite von 150 km. Über 100 Exemplare legten bis 1996 mehr als 1,6 Mio. Kilometer zurück, ehe sich Ford wegen Problemen mit der Batterietechnik auf die Entwicklung der Brennstoffzelle konzentrierte. Der Konkurrent GM brachte 1996 das berühmte EV1 im eigenständigen Purpose-Design auf den Markt. Bis 1999 entstanden 1.117 Exemplare, von denen etwa 800 an ausgewählte Kunden, darunter zahlreiche Prominente, gingen. EV1 spielte 2006 die Hauptrolle in dem Film „Who Killed the Electric Car?", der sich in Form einer kritischen Akteurs-Analyse mit den Ursachen für das Scheitern des E-Autos befasste.

Als ein deutsches Beispiel sei der 1992 in Kooperation mit Siemens neu aufgelegte Golf CitySTROMER genannt. Ausgestattet mit einem 20-kW-Drehstrom-Synchronmotor, Blei-Gel-Batterien und einem steckdosentauglichen Ladegerät kam er in drei Versionen auf rund 120 Exemplare. Der zwischen 1993 und 1996 gebaute Kleinwagen Hotzenblitz blieb bis zum seit 2013 angebotenen BMW i3 das einzige in Deutschland entwickelte und in Kleinserie produzierte E-Auto. Rund 140 Exemplare mit 12 kw Motoren wurden gefertigt (www.E-Auto-tipp.de).

Die Aufbruchsstimmung spiegelte sich auch in neuen E-Flottenversuchen von Post und Telekom wider. Auf der Insel Rügen startete ein von der Bundesregierung finanziertes E-Auto-Feldprojekt, an dem sich fast alle namhaften Hersteller von Fahrzeugen und Komponenten beteiligten. Das Verbrenner-Paradigma schien zu wanken, das Auto sich nachhaltig-neu zu definieren. Doch einmal mehr ließen die Praxisresultate das Unterfangen scheitern. Bezeichnend für die Problematik ist, dass der Vorreiter Kalifornien die gesetzlichen Ziele lockern musste. (Abt 1998; Sauter-Servaes 2011; o.V. 1996)

Das in Deutschland prognostizierte Marktpotenzial von „acht bis neun Millionen Fahrzeugen" erwies sich als ebenso illusorisch wie eine Shell-Studie, die bis 2010 rund 1,2 Mio. prognostizierte – dies bei knapp 2.000 E-Autos in 1996. 15 Jahre später, Anfang 2011, bewegten sich ganze 2307 batterieelektrische Autos und 37.256 Hybrid-Autos auf Deutschlands Straßen. (Kraftfahrt-Bundesamt 2011)

In der Folge versuchten sich immer wieder auch unabhängige Unternehmen an dem Thema. Spätestens 2006 setzte Tesla, Inc. mit der Präsentation des Tesla Roadsters neue Maßstäbe: ein Sportwagen, der durchaus mit konventionellen Modellen mithalten konnte. Als erstes E-Auto mit innovativen Lithium-Ionen-Batterie legte er nicht nur die Basis für den bis heute anhaltenden Erfolg des Unternehmens, sondern gab auch der gesamten Branche wichtige Impulse. Die seit 2012 gebaute Luxuslimousine Model S schaffte es 2015 mit über 42.000 Verkäufen sogar an die Spitze der weltweiten Zulassungsstatistik. Ein SUV ergänzt seit kurzem die Palette. Die Reichweite beträgt bis zu 500 km. Tesla zählt überdies zu den Pionieren des autonomen Fahrens.

Mittlerweile haben quasi sämtliche Automobilhersteller ihr Portfolio um Serienmodelle im Bereich der Elektromobilität ergänzt (für aktuelle Produzenten- und Modelllisten vgl. www.elektroauto-tipp.de bzw. www.ecomento.tv). Die Ursachen liegen in einer Mischung aus verschärfter Umweltgesetzgebung, öffentlichen Subventionen, sinkenden Preisen, insbesondere für Batterien bei gleichzeitig höherer Effizienz; d. h., mehr Leistung und größere Reichweite sowie eine verbesserte Versorgungsinfrastruktur. Nicht zuletzt wächst mit dem Umweltbewusstsein tendenziell auch die Zahlungsbereitschaft der Kunden.

Entsprechend stieg die Zahl elektrifizierter Fahrzeuge seit 2011 weltweit beträchtlich an. Anfang 2014 fuhren geschätzt rund 750.000 Elektro- und Hybridautos, wovon alleine im Jahr 2014 etwa 320.000, also fast die Hälfte neu zugelassen wurden. Bis Anfang 2015, kamen weitere 550.000 hinzu, was den Gesamtbestand auf etwa 2,5 Mio. hochschnellen ließ und die frische aktuelle Dynamik verdeutlicht. Den höchsten absoluten Zuwachs verzeichnete erstmals China mit 207.000 Wagen. Der Gesamtbestand verdreifachte sich damit auf über 300.000 (2014: 54.000 Neuzulassungen bei einem Bestand von knapp 100.000). China belegte damit im internationalen Bestandsvergleich Rang zwei, hinter den USA, die mit über 400.000 E-Fahrzeugen noch die Spitze behaupteten. An dritter Stelle rangierte Japan, vor den Niederlanden, Norwegen und Frankreich. Deutschland folgte mit nur gut 55.000 Elektroautos, wovon wiederum knapp die Hälfte 2015 auf die Straße kamen, weit abgeschlagen. (Fan et al. 2014; www.ecomento.tv; Kraftfahr-Bundesamt 2016) Die Angaben umfassen Pkw mit batterieelektrischem Antrieb, Range Extender und Plug-In Hybride.

Bezogen auf den Anteil am Fahrzeugbestand verteidigte Norwegen seine angestammte Spitzenposition der Vorjahre. Mehr als 3 % aller Autos fuhren dort bereits 2015 komplett oder zum Teil elektrisch, wobei 30 % der Neuzulassungen dieses Jahres auf Elektro- und Hybridautos entfielen. Der Erfolg resultiert aus einem umfassenden öffentlichen Anreizsystem als Kombination von Steuer-, Maut- und Energiekostensubventionen. Die bescheidene deutsche Bestandsquote von ca. 0,3 % Ende 2016 wiederum dokumentiert den Handlungsbedarf überdeutlich; dies umso mehr, als der Straßenverkehr nach wie vor zu über 90 % auf Basis fossiler Kraftstoffe funktioniert, während in Norwegen aufgrund günstiger Standortbedingungen (Wind und Wasser) regenerative Energien 99 % beisteuern. (McKinsey 2016; www.ecomento.tv)

Was die Treiber angeht, beleben neben dem Privatkundensegment zunehmend CarSharinganbieter und Logistikdienstleister mittels elektrifizierter Fahrzeugflotten die Branche. (Deffner 2012) Zugleich leisten sie damit einen wichtigen Beitrag, um die Technologie einem breiteren Publikum nahezubringen. Als Vorreiter profiliert sich einmal mehr die Deutsche Post DHL Group. Sie knüpft entschlossen an alte Zeiten an und setzt auf dem

Weg zurück in die Zukunft systematisch auf CO_2-freie Zustellungsvehikel. Ihre Streetscooter E-Flotte soll weiter rasant wachsen. Geplant ist ein Ausbau der Produktionskapazität auf 20.000 Einheiten. Sie sollen auch an externe Abnehmer weltweit verkauft werden. Derweil ist das E-Bike bereits seit einiger Zeit mit aktuell rund 10.500 zwei- und dreirädrigen Exemplaren Standardzustellfahrzeug der Postboten. (www.dpdhl.com/de/presse.html)

Davon abgesehen feiert das E-Bike in allen denkbaren Varianten gerade auch generell fulminante globale Erfolge. Alleine in Deutschland entschieden sich 2016 über 600.000 Käufer für ein elektrifiziertes Rad. Der Gesamtbestand liegt zwischenzeitlich bei knapp 3 Mio. Dieser Erfolg ist auch im generellen Kontext von zentraler Relevanz. Denn er belegt einmal mehr, dass eine Technologie sich rasch am Markt durchzusetzen vermag, falls für die Verbraucher der Nutzen auf der Hand liegt und damit auch das Aufwand-Ertragsverhältnis stimmt. Beim E-Auto ist dieser Zusammenhang offensichtlich noch nicht evident.

Und so hat trotz aller ermutigenden Fortschritte das Verbrenner-Paradigma auch im dritten Jahrtausend Bestand, obwohl Oil Peak und Erderwärmung drängender denn je ein sofortiges Umsteuern anmahnen und der Ideenvorrat an Lösungsmöglichkeiten für das menschliche Mobilitätsbedürfnis längst nicht ausgeschöpft ist. Nicht zuletzt die rasante Digitalisierung von Technik, Wirtschaft und Gesellschaft öffnet völlig neue, disruptive Potenziale im weitesten Sinne digitaler Mobilität. Komplementäre, verkehrsredzuierende Formen sind leichter realisierbar denn je.

Ob bzw. wann sich das E-Auto in diesem Szenario endlich vom Stigma der scheinbar ewigen Zukunfts- und Nischentechnologie befreit, bleibt abzuwarten. (ams 2011, 2017; Canzler und Knie 1994; Deutsches Museum München 2010; Mom 2004) Die Chancen stehen momentan jedenfalls so gut wie nie.

2.1.1.5 Vom Zukunftskonzept zum Paradigma

Die historische Analyse offenbart, dass die technischen Grundlagen aller Varianten von Elektromobilität, abgesehen von der Flugmobilität, bereits zu Beginn des 20. Jahrhunderts bekannt und erprobt waren. Das Scheitern als Massentechnologie beruht letztlich auf einer Kombination aus technischen, sozioökonomischen und psychologischen Faktoren. Sie führten seit den 1920er-Jahren zu einem sich rasch verfestigenden globalen Verbrenner-Paradigma. Elektromobilität verkam in der Folge zum Nischen- bzw. Zukunftskonzept, wenn man einmal von der Schiene absieht, wo sie rasch zur Leittechnologie avancierte. Die systematische Forschung im Bereich des Straßenverkehrseinsatzes kam damit quasi ebenfalls zum Erliegen.

Seit Ende der 1960er-Jahre begannen sich die Rahmenbedingungen zwar wieder zugunsten der Elektromobilität zu verschieben, da die Ökologie als dynamisch an Gewicht gewinnendes Agens hinzukam. Bislang aber verhinderte der oben skizzierte System-Lock-in-Effekt den Durchbruch der Technologie. Allenfalls in akuten Krisensituationen gab es Veränderungsansätze, durchaus mit Placebo-Funktion, und deshalb ohne Ambitionen, das geltende Mobilitätsparadigma grundlegend zu hinterfragen.

So lautet der aus historischer Perspektive zu ziehende Schluss: Die angestrebte Entkopplung von fossiler Energie und Verkehrsleistung bedarf einer strukturellen, auf der Basis langfristigen Nutzens optimierten ganzheitlichen Neudefinition von Mobilität. Eine solche kann der freie Markt per se nicht leisten. Es braucht von der Politik gesetzte, verbindliche institutionelle Leitplanken, welche durch Normierung und Steuerung Forschungs- und Produktionsanreize schaffen, ohne die erfolgsnotwendigen Spielräume zu verengen. Daraus resultierende Skalenerträge wiederum sollten die E-Mobilität endlich zur individuellen und kollektiven Norm transformieren helfen. Ein scheinbar eherner Gegensatz hätte sich damit aufgelöst, wobei die Potenziale eines synergetischen Zusammenspiels analoger und digitaler Mobilität noch gar nicht in die Überlegungen integriert sind.

Davon abgesehen braucht die Welt ein Gesamtkonzept nachhaltiger Mobilität. Gefragt sind sämtliche Verkehrsformen komplementär integrierende Lösungen, verbunden mit einer kollektiv-individuellen Bedarfsoptimierung. (Thomes und Jost 2009) Ein solcher Ansatz könnte die Basis eines auf globale Konvergenz zielenden elektrobasierten Zukunfts-Automobilitäts-Paradigmas schaffen (Thomes 2012).

2.1.2 Aktuelle Herausforderungen der Elektromobilität

Das Thema „Elektromobilität" erfährt zurzeit eine große mediale Aufmerksamkeit und wird in der Bevölkerung vielfältig diskutiert. Aufgrund der Erkenntnis, dass herkömmliche Verbrennungsmotoren eine absehbar schwindende Ressource unter Erzeugung von klimaschädlichem Gas (CO_2) und lokalen Emissionen wie Kohlenmonoxid und Stickoxiden, verbrennen, rücken alternative Antriebstechnologien in den Fokus. Dabei handelt es sich bei der Elektromobilität, wie das vorherige Kapitel aufgezeigt hat, keineswegs um eine neue Erfindung. Die Technologie wurde lediglich „wiederentdeckt", da sie Fortbewegung ohne Ausstoß von CO_2 und gesundheitsschädlichen Gasen ermöglicht.

Es ist gesellschaftlicher Konsens, dass eine der wichtigsten Anforderungen heute der effiziente Umgang mit Energie ist. Obwohl das Optimierungspotenzial des klassischen Verbrennungsmotors nicht völlig ausgeschöpft ist, bleibt ein Wechsel zu alternativen Antriebstechnologien zukünftig notwendig. Elektrofahrzeuge stellen hierbei eine Schlüsseltechnologie auf dem Weg zu energieeffizienter und umweltschonender Mobilität dar. (Spath und Pitschetsrieder 2010; Hanselka und Jöckel 2010)

Bei Betrachtung aktueller Herausforderungen spielen sowohl technisch geprägte Aspekte als auch ökonomisch-wirtschaftliche Überlegungen eine große Rolle. Es gilt, in diesem Zusammenhang verschiedene Fragestellungen zu beleuchten: Welche Hürden muss das Elektroauto aus technischer Sicht nehmen, um als ausgereiftes Produkt auf dem Markt wirtschaftlich erfolgreich zu sein und wie ist dabei die Bedeutung des Kostendrucks einzuschätzen? Wie sieht die allgemeine Marktentwicklung aus und welche Konsequenzen ergeben sich für die Hersteller von Elektroautos? Ein weiterer Fokus liegt auf der Produktionstechnik. Bisherige Produktionsstrategien für Elektrofahrzeuge werden kritisch beleuchtet und Alternativen aufgezeigt.

2.1.2.1 Kostendruck

Die Entwicklung von neuen Elektrofahrzeugen für den kleinen und volatilen Markt erfordert ein hohes Volumen an Erstinvestitionen durch den Einsatz von innovativen Produktionsanlagen und der Forschung insbesondere im Bereich der Batterietechnologie. Der aktuelle Preis für Elektrofahrzeuge liegt derzeit aufgrund der Mehrkosten der Batterie und trotz der Entwicklungen der letzten Jahre über dem Preis vergleichbarer Fahrzeuge mit Verbrennungsmotor. Somit kann die Kostenreduktion in der Fahrzeug- und Batterieproduktion als ein maßgeblicher Faktor für den Durchbruch dieser Technologie identifiziert werden. Es ist mitunter die Preisfähigkeit der Elektrofahrzeuge, die darüber entscheiden wird, ob die Technologie flächendeckend erfolgreich ist. Die Entwicklung der letzten Jahre zeigt, dass die Preise der elektrifizierten Fahrzeuge sinken. Der Nissan Leaf ist beispielsweise seit Markteinführung knapp 7000 Euro billiger geworden und liegt damit derzeit bei etwa 23.790 Euro, der C-Zero kostet nur noch 17.850 Euro – knapp die Hälfte seines Einführungspreises. (Weißenborn 2015) Auch in Zukunft wird der Preis weiter fallen. Bei Elektroautos werden die Mehrkosten im Vergleich zu konventionellen Modellen noch stärker fallen als bei Plug-in-Hybriden, da technologische Fortschritte im Bereich der Batterie stärker ins Gewicht fallen. (Wolfram und Lutsey 2016)

Wie aktuelle Studien nachweisen, sind die Kunden bereit, geringe Mehrkosten für ein Elektroauto zu tragen. Jedoch zeichnet sich auch ab, dass diese Bereitschaft der Verbraucher nicht gänzlich die Spanne der Mehrkosten für ein Elektrofahrzeug im Vergleich zu konventionellen Autos abdeckt. Dabei stellt sich allerdings nicht nur die zentrale Frage, ob die Erhöhung der Zahlungsbereitschaft ausreicht, sondern wie lange der gegenwärtige Trend hin zu „grünen" Antriebstechnologien anhält. McKinsey und die RWTH Aachen prognostizieren in ihrer Studie ein wachsendes Bedürfnis vor allem jüngerer Käufergruppen nach umweltfreundlichen und „grünen" Technologien. (McKinsey 2011)

Die Initiative der Bundesregierung zur Förderung der Elektromobilität wird mit den vorgesehenen Steuervergünstigungen und Investitionsförderungen einen wichtigen Beitrag leisten, den finanziellen Aufwand zu verringern.

Der entscheidende Kostentreiber beim Elektroauto ist die Batterie. Bei Produktionskosten einer Lithium-Ionen-Zelle von ca. 200 Euro pro Kilowattstunde (kWh) und einer Kapazität für einen Kleinwagen von ca. 25 kWh liegt der Preis alleine für eine Batterie bereits bei ca 5000 Euro. Momentane Entwicklungen lassen vermuten, dass dieser bis 2030 auf ca. 100 Euro pro kWh sinken könnte. (VDI 2016) Effektive Wege, die Kosten für die Batterie zu senken und somit konkurrenzfähiger zu werden, zeichnen sich derzeit ausschließlich bei der Optimierung der Herstellungsprozesse ab.

Ein weiterer Kostentreiber ist die Infrastruktur, die für Elektrofahrzeuge neu entwickelt bzw. umstrukturiert werden muss. (Vgl. Abschn. 2.2) Die Beispielkalkulation der Total-Cost-of-Ownership (TCO) für ein Elektroauto und ein Fahrzeug mit Verbrennungsmotor identifiziert folgende Kostenstruktur (Abb. 2.1):

Die Annahmen, auf welchen die Berechnungen basieren, können Tab. 2.1 entnommen werden. Die Kosten berücksichtigen einen höheren Anschaffungspreis sowie wegfallende bzw. reduzierte Kfz-Steuern, um rund 35 % geringere Wartungs- und Reparaturkosten

2 Grundlagen

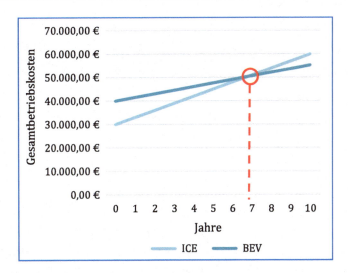

Abb. 2.1 TCO eines konventionellen Fahrzeugs (ICE) und eines reinelektrischen Fahrzeugs (BEV) im Vergleich

Tab. 2.1 Annahmen zur TCO-Berechnung aus Abb. 2.1

Annahmen	ICE	BEV
Kaufpreis	30.000 €	40.000 €
Durchschnittlicher Verbrauch auf 100 km	6,5 l	12 kWh
Energiekosten	1,28 €/l (ADAC 2016)	0,29 €/kWh
Kfz-Steuern, Wartungs- und Versicherungskosten	1500 €	900 €
Jahreslaufleistung	18.000 km	18.000 km

und etwa gleich hohe Versicherungskosten für Elektroautos im Vergleich zu herkömmlichen Autos. Zudem wurde angenommen, dass Elektrofahrzeuge mit einem reinelektrischen Antrieb ca. 12 kWh auf 100 km benötigen, zu einem Preis von etwa 0,29 Euro pro kWh und einer Jahreslaufleistung von 18.000 km. Folglich sind diese Fahrzeuge bei den angesetzten Verbrauchszahlen günstiger als ein herkömmliches Auto. Bei einem Spritpreis von 1,28 Euro pro Liter und einem durchschnittlichen Verbrauch von ca. 6,5 l/100 km ergeben sich nach einer Nutzung von ca. 6,8 Jahren deutlich niedrigere TCO. Ziel muss es sein, das bereits erwähnte Kostenminimierungspotenzial von Elektroautos zu nutzen und den Kaufpreis in Zukunft deutlich zu reduzieren, sodass sich die Kostenkurve eines BEV insgesamt weiter nach unten verschiebt und sich Elektroautos im Vergleich zu Autos mit Verbrennungsmotoren bereits nach einer kürzeren Nutzungsdauer amortisieren. Vor dem Hintergrund des Ölpreisfalls Ende 2014 zeigt sich, dass dieser Preisunterschied nicht mit Gewissheit vorausgesetzt werden kann. In Deutschland wurden im Jahr 2015 zwar etwa 45 % mehr Elektrofahrzeuge und 145 % mehr Plug-in-Fahrzeuge zugelassen als im Jahr 2014 (KBA 2015), jedoch räumt die Bundesregierung 2016 ein, dass dauerhafte niedrige Ölpreise dazu beitragen, das Ziel von einer Million elektrifizierten Fahrzeugen zu verfehlen. (Meyer 2016) Dies wird untermauert, wenn man die weitere Entwicklung der Zulassungszahlen betrachtet, denn 2016 wurden nur noch 42,7 % mehr Hybridfahrzeuge als 2015 zugelassen und die Zahl der Zulassungen von Elektrofahrzeugen sank sogar um 7,7 % im Vergleich zum Vorjahr. (KBA 2017) Darüber hinaus findet Vergis neben anderen Autoren in einer empirischen Studie eine starke Korrelation zwischen dem Kraftstoffpreis und dem Absatz von elektromobilen Fahrzeugen in den USA im Jahr 2013. (Vergis und Chen 2015)

2.1.2.2 Technische Hürden und unsichere Technologieentwicklung

Elektrofahrzeuge sollen wettbewerbsfähig sein, auch in direkter Konkurrenz zu konventionellen Fahrzeugen. Durch die Erweiterung der marktgeprägten Sichtweise und die Verbraucherperspektive ergeben sich zusätzliche Dimensionen bei den Anforderungen. Der Markt und der Gesetzgeber werden Kompromisse bei der Sicherheit und Zuverlässigkeit von Elektrofahrzeugen ebenso wenig akzeptieren wie überdurchschnittlich hohe Anschaffungs- und Haltungskosten. Bezogen auf die Batterie stellt sich eine hohe technische Hürde dar. Aktuelle Batteriesysteme haben nicht nur eine eingeschränkte Reichweite, sondern sind teuer in der Anschaffung (s. o.), die Lebensdauer ist verbesserungswürdig und die anschließende umweltverträgliche Entsorgung der ausgetauschten Batterien wird zurzeit noch nicht ausreichend umgesetzt. Aktuell zeichnen sich hier zwei grundverschiedene Ansätze ab: Einerseits finden sich viele Befürworter für fest installierte Batterien in den Fahrzeugen, die regelmäßig wieder aufgeladen werden. Andererseits wurden Konzepte basierend auf Wechselsystemen angedacht, um der Problematik der Reichweite zu begegnen. (Hanselka und Jöckel 2010) Bei diesen Systemen werden die Batterien im Fahrzeug nicht aufgeladen, sondern regulär an Servicestationen ausgetauscht. Den Argumenten für ein Wechselsystem (Problem der Reichweite wird teilweise gelöst) stehen die berechtigten Einwände gegenüber, dass solche Systeme einen hohen Logistik- und Lageraufwand beinhalten und hohe Kosten für die Infrastruktur verursachen. Gegen eine fest installierte Batterie spricht dagegen die Tatsache, dass das Problem des kontinuierlichen Leistungsverlustes bei Lithium-Ionen-Batterien noch nicht gelöst ist. Eine weitere Alternative ist das Batterieleasing. Das Infrastrukturnetz der Ladesäulen befindet sich aktuell im Ausbau, es besteht jedoch weiterhin Handlungsbedarf um jenes flächendeckend zu implementieren. Insbesondere sollte ein kundenfreundliches Angebot zum „Roaming" zu verschiedenen Anbietern entwickelt werden, d. h. Besitzern von Elektroautos sollte der Zugang zu den Ladestationen unterschiedlicher Anbieter ohne Umstände ermöglicht werden.

In den letzten Jahren hat sich die Lithium-Ionen-Batterie als geeigneter Energiespeicher für die Anwendung in Elektroautos etabliert. Ungeklärt ist dabei jedoch die Frage, welcher Zelltyp sich in der Zukunft durchsetzen wird. Der bekannteste Typ ist die Rundzelle, die alltäglich beispielsweise in Notebooks zum Einsatz kommt. Dieser Batterietyp verfügt über den Vorteil, dass langjährige Erfahrungen mit dem Zelldesign vorliegen und er über eine hohe Lebenserwartung verfügt. Gleichzeitig benötigt die Rundzelle eine anspruchsvolle Kühlung. Die Pouch-Zelle bietet dagegen sehr gute Kühleigenschaften sowie eine hohe Energiedichte. Negativ ist bei diesem Zellentyp, dass die Elektroden nicht einfach gestapelt werden können und die Abdichtung der Batterie mit einem hohen Aufwand verbunden ist. Einige der genannten Vorteile der Rundzelle und der Coffee-bag-Zelle vereint die sogenannte Prismatische Zelle (beispielsweise bessere Abdichtung, gute Lebenserwartung). Sie kann darüber hinaus im Gegensatz zur Coffee-bag-Zelle einfach verbaut werden.

An diese Problematik schließt sich direkt das Thema des Thermomanagements im gesamten Fahrzeug an. Je nach Temperaturentwicklung müssen sehr viele verschiedene Bereiche und Komponenten des Gesamtfahrzeugs gekühlt oder geheizt werden. Beispielsweise entwickeln sich bei der Leistungselektronik deutlich höhere Temperaturen als im Motor oder Getriebe, wodurch mehrere Kühlkreisläufe erforderlich sind. In konventionell angetriebenen Autos finden sich zwar eine Motorkühlung und eine Innenraumklimatisierung, diese Konzepte sind jedoch nicht auf Elektrofahrzeuge übertragbar. Da die Batterie unabhängig von der Außentemperatur in einem sehr kleinen Temperaturbereich gehalten werden muss, ist die Regelung des Thermomanagements im Gesamtfahrzeug wesentlich anspruchsvoller als in herkömmlichen Fahrzeugen. Zusätzlich fallen bisher genutzte Synergieeffekte weg, da der elektrische Antriebsstrang, im Gegensatz zum herkömmlichen Antrieb, deutlich weniger Abwärme erzeugt. Diese Wärmeenergie, beispielsweise für die Heizung der Fahrerkabine, fällt also weg. Zudem müssen die unterschiedlichen Heiz- und Kühlkreisläufe so gestaltet sein, dass sie mit ihrem Bedarf an elektrischer Energie nicht unnötig die Batterie des Fahrzeugs und damit die Reichweite belasten. Insgesamt steht die Entwicklung des Thermomanagements damit vor mehrdimensionalen Problemen. (Flik 2009)

Für Elektrofahrzeuge stellt die maximal mögliche Reichweite ein zentrales Erfolgskriterium dar, weshalb alle Systeme im Gesamtfahrzeug (nicht nur das Thermomanagement) so ausgerichtet sein müssen, dass sie die Batterie und damit die Reichweite so wenig wie möglich belasten. Hieraus ergibt sich für die Elektronik des Fahrzeugs, dass die Systeme bei möglichst geringem Verbrauch an elektrischer Energie absolute Sicherheit und Systemzuverlässigkeit gewährleisten. (Hanselka und Jöckel 2010)

Die Technologieentwicklung steht neben dem großen Themenkomplex von Batterie und Leistungselektronik im Gesamtfahrzeug vor weiteren Herausforderungen. Obwohl sich bestimmte Antriebsansätze für verschiedene Auslegungen etabliert haben (Synchronmotoren und Asynchronmotoren) existiert bei der Wahl des Antriebskonzeptes (Mild-Hybrid, Full-Hybrid, Range-Extended-Vehicle) eine rege Vielfalt, woraus resultiert, dass die momentane Entwicklung noch nicht abgeschlossen ist. Welche Technologie sich letztendlich durchsetzen wird, hängt von vielen Faktoren ab. Es ist beispielsweise noch nicht abschließend geklärt, in welche Richtung der Innovationsdruck seitens der Gesetzgebung zu Emissionswerten wirken wird und welche Strategie der angewandten Forschung/technischen Ausarbeitung die Automobilhersteller wählen werden. Auch das Thema autonomes Fahren wird in den nächsten Jahren immer mehr in den Fokus der Technologieentwicklung rücken. An voll automatisierten Fahrzeugen forschen neben den bekannten Automobilherstellern auch andere große Unternehmen wie Apple oder Google (Maurer et al. 2015) sowie zahlreiche Lehrstühle von Universitäten. In Hinsicht auf die Entwicklung zum autonomen

Fahren ergibt sich für die Elektromobilität der Vorteil, dass grundsätzlich die Kundenwahrnehmung des Antriebs sinkt. Denn dadurch, dass das Fahrzeug nicht (vollständig) selbst gesteuert wird, verliert der Verbrenner an emotionalem Wert für viele Autofahrer und ein Umstieg auf ein Auto mit Elektroantrieb fällt ihnen leichter.

2.1.2.3 Herausforderungen aus produktionstechnischer Sicht

Die Automobilindustrie verfolgte zunächst größtenteils das sogenannte Conversion-Design als Strategie für die Produktion von Elektrofahrzeugen. Dabei werden der Verbrennungsmotor und das Schaltgetriebe bestehender Fahrzeuge durch einen Elektroantrieb und entsprechende Leistungselektronik sowie die Batterie ersetzt. Diese Vorgehensweise hat den Vorteil, dass Skaleneffekte konventioneller Derivate durch die Integration in bestehende Produktionslinien erschlossen werden können ohne, dass in neue Produktionsanlagen investiert werden muss. Zudem entfallen Entwicklungskosten, Synergieeffekte durch gleiche Bauteile können genutzt werden und Kunden, welche eine starke Verbundenheit zu bestehenden Modellen pflegen, bleiben den OEMs erhalten. Außerdem ergeben sich für den Bauraum völlig neue Nutzungspotenziale, da der Verbrennungsmotor mit seinen speziellen Aggregaten und Subsystemen entfällt. Diese können jedoch im Conversion-Design nicht vollkommen ausgeschöpft werden. (Kampker und Döring 2009; Kampker und Reil 2009; Kampker et al. 2010)

Dagegen kann das sogenannte Purpose-Design diese Potenziale besser nutzen. Es bietet die Möglichkeit, den Antriebsstrang, seine Komponenten und die dazugehörigen Produktionskonzepte neu zu definieren. (Schuh et al. 2014) Die Herausforderung liegt darin, eine Gesamtfahrzeugstruktur zu entwickeln, die die verschiedenen Potenziale eines Elektrofahrzeugs gestalterisch umsetzt. Weiterhin ist umstritten, ob die Vorteile höherer Freiheitsgrade bei der Entwicklung die anfangs nachteiligen geringen Stückzahlen dominieren können. Gleichzeitig müssen die sehr unterschiedlichen Anforderungen der Fahrzeugkomponenten berücksichtigt werden. (Kampker 2010) Ein wirklich kostengünstiges Elektrofahrzeug kann jedoch nur im Purpose-Design produziert werden, da die optimale Gestaltung eines solchen Autos sowie die der Produktionsprozesse nicht exakt denen eines herkömmlichen Autos entsprechen können und zur Kostenminimierung ebenfalls Anpassungen in der Produktion erforderlich sind.

Elektrofahrzeuge weisen im Karosseriebau häufig alternative Karosseriestrukturen gegenüber der klassischen selbsttragenden Karosserie aus Stahl auf. Dies ist zum einen darin begründet, dass Elektrofahrzeuge zu Beginn in geringen Stückzahlen produziert werden und dadurch Karosseriestrukturen vorteilhafter sind, die weniger Investitionen in Anlagen und Werkzeuge erfordern. Zum anderen besteht bei Elektrofahrzeugen aufgrund des hohen Gewichts der Batterie und der begrenzten Reichweite ein erhöhtes Potenzial, Leichtbaumaßnahmen wirksam umzusetzen. Bei den Prozessen im Karosseriebau führt dies zu vielfältigen Veränderungen. So werden Leichtbaukonzepte auf Basis von niedrigdichtem Kunststoff wichtiger, da die Kunststoffverarbeitung viele Kombinationsmöglichkeiten mit anderen Werkstoffen eröffnet. Bei der Produktion von Oberklasse-Fahrzeugen werden beispielsweise Multimaterialverbindungen genutzt, um u. a. CFK- und

Aluminiumkomponenten miteinander zu verbinden. Aber auch die Vielfalt an Metallverbindungen nimmt durch den gestiegenen Einsatz von Aluminium und Magnesium zu. Eine detaillierte Darstellung der Veränderungen in der Karosserie und den Implikationen für den Karosseriebau ist in Abschn. 6.1 zu finden.

Die Produktion des Elektromotors ist grundsätzlich aus anderen Anwendungen bekannt. Dennoch werden mit dem Einzug des elektrischen Antriebsstrangs ins Fahrzeug ganz neue Anforderungen an die Produktion des Elektromotors als Traktionsmotor gestellt. Ziel muss sein, die Elektromotoren in einem vollautomatischen Produktionsprozess herstellen zu können, um den zukünftig zu erwartenden Stückzahlen von mehr als 100.000 Einheiten pro Jahr wirtschaftlich gerecht zu werden. Ein weiteres Beispiel für produktseitige Anforderungen ist die Vereinbarung von einer hohen Nennleistung zwischen 40 und 70 kW mit einem äußerst geringen Bauraum im Fahrzeug. Für diese Anforderungen werden innovative Bauformen sowie eine möglichst hohe Wicklungsdichte der Magnetspulen oder eine möglichst dünne Imprägnierschicht des Stators verlangt. Außerdem wird durch die zu erwartenden hohen Stückzahlen der Elektromotoren ein ressourcenschonender Einsatz der zu verbauenden Materialien und Komponenten vorausgesetzt. Ebenfalls werden an den Elektromotor als Traktionsmotor viel höhere Qualitätsanforderungen gestellt als beispielsweise an einen Elektromotor für Staubsauger.

Eine zentrale Herausforderung der Elektromobilproduktion ist die Beherrschung des Produktionsprozesses der Lithium-Ionen-Batterie. Obwohl noch zu Beginn der 1990er-Jahre in der deutschen Industrie zur Lithium-Ionen-Technologie geforscht wurde, konnten diese Bemühungen nicht aufrecht gehalten werden. In den letzten Jahren wurde die Forschung an diesem Thema wieder aufgenommen, jedoch vorwiegend im universitären Bereich. Vor dem Hintergrund der Anwendung von Lithium-Ionen-Batterien in den Wachstumsmärkten der Elektromobilität sowie der stationären Energiespeicher müssen deutsche Unternehmen ihre Forschungsbemühungen intensivieren, um im internationalen Vergleich den Rückstand beim Produkt- und Prozess-Know-how der Lithium-Ionen-Batterien aufzuholen. Derzeit sind die Produktionsprozesse der Batterie sowohl in der Zell- als auch in der Packfertigung zwar automatisiert, jedoch sind die heutigen Anlagen auf Packebene noch nicht auf hohe Stückzahlen ausgelegt. Zudem bedingt das mangelnde Produkt-Prozessverständnis auf Zellebene eine große Streuweite in der Produktqualität. Insgesamt besteht in der Beherrschung des Produktionsprozesses der Batterie demnach ein großes Verbesserungspotenzial. (Vgl. Abschn. 6.3)

2.1.3 Elektromobilität als Zukunftstechnologie

2.1.3.1 Unsichere Marktsituation

Für Elektrofahrzeuge besteht im Vergleich zu anderen Produkten eine besonders hohe Unsicherheit hinsichtlich der zukünftigen Entwicklung der Marktsituation sowie der Technologie. Um die Marktpotenziale optimal ausschöpfen zu können gilt es, diese Ungewissheit zu minimieren. Dazu lässt sich die Frage nach der Marktentwicklung anhand historischer (vgl. Abschn. 2.1.1) und aktueller Zahlen darlegen. Unter Berücksichtigung der in den vorigen Kapiteln aufgezeigten aktuellen Herausforderungen sind zukünftige Prognosen unterschiedlich optimistisch. Langfristig kommen jedoch alle zu dem Schluss, dass die Elektromobilität den konventionellen Antriebsstrang am Markt ablösen wird. Über den genauen Zeitpunkt dieser Ablösung sind sich die Autoren nicht einig, jedoch handelt es sich eher um eine weitsichtige Aussage. Am Beispiel Deutschland wird dies deutlich: Für 2020 prognostizierte Anteile der Neuzulassungen an Elektrofahrzeugen liegen bei sieben Prozent. (Proff et al. 2013) Weniger optimistisch ist eine Prognose des DLR, welches den Neuzulassungsanteil auf fünf Prozent prognostiziert. (Brokate et al. 2013) Im Jahr 2025 sollen 19 % elektrifizierte Fahrzeuge (Proff et al. 2013), 2030 ca. 25 % neuzugelassen werden. (Brokate et al. 2013) Die Studie „Elektromobilität 2025" beschreibt die Marktsituation eindeutig:

„Elektrofahrzeuge entscheiden über die langfristige Überlebensfähigkeit der Automobilindustrie". (Wyman 2009)

Dieses Resultat scheinen auch viele der etablierten Hersteller für sich gezogen zu haben, denn sie verfügen mittlerweile über elektrifizierte Serienmodelle. Insgesamt konnten die Hersteller 2015 weltweit ca. 550.000 Fahrzeuge mit rein batteriebetriebenem Antrieb oder mit Plug-in-Hybrid absetzen. Im weltweiten Gesamtmarkt machen Elektromobile damit lediglich einen Anteil von unter einem Prozent aus. (Wilkens 2016) Trotz prognostizierter steigender Neuzulassungszahlen wird bis 2020 der Fahrzeugbestand nicht weit über einem bis zwei Prozent liegen. (Brokate et al. 2013) Dies zeigt, dass die globale Marktentwicklung die Automobilhersteller vor große Anstrengungen stellt und die Marktsituation besonders für Elektro- und Hybridfahrzeuge als unsicher zu bezeichnen ist. Internationale Märkte öffnen sich immer stärker für westliche Automobilhersteller, wie beispielsweise die bis 2014 stark wachsenden Absatzzahlen in den sogenannten BRIC Ländern (Brasilien, Russland, Indien, China) nahelegen. (DPA 2016) Zwar stagnieren die Absatzzahlen in diesen Ländern zurzeit, doch gleichzeitig bieten wiederum andere Länder neue Chancen für den Automobilmarkt. Denn aktuelle Entwicklungen zeigen, dass der weltweite Automobilmarkt wächst und sich von den BRIC Staaten, den USA und Europa, zu den sogenannten „Beyond-BRIC" Ländern, welche die „ASEAN" Staaten (Thailand, Indonesien, Malaysia, etc.) einschließen, verlagern wird. (DPA 2016; Vgl. Abb. 2.2) Der Studie zur Entwicklung des Neuwagenabsatzes (vgl. Abb. 2.2) zufolge wird der Automobilmarkt in Südostasien mit 4,6 Mio. abgesetzten Fahrzeugen in 2020 größer sein, als der Markt in Russland mit 4,4 Mio. abgesetzten Fahrzeugen. Folglich verlagern die Hersteller Produktionskapazitäten in diese Länder, wodurch 2020 insgesamt bis zu 6,5 Mio. Fahrzeuge in Thailand, Indonesien und Malaysia produziert werden. (Kuhnert et al. 2014) Als ein weiterer wichtiger Markt könnte sich der Mittlere Osten etablieren. Die dortigen Absatzzahlen werden laut der Analyse der Boston Consulting Group auf 5,8 Mio. Fahrzeuge im Jahre 2020 steigen und somit Brasilien (5,2 Mio. Fahrzeuge) übertreffen. Zusätzlich gewinnen Länder wie Ägypten und Marokko, welche als Tor zu Afrika gesehen werden,

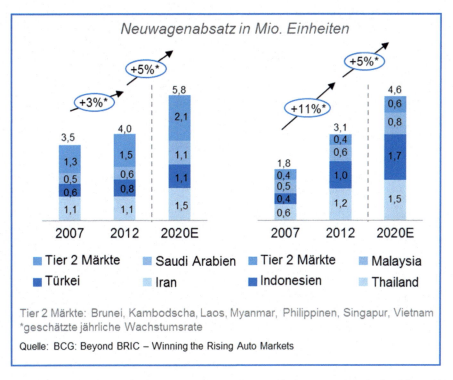

Abb. 2.2 Die Entwicklung des Neuwagenabsatzes in verschiedenen Ländern in den Jahren 2007, 2012, und 2020. (Vgl. Lang et al. 2013)

an Bedeutung. Damit steigt für Automobilhersteller das Risiko, dass bisher sichere Absatzmärkte wegbrechen oder die Absatzzahlen in den BRIC Ländern weder gehalten noch gesteigert werden können. (Lang et al. 2013)

Weitere Unsicherheit auf dem Automobilmarkt entsteht dadurch, dass es der Konkurrenz, bspw. den chinesischen Automobilherstellern, zunehmend gelingt, an westliche Produktions- und Qualitätsstandards heranzukommen und somit den Markt teilweise für sich zu beanspruchen.

Die RWTH Aachen hat in Zusammenarbeit mit der Unternehmensberatung McKinsey ein Komponentenmodell entwickelt, das die Zusammenhänge zwischen den Einflussfaktoren und der Marktentwicklung der Elektromobilität berücksichtigt. Durch Einbezug der Zusammenhänge ist es möglich, eine Sensitivitätsanalyse durchzuführen und eine detailliertere Auswertung zu erhalten. Die Ergebnisse der Untersuchungen werden in Abb. 2.3 veranschaulicht.

Es wird deutlich, dass die Marktentwicklung innerhalb der einzelnen Fahrzeugklassen (ICE, HEV, REEV, BEV) sehr unterschiedlich ausfällt. Während der rein elektrische Antrieb zunächst eher für die Kleinwagenklasse attraktiv ist, wird es laut der Studie in der Mittel- und Oberklasse ein stärkeres Wachstum beim Hybridantrieb geben. Am Beispiel Tesla zeigt sich jedoch, dass auch in der Oberklasse ein rein elektrischer Antrieb möglich

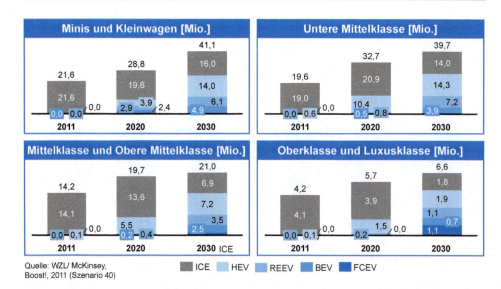

Abb. 2.3 Die Marktentwicklung verschiedener Segmente in Bezug zur Antriebstechnologie (*ICE* Internal Combustion Engine, *HEV* Hybrid Electric Vehicle, *REEV* Range-Extended Electric Vehicle, *BEV* Battery Electric Vehicle, *FCEV* Fuel Cell Electric Vehicle)

ist und somit Wachstumspotenziale vorhanden sind. Das Model S war beispielsweise das am drittmeisten verkaufte Elektrofahrzeug in Deutschland 2016. (KBA 2017)

Neben der Untersuchung der Marktverteilung für verschiedene Fahrzeugsegmente wurde die internationale Marktentwicklung betrachtet. Es konnte gezeigt werden, dass sich in allen Regionen ein Mix verschiedener Antriebstechnologien entwickelt, wobei in jedem Teilbereich ein Rückgang des konventionellen Antriebsstrangs zu erwarten ist. Hierbei zeichnet sich in Japan der stärkste Rückgang ab. Zudem ist die Marktentwicklung dort rückläufig, was im Gegensatz zum weltweiten Trend steht. Beachtlich sind die Steigerungsraten der Kategorien REEV, BEV und FCEV, die zum Teil von sehr niedrigen Startwerten ausgehen. Weltweit steigt der Absatz laut der Studie bis 2020 auf 86,8 Mio. Fahrzeuge an. (McKinsey 2011)

Neben der unsicheren Situation auf den Absatzmärkten steht die Industrie zusätzlich durch die Gesetzgebung zu CO_2-Emissionen bei Fahrzeugen unter Druck. Pläne wie die der norwegischen Regierung bis 2025 keinerlei konventionelle Fahrzeuge mehr im PKW- oder Bussegment zuzulassen (Sorge 2016) oder die Bestrebungen in den Niederlanden bis 2025 nur noch reinelektrische Fahrzeuge zuzulassen verdeutlichen dies. (Imhof 2016) Diese Entwicklung verlangt nicht nur die Optimierung bestehender Antriebstechnologien, sondern erfordert einen starken Fokus auf hybride Antriebstechnologien oder batteriebetriebene Fahrzeuge. Nach Plänen der Europäischen Kommission sollen außerdem die Treibhausgasemissionen bis 2050 um 80 % im Vergleich zu 1990 reduziert werden. (Wyman 2014) Dieses Ziel ist nur erreichbar, wenn neben dem Ausbau von erneuerbaren Energien und der Durchführung weiterer Maßnahmen zur Reduktion von umweltschädlichen Emissionen auch eine weitestgehend CO_2-freie Automobilität ermöglicht wird. Die Gesetzgebung für CO_2-Emissionen in der EU kann in den kommenden Jahren zudem noch verschärft werden, wodurch sich zusätzliche Unsicherheitsfaktoren ergeben. Die Industrie benötigt jedoch Vorgaben und Richtlinien, um Investitionen in zukünftige Technologien zu tätigen. Abhängig davon, wie restriktiv die Gesetzesvorgaben für CO_2-Emissionen bei Fahrzeugen ausfallen werden, sind verschiedene Entwicklungsrichtungen denkbar.

Dabei formuliert eine vom DLR durchgeführte Studie basierend auf drei möglichen Regulierungsrichtlinien verschiedene Szenarien für zukünftige Antriebsentwicklungen: Das Basisszenario ist eine Regulierung auf etwa 95 g CO_2/km im Jahr 2020. Außerdem werden zwei denkbare Fortschreibungen auf 70 g CO_2/km im Jahr 2030 und auf 45 g CO_2/km im Jahr 2040 betrachtet. Bei einer gemäßigten Regulierung mit angestrebter CO_2-Emission von ca. 95 g CO_2/km in 2020 entsteht kein unmittelbarer Innovationsdruck. Der Dieselantrieb würde sich in diesem Fall durchsetzen. Anders sieht es bei einer Beschränkung mit vorgegebenen Grenzwerten für Emissionen von ca. 45 g CO_2/km aus. In diesem Fall liegt eine stärkere Restriktion vor, die bis 2040 zu einer Dominanz elektrischer Antriebstechnologien führen würde. Ein solches Szenario benachteiligt optimierte konventionelle Antriebstechnologien und Mild-Hybrid-Antriebe. Die Industrie sähe sich einem starken Innovationsdruck hin zu elektrischen Antriebssystemen ausgesetzt. Bei einer Regulierung, welche den CO_2-Ausstoß bei 70 g CO_2/km deckelt, zeigt sich, dass neben Elektro- und Dieselantrieben auch der Benzin Hybridantrieb im Jahr 2030 Bestand hat. Somit zeigt sich, dass die zukünftige Marktentwicklung stark von der CO_2-Regulierung abhängig ist. (Brokate et al. 2013)

Ein weiterer Aspekt ist die Diversität des Marktes. Viele Neuwagen werden als Stadtautos konzipiert oder sind Weiterentwicklung urbaner Mobilitätskonzepte, wie beispielsweise der Smart fortwo ED. Daneben sind aber auch Anwendungen wie der Anschluss ruraler Gebiete durch Shuttles oder Pedelecs an den ÖPNV gedacht. Hinzu kommen Anwendungen im Taxi- oder Lieferverkehr. Neuentwicklungen werden im Zuge der zukünftigen Mobilität meist von Anfang an mit einem elektrischen Antrieb konzipiert, wodurch ein immenser Wettbewerbsvorteil entsteht. Die Anwendungsvielfalt ist bei der Ausarbeitung eines Fahrzeugs zu beachten und bedarf einer genauen Analyse um Absatzmärkte verlässlicher zu prognostizieren. (Zimmer 2011)

2.1.3.2 Verbraucherperspektive

Der Verbraucher verbindet mit einem Automobil weit mehr als nur mobil zu sein. Laut einer Befragung von PricewaterhouseCoopers ziehen 90 % aller Teilnehmer, die ein eigenes Auto besitzen, dieses den öffentlichen Verkehrsmitteln vor. Sechs von zehn Befragten nutzen es auf dem Weg zur Arbeit, acht von zehn für private Besorgungen. (Cheng et al. 2010) Die Anforderungen, die aus der Sicht des Anwenders an die Mobilität gestellt werden, sind vielfältig. Die im Rahmen der Studie „Elektromobilität 2025" durchgeführte Kundenbefragung hat eindeutig ergeben, dass die Verbraucher nicht bereit sind, Abstriche bei Nutzung, Sicherheit oder Fahrkomfort in Kauf zu nehmen. (Wyman 2009) Zusätzlich sollten diese Anforderungen mit dem Umweltbewusstsein der Anwender in Einklang gebracht werden.

Weiterhin ist die Mehrpreisbereitschaft bei den Verbrauchern zwar zum Teil vorhanden, bei weitem aber nicht ausgeprägt genug. (Wyman 2009) Dies belegt auch die Studie der P3 group. Es wird deutlich, dass über 75 % der Befragten nicht bereit sind, mehr Geld für ein elektrifiziertes Fahrzeug zu bezahlen. Innerhalb der Gruppe der zahlungsbereiten Anwender wären über 67 % bereit zwischen 1000 € und 3000 € mehr für ein Elektrofahrzeug zu zahlen. (Paternoga et al. 2013) Zudem wünschen sich sieben von zehn der Befragten eine minimale Reichweite von über 200 km; 30 % wünschen sich sogar eine Reichweite von mindestens 500 km. In Realität dagegen widerspricht das Nutzungsprofil eines durchschnittlichen PKW diesen Vorstellungen. Der Großteil der täglichen PKW Fahrleistung überschreitet in 93,2 % der Fälle nicht die Grenze von 100 km. Die räumliche Distanz vom Wohnort zur Arbeitsstelle beträgt bei rund der Hälfte der Deutschen weniger als 10 km und bei acht von zehn der Erwerbstätigen sind die Fahrtwege vom Wohn- zum Arbeitsort kürzer als 25 km. Die durchschnittliche Fahrstrecke beträgt pro Person knapp 37 km am Tag. Ein bedeutender Anteil des Verkehrs könnte daher schon heute problemlos mit einem Elektrofahrzeug bei einmaligem Ladevorgang abgedeckt werden. (Paternoga et al. 2013)

Die Erwartungen der Verbraucher betreffen somit zusammenfassend hauptsächlich die Senkung des Kaufpreises und die Reichweitenvergrößerung. Dies stellt zunächst eine Herausforderung auf technischer Seite dar, jedoch zeigt sich auch, dass der durchschnittliche Konsument unbegründete Ängste bezüglich der Reichweite hat. Da das Thema Mobilität Werte wie Freiheit und Unabhängigkeit betrifft, ist es ebenfalls eine psychologische Herausforderung, die Wünsche der Verbraucher mit dem tatsächlichen Fahrprofil in Einklang zu bringen.

2.1.3.3 Politische Perspektive

Die Politik hat sich ambitionierte Ziele gesetzt, denn wie die vorigen Kapitel belegen, wird im Jahre 2020 vermutlich noch nicht die angestrebte Million an elektrifizierten Fahrzeugen auf deutschen Straßen unterwegs sein. Deshalb, und auch um die unsichere Marktsituation abzufangen oder die Investitionskosten zu reduzieren, sind Förderprogramme und Subventionen gefragt. Die Bundesregierung hat bereits die gezielte Förderung und Unterstützung für die Forschung und Entwicklung im Bereich der alternativen Antriebstechnologien vorgesehen. (Sandau und Schwedes 2011) Sie stellte am 19. August 2009 den „Nationalen Entwicklungsplan Elektromobilität" vor. Dieser dreiphasige Plan unterstützt die Elektromobilität bis zum Jahre 2020. Er besteht aus der Marktvorbereitungsphase (2009–2011), der Markthochlaufphase (2011–2016) und der Volumenmarktphase (2016–2020).

Im Mittelpunkt der Marktvorbereitungsphase stand dabei Forschung und Entwicklung, vor allem von Akkumulatoren, und die Erprobung in Feldtests und Kleinserienfertigungen. Zudem sollten Studien unterstützt und die Normung vorangebracht werden. Diese Themen wurden in der Markthochlaufphase weiter umgesetzt und bedarfsgerecht unterstützt. Die Phase sah vor, dass die Ladeinfrastruktur ausgebaut und die nächsten Generationen von Akkumulatoren erforscht und entwickelt werden. In der letzten Phase, der Volumenmarktphase, sollen Anschlussthemen in den Fokus der Maßnahmen gelegt werden. Dies bedeutet, dass bei der Forschung und Entwicklung zukünftige Energiespeicher-Methoden erprobt und dazugehörige Geschäftsmodelle erstellt werden sollen. Auch Feldtests mit übergreifenden Systemen stehen auf der Agenda.

Zusätzlich zu den im Nationalen Entwicklungsplan Elektromobilität verankerten Maßnahmen soll jedem Käufer eines Elektroautomobils von 2016 bis 2020 eine Steuerbefreiung von fünf Jahren gewährleistet werden. (BuW 2015) Weiterhin fördert die Bundesregierung vier „Schaufenster-Regionen" mit 180 Mio. Euro. Dazu gehören „Elektromobilität verbindet" (Bayern-Sachsen), das „Internationale Schaufenster Elektromobilität" (Berlin-Brandenburg), „Unsere Pferdestärken werden elektrisch" (Niedersachsen) und „living lab" (Baden-Württemberg). Dafür sind groß angelegte regionale Demonstrations- und Pilotvorhaben ausgewählt worden, welche innovative Elemente der Elektromobilität an der Schnittstelle von Energiesystem, Fahrzeug und Verkehrssystem bündeln. Rahmenbedingungen sind durch das Elektromobilitätsgesetz der Bundesregierung gegeben, welches im März 2015 verabschiedet wurde. Diese beinhalten die Kennzeichnung von elektrifizierten Fahrzeugen im Straßenverkehr, Parkmöglichkeiten und die Aufteilung der Kompetenzen zwischen Kommunen, Ländern und Bund. Ein anschließendes Gesetzespaket (Elektromobilitätsgesetz II) befindet sich in der Anfangsphase. Seit Anfang Juli 2016 fördert die Bundesregierung zudem den Kauf von Elektrofahrzeugen mit einer Prämie. Reinelektrische Fahrzeuge erhalten einen Zuschuss von 4000 €, PHEVs 3000 €. Insgesamt stehen für diese Förderung 600 Mio. Euro zur Verfügung. (Bundesregierung 2016) Hinzu kommen europäisch gesetzte Ziele, welche vor allem die im vorigen Kapitel genannte Reduktion von CO_2-Austoß betrifft. (Vgl. Abschn. 2.1.3.1)

Im internationalen Vergleich erkennt man, dass andere Länder ebenfalls weitreichende Fördermaßnahmen implementiert haben. Dabei wurden in Norwegen die meisten Anreize umgesetzt, was sich auch in der Zahl der verkauften Fahrzeuge widerspiegelt. In den Niederlanden sind die Verkaufszahlen seit 2012 rasant gestiegen. Hier werden seit 2014 verstärkt reinelektrische Fahrzeuge fokussiert. In Süd- und Osteuropa besteht noch größeres Potenzial, jedoch implementieren auch dort immer mehr Länder Maßnahmen, etwa kostenlose Parkplätze in Innenstädten, sowie Unterstützung bei der Bereitstellung von Infrastruktur und Steuererleichterungen. (ACEA 2016) Weltweit fördern neben Norwegen z. B. auch China, Japan und die USA (Kalifornien) Elektromobilität mit diversen Anreizen. Hierzu gehören u. a. kostenlose Zulassung ohne Lotterieteilnahme in China, Nutzung von Spuren für Fahrgemeinschaften oder Kaufrabatte auf inländisch produzierte Fahrzeuge.

2.1.3.4 Perspektive der Automobilindustrie

Während die Entwicklung der Elektromobilität für einige Hersteller, beispielsweise von Komponenten des Verbrennungsmotors, zukünftig wirtschaftliche Probleme aufwerfen wird, bedeutet die gleiche Entwicklung für andere Hersteller eine große Chance am Markt. Aufgeschlüsselt nach den verschiedenen Komponenten finden sich Hersteller, die von dieser Entwicklung langfristig bzw. kurzfristig profitieren werden (die sogenannten „rising

Tab. 2.2 Potenzial der Komponenten im automobilen Antriebsstrang nach McKinsey (Vgl. McKinsey 2011)

„rising stars"	„transformers"	„under pressure"
Batteriepack	Getriebe	Motorblock und Zylinderköpfe
Thermomanagement	Turbolader	Einspritzsystem
Elektromotor	Bremsen	
Leistungselektronik		

stars" bzw. die sogenannten „transformers"), und Hersteller, die unter starken Druck geraten werden („under pressure") (McKinsey 2011) (Tab. 2.2):

Während beispielsweise die Hersteller von Elektromotoren marktwirtschaftliche Vorteile aus der Entwicklung von elektrifizierten Antriebstechnologien ziehen, sehen sich die Hersteller herkömmlicher Verbrennungsmotoren mit möglichen Verlusten konfrontiert. Auch weitere Unternehmen aus anderen Branchen, wie der Chemie- oder Elektronikbranche, werden zunehmend in den Automobilmarkt eindringen und sich entlang der Wertschöpfungskette positionieren. Die neuen Wettbewerber stellen für die Automobilhersteller eine Gefahr dar, weil ein Großteil der Wertschöpfung entlang des Antriebstrangs abgegeben werden muss. Zusätzlicher Druck entsteht durch die gesunkenen Markteintrittsbarrieren, etwa weniger benötigtes Know-How bezüglich Verbrennungskraftmaschinen, keine fortgeschrittene Forschung der OEMs im Bereich der Batterietechnologie und vertraglich ungebundene Zulieferer. (Leschus et al. 2009) Diese niedrigeren Barrieren sind eine Konsequenz aus der Tatsache, dass elektrifizierte Fahrzeuge als Produkt im Vergleich zu konventionellen Fahrzeugen weniger komplex sind und andere Komponenten verwendet werden. Durch innovative Fertigung und Standardisierung von Bauteilen für verschiedene Modelle können Kosten gespart werden. Dabei spielt die Montage vom elektrifizierten Antriebsstrang eine zentrale Rolle. Sie erfolgt mit einer reduzierten Komponentenanzahl und ist somit günstiger. Zudem sind die Kosten der Planung und Wartung niedriger, was aus einer geringeren Wertschöpfungstiefe resultiert. (Leschus et al. 2009) Hinsichtlich der Wertschöpfung ist denkbar, dass sich die Produktion elementarer Bauteile – wie beispielsweise dem Elektromotor – die momentan bei den OEMs selbst stattfindet, auf Zulieferer verlagern wird.

Start-Up-Unternehmen haben die Möglichkeit sich in dem Markt der Elektromobilität zu etablieren. Dies kann gelingen, weil der Markt relativ neu ist und sich noch keine festen Strukturen und Big Player etabliert haben.

Die Industrie muss schließlich zentrale Stufen der Wertschöpfungskette im eigenen Land entwickeln und realisieren. Die einzelnen Stufen beinhalten unter anderem die Rohstoffgewinnung, die Energieerzeugung, den Aufbau einer geeigneten Infrastruktur sowie die Entwicklung und Produktion der Batterie und der Antriebstechnologien. Davon ausgehend zeigt eine Studie, dass die deutsche Automobilindustrie mit heimischem Know-how dem technologischen Abhängigkeitsrisiko entgegenkommen kann.

Die Automobilindustrie versucht durch Bündelung der relevanten Kompetenzen und Unterstützung des Aufbaus von Systemkompetenzen für die deutsche Wirtschaft, einen Leitmarkt für die Elektromobilproduktion in Deutschland zu schaffen. (Hüttl et al. 2010)

2.1.3.5 Energiewirtschaftliche Perspektive

Der durch die Elektromobilität herbeigeführte steigende Strombedarf sowie der Ausbau der Infrastrukturen ermöglicht den Energieunternehmen in den nächsten Jahren ein Umsatzpotenzial von mehreren Milliarden Euro wahrzunehmen. (Hauck 2009) Um dieses Potenzial auszuschöpfen, sind vor allem Partnerschaften nötig, mit denen die Energiekonzerne in der Lage sind, zukünftig den Markt zu gestalten. Aus energiewirtschaftlicher Perspektive stellt der Strombedarf, der sich aus prognostizierten Neuzulassungen für elektrifizierte Fahrzeuge bis 2030 ergibt, keine Schwierigkeiten dar. Die Stromversorgung aus erneuerbaren Energien zu gewährleisten, stellt die Energiekonzerne jedoch vor eine immense Herausforderung. Nur durch den Umstieg auf erneuerbare Energien kann die Emissionsbilanz weiter verbessert werden. (Thomas 2009)

Eine wichtige Rolle zur Etablierung der Elektromobilität spielt der Aufbau einer Ladeinfrastruktur, die einen erheblichen Einfluss auf die Verbreitung von Elektrofahrzeugen nimmt. Diverse Ladeinfrastrukturkonzepte werden zurzeit diskutiert. Die lange Ladezeit stellt dabei nach wie vor das Kernproblem dar. Um nicht nur einzelne Nutzergruppen anzusprechen, sondern ein breites Spektrum an Verbrauchern zu schaffen, müssen öffentliche Lade- und Wechselstationen entstehen. Dieser Ausbau ist allerdings mit langfristig hohen Investitionen verbunden. In den Niederlanden gibt es bereits eine flächendeckende Ladeinfrastruktur. Diese wird durch unterschiedliche Ansätze geprägt. Neben einem Autobahnladenetz werden Städte, wie Amsterdam, Wohngebiete aber auch Arbeitgeber vernetzt, sodass ein breites Nutzerspektrum entsteht. Auch in Deutschland weisen bereits einzelne Regionen (z. B.: Berlin, Köln, Aachen) Ansätze einer Ladeinfrastruktur vor. Problematisch wird es in ländlichen Regionen, hier befindet sich der Ausbau noch in den Kinderschuhen. Damit Elektromobilität in Deutschland für Jeden eine Alternative darstellen kann, ist also in möglichst naher Zukunft eine deutliche Weiterentwicklung der Ladeinfrastruktur erforderlich.

2.2 Infrastruktur für die Elektromobilität

Mobilität sichert die Teilnahme der Menschen und die Verteilung von Gütern an den persönlichen und ökonomischen Austauschprozessen. Dabei steht für die Menschen die Erreichbarkeit unterschiedlicher Aktivitätsorte wie Arbeitsplätze, Einkaufsmöglichkeiten, Ausbildungsstätten oder Kultur- und Freizeiteinrichtungen im Vordergrund. Für die Wirtschaft sind die Erreichbarkeit und zuverlässige Bedienung von und mit Rohstoffen, Halbfertigprodukten und Endprodukten relevant.

Für die Realisierung der Mobilität werden neben dem Gehen vielfältige Verkehrsmittel genutzt. Im Personenverkehr spielen das Fahrrad und weitere Zweiräder, der öffentliche Personenverkehr (Bus, Bahn) sowie der PKW eine wichtige Rolle. Im Güterverkehr sind Lieferfahrzeuge und LKW, die Bahn und Schiffe die dominierenden Verkehrsträger. Flugzeuge, Schiffe und Rohrleitungen sind eher nachgeordnet, haben besondere Einsatzbereiche und Nutzungsarten, weshalb sie an dieser Stelle nicht vertieft behandelt werden.

Die überwiegende tägliche Mobilität spielt sich in Entfernungsbereichen zwischen wenigen 100 m bis zu rund 100 km ab. Die durchschnittliche Entfernung der etwa 3,4 am Tag zurückgelegten Wege beträgt nur jeweils rund 12 km (MiD 2008). Aufgrund der guten Infrastruktur, der hohen Verfügbarkeit von PKW sowie der erforderlichen Flexibilität bei der Arbeitsplatzwahl sind aber auch tägliche Distanzen von 70–80 km keine Ausnahme. Als Verkehrsmittel werden das Fahrrad, der ÖPNV oder der PKW genutzt. Viele Wege im Nahbereich werden zu Fuß zurückgelegt.

Wesentlich durch den motorisierten Verkehr in Städten und Regionen ausgelöste Probleme sind Staus, Luftverschmutzung und Lärm. Aus Gründen des Gesundheitsschutzes existieren auf europäischer Ebene inzwischen eine Vielzahl von Richtlinien zur Luftqualität und zum Lärmschutz (EG 2002, 2008), die bei Überschreitung bestimmter Grenzwerte von den Kommunen Maßnahmen zur Verbesserung der Situation verlangen. Dabei werden häufig temporäre bzw. lokale Fahrverbote oder Geschwindigkeitsbeschränkungen ausgesprochen, um die Lärm- und Abgasemissionen zu reduzieren. Hier verspricht die Elektromobilität deutliche Verbesserungen, da sie lokal keine Emissionen erzeugt. Zudem kann eine Abkoppelung von der Erdölabhängigkeit des Verkehrs erwartet werden, die heute bei rund 90 % liegt und zu knapp 20 % aller CO_2-Emissionen bundesweit führt (Umweltbundesamt 2010). Für elektrische Mobilität stehen vielfältige Primärenergiequellen zur Verfügung, die bei geeigneter Verteil- und Ladeinfrastruktur die Elektromobilität sichern.

Eine deutliche Reduzierung der CO_2-Emissionen kann allerdings nur dann gelingen, wenn der Strom aus regenerativen Energien gewonnen wird. Die Gewinnung von Strom aus Windkraft, Fotovoltaik und Biomasse muss gesteigert werden. Dies verlangt ausreichend dimensionierte Übertragungs- und Verteilungsnetze sowie ggfs. Speicherkapazitäten, da insbesondere die Stromerzeugung aus Wind- und Fotovoltaik nicht kontinuierlich und an allen Orten gelingt. Darüber hinaus ist zu bedenken, dass bspw. durch die Biomasseerzeugung Nutzungskonflikte zwischen Nahrungsmittel- und Energiepflanzenanbau entstehen. Neben den erforderlichen regenerativen Formen der Stromerzeugung ist ebenfalls zu bedenken, dass eine verstärkte und evtl. mit starken Spitzen versehene Nachfrage nach Ladekapazitäten auch eine Verstärkung oder einen Ausbau der Niederspannungsnetze nach sich ziehen kann, worauf im Folgenden näher eingegangen wird. Dabei ist es erforderlich, dass nicht nur die benötigte Energiemenge (kWh), sondern auch die zum Bedarfszeitpunkt erforderliche Leistung (kW) zur Verfügung steht. Letzteres wird dazu führen, dass ein Ausbau der Netzinfrastruktur erforderlich wird und zudem – bspw. durch den Einsatz von Informations- und Kommunikationselementen – durch intelligente Ladestrategien eine Überlastung der Infrastruktur vermieden wird. Es könnten im Fall einer Großstörung sogar dezentral stützende Maßnahmen vorgenommen werden.

2.2.1 Netzinfrastruktur

2.2.1.1 Generelle Struktur

Die Versorgung mit elektrischer Energie erfolgt durch die Stromnetze, die die Stromverbraucher mit den Erzeugungseinheiten mit einer sehr hohen Zuverlässigkeit und Verfügbarkeit verbinden (Verfügbarkeit in Deutschland: > 99,997 % bezogen auf die Endverbraucher). Klassisch erfolgte der Stromfluss von den (lastnah errichteten) Großkraftwerken (in Deutschland heute vorwiegend mit Kohle und Kernenergie betrieben) durch die Übertragungs- und Verteilungsnetze zu den Verbrauchern. Zukünftig wird sich der sog. Erzeugungspark in seiner Zusammensetzung deutlich zugunsten einer stärkeren Stromerzeugung aus erneuerbaren Energien verändern (vornehmlich Wind, Photovoltaik, Wasser und Biomasse) (Abb. 2.4).

Es ist ein wesentliches Ziel, bis zum Jahr 2020 den Anteil dieser Energieträger an der Stromerzeugung auf über 30 % zu steigern. Aufgrund der starken Abhängigkeit der regenerativen Stromerzeugung von der Verfügbarkeit von Wind und Sonneneinstrahlung sind die Jahresnutzungsdauern deutlich geringer als bei anderen Energieträgern, sodass die installierten Leistungen deutlich höher sein müssen, als es der Energieanteil vermuten lässt (vgl. Tab. 2.3).

Die erheblich angestiegene Einspeisung durch Windenergie- und Photovoltaikanlagen bedingt einen sich häufig in seiner Richtung und Stärke ändernden Stromfluss (Lastfluss). Der zukünftig zu erwartende Stromerzeugungsmix wird diesen Trend weiter verstärken, sodass es häufig Situationen geben wird, in denen ein Überangebot an bzw. eine Unterdeckung von elektrischer Energie herrscht. Entsprechend sind die elektrischen Netze auszubauen, Speichereinheiten oder steuerbare Verbraucher zu entwickeln bzw. in das Gesamtsystem zu integrieren, um einen kontinuierlichen bzw. erzeugungsgerechten Verbrauch elektrischer Energie zu ermöglichen.

Im Verteilungsnetz, das die Versorgung der Endverbraucher über die Spannungsebenen (10 und 20 kV bzw. 230/400 V (DIN IEC 38)) sicherstellt, wird der größte Anteil von Photovoltaikanlagen wie auch der Elektromobile angeschlossen. Damit gilt es, dezentrale

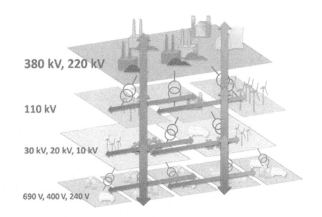

Abb. 2.4 Struktur der zukünftigen Energieversorgung mit elektrischem Lastfluss (*rot*) und Informationsfluss (*grün*) („Smart Grids")

Tab. 2.3 Installierte Kraftwerksleistung in DE (Stand: Ende 2009). (Quelle: BDEW; Bemerkung: Zum Jahresende 2010 waren bereits etwa 17–18 GW an Photovoltaik-Leistung installiert (Wind: ca. 27 GW))

Energieträger	2000	2009	Veränderung
Steinkohle	32,3	28,0	−4,3
Braunkohle	21,8	20,3	−1,5
Heizöl	7,5	6,0	−1,5
Gase	22,3	21,7	−0,6
Kernenergie	23,6	20,5	−3,1
Wasser	9,0	5,3	−3,7
Wind	6,1	25,8	+19,7
Fotovoltaik	keine Angabe	9,8	
Biomasse	keine Angabe	4,6	
Sonstige	2,1	11,6	+9,5
Insgesamt	**124,7**	**155,5**	**+30,8**

(lastnahe und lastferne) Erzeugung mit den Versorgungsanforderungen von lokalen Speichern und Elektrofahrzeugen in Einklang zu bringen, sowohl für die sog. Anschlussleistung (voraussichtlich zwischen 2 kW und 44 kW) als auch für den Gesamtenergiebedarf (bei 22 % Durchdringungsgrad entsprechend ca. 8,5 Mio. Fahrzeugen, liegt der Energiebedarf bei ca. 18 TWh und damit unterhalb von 4 % des heutigen Stromverbrauchs).

2.2.1.2 Anforderungen an die Infrastruktur

Die Anschlussleistung der unterschiedlichen Elektrofahrzeuge ist heute noch nicht endgültig definiert und wird voraussichtlich zwischen 2 und 44 kW liegen. Aufgrund unterschiedlich gestalteter Netze sowie einer zu erwartenden inhomogenen Verteilung von Elektrofahrzeugen lassen sich die Auswirkungen auf die Netzauslastung nur durch umfangreiche Systemstudien und Szenarien beschreiben. Hierzu werden die erwarteten Verkehrsflüsse nachgebildet, die wiederum den Energiebedarf als Funktion des Ortes, des Verbrauchs und der Tageszeit simulieren (s. Abb. 2.5).

Dabei wird für eine betrachtete Region der zeitabhängige Energiebedarf pro Fahrzeug ermittelt und die resultierende Belastung auf die Verteilungsnetzkomponenten berechnet. Eine wesentliche Belastung stellt der maximale Strom dar, der sich durch die an den unterschiedlichen Orten (Betriebsmitteln) auftretenden Einzelströme (der unterschiedlichen Verbraucher und Erzeuger) ergibt. Zudem muss sichergestellt sein, dass kein Betriebsmittel (Stecker, Schalter, Leitung/Kabel, Transformator etc.) außerhalb seiner zulässigen Grenzen betrieben wird (bspw. Nennbetriebsstrom). Neben der Einhaltung dieser Grenzwerte ist darauf zu achten, dass die Spannung im Verteilungsnetz die in den Normen vorgegebenen Spannungsbänder (Grenzwerte für minimale und maximale Spannung) einhält, bspw. +/− 10 % gemäß DIN EN 50160.

Gerade bei hohen Anschlussleistungen und hohen Durchdringungsgraden von Elektrofahrzeugen in Netzen mit geringer Lastdichte – bspw. ländliche Netze oder gemischt ländlich-städtische Netze – kann es zu einer unzulässigen Beanspruchung der Netzbetriebsmittel oder

2 Grundlagen

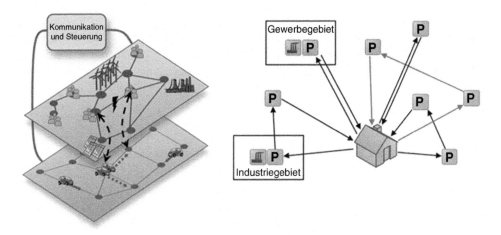

Abb. 2.5 Gekoppelte Nachbildung der Verkehrsflüsse und der elektrischen Lastflüsse. (Quelle: ifht; RWTH Aachen University)

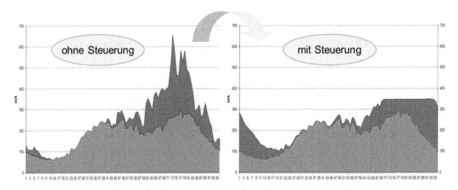

Beispiel: (1 Tageslastgang, Takt 15 min)
- Durchdringungsgrad 80 %
- Anschlussleistung: 20 kW
- Verschiedene Fahrerklassen (Pendler etc.)

Auswirkung:
- deutliche Reduzierung der Lastspitzen → Vermeidung von Überlastungen der Assets
- Vergleichmäßigung der Tagesganglinie möglich

Abb. 2.6 Auswirkung einer Ladeleistungssteuerung auf die Netzbelastung. (Quelle: ifht; RWTH Aachen University)

einer Verletzung der Spannungsbänder (+/− 10 %) kommen. In solchen Fällen sind Gegenmaßnahmen zu ergreifen, die entweder die Ladeleistung verringern (und damit die erforderliche Ladezeit verlängern) oder einzelne Verbraucher (Elektrofahrzeuge oder sonstige steuerbare Verbraucher) temporär abschalten.

Exemplarisch zeigt Abb. 2.6 den Einfluss einer solchen Ladesteuerung auf die Auslastung des Verteilungsnetzes bei hohen Durchdringungsgraden über einen Zeitraum von 24 Stunden.

Es zeigt sich, dass eine aktive Steuerung unzulässige Betriebszustände vermeiden kann. Voraussetzung ist allerdings die Kenntnis über den aktuellen (und erwarteten) Zustand des Verteilungsnetzes (Strombelastung, Spannung). Dies erfordert die Integration von Sensoren und Kommunikationseinrichtungen bis in die Niederspannungsnetze (230 V), um aus den Zustandsdaten Maßnahmen zur Steuerung des Verteilungsnetzes bzw. der Verbraucher abzuleiten.

2.2.2 Fahrzeuge, Einsatzmuster und Infrastrukturbedarf

2.2.2.1 Zweiräder

Zweiräder, insbesondere Fahrräder und emissionsarme motorisierte Zweiräder wie Pedelecs oder Roller, sind sehr stadtverträgliche Verkehrsmittel. Sie sind platzsparend, leise und lassen sich nahezu an allen Orten abstellen. Derzeit sind in Deutschland rund 70 Mio. Fahrräder vorhanden (MiD 2008), sodass rechnerisch nahezu jede Person über ein Fahrrad verfügt. Mit dem Fahrrad werden durchschnittlich knapp 10 % der täglichen Wege zurückgelegt, wobei die durchschnittliche Distanz eines Weges bei rund 5 km liegt (MiD 2008). Wesentliche Nutzungshemmnisse sind derzeit in der Witterungsabhängigkeit, der oft nicht besonders gut ausgebauten Wege-Infrastruktur, häufig fehlenden oder schwer zugänglichen vandalismus- und diebstahlsicheren Abstellgelegenheiten sowie der erforderlichen Muskelkraft (beim Fahrrad) zu sehen. Allerdings zeigen Vergleiche zwischen den Städten in Deutschland sowie u. a. zu den Niederlanden, dass größere Nutzungspotenziale denkbar sind. So liegt die Fahrradnutzung in Münster mit 25 % deutlich über dem Bundesdurchschnitt und in den Niederlanden ist das Fahrrad ein alltägliches Verkehrsmittel für breite Bevölkerungsschichten.

Die Elektromobilität bietet die Chance, durch Fahrräder mit Unterstützungsantrieb das Manko Muskelkraft auszuschalten. Wird dies durch eine umfassende städtische Strategie zur Schaffung von Radwegen und Abstellmöglichkeiten flankiert, lassen sich auch die infrastrukturellen Voraussetzungen deutlich verbessern. Die Kapazität der Akkus reicht heute für Distanzen von 80 km, ein tägliches Laden auch mit langer Ladedauer wäre ausreichend.

Beim Infrastrukturbedarf ist zu berücksichtigen, dass bei Pedelecs meist ein abnehmbarer Akku vorhanden ist, die Beladung kann also in der Wohnung oder am Arbeitsplatz an einer herkömmlichen Steckdose erfolgen. Darüber hinaus wäre es sinnvoll, an Umsteige- und Zugangspunkten zum öffentlichen Personenverkehr wie Bahnhöfen sowie zentralen bzw. hoch frequentierten Bushaltestellen vandalismussichere Abstellanlagen (bspw. Fahrradboxen) mit einer Ladeinfrastruktur einzurichten. Bei hohem Aufkommen sind auch Fahrradparkhäuser, wie bspw. in Münster oder Freiburg, nützlich, die ggfs. mit Mehrwertdiensten wie Pflege und Reparatur sowie einer ausreichenden Ladeinfrastruktur ausgestattet werden. Außerdem sind Geschäftsmodelle denkbar, die einen Tausch entladener gegen geladene Akkus ermöglichen, was im Freizeit- und Tourismuseinsatz die Reichweite vergrößern kann. Hierfür wären ortsfeste Einrichtungen mit Ladeinfrastruktur, bspw. an Gasthäusern oder Automaten an Wanderparkplätzen, erforderlich.

Elektroroller verfügen aktuell nicht über abnehmbare Akkus, für sie wäre eine Ladeinfrastruktur zu schaffen. Die Rahmenbedingungen sind ähnlich wie bei PKW, sodass an dieser Stelle darauf verwiesen wird.

Generell gilt, dass bei kleinen Leistungen (ca. 2–3 kW) haushaltsübliche Steckdosen als Ladeinfrastruktur zur Verfügung stehen. Aufgrund des geringen Gleichzeitigkeitsfaktors, d. h. einer geringen Wahrscheinlichkeit, dass eine Vielzahl von solchen Ladeeinrichtungen gleichzeitig mit ihrer Nennleistung laden, sind auf absehbare Zeit keine Auswirkungen auf die Netzinfrastruktur zu erwarten.

2.2.2.2 Öffentlicher Personenverkehr (Bus und Bahn)

Der öffentliche Personenverkehr ist fester Bestandteil des städtischen Verkehrs und bewältigt rund 10 % der täglichen Wege (MiD 2008). Allerdings sind im Hinblick auf die Infrastruktur vor allem die Einsatzmuster der Fahrzeuge und nicht so sehr die Nutzungsmuster der Kunden bedeutend. Attraktive und hoch leistungsfähige Systeme für städtische Verkehre können bei Bahnen sowie Trolley- und Hybridbussen durch die Elektromobilität an Bedeutung gewinnen. Im Fernverkehr sind mit dem inzwischen europaweit bestehenden Eisenbahn-Hochgeschwindigkeitsverkehr bereits umfassende Konzepte der Elektromobilität verwirklicht. Die Weiterentwicklung von Trolley- und Hybridbussen sowie die technische Optimierung der Stromversorgung für Stadt- und Straßenbahnen durch induktive Systeme zur Verbesserung der Stadtbildqualität versprechen eine baldige Einsatzfähigkeit sowie ein neues Nutzungs- und Innovationspotenzial für die Elektromobilität.

Als Basisinfrastruktur für einen attraktiven öffentlichen Personenverkehr sind besondere Trassen für eine zügige und pünktliche Abwicklung erforderlich. Eine besondere Herausforderung stellt dann die Energieversorgung dar. Klassische Oberleitungen sind vielfach für die Stadtbilder suboptimal, sodass hier Innovationen erforderlich werden. Die Einsatzmuster der Busse mit Umläufen Tagesfahrleistungen von rund 200 bis 400 km (entspricht dem Durchschnittswert einer Vielzahl deutscher städtischer Verkehrsunternehmen, die im VDV zusammengeschlossen sind) sowie zusätzlicher Energiebedarfe für Heizung und Klimatisierung lassen einen ausschließlich batteriegestützten, rein elektrischen Betrieb bisher kaum zu. Auch die Rekuperation sowie ein Laden während der Halte würden nur bei sehr hohen Ladeleistungen die erforderliche Energiemenge bereitstellen können (Erfordernis eines leistungsstarken Netzanschlusspunktes). Insofern sind die Entwicklung und der Ausbau alternativer Ladestrategien, wie bspw. des induktiven Ladens (Versuche dazu u. a. in Berlin, Braunschweig und Mannheim), punktuelle Oberleitungsanschlüsse an Haltestellen (Versuche dazu u. a. in Hamburg, Münster und Oberhausen) oder leistungsfähiger Ladepunkte (ggfs. Anschluss an das Mittelspannungsnetz mit Ladeleistungen von über 100 kW) für Bahn und Bus in dem häufig sensiblen städtebaulichen Umfeld erforderlich.

Für den Bus- und Bahnverkehr zwischen den Städten bieten Hybridsysteme mit Power-Packs in den Fahrzeugen Perspektiven, ortsfeste Oberleitungsinfrastrukturen zu sparen. Hierfür sind Lade- und Versorgungsinfrastrukturen in Abhängigkeit von der Energiequelle für die Fahrzeuge (Öl, Wasserstoff, Strom) zu schaffen. Zudem sind Verknüpfungspunkte zwischen dem motorisierten Individualverkehr (MIV) und dem öffentlichen Personennahverkehr (ÖPNV) an strategisch wichtigen Stellen anzulegen, auszubauen und mit der notwendigen Ladeinfrastruktur für PKW und Zweiräder auszustatten. Hier bieten Fahrzeuge des ÖPNV die Möglichkeit, induktive oder automatisch koppelbare, leitungsgebundene Ladesäulen einzurichten, um eine schnelle und sichere Nachladung zu ermöglichen. Dabei sind die Auswirkungen auf die Umgebung (elektrische und magnetische Felder, Beeinflussung von Implantaten, Einfluss auf Tiere etc.) detailliert zu analysieren und zu minimieren.

2.2.2.3 Personen-Kraftfahrzeuge

Der motorisierte Individualverkehr mit PKW macht rund 65 % aller Wege im täglichen städtischen Verkehr aus (MiD 2008). Die PKW sind mit durchschnittlich 1,2 Personen besetzt und legen täglich durchschnittlich rund 30 km zurück. Etwa 90 % der täglichen Wege sind kürzer als 100 km (MiD 2008) und damit grundsätzlich bei den heute technisch möglichen Reichweiten zur Substitution geeignet. Bei der Verbreitung der Elektromobilität bezieht sich die zentrale Frage auf die detaillierteren Nutzungsmuster der Verkehrsteilnehmer. Da der Mensch heute gewohnt ist, für wenige Male im Jahr ein Fahrzeug mit „Fernreisefähigkeit" zu besitzen, muss davon ausgegangen werden, dass die Marktdurchdringung auch auf lange Zeit kein hohes Niveau erreichen wird. Wie kann also ein realitätsnahes Szenario auf der Basis von Wünschen, Bedürfnissen und Erwartungen, Preis und Nutzungsmodellen aussehen? (Baum et al. 2010; Fojcik 2010; Topp 2010; Varesi 2009) Dabei spielt eine Rolle, ob sich die Nutzer mehrere verschiedene Kfz anschaffen oder je nach Mobilitätsbedarf unterschiedliche Fahrzeuge aus Mietpools nutzen.

Zur Reduzierung der Reichweitenrestriktionen und Erreichung einer Fernreisefähigkeit wird erwogen eine flächendeckende Ladeinfrastruktur auszubauen. Dabei werden anhand einer Abgrenzung durch die Ladedauer bzw. die notwendige Standzeit die Technologien Normalladen und Schnellladen unterschieden. Die europäische Richtlinie 2014/94/EU zieht somit die Grenze zwischen der Normal- und Schnelllade-Technik in Abhängigkeit von der Ladeleistung. Im Artikel 2 Absatz 4 und 5 wird die Leistung von 22 kW als Grenzwert zwischen Normal- und Schnellladen festgelegt. (EU 2014) Bei diesem Wert würden heutige rein elektrischen Fahrzeuge (BEV) mit der durchschnittlichen Batteriekapazität von 20 kWh (Wert ohne Tesla Model S) theoretisch innerhalb einer Stunde vollgeladen werden können. Infolge der Erhitzung der Batterie bei diesen hohen Leistung ist jedoch eine Verzögerung und damit zusammenhängend eine Verringerung der Ladeleistung erforderlich, sodass die Ladedauer auf zwei bis drei Stunden auszudehnen ist. Fahrzeuge die Gleichstrom aufnehmen können sind in der Lage höhere Ladeströme (40–50 kW) zu nutzen, sodass eine Ladezeit von ca. einer Stunde ausreicht um eine State of Charge (SOC) von 80 % zu erreichen. Mit speziellen Ladestationen lassen sich so z. B. der Kia Soul EV mit 100 kW und das Tesla Modell S mit 135 kW beladen. Solche Fahrzeuge werden in Zukunft voraussichtlich rund 85–95 kWh Batteriekapazität ausgestattet sein und die Möglichkeit der Hochleistungsladung mit rund 150 kW DC erhalten. Durch die Kombination der Kapazität und der hohen Ladeleistung kommt es aber auch hier zu einem ähnlichen Zeitaufwand wie bei den derzeit verfügbaren DC-fähigen Fahrzeugen. Dabei werden ca. 30 min zum erreichen des SOC von 80 % angegeben. Neben der 150 kW DC ist auch eine 11 kW DC im heimischen Umfeld oder an der Arbeitsstelle denkbar um die kommenden Generationen von Fahrzeugen mit der Kapazität von 85–95 kWh innerhalb der normalen Standzeit von 6–8 Stunden vollladen zu können.

Zusammenfassend lassen sich im Hinblick auf die Netzinfrastruktur, und damit die Leistungsnachfrage, folgende Leistungskategorien für eine Klassifizierung der Ladeleistung bilden:

- ≤11 kW – Normalladen für längere Standzeiten mit ≥3 Stunden
- <22 kW – Normalladen mit Standzeiten zwischen 2–3 Stunden
- ≥22 kW – Schnellladen für Standzeiten zwischen 1–2 Stunden
- ≥50 kW – Schnellladen für Standzeiten zwischen 0,5–1 Stunde

Neben diesen regulatorischen Rahmenbedingungen sind die Steuerungs- und Regelungstechnologien der Bordladegeräte bei der Gestaltung der Infrastruktur zu berücksichtigen. Diese dienen insbesondere der Verhinderung einer Übererwärmung der Batterien und sind fahrzeug- und herstellerspezifisch. Insofern ist derzeit weder jede Ladeleistungskategorie durch die am Markt verfügbaren Fahrzeuge ausreizbar noch wird durch die Leistungssteigerung der Ladestationen automatisch ein schnelleres Laden ermöglicht.

Als Ladestandard gelten derzeit In Deutschland und Europa im AC- (Wechselstrom) und DC-Segment (Gleichstrom) die europäischen Stecker Typ 2 und Combo 2. Sie stellen ab 2017 Mindestanschlüsse an den neuzuerstellenden Ladestationen dar. Typ 2 ermöglicht die Ladung von Fahrzeuge mit Wechselstrom (AC). Hierbei wird mit den im Fahrzeugen verbauten AC/DC-Umrichter aus dem eingespeißten Wechselstrom (AC) der für die Ladung notwendige Gleichstrom (DC) generiert. Bei Combo 2 (CCS) kann sowohl Wechsel- als auch Gleichstrom den Fahrzeugen zugänglich gemacht werden. Nur wenige Fahrzeuge können derzeit tatsächlich 22 kW oder mehr in Form von Wechselstrom an den Ladestationen verwerten. Bei den reinelektrischen Fahrzeugen (BEV) sind es lediglich zwei Modelle: Smart Fortwo ED (eingestellt; Bestand in D 3900 Fz., ca. 16 % der BEV in D), Tesla Modell S (Bestand in D rund 1800 Fz., ca. 7 % der BEV in D). Beide Fahrzeugmodelle können 22 kW auch nur mit Sonderausstattung in Form eines Doppelladers oder eines gänzlich anderen Bordladegerätes verwenden. Probleme können dabei vor allem bei den Stromnetzen wegen der einphasigen Ladung in Form einer größeren einseitigen Belastung einer Phase mit der Folge einer Abschaltung durch den Netzbetreiber wegen unsymmetrischen Belastung vorkommen (Abb. 2.7).

Eine grobe Abschätzung zur Marktdurchdringung von Elektrofahrzeugen als Basis für die Dimensionierung der Infrastruktur kann – ohne die Berücksichtigung von Einsatzmustern und Akzeptanzfragen – von der Annahme ausgehen, dass die von der Bundesregierung bis zum Jahr 2020 angestrebten 1 Mio. Elektrofahrzeuge (Bundesregierung 2009) gleichmäßig über alle Hubraum- bzw. Leistungsklassen sowie in alle Orte und Ortsteile gelangen. Diese sehr vereinfachte Annahme stellt eine erste Annäherung dar und kann als Hilfestellung für eine Vordimensionierung der erforderlichen lokalen und überörtlichen

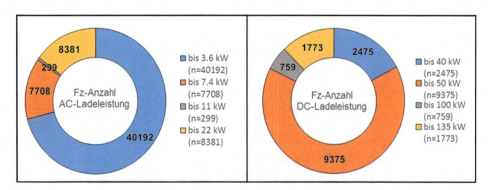

Abb. 2.7 Fz-Anzahl nach Ladeleistung (eigene Auswertung der KBA-Daten Stand September 2015 in Verbindung der technischen Beschreibungen der Autohersteller)

Stromversorgungsinfrastruktur dienen. Wird die Anzahl linear auf den Kfz-Bestand in einem Versorgungsgebiet heruntergebrochen ist ein erster Eckwert für die Dimensionierung vorhanden. Ausgehend von einem PKW-Bestand von rund 40 Mio. in Deutschland im Jahr 2008 (BMVBS 2008) sowie den ebenfalls für 2008 vorliegenden PKW-Zahlen für einzelne Kommunen (hier für Stadt und Region Aachen, errechnet vom Straßenverkehrsamt der StädteRegion Aachen sowie dem Statistischen Amt der Stadt Aachen) ergeben sich exemplarisch die in Abb. 2.8 dargestellten Werte. Analoge Vorgehensweisen erlauben die Abschätzung auch für andere Eckwerte.

Ein solches Szenario ist allerdings nicht besonders wahrscheinlich, da die Menschen in Kernstädten über weniger PKW verfügen und am Stadtrand sowie in ländlichen Gebieten ein überproportionaler Anteil an Zweit- und Drittwagen vorhanden ist. Gerade in diesen Gebieten sind jedoch die Verteilungsnetze deutlich schwächer ausgebaut als in Städten, da die Lastdichte, d. h. der Energie-/Leistungsbedarf bezogen auf die Fläche, erheblich geringer ist. Zudem ist der benötigte Energiebedarf größer, sodass entweder die Ladezyklen bei gegebener Ladeleistung länger dauern oder die erforderliche Ladeleistung größer wird.

Beide Auswirkungen bedingen eine stärkere Belastung der Ladeinfrastruktur bzw. einen höheren Ausbaubedarf in den Verteilungsnetzen. Infolge der beschränkten Reichweiten ist zu erwarten, dass in der Frühphase der Markteinführung der Elektromobilität in starkem Maß Zweitwagen mit hohen Fahrleistungen durch Elektrofahrzeuge ersetzt werden. (Johänning und Vallée 2011) In einem solchen Szenario ist die Verteilung von Elektrofahrzeugen zwischen Stadt und Land deutlich verschieden. Ein komplexeres Szenario unter der Annahme bspw. einer höheren Marktdurchdringung bei Zweitwagen (50 % der Zweitwagen sind Elektrofahrzeuge) lässt sich dann analog berechnen. Dazu kann, ausgehend von der Quote von PKW/Haushalt für Deutschland bzw. einer Stadt als Durchschnittswert und der Quote PKW/Haushalt für einzelne Stadtbezirke, eine über- oder unterdurchschnittliche Zweitwagenquote ermittelt werden. Überdurchschnittliche Quoten sprechen für einen hohen Zweitwagenbesatz, unterdurchschnittliche für einen niedrigen. Im Weiteren kann durch eine Zuordnung der zu erwartenden absoluten Zahl von Elektrofahrzeugen eine spezifischere Verteilung erfolgen.

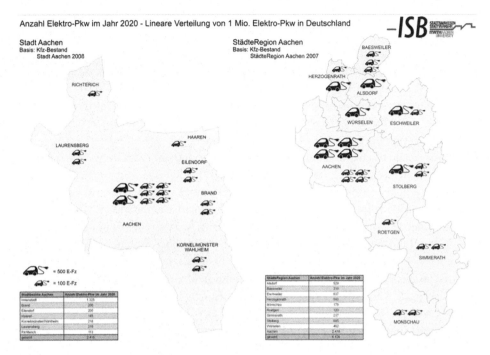

Abb. 2.8 Szenario für die Anzahl Elektrofahrzeuge in Stadt und StädteRegion Aachen. (Quelle: Eigene Darstellung)

Für die Dimensionierung der lokalen Stromversorgungs- und Ladeinfrastruktur im sog. Ortsnetzstrang ist eine weitere Differenzierung auf Straßenzüge erforderlich. In der Mobilitäts- und Verkehrsforschung wird davon ausgegangen, dass der PKW-Besitz in erster Linie an die Haushalte als eine wirtschaftliche Einheit gekoppelt ist. Insofern ist eine Berechnung über die Daten des Melderegisters, in dem Personen mit einer Adresse verbunden sind, nicht möglich, da die Anzahl von Personen je Haushalt nicht bekannt ist. Aus der Stadtentwicklungsforschung ist bekannt, dass eine ausreichend zuverlässige Näherung der Bestimmung von leerstehenden Wohnungen (und damit nicht mehr vorhandenen Haushalten) neben kostenpflichtigen Daten der Marktforschung bspw. über die Anzahl von Wasseruhren oder Stromzählern je Haushalt geschehen kann. (Dennhardt und Ziegler 2006) Weitere Alternativen bestehen in einer sehr aufwändigen Abschätzung mit Hilfe von Luftbildern und Gebäudetypologien. So lassen sich mit den Daten der örtlichen Netzbetreiber die mögliche Anzahl von Elektrofahrzeugen je Straßenzug und damit der Bedarf an Ladepunkten sowie die Belastung der Versorgungsinfrastruktur abschätzen.

Bei der Ladeinfrastruktur ist hinsichtlich der zu erwartenden Nutzung von Elektro-PKW sowie aus ökonomischen Gründen zunächst eine Konzentration auf private Ladepunkte (zuhause), bei Arbeitgebern sowie an P+R-Haltestellen und in Parkhäusern sinnvoll. Dort sind ausreichende Standzeiten der Fahrzeuge vorhanden. Ladepunkte im öffentlichen Straßenraum (Ladesäulen am Straßenrand) werden eine Stütze der elektrifizierten Mobilität bilden, da sie die Erreichbakeit von Zielen außerhalb der alltäglichen

Einsatzmuster sicherstellen (z. B. Oberzentren mit dem erweiterten Warenangebot). Im Weiteren erschließt die öffentliche Ladesäule die Elektromobilität für eine Nutzerschicht, denen keine Lademöglichkeit im privaten Umfeld oder an der Arbeitsstelle zur Verfügung steht. Auch die nicht stark frequentierten Ladestationen bilden dabei eine psychologische Sicherheit (Ladeverfügbarkeit) bei den bereits aktiven und den potentiellen Nutzern, wobei die Reservierung/Reservierbarkeit der Stellplätze mit zu berücksichtigen wäre.

Für die individuelle Nutzung der Elektromobilität stehen aus heutiger Sicht im Zuge der Markteinführung zunächst Flottenbetreiber im Fokus. Dieser Ansatz erlaubt, aufgrund der regelmäßigen und eingrenzbaren Nutzungsmuster schnell ein hohes Maß an Nutzbarkeit zu erreichen. Hieraus entstehen intensiv nachgefragte Standorte für Ladestationen, die einer besonderen Betrachtung der elektrotechnischen Infrastruktur bedürfen, sich aufgrund ihrer intensiven Nutzung deutlich schneller amortisieren und nach einer gängigen netztechnischen Analyse eine hohe Umsetzungswahrscheinlichkeit aufweisen. Wesentliche Eingangsgrößen einer Analyse sind die Anschlussleistung bzw. die Anforderungen an die maximalen Ladezeiten, die wiederum die Anforderungen an das elektrische Netz und die lokale Ladeeinrichtung definieren. In Abhängigkeit von den Anforderungen würde das bestehende Niederspannungsnetz ggfs. um einen separaten Strang erweitert (bei kleineren Leistungen) oder es würde eine zusätzliche Ortsnetzstation in das Mittelspannungsnetz (10–30 kV) integriert, die die Versorgung des neuen Anschlussnehmers über typische Anschlussleistungen zwischen 400 kW und 1250 kW sicherstellt.

2.2.2.4 Wirtschaftsverkehr (Service, Liefern, Gütertransport)

Besondere Potenziale für die Elektromobilität versprechen Kurier-, Express- und Paketdienste (KEP-Dienste), Post, Kuriere und andere Flottenbetreiber. Sie weisen in der Regel über den Tages- oder Wochenverlauf relativ homogene Einsatzmuster auf, an die Fahrzeuge, Batteriekapazitäten oder die Ladeinfrastruktur effizient angepasst werden können. So legen KEP-Fahrzeuge (bspw. DHL, UPS, Hermes, Trans-O-Flex u. a.) in Ballungsräumen tägliche Fahrtweiten von rund 150 km zurück, in ländlichen Gebieten rund 400 km (Quelle: eigene Recherchen bei den Betreibern). Besonders vorteilhaft erweist sich dabei, dass regelmäßig eine größere Zahl gleichartiger Fahrzeuge im Einsatz ist.

Postfahrzeuge sind meistens PKW oder aus PKW adaptierte Kleinlieferfahrzeuge und legen in ländlichen Gebieten rund 100 km täglich (Quelle: eigene Erhebung bei den Betreibern) zurück. In Städten erfolgt die Zustellung meist per Fahrrad oder zu Fuß. Damit sind diese Fahrzeuge aufgrund ihrer Jahresfahrleistungen von rund 30.000 km (300 Einsatztage zu je 100 km) besonders geeignet, als elektrisch betriebene Fahrzeuge im Einsatz zu sein und die Wahrnehmung, Marktdurchdringung und Erprobung der Elektromobilität zu stützen.

Weitere Flottenbetreiber sind bspw. Pizza-Dienste, Medikamentenlieferdienste, Pflegedienste, Stadtwerke oder andere Versorgungsunternehmen, aber auch Dienstfahrzeugflotten, bspw. von Städten. Darüber hinaus stellen die Service-Fahrzeuge von Handwerkern, meist Lieferfahrzeuge mit eher kurzen Einsatzdistanzen, ebenfalls geeignete Testfelder und Anwendungsgebiete dar. Bei Mietfahrzeugflotten hingegen ist davon auszugehen, dass dort individuelle Einsatzmuster durch die Nutzer (Mieter) vorliegen, sie nähern sich mit ihrer Einsatzcharakteristik eher den oben beschriebenen PKW.

Für die genannten Bereiche (KEP, Flotten, Service) gilt, dass die Fahrzeuge meistens in den nächtlichen Einsatzpausen an den Betriebsstandorten konzentriert stehen und dort nachgeladen werden können. Insofern ist dort die Infrastruktur vorzuhalten, allerdings nicht für Einzelfahrzeuge, sondern für eine Vielzahl von Fahrzeugen. Die erforderliche Dimensionierung der elektrischen Infrastruktur wird in Abhängigkeit von der spezifischen Nutzeranforderung und der zukünftigen Entwicklung vorgenommen. Die lokale Umsetzung orientiert sich an der bestehenden Verteilungsinfrastruktur und wird im Allgemeinen durch den Aufbau einer zusätzlichen Ortsnetzstation umgesetzt. Dabei sind lokale Erzeugungseinheiten zu berücksichtigen, die ggfs. einen Ausbau der Netzinfrastruktur verzögern können oder sogar vermeiden helfen.

Für den (Fern-)Güterverkehr sind die Anforderungen grundlegend anders. Fern-LKW legen aufgrund der Lenk- und Ruhezeitvorschriften Etappen von rund 350–400 km zurück und haben dann Standzeiten von 30–60 Minuten. Nach einer weiteren solchen Etappe ist eine Ruhezeit der Fahrer von 8 Stunden erforderlich, die dann zu einer Standzeit führt, wenn kein zweiter Fahrer mit demselben Fahrzeug unterwegs ist. Aufgrund der Einsatzmuster und der Lastbeförderung sind hohe Leistungen und geringe Standzeiten erforderlich, ein elektrischer Antrieb wäre wegen der großen erforderlichen Speicherkapazitäten wenig wirtschaftlich.

Anders sieht es bei schweren Service-LKW (Müll- und Lieferfahrzeuge, Reinigungsdienste, Rettungsdienst, Feuerwehr etc.) aus. Hier sind die Einsatzstrecken deutlich kürzer, ein elektrischer Betrieb wäre grundsätzlich denkbar. Auch bestehen regelmäßige Einsatzmuster und eine Rückkehr an zentrale Ausgangsstandorte, womit eine Konzentration der Ladeinfrastruktur denkbar wäre. Hier stehen Nutzlast-/Gesamtgewichts-Verhältnisse sowie die zuverlässige Verfügbarkeit für den Einsatz im Vordergrund, die heute noch nicht befriedigend realisierbar sind. Im Hinblick auf die hohen Sicherheits- und Verfügbarkeitsanforderungen ist eine schnelle Umsetzung in diesem Bereich aber eher skeptisch zu beurteilen.

2.2.3 Implikationen für die Infrastruktur

Es lässt sich festhalten, dass die Elektromobilität die Chance bietet, eine umfassende Weiterentwicklung des Mobilitätssektors zu induzieren. Dabei kommt es darauf an, wie umfassend sie als Chance für eine Neudefinition der urbanen Mobilität gesehen und genutzt wird. Allein die Einführung elektrisch betriebener Fahrzeuge im Personen- und Güterverkehr löst Probleme wie Platzbedarf oder Lärmemissionen in der Stadt kaum oder nur teilweise. Werden alle Verkehrsmittel in den Innovationsprozess einbezogen und dazu neue, umfassende Geschäftsmodelle zusammen mit einer nutzerfreundlichen Vernetzung und Abrechnung etabliert, besteht die Möglichkeit, zu einem neuen Mix aus

Zweirad-, ÖPNV- und Elektrofahrzeug-Nutzung zu kommen. Wird dies mit Maßnahmen des Mobilitätsmanagements flankiert, könnte sich eine neue, stadtverträgliche Mobilitätskultur entwickeln. Die Ladeinfrastruktur wird aus heutiger Sicht in erster Linie an der Wohnung, am Arbeitsplatz, in Parkhäusern, an den Schnittstellen zum ÖPNV sowie an den Abstellhöfen der Flottenbetreiber erforderlich.

Durch eine stärker systemorientierte Integration von Elektrofahrzeugen in die Verteilungsnetze können die Fahrzeuge durch gesteuertes Laden und/oder ggfs. eine Rückspeisung im Fall von Versorgungsstörungen kurzzeitig zur Stabilität der elektrischen Energieversorgung beitragen. Ergänzend hierzu bieten sie auch die Möglichkeit, die lokal hohen Belastungen von Verteilungsnetzen durch die starke Einspeisung von Photovoltaik-Anlagen zu vermindern, indem man, regional steuerbar, die Fahrzeuge bevorzugt in Zeiten hoher Einspeisung lädt. Insofern ist eine Systembetrachtung bei der breiten Einführung von Elektrofahrzeugen zwingend erforderlich, um die zusätzliche Belastung der Infrastruktur zu minimieren und gleichzeitig die Potenziale einer Netzintegration effizient auszuschöpfen.

2.3 Die neue Wertschöpfungskette

Obwohl es unterschiedliche Marktprognosen für Elektromobilität gibt, ist eine Erhöhung des Anteils am Gesamtfahrzeugbestand schon aufgrund ökologischer Regulierungen sicher. Damit verändert sich die automobile Wertschöpfung, da zum einen zunehmend Ressourcen für elektromobile Forschung und Produktion aufgebracht werden, zum anderen neue Geschäftsfelder entstehen, die von etablierten wie auch neuen Akteuren bestellt werden. Die für ein elektromobiles Angebot notwendige industrieübergreifende Kompetenzbündelung sowie auch technologische und ökonomische Herausforderungen fördern Kooperationen, sodass die Wertschöpfung zunehmend in Anbieternetzwerken erfolgt. Insgesamt verschieben sich Wertschöpfungsanteile upstream. Neue Geschäftsmodelle, die mit den Herausforderungen der Elektromobilität wie Kosten und Reichweite, Infrastrukturerfordernis und Abrechnungsmodalitäten entstehen, bringen auch der Automobilherstellung neue Wertschöpfungsanteile. Neben elektromobilen Einflüssen wirken auch umwelt- und lokalpolitische Vorgaben, Emissionsnormen, Wachstum in BRIC-Staaten, De-Emotionalisierung von Fahrzeugen oder Überkapazitäten auf die Gestaltung von Geschäftsmodellen und damit Wertschöpfungsarchitekturen. Es lässt sich eine Zweiteilung in Upstream- und Downstream-Veränderungen aufzeigen.

2.3.1 Wertschöpfungskette als System von Aktivitäten

Zur Verdeutlichung der Begriffe upstream und downstream zeigt Abb. 2.9 die unternehmensübergreifende Wertschöpfungskette. Dies erfolgt zunächst anhand der Zuliefererpyramide mit der wertschöpfungsorientierten Abfolge von Lieferanten. (Throll und

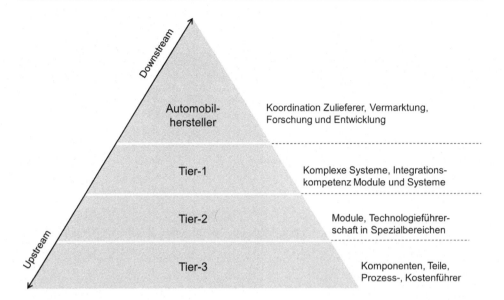

Abb. 2.9 Zuliefererpyramide der Automobilindustrie. (Eigene Darstellung)

Rennhak 2009) Die Rangfolge der Zulieferer ist anhand der Komplexität der produzierten Güter unterschieden. Automobilhersteller koordinieren die Automobilzulieferer und nehmen einen Großteil der Forschungs- und Entwicklungsaktivitäten ein. Tier-1-Zulieferer bringen eine hohe Integrationskompetenz mit, durch welche manche von ihnen sogar schon als Tier-0,5 bezeichnet werden können. Zulieferer auf Tier-2-Ebene sind häufig Technologieführer in Spezialbereichen, Tier-3-Zulieferer hingegen sind Prozess- oder Kostenführer. Sie stellen vornehmlich Komponenten und Teile mit niedrigerem Komplexitätsgrad her.

Unternehmen sind dabei nicht auf eine Ebene beschränkt, sondern können Aufgaben auf verschiedenen Ebenen übernehmen. Ein Zulieferer kann also als Komponentenlieferant und gleichzeitig als Teilelieferant für nachgelagerte Wertschöpfungsebenen tätig sein. Das Netz der miteinander verbundenen Unternehmen aller Wertschöpfungsstufen basiert auf den komplexen Wertschöpfungsumfängen der Automobilindustrie. Diese Wertschöpfungsumfänge mit Bereichen wie Entwicklung, Beschaffung und Produktion können nicht von einem einzelnen Unternehmen gewährleistet werden. (Balling 1998; Müller-Stewens und Glocke 1995) In der Automobilindustrie wird die Unterteilung in upstream und downstream für gewöhnlich bei den Automobilherstellern gesehen (Abb. 2.10).

Die Wertschöpfung innerhalb eines solchen Systems stellt das theoretische Gewinnpotenzial dar. Sie teilt sich in Eigenleistungskosten und Gewinn. Die Wertschöpfung eines Herstellers ergibt sich aus dem am Ende der Produktion stehenden Produktionswert abzüglich der Vorleistungen des bzw. der vorangegangenen Lieferanten (Abb. 2.11).

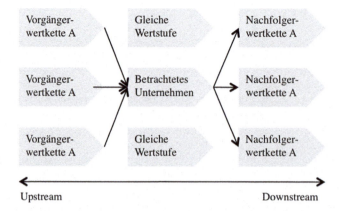

Abb. 2.10 Wertschöpfungssystem. (Eigene Darstellung in Anlehnung an Schmid und Grosche 2008)

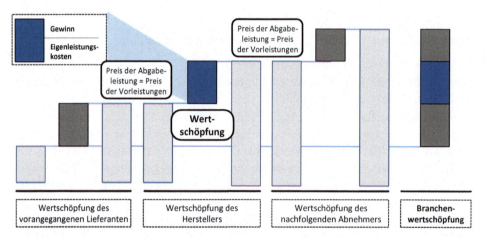

Abb. 2.11 Branchenwertschöpfung. (Eigene Darstellung in Anlehnung an Müller-Stewens und Lechner 2005)

2.3.2 Aufbau und Veränderungen upstream

Die Wertschöpfungskette upstream umfasst Material-, Entwicklungs- und Produktionsumfänge. Physisch teilt sie sich nach Komplexitätsgrad in Teile, Komponenten, Module und Systeme. Aus diesen wird das automobile Endprodukt erstellt. Die Endprodukte sind üblicherweise im oberen Bereich der Zuliefererpyramide zu finden.

Die Eigenleistung der Automobilhersteller in den einzelnen Ebenen der Wertschöpfungskette ist in den vergangenen Jahren kontinuierlich zurückgegangen. (Mercer 2004)

Grund hierfür ist die in den letzten Jahren vollzogene Produktproliferation, d. h. die Einführung zusätzlicher Baureihen (Produktverbreiterung) und die Auffächerung bestehender Baureihen in verschiedene Typen (Produktdifferenzierung). (Diez 2006) Die mit dem erweiterten Modell- und Variantenangebot einhergehenden Kosten, verkürzte Modelllebenszyklen und Entwicklungszeiträume haben zu einer Konzentration auf Kernkompetenzen geführt. (Wallentowitz et al. 2008) Neben diesen Trends werden sich die Wertschöpfungsanteile mit der Elektrifizierung des Antriebsstrangs, der Automobilhersteller und Zulieferer bedroht, vermehrt neu verteilen. Dem Wegfall von Motor und Antriebsstrang stehen neue Wertschöpfungsumfänge gegenüber. Diese reichen von Rohstoffen wie Seltene Erden (Neodym und Dysprosium), Lithium, Platinmetallen (Platin, Palladium, Rhodium) oder Kobalt über Komponenten und Module wie Batterie, Elektromotor, Elektronikumfänge und Leichtbaukomponenten bis hin zu Prozesstechniken mit der Erzeugung von Legierungen, Lasertechnik, Nanotechnologie und integrierten Schaltungen. In Abb. 2.12 wird ersichtlich, welche komponentenseitigen Veränderungen mit dem Wandel zur Elektromobilität einhergehen und welche Kompetenzverteilungen je Komponente zu erwarten sind. Auf der Basis der heutigen Wertschöpfungstiefe der Automobilhersteller verlieren diese vor allem die Fertigung von Verbrennungsmotoren und Getriebe, aber auch den Bau von Abgasanlagen und Ölpumpen. Eine Rücknahme von anderen, zu Zulieferern ausgelagerten Wertschöpfungsumfängen ist also möglich. Um den heutigen Wertschöpfungsgrad zu halten, müssten die Automobilhersteller die Hälfte des Wertschöpfungsprozesses von Elektromotor- und Batteriekomponenten intern abbilden. (McKinsey 2011) Die Eigenproduktion von Elektromotoren bei Automobilherstellern ist aufgrund der teilweise schon getätigten Investitionen (VW Elektromotoren-Fabrik in Kassel) wahrscheinlich, aber auch in Kooperationen abbildbar (Daimler und Bosch). Kompetenzen und Arbeitgeber müssen hierfür aber noch ausgebildet werden. (McKinsey 2011) Auch weitere Zulieferer (ebm Pabst) oder Spezialmaschinenhersteller (STILL, Jungheinrich) können sich bei den hinzukommenden Komponenten mit vorhandenen Kompetenzen platzieren (Abb. 2.13).

Einschneidende Veränderungen ergeben sich ebenfalls in den Montageabläufen, wo die Variantenvielfalt mit verschiedenen Antriebsalternativen weiter steigt. In den neuen Umfängen liegen gleichzeitig Chancen für Automobilzulieferer, ihre Marktposition auszubauen. Dies gilt auch für Unternehmen anderer Industrien, bspw. die Chemie- und Elektronikbranchen. Diese können als Lieferanten zur Entwicklung und Integration neuer Komponenten und Konzepte in die automobile Wertschöpfungskette eingebunden werden. Themen sind hierbei die Materialversorgung sowie die Anpassung bestehender Fahrzeugbestandteile an die Anforderungen der Elektrifizierung. Dies ist bspw. beim Thermomanagement der Fall. Der Wertschöpfungsanteil von Elektrik und Elektronik im Fahrzeug erhöht sich noch weiter. Mechanische und hydraulische Fahrzeugumfänge hingegen entfallen zunehmend.

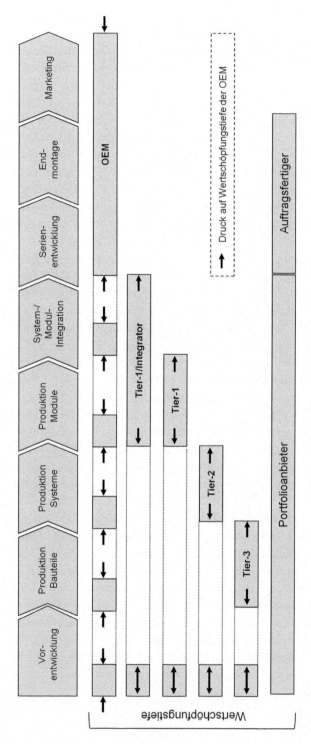

Abb. 2.12 Upstream-Wertschöpfungskette und -Wertschöpfungstiefe. (Eigene Darstellung in Anlehnung an Koch 2006)

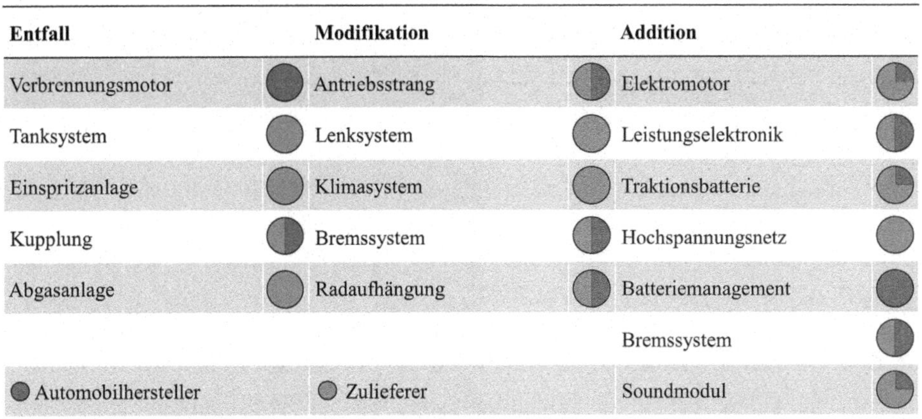

Entfall	Modifikation	Addition	
Verbrennungsmotor	● Antriebsstrang	◐ Elektromotor	◔
Tanksystem	◯ Lenksystem	● Leistungselektronik	◑
Einspritzanlage	◯ Klimasystem	● Traktionsbatterie	◕
Kupplung	◑ Bremssystem	◑ Hochspannungsnetz	◯
Abgasanlage	● Radaufhängung	◑ Batteriemanagement	●
		Bremssystem	◑
● Automobilhersteller	◯ Zulieferer	Soundmodul	◑

Abb. 2.13 Veränderungen auf Komponentenseite und Kompetenzverteilung. (Eigene Darstellung in Anlehnung an Wallentowitz et al. 2011)

2.3.3 Aufbau und Veränderungen downstream

Die Downstream-Wertschöpfungskette beginnt mit der Fertigstellung des Fahrzeugs. Hier sind Marketing, Fahrzeugverkauf und Finanzierungsoptionen verortet. Die Automobilhersteller und Zulieferer sind in diesem Bereich mit After-Sales- und Service-Tätigkeiten aktiv, mit denen auch die Mobilität gewährleistet wird. Vermietung und weitere Dienstleistungen wie Kraftstoff und schlussendlich die Entsorgung des Fahrzeugs runden die derzeitige automobile Downstream-Wertschöpfungskette ab (s. Abb. 2.14).

Kraftstoffe und antriebsstrangrelevante Ersatzteile und Services verlieren bei der Downstream-Wertschöpfungskette an Bedeutung. Sie werden durch mit der Elektrifizierung des Antriebsstrangs einhergehende Teile ersetzt. Hinzu kommen erweiterte Geschäftsmodelle, die bisherige Ansätze wie Neuwagenverkauf, Leasing oder Vermietung ergänzen. Im Mittelpunkt – dies zeigen bspw. urbane Modellregionen – entstehen umfassende Mobilitätskonzepte. Solche neuen Mobilitätsdienstleistungen sind regional zu differenzieren. Für Westeuropa besitzen sie eine hohe Bedeutung und sind auch in China wegen seiner Großstädte durchaus relevant. In den USA, Indien und Russland ist ihre Bedeutung deutlich geringer einzuschätzen, da dort andere infrastrukturelle und sozio-kulturelle Rahmenbedingungen vorherrschen. Der Grund für das Entstehen neuer Geschäftsmodelle liegt in den Herausforderungen der Elektromobilität. Die Motivation hinter Ansätzen wie Batteriewechsel oder intermodalen Mobilitätsangeboten sind die mit derzeitigen Batterietechnologien verbundenen geringen Reichweiten und langen Ladezyklen. Das Aufladen der Batterie unterwegs ist für den Endnutzer noch zu zeitintensiv. Weiterhin entspricht die Kundenakzeptanz eines Mehrpreises nicht den tatsächlich entstehenden Kosten. Mit neu entstehenden Geschäftsmodellen ergeben sich aber zusätzliche Potenziale zur Wertschöpfung. Bisher genutzte Kraftstoffe werden durch Energieversorgung substituiert. Neue Wertschöpfungsstufen entstehen mit komplexen

Abb. 2.14 Downstream-Wertschöpfungskette. (Eigene Darstellung in Anlehnung an Diez 2006)

Anforderungen an Batterie- und Ladetechnologien. Netzmanagement und Infrastruktur müssen aufgebaut werden. Ebenfalls bieten Mehrwertdienste wie Telematik-Dienstleistungen oder eine Ortungsfunktion als Teil von neuen Carsharing-Geschäftsmodellen Chancen. Daraus ergeben sich verschiedene, dem Automobilhersteller nachgelagerte neue Kompetenzanforderungen. Sie können durch die strategische Zusammenarbeit von Energieversorgern, Dienstleistungsunternehmen und Automobilherstellern realisiert werden. Modellregionen haben gezeigt, wie sich ein Wertewandel in der Gesellschaft vollzieht. Mobilität wird mehr und mehr als Dienstleistung statt als Produkt gesehen und führt damit zu neuen Finanzierungs- und Mobilitätslösungen, die heute Kernkompetenzen von Mietwagen- und Carsharing-Unternehmen sind. Dies schafft Raum für neue Akteure und verändert die Wettbewerbslandschaft. Um dieser Verschiebung entgegenzuwirken, geht die strategische Entwicklung von Automobilherstellern hin zu einer Mobilitäts- und Dienstleistungsstrategie. Ein Beispiel dafür ist Daimler mit seiner erfolgreichen Tochtergesellschaft car2go, einem innerstädtischen Mobilitätskonzept für Kurzzeitmieten von Kleinfahrzeugen der Marke Smart. Diese Ausrichtung ist verbunden mit einem ausgeprägten Kooperationsmanagement, um ein durchgängiges Mobilitätsangebot zu gewährleisten.

2.3.4 Verschiebung der Wettbewerbslandschaft

Mit den aufgezeigten Veränderungen der Wertschöpfungskette upstream durch andere Fahrzeugbestandteile und downstream durch erweiterte und neue Geschäftsmodelle zeichnet sich eine Verschiebung der Wettbewerbslandschaft ab. Sie bringt den Eintritt neuer Akteure aus anderen Industrien mit sich und stellt die bestehenden Akteure der automobilen Wertschöpfungskette vor neue Herausforderungen. Hersteller von Lithium-Ionen-Batteriezellen und Zellkomponenten sowie entsprechender Elektronikbestandteile können sich mit ihren Kompetenzen entlang der Wertschöpfungskette platzieren. Großunternehmen wie Sanyo oder Samsung könnten hier nicht nur eine Technologieführerschaft, sondern Integrationskompetenz und damit eine Position als Tier-1 anstreben. Hersteller von Zellkomponenten hingegen können sich aufgrund ihrer heute schon vorhandenen Prozess- und Kostenführerschaft als Tier-3 platzieren. Es entsteht upstream ein Wettbewerb um Ressourcen und Technologien. Er bietet auch die Chance, für bestehende Automobilzulieferer auf vor- und nachgelagerten Wertschöpfungsstufen tätig zu werden. Automobilhersteller und Tier-1-Zulieferer sehen sich an dieser Stelle einer immer wichtiger werdenden Rolle als Koordinator vorgelagerter Wertschöpfungsstufen gegenüber. Mit der in Verbindung mit Elektromobilität verringerten Bedeutung bisheriger Kernkompetenzen der aktuellen

Akteure müssen diese sich neu ausrichten. Trotzdem müssen die in den kommenden Jahren noch vorherrschenden Verbrennungsmotoren von Automobilherstellern und Zulieferern weiterentwickelt werden, um gegen Wettbewerber zu bestehen. Um dies zu bewältigen und Kosten sowie Risiken zu teilen, entstehen neuartige strategische Allianzen wie die Kooperation von Automobilherstellern mit Zulieferern im Bereich elektrischer Antriebsstrang. Dies wurde bspw. zwischen Daimler und Bosch initiiert. (Buchenau und Herz 2011) Der Wettbewerbsdruck auf Automobilhersteller erhöht sich ebenfalls durch neue Geschäftsmodelle. Neben etablierten Automobilherstellern treten neue Hersteller als Wettbewerber auf den Markt. Es handelt sich hierbei teils um komplett neue Unternehmen oder um Hersteller, die bislang hauptsächlich regional tätig waren und – wie bei chinesischen Herstellern – schon elektromobile Kompetenzen aufgebaut haben wie bspw. BYD als vormals reiner Batterieproduzent. Auch Zulieferer mit Spezialwissen in relevanten Komponenten wie der Batterietechnik bauen eine starke Machtposition upstream auf. Downstream haben branchenfremde Akteure Kompetenzen, mit denen sie an der automobilen Wertschöpfungskette den Automobilherstellern nachgelagert begegnen. In Abb. 2.15 ist diese Belastungssituation dargestellt.

Im Umgang mit der Belastungssituation durch Elektromobilität erschließen sich Automobilhersteller neue Einnahmequellen. Downstream ist der Zugang zum Endkunden entscheidend und wird erstmals nicht nur von Automobilherstellern ausgewertet (bspw. bietet PSA ein Leasingmodell für die noch sehr teuren Batterien von Elektrofahrzeugen an). Energieversorger und Dienstleister haben hier die Chance, sich als Mobilitätsanbieter zu etablieren. (Wyman 2010; PWC 2010; Deloitte 2009) In Modellregionen geschieht dies stets im Zusammenspiel mit Automobilherstellern, da diese Kompetenzen in After-Sales, Service und Vermarktung haben. Teilweise werden auch Städte und Dienstleister in den Modellregionen mit eingebunden. Die Abrechnung von neu entstehenden Geschäftsmodellen ist noch nicht benannt, wird jedoch wie auch andere Services von IT- oder Telekommunikationsdienstleistern als strategisches Geschäftsfeld definiert. Interorganisationale

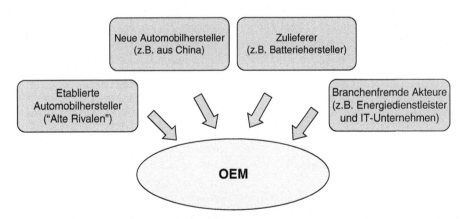

Abb. 2.15 Belastungssituation Automobilhersteller. (Eigene Darstellung in Anlehnung an Brazel 2010)

Zusammenschlüsse, wie sie in Modellregionen zu sehen sind, bieten einzelnen Akteuren nicht nur die Möglichkeit der Teilnahme an der automobilen Wertschöpfung, sondern auch die Chance, die eigene Wettbewerbsposition zu verbessern.

2.3.5 Verteilung der neuen Wertschöpfungskette nach Ländern

Die Verschiebung der Wettbewerbslandschaft durch die Elektrifizierung des Antriebsstrangs führt upstream zu einer Verlagerung von Wertschöpfungsanteilen in Länder mit entsprechenden Zulieferern bzw. Rohstoffen. Downstream lassen sich Verschiebungen nur nach neuen Akteuren, insbesondere bei Energieversorgern, ausmachen, die regional gebunden sind. Eine Andersverteilung ist somit höchstens mit dem Betreiber eines neuen, dominanten Geschäftsmodells nach Ländern klassifizierbar und derzeit nicht auszumachen. Mit dem hohen Bedarf an elektrischen Fahrzeugen haben Europa und die USA Chancen, Upstream-Anteile an der Wertschöpfungskette zu stellen. Dem stehen jedoch das Ressourcenvorkommen und bereits etablierte Kompetenzen in Ländern wie Japan und China gegenüber. Tab. 2.4 bietet eine Zusammenstellung von Kooperationen zwischen Automobilherstellern und Batterielieferanten nach den Herkunftsländern der Batterielieferanten.

Aus der Zusammenstellung wird eine Dominanz japanischer Firmen ersichtlich. Japan hielt 2008 einen Marktanteil von 57 % der Lithium-Ionen-Batterien. Allein 23 % des Weltmarktes liegen bei dem japanischen Hersteller Sanyo. Aber auch Sony, Panasonic und Hitachi Maxell rangieren unter den größten zehn Lithium-Ionen-Batterieherstellern weltweit. Nach Japan folgen in 2008 Südkorea mit 17 % (Samsung, LG Chem) und China (BYD, ATL) mit 13 %. (Meti 2010) Neue Batteriehersteller wie das Evonik-Daimler-Joint-Venture Deutsche Accumotive, der US-Hersteller A123 Systems oder auch geplante Fabriken von Magna bringen sicherlich erste Weltmarktanteile in die USA und nach Europa. Trotzdem verbleiben die Hauptanteile der Lithium-Ionen-Batterieproduktion mit

Tab. 2.4 Kooperationen von Batterielieferanten und Automobilherstellern nach Ländern. (Eigene Darstellung in Anlehnung an Dohr 2010; Göschel 2010; Volk 2014)

Batteriehersteller	Herkunft	Kooperationen mit OEM
Sanyo	Japan	Honda, PSA, Toyota, VW (Audi)
Samsung	Südkorea	BMW (mit Bosch über SB LiMotive)
BYD	China	VW, BYD, Daimler über BYD Auto
LG Chem	Südkorea/USA	GM
Panasonic	Japan	Honda, Toyota
NEC	Japan	Renault-Nissan
Toshiba	Japan	VW
GS Yuasa	Japan	Honda, Mitsubishi, PSA
JCI Saft	Frankreich	Ford, Daimler
A123	USA	Think
Li-Tec	Deutschland	Daimler (mit Evonik)

Kompetenzen und entsprechend ausgebildeten Angestellten weiterhin in Korea, China und Japan. (Grove 2010) Die aktuelle Verteilung von Marktanteilen nach Bestandteilen wird von Experten entsprechend der derzeit vorhandenen Batterieproduktion eingeschätzt. Anoden- und Kathodenmaterial wird aktuell ausschließlich in Japan und Südkorea gefertigt. Auch bei weiteren Komponenten werden diese Länder als führend eingestuft. Bei der Batteriezelle lautet neben diesen Ländern die Marktanteilsrangfolge China, Europa, USA. Bei Elektronikkomponenten ist Europa vor den USA und China einzuschätzen, aber erst nach Japan und Südkorea. (CGGC 2010) Die Zuliefererpyramide der Batterieherstellung stellt sich wie in Abb. 2.16 dar.

Bei den Schlüsselmaterialien kommt eine besondere strategische Bedeutung den Seltenen Erden (bspw. Dysprosium und Neodym) zu; sie erleben durch die Elektromobilität eine hohe zukünftige Nachfrage, sind schwer substituierbar sowie kosten- und mengenrelevant. Mit der Hauptproduktion von über 97 % in China sind sie als kritisch einzustufen. (Achzet 2010) Politische Unsicherheit und Handelshemmnisse müssen schon heute berücksichtigt werden, ebenso wie die mögliche geografische Entfernung von Wertschöpfungsstufen beim Aufbau von Wertschöpfungsketten. Die chinesische Regierung steuert hier mit Ausfuhrverboten und -zöllen eine Weiterverarbeitung im eigenen Land, um neben anderen entstehenden globalen Automobilherstellern global präsente chinesische Zulieferer zu etablieren. Der strategische Aspekt eines durch Arbeitskräfte teureren Abbaus von Seltenen Erden in Ländern mit Vorkommnissen wie Australien und USA bedeutet eine Diversifizierung der Lieferquellen. Lithiumcarbonat hat wie die Seltenen Erden eine strategische und kritische Bedeutung für die Produktion von elektromobilen Fahrzeugen und wird aktuell hauptsächlich aus Salzlaken gewonnen. Hauptförderländer sind Chile, China, Argentinien, Australien und Russland. Das Hauptvorkommnis hingegen befindet sich in dem noch nicht fördernden Bolivien mit fast 36 % des Weltvorkommens. (Luft und Korin 2009) 75 % der bekannten

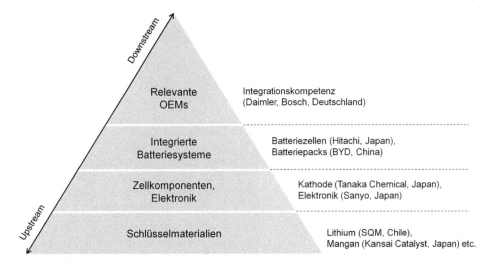

Abb. 2.16 Zuliefererpyramide anhand der Batterie mit Beispielakteuren. (Eigene Darstellung)

Vorkommen sind in Südamerika. Weiterhin besteht aufgrund hoher Investitionen zur Förderung ein Oligopolmarkt mit der deutsch-amerikanischen Chemetall, der chilenischen SQM, der amerikanischen FMC und der chinesischen CITIC. (Meridian International Research 2007) Dies ist für die Nachfrageseite nicht unproblematisch. Ein wichtiger Schritt für Automobilhersteller wäre, sich gegen eine Knappheitssituation durch den Dialog mit Lithium-Produzenten abzusichern. Strategische Partnerschaften oder langfristige Liefervereinbarungen sind wie bei der Lieferung von anderen kritischen Rohstoffen wie den Seltenen Erden zielführend. Implikationen für Automobilhersteller sind weiterhin die Steigerung von Materialeffizienz sowie die Nutzung von Recyclingpotenzialen.

2.3.6 Zusammenspiel von Akteuren

Durch die Neuausrichtung der Wertschöpfungskette ist nicht absehbar, inwiefern sich Machtverhältnisse, die derzeit Automobilhersteller begünstigen, ändern. Mit neuen Kooperationen und veränderten Material-, Entwicklungs- und Produktionsumfängen Upstream-verschobene Abhängigkeiten, Batterie-Joint-Ventures zwischen Herstellern und Zulieferern. Ebenfalls kommt Joint-Ventures zwischen bestehenden Automobilzulieferern und Batterieherstellern. Weiterhin werden mit Lieferverträgen langfristige Beziehungen festgelegt. Die Absicherung des Ressourcen- und Technologiezugangs ist aktuell über verschiedenste Kooperationen und Lieferantenverträge geregelt. Die Herausforderung, versprengtes Wissen und Kompetenz für die Entwicklung und Produktion von Elektrofahrzeugen zu bündeln führt zur Entwicklung von Netzwerken. Diese können ihre Innovationskraft entfalten, wenn die Akteure dezentral und flexibel an der Konfiguration und Adaption der Fahrzeuge mitwirken können (Abb. 2.17).

Diese Flexibilität erlaubt auch ein besseres Management der Herausforderungen von Kleinserienproduktionen in Bezug auf Elektromobilität und wird letztendlich zu neuen Wettbewerbsstrukturen, Geschäftsmodellen und auch Organisationsstrukturen führen.

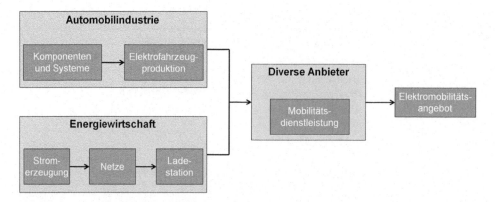

Abb. 2.17 Neuausrichtung der Wertschöpfungskette. (Eigene Darstellung)

2 Grundlagen

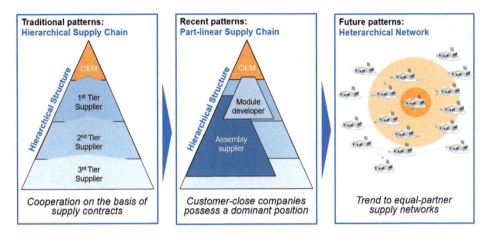

Abb. 2.18 Zusammenspiel der Akteure und Ausrichtung auf Endnutzer. (PWC 2010)

Downstream nähern sich Automobilindustrie, energiewirtschaftliche Unternehmen und IT-Unternehmen einander an. Hinzu kommen diverse Anbieter von Dienstleistungen, die an Geschäftsmodellen mit Informations- und Kommunikationsleistungen wie der Abrechnung beteiligt sein können. Aus all dem ergibt sich ein komplexes, interdependentes Wertschöpfungssystem (Abb. 2.18).

Um die Akzeptanz von Elektromobilität beim Endkunden zu halten bzw. zu erhöhen, sollte es sie weiterhin aus einer Hand geben. Möglich ist dies über eine enge Zusammenarbeit der beteiligten Akteure und intelligente Abrechnungssysteme. Allein mit dem Verkauf von Strom lässt sich auf der Seite der Energiewirtschaft noch kein tragfähiges Geschäftsmodell abbilden. Hier kommt ein Konzept wie in der Mobilfunkbranche in Frage, wo Netzbetreiber die Schnittstelle zum Endkunden bilden. (Deloitte 2009) Ob sich ein solches systemübergreifendes Modell in der Automobilindustrie etablieren kann, hängt davon ab, wie sich Automobilhersteller und Energieversorger in der Wertschöpfung der Elektromobilität positionieren werden. Eine entscheidende Rolle spielen auch Unternehmen aus dem Bereich der Informationstechnologie, die im Zuge der Digitalisierung eine wesentliche Rolle in der Automobilindustrie übernehmen. Mit dem gesellschaftlichen Wandel der Bedeutung individueller Mobilität werden intermodale Angebote, also das Zusammenspiel verschiedener Verkehrsmittelanbieter, interessant. Für den Kunden spielt deshalb neben dem Produkt auch die Preis-, Distributions- und Kommunikationspolitik eine entscheidende Rolle.

2.4 Produktion von Elektrofahrzeugen

Trotz zahlreicher Vorteile haben Elektrofahrzeuge bislang nur in vereinzelten Märkten eine nennenswerte Verbreitung erzielen können. Einer der herausstechenden Märkte ist Norwegen, wo Elektroautos, auch aufgrund eines staatlichen Förderprogramms, einen Marktanteil von 17,1 % (2015) erreichen konnten. (ZEIT 2016) Auch in anderen Märkten zielen Anreizprogramme wie dieses darauf ab, die Kaufhemnisse von E-Fahrzeugen, die bislang vorrangig aufgrund von höheren Kaufpreisen gegenüber konventionell angetriebenen Fahrzeugen bestehen, abzumildern. Die dafür ursächlichen hohen Produktionskosten, die wiederum fehlenden Skaleneffekten zuzuschreiben sind, führen zu dem hier in Abschn. 2.4 beschriebenen Teufelskreis der Elektromobilproduktion. In der ersten Hälfte des Kapitels werden die dafür ursächlichen Zusammenhänge erläutert. Ausgehend von den Trends und Chancen, die die Elektromobilität für die Automobilindustrie bietet, wird dabei aufgezeigt wie die zentralen E-Antriebstrangkomponenten die Herstellkosten beeinflussen und welche Herausforderungen sich damit für die Produktionstechnik ergeben. Darauf aufbauend werden in der zweiten Hälfte des Kapitels Lösungsstrategien aufgezeigt, mit denen der sogenannte Teufelskreis aufgebrochen werden kann.

2.4.1 Conversion Design vs. Purpose Design für Elektrofahrzeuge

In der Automobilindustrie bestehen die beiden unterschiedlichen Entwicklungsansätze für Elektrofahrzeuge, Conversion Design[1] und Purpose Design[2]. Wird eine vorhandene Plattform eines konventionell angetriebenen Fahrzeugs als Entwicklungsbasis genutzt, spricht man von einem Conversion Design, wie zum Beispiel im Falle des Volkswagen e-Golf. (Karle 2015) In bestehenden Serienfahrzeugen werden dabei die Komponenten des konventionellen Antriebs durch einen elektrifizierten Antriebstrang und Energiespeicher ersetzt und in das Gesamtfahrzeug integriert.

Das Ziel des Conversion Design-Ansatzes besteht darin, einen schnellen Marktzutritt durch die Entwicklung eines E-Fahrzeugs in einer bestehenden Fahrzeugstruktur zu erreichen. Durch die verwandte Fahrzeugbasis und viele Gleichteile im Exterieur und Interieur ist dieses Konzept auch deshalb attraktiv, da es so zunächst verhältnismäßig geringe Entwicklungs- und Investitionskosten benötigt. Dadurch, dass bereits ein Fahrzeug, das angepasst wird vorliegt und bereits Produktionsinfrastruktur existiert, fallen Planungs-, Entwicklungs- oder auch Anlaufaufwände zunächst gering aus. (Wallentowitz et al. 2010) Allerdings können Eingriffe in die Fahrzeugstruktur, die bspw. für die Unterbringung der Batterie im üblicherweise zerklüfteten konventionellen Unterboden erforderlich werden, erhebliche Neukonzeptionen und Neuplanungen hervorrufen, welche weitere Kosten nach sich ziehen. Zudem verfügen bestehende Montagelinien nur über ein geringes Anpassungs- bzw. Änderungspotential. Eine Erweiterung der Produktionskapazitäten aufgrund verstärkter Nachfrage nach Elektrofahrzeugen, kann dann nur mit hohem finanziellem Aufwand realisiert werden. (Kampker et al. 2011a) Außerdem bleiben neu gewonnene konstruktive Freiheitsgrade im Fahrzeugpackage, zum Beispiel

---

[1] Conversion Design: Gestaltungsansatz, bei dem ein Elektrofahrzeugkonzept auf einer bestehenden Fahrzeugplattform durch Elektrifizierung eines konventionellen Fahrzeugs realisiert wird.
[2] Purpose Design: Gestaltungsansatz, bei dem ein Elektrofahrzeugkonzept auf einer eigenständigen Architektur entworfen und umgesetzt wird.

im Fahrzeugunterboden, die zu Kosteneinsparungen im Bereich der Produktionsinfrastruktur durch vereinfachte Fahrzeugstrukturen führen können, ungenutzt (Karle 2015). Derartige, neue Freiheitsgrade ergeben sich zum Beispiel durch den Entfall des Fahrzeugtunnels, der einen erheblich vereinfachten Fahrzeugunterboden und damit auch vereinfachte Betriebsmittel im Bereich des Karosseriebaus ermöglicht. Darüber hinaus verursachen insbesondere Conversion Design Fahrzeuge durch die zusätzliche Infrastruktur und die Integration der E-Fahrzeugkomponenten in die nicht auf die E-Komponenten ausgelegte Fahrzeugstruktur teilweise höhere Produktionskosten als ein vergleichbares Fahrzeug mit konventionellem Antrieb (Kampker et al. 2011b).

Einen anderen Ansatz verfolgen Fahrzeuge, die nach dem Purpose Design-Ansatz konzipiert sind, wie beispielsweise der BMW i3 oder der StreetScooter Work. Hierbei wird um den elektrifizierten Antriebstrang herum, der einen Großteil der Kosten ausmacht, ein neues Fahrzeug entwickelt. Somit können Kosteninnovationen erzielt werden, indem das Fahrzeugkonzept frei von bestehenden Restriktionen auf die spezifischen Anforderungen und Vorteile des elektrifizierten Antriebstrangs zugeschnitten wird.

Kosteninnovationen lassen sich dabei sowohl bei der Fahrzeugkonzept- als auch bei der Packageauslegung erzielen. Während das Fahrzeugkonzept den Entwurf einer Produktidee mit Fokus auf die Grundmerkmale (Fahrzeuggrundform, Hauptabmessungen, Anzahl Sitzplätze etc.) darstellt, wird im Zuge der Packageauslegung die Ausarbeitung des Konzepts während der Entwicklung und die Abstimmung kundenrelevanter, gesetzlicher sowie qualitätssichernder Aspekte umgesetzt. Neben Kunden- bzw. Marktanforderungen üben die Wettbewerbsprodukte und die Positionierung des Herstellers im Markt einen großen Einfluss auf das Fahrzeugkonzept und das Package aus. Weitere beeinflussende Faktoren sind bspw. der Einsatzbereich und das Sicherheitskonzept des Fahrzeugs.

Während der Fahrzeugkonzeptauslegung ergibt sich beim Purpose Design die Möglichkeit, die Fahrzeugplattform gezielt für eine Produktfamilie mit einer Vielzahl von Derivaten auszugestalten. Hier bietet die Elektromobilität mit den im Hinblick auf Größe und Kontur geometrisch einfacheren Komponenten Elektromotor und Batterie die Chance, eine Fahrzeugplattform zu entwickeln, die mit unterschiedlichen Aufbauvarianten versehen, vielfältige Fahrzeugkonzepte hervorbringen kann. (Wallentowitz et al. 2010) Dabei sind die grundlegenden Prinzipien die Modularisierung von Fahrzeugplattform und -aufbau und die dafür notwendige Vereinfachung der Schnittstellen und damit eine Reduktion der Abhängigkeiten zwischen den beiden Modulen Plattform und Aufbau. (Rapp 1999) Ein Beispiel für einen solchen Ansatz stellt das Tesla Model X dar, das auf einer verlängerten Plattform des Model S realisiert wurde. Im Vergleich mit dem Modularen-Quer-Baukasten von Volkswagen weist der Tesla-Ansatz deutlich mehr Freiheitsgrade für das Fahrzeugpackage auf. Dies ist insbesondere darauf zurück zu führen, dass kein Verbrennungsmotor im vorderen Bereich des Fahrzeugs untergebracht und kein Tank im hinteren Bereich integriert werden muss. Die als Flachspeicher ausgeführte Traktionsbatterie im Fahrzeugunterboden und die vergleichsweise kleinen Elektromotoren im Bereich der Achsen erlauben eine deutlich flexiblere und effizientere Raumnutzung.

2.4.2 Technologische Trends von Gesamtfahrzeug und Komponenten

Die gegenüber konventionellen Fahrzeugen erhöhten Kaufpreise entstehen sowohl für Purpose als auch für Conversion Design Fahrzeuge dadurch, dass sich die notwendige Technologiereife und Skaleneffekte für eine wirtschaftlichere Produktion der Fahrzeuge und damit konkurrenzfähige Herstellkosten durch eine ausgebliebene Marktdurchdringung bislang nicht eingestellt haben. Dadurch werden die E-Fahrzeug-spezifischen Komponenten, wie insbesondere die Traktionsbatterie und der Elektromotor, bislang nur in kleineren Stückzahlen abgerufen und zu entsprechend höheren Kosten gefertigt als es bei einer Massenproduktion der Komponenten möglich wäre. Die so entstehenden Kostenstrukturen für E-Fahrzeuge werden in diesem Kapitel detailliert hergeleitet und herkömmlichen Fahrzeugen gegenübergestellt. Um eine lebenszyklusgerechte Bewertung der Kosten zu ermöglichen, werden die Kostenstrukturen über eine Gesamtbetriebskostenbetrachtung (Total Cost of Ownership, TCO) miteinander ins Verhältnis gesetzt und abgeleitet, welche Handlungsbedarfe für die Attraktivierung von E-Fahrzeugen bestehen.

2.4.2.1 Gesamtfahrzeug

Für die Entwicklung eines Fahrzeuges bedeutet der Trend zur Elektromobilität wesentlich mehr als allein die Umstellung der Energiequelle und der Energiewandlung. Der Einzug des Elektromotors hat weitreichende Auswirkungen auf das Packaging des Gesamtfahrzeugs, wodurch die beiden oben aufgezeigten Design-Ansätze Conversion bzw. Purpose Design ermöglicht werden. Das oben aufgezeigte Beispiel aus dem Hause Tesla zeigt, wie sich durch den kompakten Anstriebsstrang neue Freiheitsgrade ergeben. Neben der Diversifizierung im Antriebsstrang bieten sich zahlreiche neue Möglichkeiten im Bereich der Versorgung von Peripheriegeräten, der E/E-Architektur des Fahrzeuges sowie der Findung gänzlich neuer Mobilitätskonzepte.

Der Elektromotor eines Fahrzeuges kann auf verschiedenste Arten in das Fahrzeugkonzept integriert werden. Neben der Verwendung des E-Motors als alleiniges Vortriebsmittel werden auch verschiedene Hybrid-Fahrzeugkonzepte von Herstellern verfolgt und angeboten. Die Kombination aus Verbrennungs- und Elektromotor erlaubt durch ein geeignetes Zusammenspiel eine Verbrauchsreduzierung, lokal emissionsfreies Fahren oder auch eine Erhöhung der Fahrleistungen (vgl. Braess et al. 2013). Unterschieden werden kann, je nach Antriebskonzept, zwischen Seriellen-, Parallelen- und Misch-Hybridantrieben. Eine weitere Unterscheidung kann aufgrund der Energiequellen vorgenommen werden. Die Bereitstellung der Energie für den Betrieb des Elektromotors eines Hybridfahrzeuges kann sowohl durch die Speicherung von Rekuperationsenergie im Fahrbetrieb, eine Brennstoffzelle (Fuel Cell Hybrid) oder dem Aufladen einer Batterie am Stromnetz (Plug-In Hybrid) erfolgen.

Bei der erfolgreichen Umsetzung der Fahrzeugkonzepte spielt die Steuerung des E-Motors eine wesentliche Rolle. Zudem ergeben sich durch den möglichen Batteriebetrieb von Peripheriegeräten zum Teil gänzlich andere Betriebszustände als bei einem reinen Verbrennungsantrieb. Die Integration der elektrofahrzeugspezifischen Komponenten in einen gesamthaften E/E-Architekturansatz stellt sich als Schlüssel zu einer kostengünstigen Gesamtlösung dar (vgl. Brill 2009).

2.4.2.2 Veränderungen im Antriebstrang

Durch die gegenüber konventionell angetriebenen Fahrzeugen verschiedenen Prinzipien für Energiespeicherung und Energiewandlung ist der elektrische Antriebstrang grundlegend anders aufgebaut als ein verbrennungsmotorischer Antriebstrang. Tab. 2.5 zeigt die Änderungen im Hinblick auf die Komponenten der beiden Antriebstrangvarianten. Dabei entfallen beim elektrischen gegenüber dem konventionellen Antriebstrang mit dem Verbrennungsmotor und dem mehrstufigen Getriebe zwei zentrale und hochkomplexe Komponenten. Dadurch reduziert sich die Zahl der Antriebsstrangkomponenten von ca. 1400 beim konventionellen Antriebsstrang auf rund 210 Komponenten (Matthies et al. 2010).

Durch die neu hinzukommenden Komponenten in Elektrofahrzeugen ergeben sich vielfältige Chancen für Unternehmen, die Kompetenzen für die jeweiligen Komponenten in anderen Geschäftsfeldern aufgebaut haben, ebenfalls in den Markt der Elektromobilität einzusteigen. Chancen ergeben sich dabei für kleine und mittelständische Unternehmen vor allem dadurch, dass aufgrund der noch nicht weit fortgeschrittenen Technologiereife keine ausgeprägte Marktmacht etablierter, hoch-effizient produzierender Unternehmen besteht, sondern das ähnliche Ausgangsvoraussetzungen bestehen. Dafür sind wiederum die noch geringen Stückzahlen verantwortlich, die hohe Deckungsbeiträge verhindern. Steigende Stückzahlen werden jedoch zu Lerneffekten und auch dazu führen, dass die Technologien in ihrer Reife weiterentwickelt werden. Es ist zu erwarten, dass beide Kernkomponenten, Batterie und E-Motor, sowohl als Zuliefererkomponenten als auch Inhouse gefertigt werden. Im Falle der Elektromotoren ist jedoch zu beobachten, dass diese auch bei den Automobilherstellern selbst gefertigt werden. So haben bspw. Volkswagen und BMW eigene Fertigungsstätten aufgebaut und produzieren dort die Motoren für die batterieelektrischen Modelle, wobei für die Plug-In-Hybrid-Modelle der Hersteller in den

Tab. 2.5 Veränderungen im Antriebstrang

Obsolete Komponenten	Stark veränderte Komponenten	Hinzukommende Komponenten
• Verbrennungsmotor (Motorblock, Kolben, Dichtungen, Ventile, Nockenwelle, Ölwanne, Ölfilter, Lager) • Tanksystem • Einspritzanlage • Kupplung • Abgasanlage • Nebenaggregate (Ölpumpe, Turbolader, Lichtmaschine)	• Getriebe • Radaufhängung • Kraftübertragung • Klimaanlage, Heizung • Kühlwasserpumpe • Wärmedämmung	• Elektromotor (und weitere Antriebselemente) • Leistungselektronik • Batteriesystem (Akkumulator, Batteriemanagement, Kühlung/Temperierung) • Ladegerät • DC/DC-Wandler

meisten Fällen Motoren zugekauft werden. Für die Batterie zeigt sich bis dato, dass die Zellen fast ausschließlich von automobilfernen Unternehmen aus Fernost, vorrangig Korea und Japan, zugeliefert werden. Über Zulieferer, Joint-Ventures und teilweise auch eigene Fertigungsstätten erfolgt dann die Integration in Batteriemodule und -packs (Bernhardt et al. 2014). Zunehmend zeichnet sich jedoch ein Trend dahingehend ab, dass von verschiedenen Konsortien und Herstellern auch Fertigungsstätten in der EU erwogen werden. Die hohen Transportkosten sowie strategische Überlegungen aufgrund der Abhängig von den Zulieferern aus Fernost spielen dabei eine Rolle. (NPE 2016)

2.4.2.3 Hochvolt-Traktionsbatterien für Elektrofahrzeuge

Die Hochvolt-Batterie, die die elektrische Energie für den Antrieb eines Elektroautos bereitstellt, auch Traktionsbatterie genannt, besteht in ihrem Aufbau aus drei wesentlichen Strukturebenen. Die oberste Ebene wird gebildet durch die Hauptbaugruppe Batteriepack, das unter anderem aus den Unterbaugruppen Gehäuse, Zellmodulen und weiteren Komponenten wie Batteriemanagementsystem (BMS), Kühlsystem und -anschlüssen sowie 12V- und Hochvoltanschlüssen besteht. Das Zellmodul als wesentliche Unterbaugruppe besteht dabei aus weiteren Subkomponenten wie den Batteriezellen, Endplatten, Kontaktierung und Sensoren für die Überwachung der Zellzustände. Übergreifend sind die wesentlichen Komponenten dabei die Batteriezellen aufgrund ihrer Funktion als Energiespeicher, das Gehäuse mit Schutz- und Kühlfunktion und die Batteriemanagementsysteme zum Überwachen des Ladezustandes einzelner Module oder Zellen (vgl. Abb. 2.19).

Aktuell kosten automotive-taugliche Lithium-Ionen-Batterien pro Kilowattstunde (kWh) etwa 200 Euro. (VDI 2016) Demnach fallen für ein Batteriepack mit 25 kWh, das eine elektrisch gefahrene Reichweite von bis zu 280 km ermöglicht, ungefähr 5000 Euro Produktionskosten an. (Kampker 2014; Newbery 2015) Zukünftig wird erwartet, dass sich diese Preise durch Innovationen auf Produkt- und Prozessseite deutlich reduzieren. Stellhebel für die Kostenreduktionen sind dabei auf Produktseite unter anderem der Übergang zu innovativen Zelltypen, deren Chemie bspw. auf Lithium-Polymer- oder Lithium-Schwefel-Kombinationen

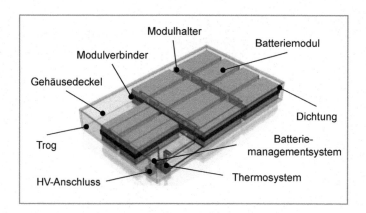

Abb. 2.19 Aufbau eines Batteriepacks

beruht. Weiteres Einsparpotential versprechen innerhalb der nächsten Dekade der Übergang von Folienmaterialen zu Streckgittern und der Einsatz von Solid-State-Batterien, also Batterien, die anstelle der heute üblichen Flüssig-Elektrolyten mit einem Festkörper-Elektrolyten versehen sind. Auf Modulebene bestehen Potentiale hinsichtlich des Modulaufbaus und einer Vereinfachung des Modulfügens, bspw. durch einen Verzicht auf Klebevorgänge, und für das Pack durch die Verwendung von Kunststoffgehäusen gegenüber den heute üblichen Aluminiumgehäusen (Maiser et al. 2014). Durch diese auszugsweise dargestellten Potentiale wird erwartet, dass die Preise für automotive-taugliche Batterien auf Systemebene, d. h. inklusive BMS und sonstiger Komponenten, innerhalb der nächsten 10 Jahre bei circa 100 Euro/kWh liegen werden (VDI 2016).

Die vielfach verwendeten Lithium-Ionen-Zellen für Traktionsbatterien in Elektrofahrzeugen verursachen dabei zwei Drittel der anfallenden Kosten des Batteriepacks (Bertram 2014). Das übrige Drittel verteilt sich auf das Gehäuse, die Managementsysteme und Elemente für die Temperierung bzw. Kühlung des Batteriepacks.

Prozessseitig erfordert die Fertigung von Hochvolt-Batterien für E-Fahrzeuge je nach Wertschöpfungsstrategie einen Kompetenzaufbau in verschiedenen Bereichen. Für die heute in Europa bei Zulieferern und Fahrzeugherstellern durchgeführte Montage von Modulen und Batteriepacks sind wesentliche Felder für den Kompetenzaufbau bspw. das Fügen der Zellmodule mit entsprechender Automatisierungstechnik für das Positionieren und das anschließende kraft- oder formschlüssige Verbinden der Zellen zu Modulen. Dies ist insbesondere durch die hohen Verpresskräfte von bis zu 20 kN, mit denen Batteriemodule heute teilweise gefügt werden, um Alterungsprozessen der Zellen vorzubeugen, eine enorme Herausforderung.[3]

2.4.2.4 Elektromotoren für den Traktionsantrieb

Gegenüber dem Verbrennungsmotor ergeben sich für den Elektromotor Vorteile durch eine kompaktere Bauweise des Elektromotors und eine geringere Anzahl von Bauteilen. Letzteres ist vor allem auf das Motorprinzip zurückzuführen, das für die gängigen Maschinentypen auf einem feststehenden Stator und einem innerhalb oder außerhalb drehenden Rotor basiert. Dadurch befinden sich innerhalb des Motors keine oszillierenden und eine erheblich reduzierte Anzahl rotierender Bauteile, was wiederum Auswirkungen bspw. auf die Anzahl verbauter Gleit- und Kugellager hat. Außerdem entfallen alle Nebenaggregate zur Abgasreinigung. Diese Aspekte, geringere Teileanzahl motorintern und in der Motorperipherie, führen auch dazu, dass der Neuaufbau einer Fertigungsstraße für Großserienproduktionen mit Investitionskosten einer Elektromotorenfertigung in Höhe von rund 2,5 % der Kosten einer gleichwertigen Dieselmotorenfertigung zu deutlich geringeren Aufwänden. (Matthies 2011) Andererseits ist die Herstellung heute noch mit vielen manuellen Tätigkeiten verbunden und verlangt insbesondere bei Automobilherstellern, deren Fokus bislang eher im Bereich der Verbrennungsmotorenproduktion

---

[3] Die Verpresskraft ist dabei abhängig von der Anzahl der in Reihe verschalteten Zellen und der Toleranzkette.

lag, einen gezielten Kompetenzaufbau. Für die Kostenentwicklung von Elektromotoren deuten Studien an, dass die Herstellungskosten für einen Elektromotor, der circa 70 kW generiert, von 840 Euro auf circa 560 Euro im Jahr 2020 sinken werden (Lienkamp et al. 2014; Kochhan 2014). Damit ist der Elektromotor zwar deutlich kostengünstiger als ein Verbrennungsmotor mit vergleichbarer Leistung, durch die im Folgenden dargestellte Kostenstruktur eines E-Fahrzeugs ergibt sich jedoch auch für den E-Motor ein erheblicher Druck zur Kostenreduktion. Dabei besteht aufgrund der heute noch geringen Technologiereife, vor allem im Hinblick auf automotive-taugliche Traktionsmotoren, die in großen Stückzahlen gefertigt werden können, ein großes Potential für Kostensenkungen. Dieses Potential kann zum Beispiel durch Maßnahmen in den folgenden Bereichen gehoben werden: zum einen sind im Zuge der Produktgestaltung großserientaugliche Konzepte für Steckspulen als Ersatz für die heute üblichen Drahtwickelverfahren zu befähigen. Zum anderen bietet die Produktionsprozessgestaltung Potentiale, indem die heute noch manuellen Prozessschritte beim Isolieren und Verschalten der Phasen automatisiert werden und so Kosten eingespart werden.

2.4.2.5 Brennstoffzelle

Angesichts der noch beschränkten Reichweiten, die batterieelektrische Fahrzeuge heute erreichen können, sind auch Brennstoffzellenfahrzeuge nach wie vor in der öffentlichen Diskussion. Durch die höhere Energiedichte, mit der der Wasserstoff im Tank gegenüber der elektrischen Energie in der Batterie gespeichert werden kann, bieten diese zunächst den Vorteil höherer Reichweiten. Allerdings geht damit auch die zentrale Herausforderung dieser Technologie einher: Die bislang nur mangelhafte Verbreitung von Wasserstofftankstellen. Eine weitere Herausforderung besteht durch die Charakteristik von Brennstoffzellen und einer geringen Eignung für hochdynamische Lastwechsel wie sie im Fahrbetrieb eines Kraftfahrzeugs vorliegen. Daher werden heute nach wie vor Lithium-Ionen-Batterien als Pufferspeicher in Brennstoffzellenfahrzeugen verbaut, wodurch die Antriebsstrangtopologie der eines E-Fahrzeugs mit Range Extender nicht unähnlich ist.[4] Insofern kann die Brennstoffzelle als Ergänzung des Antriebsstrangs betrachtet werden.

Brennstoffzellenfahrzeuge werden ebenfalls von Elektromotoren angetrieben und somit zur Gruppe der Elektrofahrzeuge gezählt. Im Gegensatz zu reinen BEV (Battery-Electric Vehicles) wird die Antriebsenergie jedoch nicht elektrisch aufgenommen und in einer Batterie chemisch gespeichert, sondern aus Brennstoffen, wie vorzugsweise Wasserstoff, im Fahrbetrieb in elektrische Energie gewandelt (vgl. Braess et al. 2013). Wasserstoff wird dabei in der Anode der Brennstoffzelle oxidiert, wodurch die freien Protonen durch die Elektrolytmembran zur Kathode fließen können (siehe Abb. 2.20). Diese, für Elektronen undurchlässige Membran, zwingt die dem Wasserstoff entzogenen Elektronen den Stromkreis mit Zwischenspeicherbatterie und Elektromotor zu durchlaufen. Die

---

[4] Range Extender: Energiespeicher und -wandler zur Bereitstellung elektrischer Energie für die Verlängerung der Reichweite, die in einem optimalen Wirkungsgrad ohne mechanische Anbindung an den Antriebsstrang betrieben werden.

2 Grundlagen

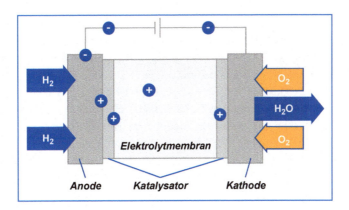

Abb. 2.20 Funktionsprinzip einer Brennstoffzelle. (Vgl. Töpler und Lehmann 2014)

Reduktion von Sauerstoff an der Kathode, und die anschließende Reaktion des Sauerstoffs mit den Protonen zu Wasser, schließt den Stromkreis. (vgl. Schmid 2002)

Nachdem General Motors in den sechziger Jahren ein wasserstoffbetriebenes Konzeptfahrzeug „GM Electrovan" vorstellte, die Technologie jedoch nicht auf Serienfahrzeuge übertragen konnte, dauerte es fast 50 Jahre bis Toyota das weltweit erste Serienfahrzeug „FCV" mit Brennstoffzellenantrieb präsentierte. (vgl. General Motors 2016, vgl. Toyota 2016) Als Nachfolgeprodukt ist heute der in Serie gebaute Toyota Mirai auf dem Markt erhältlich. Der Hersteller Mercedes-Benz hat mit seinem, in Kleinserie gefertigten, Fahrzeug „F-Cell" die Robustheit und Alltagstauglichkeit im Rahmen einer Weltumrundung gezeigt. (Vgl. Daimler 2011)

Zur Energieerzeugung notwendig sind, neben der eigentlichen Brennstoffzelle, ein Drucktank zur Speicherung des Brennstoffes sowie eine Traktionsbatterie, die Lastwechsel ausgleicht und Rekuperation ermöglicht. Während die Batterie keine speziellen Anforderungen erfüllen muss, beeinflusst der Tank maßgeblich die Sicherheits- und Reichweiteneigenschaften des Fahrzeuges. Um die vom Kunden geforderten Reichweiten zu erreichen werden in heutigen Fahrzeugen Tankinnendrücke von bis zu 700 bar realisiert. Neben hohen speicherbaren Energiedichten müssen die Tankkomponenten dabei auch zahlreiche fahrzeugspezifische Anforderungen wie ein geringes Gewicht des Tanks erfüllen. Stand der Technik ist daher eine Druckspeicherung in zylinderförmigen Faserverbundspeichern. (Vgl. Daimler 2017)

Das Brennstoffzellenmodul besteht, neben zahlreichen Peripheriegeräten, aus einem Stack von mehreren hundert Brennstoffzellen. Zusammengehalten von der Endplatte, welche zusätzlich für die Gaseinleitung zuständig ist, sorgt die Serienschaltung der Zellen für ausreichend hohe Spannungen. Jede Zelle besteht aus dem so genannten Membran-Elektroden-Einheit (MEA), welche den Ionentransport gewährleistet und den Bipolar-Platten, die der Gasverteilung und Kühlung dienen. Um einen gleichmäßigen Druck auf die Zellen auszuüben werden die Endplatten auf der Unterseite bombiert, so dass diese unter Belastung eben wird. Um das Brennstoffzellenmodul möglichst leicht zu gestalten wird auch die Endplatte nach Gesichtspunkten des Leichtbaus optimiert. Eine wesentliche Eigenschaft der Bipolar-Platten ist die sehr gute elektrische Leitfähigkeit. Darüber hinaus muss jedoch auch eine gute Wärmeabfuhr gewährleistet sein, was die Gestalt der Platten maßgeblich beeinflusst. (Vgl. Schmid 2002)

Die industrielle Produktion von Brennstoffzellen ist derzeit nur unter hohem Kostenaufwand möglich. Im Besonderen sind die Fertigung der Bipolar-Platten und der Membran-Elektroden Einheit sehr aufwendig. In metallische Bipolar-Platten wird, nach einem Wälzvorgang, durch Tiefziehen oder Innenhochdruckumformung die charakteristische Kanalstruktur eingeprägt. Bipolar-Platten aus Graphit werden in einem Extrusionsprozess hergestellt und erhalten Ihre spezielle Struktur durch CNC-Fräsen. Die Herstellung der Membran-Elektroden Einheiten kann sowohl durch ein Trocken- als auch ein Nassverfahren erfolgen. Während beim Trockenverfahren das Elektrodenmaterial als Pulver aufgetragen und anschließend verpresst wird, liegt zu Beginn des Nassverfahrens eine viskose Emulsion vor, welche erst nach dem Aufsprühen auf eine Trägerfolie mit der Membran verpresst werden kann. Die aufwendigen Verfahren, sowie die Verwendung von Edelmetallen als Katalysationsmaterial stellt die Hersteller von Brennstoffzellen vor die Herausforderung einer wirtschaftlichen Fertigung. (Vgl. Werhahn 2008)

Bis heute hat sich das Prinzip des Brennstoffzellenfahrzeuges nicht auf dem Markt durchgesetzt. Hemmende Faktoren sind neben den hohen Anschaffungskosten der entsprechenden Fahrzeuge besonders die schlecht ausgebaute Tank-Infrastruktur sowie die, auf die Druckspeicherung von Wasserstoff bezogenen, Sicherheitsbedenken der Kunden. (Vgl. Lamparter 2016)

2.4.2.6 Konsequenzen für die Produktionstechnik

Durch veränderte Komponenten im Antriebstrang ergeben sich Verschiebungen bei der Bedeutung von Fertigungstechnologien zur Herstellung der Antriebskomponenten. Insbesondere zerspanende Fertigungsverfahren (Drehen, Fräsen, Bohren, Schleifen), die zum Beispiel beim Fräsen und Schleifen von Zylinderlaufflächen und von Lagersitzen zum Einsatz kommen, werden durch den Entfall des Verbrennungsmotors deutlich weniger in Anspruch genommen (Abb. 2.21). (Vgl. Spur 2014) Zukünftig steigen wird hingegen die Bedeutung von umformenden und fügenden Fertigungsverfahren für die Elektromobilproduktion (Pressen, Ziehen, Biegen, Stanzen, Schweißen) bspw. für das Stanzen der Elektrobleche, das Verschweißen von Statorblechpaketen für den Elektromotor oder auch das Kontaktieren von Batteriezellen mittels Schweißverfahren. (Fraunhofer ISI et al. 2010)

Beispielsweise wird bei der Herstellung von heute üblichen Elektromotoren der Draht der Spulen gezogen und gewickelt sowie der Stator imprägniert, sodass die Fertigungsverfahren Ziehen, Biegen und Imprägnieren an Bedeutung gewinnen. Dagegen zeichnet sich der Batterieproduktionsprozess durch bis zu 150 Ultraschallschweißverbindungen zwischen Stromableiter und Kontaktfahne pro Batteriezelle aus. Damit zeigt die Produktion der Batterie beispielhaft die steigende Relevanz von Schweißprozessen in der Fertigung von Elektrofahrzeugen.

2 Grundlagen

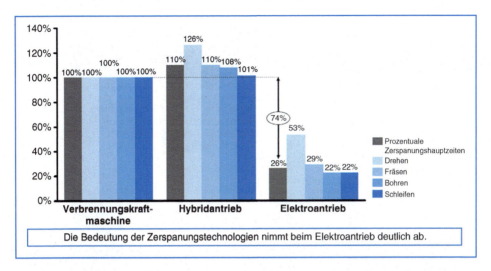

Abb. 2.21 Abnahme der Zerspanungshauptzeiten beim Elektroantrieb. (Nach Abele 2009)

CFK ist als Werkstoff für die Massenproduktion mit einem Preis von circa 60 Euro pro kg Gewichtsersparnis zum jetzigen Zeitpunkt noch unattraktiv. Es gilt deshalb, die Verarbeitungs- und Fertigungsverfahren zu optimieren, um die preisliche Attraktivität von Kunststoffen zu steigern und somit Leichtbaupotenziale bestmöglich nutzen zu können. Der erweiterte Einsatz von Kunststoff für die Fahrzeugaußenhaut macht die Kunststoffverarbeitung zu einer Produktionskompetenz mit dem größten Wachstum in den nächsten 20 Jahren. (McKinsey 2011).

2.4.2.7 Kostenstruktur von E-Fahrzeugen

Die Kosten des Antriebstrangs eines konventionellen angetriebenen Kleinfahrzeuges liegen zurzeit zwischen 1500 und 1800 Euro (vgl. Lienkamp et al. 2014). Darunter fallen die oben dargestellten Komponenten für den Motor, mehrstufige Getriebe, Abgasanlage, Peripherieaggregate und weitere. Damit verursacht der Antriebstrang den größten Anteil der Herstellkosten eines Kleinwagens (vgl. Abb. 2.22).

Auch beim Elektrofahrzeug verursacht der Antriebstrang die größten Kosten. Die in der Herstellung teureren Komponenten führen jedoch dazu, dass die Kosten die eines konventionellen Antriebstrangs weit übersteigen. Wie oben dargestellt kostet ein Batteriepack für einen Kleinwagen derzeit circa 5000 Euro. Auf die Leistungselektronik (Inverter und Mikroprozessor) für die Energiewandlung zwischen Batterie und Motor entfallen Kosten in Höhe von circa 750 Euro und ein 50 kW Elektromotor verursacht weitere Kosten von circa 600 Euro. Für sonstige Komponenten wie Ladegerät, Kühlgebläse, HV-Leitungen, Schütze, Sicherungen und weitere Kleinteile ist darüber hinaus ein Kostenblock von circa 1000 Euro vorzusehen. (Lienkamp et al. 2014; Bertram 2014; Newbery 2015; Kampker 2014)

Durch den Vergleich der Herstellkosten eines konventionellen Kleinwagens mit denen eines E-Fahrzeugs wird der Handlungsbedarf deutlich. Um ein im Hinblick auf die Kosten

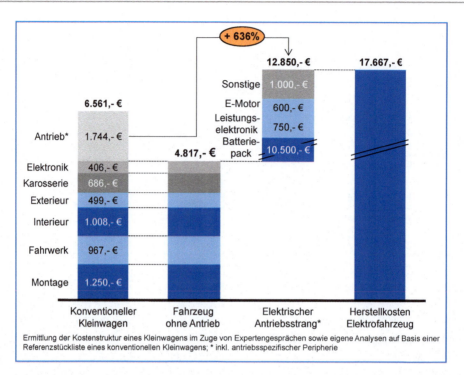

Abb. 2.22 Herstellkosten eines Elektrofahrzeugs. (In Anlehnung an Lienkamp et al. 2014; Bertram 2014; Newbery 2015; Kampker 2014)

konkurrenzfähiges Produkt anbieten zu können, müssen die Herstellkosten erheblich verringert werden. Dafür sind Anstrengungen zu unternehmen, um die Voraussetzungen für eine erfolgreiche Diffusion von E-Fahrzeugen im Markt zu schaffen. Dabei bieten sich verschiedene Strategien an, wie ein Vergleich der E-Fahrzeug-Hersteller StreetScooter GmbH und Tesla Motors zeigt, die unterschiedliche Ansätze bei der Gestaltung und Herstellung der durch sie angebotenen E-Fahrzeuge verfolgen.

Tesla positioniert seine Produkte im Luxussegment und fokussiert damit eine sogenannten First-Mover-Klientel, die sich aus einer zahlungskräftigen Kundschaft mit einer hohen Preisbereitschaft für innovative Produkte zusammensetzt und so hohe Deckungsbeiträge ermöglicht. Dabei werden die Kunden über die innovativen Technologien der Fahrzeuge zum Kauf motiviert und weniger über Kostenvorteile gegenüber konventionellen Fahrzeugen. (Trefis 2015) Da derzeit bei über 95 % der privaten Automobilnutzer eine Mehrpreisbereitschaft für ein Elektrofahrzeug von lediglich 10 % besteht, ermöglicht es diese Strategie Tesla, vorrangig Kunden innerhalb der verbliebenen 5 %-Gruppe zu gewinnen und dort Mehrpreise oberhalb von 10 % aufzurufen (NPE 2014).

Im Gegensatz dazu fokussiert die Firma StreetScooter den Kundennutzen und integriert diesen in den Entwicklungsprozess, um ein in wirtschaftlicher Hinsicht attraktives Produkt anbieten zu können. Während der Entwicklung der Fahrzeuge der StreetScooter

GmbH wurden dafür schon in frühen Phasen in Zusammenarbeit mit dem Kunden bspw. Sitzhöhen, Sichtfelder, Einstiegsbereiche oder auch die Höhe der Ladekante erarbeitet. Dadurch wurde auf Kundenseite nicht nur eine hohe Produktakzeptanz erreicht, sondern auch geringere Gesamtbetriebskosten (Total Cost of Ownership, TCO) ermöglicht bspw. durch die gezielte Auslegung des Antriebstrangs auf den Einsatzzweck bei dem Logistikdienstleister Deutsche Post DHL.

2.4.3 Montage von Elektrofahrzeugen

Aufgrund der beschriebenen Herausforderungen der Elektromobilität kommt der Auslegung der Produktionsprozesse von Elektrofahrzeugen, insbesondere aufgrund der heute noch geringen Stückzahlen, eine tragende Bedeutung zu. Die Produktionsplanung muss dabei die wesentlichen Voraussetzungen dafür schaffen, dass die Produktion in den gesetzten Korridoren flexibel den Stückzahlabrufen des Marktes angepasst werden kann. Neben den Fertigungsprozessen für die Komponenten bilden dafür im Hinblick auf das Gesamtfahrzeug vor allem die Montageprozesse der Fahrzeuge wesentliche Stellhebel.

2.4.3.1 Grundlagen der Montage

Nach DIN 8593 ist die Montage „der Zusammenbau von Teilen und/oder Gruppen zu Erzeugnissen oder zu Gruppen höherer Erzeugnisebenen" (Lotter 2006). Der Montagevorgang umfasst primäre Vorgänge (Fügen und Handhaben) sowie unterstützende, sekundäre Vorgänge, wie bspw. das Justieren, Messen oder Reinigen (vgl. Abb. 2.23). Die Verbindung der Teile kann dabei zerstörungsfrei lösbar sein oder sie impliziert eine zumindest teilweise Zerstörung der Teile im Lösevorgang (Nyhuis 2009). Es entsteht eine Wertsteigerung des Produktes, da die Einzelteile zu einem komplexeren und damit höherwertigen Objekt zusammengeführt werden. Der strukturelle Aufbau des Produkts hat dadurch, dass die Teile in vielen Fällen, zum Beispiel durch eingeschränkte Zugänglichkeit aufgrund zuvor montierte

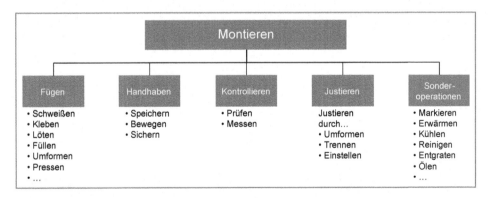

Abb. 2.23 Funktionen der Montage nach VDI 2860

Baugruppen, nicht in beliebiger Reihenfolge montiert werden können, einen unmittelbaren Einfluss auf die Montagereihenfolge und damit auf die Struktur der Montageorganisation (Kratzsch 2009). Als Montageorganisation bezeichnet man dabei „die Art und Weise, wie eine Montage technisch-organisatorisch durchgeführt werden soll" (Petersen 2005).

Eine bewährte Möglichkeit verschiedene Montageformen zu differenzieren, ist die Unterscheidung nach dem zu montierenden Objekt, dem Montageobjekt, das bspw. durch Typ, Größe, Stückzahl, Aufbauzustand, Produktkomplexität oder den Bewegungszustand in der Montage beschrieben werden kann. Dies ist vorteilhaft, da die Anforderungen, Möglichkeiten und Bewertungsmethoden der Montage in hohem Maße von den Eigenschaften des Montageobjekts, also bspw. dessen Größe und Komplexität sowie dessen zu fertigender Stückzahl, abhängen. Im Allgemeinen sind dabei Produktkomplexität und Stückzahl gegenläufige Beschreibungsgrößen, da eine zunehmende Produktkomplexität in vielen Fällen geringere montierbare Stückzahlen zur Folge hat. Der Großserien-Automobilbau stellt hier jedoch eine Ausnahme dar, da er hochkomplexe Produkte in hoher Stückzahl und hoher Variantenvielfalt herstellt (Petersen 2005).

Eine primäre Unterscheidung von Montageorganisationsformen wird häufig anhand des Bewegungszustandes der Montageobjekte in der Montage getroffen. Dabei wird unterschieden, ob das Montageobjekt während der Montage stillsteht (Verrichtungsprinzip) oder sich in Bewegung befindet (Fließprinzip). Als sekundäres Unterscheidungskriterium gilt zum Beispiel, ob die Arbeitsplätze stationär oder in Bewegung sind. (Vgl. Abb. 2.24)

2.4.3.2 Montageveränderungen gegenüber konventionellen Fahrzeugmontagen

Durch die neuen Komponenten (vgl. Abschn. 2.4.2.2) ergeben sich auch für die Montage von Elektrofahrzeugen neue Montageschritte und -abfolgen. Abb. 2.25 führt exemplarisch die Schritte einer Montage eines konventionell angetriebenen Fahrzeugs auf, wobei

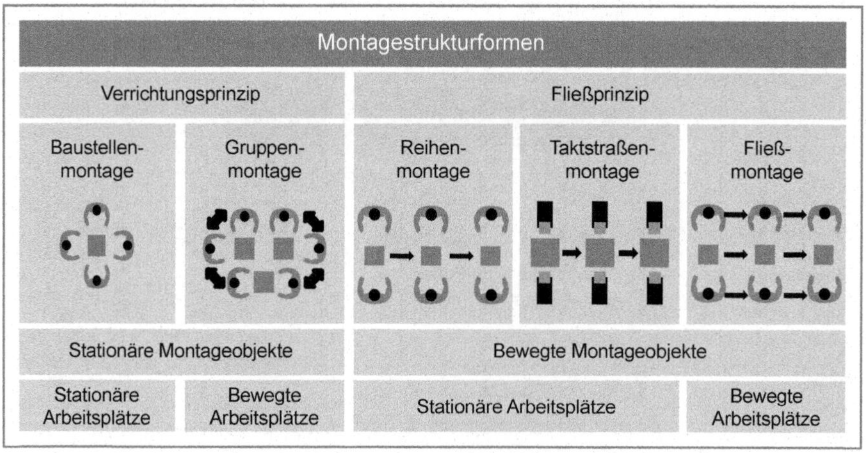

Abb. 2.24 Organisationsformen der Montage. (Nach Petersen 2005)

2 Grundlagen

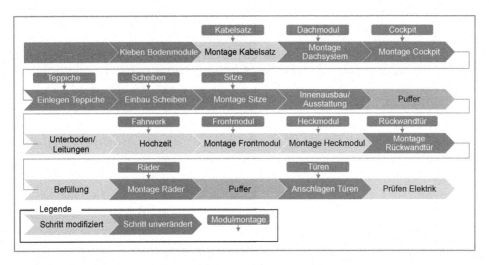

Abb. 2.25 Exemplarische Montagelinie eines konventionellen Fahrzeugs

hervorgehoben ist, welche Montageschritte für E-Fahrzeuge modifiziert werden müssen. Die Abbildung zeigt die für die Großserienproduktion typischen Charakteristika:

- Montage des Endprodukts auf einer Hauptlinie, die in die Bereiche Interieur, Fahrwerk/Hochzeit und die Fahrzeugfertigstellung aufgeteilt ist
- Trennung der Bereiche durch Puffer
- Modulmontage für die Vorbereitung und Vormontage unterschiedlicher Fahrzeugmodule, die für die Hauptmontage bereitgestellt werden

Wesentliche Änderungen des Montageprozesses eines Elektrofahrzeuges im Vergleich zum Montageprozess des konventionell angetriebenen Fahrzeuges ergeben sich durch die elektrischen Komponenten sowie die Hochzeit, also das Zusammenführen von Chassis und Karosserie. Insbesondere die Verkabelung und Elektronikprüfung des Elektroautos unterliegt Änderungen, da zusätzlich zum 12 V Bordnetz ein Hochspannungsnetz für den Traktionsantrieb mit Spannungen von bis zu 400 V installiert werden muss. (Maschke 2010) Aufgrund des hohen Gewichtes der Batterie ist je nach gewählter Positionierung im Fahrzeug die Montage der Front-, Heck- und Unterbodenmodule abzuändern, um die notwendigen Verstärkungen, neue (größere) Kabelzuleitungen und sicherheitstechnische Anforderungen zu gewährleisten.

2.4.4 Herausforderungen für die Produktion von E-Fahrzeugen

Mit den oben dargestellten Zusammenhängen ergeben sich für die Produktionstechnik von E-Fahrzeugen die in Abb. 2.9 dargestellten, zentralen Herausforderungen. Wie oben aufgezeigt werden erhöhte Anschaffungspreise für Elektrofahrzeuge nur von einer kleinen

Gruppe von Endverbrauchern im Premiumsegment akzeptiert. Für den Großteil der Kunden ist der Kaufpreis eines Fahrzeugs hingegen weiterhin ein Hauptentscheidungskriterium bei der Fahrzeugwahl solange die Gesamtbetriebskosten (TCO) nicht deutlich zugunsten von E-Fahrzeugen ausfallen. Daher stehen Fahrzeuge mit elektrifizierten Antrieben nach wie vor mit konventionellen Fahrzeugen im Wettbewerb, der aktuell vorrangig über den Kaufpreis entschieden wird. (NPE 2014; Doll 2011; Kampker 2014; Kleinhans 2010)

Durch die aufgezeigten Unterschiede des elektrischen gegenüber einem konventionellen Antriebsstrang stehen Fahrzeughersteller vor der Herausforderung neue Kompetenzen für die Produktion der Komponenten aufzubauen, sofern nicht die gesamte Wertschöpfung für die Antriebsstrangkomponenten an Zuliefererunternehmen übergehen soll. In jedem Fall erfordert die beim Fahrzeughersteller vorgenommene Systemintegration in das Gesamtfahrzeug eine ganzheitliche Systemkompetenz (a, Abb. 2.26). Die Systemkompetenz setzt sich dabei im Bereich der Elektromobilproduktion aus der Produkttechnologiekompetenz, der Prozesstechnologiekompetenz sowie der logistischen Leistungsfähigkeit zusammen. Die logistische Leistungsfähigkeit ist dabei für die Elektromobilproduktion unter anderem deshalb eine besondere Herausforderung, da die Batteriezellen oder Packs aufgrund von Entladevorgängen innerhalb der Komponenten und Sicherheitsvorkehrungen bei Lagerung und Transport besonderen Anforderungen unterliegen.

Durch die erläuterten, erhöhten Herstellkosten für die Produktion von E-Fahrzeugen für den Massenmarkt, die den Kaufpreis wesentlich beeinflussen, entsteht somit ein Kostendruck (b) der bewirkt, dass sowohl Produkt- als auch Produktionsprozessgestaltung wesentliche Beiträge zur Reduktion der Herstellkosten leisten müssen.

Der Kostendruck entsteht auch, da kleine Stückzahlen bei zeitgleich unsicherer Marktentwicklung (c) zunächst keine Zielkostenerreichung durch Skaleneffekte erlauben. Die erhöhten Fahrzeugpreise bedingen eine geringe Menge an absetzbaren Stückzahlen, die wiederum den Herstellern beim Erzielen von Skaleneffekten im Wege stehen. Der sogenannte „Teufelskreis der Elektromobilproduktion" entsteht und hat zur Folge, dass die E-Mobilität bislang für Fahrzeughersteller wirtschaftlich nicht rentabel ist (vgl. Abb. 2.27) (Kampker et al. 2015). Daher sind diverse Anstrengungen auf Seiten der Hersteller oder auch auf Seiten des Gesetzgebers zu unternehmen, um das aus diesem Teufelskreis erwachsende Dilemma aufzubrechen.

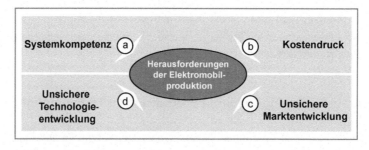

Abb. 2.26 Kernherausforderungen der Elektromobilproduktion

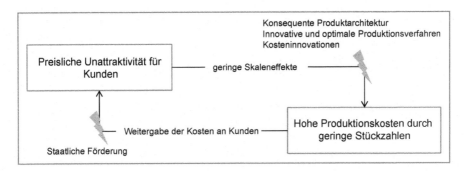

Abb. 2.27 Teufelskreis der Elektromobilproduktion

Die vierte Herausforderung liegt in der unsicheren, technologischen Entwicklung (d) in den Bereichen elektrische Maschine, Speichersysteme sowie Leistungselektronik. Bei Betrachtung der Speichersysteme lässt sich derzeit zum Beispiel keine belastbare Aussage treffen, welche Zellentypen sich langfristig durchsetzen werden (Karle 2015).

2.4.5 Lösungsstrategien für die Elektromobilproduktion

Kostensenkungen in der Automobilindustrie werden häufig durch das Generieren von Skaleneffekten oder Produktivitätssteigerungen durch Lerneffekte realisiert. Angesichts bereits hoch effizienter Produktionsprozesse in der Automobilindustrie ist das darin liegende Potential heute jedoch für den Durchbruch der Elektromobilität nicht ausreichend. Effizienzsteigerungen sind deshalb auch in den vorgelagerten Bereichen der Entwicklung notwendig, um Elektrofahrzeuge wirtschaftlich herstellen zu können. Dies beginnt mit einem gezielten Kompetenzaufbau bezogen auf die Komponententechnologie sowie deren Fertigung. Dafür bietet es sich an, Zulieferer mit den entsprechenden Kompetenzen in die Spezifikation und die Gestaltung des Produkts mit einzubinden und Wertschöpfungsbeiträge entsprechend zu vernetzen. Hinsichtlich der Prozessgestaltung ist für die Elektromobilproduktion darüber hinaus von besonderer Bedeutung, dass, um im Verlauf der Serienfertigung auf Stückzahlsteigerungen reagieren zu können, Skalierungsmöglichkeiten für die Produktionsprozesse vorgehalten werden (vgl. Abb. 2.28).

2.4.5.1 Lösungsraum- und Spezifikationsmanagement als Kernkompetenz des Systemintegrators

Mit Hilfe eines gezielten Lösungsraum- und Spezifikationsmanagements werden schon zu Beginn einer Produktentstehung die Freiheitsgrade auf Produkt- und Prozessseite einbezogen und systematisch geplant. Im weiteren Verlauf der Produktgestaltung werden die Abhängigkeiten zwischen Produkt- und Produktionsentwicklung kontinuierlich validiert (vgl. Abb. 2.29). In diesem Kontext stellen Konzepte des Front- bzw. Side-Loadings Ansätze

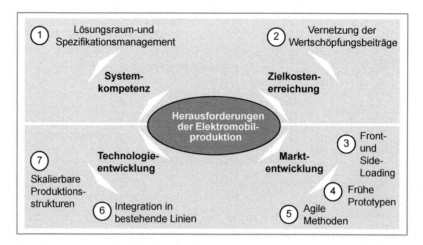

Abb. 2.28 Lösungsstrategien für die Elektromobilproduktion

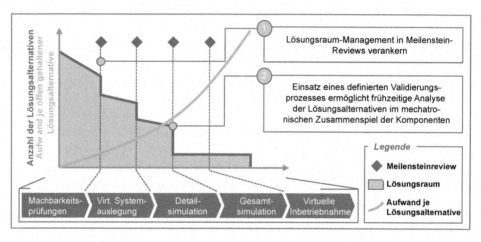

Abb. 2.29 Kontinuierliche Eingrenzung des Lösungsraums durch einen systematischen Validierungsprozess. (Vgl. Schuh et al. 2010)

bereit, um technische Lösungen im Spannungsfeld von steigender Produktkomplexität und den Anforderungen effizienter Produktionsprozesse zu entwickeln (vgl. Abschn. 2.4.5.3, vgl. Lenders 2009).

2.4.5.2 Stärkere Vernetzung der Wertschöpfungsbeiträge zur Begrenzung der Kostenrisiken

Die Bedeutung der Elektromobilproduktion wird in den kommenden Jahren aufgrund von ordnungspolitischen Anreizen sowie Kosteninnovationen durch Fortschritte in den Kompetenzfeldern Traktionsbatterie, elektrische Maschine und Leistungselektronik weiter steigen. Ordnungspolitische Aspekte sind für die Elektromobilität ein Faktor, da die Entwicklung des

Markts für Elektrofahrzeuge auf der Angebotsseite unter anderem von gesetzlichen Klimaschutzvorgaben in Form von Abgasauflagen für konventionell angetriebene Fahrzeuge oder Umweltzonen abhängt. Die Kaufprämie in der Bundesrepublik Deutschland oder schärfere Vorschriften für Flottenverbräuche sind dabei zum Beispiel Stellhebel der Politik, um Marktanreize zu setzen oder die Fahrzeughersteller zu Produktion und Vertrieb von Elektrofahrzeugen zu bewegen, die sich günstig auf den Flottenverbauch auswirken (VCD 2015).

Dennoch bleiben auf der Nachfrageseite die hohen Kosten, wie oben dargestellt, eine Hürde für die Verbreitung von Elektrofahrzeugen in großen Käuferkreisen. Aufgrund dieses Kostendrucks bleiben also weiterhin enorme Herausforderungen für die Produktionstechnik bestehen. So ist es bspw. im Bereich der Speichersysteme erforderlich, sämtliche Produkt- und Prozessabhängigkeiten zu identifizieren, um Qualitätsverluste in der Produktion zu vermeiden. Um diese Herausforderungen zu adressieren, ist eine Vernetzung zwischen Unternehmen mit unterschiedlichen Kompetenzfeldern unabdingbar. Wie anhand der Komponenten Batterie und Elektromotor beispielhaft gezeigt, müssen stark unterschiedliche Kompetenzen miteinander vereint und neue Fertigkeiten aufgebaut werden. Am Beispiel der Batteriezellenproduktion bedeutet dies, dass die Kompetenzen entlang des gesamten Wertschöpfungsprozesses, von der Beschichtung der Elektroden bis zur Formation und Prüfung abzudecken sind.

Dafür ist die Entwicklung von Serienprozessen für die Herstellung kostengünstiger Antriebstrangelemente für Elektrofahrzeuge aus einem heterarchischen Netzwerk heraus ein erster Schritt, um die unterschiedlichen Kompetenzen potenzieller Zulieferunternehmen unterschiedlicher Branchen miteinander zu verzahnen. Ein derartiges heterarchisches Netzwerk zeichnet sich durch einen Paradigmenwechsel bezüglich der Beziehung von Systemintegrator und Komponentenentwickler aus. Während bei dem in Abb. 2.18 dargestellten Beispiel das traditionelle Verständnis durch eine besonders ausgeprägte Stellung des OEM gekennzeichnet ist, zeichnet sich beim zukünftigen Wertschöpfungsverständnis ein Wandel zur Gleichberechtigung innerhalb des Netzwerkes ab. Die somit steigende Bedeutung des Netzwerkes und der Kollaboration zwischen Unternehmen begründet sich unter anderem durch den Technologiebruch, der damit verbundenen Schwächung der Markteintrittsbarrieren, den Herausforderungen angesichts der Stückzahlunsicherheit und den dabei bestehenden Chancen, durch Kooperationen Investitionskosten und Entwicklungsaufwände zu reduzieren. Ein derart heterarchisches Netzwerk bietet unter anderem die Chance, die Erfahrungen in verschiedenen Technologien durch unterschiedliche Partner in ein Entwicklungsprojekt einzubringen. Diese Erfahrungen können bspw. bei der Spezifikation des Produkts genutzt werden. Dadurch kann vermieden werden, dass aufgrund fehlender Erfahrungswerte höhere, nicht notwendige Produktanforderungen gestellt werden, die zu Mehrkosten führen. Ein heterarchisches Netzwerk bietet hierbei die Chance, die gesamte Prozesskette zu betrachten. Bei der Spezifikation des Drahts von Elektromotoren kann so bspw. vermieden werden, dass eine geringe Anzahl von Isolationsfehlstellen pro Meter spezifiziert wird, die jedoch im späteren Prozessverlauf beim Einziehen der Wicklungen durch die hohe Krafteinwirkung jedoch wieder in die Wicklung eingebracht werden. (Vgl. Deutskens 2014)

2.4.5.3 Front- und Side-Loading für eine kurze Time-to-Market

Auch beim Konzept des Front-Loadings, der frühen Einbindung der Produktion in den Produktentwicklungsprozess, steht ein früher Erfahrungs- und Anforderungsaustausch im Fokus. In Ergänzung zu den durch Lösungsraum- und Spezifikationsmanagement festgelegten Freiheitsgraden werden beim Front-Loading in frühen Entwicklungsphasen die technischen Anforderungen aus der Produktion in den Produktkonzepten verankert. (Dombrowski 2015) Angesichts der großen Freiheitsgrade zu Beginn von Entwicklungsprojekten reichen Lösungsraum-Management und Front-Loading allein jedoch, insbesondere bei geringen Vorerfahrungen und neuen Technologien wie im Falle von Elektrofahrzeugen, nicht aus. Hinzu kommt, dass Freiheitsgrade im Produktdesign, vor allem von Purpose Design Fahrzeugen, entsprechend große Lösungsräume für die Produktionsplanung hervorrufen.

Um diesen Herausforderungen zu begegnen, ist die Einführung einer übergeordneten Entwicklungsinstanz, im Zuge des sogenannten Side-Loadings, notwendig. Die Entwicklungsergebnisse des Side-Loadings werden den Konstrukteuren und Planern bspw. in Form von Katalogen bzw. Modulbaukästen angeboten oder auch vorgeschrieben, aus denen sie sich für ihre jeweiligen konkreten Entwicklungsaufgaben bedienen können. Neben der Entwicklung der Modulfunktionen kommt dabei auch der Berücksichtigung der erforderlichen Schnittstellen zwischen einzelnen Modulen eine besondere Bedeutung zu, um die Adaptierbarkeit der Baukastenmodule für die einzelnen Entwicklungsprojekte sicherzustellen bzw. die Adaptionsaufwände so gering wie möglich zu halten. Insofern handelt es sich beim Side-Loading um eine Trennung der Modulentwicklung von spezifischen Produktentwicklungsprojekten. Ein Monitoring der jeweiligen Baukästen über Produktentwicklungsprojekte hinweg gewährleistet dabei, dass sich hohe Einhaltegrade der Baukastenlösungen einstellen und die Potentiale wie Skaleneffekte durch eine hohe Einheitlichkeit der Produkte und Prozesse tatsächlich Einzug in die Produkte halten. In der Kombination des Front- und Side-Loadings werden Potentiale erschlossen, die eine Verkürzung der Entwicklungszeit und eine Reduzierung der Entwicklungs- und Herstellkosten bei gesicherter Produktqualität ermöglichen. Bedingung für eine vollständige Zielerreichung ist ein hohes Maß an Kommunikation zwischen den beteiligten Teams und mit den übergeordneten Entwicklungsinstanzen. (Kampker et al. 2014)

2.4.5.4 Frühzeitige Validierung mittels früher Prototypen

Für einen schnellen Erfahrungsaufbau hinsichtlich des geplanten Produktkonzepts wie auch in Bezug auf die Produktionstechnologien ist ein gezielter Einsatz von Hardware-Prototypen von besonderer Bedeutung. Ziel ist dabei nicht nur, die Planstände der Produkt- und der Produktionsplanung mit physischen Prototypen zu validieren, die gemäß der als geeignet identifizierten Produktlösungen, Fertigungsfolgen und -technologien aufgebaut werden. Vielmehr können frühe Prototypen auch dazu genutzt werden, um Hardware-basierte Lernprozesse und Erfahrungsaufbau zu ermöglichen. Von grundlegender Bedeutung ist dabei, dass ein Prototyp in diesem Konzept nicht zwangsläufig vollfunktional umgesetzt sein muss, sondern auch dazu dienen kann Teillösungen zu testen und anhand der Versuchsergebnisse zu lernen. Auf diese Weise werden Erfahrungen gesammelt, Konzepte validiert und es entsteht ein Modell des Produkts, das dem späteren Serienstand in Bezug auf die mit den jeweiligen Prototypen betrachteten Aspekte so früh wie möglich nahekommt. Für die Realisierung sind allerdings Fertigungsmittel, Material und Personalkapazitäten notwendig, was Prototypen in der Herstellung mitunter teuer und aufwendig werden lässt. Eine günstigere, aber weniger realitätsnahe Option mit eingeschränkten Rückschlussmöglichkeiten auf das reale Produkt bilden digitale Prototypen durch Simulationen. (Kampker et al. 2016a)

Eine Hilfestellung bieten dabei Rapid-Prototyping-Technologien, mit denen physische Prototypen mit einem geringen Zeit- und Kostenaufwand schon in frühen Phasen entwicklungsbegleitend erstellt werden können. Damit wird eine frühe Abstimmung mit Kunden, weiteren externen Stakeholdern und anderen Unternehmensbereichen ermöglicht. Zusätzliche Iterationsschleifen in späteren Phasen der Produktentwicklung, die dann aufgrund geringerer Freiheitsgrade höhere Änderungsaufwände verursachen, können somit vermieden werden. Dies gilt bspw. auch für Rapid-Tooling-Technologien, mit denen Werkzeuge für Kleinserien zu geringen Kosten erstellt werden können.

2.4.5.5 Agile Methoden für eine hohe Reaktionsfähigkeit und kurze Time-to-Market

Inbesondere in etablierten Unternehmen mit historisch gewachsenen, funktional stark ausdifferenzierten Organisationseinheiten stellen die internen Strukturen eine Hürde da, um flexibel und schnell auf disruptive Trends wie die Elektromobilität zu reagieren. Gerade die von Start-Ups und Software-Unternehmen vorgezeigte Agilität stellt für etablierte Unternehmen ein erstrebenswertes Vorbild dar, da es scheint, dass diese flexibler und schneller auf kurzfristige Marktnachfragen reagieren zu können. Deutlich wird dies in der Management-Literatur, in der eine steigende Anzahl von Werken Einzug hält, die agile Methoden und ihre Anwendbarkeit in etablierten Strukturen erläutert.

Unter den diversen agilen Methoden ist der Scrum-Ansatz einer der geläufigsten. Diesem Ansatz folgend wird ein Entwicklungsprojekt in eine Vielzahl sogenannter Sprints zerlegt, die nacheinander durchlaufen werden. Ausgangspunkt eines Sprints ist dabei das Sprint Planning, in dem die Merkmale des Product Backlogs definiert werden. Das Product Backlog wiederum ist eine Beschreibung der Funktionen des Sprint-Ergebnisses. (vgl. Abb. 2.30, Gartzen et al. 2016) Die Summe all dieser Product Backlog-Einträge ist das sogenannte Product Increment, das am Sprint-Ende einer Feedback-Schleife mit allen relevanten Stakeholdern unterzogen wird. Im Gegensatz zu Software-Entwicklungsprojekten besteht bei physischen Engineering-Projekten die Herausforderung, dass einzelne Product Increments für sich genommen nicht notwendigerweise die gleichen Funktionen abbilden wie im späteren Endprodukt im Zusammenspiel aller Funktionen. (Vgl. Schuh et al. 2016)

Bei disruptiven Produktinnovationen wie der Elektromobilität können diese Ansätze einen Beitrag dazu leisten, schnell Erfahrungen aufzubauen und zu validieren. Entscheidend ist dabei der Grundgedanke der Zerlegung des Entwicklungsobjekts in Teilbereiche, in denen in parallelen Sprints auf Zwischenziele hingearbeitet wird, um einen schnellen Erfahrungsaufbau sicherzustellen.

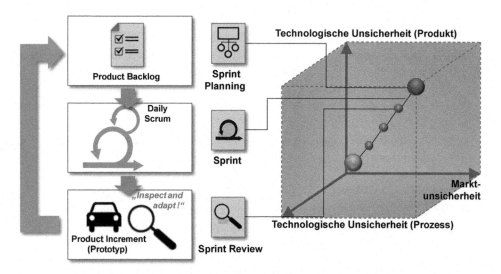

Abb. 2.30 SCRUM im Kontext physischer Produktentwicklung. (Vgl. Gartzen et al. 2016)

2.4.5.6 Möglichkeiten zur Integration der Montage eines Conversion Design Fahrzeuges in bestehende Montagestrukturen

Während das Purpose Design gegenüber dem Conversion Design, durch die Entwicklung der Fahrzeuge hinsichtlich E-Fahrzeug-spezifischer Anforderungen, Vorteile aufweist hat es den Nachteil, dass der notwendige Aufbau der Fertigungsinfrastruktur zunächst hohe Investitionen hervorruft. Insbesondere die klassischen Automobilhersteller verfügen jedoch bereits über funktionierende Montagestrukturen mit hohem Auslastungsgrad, in die Conversion Design Fahrzeuge integriert werden können. Voraussetzung dafür ist, dass das Fahrzeugkonzept bei der Umgestaltung auf die Integration in das Montagesystem ausgelegt wurde und die Fertigungsinfrastruktur über die notwendige Flexibilität verfügt. Damit bestehen für die Montage von Elektrofahrzeugen in bestehenden Strukturen drei grundlegende Ansätze.

Die Voraussetzung einer vollständigen Integration in eine bestehende Linie (vgl. Abb. 2.31) ist ein Basisfahrzeugkonzept, aus dem sich die unterschiedlichen Varianten ableiten lassen. Damit können die Investitionsvolumina reduziert und bis in eine hohe Leistungstiefe Skaleneffekte ausgenutzt werden. Dies bedeutet, dass die Betriebsmittel und Vorrichtungen sowohl für konventionelle, als auch elektrische Antriebe ausgelegt sein müssen. Eine Modifikation einzelner bestehender Arbeitsstationen kann dabei notwendig sein. Die Vollintegration in bestehende Linien bietet insbesondere für kleine Stückzahlen die Möglichkeit, mit geringen Investitionen eine hohe Mengenflexibilität zu erreichen. Mit zunehmenden Volumina geht dieser Vorteil jedoch gegenüber den Nachteilen geringer Anpassungsmöglichkeiten des elektrifizierten Fahrzeuges sowie steigender Komplexität der Montagestationen verloren.

Der zweite Ansatz besteht in der Entwicklung einer sogenannten Bypass-Montage (vgl. Abb. 2.32). Hierbei werden einzelne Arbeitsschritte zu Modulen zusammengefasst und von

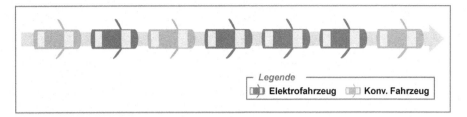

Abb. 2.31 Sequentielle Montage

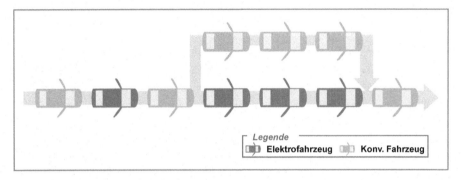

Abb. 2.32 Bypass-Montage

der Hauptmontagelinie ausgegliedert. An Stellen, an denen die Variantenflexibilität nicht ausreicht, um die erforderlichen Arbeitsschritte am Elektrofahrzeug durchzuführen, findet die Umgehung durch den Bypass statt. Dies bedeutet, dass einige Montageschritte modularisiert werden müssen, wie zum Beispiel der Einbau der Batterie samt Vorrichtungen. So lassen sich bei Gleichteilumfängen Synergien nutzen. Montagefolgen müssen bei Bedarf verändert werden, was gleichzeitig erhöhte Investitionen und ein Risiko zur Zeitspreizung[5] bedeutet. Bei steigenden Stückzahlen verliert diese Variante daher zunehmend an Wirtschaftlichkeit.

Eine parallele, separate Montagelinie (vgl. Abb. 2.33) weist aufgrund der parallel vorgehaltenen Fertigungsinfrastruktur ein im Vergleich zur Vollintegration deutlich höheres Investitionsvolumen auf. Sie ermöglicht jedoch eine sukzessive Entwicklung des Elektrofahrzeuges weg von einem Conversion Design Fahrzeug hin zu einem auf die speziellen Anforderungen und Möglichkeiten ausgerichtetes Fahrzeug des Purpose Design Konzeptes. Ein weiterer Vorteil einer parallelen Linie ist die Entlastung der konventionellen Linie, die durch steigende Produktionsvolumina der Elektrofahrzeuge unter einer wachsenden Belastung stehen kann. (Maschke 2010)

---

[5] Mit der Zeitspreizung wird die Differenz zwischen den Montagezeiten einer minimal und einer maximal ausgestatten Produktvariante bezeichnet (Kratzsch 2009).

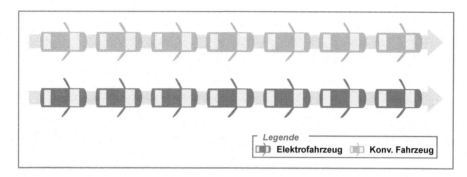

Abb. 2.33 Parallele, separate Montagelinie

2.4.5.7 Schaffung skalierbarer Montagestrukturen

Aufgrund der oben aufgezeigten volatilen Stückzahlen ist es notwendig, dass Hersteller von Elektrofahrzeugen den Betriebspunkt ihrer Produktionslinien regelmäßig in kleinen Zeitintervallen anpassen können. Dabei liegt der Anpassungsbedarf weit über dem Niveau, welches durch Arbeitszeitmodelle erreicht werden kann. Die Kernherausforderungen bestehen unter anderem darin, zum einen die hochautomatisierten Produktionslinien der Komponentenproduktion (Elektromotor und Batterie) an volatile Stückzahlen anpassbar zu gestalten und zum anderen die Montagelinien der Gesamtfahrzeuge durch innovative Montagekonzepte flexibler auszulegen. Für den Zeitraum bis sich stabilere Stückzahlen von Elektrofahrzeugen einstellen sind dabei im Hinblick auf die Montagelinien strukturell andere Linienkonzepte notwendig. Diese müssen Anpassungen der Stückzahlen ermöglichen, die bei konventionellen Linienkonzepten und deren durch Betriebsmittel und Fördertechnik starrer, unflexibler Infrastruktur nur mit hohem Aufwand möglich sind.

Während der Betriebspunkt der heute üblichen, starren Linienstrukturen bei annähernd konstanten, hohen Stückzahlen liegt, in dem die Fahrzeugproduktion hoch-effizient möglich ist, ist das Ziel einer skalierbaren Montage, den Betriebspunkt flexibel anpassen zu können (vgl. Abb. 2.34). So wird ermöglicht, den Korridor, in welchem kostengünstig produziert werden kann, gemäß der jeweils herrschenden Marktnachfrage zu verschieben. Dies führt einerseits zu einer stets kostengünstigen Montage trotz sich verändernder Marktforderungen. Andererseits hat es den Effekt, dass sich die Gesamtinvestitionen über einen größeren Zeitraum strecken, die Zinslast verringert wird und das Investitionsrisiko, das durch im Vorhinein zu groß geplante Anlagen und gegebenenfalls ausbleibende Marktentwicklung entsteht, reduziert wird. Im Gegensatz zum starren Linienkonzept der konventionellen Fahrzeugmontage werden skalierbare Montagestrukturen unter Berücksichtigung einer schrittweisen, betriebspunktabhängigen Erweiterung der Montage ausgelegt. Eine kostengünstige Montage in einem breiten Stückzahlkorridor wird dadurch ermöglicht. Mit ansteigender Stückzahl können diese Systeme bedarfsorientiert entlang vordefinierter Migrationspfade mit teil- oder vollautomatisierten Lösungen aufgerüstet werden, die eine entsprechend höhere Produktivität gewährleisten. Im Falle von Produktionslinien für die Komponenten kann dabei eine Skalierung bspw. über

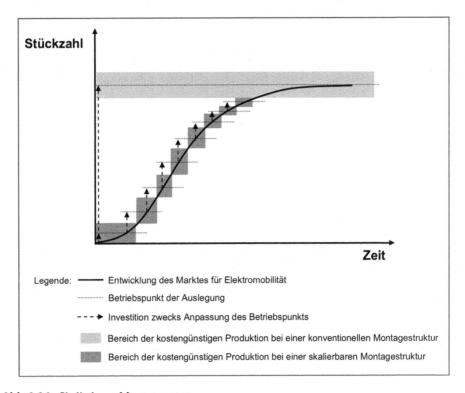

Abb. 2.34 Skalierbares Montagesystem

die Automatisierung von Handarbeitsplätzen (bspw. im Bereich Verschalten des Stators eines E-Motors) und im Bereich Gesamtfahrzeug bspw. durch die Reduktion der Taktzeit erfolgen. In beiden Fällen ist darauf zu achten, dass das Produktions- bzw. Montagesystem von vornherein auf die Erfordernisse der Skalierung ausgelegt ist. Dies kann z. B. dadurch erfolgen, indem zum Beispiel der Platz und die notwendigen Anschlüsse für Automatisierungsequipment vorgehalten werden oder indem die Montageplanung bei der Zuordnung von Arbeitsinhalten zu Arbeitsstationen berücksichtigt, dass die Inhalte von einem Mitarbeiter oder auch parallel von zweien für eine Taktzeitreduktion abgearbeitet werden können.

Von zunehmender Relevanz werden zukünftig auch Montagesysteme ohne starre Linienstruktur sein, die durch die geringen Fixpunkte in Bezug auf die Infrastruktur besonders leicht skaliert werden können (vgl. Losch 2016). Derartige Montagesysteme können einerseits mit Hilfe von fahrerlosen Skids realisiert werden, auf denen die Fahrzeuge automatisiert durch die Montage bewegt werden. Andererseits ist auch denkbar, dass die Fahrzeuge frühzeitig in Betrieb genommen werden und autonom mit dem eigenen Antriebs- und Steuerungssystem die Montagestationen ansteuern. (vgl. Kampker et al. 2016b) An den Lehrstühlen Produktionssystematik des Werkzeugmaschinenlabors WZL sowie dem Chair of Production Engineering of E-Mobility Components PEM der RWTH Aachen wird in diesem

Kontext die sogenannte „Mobile Montage" erforscht. Kernforschungsfrage ist dabei, wie alternative Montagestrukturen gestaltet sein können, die es ermöglichen mit geringen Infrastrukturinvestitionen eine E-Fahrzeugfertigung zu errichten und wirtschaftlich zu betreiben. Wesentliche Befähiger für dieses Konzept sind die Kernelemente Resequenzierung in der Linie durch selbstfahrende Chassis, innovative Justageprozesse, ein flexibler Vorrichtungsbau, remanufacturingfähige Anbindungsmechanismen für Außenhautteile sowie ein zentrales Steuerungscockpit.

2.4.6 Fazit

Der sogenannte „Teufelskreis der Elektromobilität" bezeichnet das Dilemma aus sich gegenseitig bedingenden hohen Produktionskosten und der ausbleibenden preislichen, marktanregenden Attraktivität für die Kunden. In diesem Kapitel wurde aufgezeigt wie im wesentlichen hohe Produktionskosten für Antriebsstrangkomponenten dafür verantwortlich sind und welche Herausforderungen in Form von unsicherer Technologieentwicklung und fehlender Systemkompetenz daneben bestehen.

Für diese Herausforderungen und das Überwinden dieser Hürden wurden Lösungsbausteine adaptiert und aufgezeigt. Im Kern bestehen diese in einem Set verschiedener Methoden, die dazu beitragen, Entwicklungsprojekte zielkonform im Hinblick auf Zeit, Kosten und Qualität abzuschließen. Im Kern der Betrachtungen stehen dabei Methoden, die es ermöglichen, variantenübergreifende Entwicklungsergebnisse zu erzeugen und zu nutzen, agil mit frühen und iterativen Hardware-Aufbauten Entwicklungsergebnisse abzusichern und zu Lernzwecken zu nutzen sowie Ansätze für eine wirtschaftliche Montage von Elektrofahrzeugen.

Literatur

Abele E (2009) Wandel im PKW-Antriebstrang: Auswirkungen auf Produktionskonzepte. Kuhn, Villingen-Schwenningen

Abt D (1998) Die Erklärung der Technikgenese des E-Automobils. In: Europäische Hochschulschriften, Reihe Volks- und Betriebswirtschaft, Bd 2295. Peter Lang, Frankfurt am Main

ACEA (2016) Overview of purchase and tax incentives for electric vehicles in the EU in 2016. European Automobile Manufacturers Association, Brüssel

Achzet B (2010) Strategische Rohstoffplanung für elektrische Antriebstechnologien im Automobilbau: Eine Entscheidungshilfe für Lithium, Neodym und Platin. Diplomica Verlag, Hamburg

ADAC (2016) Entwicklung der jährlichen Durchschnittspreise für Kraftstoffe in Deutschland. https://www.adac.de/infotestrat/tanken-kraftstoffe-und-antrieb/kraftstoffpreise/kraftstoff-durchschnittspreise/. Zugegriffen am 01.03.2017

Adams WP (2000) Die USA im 20. Jahrhundert. In: Oldenbourg Grundriss der Geschichte, Bd 29. Oldenbourg, München

ams (2016/2017) Mobilität der Zukunft, Nr. 25/2016-Nr. 4/2017

Andersen A (1999) Der Traum vom guten Leben. Alltags- und Konsumgeschichte vom Wirtschaftswunder bis heute. Campus Verlag, Frankfurt am Main
auto motor und sport (ams) (Hrsg) (27.01.2011) 125 Jahre Auto. Nr. 4/2011
Balling R (1998) Kooperation – Strategische Allianzen, Netzwerke, Joint Ventures und andere Organisationsformen zwischenbetrieblicher Zusammenarbeit in Theorie und Praxis. Verlag Lang, Frankfurt am Main
Banham R (2002) The Ford century. Ford Motor Company and the innovations that shaped the world. Artisan, San Diego
Barthel M, Lingnau G (1986) 100 Jahre Daimler-Benz. Die Technik. v. Hase & Koehler Verlag, Mainz
Baum H et al (2010) Nutzen-Kosten-Analysen der Elektromobilität. Z Verkehr 3:153–196. Verkehrsverlag Fischer, Köln
Bernhardt W et al (2014) Index Elektromobilität Q1/2014. Roland Berger Strategy Consultants & Forschungsgesellschaft Kraftfahrwesen mbH, Aachen
Bertram M (2014) Elektromobilität im motorisierten Individualverkehr – Grundlagen, Einflussfaktoren und Wirtschaftlichkeitsvergleich. Springer, Wiesbaden
BMVBS (2008) Verkehr in Zahlen 2008/2009. Bundesministerium für Verkehr, Bau und Stadtentwicklung, Hamburg
Bonin H et al (Hrsg) (2003) Ford. The European history, 2 Bde. P.L.A.G.E., Paris
Braess H-H et al (2013) Handbuch Kraftfahrzeugtechnik, 7. Aufl. Vieweg, Wiesbaden, S 178–202
Brill U (2009) Elektrik/Elektronik in Hybrid- und Elektrofahrzeugen, Bd 98. Haus der Technik Fachbuch. Expert Verlag, Renningen
Brokate J, Özdemir E D, Kugler U (2013) Der Pkw-Markt bis 2040: Was das Auto von morgen antreibt, Szenario-Analyse im Auftrag des Mineralölwirtschaftsverbandes, Deutsches Zentrum für Luft- und Raumfahrt e.V. (DLR), Stuttgart
Buchenau M, Herz C (2011) Die Mächtigen der neuen Autowelt. Handelsblatt 13.04.2011
Bundesregierung (2009) Nationaler Entwicklungsplan Elektromobilität der Bundesregierung. Berlin
Bundesregierung (2016) Elektromobilität – Einigung auf Kaufprämie für E-Autos. https://www.bundesregierung.de/Content/DE/Artikel/2016/04/2016-04-27-foerderung-fuer-elektroautos-beschlossen.html. Zugegriffen am 08.08.2016
BuW Begleit- und Wirkungsforschung Schaufenster Elektromobilität (2015) Ziele, Aufgaben und Einblicke. BuW, Frankfurt am Main
Canzler W, Knie A (1994) Das Ende des Automobils. Fakten und Trends zum Umbau der Autogesellschaft. Müller, Heidelberg
CGGC (Center on Globalization, Governance & Competitiveness, Duke University) (2010) Lithium-ion batteries for electric vehicles – the U.S. value chain. http://cggc.duke.edu/pdfs/Lithium-Ion_Batteries_10-510.pdf&searchx=Electric%20Vehicles%20VALUE%20CHAIN. Zugegriffen am 20.05.2011
Cheng L, Fritz S, Hahn C, Heß S, Krüger DU, Thoma N (2010) Elektromobilität. Herausforderungen für Industrie und öffentliche Hand. Fraunhofer IAO, PricewaterhouseCoopers, Frankfurt am Main
Daimler (2011) https://blog.daimler.de/2011/01/28/in-125-tagen-um-die-welt/. Zugegriffen am 10.01.2017
Daimler (2017) http://media.daimler.com/marsMediaSite/de/instance/ko/Unter-der-Lupe-Mercedes-Benz-GLC-F-CELL-Die-Brennstoffzelle-bekommt-einen-Stecker.xhtml?oid=11111320/. Zugegriffen am 05.05.2017
Deffner J (2012) Elektrofahrzeuge in betrieblichen Fahrzeugflotten – Akzeptanz, Attraktivität und Nutzungsverhalten. ISOE-Studientexte 17, Frankfurt am Main
Deloitte (2009) Konvergenz in der Automobilindustrie: Mit neuen Ideen Vorsprung sichern. https://www.deloitte.com/assets/DcomGermany/LocalAssets/Documents/de_mfg_studie_konvergenz-automobilindustrie.pdf. Zugegriffen am 04.08.2011

Dennhardt H, Ziegler K (2006) Strategien zur Ermittlung, Bewertung und konzeptionellen Weiterentwicklung von leerstehender Bausubstanz im ländlichen Raum. Diplomarbeit von Frau Nicole Kippenberger am Fachgebiet „Ländliche Ortsplanung". TU Kaiserslautern

Deutsches Museum München (2010) (Hrsg) Kultur und Technik. Nr. 3/2010: Ökologisch Mobil

Deutskens C (2014) Konfiguration der Wertschöpfung bei disruptiven Innovationen am Beispiel der Elektromobilität. Apprimus, Aachen

Dienel HL, Trischler H (Hrsg) (1997) Geschichte der Zukunft des Verkehrs. Verkehrskonzepte von der Frühen Neuzeit bis zum 21. Jahrhundert In: Beiträge zur historischen Verkehrsforschung, Bd 1. Campus, Frankfurt am Main

Diez W (2006) Automobil-Marketing: Navigationssystem für neue Absatzstrategien, 5. Aufl. Moderne Industrie, Landsberg am Lech

Dohr M (2010) E-Auto-Technologie: Die Kooperationen der Hersteller. http://www.auto-motor-und-sport.de/eco/e-autos-die-kooperationen-der-hersteller-1431038.html. Zugegriffen am 20.05.2011

Doll N (2011) Warum das Elektroauto maßlos überschätzt wird. Die Welt, 27.02.2011. http://www.welt.de/wirtschaft/article12655348/Warum-das-Elektroauto-masslos-ueberschaetzt-wird.html. Zugegriffen am 10.03.2016

Dombrowski U (2015) Lean Developement – Aktueller Stand und Entwicklung. Springer, Berlin/Heidelberg

DPA (2016) Für Autobauer ist die Party in den BRIC-Staaten vorbei. http://www.wiwo.de/unternehmen/auto/absatzmaerkte-fuer-autobauer-ist-die-party-in-den-bric-staaten-vorbei/10830292.html. Zugegriffen am 08.08.2016

EG (2002) Richtlinie 2002/49/EG des Europäischen Parlaments und des Rates vom 25. Juni 2002 über die Bewertung und Bekämpfung von Umgebungslärm

EG (2008) Richtlinie 2008/50/EG des Europäischen Parlaments und des Rates vom 21. Mai 2008 über Luftqualität und saubere Luft für Europa

EU (2014) Richtlinie 2014/94/EU des europäischen Parlaments und des Rates; 2014

Fan C et al (2014) „Challenge-led"-Innovation in China: Das Beispiel Elektromobilität, Fraunhofer ISI Discussion Papers Innovation Systems and Policy Analysis, No. 44, Leibnitz

von Fersen HH (1982) Autos in Deutschland 1885–1920. Eine Typengeschichte, 4. Aufl. Motorbuch Verlag, Stuttgart

von Fersen O (Hrsg) (1986) Opel. Räder für die Welt, 3. Aufl. Automobile Quarterly Publications, Stuttgart

Flik M (2009) Thermomanagement bei Hybridfahrzeugen. Technischer Pressetag

Fojcik TM (2010) CAMA-Studie – Elektromobilität 2010 – Wahrnehmung, Kaufpräferenzen und Preisbereitschaft potenzieller E-Fahrzeug-Kunden. Lehrstuhl für ABWL & Internationales Automobilmanagement, Universität Duisburg-Essen

Fraunhofer ISI et al (2010) Veränderungen des Kfz-Antriebstranges. Online Umfrage, Düsseldorf

Gartzen T et al (2016) Target-oriented prototyping in highly iterative product development. 3rd international conference on ramp-up management (ICRM). Procedia CIRP 51:19–23

General Motors (2016) http://media.gm.com/media/us/en/gm/home.detail.html/content/Pages/news/us/en/2016/oct/1005-hydrogen.html.Zugegriffen am 11.01.2017

Georgano N (1996) Electric vehicles. Shire Publications Ltd, Buckinghamshire

Göschel B (2010) Ausrichtung von Zulieferer-Geschäftsmodellen auf die veränderten Strukturen der Automobilindustrie. Magna International 21. Automobil Forum, Stuttgart

Grove A (2010) How America can create jobs. http://www.businessweek.com/magazine/content/10_28/b4186048390203.htm. Zugegriffen am 20.05.2011

Hanselka H, Jöckel M (2010) Elektromobilität – Elemente, Herausforderungen, Potenziale. In: Hüttel R, Pitschetsrieder B, Spath D (Hrsg) Elektromobilität: Potenziale und wissenschaftlich-technische Herausforderungen. Springer, Berlin

Hauck S (2009) Energiewirtschaft reagiert mit Investitionsrückgang auf die Krise. AT Kearney, Düsseldorf

Hüttl RF, Pischetrieder B, Spath D (2010) Elektromobilität, Potenziale und wissenschaftlich-technische Herausforderungen. Springer, Berlin

Imhof T (2016) Energiewende mobil – Diese Länder planen die Abschaffung des Verbrennungsmotors. http://www.welt.de/motor/modelle/article154606460/Diese-Laender-planen-die-Abschaffung-des-Verbrennungsmotors.html. Zugegriffen am 08.08.2016

Johänning K, Vallée D (2011) Nutzungspotenziale und Infrastrukturbedarf für Elektro-Pkw. Internationales Verkehrswesen 4/2011. Deutscher Verkehrsverlag, Hamburg

Kampker A (2010) Über das Netzwerk zum Serienprodukt. VDMA Nachrichten 2:14–15

Kampker A (2014) Elektromobilproduktion. Springer, Berlin/Heidelberg

Kampker A, Döring S (2009) Freiraum für radikale Innovationen. Industrieanzeiger 45/46:37

Kampker A, Reil T (2009) Forscher Schrittmacher. Industrieanzeiger 42(42):34–35

Kampker A, Swist M, Schmitt F (2010) Immense Spareffekte. Industrieanzeiger 8:30

Kampker A et al (2011a) Strukturbrüche in der Produktion: Veränderung der Produktionstechnik durch die Elektromobilität, emobility tec. Hüthig, Heidelberg

Kampker A et al (2011b) Future assembly structures for electric vehicles. ATZautotechnology 11:58–62

Kampker A et al (2014) Integrated product and process development: modular production architectures based on process requirements. 2nd ICRM 2014 international conference on ramp-up management 20, S 109–114

Kampker A et al (2015) Selbstfahrende Fahrzeugchassis in der Fahrzeug-Endmontage, VDI. http://www.ingenieur.de/VDI-Z/2015/Ausgabe-06/Sonderteil-Automobilproduktion/Selbstfahrende-Fahrzeugchassis-in-der-Fahrzeug-Endmontage. Zugegriffen am 10.03.2016

Kampker A et al (2016a) Prototypen im Agilen Entwicklungsmanagement. ATZ 118(07–08):72–77

Kampker A et al (2016b) Kleinserien- und releasefähige Montagesysteme – der Schlüssel zur wettbewerbsfähigen Elektromobilproduktion. ZWF 111(10):608–610

Karle A (2015) Elektromobilität – Grundlagen und Praxis. Carl Hanser, München

KBA (2015) Monatliche Neuzulassungen, Pressemitteilunge Dezember 2015 und Dezember 2014

KBA (2017) Fahrzeugzulassungen (FZ) Neuzulassungen von Kraftfahrzeugen und Kraftfahrzeuganhängern – Monatsergebnisse Dezember 2016, FZ 8

Kirsch DA (2000) The electric vehicle and the Burden of history. Rutgers University Press, New Brunswick

Kleinhans C (2010) Die Zukunft der individuellen Mobilität. Automob Ind 212:6–11

Kloss A (1996) Elektrofahrzeuge. Vom Windwagen zum Elektromobil. VDE-Verlag, Berlin

Koch W (2006) Wertschöpfungstiefe von Unternehmen: Die strategische Logik der Integration. Deutscher Universitäts-Verlag, Wiesbaden

Kochhan (2014) An overview of costs for vehicle components, fuels and greenhouse gas emissions. https://www.researchgate.net/publication/260339436_An_Overview_of_Costs_for_Vehicle_Components_Fuels_and_Greenhouse_Gas_Emissions. Zugegriffen am 01.04.2016

Kraftfahrt-Bundesamt (Hrsg) (o. J.) Emissionen, Kraftstoffe – Zeitreihe 2006 bis 2011. http://www.kba.de/cln_033/nn_269000/DE/Statistik/Fahrzeuge/Bestand/EmissionenKraftstoffe/b__emi__z__teil__2.html. Zugegriffen am 14.12.2011

Kraftfahrt-Bundesamt (Hrsg) (o. J.) Anzahl der Elektroautos in Deutschland von 2006 bis 2016. http://www.kba.de/DE/Statistik/fahrzeuge/Neuzulassungen/Umwelt. Accessed 24.05.2017

Kratzsch S (2009) Prozess- und Arbeitsorganisation in Fließmontagesystemen. Vulkan, Essen

Kuhn TS (1962) The structure of scientific revolutions. University of Chicago Press, Chicago

Kuhnert F, Stürmer C, Funda P (2014) Globales Wachstum – Chance oder Risiko? Analyse und Prognose der Automobilproduktion in Deutschland, Europa und weltweit. Pricewaterhouse coopers (pwc), publiziert im VDA-Konjunkturbarometer

Lamparter D (2016) „Pff" macht die Pistole – Brennstoffzellenautos funktionieren tadellos. Wenn nur das Tanken nicht wäre. Zeit Online; www.zeit.de/2016/20/wasserstoffauto-brennstoffzellen-antrieb-test-hyundai-ix35-fuel-cell. Zugegriffen am 11.01.2017

Lang S, Dauner T, Frowein B (2013) Beyond BRIC – winning the rising auto markets. The Boston Consulting Group, Berlin

Lenders M (2009) Beschleunigung der Produktentwicklung durch Lösungsraum-Management. Apprimus, Aachen

Leschus L, Stiller S, Vöpe H (2009) Berenberg Bank HWWI: Strategie 2030 – Vermögen und Leben in der nächsten Generation – Mobilität. HWWI Hamburgisches WeltWirtschaftsInstitut, Berenberg Bank, S 59

Lewandowski J. (o. J.) Das Jahrhundert des Automobils. Bertelsmann, Gütersloh

Lienkamp M et al (2014) Status of electrical mobility 2014. The outlook up to 2025 indicates a silent revolution of the previous world of the automobile

Losch R (2016) Audi will das Fließband abschaffen. https://www.heise.de/newsticker/meldung/Audi-will-das-Fliessband-abschaffen-3504451.html. Zugegriffen am 10.01.2017

Lotter B (2006) Montage in der industriellen Produktion – Ein Handbuch für die Praxis. Springer, Berlin/Heidelberg

Luft G, Korin A (2009) Turning oil into salt: energy independence through fuel choice. Booksurge LLC, Charleston

Maiser E et al (2014) Roadmap Batterieproduktionsmittel 2030. VDMA, Frankfurt am Main

Maschke P (2010) Herausforderungen in der Montage von Elektrofahrzeugen. Springer, Berlin/Heidelberg

Matthies G (2011) Warum Elektromobilität ein echter und nachhaltiger Systemwechsel ist. Bain & Company, München

Matthies G et al (2010) Zum E-Auto gibt es keine Alternative. Bain & Company, München

Maurer M et al (2015) Autonomes Fahren – Technische, rechtliche und gesellschaftliche Aspekte. Springer, Berlin

McKinsey (2011) Boost! Transforming the powertrain value chain – a portfolio challenge. McKinsey & Company Inc. http://actions-incitatives.ifsttar.fr/fileadmin/uploads/recherches/geri/PFI_VE/pdf/McKinsey_boost.pdf

McKinsey (2016) Electric vehicle index (EVI). https://www.mckinsey.de/elektromobilitaet. Zugegriffen am 26.01.2017

Mercer (2004) Future Automotive Industry Structure (FAST) 2015: Struktureller Wandel, Konsequenzen und Handlungsfelder für die Automobilentwicklung und -produktion. Mercer Management Consulting, Fraunhofer Institut für Produktionstechnik und Automatisierung, Fraunhofer Institut für Materialfluss und Logistik. Management summary, Stuttgart/Dortmund

Meridian International Research (2007) The trouble with lithium – implications of future PHEV production for lithium demand. http://www.inference.phy.cam.ac.uk/sustainable/refs/nuclear/TroubleLithium.pdf. Zugegriffen am 20.05.2011

Meti (2010) Battery storage system industry report. http://www.meti.go.jp/report/downloadfiles/g100519a02j.pdf. Zugegriffen am 20.05.2011

Meyer A (2016) Folge des niedrigen Ölpreises – Billigöl bereitet Elektroautos Probleme. https://www.tagesschau.de/wirtschaft/e-autos-diesel-101.html. Zugegriffen am 08.08.2016

MiD (2008) Mobilität in Deutschland 2008. Im Auftrag des Bundesministeriums für Verkehr, Bau und Stadtentwicklung durchgeführte Erhebung zum Mobilitätsverhalten in Deutschland. www.mobilitaet-in-deutschland.de/02_MiD2008. Zugegriffen am 09.07.2012

Model T Ford Club of America (Hrsg) (2011) www.mtfca.com. Zugegriffen am 14.12.2011

Mom G (1997) Das ‚Scheitern' des frühen Elektromobils (1895–1925). Versuch einer Neubewertung. Technikgeschichte 64(4):269–285

Mom G (2004) The electric vehicle. Technology and expectations in the automobile age. The John Hopkins University Press, Baltimore

Möser K (2002) Geschichte des Autos. Campus, Frankfurt am Main

Müller-Stewens G, Glocke A (1995) Kooperation und Konzentration in der Automobilindustrie. G+B-Verlag, Chur

Müller-Stewens G, Lechner C (2005) Strategisches Management – Wie strategische Initiativen zum Wandel führen, 3. Aufl. Schäffer-Poeschel Verlag, Stuttgart

Newbery D (2015) What is needed for battery electric vehicles to become socially cost competitive? Econ Transport 5:1–11

Norton N (1985) 100 Jahre Automobil. Autos. Rennen. Rekorde. A. Weichert, Hannover

NPE (2014) (Nationale Plattform Elektromobilität) Fortschrittsbericht 2014 – Bilanz der Marktvorbereitung. Berlin

NPE (2016) (Nationale Plattform Elektromobilität) Roadmap integrierte Zell- und Batterieproduktion Deutschland, AG 2 – Batterietechnologie. Berlin

Nyhuis P (2009) Handbuch Fabrikplanung Konzept, Gestaltung und Umsetzung wandlungsfähiger Produktionsstätten. Hanser, München

o.V (1996) Elektromobile. Rollende Heizung. Der Spiegel 47:85–86

Paternoga S et al (2013) Akzeptanz von Elektrofahrzeugen – Aussichtsloses Unterfangen oder große Chance? P3 Ingenieurgesellschaft, Technische Universität Braunschweig

Petersen T (2005) Organisationsformen der Montage: Theoretische Grundlagen, Organisationsprinzipien und Gestaltungsansatz (Schriftenreihe des Instituts für Produktionswirtschaft). Shaker, Aachen

Proff H, Proff HV, Fojcik TM, Sandau J (2013) Aufbruch in die Elektromobilität: Märkte – Geschäftsmodelle – Qualifikationen – Bewertung. Kienbaum International Consultants, Duisburg/Düsseldorf/Hamburg

PWC (2010) Elektromobilität – Herausforderungen für Industrie und öffentliche Hand. PWC, Frankfurt am Main

Rammler S (2004) Automobiles Leitbild. In: Projektgruppe Mobilität (Hrsg) Die Mobilitätsmaschine. Versuche zur Umdeutung des Autos. Edition Sigma, Berlin

Rao H (2009) Market rebels. How activists make or break radical innovations. Princeton University Press, Princeton

Rapp T (1999) Produktstrukturierung: Komplexitätsmanagement durch modulare Produktstrukturen und -plattformen. Springer, Wiesbaden

Ropohl G (1979) Eine Systemtheorie der Technik. Zur Grundlegung der allgemeinen Technologie. Hanser, München

Sandau J, Schwedes O (2011) Verkehrspolitik. Eine interdisziplinäre Einführung. VS Verlag für Sozialwissenschaften, Wiesbaden

Sauter-Servaes T (2011) Technikgeneseleitbilder der Elektromobilität. In: Rammler S, Weider M (Hrsg) Das E-Auto. Bilder für eine zukünftige Mobilität, Mobilität und Gesellschaft, Bd 5. LIT, Berlin

Schiedt HU et al (Hrsg) (2010) Verkehrsgeschichte. Histoire des transports. Chronos, Zürich

Schmid D (2002) PowerPacProject Technologie. Eidgenössische Technische Hochschule, Zürich

Schmid S, Grosche P (2008) Management internationaler Wertschöpfung in der Automobilindustrie: Strategie, Struktur und Kultur. Bertelsmann Stiftung, Gütersloh

Schuh G et al (2010) Lean innovation. wt Werkstatttechnik online 100/4:310–316

Schuh G, Korthals K, Arnoscht J (2014) Contribution of body lightweight design to the environmental impact of electric vehicles, Laboratory for Machine Tools and Production Engineering (WZL). Adv Mater Res 907:329–347. Trans Tech Publications, Switzerland

Schuh G et al (2016) Application of highly-iterative product development in automotive and manufacturing industry. ISPIM Innovation Symposium. The International Society for Professional Innovation Management (ISPIM).

Seherr-Thoss HC (1974) Die deutsche Automobilindustrie. Eine Dokumentation von 1886 bis heute. DVA, Stuttgart

Sorge N (2016) Oslos radikaler Elektroauto-Plan – Norwegen will ab 2025 keine Benzin- und Dieselautos mehr zulassen. http://www.manager-magazin.de/unternehmen/autoindustrie/norwegen-ab-2025-nur-noch-abgasfreie-autos-a-1084010.html. Zugegriffen am 08.08.2016

Spath D, Pitschetsrieder B (2010) Einleitung. In: Hüttel R, Pitschetsrieder B, Spath D (Hrsg) Elektromobilität: Potenziale und wissenschaftlich-technische Herausforderungen. Springer, Berlin

Spur G (2014) Handbuch Spanen und Abtragen. Carl Hanser, München

Thomas N (2009) Pressebericht: Elektromobilität ist machbar. EUROFORUM, Berlin

Thomes P (1996) ‚Theo, gebb Gas'. Autoerfahrungen – Autobiographien – Automobilität zwischen Wirtschaftswunder und Ölkrise, ein Beitrag zur Alltagskultur in der BRD. In: van Dülmen R, Dillmann E (Hrsg) Lebenserfahrungen an der Saar. Studien zur Alltagskultur 1945–1995. Röhrig, St. Ingbert

Thomes P, Jost N (2009) The battery electric vehicle. Burden of history or tomorrow's motive force? Conference paper, 7th international conference on the history of transport, traffic and mobility. Lucerne

Throll M, Rennhak C (2009) Der Wandel der Wertschöpfungskette im Bereich der Hersteller. In: Rennhak C (Hrsg) Die Automobilindustrie von morgen: Wie Automobilhersteller und-zulieferer gestärkt aus der Krise hervorgehen können. Ibidem-Verlag, Stuttgart

Töpler J, Lehmann J (2014) Wasserstoff und Brennstoffzelle: Technologien und Marktperspektiven. Springer, Berlin

Topp H (2010) Elektro-Mobilität – Auch auf dem Land? Straße Autobahn 8:566–570

Toyota (2016) https://www.toyota.de/innovation/concept-cars/fcv.json, Zugegriffen am 10.01.2017

Trefis (2015) Tesla's unique position in the car market is one of its biggest strengths. http://www.forbes.com/sites/greatspeculations/2015/07/02/teslas-unique-position-in-the-car-market-is-one-of-its-biggest-strengths/#509a517d22ec. Zugegriffen am 10.03.2016

Umweltbundesamt (2010) „Emissionen des Verkehrs." http://www.umweltbundesamt-daten-zur-umwelt.de/umweltdaten/public/theme.do?nodeIdent=3577. Zugegriffen am 09.07.2012

Varesi A (2009) Kurz- und mittelfristige Erschließung des Marktes für Elektroautomobile Deutschland – EU. Technomar GmbH, TÜV SÜD, Energie & Management Verlagsgesellschaft

VCD (2015) CO_2 Grenzwert – Neue Vorgaben für Pkw ab 2020, Verkehrsclub Deutschland. Zugegriffen am 10.03.2016

VDI (2016) Batteriepreise sinken schneller als erwartet. http://www.vdi-nachrichten.com/Technik-Wirtschaft/Batteriepreise-sinken-schneller-erwartet. Zugegriffen am 01.02.2017

Vergis S, Chen B (2015) Comparison of plug-in electric vehicle adoption in the United States: a state by state approach. Res Transp Econ 52:56–64

Voigt F (1965) Die Entwicklung des Verkehrssystems, 2 Bde. Duncker & Humblot, Berlin

Volk F (2014) Daimler-Vorstand Weber: Kooperationen bei Batterietechnik sinnvoll, Automobil Produktion – Nachrichten für die Automobilindustrie. http://www.automobil-produktion.de/hersteller/wirtschaft/daimler-vorstand-weber-kooperationen-bei-batterietechnik-sinnvoll-117.html. Zugegriffen am 09.03.2016

Wallentowitz H et al (2008) Strategien in der Automobilindustrie: Technologietrends und Marktentwicklungen. Vieweg + Teubner, Wiesbaden

Wallentowitz H et al (2010) Strategien zur Elektrifizierung des Antriebstranges – Technologien, Märkte und Implikationen. GWV Fachverlage GmbH, Wiesbaden

Wehler HU (2008) Deutsche Gesellschaftsgeschichte. Von der Gründung der beiden deutschen Staaten bis zur Vereinigung 1949–1990. In: Deutsche Gesellschaftsgeschichte, Bd 5. C. H. Beck, München

Weiher S, Goetzeler H (1981) Weg und Wirken der Siemens-Werke im Fortschritt der Elektrotechnik 1847–1980, 3. Aufl. Steiner, Wiesbaden

Weißenborn A (2015) Billige Akkus – Der famose Preissturz der Elektroautos. http://www.welt.de/motor/article147361876/Der-famose-Preissturz-der-Elektroautos.html. Zugegriffen am 08.08.2016

Werhahn (2008) Kosten von Brennstoffzellensystemen auf Massenbasis in Abhängigkeit von der Absatzmenge. Zentralbibliothek Verlag, Jülich

Wikipedia (o. J.) (Hrsg) Witkar. http://en.wikipedia.org/wiki/Witkar. Zugegriffen am 30.05.2017

Wilkens A (2016) 1,3 Millionen Elektroautos weltweit auf den Straßen. http://www.heise.de/newsticker/meldung/1-3-Millionen-Elektroautos-weltweit-auf-den-Strassen-3119779.html. Zugegriffen am 08.08.2016

Wolfram P, Lutsey N (2016) Electric vehicles: literature review of technology costs and carbon emissions, The International Council of Clean transportation (ICCT), working paper 2016–14

Wyman O (Hrsg) (2009) „Elektromobilität 2025" – Powerplay beim Elektrofahrzeug. In: Management summary. http://www.forum-elektromobilitaet.ch/fileadmin/DATA_Forum/Publikationen/OW-2009-ManSum_Charts_E-Mobility_2025.pdf

Wyman (2010) Elektrofahrzeugen gehört die Zukunft. http://www.oliverwyman.com/de/pdffiles/Oliver_Wyman_Automotivemanager_I_2010_DE.pdf. Zugegriffen am 04.08.2011

Wyman O (2014) Ganzheitlich Maßstäbe setzen – Oliver Wyman-Analyse zu Nachhaltigkeitsprogrammen. München

ZEIT (2016) Elektroautos in Norwegen erreichen Marktanteil von 17,1 Prozent. http://www.zeit.de/news/2016-01/06/norwegen-elektroautos-in-norwegen-erreichen-marktanteil-von-171-prozent-06134602. Zugegriffen am 15.02.2017

Zimmer W (2011) Marktpotenziale und CO_2-Bilanz von Elektromobilität – Arbeitspakete 2 bis 5 des Forschungsvorhabens OPTUM: Optimierung der Umweltentlastungspotenziale von Elektrofahrzeugen, Berlin

Infrastruktur

3

Dirk Vallée, Waldemar Brost, Armin Schnettler, Ralf Kampker und Mitja Bartsch

3.1 Mobilitätskonzepte

3.1.1 Einführung

Mobilität stammt vom lateinischen Begriff „mobilis" und bedeutet zunächst Beweglichkeit. Heute wird unter dem Begriff Mobilität in erster Linie die Teilhabe der Menschen an persönlichen und wirtschaftlichen Austauschprozessen verstanden und als ein Bedürfnis interpretiert. Aus diesem Bedürfnis heraus entsteht bei der Realisierung von Ortswechseln der Verkehr zu Fuß oder mit Fahrzeugen wie Fahrrädern, öffentlichen Verkehrsmitteln, PKW und LKW sowie Flugzeugen und Schiffen. Dabei löst die Nutzung motorisierter Verkehrsmittel (Busse, Bahnen, PKW, LKW, Lieferfahrzeuge, Schiffe und Flugzeuge) einen Primärenergiebedarf für den Antrieb der Motoren aus, der heute in erster Linie durch fossile Brennstoffe, insbesondere Öl, befriedigt wird.

D. Vallée (✉) · W. Brost
Institut für Stadtbauwesen und Stadtverkehr der RWTH Aachen University, Aachen, Deutschland
E-Mail: brost@isb.rwth-aachen.de

A. Schnettler
Institut für Hochspannungstechnik der RWTH Aachen University, Aachen, Deutschland
E-Mail: schnettler@rwth-aachen.de

R. Kampker · M. Bartsch
Hans Hess Autoteile GmbH, Köln, Deutschland
E-Mail: gf@hess-gruppe.de; gf@hess-gruppe.de

© Springer-Verlag GmbH Deutschland, ein Teil von Springer Nature 2018
A. Kampker et al. (Hrsg.), *Elektromobilität*,
https://doi.org/10.1007/978-3-662-53137-2_3

Angesichts der Endlichkeit der Ölreserven (Peak-Oil-Debatte) (Held et al. 2010) sowie des Klimawandels und der zur Minderung und Vermeidung erforderlichen Reduzierung des CO_2-Ausstoßes kommt der Reduzierung des Anteils fossiler Brennstoffe am Primärenergieverbrauch des motorisierten Verkehrs eine maßgebliche Bedeutung zu. Hier verspricht Elektromobilität neue Chancen, auf einem attraktiven Niveau und für viele Anwendungsfälle nutzbar einen umweltfreundlichen und nachhaltigen Ersatz zu schaffen. Dafür sind jedoch die nachhaltige, möglichst regenerative Erzeugung der Energie, die Speicherung, der Transport und die Versorgung der Fahrzeuge sicherzustellen.

Für die Beantwortung der Frage, ob es sich bei Elektromobilität um ein Nischenprodukt oder eine Zukunftstechnologie handelt, sind in erster Linie die Kundenakzeptanz sowie die technologischen Potenziale von Transport, Versorgung und Speicherung elektrischer Energie in den Fahrzeugen von Bedeutung. Dabei ist nach Anwendungsfeldern bzw. Nutzergruppen und deren jeweiligem Mobilitätsverhalten zu unterscheiden, was im Folgenden näher beschrieben wird. Das heutige sowie das für die Zukunft zu erwartende Nutzerverhalten werden sodann an den technischen Möglichkeiten und Potenzialen sowie Mobilitätskonzepten (Geschäfts- und Nutzungsmodellen) gespiegelt. Zudem sollen im Sinne eines Ausblicks weitergehende Effekte vor allem im Bereich der Umwelt und des städtebaulichen Umfeldes beschrieben werden, die äußere Impulse setzen oder eine Wirkung auf die Akzeptanz haben.

3.1.2 Einsatzfelder von Elektromobilität

Die Betrachtung der Zukunftschancen von Elektromobilität muss ganzheitlich erfolgen. Dabei sind alle Verkehrsarten und Distanzbereiche zu beleuchten, im Hinblick auf ihre Anforderungen an die Elektromobilität zu charakterisieren und die vielversprechendsten zu identifizieren. Ansatzpunkt dafür ist vor allem eine Würdigung der Einsatzdistanzen und Energiespeicherkapazitäten. Werden für die bekannten und regelmäßig angewendeten Mobilitätsketten passende Produkte der Elektromobilität entwickelt, sind eine schnelle Markteinführung, eine hohe Akzeptanz und damit eine weite Verbreitung zu erwarten. Des Weiteren lassen sich auf diese Weise die Entwicklungspotenziale und -erfordernisse benennen, deren Umsetzung die Verbreitung der Elektromobilität fördern kann.

Neben dem Preis stellen die auf längere Zeit noch begrenzten Speicherkapazitäten der Batterien derzeit das Haupthindernis für die Nutzung der Elektromobilität dar. (NPE 2011) Vor diesem Hintergrund ist kaum zu erwarten, dass Schiffe und Flugzeuge in absehbarer Zeit batterie-elektrisch angetrieben werden, weshalb sie nicht weiter betrachtet werden. Die nachfolgende Betrachtung konzentriert sich in erster Linie auf die Landverkehrsmittel LKW, Lieferfahrzeuge, PKW und Zweiräder, aber auch Busse und Bahnen. Diese werden heute sowohl auf langen Distanzen eingesetzt als auch im urbanen Raum.

Für die Beschreibung von Mobilität und Verkehr sowie die Einsatzfelder von Verkehrsmitteln wird in der Verkehrsplanung eine Aufteilung in Personenverkehr und Wirtschaftsverkehr vorgenommen. Der Unterschied liegt im Wesentlichen im Zweck bzw. in der Motivation der Ortsveränderung, nämlich einer persönlichen, privaten Motivation

(Personenverkehr; Zwecke Arbeit, Ausbildung, Einkauf, Freizeit) oder einer externen Motivation (Wirtschaftsverkehr; Zwecke Liefern und Laden, Servicedienste, Dienst-/Geschäftsfahrten). Busse, LKW und Lieferfahrzeuge sind bis auf wenige Ausnahmen (bspw. privater Umzug) dem Wirtschaftsverkehr zuzuordnen. (KiD 2002) Die Einsatzbereiche von PKW sind bis auf den Personenwirtschaftsverkehr bzw. den Reisezweck „dienstlich/geschäftlich" sowie die Taxifahrten, die nach der Erhebung Mobilität in Deutschland (MiD 2008) rund 5 % ausmachen (MiD 2008), meistens dem Personenverkehr zuzuordnen.

Im Bereich des Personenverkehrs lassen sich aufgrund der räumlichen Lage und Rahmenbedingungen zu Abstellmöglichkeiten, Platzbedarf und Umweltwirkungen die in Abb. 3.1 dargestellten Einsatzpotenziale für die Elektromobilität identifizieren. Neben Elektrofahrzeugen im Sinne von Personenkraftwagen mit elektrischem oder Hybridantrieb kommen eine Reihe weiterer Fahrzeuge und Betriebsformen für die Elektromobilität in Betracht. Dazu zählen in erster Linie der Einsatz von Zweirädern (Pedelecs, E-Bikes und Elektroroller) und die Weiterentwicklung der öffentlichen Verkehrsmittel, insbesondere der heute mit Verbrennungskraft angetriebenen Busse und Bahnen. Während Bahnen bereits überwiegend elektrisch betrieben werden (können), bieten sich als Lösungen für den straßengebundenen öffentlichen Personennahverkehr (ÖPNV) Trolley- oder Elektrobusse an. (Vgl. u. a. Vallée 2011) Dabei ist neben der fahrzeugtechnischen Seite vor allem die Ladeinfrastruktur (punktuell oder linienförmig – stationär oder linear – mechanisch gekuppelt oder induktiv) weiter zu entwickeln.

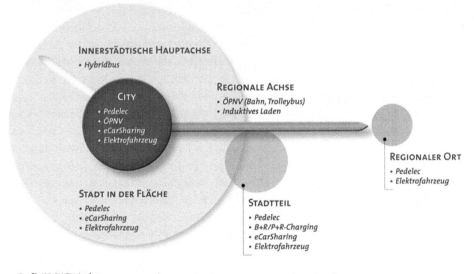

Abb. 3.1 Einsatzfelder der Elektromobilität im Personenverkehr. (Quelle: ISB, RWTH Aachen University)

Neben der fahrzeugtechnischen Seite bieten auch organisatorische Konzepte (vgl. Abschn. 3.1.4) wie Carsharing oder Vermietsysteme sowie die Optimierung, Weiterentwicklung und Anpassung intermodaler Mobilitätsketten wie bspw. Park&Ride oder Bike&Ride Ansatzpunkte für Marktchancen der Elektromobilität. Dazu sind in erster Linie attraktiv ausgestattete Umsteigeknoten, mit Abstell- und Ladeinfrastrukturen an Bahnhöfen und Haltestellen, erforderlich.

Für die größtmögliche Hebung der Potenziale im Personenverkehr und die Nutzung von Elektromobilität als umfassenden Ansatz ist ein Bündel an Maßnahmen aus verschiedenen Handlungsfeldern erforderlich. Dazu zählen primär:

- die Nutzung der besonderen Potenziale verschiedener Arten der Elektromobilität unter besonderer Berücksichtigung städtebaulicher, verkehrlicher, ökologischer und wirtschaftlicher Erfordernisse
- die Schaffung ganzheitlicher, intelligenter, vernetzter und integrierter Mobilitätskonzepte
- der Aufbau von Flotten als Impulsgeber zur Akzeptanzsteigerung und Darstellung der Nutzen, insbesondere bei hohen Betriebsleistungen
- die Schaffung einer attraktiven Ladeinfrastruktur unter besonderer Berücksichtigung kommerzieller Erfordernisse durch die Entwicklung innovativer Geschäftsmodelle
- die Entwicklung innovativer ganzheitlicher Fahrzeugkonzepte in allen Segmenten (2-Rad, PKW, Nutz-/Lieferfahrzeug, ÖPNV (Bus und Bahn)).

Elektromobilität bietet durch abgasfreie und leise Fahrzeuge Chancen für die Verbesserung der Stadtverträglichkeit des Verkehrs. Ein rein auf individuell genutzte PKW gestützter Ansatz ist jedoch nicht geeignet, Beiträge zur Verbesserung des städtischen Umfeldes sowie zur Reduzierung der Stauproblematik zu leisten. Insofern sind sämtliche individuellen Fortbewegungsarten mit zwei- und vierrädrigen Fahrzeugen (Pedelec, Roller, PKW, Lieferfahrzeuge) sowie die Verkehrsmittel des öffentlichen Verkehrs in die Betrachtung mit einzubeziehen. Im Hinblick auf die Stadtverträglichkeit kommt der Verbesserung des öffentlichen Personennahverkehrs (ÖPNV) eine besonders wichtige Rolle zu, weil dieser viele Menschen auf kleinem Raum mit hoher Ressourceneffizienz befördern kann.

Kleinteilige und historische Altstädte sowie topografisch bewegte Städte bieten spezielle Potenziale für die Nutzung von Pedelecs oder Elektrofahrrädern, weil diese wenig Platz benötigen und in einem engen städtebaulichen Umfeld flexibel und konfliktarm eingesetzt werden können. Für mittlere Distanzen können sie durch ein leistungsfähiges ÖPNV-System aus Bahnen sowie Trolley- und Hybridbussen unterstützt werden. Dazu sind als Basisinfrastruktur besondere Trassen und der Ausbau des induktiven Ladens für Bahn und Bus in einem häufig sensiblen städtebaulichen Umfeld erforderlich. Zudem sind Verknüpfungspunkte zwischen dem Individualverkehr mit Zweirädern und PKW und dem öffentlichen Verkehr an strategisch wichtigen Stellen anzulegen, auszubauen und mit der erforderlichen Ladeinfrastruktur für PKW und Pedelecs auszustatten. Des Weiteren können ein Pedelec-Vermietsystem, das Carsharing sowie Lieferservices mit Elektrofahrzeugen wichtige Beiträge zur breiten Einführung und Nutzung der Elektromobilität liefern.

Mietmodelle wie bspw. das Carsharing ermöglichen schon heute, je nach Nutzungsbedarf einen Kleinwagen, ein größeres Fahrzeug oder ein Lieferfahrzeug zu wählen. Ähnliche Lösungen sind bei Miet- bzw. Leasing-Modellen vorhanden, bei denen die Nutzer bei einem Anbieter je nach Bedarf das passende Fahrzeug mieten (vgl. Abschn. 3.1.4). Die Kernfrage vor dem Hintergrund der heutigen Lebensgewohnheiten sowie der Mobilitätsmuster lautet also, ob es gelingt, von dem heute gewohnten Eigentum am Fahrzeug als Nutzungsdeterminante zu anderen Modellen wie „rent for use" bzw. „mobility on demand" zu kommen. Hier besteht eine Chance für neue Mobilitätskonzepte, zumal aufgrund der teuren Batterie die Fragen nach der Kostenakzeptanz bei Leasing oder Kauf der Batterie und nach Bezahlung bzw. Abrechnung für die Aufladung sowieso zu stellen sind. Dieses kann bei einem in der Zukunft denkbaren Einsatz autonomer Fahrzeuge weiter dazu führen, dass automatisch zirkulierende Fahrzeuge ständig in der Stadt unterwegs sind und damit evtl. Parkraum und Parksuchverkehre einsparen und damit den Fahrzeugbesitz und auch das Carsharing ersetzen können.

Im Hinblick auf die urbane Mobilität gewinnen diese Fragen eine zusätzliche Dimension. Heute müssen die Verkehrsteilnehmer bei verschiedenen Anbietern die jeweils nachgefragte Mobilität einkaufen, also das Auto und die Tankfüllung, ein Fahrrad, eine Fahrkarte für den ÖPNV oder die Bahn, ein Flugticket, Carsharing oder andere Modelle. Regelmäßig sind dafür einzelne Zugänge, Anmeldungen und vertragliche Vereinbarungen erforderlich. Die Frage ist, welche organisatorischen Voraussetzungen neben den infrastrukturellen geschaffen werden müssen, um zu einem nutzerfreundlichen und stadtverträglichen neuen Mix in der urbanen Mobilität zu gelangen, und ob nicht die Elektromobilität die Chance bietet, die dafür notwendigen Änderungen bei den Angeboten wie bei den Einstellungen der Menschen zu befördern und gleich einen Quantensprung statt nur eine Weiterentwicklung zu schaffen.

In der Frühphase der Markteinführung von Elektromobilität sind Fragen der Sichtbarkeit sowie die Darstellung von Zuverlässigkeit, Funktionalität und Wirtschaftlichkeit besonders relevant. Die Akzeptanz neuer Technologien ist eng mit den vorgenannten Größen korreliert. Hier bieten sich Flotten an, da sie häufig ein einheitliches Handling der Fahrzeuge, wiederkehrende Einsatzmuster und hohe Betriebsleistungen aufweisen. Dieser Ansatz erlaubt, aufgrund der regelmäßigen und eingrenzbaren Nutzungsmuster schnell ein hohes Maß an Nutzbarkeit zu erreichen, indem die ökonomisch aufwändigen Komponenten Batteriekapazitäten und Ladeinfrastruktur auf die Einsatzmuster abgestimmt werden können und so schnell Skaleneffekte und damit Kosteneinsparungen zu erzielen sind. Damit wird die Sichtbarkeit der Elektromobilität für Einsatzmuster und Zuverlässigkeit schnell erhöht, was eine breite Markteinführung flankiert und die Akzeptanz steigert. Die besonderen Vorteile der geringen Verbrauchskosten (EWI 2010) sind vor allem für Unternehmen von Bedeutung, denn Betriebe sind in erster Linie auf die Nutzung betriebswirtschaftlicher Vorteile bedacht. Werden zudem attraktive Leasingmodelle für die Fahrzeugkosten geschaffen, ist mit einer hohen Akzeptanz zu rechnen. Auf der Basis dieser Markteinführungsstrategie kann erwartet werden, dass eine verbesserte Akzeptanz in breiten Nutzerschichten erreicht wird und mittelfristig eine höhere Marktdurchdringung erfolgt.

Erhebungen der Wege- und Zeitmuster im Wirtschaftsverkehr zeigen, dass eine Reihe von Lieferservices, bspw. Post, Pizzadienste, Medikamentenlieferservices, Handwerker und soziale Dienste aufgrund ihrer täglichen Wegeweiten mit den Reichweiten heutiger Elektrofahrzeuge auskommen können. Die Rückkehr zu einem Betriebshof erlaubt einen kostengünstigen Aufbau einer Ladeinfrastruktur und die Standzeiten sind ausreichend für ein Nachladen. Vor diesem Hintergrund sind für eine Nutzung der Elektromobilität insbesondere die Investitionskosten den Betriebskosten gegenüber zu stellen. Gelingt es, die höheren Investitionskosten durch reduzierte Betriebskosten zu kompensieren, ist ein wirtschaftlicher Vorteil gegeben, der die Nutzung steigern kann. (RWTH Aachen University 2011)

Unter der Annahme zusätzlicher Investitionskosten für eine Batterie in Höhe von 10.000 Euro sowie weiterer 3000 Euro für eine Ladesäule wäre also ein zusätzlicher Investitionsaufwand von 13.000 Euro zu kompensieren. Derzeit am Markt befindliche Hochdachkombis und Transporter haben einen Kraftstoffverbrauch von etwa 7–15 l pro 100 km, sodass sich Kraftstoffkosten von 10–20 Euro pro 100 km ergeben. Laut Herstellerangaben haben Elektrofahrzeuge dieser Klasse Verbrauchskosten von 2–4 Euro pro 100 km. Daraus ergibt sich unter der Annahme einer auf 5 Jahre angelegten Nutzung und unter Vernachlässigung der Zinsen ein Kostenvorteil für Elektrofahrzeuge ab einer jährlichen Fahrleistung von 15.000–35.000 km.

Eine wesentliche Voraussetzung für die Marktchancen und die Nutzbarkeit der Elektromobilität im privaten Personenverkehr ist die Verfügbarkeit einer Ladeinfrastruktur. Heute ist der Nutzer gewohnt, Fahrzeuge alle 600–1000 km nachtanken zu müssen. Dabei kann auf ein dichtes Tankstellennetz zurückgegriffen werden, das Risiko einer nicht ausreichenden Primärenergieversorgung ist gering. Derzeit gibt es in Deutschland etwa 15.000 Tankstellen, also knapp zwei Tankstellen je 10.000 Einwohner (VDI-Nachrichten 48/2010), an Autobahnen ist etwa alle 50 km eine Tank- und Rastanlage vorhanden. Diese Situation kann aufgrund der langen Entwicklung als ökonomischer Ausgleich aus Angebot und Nachfrage sowie einem wirtschaftlichen Betrieb angesehen werden.

Zur Erreichung vergleichbarer Marktchancen ist die Frage der Versorgung batterieelektrisch betriebener Fahrzeuge, insbesondere des Nachladens, also intensiv zu betrachten, um über Nischenprodukte hinauszukommen. Im Hinblick auf den Aufbau einer elektrischen Ladeinfrastruktur ist derzeit die Frage einer flächendeckenden und bedarfsgerechten Ladeinfrastruktur ein Forschungsschwerpunkt. Der Stand der Wissenschaft geht zur Zeit davon aus, dass rund 3400 bis 7100 Schnellladepunkte ($\geq$ 50 kW DC) im bundesdeutschen Gebiet als Versorgungsnetz für die von der Bundesregierung ins Auge gefassten 1 Mio. E-Fz im Jahr 2020 im öffentlichen Raum notwendig sein werden. Diese Überlegung wurde teilweise von heute möglichen elektrischen Reichweiten der E-Fz unter 100 km stark beeinflusst. Fahrzeuge mit höheren Reichweiten sind für den breiten Nutzermarkt erst nach dem Stichjahr 2020 von den Autoherstellern angekündigt und auch hier bleibt die Frage der dann möglichen elektrischen Reichweite dieser Fahrzeuge bestehen. (Eigene Berechnungen; NPE 2015)

Damit lässt sich eine aus versorgungsnetzökonomischen und Nutzungsaspekten wirtschaftliche Ladeinfrastruktur ohne einen Einschnitt in die heute gelebte Mobilitätnachfrage aufbauen. Bereits heute ergeben sich innerhalb der berichteten Wegeketten (MiD 2008) ausreichende Standzeiten der Fahrzeuge, die für ein Nachladen aus energetischen Gesichtspunkten ausreichend lang sind. Für die Wahrnehmbarkeit sollte nicht auf Ladestationen im öffentlichen Raum, die aus dem Gesichtspunkt der Wirtschaftlichkeit und geringer Nutzungsfrequenzen eher problematisch sind, verzichtet werden. Diese bilden eine psychologische Stütze bei der Entscheidung zur und bei der gelebten Elektromobilität. Insbesondere für dicht bewohnte Stadtviertel ohne Abstellmöglichkeit für PKW auf Privatflächen sind Konzepte für eine sinnvolle Ladeinfrastruktur im öffentlichen Raum erforderlich, weil die dort lebenden Menschen ein besonderes Nutzerpotenzial darstellen (vgl. Abschn. 3.1.3). Außerdem muss die Erweiterung der Ladeinfrastruktur mittels induktiver Ladung durch Modellversuche und Tests der Alltagstauglichkeit und der Nutzerakzeptanz sowie von Schnellladestationen untersucht werden. Dies gilt für den öffentlichen und den Individualverkehr, um zu einer ähnlichen Versorgungsinfrastruktur wie im heutigen fossilen Verkehr zu gelangen.

Neben der Weiterentwicklung, Optimierung und Standardisierung von Komponenten wie der Ladeinfrastruktur und der Batterien bietet die Elektromobilität die Chance, auch gänzlich neue Fahrzeugkonzepte zu entwerfen. Die Dezentralisierung des Antriebs sowie die kompakteren und geometrisch vielfältigen Bauformen der Batteriepacks lassen neue und innovative Fahrzeugkonzepte zu. Außerdem bietet die Einführung elektrisch betriebener Zweiräder große Chancen für neue, kompakte und innovative platzsparende Fahrzeuge. Angesichts der zunehmenden Individualisierung der persönlichen Lebensstile und damit auch der Mobilitätsformen bieten modulare Konzepte die Möglichkeit, über Nischenprodukte hinaus zu Massenprodukten zu gelangen, für die eine Einbindung in neuartige Mobilitätsverbünde oder direkte Absatzmärkte erkennbar ist.

Die Beurteilung der Marktpotenziale für den Güter- und Wirtschaftsverkehr hat neben den heutigen Einsatzfeldern die Entwicklungen im Logistik-Sektor zu berücksichtigen. Aufgrund immer kleiner werdender Sendungen und immer häufigerer Liefervorgänge ist zu erwarten, dass im städtischen und regionalen Kontext die Zahl der Verteilfahrten mit Lieferfahrzeugen der Klasse 2,8–3,5 t zulässiges Gesamtgewicht weiter ansteigen werden. Diese sog. KEP-Fahrzeuge (KEP = Kurier- und Express-Dienste) haben heute Einsatzmuster im Bereich von täglich 80–15 km im städtischen Umfeld und bis zu 400 km in ländlichen Gebieten. Aufgrund der hohen Stückzahl der Fahrzeuge – derzeit sind in Deutschland ca. 5,5 Mio. leichte Nutzfahrzeuge und Lieferfahrzeuge bis zu einem zulässigen Gesamtgewicht von 3,5 t zugelassen (ViZ 2009) – sowie weiterer ähnlicher Fahrzeug- und Einsatzmuster mit Kleinbussen ergibt sich die Chance, unter Berücksichtigung der Reichweiten und Transportkapazitäten der Fahrzeuge neue und auf diese Felder angepasste Fahrzeug- und Batteriekonzepte zu entwickeln. Ein weiteres treibendes Argument liegt in den sich verschärfenden Umweltanforderungen in städtischen Gebieten, die emissionsarme und leise Fahrzeuge verlangen (vgl. Abschn. 3.1.5). Durch City-Logistik-Konzepte mit Elektrofahrzeugen kann eine Verknüpfung von Fern- und Nahverkehr gelingen, die eine Renaissance derartiger Konzepte anregen könnte. Zuvor sind allerdings die bisherigen Hemmnisse nochmals genau zu analysieren und dann mittels Push- und Pull-Maßnahmen in ein Gesamtkonzept zu integrieren.

3.1.3 Nutzergruppen und Nutzungsmuster

Mobilität in Städten und Regionen sichert die Erreichbarkeit unterschiedlicher Orte wie Arbeitsplätze, Einkaufsmöglichkeiten, Ausbildungsstätten oder Kultur- und Freizeiteinrichtungen. Sie spielt sich überwiegend in Entfernungsbereichen von wenigen 100 m bis zu rund 100 km ab. Aufgrund der guten Verkehrsinfrastruktur, der hohen Verfügbarkeit von PKW sowie der erforderlichen Flexibilität bei der Arbeitsplatzwahl sind heute auch tägliche Distanzen von 70 und 80 km keine Ausnahme. Allerdings beträgt die durchschnittliche Entfernung aller durchschnittlich 3,5 am Tag zurückgelegten Wege nur jeweils rund 12 km, die mit dem PKW als Selbstfahrer zurückgelegten haben eine durchschnittliche Länge von rund 15 km. (MiD 2008) Dieser Wert schwankt zwischen 14,7 und 19 km je nach Raumtyp (ländliche Räume weisen weitere Wege auf). Mit 38 % bzw. 35 % stellen die Wegezwecke Einkauf/Erledigung bzw. Freizeit die häufigsten dar. Auf die Wege von und zur Arbeit sowie von und zur Ausbildung entfallen zusammen rund 19 % aller täglichen Wege. (MiD 2008) Wesentlicher Unterschied zwischen den benannten Wegezwecken ist, dass bei den Wegen zur Arbeit und zur Ausbildung statische räumliche und häufig auch zeitliche Muster vorhanden sind, während die Wege in der Freizeit sowie zu Einkauf und Erledigungen sehr disperse räumliche und zeitliche Verteilungen aufweisen. Als Verkehrsmittel werden zu 10 % das Fahrrad, zu 9 % der ÖPNV und zu 59 % der PKW genutzt. Der Anteil der Fußwege beträgt 22 % und bezieht sich im Wesentlichen auf den Nahbereich. (MiD 2008)

Für die Bewältigung der persönlichen Mobilität stellen Fahrzeuge ein Verkehrsmittel bzw. ein Werkzeug dar. Abb. 3.2 verdeutlicht den heute üblicherweise vorzufindenden Einsatz bestimmter Mobilitätswerkzeuge für ausgewählte Wegemuster.

Innerhalb der einzelnen Wegemuster variieren die zurückgelegte Entfernung sowie die Aufenthaltsdauer am Zielort z. T. deutlich. Zudem ist festzustellen, dass die zurückgelegten Entfernungen nach der Antriebsart der Fahrzeuge (Benzin oder Diesel) sowie der Fahrzeuggröße ebenfalls deutlich variieren. Die durchschnittliche Fahrleistung von PKW beträgt rund 14.300 Kilometer (Benzinfahrzeuge 11.800 Kilometer und Dieselfahrzeuge 22.300 Kilometer). Minis und Kleinwagen legen dabei im Mittel knapp 12.000 km zurück, Fahrzeuge der Kompaktklasse rund 14.000 km und Fahrzeuge der Mittelklasse rund 16.000 km. (MiD 2008) Die Fahrleistung der Geländewagen (einschließlich Oberklasse und Sportwagen) und der Mini-Vans liegt zwischen der Leistung der Kompaktklasse und derjenigen der Mittelklasse. Die Fahrzeuge der oberen Mittelklasse und die Utilities weisen mit gut 17.000 Kilometern ebenso deutlich höhere Fahrleistungen auf wie Großraum-Vans mit über 19.000 Kilometern. Die Aufenthaltszeit am Zielort ermöglich eine Separierung zwischen den Anwendungsfällen des Normal- und Schnellladens. So stellt sich im Median eine Aufenthaltsdauer bei einem Lebensmitteleinkaufs von 25 Minuten ein und stellt somit eine effektive Gelegenheit für eine Schnellladung dar. (MiD 2008) Dabei ergibt sich bei den meisten berechneten Aufenthaltsdauern von rund 120 Minuten im Median bei einer Freizeitaktivität eher der Bedarf für die Normalladeinfrastruktur ein. (MiD 2008)

Wird für die beschriebenen Fahrzeugklassen eine Differenzierung der Fahrleistung nach Benzin und Diesel vorgenommen, zeigen sich ebenfalls große Differenzen. Die Spanne

Mobilitätswerkzeuge und Wegemuster

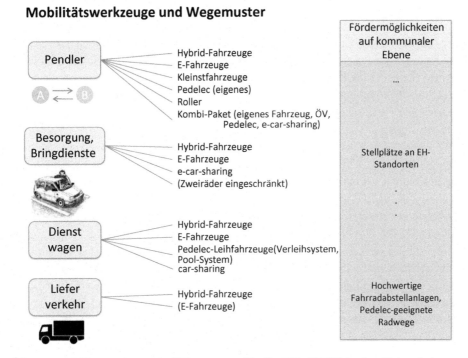

Abb. 3.2 Mobilitätswerkzeuge und Wegemuster. (Quelle: ISB, RWTH Aachen University)

reicht hier von rund 50 % mehr Jahreskilometer beim Utility-Diesel gegenüber dem Utility-Benziner bis hin zu mehr als doppelt so vielen Jahreskilometern beim Diesel der oberen Mittelklasse gegenüber dem Benziner.

Auswertungen des seit 1997 erhobenen Deutschen Mobilitätspanels (Deutsches Mobilitätspanel; Zumkeller et al. 2011), einer Längsschnittuntersuchung des Mobilitätsverhaltens, zeigen, dass etwa ein Drittel der mobilen Personen sog. „Multimodale" sind, d. h. im Verlauf einer Woche unterschiedliche Verkehrsmittel nutzen. (Beckmann et al. 2006) Etwa die Hälfte der Multimodalen verfügt über einen PKW. Dieser Befund sowie der Umstand, dass der Anteil der Multimodalen an allen Verkehrsteilnehmern in den letzten Jahren angewachsen ist, stützen die These, dass die Menschen zunehmend das für sie in der jeweiligen Situation beste Verkehrsmittel wählen und nicht mehr wie in der Vergangenheit auf einzelne Verkehrsmittel fixiert sind. Insofern ist eine reine Fixierung auf einzelne Verkehrsmittel, insbesondere den PKW, sicher nicht geeignet, umfassend die Potenziale der Elektromobilität zu beschreiben. Zudem sind die sich so eröffnenden Chancen auf die Nutzung anderer Verkehrsmittel eine Option, die Einschränkungen bei Kosten und Reichweiten durch andere Verkehrsmittel zu substituieren.

Mit den heutigen technischen Rahmenbedingungen der Elektro-PKW (begrenzte Reichweite und lange Ladedauern), dem hohen Anschaffungspreis sowie der fehlenden flächendeckenden Ladeinfrastruktur scheint eine einfache und schnelle Substitution der konventionellen PKW durch Elektromobilität nicht möglich. Um trotzdem Marktpotenziale abschätzen zu können, wurden bisher in einer Vielzahl von Studien potenzielle Elektrofahrzeug-Nutzer identifiziert. (Vgl. u. a. Fojcik 2010; Varesi 2009; Baum et al. 2010; EWI 2010) Für eine Potenzialabschätzung der privaten Einsatzfelder von Elektromobilität wurden dazu in erster Linie Kriterien der Fahrzeugnutzung verwendet und dann ein Abgleich zu den technischen Möglichkeiten der Elektromobilität gemacht. So ergaben sich Zahlen für potenzielle Nutzer von Elektro-PKW. Im Folgenden werden ausgewählte Studien beschrieben und die dort verwendeten Merkmale der Haushalte sowie die derzeitige PKW-Nutzung in Deutschland näher betrachtet.

Wesentliche Basis der Nutzerpotenzialstudien sind die Daten der Erhebung „Mobilität in Deutschland 2008" (MiD 2008). Diese zeigen, dass der PKW-Besitz sowie die PKW-Nutzung in ländlichen Räumen stärker sind als in Ballungsräumen. Mit wachsender Einwohnerzahl der Kommunen steigt die Anzahl der Haushalte ohne und sinkt die Anzahl der Haushalte mit mehreren PKW. Als Ursache dafür können der attraktivere öffentliche Personennahverkehr (ÖPNV) in städtischen Gebieten, die oft problematische Parkraumsituation in den hoch verdichteten und oft aus der vorautomobilen Zeit stammenden städtischen Wohnvierteln ohne Stellplätze auf privaten Grundstücken und die starken Nutzungsverflechtungen der Bewohner in Ballungsräumen angesehen werden, die wegen kurzer Distanzen den PKW weniger nutzen bzw. weniger auf diesen angewiesen sind. Zudem können Stadtbewohner als potenzielle Nutzer eines Elektro-PKW bspw. für längere Autofahrten, für die ein Elektro-PKW nicht geeignet ist, einfacher auf den ÖPNV, den öffentlichen Fernverkehr oder andere Mobilitätsformen wie Carsharing ausweichen. In ländlichen Räumen ist dagegen der Umstieg auf die öffentlichen Verkehrsmittel aufgrund einer deutlich geringeren Straßennetzdichte oft schwieriger. Die Einwohnerverteilung in Deutschland zeigt, dass etwa 40 % in Kernstädten und hoch verdichteten Kreisen wohnen und knapp 60 % in ländlichen Gebieten. Von den Arbeitsplätzen befinden sich etwa 45 % in Kernstädten und hoch verdichteten Kreisen und 55 % in ländlichen Gebieten (eigene Berechnung nach INKAR 2010).

Für die Abschätzung der erforderlichen Ladeinfrastruktur ist wichtig, wo ein PKW abgestellt wird. Dabei ist vor allem zu klären, wo und welcher Bedarf nach Ladeinfrastruktur im öffentlichen Raum besteht und wo auf Privatgrundstücken (zuhause, am Arbeitsplatz, bei Einkauf und Freizeit) nachgeladen werden kann bzw. der Wunsch danach besteht. (Vgl. Johänning und Vallée 2011) Die Daten der MiD 2002 zeigen, dass PKW in ländlichen Räumen überwiegend auf einem festen PKW-Stellplatz auf dem eigenen Grundstück abgestellt werden (s. Abb. 3.3). Die Garagen- bzw. Stellplatzverfügbarkeit nimmt mit steigender Einwohnerzahl der Kommune ab. (Vgl. Topp 2010) Unter der Annahme, dass eine Garage über einen Stromanschluss verfügt oder dieser angebracht werden kann, lässt sich für Ballungsräume ein wesentlich höherer Bedarf an Ladeinfrastruktur im öffentlichen Raum oder an definierten Stellen wie bspw. Parkhäusern oder Quartiersgaragen ableiten. Damit ist auch die Relevanz einer öffentlichen Ladeinfrastruktur mindestens in kernstädtischen Wohngebieten begründbar.

Die Analyse der Verteilung der PKW-Tagesfahrleistung zeigt, dass 95 % aller PKW nicht mehr als 150 km und 90 % nicht mehr als 100 km am Tag fahren (s. Abb. 3.4). es besteht also

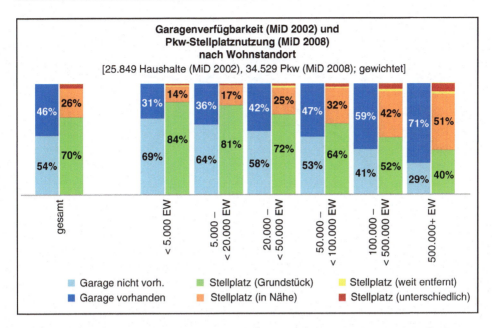

Abb. 3.3 Garagenverfügbarkeit und Stellplatznutzung. (Quelle: Johänning und Vallée 2011)

eine grundsätzliche Eignung für die Alltagsmobilität. In der aktuellen Diskussion wird immer wieder davon gesprochen, dass sich vor allem Zweitwagen aufgrund einer geringeren Fahrleistung als substituierbar erweisen. Eine differenzierte Analyse macht deutlich, dass die Fahrleistungsverteilungen der PKW aus einfach motorisierten Haushalten („einziger PKW") und der Zweit- bzw. Drittwagen sehr ähnlich sind, weshalb beide PKW-Ränge im Hinblick auf die Fahrleistung das gleiche Substitutionspotenzial bieten (s. Abb. 3.4). Zudem wird ersichtlich, dass auch die Erstwagen trotz der höchsten durchschnittlichen Tagesfahrleistung ein hohes Substitutionspotenzial aufweisen.

Angesichts der begrenzten Reichweiten und der von den PKW-Nutzern heute gewohnten Flexibilität kommen zunächst vor allem mehrfach motorisierte Haushalte als potenzielle Nutzer der Elektromobilität in Betracht. (Johänning und Vallée 2011) Sofern diese neben einem konventionellen PKW über einen weiteren PKW mit einer maximalen Tagesfahrleistung von 100 km/Tag verfügen, können sie in Sondersituationen (bspw. Urlaubsfahrt etc.) auf einen vorhandenen konventionellen PKW ausweichen. Diese Haushalte werden im Folgenden als Nutzergruppe 1 bezeichnet. Darüber hinaus sind aber auch einfach motorisierte Haushalte geeignet, deren PKW eine maximale Tagesfahrleistung von 100 km/Tag aufweist und die gleichzeitig über einen guten Zugang zum ÖPNV-Netz verfügen (Nutzergruppe 2). Werden diese Haushalte in der MiD 2008 identifiziert und wird davon ausgegangen, dass zu Beginn der Markteinführung von Elektro-PKW maximal ein PKW pro motorisiertem Haushalt ersetzt wird, so ergibt sich für die Nutzergruppe 1 ein hochgerechnetes Substitutionspotenzial von rund 8 Mio. PKW und für die Nutzergruppe 2 von 1,4 Mio. PKW in Deutschland. Zusammenfassend wäre das für beide Nutzergruppen ein Gesamtpotenzial von 9,5 Mio.

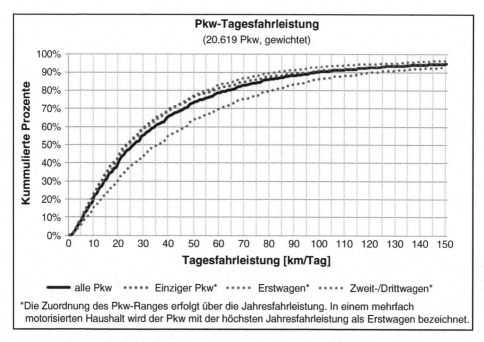

Abb. 3.4 PKW-Tagesfahrleistungen. (Quelle: Johänning und Vallée 2011)

PKW. 81 % der potenziellen Nutzerhaushalte (7,7 Mio. Haushalte) verfügen über einen PKW-Stellplatz auf dem eigenen Grundstück und könnten über eine eigene Steckdose den Elektro-PKW laden. In den größeren Gemeinden zeigt sich jedoch ein deutlich höherer Bedarf an Ladeinfrastruktur im öffentlichen Raum. Rund 46 % der Haushalte, die keinen Stellplatz auf dem eigenen Grundstück haben, wohnen dort (0,8 Mio. Haushalte).

Wie oben dargestellt schwanken das Verkehrsverhalten und vor allem die Verkehrsmittelwahl im Wochenverlauf, etwa ein Drittel der Verkehrsteilnehmer ist multimodal. Insofern sind für eine vollständige Abschätzung der Potenziale der PKW-Elektromobilität weitergehende Analysen der Längsschnittdaten aus dem Deutschen Mobilitätspanel (MOP) (Zumkeller et al. 2011) zu Entfernungen und Häufigkeiten anzustellen. Aus der Gegenüberstellung bzw. den Schnittmengen der Untersuchungen auf der Basis der MiD sowie des MOP lassen sich dann die endgültigen Potenziale und evtl. Steigerungsstrategien ableiten.

Für die Beurteilung der Substitutionspotenziale konventioneller PKW durch Elektrofahrzeuge ist zudem wegen der heute gewohnten Besitz-gestützten Mobilität neben einer Analyse der alltäglichen Mobilität auch die Frage nach den nicht alltäglichen Einsatzfeldern wie Wochenend-Ausflug, Freizeitverkehr und Urlaubsreise zu diskutieren. Mit Verbrennungskraft angetriebene Fahrzeuge ermöglichen heute Reichweiten von 600–1000 km und können überall nachgetankt werden (s. o.). Erst wenn solche Randbedingungen auch für die Elektromobilität gelten oder gänzlich andere Mobilitätskonzepte im Bewusstsein der Menschen breit verankert und einfach nutzbar sind, kann mit einem vielfältigen Einsatz von Elektrofahrzeugen gerechnet werden.

Neben den infrastrukturellen Voraussetzungen können unmittelbar erkennbare wirtschaftliche Vorteile wie geringe Betriebskosten oder finanzielle Fördermaßnahmen die Marktdurchdringung, insbesondere bei Flotten, beschleunigen. Weitere planerische, ordnungspolitische oder fiskalische Maßnahmen (bspw. Bevorrechtigung von Elektro-PKW in bestimmten Gebieten, besondere Parkzonen etc., vgl. Abschn. 3.1.5), umfassende kundenfreundlich nutzbare intermodale Konzepte sowie Nachlade- und Batterietauschkonzepte können die Marktdurchdringung und Akzeptanz zusätzlich positiv beeinflussen. Darüber hinaus können Fahrzeugtausch- und Leasingkonzepte als Teil umfassender Mobilitätskonzepte die auf mittlere Sicht begrenzten Einsatzfelder und höheren Kosten mindestens teilweise kompensieren.

3.1.4 Mobilitätskonzepte

Für die Beurteilung der Potenziale und Chancen der Elektromobilität ist neben den oben dargestellten persönlichen Mobilitätsmustern und -konzepten die Bezahlung der Mobilitätskosten beim Einsatz von Fahrzeugen von Bedeutung. Dabei ist der Begriff „Mobilitätskonzept" bisher nicht eindeutig definiert, er wird hier als Rahmen für die Nutzung von Mobilität bzw. die Nutzung der Verkehrsmittel verstanden. Im Folgenden werden in Abb. 3.5 die heute gängigen Angebote für den Besitz eines Fahrzeugs bzw. die Nutzung von Privat-PKW als Elemente eines Mobilitätskonzeptes beschrieben. Im Anschluss erfolgt eine Darstellung anderer Entgeltformen für Mobilität.

Die heutige Verkehrsmittelnutzung stützt sich in erster Linie auf den Besitz von Fahrzeugen und die Bezahlung laufender Betriebskosten. In 2011 waren in Deutschland rund 42 Mio. PKW (inklusive 5,5 Mio. leichte Nutzfahrzeuge bis zu einem zulässigen Gesamtgewicht von 3,5 Tonnen) und rund 4,5 Mio. LKW und Sattelzugmaschinen zugelassen

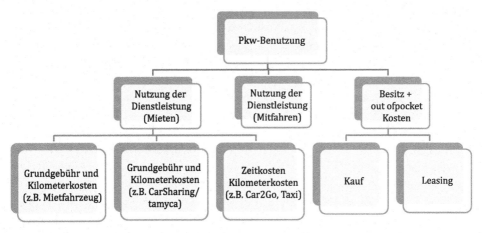

Abb. 3.5 Besitz- und Finanzierungsmodelle von Mobilitätsangeboten mit Privat-PKW. (Quelle: ISB, RWTH Aachen University)

(ViZ 2009). Nach der MiD 2008 besitzen 82 % der Haushalte mindestens ein Fahrrad und rund 85 % verfügen über einen PKW (MiD 2008). Mit diesen Verkehrsmitteln werden rund 70 % aller Wege zurückgelegt. Bei einem solchen Mobilitätskonzept (Besitz) fallen Kosten für den Erwerb der Fahrzeuge, für die Wartung und Reparatur sowie Kraftstoff und evtl. erforderliche Park- und Mautgebühren an. Kraftstoffkosten sowie Park- und Mautgebühren können als Betriebskosten gelten und werden in der Verkehrswissenschaft als „out-of-pocket-Kosten" zusammengefasst, die direkt mit der Transportleistung in Verbindung stehen. Die Kosten aus Besitz, Besitzsteuern, Wertverlust und Abschreibung, Wartung und Reparaturen sowie für einen dauerhaften Stellplatz (bspw. häusliche Garage) werden als Kapitalkosten interpretiert und von den Nutzern häufig vernachlässigt, obwohl sie oft einen nicht unerheblichen Teil zu den Gesamtkosten beitragen. Die Ursachen für die mangelhafte Wahrnehmung und meist nicht vorhandene Zuordnung zu den Betriebskosten sind in ihrem unregelmäßigen Auftreten und der nicht unmittelbaren Verbindung mit dem Fahrzeugeinsatz zu sehen.

Die Frage der Höhe der Anschaffungskosten für Elektrofahrzeuge und deren Akzeptanz ist – zumindest in der Anfangsphase und solange Elektrofahrzeuge und herkömmliche Fahrzeuge parallel angeboten werden – vor dem beschriebenen Hintergrund der Nutzungsgewohnheiten zu beurteilen. Insofern ist es plausibel, bei deutlich höheren Anschaffungskosten für Elektrofahrzeuge von einer abschreckenden Wirkung auf die Kunden auszugehen. Zudem ist sehr fraglich, inwieweit die höheren Anschaffungskosten durch günstigere Betriebskosten im Segment der privaten Nutzung kompensiert werden können.

Im Unterschied zur Besitz-gestützten individuellen Mobilität erfolgt bei der Nutzung öffentlicher Verkehrsmittel die Bezahlung für die Nutzung einer Dienstleistung, also eines Entgelts für den Transport. Die Tickets sind in der Regel vor einer Reise zu erwerben und zu bezahlen. In wenigen Fällen erfolgt eine Zusammenfassung und nachträgliche Best-Preis-Abrechnung. Üblich sind rabattierte Dauerkarten wie Wochen-, Monats- oder Jahreskarten.

Für den individuellen städtischen Verkehr sind in den letzten Jahren eine Reihe weiterer Mobilitätskonzepte entstanden, die sich mit den Begriffen Carsharing, car2go, CarTogether, private Fahrzeugvermietung wie bspw. Tamyca, Mitfahrservices (Pendlerservicesysteme oder Mitfahrzentralen) oder Taxidienste wie z. B. UBER zusammenfassen lassen. Sie sind meistens durch Entrichtung einer Grundgebühr und einer leistungsabhängigen Kostenkomponente zu nutzen. Den genannten Modellen ist gemeinsam, dass die Nutzer sich zunächst registrieren lassen müssen und für die Registrierung in der Regel ein Basisentgelt (Grundgebühr) zahlen. Damit werden Overheadkosten wie die Organisation, Versicherungen und die Vorhaltung der Vermittlungssysteme sowie anteilig auch die Fahrzeuge finanziert. Außerdem fallen Nutzungsentgelte für die tatsächlich in Anspruch genommene Leistung an, die entweder vorher nach Kilometerentgelten fixiert sind oder zwischen den privaten Nutzern auszuhandeln sind.

Neben dem Kauf eines Fahrzeugs ist seit vielen Jahren auch das Fahrzeugleasing ein gängiges Geschäftsmodell. Dabei werden mit einem Finanzierer, dem Leasinggeber, eine

Anzahlung und ein bestimmtes Kilometerkontingent sowie ein Restwert vereinbart. Die Anzahlung ist bei Übernahme zu leisten. Während der Nutzungszeit fallen meist monatliche Leasingraten an, deren Höhe sich nach dem Wertverlust im Wesentlichen aus dem Kilometerkontingent ergibt. Nach Ablauf der vereinbarten Nutzungszeit wird der Restwert ermittelt, zu dem das Fahrzeug entweder übernommen werden kann oder beim Leasinggeber verbleibt. Ist der tatsächliche Restwert niedriger als der vorab erwartete und vereinbarte, muss eine Ausgleichszahlung geleistet werden. Solche Geschäftsmodelle werden überwiegend für den geschäftlichen Gebrauch abgeschlossen, weil die Leasingraten als Kapitalkosten und damit Kosten für die Betriebsmittel buchhalterisch angesetzt werden können.

Ein inzwischen verbreitetes Mobilitätskonzept ohne Besitz eines Fahrzeugs ist das Carsharing. Carsharing-Konzepte bestehen in Deutschland seit 1988 in knapp 300 Städten (Bundesverband CarSharing; www.carsharing.de). Das Geschäftsmodell basiert auf der Vorhaltung von Fahrzeugen durch den Carsharing-Anbieter sowie dem Verleih der Fahrzeuge an Kunden. Dabei wird zwischen dem stationsgebundenen Carsharing und dem sogenanten „free-flow" oder „flex" Carsharing unterschieden (Zeitzinger 2015). Beim stationsgebundenen Carsharing können die Fahrzeuge an definierten Standorten ausgeliehen werden und müssen nach der Nutzung wieder an diesen Standort zurückgebracht werden. Beim flex Carsharing existieren keine Stationen, sondern die Fahrzeuge sind auf öffentlich zugänglichen Stellplätzen abgestellt und die Nutzer können die Fahrzeuge an beiliebigen Punkten in einem definierten Raum wieder abstellen. Beim stationsgebundenen Carsharing hält der Anbieter in der Regel unterschiedliche Fahrzeuge vor, insbesondere unterschiedliche Fahrzeuggrößen, um die Kundenwünsche flexibel realisieren zu können, beim flex-Carsharing sind bisher überwiegend einheitliche Fahrzeugflotten eines Herstellers aus ein bis zwei Typen in Betrieb. Für den Kundenstatus sind eine Registrierung beim Dienstleister und die Hinterlegung einer Grundgebühr erforderlich. Während im stationsgebundenen Carsharing bisher überwiegend verbrennungskraft-betriebene Fahrzeuge im Einsatz sind, gibt es beim flex Carsharing auch Flotten aus Elektrofahrzeugen. Hierfür besteht dann die Herausforderung eine Ladeinfrastruktur an geeigneten Stellen nutzen zu können, um die erforderliche Nachladung der Batterien zu ermöglichen. Dieses ist beim stationsgebundenen Carsharing einfacher, da beim Einsatz von Elektrofahrzeugen definierte Stationen mit Ladesäulen ausgestattet werden können und in den heute vorkommenden Fällen auch sind. Für die Benutzung fallen kilometerabhängige Kosten sowie Kraftstoffkosten an, nach Benutzung ist das Fahrzeug am Ausgangspunkt oder einem anderen Abstellplatz der Organisation betankt wieder abzustellen. Seit Oktober 2010 sind einzelne Elektrofahrzeuge in Carsharing-Flotten in Düsseldorf, Köln, Bamberg, Remscheid, Bremen, Dortmund, Braunschweig, Nürnberg, München, Lünen, Meerbusch sowie den DB-Carsharing-Flotten in Berlin, Frankfurt am Main und Saarbrücken im Einsatz.

Unter der Marke „tamyca" (take my car) (www.tamyca.de) besteht inzwischen eine private Vermittlungsbörse, bei der Privatpersonen ihren PKW für fremde Nutzer gegen ein zu vereinbarendes Entgelt zur Verfügung stellen. Neben der individuell zu vereinbarenden

Nutzungsgebühr fällt ein Entgelt für die Vermittlung an, aus dem die Overhead- und Vermittlungskosten sowie eine Rückstufungsversicherung gegen Schäden für den Vermieter bezahlt werden. Die Fahrzeugart wird dabei nicht von einem Anbieter bestimmt, sondern ergibt sich aus den privaten Angeboten.

Unter dem Namen „car2go" betreibt die Firma Daimler in Hamburg (seit Mai 2011, 29 ct pro Minute inkl. Kraftstoff, Parkplatz, Versicherung etc.), Austin (USA, Texas), Vancouver (Kanada) und Ulm (seit Mai 2009, 29 ct pro Minute, inkl. aller Kosten) ein flex Carsharing-Konzept (www.car2go.com), bei dem die Nutzer die im öffentlichen Raum geparkten Fahrzeuge gegen eine Nutzungsgebühr freizügig nutzen können. Ähnliche Konzepte werden auch von BMW inder dem Namen „Drive-Now" bzw. Volkswagen unter dem Namen „QuiCar" in Berlin, Hamburg, Hannover, München etc. betrieben. Im Gegensatz zum Carsharing ist das Fahrzeug weder an einem bestimmten Platz wieder abzustellen noch fällt eine Grundgebühr oder eine Reservierung bzw. Buchung an. Nach einer (kostenlosen) Registrierung können die Fahrzeuge durch einen auf dem Führerschein angebrachten Chip freigeschaltet werden. Als Kosten ist ein Nutzungszeitentgelt zu entrichten, das monatlich abgebucht wird. In Ulm sind die alle Fahrzeuge Kleinwagen des Typs Smart.

Neben den beschriebenen Modellen, die das individuelle Mieten und freizügige selbstfahrende Nutzen eines Fahrzeugs umfassen, bestehen Vermittlungssysteme, die Mitfahrten bei anderen Personen in deren Fahrzeugen organisieren. Solche Systeme gibt es für die Vermittlung einzelner Fahrten (Mitfahrzentralen) oder regelmäßiger Fahrten (Pendlerservicesysteme, Pendlerzentralen oder CarTogether) (Bruns et al. 2011; Reinkober 1994). Diese Mobilitätskonzepte sind nicht auf bestimmte Antriebsarten fokussiert und finanzieren sich durch individuelle Preisabsprachen. Prinzipiell könnten dafür auch Elektrofahrzeuge genutzt werden, sofern die Fahrer ein solches nutzen.

Darüber hinaus besteht als Geschäftsmodell noch die klassische Autovermietung, bei der ein Fahrzeug der Wahl gegen eine Grundgebühr und ein Kilometerentgelt auf Leihbasis genutzt werden kann. Die Geschäftsanbahnung erfolgt durch Reservierung einer bestimmten Fahrzeugklasse beim Dienstleister. Das Fahrzeug muss an einem zu vereinbarenden Ort abgeholt und an einem (anderen) vereinbarten Ort wieder abgegeben werden.

Im Hinblick auf die heute nach Zeit und Ort sehr flexiblen Mobilitätsbedürfnisse der Menschen (Multimodalität und Multioptionalität, vgl. Abschn. 3.1.2) erscheinen Mobilitätskonzepte nach dem Muster „Mobility on Demand" sehr zukunftsträchtig, die mit dem Begriff „Mobilitätsverbund" charakterisiert werden sollen (s. Abb. 3.6). Damit ist gemeint, dass nur die tatsächlich in Anspruch genommene Leistung zu zahlen ist, keine Besitzabgaben anfallen und auch eine mehrfache Registrierung mit Grundgebühren nicht erforderlich ist. Die Bezahlweise des Modells entspricht der des ÖPNV, wird aber für die Nutzer um weitere Verkehrsmittel ergänzt.

Ein solcher Mobilitätsverbund besteht aus einem umfassenden Verbund aller städtischen und regionalen Verkehrsmittel und bietet die Möglichkeit, Elektromobilität in viele Teilseg-

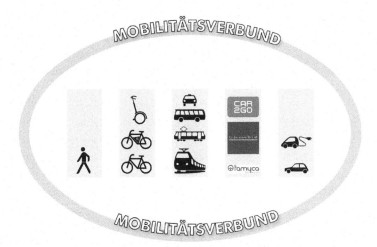

Abb. 3.6 Mobilitätsverbund. (Quelle: ISB, RWTH Aachen University)

mente zu integrieren. Für eine hohe Nutzerakzeptanz ist dieser Verbund kundenfreundlich durch eine Registrierung bzw. einen Zugang auszugestalten. Denkbar ist, einen solchen Mobilitätsverbund in Ergänzung zu bereits bestehenden Verkehrsverbünden im ÖPNV als Bausteine umzusetzen bzw. die Leistungen des Verkehrsverbundes durch zusätzliche Bausteine zu einem Mobilitätsverbund weiterzuentwickeln.

Zu den Kernleistungen eines solchen umfassenden Mobilitätsverbundes zählen die ÖPNV-Systeme (Bahnen und E-/Hybridbusse), darüber hinaus werden weitere Dienste wie öffentlich zugängliche Fahrrad- bzw. Pedelec-Vermietsysteme, Taxi, Carsharing- und Mietfahrzeuge sowie Hol- und Bringdienste, ggfs. gegen Zusatzentgelte, integriert. Wichtig dabei ist, dass über sämtliche Dienste nutzerfreundlich und einfach informiert wird, diese einfach buchbar sind und die Abrechnung einmalig erfolgt. Die einzelnen Komponenten können herkömmlich oder elektrisch betrieben werden.

Ein wesentlicher Aspekt neben der Vernetzung und durchgehenden Nutzbarkeit für die Kunden ist die Integration der Abrechnung bzw. des Ticketing sowie von Informationen über Standorte, Abfahrtszeiten und Verfügbarkeiten in das System. Zudem sind zentrale Halte und Umsteigepunkte mit einem nutzerfreundlichen dynamischen Leit- und Informationssystem sowie der erforderlichen Abstell- und Ladeinfrastruktur für elektrisch betriebene PKW und Fahrräder auszurüsten. Damit entfallen für die Nutzer die Einstiegshürden hoher Anschaffungskosten, die heute eine der größten Zugangs- und Einstiegsbarrieren für die Elektromobilität darstellen.

Der Mobilitätsverbund zeichnet sich durch zwei wesentliche Merkmale aus. Zum einen kann er die Elektromobilität unterstützen, indem die Stärken der einzelnen elektrisch angetriebenen Verkehrsmittel umfassend demonstriert werden, und zum anderen, indem das System als Marke verstanden und vermarktet wird. Die so entstehende Multioptionalität lässt den Fahrzeugbesitz weitgehend überflüssig werden. Wichtig dafür ist jedoch, dass das System mit einem Zugangsschlüssel (Karte, IT-Gerät) genutzt werden kann und alle Verkehrsmittel und Services mit automatischer Bestpreis-Abrechnung (one stop shopping) ausgestattet sind. Ein solcher Verbund erlaubt insbesondere

- die Demonstration und Nutzung unterschiedlicher Anwendungen der Elektromobilität
- die Darstellung von Stärken, Potenzialen und Entwicklungsbedarfen in den einzelnen Modi
- die einfache und durchgängige Nutzung durch die Verkehrsteilnehmer und damit einen einfachen und umfassenden Zugang sowie den Abbau von Hemmnissen und Vorbehalten
- eine gemeinsame Darstellung nach außen, die Präsentation aller Mobilitätsbausteine

Im Hinblick auf die Akzeptanz und Markteinführung verlangt ein solcher Mobilitätsverbund flankierend:

- die Formulierung eines Masterplans Mobilität sowie dessen politische Adaption einschließlich der Etablierung erforderlicher Fördermechanismen, in dem die organisatorischen, finanziellen und infrastrukturellen Rahmenbedingungen dargestellt und Handlungsaufträge zu deren Umsetzung formuliert sind
- den Aufbau einer Organisation, die die Vernetzung, das Ticketing und die Abrechnung samt der Vertriebsstrukturen übernimmt, einschließlich einer Basis-/Anschubfinanzierung und der Entwicklung tragfähiger Geschäftsmodelle
- den umfassenden Einsatz von Elektrofahrzeugen in allen Feldern
- die Bereitstellung einer umfassenden Beratung über alle Angebote hinweg
- die strategische, konzeptionelle und angebotsbezogene gemeinsame Weiterentwicklung aller Mobilitätsangebote und deren Anbieter

Neben den beschriebenen Mobilitätskonzepten, die sich mit der Nutzung der Fahrzeuge bzw. der verschiedenen Verkehrsarten befassen, sind weitere Aspekte wie kombinierte Miet- bzw. Leasing-Lade-Konzepte oder Tauschkonzepte für die Batterien zu nennen. Zwischen 2007 und 2013 wurde unter dem Namen „Betterplace" ein Konzept propagiert, bei welchem der Nutzer das Fahrzeug (Zweirad oder PKW) kauft und die Batterie mietet bzw. least. Das Batterieleasing wurde mit einem Ladetarif gekoppelt, sodass für den Kunden eine Situation entsteht, die dem heutigen Nutzungsmuster des PKW entspricht, wo beim Betanken die Kosten für den Betrieb zu zahlen sind. Aufgrund mangelnder Anwendungsfälle, vor allem wegen der bisher nicht erreichbaren Standardisierung der Batterien an einem extern gut zugänglichen Punkt des Fahrzeugs, wird das Konzept nicht weiter verfolgt.

Schlussendlich stellt die Koppelung von Ladeinfrastruktur, Ladetarif und Parkkosten eine Option für ein Nachladen in Innenstädten oder anderen Parkierungsanlagen (Bahnhöfen, Einkaufszentren, Freizeitgroßeinrichtungen) dar, weil in der Regel längere Aufenthaltsdauern von über zwei Stunden (Falk 2002) bestehen, die ein wirtschaftlich und technisch sinnvolles Nachladen erlauben. Ein Problem ist derzeit noch der Gebietsbezug der Energieversorgung, weil er die freizügige Nutzung der Ladeinfrastruktur im Raum erschwert. Inzwischen ist eine Standardisierung der Stecker gelungen, ein wesentlicher Fortschritt. Als Nächstes ist es erforderlich, den Zugang zu den Lade- und Abrechnungseinrichtungen zu vereinheitlichen, um diese ubiquitär zugänglich zu machen (NPE 2014). Vorstellbar wären Tarifmodelle ähnlich dem Roaming bei Handy-Tarifen oder bei Umsetzung der vollständigen Freizügigkeit der Anbieter eine organisatorische Trennung von Stromlieferung und Ladeinfrastruktur.

Ein weiterer, derzeit noch bedeutender Nutzervorbehalt neben der eingeschränkten Reichweite ist die Zuverlässigkeit und Haltbarkeit der Batterie. Derzeit sind mit Lithium-Ionen-Batterien bis zu 800 Ladezyklen möglich, sodass Laufleistungen von 120.000 km bzw. bei den heute üblichen durchschnittlich 14.000 km Fahrleistung pro Jahr (MiD 2008) im privaten Personenverkehr Lebensdauern von 8,5 Jahren erreicht werden können. Wegen der hohen Kosten der Batterie steigern Garantien die Akzeptanz und damit die Markteinführung. Zudem wäre denkbar, eine Leistungsversicherung für die Batterie vergleichbar der heute für Fahrzeuge bekannten Kasko-Versicherung entweder in den Batteriepreis, die Leasinggebühr oder den Ladetarif zu integrieren. Damit wird das Zuverlässigkeits- und Akzeptanzhemmnis deutlich reduziert.

3.1.5 Externe Anschübe und weitere Wirkungen

Elektromobilität besitzt ein großes Potenzial, um einen innovativen und nachhaltigen Beitrag zur Lösung innerstädtischer Umweltprobleme, insbesondere der Lärm- und Abgasemissionen, zu leisten. Dies kann durch Anreize oder Restriktionen erreicht werden. So hat bspw. China inzwischen den Einsatz von Zweirädern mit Verbrennungskraftantrieb in den Innenstädten der großen Zentren mit Verweis auf die schlechte Luftqualität verboten.

Die europäischen Luftqualitäts- und Umgebungslärmrichtlinien (EG 2002, 2008) verlangen aus Gründen des Gesundheitsschutzes bei Überschreitung bestimmter Grenzwerte von den Kommunen Maßnahmen zur Verbesserung der Situation. Dabei werden die Grenzwerte und Anwendungsbereiche kontinuierlich verschärft, was zunehmend technologische Innovationen verlangt. Bisher werden häufig temporäre bzw. lokale Fahrverbote oder Geschwindigkeitsbeschränkungen ausgesprochen, um die Lärm- und Abgasemissionen zu reduzieren. Hier kann Elektromobilität einen wesentlichen Beitrag zur Verbesserung der Situation leisten, da lokal kaum oder keine Abgasemissionen entstehen und auch die Lärmemissionen reduziert sind.

Wesentliche Herausforderungen für die urbane Mobilität sind die Reduktion von Lärm- und Abgasemissionen sowie die Stau- und Flächenproblematik. Hinzu kommen grundsätzliche Anforderungen an den Ressourcenschutz sowie die Reduzierung des Primärenergieaufwands für die Mobilität, insbesondere die Einsparung von fossilen Brennstoffen. Ein wesentlicher Auslöser der aktuellen intensiven Forschung und Förderung der Elektromobilität ist die Begrenztheit der Erdölreserven, auf deren Grundlage die heute gebräuchlichen Verkehrsmittel wie Busse oder PKW betrieben werden. Durch den motorisierten Verkehr werden in Deutschland derzeit etwa 161 Mio. t CO_2 pro Jahr freigesetzt (Umweltbundesamt 2010).

Damit trägt der Verkehr zu etwa 18 % an allen Treibhausgasemissionen in Deutschland bei. Innerhalb des Verkehrssektors ist der hauptsächliche Primärenergieträger mit einem Anteil von rund 90 % Rohöl, das in unterschiedlichen Formen wie Diesel, Benzin, Kerosin oder Schweröl für die Antriebsmotoren verwendet wird. Selbst im Bahnverkehr, der in hohem Maß durch elektrisch angetriebene Lokomotiven und Triebzüge stattfindet, sind etwa 20 % der Primärenergie auf der Basis fossiler Brennstoffe (Kohle und Öl) für Diesellokomotiven und -triebzüge, aber auch für die Stromerzeugung (www.deutschebahn.com/nachhaltigkeitsbericht 2009).

Vor dem Hintergrund der Endlichkeit der Ölreserven verspricht Elektromobilität hier neue Chancen, auf einem wirtschaftlich attraktiven Niveau und für viele Anwendungsfälle nutzbar einen umweltfreundlichen und nachhaltigen Ersatz zu schaffen. Dafür sind die Energiegewinnung aus regenerativen Quellen, die Speicherung, der Transport und die Versorgung der Fahrzeuge sicherzustellen. Durch eine intelligente Vernetzung von Energieerzeugung, Speicherung und Abgabe sowie eine kundenfreundliche Abrechnung ist es möglich, die Elektromobilität als einen zentralen Baustein sog. „Smart Grids" (vgl. Abschn. 3.3.2) zu nutzen. Dafür ist die Schaffung bidirektionaler Speicher-, Transformations- und Ladeinfrastrukturen erforderlich, um Reserveleistungen in den Fahrzeugbatterien für die Abpufferung von Spitzenlasten zu nutzen. Wird dies mit Mindestspeichervolumen der Fahrzeugbatterien und für die Endverbraucher interessanten Abrechnungsmodalitäten verknüpft, kann dadurch ein Beitrag zur Kompensation der heute noch vorhandenen Kostennachteile geleistet und gleichzeitig ein Speichervolumen für überschüssige Potenziale regenerativ erzeugter Energie geschaffen werden.

Für die Reduzierung der Lärmemissionen ist zu berücksichtigen, dass im Bereich bis 30 km/h die Motorengeräusche (Sandberg und Eismont 2005) dominant sind, sodass in diesem Geschwindigkeitsbereich eine Verminderung durch die geräuscharme Elektromobilität erreicht werden kann. Gerade im Bereich innerstädtischer Knoten werden die Anfahrgeräusche zudem deutlich reduziert, ein positiver Beitrag und ein hohes Potenzial zur Verbesserung der Umweltsituation. Eine grundsätzliche Höchstgeschwindigkeit von 30 km/h und ausnahmsweise höhere Geschwindigkeiten auf Hauptverkehrsstraßen können zudem dazu beitragen, den Kfz-Verkehr lärmarmer und damit stadtverträglicher zu gestalten (Wissenschaftlicher Beirat 2011). Im Bereich von 30–60 km/h dominieren die Rollgeräusche, daher kann auf städtischen oder regionalen Hauptverkehrsstraßen nur eine teilweise Reduzierung des Lärms mit Hilfe der Elektromobilität erreicht werden. Flankierende Maßnahmen zur Verbesserung der Reifenprofile oder Fahrbahnbeläge wie bspw. offenporiger Asphalt (Umweltbundesamt und Wende et al. 2004) tragen dazu bei, die Vorteile komplett nutzen zu können. Bei höheren Geschwindigkeiten dominieren die aerodynamischen Geräusche, sodass auch hier weitere Maßnahmen erforderlich werden.

Bei Fußgängern und Radfahrern spielt das Gehör eine wichtige Rolle für die Orientierung und Verkehrssicherheit. Zu leise Fahrzeuge können die Verkehrssicherheit negativ beeinflussen, wenn sie nicht mehr wahrgenommen werden. Es sind daher weitere Untersuchungen, Risikoabschätzungen und ein stadtverträgliches Akustik-Management erforderlich.

Durchweg einen positiven Beitrag leistet die Elektromobilität bei den Abgasemissionen vor Ort, da keine lokalen Emissionen entstehen. Für die Gesamt-Emissionsbilanz ist in erster Linie die Frage der Stromerzeugung von Bedeutung. Je höher der Anteil regenerativer Energien ist, desto eher ergibt sich eine positive Gesamtbilanz (vgl. Abschn. 3.2).

In den Feldern des Staus, des Parkraumbedarfs oder anderer Flächenprobleme wird mit elektrisch betriebenen Fahrzeugen als Adaption eines herkömmlichen Fahrzeugs, also dem Austausch der Antriebstechnologie, allein keine Verbesserung erreicht. Insofern sind innovative, platzsparende Fahrzeugkonzepte, eine stärkere Vernetzung und damit ein leichterer Nutzungsübergang zwischen den vorhandenen Verkehrsträgern sinnvoll, um auch in diesem Bereich zu Verbesserungen zu erreichen. Zudem ist zu berücksichtigen, dass Wirtschafts- und Lieferverkehre besondere Anforderungen an den Platz und die Leistungsfähigkeit haben, die hinsichtlich Energiespeicher und Reichweite noch zu lösen sind.

Für den städtischen Verkehr sind derzeit planerisch administrative Flankierungen als Anreize in der Diskussion. Diese reichen von einer City-Maut mit Befreiung für Elektrofahrzeuge (London), einer sog. „Blauen Zone", in der allein Elektrofahrzeuge zugfahrtberechtigt sind (Aachen), der Mitbenutzung von Sonderfahrstreifen (bspw. Busspuren) (NPE 2011) bis hin zu Bevorrechtigungen beim Parken oder integrierten Lade- und Parktarifen in der Diskussion. (RWTH Aachen 2011)

3.1.6 Fazit

Ob angesichts der auf absehbare Zeit begrenzten Reichweite von Elektrofahrzeugen sowie der Mobilitätsmuster der Menschen Elektromobilität eine Zukunftstechnologie zu sein verspricht oder ein Nischenprodukt bleibt, ist differenziert zu beantworten. Die Bundesregierung hat sich zum Ziel gesetzt, bis zum Jahr 2020 Deutschland zu einem Leitmarkt für Elektromobilität zu entwickeln und eine Mio. Elektrofahrzeuge in den Verkehr zu bringen (NPE 2011). Dabei bietet die Elektromobilität wesentliche Potenziale zur Senkung lokaler Emissionen, zur Reduzierung des Primärenergieverbrauchs sowie zur Integration erneuerbarer Energien. Die Vernetzung der heute bekannten Verkehrsträger zu einem umfassenden Mobilitätsverbund sowie intelligente und integrierte Verkehrs- und Energiesysteme stellen weitere Bausteine für die Senkung von Zugangsbarrieren und eine Steigerung der Marktpotenziale dar. Im Bereich der Fahrzeuge gibt es innovative Fahrzeugkonzepte für zwei- und vierrädrige Personenfahrzeuge sowie für Lieferfahrzeuge. Dabei ist für Zweiräder ein Kauf oder die Integration in ein Fahrradverleihsystem im Rahmen eines Mobilitätsverbundes zu erwarten. Das Marktpotenzial kann auf rund

10 Mio. Pedelec geschätzt werden. Für elektrisch angetriebene PKW ist in Deutschland ein Marktpotenzial je nach Rahmenbedingungen von 1,5–10 Mio. Fahrzeugen vorhanden. Für Lieferfahrzeuge (bis 3,5 t zul. Gesamtgewicht) kann das Marktpotenzial auf bis zu 3 Mio. Fahrzeuge geschätzt werden.

3.2 Stromnetze

3.2.1 Struktur der Stromversorgung in Deutschland

Die Versorgung mit elektrischer Energie erfolgt traditionell durch (Verbraucher-nahe) Großkraftwerke, die über die Stromnetze untereinander und mit den einzelnen Verbrauchern verbunden sind. Die installierte Kraftwerksleistung in Deutschland betrug Ende 2010 über 155 Gigawatt (GW), davon ca. 55 GW aus regenerativen Energiequellen (Wind ca. 27 GW, Fotovoltaik ca. 17 GW). Der Bruttostromverbrauch liegt bei über 630 TWh bei einer Spitzenlast in Deutschland von ca. 80 GW. Mit dem Ziel einer deutlichen Reduktion der spezifischen CO_2-Emissionen des Energieverbrauchs sollen (bei gleichzeitigem Ausstieg aus der Nutzung der Kernenergie) regenerative Energieträger stark ausgebaut und Energieeffizienzpotenziale systematisch genutzt werden. Es ist davon auszugehen, dass die installierte Kraftwerksleistung in Deutschland im Jahr 2025 überwiegend aus den regenerativen Energieträgern Fotovoltaik und Wind (onshore und offshore) besteht. Vorbereitend ist dafür die Infrastruktur zur Stromversorgung durch Optimierungsmaßnahmen, Netzverstärkungen sowie Netzausbau erheblich anzupassen (Dena 2010).

Das öffentliche Energieversorgungsnetz in Europa wird mit Wechselspannung einer Frequenz von 50 Hertz betrieben und verfügt über verschiedene Spannungsebenen, die unterschiedliche Aufgaben erfüllen. Hierbei wird im Wesentlichen zwischen dem Übertragungsnetz und dem Verteilungsnetz unterschieden.

Die in Deutschland installierten Netzlängen betragen ca. 1,7 Mio. Leitungskilometer; die mittlere Verfügbarkeit elektrischer Energie für Privathaushalte beträgt ca. 99,998 % (entsprechend einer Nichtverfügbarkeit pro Netzkunde von etwa 10 min/a).

3.2.1.1 Übertragungsnetz
Das deutsche Übertragungsnetz ist stark vermascht und bildet mit den europaweit ausgebauten Verbindungen das westeuropäische Verbundnetz UCTE – das elektrische Rückgrat der europäischen Energieversorgung (s. Abb. 3.7).

Das UCTE wird synchron, also vermascht betrieben und versorgt in Europa ca. 450 Mio. Verbraucher. Bei einer installierten Kraftwerksleistung von ca. 650 GW beträgt die Spitzenlast im UCTE-Netz ca. 400 GW (maximal auftretende Verbraucherlast) bei einem Stromverbrauch in Höhe von ca. 2400 TWh.

Das deutsche Übertragungsnetz wird aktuell von vier Unternehmen betrieben (Amprion GmbH, EnBW Transportnetz GmbH, TenneT TSO GmbH, 50 Hertz Transmission

3 Infrastruktur

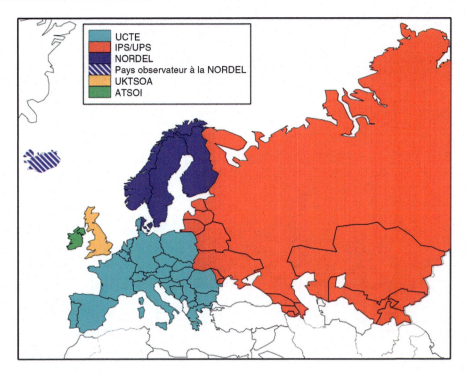

Abb. 3.7 Europäische Verbundnetze. (Quelle: entso-e 2012)

GmbH), die für den sicheren, zuverlässigen und wirtschaftlichen Betrieb verantwortlich sind und damit einen wesentlichen Beitrag für die fast 100 % verfügbaren Übertragungsnetze leisten (s. Abb. 3.8).

Das Übertragungsnetz wird mit Betriebsspannungen von 380 kV und 220 kV betrieben und hat im Wesentlichen folgende Aufgaben:

- Integration von Großkraftwerken und Großverbrauchern (bspw. Stahlwerke)
- verlustarme Versorgung der unterlagerten Spannungsebenen (i. A. 110 kV in Deutschland), die regional die Versorgung sicherstellen
- Bereitstellung von Systemdienstleistungen (Frequenz, Stabilität, Reservekapazität zum Ausgleich zwischen den Regionen bzw. Staaten, bspw. nach Kraftwerksausfällen)
- Sicherstellung ausreichender Übertragungskapazität für den Stromhandel

Aufgrund ihrer herausragenden wirtschaftlichen Bedeutung sind Übertragungsnetze redundant geplant und werden vollständig beobachtet betrieben. Zudem werden kontinuierlich Netzsicherheitsuntersuchungen durchgeführt, um jederzeit auf Störfälle vorbereitet zu sein und eine stete Verfügbarkeit zu gewährleisten. Damit werden Kraftwerksausfälle im UCTE-Netz in Höhe von bis zu 3000 MW jederzeit erfolgreich ausgeregelt.

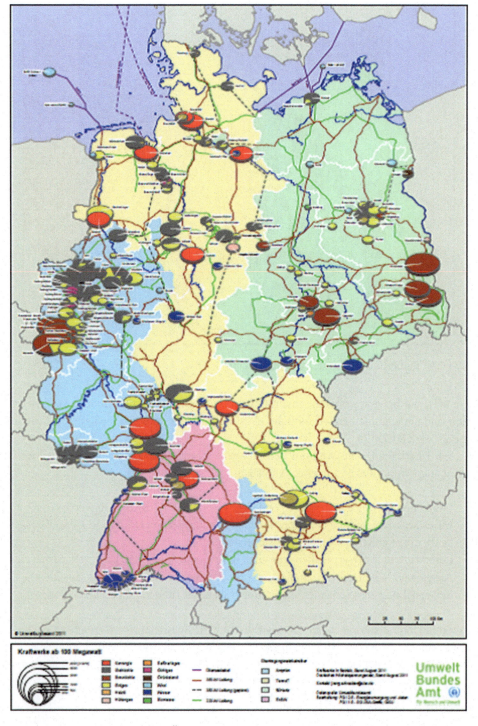

Abb. 3.8 Kraftwerkstandorte und Übertragungsnetz in Deutschland. (Quelle: BMU 2011)

3.2.1.2 Verteilungsnetz

Die Verteilungsnetze in Deutschland werden vorwiegend mit den Spannungsebenen 110 kV, 20kV/10 kV und 0,4 kV betrieben. Die Kopplung mit den überlagerten Spannungsebenen erfolgt über Leistungstransformatoren (i. A. 380 kV/110 kV oder 220 kV/110 kV).

Die 110-kV-Netzgruppen sind regional vermascht und bilden somit voneinander entkoppelte Netzeinheiten, die wiederum über Leistungstransformatoren die Versorgung der unterlagerten Mittelspannungsebenen sicherstellen bzw. temporär eine Entsorgung dezentral erzeugter elektrischer Energie gewährleisten. Damit können die 110-kV-Netze vereinfacht als übergeordnete Spannungsebene der Verteilungsnetze bezeichnet werden. Die Mittelspannungsnetze weisen in Deutschland eine Spannung von 10 kV oder 20 kV auf und versorgen lokal die Niederspannungsnetze mit einer Betriebsspannung von 0,4 kV (bzw. einphasig 230 V). Die Mittel- und Niederspannungsnetze werden im Allgemeinen als offene Ringnetze oder Strahlennetze betrieben, um eine einfache und robuste Netzführung zu gewährleisten. Der Ausfall eines Betriebsmittels oder eine erhebliche Überlastung führen zu einer Versorgungsunterbrechung, die erst nach Fehlerklärung behoben ist. Aufgrund der einfachen Struktur der Verteilungsnetze sind solche Unterbrechungen in der Regel lokal sehr begrenzt und dauern deutlich kürzer als eine Stunde.

Die Aufgaben der Verteilungsnetze sind im Wesentlichen:

- Anschluss der Verbraucher und Integration von dezentralen Stromerzeugern
- Gewährleistung einer schnellen Wiederverfügbarkeit nach Störungen
- Bereitstellung ausreichender Anschlusskapazitäten bei geringen Verlusten, akzeptablen Kosten und hoher Verfügbarkeit

Die Verteilungsnetze werden von den über 800 Verteilungsnetzbetreibern in Deutschland betrieben. Sie sind bis zur Umspannstation 110 kV/Mittelspannung (Schwerpunktstation) mit einer Vielzahl von Einrichtungen zur Messung von Strom und Spannung ausgerüstet, um eine hohe Beobachtbarkeit der Stromversorgung sicherzustellen. Die weitere Verteilung der elektrischen Energie zu den Verbrauchern, die über sog. Ortsnetzstationen (ca. 550.000 Ortsnetzstationen in Deutschland im Netz) und die Niederspannungsnetze erfolgt, wird aktuell nicht überwacht. Aufgrund der großen Erfahrung mit den Verbrauchsverläufen der Privathaushalte, Gewerbe/Handel/Dienstleistung sowie Kleinindustrieverbraucher war eine solche Beobachtbarkeit oder Steuerung bisher nicht erforderlich.

Mit zunehmendem Anteil dezentraler Erzeugung durch Klein-/Kleinstkraftwerke (zunehmend mit Kraft-Wärme-Kopplung), Photovoltaikanlagen etc.) sowie steigender Durchdringung von Elektrofahrzeugen oder Hybrid-Fahrzeugen mit Netzanschluss können die bewährten Planungsrichtlinien und Betriebserfahrungen nicht mehr die neuen technischen Herausforderungen abbilden. Gerade bei schwach ausgebauten Verteilungsnetzen, bspw. in ländlichen Gebieten oder Stadtteilen mit geringer Lastdichte (Ein-/Zweifamilienhausbebauung), ist eine sehr stark ausgeprägte Volatilität der Lastflusssituation zu beobachten. Durch vermehrte Einspeisung aus Fotovoltaik erfolgt zur Mittagszeit oftmals

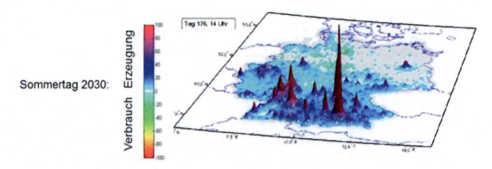

Abb. 3.9 Residuallast in Deutschland; Einspeisung von 42 GW an PV-Leistung. (Quelle: ifht, RWTH Aachen University)

eine Leistungsflussumkehr, da lokal mehr elektrische Energie erzeugt als verbraucht wird (die sog. Negative Residuallast, vgl. Abb. 3.9).

Damit liegt die elektrische Spannung im Verteilungsnetz im Netzstrang teilweise höher als an der einspeisenden Station, die zu diesen Zeitpunkten als „Entsorgungsstation" dient, während die Spannung am selben Ort bei fehlender Einspeisung (Wolken, Dunkelheit etc.) üblicherweise niedriger liegt. Ursache hierfür ist die Netzimpedanz, speziell der Leitung (Freileitung, Kabel) zwischen der einspeisenden Station und den Netzkunden (Verbraucher, Einspeiser). Sie ist für einen Spannungsabfall verantwortlich, der sich aus Sicht des Netzkunden zur einspeisenden Spannung positiv oder negativ addiert.

Damit besteht für den Netzbetreiber die Notwendigkeit, diesen zeitabhängigen (von der Einspeisung abhängigen) Spannungsänderungen entgegenzuwirken, um bei jedem Netzkunden eine definierte Spannungsqualität zu garantieren (VDE 2008). Bei steigendem Anteil lokaler Erzeugung und der Elektromobilität besteht somit die Erfordernis, den Einfluss der stark zeitabhängigen Residuallast, die sich aus der Differenz des lokalen Verbrauchs und der lokalen Erzeugung ergibt, auf das Netz zu beherrschen. Neben der Verstärkung des Verteilungsnetzes (Netzausbaumaßnahmen) sind dabei auch Maßnahmen der Spannungsregelung durch den Einsatz von Laststufenschaltern in Ortsnetztransformatoren (s. Abb. 3.10) oder der Blindleistungsregelung in Verteilungsnetzen möglich (als Teil von „intelligenten Verteilungsnetzen").

Bei der Entwicklung der zukünftigen Verteilungsnetze und der Transformation der heutigen Energieversorgung wird daher auf eine stärkere Integration dezentraler Erzeuger sowie von Speichern und Elektrofahrzeugen und deren Interaktion mit dem lokalen Verbrauch (Strom, Wärme/Kälte) zu achten sein.

3.2.1.3 Energieversorgung für Elektromobilität

Es ist davon auszugehen, dass Elektrofahrzeuge ausschließlich über die Niederspannungsebene geladen werden. Zunächst werden einphasige Ladungen mit Anschlussleistungen von ca. 3 kW umgesetzt. Damit einhergehend treten Ladezeiten im Bereich mehrerer Stunden auf, sodass höhere Ladeleistungen, bspw. Ladeleistungen bis über 44 kW (Wechselspannung

3 Infrastruktur

Abb. 3.10 Ortsnetzstation mit regelbarem Ortsnetztransformator (rechtes Bild) zur Kopplung der Mittelspannungsebene (10 kV, 20 kV) mit der Niederspannungsebene 0,4 kV. (Quelle: Maschinenfabrik Reinhausen GmbH)

oder Gleichspannung) oder bidirektionale Verbindungen diskutiert werden. Auch unter der Annahme, dass die anzuschließenden Elektrofahrzeuge die technischen Anschlussbedingungen für Niederspannungsnetze individuell erfüllen, ist von folgenden Herausforderungen für die Integration in das Niederspannungsnetz auszugehen:

- hohe Gleichzeitigkeit
- hohe Anschlussleistung
- unbekanntes Verhalten in Störsituationen
- unsymmetrische Belastung des Netzes

Aktuellen Erkenntnissen zum erwarteten Energieverbrauch durch Elektrofahrzeuge folgend ist ein signifikanter Einfluss auf die Kraftwerksstruktur in Deutschland nicht zu vermuten, da der angenommene Jahresenergieverbrauch durch die Elektromobilität bei maximal ca. 15 % der aktuellen Bruttostromerzeugung liegen wird. Wesentlich für die erfolgreiche Netzintegration der Elektromobilität ist vielmehr die Anschlussleistung, die kalkulatorisch dieselbe Größenordnung wie die in Deutschland installierte Kraftwerksleistung erreicht (über 150 GW bei 100 % Durchdringung und minimaler Anschlussleistung von 3,6 kW). Damit sind umfangreiche Untersuchungen erforderlich, die den sicheren und zuverlässigen Betrieb einer Vielzahl von Elektromobilen zum Ziel haben. Hierzu sind die erwarteten Durchdringungsraten, das Fahr- und Ladeverhalten sowie ggfs. erforderliche Maßnahmen im Niederspannungsnetz (bspw. Netzausbau, Ladesteuerung) zu berücksichtigen und mit den bestehenden bzw. erwarteten Netzsituationen (insbesondere der dezentralen Erzeugung) in Einklang zu bringen.

Während das Verhalten typischer Verbraucher in Niederspannungsnetzen genau bekannt ist und durch sog. Lastprofile beschrieben werden kann, liegen bis 2011 kaum belastbare Informationen über das Ladeverhalten von Elektrofahrzeugen vor. Damit ist bei der Analyse der Integration von Elektromobilen in die Verteilungsnetze von Prognosen und Szenarien auszugehen, die u. a. vom Fahrverhalten (Energieverbrauch, (Start-)Zeit der Ladevorgänge) und der Anschlussleistung abhängen. Insbesondere die lokale Spannungshaltung, die thermische Überlastung von Netzbetriebsmitteln sowie die Asymmetrie der Niederspannungsnetze sind Gegenstand vieler Untersuchungen. Besondere Komplexität gewinnen diese Fragestellungen durch die Volatilität der lokalen Einspeisung, die aktuell schwer abzuschätzende Entwicklung der Durchdringungsrate von Wärmepumpen und Elektrofahrzeugen sowie die Bewegung der Fahrzeuge insgesamt und das Ladeverhalten bzw. die Ladestrategie („Wird nach jeder Fahrt oder an jedem Tag die Batterie nachgeladen?").

Die Analyse der Netzbelastung hat sowohl durch umfangreiche messtechnische Untersuchungen und Pilotversuche als auch durch Analysen repräsentativer Verteilungsnetze (Mittelspannung, Niederspannung) zu erfolgen (s. Abb. 3.11).

Diese haben den Vorteil, dass frühzeitig eine große Zahl möglicher Konstellationen gebildet werden kann, die sich anschließend auf ein reales und größeres Kollektiv

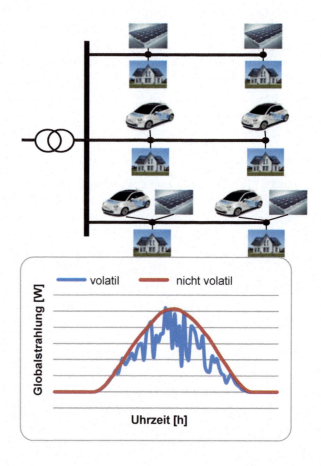

Abb. 3.11 Vereinfachte Einspeise- und Lastsituationen in Niederspannungsnetzen. (Quelle: ifht, RWTH Aachen University)

Abb. 3.12 Messung der unsymmetrischen Belastung einer Ortsnetzstation auf Niederspannungsseite. (Quelle: ifht, RWTH Aachen University)

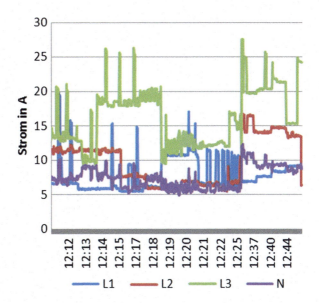

übertragen lassen. Wesentlich ist, dass sich die Lasten adäquat durch ihr stochastisches Verhalten abbilden lassen und das Verbraucherverhalten durch repräsentative Modelle beschrieben wird. Damit wird sowohl das individuelle Verhalten als auch das Kollektiv einer größeren Anzahl von Verbrauchern modelliert. Zudem kann durch die Nachbildung einphasiger Verbraucher bzw. Einspeisungen die unsymmetrische Belastung modelliert und durch repräsentative Messungen verifiziert werden (s. Abb. 3.12). Es wird deutlich, dass gerade bei Schwachlastphasen häufig eine stark unsymmetrische Belastung des Niederspannungsnetzes vorliegt.

Durch den Vergleich repräsentativer Messungen und Einspeise-/Verbrauchssituationen mit Modellen ist es möglich, bspw. den Verlauf der elektrischen Spannung entlang eines Niederspannungsstrangs zu ermitteln. Abb. 3.13 zeigt exemplarisch verschiedene Einspeise-/Lastsituationen in den Niederspannungsabgängen einer Ortsnetzstation.

Kritisch gestalten sich Situationen, in denen in Niederspannungssträngen derselben Ortsnetzstation deutlich unterschiedliche Einspeise-/Verbrauchssituationen vorliegen, die stark differierende Spannungsverläufe im Niederspannungsnetz zur Folge haben. Diese Spannungsverläufe hängen von der lokalen Stromstärke sowie von Leitungstyp, -querschnitt und -länge ab. Technische Gegenmaßnahmen in Form von lokaler Blindleistungsregelung oder einer Spannungsstellung über regelbare Ortsnetztransformatoren bieten bei solchen Worst-Case-Bedingungen nur bedingt Vorteile.

Bei der Integration von Elektrofahrzeugen zeigen sich große regionale bzw. netztypische Unterschiede in den problemlos zu integrierenden Durchdringungsgraden. Mit hoher Wahrscheinlichkeit kann angenommen werden, dass die Integration von Elektrofahrzeugen auf absehbare Zeit (2020+) nicht kritisch sein wird (s. Abb. 3.14). Ausnahmen bilden

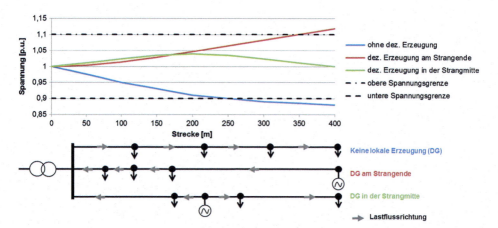

Abb. 3.13 Verlauf der elektrischen Spannung auf Niederspannungssträngen in Abhängigkeit von der Einspeise-/Verbrauchssituation. (Quelle: ifht, RWTH Aachen University)

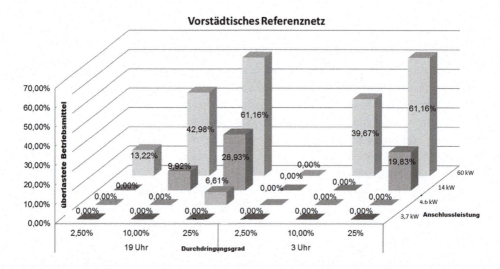

Abb. 3.14 Überlastete Betriebsmittel in einem vorstädtischen Referenznetz als Funktion des Durchdringungsgrades von Elektrofahrzeugen, deren Anschlussleistung sowie die Netzbelastung (Uhrzeit). (Quelle: ifht, RWTH Aachen University)

hier lediglich Konstellationen mit sehr hohen Anschlussleistungen sowie ländliche Netze, die ggfs. zu verstärken sind – oftmals sind gerade diese Netztypen von einem hohen Durchdringungsgrad dezentraler Erzeugungseinheiten betroffen, sodass hier vielleicht sogar kompensierende Effekte realisierbar sind.

Erst bei hohen Anschlussleistungen und hohem Durchdringungsgrad wären Netzanpassungsmaßnahmen erforderlich. Über aktive Steuerungsmaßnahmen („Smart Grids") können mögliche Netzüberlastungen verzögert bzw. verhindert werden.

Generell lassen sich folgende Aussagen zur Netzintegration von Elektrofahrzeugen in die Niederspannungsnetze ableiten:

- Mit steigender Anschlussleistung der Elektrofahrzeuge sinkt der durchschnittliche Gleichzeitigkeitsfaktor der Netzbelastung – somit steigt die Netzauslastung nicht zwangsläufig mit der Anschlussleistung der Elektrofahrzeuge.
- Die Aufnahmekapazität des Niederspannungsnetzes wird im Wesentlichen durch die Mobilitätsmuster (Gleichzeitigkeit) bestimmt.
- Kurze Netzstrahlen ermöglichen eine höhere Integrationsdichte (geringere Netzimpedanz und damit verbunden geringerer Spannungsabfall entlang der Leitungsimpedanz).
- Das Verhalten einer Vielzahl von Elektrofahrzeugen insbesondere im Fehlerfall bzw. bei Störungsbehebung ist im Wesentlichen ungeklärt. Hier sind Maßnahmen zu treffen, die einen hohen Gleichzeitigkeitsgrad, bspw. gleichzeitiges Laden nach einer Versorgungsunterbrechung, verhindern. Netzanschlussbedingungen sollen dabei sicherstellen, dass sich Elektrofahrzeuge im Fehlerfall systemfreundlich verhalten.
- Eine dreiphasige Ladeinfrastruktur ermöglicht höhere Anschlussleistungen bei gleichzeitig symmetrischer Netzbelastung. Kritisch hierbei ist die Tatsache, dass Niederspannungsnetze an den üblichen Ladepunkten (private Ladestation) lediglich einphasig ausgeführt sind.

Stromtankstellen, d. h. leistungsstarke Ladesäulen, die ein schnelles „Auftanken" (Laden) der Fahrzeugbatterie ermöglichen sollen, werden voraussichtlich direkt über Verteilnetztransformatoren mit dem Mittelspannungsnetz verbunden. Aufgrund der einfachen Prognostizierbarkeit der Anschlussleistung können öffentliche Stromtankstellen direkt in die Planung und den Betrieb der Verteilungsnetze integriert werden. Negative Beeinflussungen sind – unter Beachtung der resultierenden Netzrückwirkungen durch Oberschwingungen und ggfs. Flicker etc. – nicht zu erwarten bzw. durch bekannte technische Gegenmaßnahmen schnell zu beseitigen.

Unter Berücksichtigung der aktuellen Entwicklungen zur dezentralen Stromerzeugung durch Fotovoltaik und Mini- oder Mikro-Blockheizkraftwerke wird der Ausbau der Verteilungsnetze (speziell der Mittel- und Niederspannungsnetze) nicht durch die Entwicklung der Elektromobilität dominiert. Erst bei lokalen Durchdringungsraten von ca. 20 % (bei Anschlussleistungen von 3,6 kW) sind bei schwach ausgebauten Netzen Netzverstärkungen erforderlich. Zudem sind lokale Kompensationseffekte, die einen Netzausbau verschiebbar oder vermeidbar erscheinen lassen, durch die Kombination dezentraler Erzeugung und lokaler Verbrauchssteuerung denkbar. Als steuerbare Verbraucher sind dabei insbesondere die lokale elektrische Wärmebereitstellung, bspw. durch Wärmepumpen, und die Elektrofahrzeuge zu sehen.

3.2.2 „Intelligente Netze"

Der stetige Ausbau erneuerbarer Energien in Verbindung mit dezentraler Stromerzeugung erfordert die Anpassung der Verteilungsnetzstruktur bzw. des Netzbetriebs. Mit dem Ziel, die Versorgungsqualität beizubehalten und gleichzeitig einen robusten und kostengünstigen

Netzbetrieb zu gewährleisten, wird postuliert, dass ein verstärkter Einsatz von Informations- und Kommunikationstechnologien in Niederspannungsnetzen notwendig wird. Dabei zeichnet sich eine zukünftige Verteilungsnetzstruktur durch den verbreiterten Einsatz leistungselektronischer Komponenten, aktiver Steuerungseinheiten (bspw. Spannungsregelung) sowie erweiterter Betriebsführungsstrategien aus, mit denen auch überregionale Systemdienstleistungen aus dem Verteilungsnetz heraus angeboten werden können. Mit der hierzu erforderlichen Kommunikationsinfrastruktur könnten sich neue Betriebskonzepte ergeben, die – als Demand-side-management (Last- und Erzeugungsmanagement) – wiederum eine optimierte Ladesteuerung von Elektrofahrzeugen ermöglichen.

Unter einem „intelligenten Netz" („Smart Grid") versteht man im Allgemeinen ein Netz, oftmals ein Verteilungsnetz, dessen Teilnehmer aus Erzeugungseinheiten, (steuerbaren) Verbrauchern, Speichern, Elektrofahrzeugen etc. bestehen, die miteinander direkt oder indirekt kommunizieren und sich für einen zuverlässigen und wirtschaftlichen Betrieb optimieren, indem sie überregionale Systemdienstleistungen anbieten.

Aktuelle Forschungs- und Entwicklungsarbeiten, u. a. eEnergy- Projekte, beschäftigen sich mit der Optimierung des Verteilungsnetzbetriebs unter Berücksichtigung lokaler Erzeugung und Verbrauchssituationen sowie einer Speicherbewirtschaftung. Hierbei werden auch Bündelungen vieler kleiner Erzeugungseinheiten oder Speicher zu „virtuellen Großerzeugern oder -speichern" analysiert, mit denen Aggregatoren (Dienstleister) auf den Regelenergiemärkten entsprechende Dienstleistungen anbieten wollen. Wesentliches Augenmerk wird auf die Zwischenspeicherung der lokalen, z. T. sehr hohen Fotovoltaik-Einspeisung in Form von thermischer Energie (Warmwasser) oder elektrischer Energie (stationäre Batteriespeicher oder Elektrofahrzeuge) gelegt.

Allen Projekten gemeinsam ist, dass aktuell keine Geschäftsmodelle für den wirtschaftlichen Betrieb solcher „Smart Grids" bestehen; die Pilotprojekte sollen vielmehr das technisch-wirtschaftliche Potenzial abschätzen und die Grundlage für die zukünftige Entwicklung von Smart-Grid-Technologien liefern.

3.3 Servicenetz

3.3.1 Service und Mobilität

Als Service wird eine konkrete Dienstleistung oder Hilfestellung verstanden, die für einen Verbraucher erbracht wird. Hierbei kann es sich um einen Dienst handeln, eine ausführende Tätigkeit an Kunden durch eine gastronomische Fachkraft oder um einen Kunden-/Reparaturservice.

Hinter einzelnen Dienstleistungen oder Produkten stehen meist komplexe Konzepte und Prozesse, die einen guten Service ausmachen. Bedarfe werden dann optimal befriedigt, wenn der Kunde in allen Phasen des Bedarfsprozesses optimal unterstützt wird. Optimaler Service hilft ihm herauszufinden, was er wirklich braucht, deckt seinen Bedarf und betreut ihn in der Zeit der Inanspruchnahme sowie in der Phase des Produkt-updates.

Unternehmen, die im Vorfeld ihre Produkte und Servicekomponenten aufgrund von Analysen optimal auf die Bedürfnisse des Kunden abgestellt haben, stehen bei den Verbrauchern mit ihren Produkten hoch im Kurs (bspw. Ikea). Nachfolgend wird Service als ganzheitlicher Dienst am Kunden verstanden.

Ein Servicekonzept für die Mobilität bei der Nutzung von Elektrofahrzeugen ist eine Mischung aus Analysen und Dienstleistungen. Sie sollen dem Kunden die Bewegung mit dem Elektroauto so angenehm wie möglich machen und das Elektroauto als erstrebenswerte Variante der Mobilität präsentieren. Die prozentuale Verteilung der Hilfsmittel der Fortbewegung zeigt Folgendes (Tully und Baier 2006):

- 23 % aller Wege werden ausschließlich zu Fuß zurückgelegt (bei den anderen Verkehrsmitteln sind auch Fußwege enthalten)
- 9 % werden mit dem Fahrrad erledigt
- 8 % mit dem öffentlichen Personen-Nahverkehr (ÖPNV)
- 45 % aller Wege werden mit dem Kraftfahrzeug als Fahrer zurückgelegt
- 16 % als Beifahrer

Es stellt sich die Frage, wie ein überzeugendes Servicekonzept gestaltet sein muss.

3.3.2 Komponenten eines Mobilitäts-Servicenetzes

Ein ganzheitlich orientiertes Servicekonzept für die Mobilität mit einem Elektrofahrzeug enthält mehrere Komponenten, die zusammen den Kunden von der Qualität des Produkts überzeugen sollen. Ein solches Konzept fängt also dort an, wo ein Produkt oder eine Dienstleistung gemeinsam mit dem Nutzer entwickelt wird. Im Falle des Elektroautos bestehen sowohl der Zwang als auch die Chance, bei seiner Entwicklung den Verbraucher mit einzubeziehen; Zwang, weil es sich auf den ersten Blick um ein Produkt handelt, das in Form von vielen Automarken und Typen bereits tausendfach auf dem Markt erhältlich ist. Warum soll der Verbraucher ein weiteres Auto kaufen? Hier setzt das ganzheitliche Servicekonzept an und ermittelt die Bedarfe des Kunden. Der Kunde möchte eine preiswerte, innovative Möglichkeit, um Kurzstreckenfahrten zu bewältigen. Diese Fahrten sollen nicht nur den eigenen Geldbeutel schonen, sondern auch die Umwelt entlasten und mit einem „angesagten" Produkt erledigt werden. Zum Bedarf gehören auch integrierte Servicepakete, die Mobilitätswünsche und gestiegene Anforderungen des Kunden an Kommunikation (bspw. Smartphone-Integration) befriedigen. Die Chance besteht darin, dass Elektroautos nicht nach dem gleichen Muster wie Autos mit Verbrennungsmotor gebaut werden müssen, weil die Treiber dieses Produkts nicht ausschließlich die bisherigen Autohersteller sind, sondern auch andere Branchen wie die Stromindustrie, Automobilzulieferer, Stadtwerke, Telekommunikationsindustrie, Parkhausbetreiber etc. Durch diese neue Form von Konsortien kann ein Produkt entwickelt werden, das nah am Bedarf des Nutzers entsteht und flexibel gestaltbar ist. Ein Auto wird wie ein Handy vertrieben, weil Stromkonzerne den Strom verkaufen wollen und beides subventionieren. Kraftwerksbetreiber sehen in den Batterien einen interessanten Zwischenspeicher für Energie in der Nacht, wenn zwar Wind weht, aber niemand Strom verbraucht. Im Folgenden werden die zentralen Bausteine eines optimalen Servicekonzeptes vorgestellt.

a) Vertriebsnetz

Ohne ein Vertriebsnetz und eine Vertriebsorganisation kann kein Produkt erfolgreich vermarktet werden. Zu einem guten Servicekonzept gehört, dass der Nutzer sich über das Produkt gut informieren (bspw. im Internet) und es bei Bedarf anfassen und testen kann. Hierzu müssen sowohl die Informationsplattform als auch Erlebnisorte in ein ganzheitliches Servicekonzept integriert werden. Je besser die Information und die Orte zum Erleben des Produkts in den täglichen Ablauf des Nutzers eingebunden werden, desto einfacher wird es ihm gemacht, sich mit dem Produkt und seinen Vorteilen auseinanderzusetzen. Daher sind bspw. Vertriebskanäle über bestehende Discounter, die der Kunde zur Deckung seines täglichen Bedarfs mindestens einmal wöchentlich aufsucht, sehr geeignet (erfolgreiches Beispiel: Prepaid-Handy, Reise oder Rasendünger über Aldi oder Lidl).

b) Finanzierungsmodelle

Der Kauf eines Produktes steht und fällt mit der Finanzierung. Sehr geringwertige Güter sind problemlos zu vermarkten. Güter, die einen Wert von 5000 Euro übersteigen, müssen sich dem Thema Finanzierung widmen. Zu einem guten Servicekonzept gehört es daher auch, dass der Vertreiber dem Kunden verschiedene Möglichkeiten anbietet, das Produkt zu erwerben. Leasingmodelle wie beim Auto oder Ratenzahlungen wären hier zu nennen.

c) Umfassendes Servicekonzept

Kunden müssen mit ihren Mobilitätsprodukten ganzheitlich betreut werden, weil Mobilität mittlerweile für sehr viele Lebensbereiche notwendig geworden ist. Die Kinder werden zur Schule gefahren, der Arbeitsplatz kann häufig nicht mehr ohne Individualverkehr erreicht werden, die Einkaufscenter liegen vor der Stadt. Daher braucht ein Mobilitätsprodukt ein Servicekonzept mit sicherer Verfügbarkeit bzw. Verlässlichkeit. Das geht nur, wenn der komplette Produktlebenszyklus in ein Servicekonzept integriert wird.

d) Werkstätten bereitstellen

Dem Käufer eines Produkts muss im Vorfeld die Sicherheit gegeben werden, dass Probleme mit seinem Produkt durch kompetente Partner gelöst werden. Das Servicekonzept muss also enthalten, wo und wer Wartung und Reparaturen zu welchem Preis durchführt und wie der Kunde diese Dienstleister erreichen kann.

e) Ergänzungsbedarfe

Benötigt ein Produkt regelmäßig Ergänzungen oder verbraucht es Rohstoffe, muss das Servicekonzept die Versorgung mit diesen Elementen beschreiben und ein Netz von Versorgern sicherstellen. Bei dem Produkt Elektroauto ist der Strom der Rohstoff, der regelmäßig aufgenommen werden muss.

f) Intelligente Wartungskonzepte und Frühwarnsysteme

Je weniger Kosten und Umstände ein Produkt im Betrieb macht, desto zufriedener ist ein Verbraucher. Ein guter Service dient dem Erreichen dieser positiven Umstände. Frühwarnsysteme, die Produkte vor dem Defekt zur Wartung leiten, sind daher zu bevorzugen. Ein einfaches Frühwarnsystem zeigt Serviceintervalle an und fordert den Nutzer auf, diese einzuhalten.

g) Entsorgung der Produkt-Komponenten

Jedes Produkt hat seinen Lebenszyklus. Ganzheitliche Servicekonzepte integrieren die Entsorgung des Produktes und ermöglichen dem Nutzer so den Tausch von alt gegen neu, ohne große Mehrkosten oder Aufwand.

Diese ganzheitlichen Servicekonzepte/Servicenetze werden im nächsten Kapitel betrachtet. Dazu erfolgt zuerst ein Blick in die Strukturen des Automarktes mit seinen Lieferketten und Servicenetzen.

3.3.3 Servicestruktur im freien Automarkt und OES

In Deutschland gibt es insgesamt 38.050 Kfz-Betriebe. (Vogel 2011) Sie kümmern sich um die Wartung und Reparatur der 42,3 Mio. zugelassenen PKW. Exklusive der Unfallreparaturen handelt es sich um einen Markt mit einem Gesamtumsatz von etwa 18,2 Mrd. Euro. Im Durchschnitt werden für die Wartung 230 Euro und für die Reparaturarbeiten 201 Euro pro PKW und Jahr ausgegeben.

Durch verlängerte Wartungsintervalle und die Einführung von Fahrzeugsystemen, die eine Wartung verschleißabhängig messen und signalisieren, sinkt das Wartungs-Soll pro Fahrzeug und Jahr immer weiter. 2010 lag es bei 1,05 Wartungen. Wirklich durchgeführt werden sie aber nicht, das Wartungs-Ist lag 2010 bei nur 0,91 Wartungsarbeiten.

Der Kfz-Wartungs- und Reparaturmarkt unterliegt einem starken Wettbewerb. Es hat sich zwar 2010 das seit einigen Jahren zu beobachtende Werkstattsterben verringert (2004 gab es noch 41.700 Kfz-Betriebe), trotzdem zwingt der Konsolidierungsprozess die Marktteilnehmer, um jeden Prozentpunkt Marktanteil zu kämpfen. Ein wirkliches Wachstum ist nicht erkennbar, es geht primär um die Verteilung des Potenzials. (Vogel 2011)

Von den 38.050 Kfz-Betrieben sind 18.100 sog. Markenbetriebe (OES – Original Equipment Supplier). (Vogel 2011) Sie sind vertraglich mit einem oder mehreren Kfz-Herstellern oder -Importeuren verbunden. Die Kombination mehrerer Fahrzeugfabrikate in einem Betrieb ist seit Inkrafttreten der europäischen Gruppenfreistellungsverordnung für das Kfz-Gewerbe 1400/02 im Jahr 2002 möglich. Außerdem sind seither die Bereiche Verkauf und Service vertraglich getrennt. Nicht alle der markengebundenen Kfz-Betriebe haben darum neben dem Servicevertrag auch einen Vertrag für den Neuwagenverkauf. Die Versorgung mit dem für die Wartung und Reparatur erforderlichen Know-how und mit Ersatzteilen übernimmt in erster Linie der jeweilige Fahrzeughersteller bzw. Importeur.

Die übrigen 19.950 Kfz-Betriebe sind sog. freie Werkstätten. Sie sind herstellerungebunden, im Fachterminus wird ihr Markt als Independent Aftermarket (IAM) bezeichnet. Dieser IAM beschränkt sich jedoch nicht nur auf die freien Werkstätten, zu ihm gehören auch die Aftermarket Division der Teilezulieferer-Industrie sowie die Kfz-Teilegroßhandelsorganisationen. Sie bieten den freien Werkstätten intensive Unterstützung, damit diese an modernen Fahrzeugen arbeiten können. Zu diesen Hilfen gehören Services wie technische Daten und Reparaturhilfen, umfangreiche Schulungsprogramme oder Marketinghilfen.

Darüber hinaus wird der Kfz-Markt durch spezielle Regeln und Ausnahmen reguliert. Erwähnenswert sind die Verordnung (EG) Nr. 715/2007 des Europäischen Parlaments und des Rates vom 20. Juni 2007 (die sog. Euro-5/6-Abgasverordnung; sie regelt u. a. die Bereitstellung von technischen Daten und die Diagnostizierbarkeit via EOBD-Schnittstelle an einem Fahrzeug) und die im Mai 2010 aktualisierte und erlassene Verordnung (EU) Nr. 461/2010 (die sog. Gruppenfreistellungsverordnung). Deren Vorgaben gelten auch für Elektrofahrzeuge.

Insbesondere das Bereithalten von technischen Informationen gegenüber dem IAM sowie der Erhalt von Gewährleistungsansprüchen bei Arbeiten eines freien Betriebs sind in diesen Verordnungen geregelt und bilden die Grundlage für die Arbeit des IAM.

Wichtig ist außerdem die Rolle der Zulieferer. Denn die modernen Produktionsprozesse basieren heute auf einer Just-in-Time-Belieferung von Bauteilen und Modulen direkt ans Band des Fahrzeugherstellers. Diese Aufgabe übernehmen die Unternehmen der Zuliefererbranche. Neben der Ware, die für die Fahrzeugproduktion geliefert wird, produzieren sie auch die Ersatzteile, die aber nicht nur über die Aftersales-Organisationen der Fahrzeughersteller und -importeure in den Markt gebracht werden, sondern auch über die Strukturen des IAM.

Die meisten namhaften Zulieferer-Unternehmen haben große Tochterfirmen, die sich mit dem Vertrieb von Ersatzteilen im IAM beschäftigen. Über den Teilevertrieb hinaus werden vertriebsunterstützende Services wie technische Datenbänke, Telefonhotlines oder Marketinghilfen angeboten. Bis das jeweilige Ersatzteil aber im Fahrzeug verbaut wird, durchläuft es weitere Handelsstufen, denn die wenigsten Zulieferer verkaufen ihre Ersatzteile direkt an die Werkstätten.

Der übliche Distributionsweg führt über überregional tätige Kfz-Teilehandelsorganisationen, die wiederum an regionale Händler oder direkt an Kfz-Werkstätten verkaufen. Diese Unternehmen sind teilweise in Gesellschaften organisiert, in denen sie gemeinsam mit Mitbewerbern der gleichen Handelsebene Einkaufswege optimieren, Serviceangebote zentralisieren oder Marketing organisieren.

Die meisten deutschen Kfz-Teilegroßhandelsunternehmen haben sich im Gesamtverband Autoteile-Handel e.V. (GVA) organisiert. Er ist die politische Interessenvertretung des freien Kfz-Teilehandels und vertritt derzeit 154 Handelsunternehmen mit über 1000 Betriebsstellen und 127 Kfz-Teilehersteller. Außerdem spricht der GVA auch für die über 2000 Einzelhändler von Kfz-Ersatzteilen.

Kernaufgabe der Unternehmen ist der Verkauf von Ersatzteilen. Darüber hinaus haben sie in den letzten 15–20 Jahren etliche Dienstleistungen entwickelt, die den Teilevertrieb forcieren und das Geschäft langfristig sichern sollen. Die Großhandels-Unternehmen bieten den Werkstätten die heute notwendige technische Unterstützung, Schulungen und eine ausgefeilte Logistik. 4 oder 5 Belieferungen pro Tag sind heute eher die Regel als die Ausnahme. Gerade am Beispiel der Distributionslogistik wird deutlich, wie komplex und professionell der Ersatzteilgroßhandel im IAM mittlerweile aufgestellt ist.

Die höchste Ausbaustufe in der Unterstützung, Betreuung und Bindung der für den Teilegroßhandel so wichtigen freien Werkstätten sind die mittlerweile etablierten Full-Service-Werkstattsysteme. Diese Servicekonzepte werden im folgenden Kapitel näher erläutert.

3.3.4 Werkstattkonzepte

Seit etwa 15 Jahren gibt es sog. Full-Service-Werkstattkonzepte, die zum größten Teil vom Teilegroßhandel oder den jeweiligen gemeinsamen Gesellschaften angeboten werden. Auch wenn der Begriff Franchising nicht oft benutzt wird, handelt es sich letztlich um Franchisesysteme, bei denen der Franchisegeber der Markeninhaber ist und den Franchisenehmern die jeweilige Marke und verschiedene Leistungen zur Verfügung stellt. Neben den Großhandelsorganisationen bieten auch die Zulieferer-Industrie selbst und teilehandelsunabhängige Gesellschaften Werkstattkonzepte an. Die derzeit in Deutschland angebotenen Werkstattkonzepte teilen sich in sog. Detailkonzepte und in Full-Service-Konzepte auf.

3.3.4.1 Detailkonzepte

Detailkonzepte sind oft Einstiegskonzepte mit geringen Standards und ohne nennenswerte Gebühren. Anbieter sind Teilegroßhandelsgesellschaften und viele Unternehmen der Zulieferer-Industrie. Oft beschränken sich die Leistungsangebote der Detailkonzepte auf bestimmte Baugruppen, bspw. bei den Konzepten LuK-Meisterservice oder HELLA-Servicepartner. Der Teilehandel bietet seine Detailkonzepte eher als Einstiegskonzept an und versucht, die damit gebundenen Betriebe dann in die Full-Service-Konzepte zu überführen.

Viele freie Werkstätten des IAM nutzen mehrere Detailkonzepte parallel, oft auch in Verbindung mit einem Full-Service-Konzept. Die wenigen Filialsysteme wie A.T.U. oder Pit-Stop sind separat zu betrachten. A.T.U. gehört dem US-Finanzinvestor Kohlberg Kravis Roberts (KKR) und wird nicht im Franchise angeboten. Pit-Stop gehörte bis vor Kurzem zum Luxemburger Beteiligungsfonds BluO, wurde aber 2010 an den Essener Kfz-Teilegroßhändler PV Automotive verkauft. Nach eigener Aussage plant PV, Pit-Stop innerhalb der nächsten Jahre in ein Franchisesystem umzuwandeln.

3.3.4.2 Full-Service-Konzepte

In Deutschland werden derzeit 14 Full-Service-Konzepte angeboten, denen etwa 8800 Kfz-Betriebe angeschlossen sind (Abb. 3.15). Nur zwei der Konzepte gehören einem Unternehmen der Zulieferer-Industrie, nämlich AutoCrew und BOSCH CAR SERVICE. Systemgeber ist in beiden Fällen die Robert Bosch GmbH. Die Konzepte werden aber trotzdem primär über Teilehandelsunternehmen vertrieben. (Springer 2011) Alle anderen Systeme gehören Großhandelsbetrieben oder deren gemeinsamen Gesellschaften und werden meist über diese vermarktet.

Für Autofahrer bedeutet diese Entwicklung mehr Entscheidungsspielraum. Die den Full-Service-Konzepten angeschlossenen Werkstätten sind heute in der Lage, auch komplexe Arbeiten an modernen Fahrzeugen durchzuführen. Dadurch wird die Chancengleichheit am Markt zwischen den fabrikatsgebundenen Werkstätten und den freien Konzeptwerkstätten erhöht. Diese Marktliberalisierung war auch einer der treibenden Motivatoren der Europäischen Kommission für den Erlass der Kfz-spezifischen Gruppenfreistellungsverordnung.

Die Motivation der Konzeptanbieter ist nachvollziehbar. Für sie sind die angebotenen Werkstattsysteme Marketingwerkzeuge, mit denen Werkstätten als Neukunden gewonnen und bestehende Kunden an das eigene Unternehmen gebunden werden. Die Flankierung des Distributionskanals mit einer eigenen Marke, die intensive Unterstützung der angeschlossenen Kfz-Werkstätten und die B2C-Bewerbung schützen und stärken den Vertriebskanal für das Teilehandelsunternehmen.

Für die freien Werkstätten sind Werkstattsysteme die Chance, vielfältige Services und Unterstützungen wahrzunehmen, die ihnen wiederum ermöglichen, ihren Kunden einen

Abb. 3.15 Auszug von Full-Service-Konzepten

qualitativ hochwertigen Service anzubieten. In Zeiten immer komplexerer Fahrzeugtechnik ist es kaum möglich, alle notwendigen Informationen, Hilfsmittel und Kenntnisse selbst zu organisieren und zu finanzieren. Auch das Thema Bildung und Weiterbildung ist in der Kfz-Branche so umfangreich, dass es kaum von einer Werkstatt zu managen ist. Und nicht zuletzt die werbliche Arbeit stellt einen freien Kfz-Betrieb vor schwierige Aufgaben. Durch den Anschluss an ein Werkstattsystem kann er in vielen Bereichen Skaleneffekte nutzen, und zwar sowohl organisatorischer als auch finanzieller Art.

Die branchenbekannte Unternehmensberatung BBE beschäftigte sich schon in mehreren Studien mit den Werkstattkonzepten. Interessant ist die Bedürfnisanalyse, der eine umfangreiche Befragung freier Werkstätten zugrunde lag. Sie zeigt, dass vor allem in den Bereichen Technische Unterstützung (Diagnose, Daten, Arbeitsanleitungen und Hotline), Schulung/Weiterbildung und Marketing Bedarf an professionellen Lösungen besteht.

Auch die Umsetzung in den jeweiligen Systemen hat BBE untersucht. In einer Studie zur Zufriedenheit der Partnerbetriebe wurden die Aussagen der Systemanbieter überprüft. Unter 13 Full-Service-Systemen landete der Anbieter MOTOO bei der Bewertung der Akzeptanz durch ihre Partner auf dem 1. Platz. Zusammen mit zwei weiteren Werkstattsystemen erhielt das Komplettsystem für Werkstätten die Bestnote 2,0.

In ihrer repräsentativen Studie, die in Zusammenarbeit mit dem Zentralverband Deutsches Kraftfahrzeuggewerbe (ZDK) durchgeführt wurde, befragte die BBE insgesamt 398 Werkstätten in Detail- und 437 Werkstätten in Full-Service-Systemen, 127 Reifenhändler, 129 Autohäuser und autorisierte Servicebetriebe sowie 77 freie Werkstätten. Ziel war es, die Leistungsfähigkeit der Systeme aus Sicht der Partnerwerkstätten qualitativ zu bewerten. Dabei wurde festgestellt, dass – gerade angesichts der steigenden Haltbarkeit von PKW-Komponenten bei gleichzeitig ansteigender technischer Komplexität und Elektrifizierung – Werkstattsysteme mehr und mehr zum Rettungsanker vor allem für freie Betriebe des Kfz-Gewerbes werden. (BBE 2006)

3.3.4.3 Leistungsbausteine eines Full-Service-Konzeptes

Exemplarisch sollen die Leistungsbausteine eines Full-Service-Konzeptes aufgezeigt werden, das von einem mittelständischen, familiengeführten Unternehmen, der Hans Hess Autoteile GmbH, angeboten wird. Die Werkstätten, die dieses Full-Service-Konzept nutzen, werden im Folgenden als MOTOO-Werkstätten zusammengefasst. (MOTOO 2012)

Technik & IT Ein Online-Teilekatalog hilft bei der Identifikation von Ersatzteilen, Serviceplänen und Arbeitsvorgaben. Alle Konditionen und Verfügbarkeiten der jeweiligen Teile sind in Echtzeit sichtbar. Darüber hinaus sind umfangreiche technische Informationen wie bspw. Reparaturanleitungen, Arbeitszeitvorgaben, Füllmengen oder Wartungsvorgaben enthalten. Wichtig für die Werkstätten und die Autobesitzer ist, dass diese Informationen auf den originalen Angaben der Fahrzeughersteller basieren.

Darüber hinaus steht den MOTOO-Werkstätten eine kostenlose Technik-Hotline zur Verfügung, über die die Kfz-Mechaniker Zugriff auf originale Daten haben und auf umfassende Erfahrungsdatenbanken. Für die Arbeit im Kfz-Betrieb steht Software bereit, die neben der Abbildung aller Werkstattvorgänge von der Auftragsannahme bis zur Rechnung Schnittstellen zu allen marktrelevanten Systemen (bspw. Tecdoc, Schwacke) bietet. Funktionen zur Kundenbindung gibt es ebenfalls. Anschreiben mit Erinnerungen an die fällige Hauptuntersuchung oder die nächste Inspektion gehören zum Service. Kunden erhalten also den gleichen Service, den sie von markengebundenen Betrieben kennen.

Schulung & Weiterbildung Die Service-Zentrale bietet den Partnern mehr als 100 Schulungen pro Jahr an. Ob kaufmännisch oder technisch, alle für einen freien Kfz-Betrieb relevanten Themen sind berücksichtigt. Dazu zählen auch notwendige Sachkundelehrgänge für Klima oder Airbag. Die Referenten und Trainer sind meist erfahrene Profis von der Handwerkskammer, aus der Industrie oder von bekannten Bildungsunternehmen.

Marketing & Werbung Viel Wert wird auf die Maßnahmen und Aktionen zur Kundenbindung und Neukundengewinnung gelegt. Es gibt zentral gesteuerte Werbekampagnen oder einzelne Aktionen im Kfz-Betrieb. Die gemeinsame Zielgruppe ist der Autofahrer.

Betriebswirtschaftliche Unterstützung Die angeschlossenen Partner können eine umfangreiche Unterstützung bei vielen betriebswirtschaftlichen Belangen in Anspruch nehmen.

Fahrzeughandel Kfz-Betriebe, die das Geschäft Fahrzeughandel professionell betreiben möchten, erhalten von ihrer Systemzentrale Förderung. Das Modul Fahrzeughandel ist geeignet für diejenigen, die den Fahrzeughandel als Zusatzgeschäft zu ihrer bestehenden Werkstatt verstehen. Damit können den Endkunden nicht nur Wartungen und Reparaturen, sondern auch Neu- und Gebrauchtfahrzeuge angeboten werden.

Die Systemzentrale ermöglicht den Werkstätten auch im Fahrzeughandel den Zugang zu Kooperationspartnern. So bestehen meist Kooperationen mit Fahrzeug-Vermarktungsportalen, Schulungsanbietern und Anbietern von Spezialbedarf für den Fahrzeughandel, wie bspw. Preisschilder oder Wegeleitsysteme.

Finanzierung Ein wichtiges Thema im Fahrzeughandel ist die Finanzierung. Die Servicekonzepte sorgen dafür, dass ihren Partnern sowohl eine Einkaufs- als auch eine Absatzfinanzierung zur Verfügung stehen. Die Werkstätten können ihren Kunden Angebote zu Leasing und Finanzierung machen.

Sie haben auch Zugriff auf eine Einkaufsfinanzierungslinie zur Finanzierung des eigenen Fahrzeug-Bestands. Dabei wirkt sich die Zugehörigkeit zum Werkstattsystem positiv auf die jeweiligen Konditionen aus.

Rechtsberatung Im Servicekonzept gibt es oft eine Kooperation mit einer spezialisierten Anwaltskanzlei, die den Partnern in allen rechtlichen Fragen des Kfz-Betriebs beratend zur Seite steht. So wird die Schadensabwicklung für die Werkstatt und deren Kunden deutlich vereinfacht und beschleunigt.

Finanzierung von Reparaturkosten Über Kundenkarten besteht die Möglichkeit, Kunden eine Reparaturkostenfinanzierung zu ermöglichen. Die Kundenkarte im Servicenetz ist eine Kreditkarte mit allgemeiner Gültigkeit.

3 Infrastruktur 127

Umweltschutz und Entsorgung In einer Autowerkstatt gibt es einige umweltschädliche Stoffe. Bei falscher Handhabung können dadurch Probleme entstehen. Deshalb haben Servicenetz-Partner Zugriff auf die Services von Umweltspezialisten wie bspw. Partslife, dem Umweltdienstleister der Kfz-Branche. Partslife bietet seinen Werkstattpartnern Abscheider- und Entsorgungsservice an. Insbesondere die Wertstoffrückgewinnung, bspw. bei alten Katalysatoren oder Batterien, steht im Fokus. Zusätzliche Dienstleistungen wie umfassende Beratung in allen die Werkstatt betreffenden Umweltfragen und Energieberatung runden diesen Leistungsbaustein ab. Persönlich ansprechbare Experten von Partslife unterstützen die Werkstätten, die auf diese Weise die hohen Anforderungen besser umsetzen können.

3.3.5 Elektro-Servicekonzepte

Bestehende Servicekonzepte und -netze sind in Teilbereichen bereits ganzheitlich aufgebaut. Zusätzliche Dienstleistungen für Elektrofahrzeuge und Erweiterungen dieser Angebote sind jedoch erforderlich. Auf einige Ergänzungen, die in aktuellen Projekten in Förderprogrammen des Bundes bereits realisiert werden, soll im Folgenden eingegangen werden.

3.3.5.1 Schulungen der Werkstätten
Meisterwerkstätten müssen spezielles Know-how für Elektrofahrzeuge aufbauen, das von Organisationen wie dem TÜV oder der DEKRA mit einem Siegel bestätigt wird. Dazu werden Schulungskonzepte gemeinsam mit den Hochschulen (Bildungscampus RWTH Aachen) entwickelt mit dem Ergebnis, dass Werkstätten mit diesem breiten Wissen Elektroautos warten und reparieren können. Bereits heute sind in den Werkstattkonzepten Schulungsblöcke für Elektrofahrzeuge enthalten, die zügig erweitert werden. Auch die Vielfalt der Elektromobile muss bei der Ausbildung kritisch betrachtet werden. Bereits heute zeichnet sich ab, dass besonders freie Werkstätten sich u. a. wegen des eigenen Vertriebs von Elektrorollern, die aus China importiert werden, mit Know-how über Stromantriebe versorgen. Während in den Flotten der großen deutschen Automobilhersteller Elektrofahrzeuge noch selten sind, kommen Elektro- und Hybridfahrzeuge aus Fernost häufiger vor. Deren Markenservicenetze in Deutschland haben aber große Lücken, sodass sich der Verbraucher stärker auf die freien Werkstätten konzentriert.

3.3.5.2 Besondere Wartungsautomatismen (Diagnosetools)
Online-Diagnoseplattformen analysieren mit selbst lernender Software die Fehler der verschiedenen Marken und speichern diese in Datenbanken. Sie sollen Werkstätten dabei helfen, die Elektrofahrzeuge aller Marken warten und reparieren zu können. Gerade in der zu erwartenden heterogenen Landschaft der Elektrofahrzeuge sind alle Hersteller daran interessiert, solche freien Datenbanken und Diagnosewerkzeuge zu etablieren.

Die Steuerelemente der Elektrofahrzeuge, die in Abstimmung mit den aktuellen Entwicklungen bei den Diagnoseplattformen gebaut werden, melden auf Wunsch der Besitzer Daten automatisch an diese Analyseelemente, die Servicenutzer werden dann frühzeitig auf notwendige Schritte hingewiesen.

3.3.5.3 Besondere Serviceleistung

Wie bereits auf dem konventionellen Markt im Angebot können auch einige Elektroautos der aktuellen Modellregionen für Elektrofahrzeuge in NRW bspw. über Easy Auto Service gewartet werden. Easy Auto Service ist ein Dienstleistungsunternehmen, das Fahrzeugnutzern anbietet, den Wagen am Wunschort abzuholen, zu warten und an einen Wunschort (gewaschen und mit Innenraumreinigung) zurückzuliefern. Bei diesem Service entfallen Leihauto und der Weg zur Werkstatt. Im Vorfeld können online verbindliche Kostenvoranschläge eingeholt werden. Aufgrund der Verknüpfung von Diagnoseplattformen kann diese Servicekette auch komplett genutzt werden. Die Steuerelemente im Auto melden Daten an die Diagnoseplattform. Die Analysesoftware stellt nach Wartungsplänen oder Fehlercodes die notwendigen Arbeiten fest und schlägt dem Fahrer vor, einen Kostenvoranschlag über Easy Auto Service einzuholen. Mit dem Kostenvoranschlag ist im zweiten Schritt eine Abstimmung von Wunschterminen möglich. Neben der Online-Anfrage von Serviceleistungen stehen Kfz-Mechaniker telefonisch zur Verfügung, die den Fahrzeughalter unterstützen. Die Auswahl einer Werkstatt, die zur Wartung von Elektrofahrzeugen zertifiziert ist, erfolgt dann über einen Dienstleister im Servicenetz für Elektrofahrzeuge.

3.3.5.4 E-ITK-Strukturen

Kunden, die einen hohen Automatismus wünschen, erwarten eine Kombination technischer Hilfsmittel. So wie intelligente Informations- und Telekommunikationstechnologien (ITK) im Haus Alarmanlagen überwachen und die Heizkosten optimieren, können auch die Steuergeräte des Elektrofahrzeugs gemeinsam mit dem im Fahrzeug integrierten Handheld-Gerät kommunizieren. Über diese Integration wird ein bestehendes Servicenetz angesprochen, Dienstleistungen können abgerufen und terminiert werden. Diese Kopplung führt zu optimaler Zeitersparnis. Ähnlich wie bei Waschmaschinen, die den Start der Wäsche auf kostengünstige Zeiten legen, wird das Auto Werkstattkapazitäten aus Kontingenten abrufen, die möglichst preiswert sind.

3.3.5.5 Besondere Elektrofahrzeug-Finanzierungen

Es ist grundsätzlich denkbar, dass Stromkonzerne in das Geschäft mit Elektroautos einsteigen, weil hier für ein aktuelles Produkt ein weiterer Vertriebskanal eröffnet wird. Das Elektroauto könnte – vergleichbar einem Handyvertrag – in Form eines zeitlich begrenzten Mietvertrags dem Kunden überlassen werden. Während das Auto nach Vertragsablauf dem Kunden gehört, wird die Batterie (wie die SIM-Karte) wieder an den Hersteller zurückgegeben. Man kann eine neue Batterie mit neuen Leistungskennzahlen erwerben und kauft diese bspw. gemeinsam mit einem Stromvertrag als Energiepaket ein. Solche Finanzierungsmöglichkeiten machen den Produktpreis attraktiv, indem sie Einmalproduktkosten über die Zeit strecken und mit anderen Produkten gekoppelt finanziert werden. Welche Formen der Finanzierung tatsächlich auf den Markt kommen, ist momentan nicht abschätzbar, da seitens der Politik vielfältige Subventionsvarianten dieses Produktes in der Diskussion sind.

3.3.5.6 Service Ergänzungsprodukte

Um ein Produkt dauerhaft attraktiv zu machen, werden für Elektroautos zukünftiger Generationen Shops entstehen, die das Aussehen und die Funktionen des Autos durch Zusatzartikel und Zusatzsoftware ständig erweiterbar und innovativer machen. Durch einen solchen Service wird ein Besitzer in die Lage versetzt, sein Produkt den aktuellen Ansprüchen und Wünschen anzupassen. Auf der Vertriebsseite werden neue Artikel in den Absatzkanal gesteuert, die den Umsatz nach der Anfangsinvestition stabiler halten. Wo solche Shops integriert werden, wird aktuell diskutiert. Eine Verbreitung wie bei Handyshops mit Niederlassungen in allen größeren Einkaufscentern ist denkbar. In den freien Werkstätten des aktuellen Automarktes sind ergänzende Produkte zum Tuning oder zur Pflege der Fahrzeuge bereits etabliert, auch große Discounter haben diesen Markt bereits erfasst. Hier kommt dem freien Markt zugute, dass Beschaffungskanäle sehr breit und flexibel aufgestellt sind und große Markenvielfalt herrscht.

3.3.5.7 Service Umweltressourcenmanagement

Im Bereich des Elektroautos wird es eine Vielzahl von Applikationen geben, die es dem Nutzer des Fahrzeugs gemeinsam mit dem Handheld oder Tablet-PC ermöglichen, eine für sich optimale Energiebilanz, abgestimmt auf persönliche Wünsche, zu erhalten. Welche Stromanbieter bieten Strompakete an, die die Umwelt am meisten schonen und alle Energiebedarfe rund um das Leben integrieren (Strom-Flats frei wählbar)? Wie bewegt sich der Nutzer wann fort, um seine Termine mit optimalem Ressourcenverbrauch bewältigen zu können (öffentliche Verkehrsmittel und Individualverkehr werden miteinander gekoppelt)? Wie werden aktuelle Informationen mit dem Mobilitätsverhalten des Nutzers abgestimmt und so ein optimaler Einsatz seiner Ressourcen (Zeit und Energie) möglich? Je unabhängiger ein Servicenetz des Trägerproduktes ist, desto freier wird es Services anbieten, die einen ausgewogenen Einsatz verschiedener Transportmittel unterschiedlicher Marken mit dem Ziel der Ressourcenschonung forcieren.

3.3.6 Fazit

Bestehende Servicekonzepte für Autonutzer (Werkstattsysteme) bilden bereits Servicenetze, die den Nutzungslebenszyklus eines Automobils und seines Besitzers ganzheitlich betreuen. Für Elektroautos können eher solche Servicenetze herangezogen werden, die bereits heute nicht nur eine Automarke bedienen, sondern schon auf die Markenvielfalt eingestellt sind. Diese Vielfalt ist bei Elektroautos wegen der Marktanteile aus Fernost deutlich ausgeprägt. Außerdem müssen gezielt ergänzende Servicekomponenten in die bestehenden Servicenetze integriert werden, um Elektroautos erfolgreich in einer Mobilitätsnische platzieren zu können.

Literatur

Ahrend C et al (2010) Berlin eMobility 2025. Technische Universität Berlin, Fakultät Verkehrs- und Maschinensysteme, Institut für Land- und Seeverkehr, Fachgebiet Integrierte Verkehrsplanung. The Foresight Company, Berlin

Baum H et al (2010) Nutzen-Kosten-Analyse der Elektromobilität. In Zeitschrift für Verkehrswissenschaft, 3. Aufl. Verkehrsverlag Fischer

BBE Unternehmensberatung (2006) Werkstatt-Akzeptanzuntersuchung 2006

Beckmann K et al (2006) Multimodale Verkehrsmittelnutzer im Alltagsverkehr. Int Verkehrswesen 59:4

BMU Bundesumweltministerium (2011) Kraftwerke ab 100 MW. www.umweltbundesamt.de/energie/archiv/kraftwerkskarte.pdf. Zugegriffen am 30.03.2012

BMVBS (Bundesministerium für Verkehr, Bau und Stadtentwicklung) (2008) Verkehr in Zahlen 2008/2009. Hamburg

Bruns, A., Farrokhikhiavi, R., Schmidt, R., von der Ruhren, S., Heckert, D. (2011) Potenziale und Möglichkeiten zur Vernetzung internetgestützter Fahrgemeinschaftenvermittlungen für regelmäßige Fahrten (Berufspendler). Stadt Region Land, issue 88. Institut für Stadtbauwesen und Stadtverkehr, RWTH, Aachen, S 73–83

Bundesregierung (2009) Nationaler Entwicklungsplan Elektromobilität der Bundesregierung. Berlin

Dena (Deutsche Energie-Agentur GmbH) (2010) Dena Netzstudie II: Integration erneuerbarer Energien in die deutsche Stromversorgung im Zeitraum 2015–2020 mit Ausblick 2025. http://www.dena.de/fileadmin/user_upload/Download/Dokumente/Studien___Umfragen/Endbericht_dena-Netzstudie_II.PDF. Zugegriffen am 14.07.2012

Deutsches Mobilitätspanel. http://mobilitaetspanel.ifv.uni-karlsruhe.de, Zugegriffen am 13.07.2012

Duden (2007) Das große Fremdwörterbuch. Herkunft und Bedeutung der Fremdwörter. 4., akt. Aufl, Dudenverlag, Mannheim

EG (2002) Richtlinie 2002/49/EG des Europäischen Parlaments und des Rates vom 25. Juni 2002 über die Bewertung und Bekämpfung von Umgebungslärm

EG (2008) Richtlinie2008/50/EG des Europäischen Parlaments und des Rates vom 21. Mai 2008 über Luftqualität und saubere Luft für Europa

Entso-e (2012) Europäische Verbundnetze. http://de.m.wikipedia.org7w/index.php?title=Datei:ElectricityUCTE.svg&filetimestamp=20120114232945#section_1. Zugegriffen am 30.03.2012

EWI (Energiewirtschaftliches Institut an der Universität Köln) (2010) Potenziale der Elektromobilität bis 2050 – Eine szenarienbasierte Analyse der Wirtschaftlichkeit, Umweltauswirkungen und Systemintegration

Falk B (2002) Standortentscheidungen für Großeinrichtungen des Handels und der Freizeit. Schriftenreihe Stadt Region Land des Institut für Stadtbauwesen und Stadtverkehr der RWTH Aachen Heft 73

Fojcik T (2010) CAMA-Studie – Elektromobilität 2010 – Wahrnehmung, Kaufpräferenzen und Preisbereitschaft potenzieller E-Fahrzeug-Kunden. Lehrstuhl für ABWL & Internationales Automobilmanagement, Universität Duisburg-Essen

Held M et al (2010) Postfossile Mobilität, Wegweiser für die Zeit nach dem Peak-Oil. VAS Verlag für Akademische Schriften, Bad Homburg

INKAR (2010) Indikatoren und Karten zur Raum- und Stadtentwicklung in Deutschland und in Europa. Bundesamt für Bauwesen und Raumordnung (BBR)

IWES (2010) Marktübersicht Kommunikation/Steuerung. Fraunhofer Institut für Windenergie und Energiesystemtechnik IWES (Hrsg), Kassel, Oldenburg

Johänning K, Vallée D (2011) Nutzungspotenziale und Infrastrukturbedarf für Elektro-Pkw. Internationales Verkehrswesen Heft 4/2011, Deutscher Verkehrsverlag

KiD (2002) Kraftfahrzeugverkehr in Deutschland – KiD 2002, Kontinuierliche Befragung des Wirtschaftsverkehrs in unterschiedlichen Siedlungsräumen. Phasen 1 (Methodenstudie) und 2 (Hauptstudie). Bundesministerium für Verkehr, Bau- und Wohnungswesen – BMVBW (Hrsg)

Knoll M, Marwede M (2010) Dossier Elektromobilität und Dienstleistungen. Institut für Zukunftsstudien und Technologiebewertung, Berlin

MiD (2008) Mobilität in Deutschland 2008. Ergebnisbericht. Bundesministerium für Verkehr, Bau und Stadtentwicklung (BMVBS) (Hrsg), Infas Institut für angewandte Sozialwissenschaften, Deutsches Zentrum für Luft- und Raumfahrt e.V. (DLR), Bonn, Berlin, 2010

MOTOO (2012) Konzepthandbuch (Hrsg, Bartsch M). Hans Hess Autoteile GmbH

NPE (2011) Nationale Plattform Elektromobilität (NPE). Zweiter Zwischenbericht der nationalen Plattform Elektromobilität, Berlin

NPE (2014) Nationale Plattform Elektromobilität (NPE). Fortschrittsbericht 2014 – Bilanz der Marktvorbereitung, Berlin

NPE (2015) Nationale Plattform Elektromobilität (NPE). Ladeinfrastruktur für Elektrofahrzeuge in Deutschland

Reinkober N (1994) Fahrgemeinschaften und Mobilitätszentrale. Bestandteile eines zukunftsorientierten öffentlichen Personenverkehrs, Bd 81. Schriftenreihe für Verkehr und Technik

RWTH Aachen University (2011) Abschlussbericht zum Verbundvorhaben „Machbarkeitsanalyse Elektromobiles Oberzentrum unnd ländliche Region", Förderkennzeichen 03KP563E (Querschnitt), Institut für Stadtbauwesen und Stadtverkehr der RWTH Aachen, Nov 2011

Sandberg U, Eismont J A (2005) Tyre/Road noise reference book. INFORMEX, Kisa

Schwab A J (2009) Elektroenergiesysteme, 2. Aufl. Springer

Springer Fachmedien München GmbH (Hrsg) (2011) Sonderheft Werkstattsysteme

Topp HH (2010) Elektro-Mobilität – Auch auf dem Land? Straße Autobahn 8:566–570

Tully CJ, Baier D (2006) Mobiler Alltag: Mobilität zwischen Option und Zwang: Vom Zusammenspiel biographischer Motive und sozialer Vorgaben. VS Verlag für Sozialwissenschaften, Wiesbaden

Umweltbundesamt (2007) Maßnahmen zur Reduzierung von Feinstaub und Stickstoffdioxid. Texte 22/07

Umweltbundesamt (2010) Emissionen des Verkehrs. http://www.umweltbundesamt-umweltdeutschland.de/umweltdaten/public/theme.do?nodeIdent=3577. Zugegriffen am 19.08.2011

Umweltbundesamt, Wende H et al (2004) Lärmwirkungen von Straßenverkehrsgeräuschen – Auswirkungen eines lärmarmen Fahrbahnbelages

Vallée D (2011) Bus oder Bahn – Konzepte und Chancen zur Lösung urbaner Verkehrsprobleme. ZEVrail, 135:6–7

Varesi A (2009) Kurz- und mittelfristige Erschließung des Marktes für Elektroautomobile Deutschland – EU. Technomar GmbH, TÜV SÜD, Energie & Management Verlagsgesellschaft

VDE (2008) EN 50160. Merkmale der Spannung in öffentlichen Elektrizitätsversorgungsnetzen. VDE Verlag

VDI-Nachrichten 48/2010: Verein Deutscher Ingenieure (VDI), VDI Verlag GmbH (Hrsg), Düsseldorf, 2010

ViZ (2009) Verkehr in Zahlen 2009/2010. Bundesministerium für Verkehr, Bau und Stadtentwicklung (BMVBS) (Hrsg), Deutsches Institut für Wirtschaftsforschung (DIW). DVV Media-Group, Hamburg

Vogel Business Media (2011) DAT-Report 2011

Wissenschaftlicher Beirat (2011) Möglichkeiten zur Erhöhung der Straßenverkehrssicherheit in Deutschland. Zeitschrift für Verkehrswissenschaft Heft 1, Verkehrsverlag Fischer

Zeizinger N (2015) Carsharing und ÖPNV: Gemeinsam mehr erreichen. Der Nahverkehr Heft 6

Zumkeller et al (2011) Kurzbericht zu den Erhebungswellen der Alltagsmobilität (2007 bis 2009) sowie zu Fahrleistungen und Treibstoffverbräuchen. Institut für Verkehrswesen der Universität Karlsruhe

Geschäftsmodelle entlang der elektromobilen Wertschöpfungskette

4

Garnet Kasperk, Sarah Fluchs und Ralf Drauz

4.1 Gezeitenwende in der Automobilindustrie

Ökologische Regulierungen und veränderte Mobilitätsbedürfnisse treiben die Entwicklung alternativer Antriebstechnologien voran. Zukunftsorientierte Investitionen werden mit abfallender Priorität in Hybridfahrzeuge, reine Elektrofahrzeuge und die Optimierungen des Verbrennungsmotors getätigt (KPMG 2015a). Prognosen für die Anteile des elektrifizierten oder teil-elektrisierten Antriebsstrangs am Gesamtfahrzeugmarkt liegen bei 4–5 % für das Jahr 2020. Der überwiegende Anteil hiervon entfällt auf Hybride und Plug-in-Hybride. Experten schätzen, dass sich dieser Anteil bis zum Jahr 2025 in Europa und Asien auf 11–15 % erhöhen könnte, in den USA sogar auf 16–20 % (PWC 2010). Die elektromobile Wertschöpfungskette eröffnet neue Geschäftspotenziale durch die Bereitstellung zusätzlicher Infrastrukturen, Anforderungen an Speichertechnologien und den Bedarf an Dienstleistungen insbesondere in Bezug auf Energiemanagement- und Abrechnungssysteme. Etablierte Anbieter wie Automobilproduzenten und Automobilzulieferer, aber auch Energieversorgungsunternehmen, andere Mobilitätsanbieter sowie IT- und Dienstleistungsunternehmen entwickeln erweiterte und innovative Geschäftsmodelle um an diesen Potenzialen zu partizipieren. Wiederum andere Akteure (z. B. Tesla) nutzen die ökologische Orientierung und positionieren sich als neue Generation von Automobilanbietern. Die Notwendigkeit, verschiedene Kompetenzen aus verschiedenen

G. Kasperk (✉) · S. Fluchs · R. Drauz
Center for International Automobile Management (CIAM), Aachen, Deutschland
E-Mail: garnet.kasperk@rwth-aachen.de; ralf.drauz@rwth-aachen.de;
sarah.fluchs@iw.rwth-aachen.de

Industrien zusammenzuführen um Elektromobilität anbieten zu können fördert ökonomische Risiken, die durch politische Interventionen und unsichere Marktprognosen sowie einen globalen Wettbewerb um die Führungsposition in dieser Mobilitätsindustrie verstärkt werden. Kooperationen werden demzufolge zur Kompetenzbündelung sowie Risikoabgrenzung geschlossen, so dass zunehmend elektromobile Anbieternetzwerke in Wettbewerb zueinander treten. Neben der Elektromobilisierung wirken eine Reihe weiterer Einflussfaktoren auf den upstream-Bereich der Wertschöpfungskette (vgl. Abschn. 2.3). Digitalisierung und Konnektivität sowie veränderte Mobilitätsbedürfnisse werden die Automobilindustrie völlig verändern, die Erweiterung oder Redefinition von Geschäftsmodellen ist für Unternehmen der Automobilindustrie von entscheidender Bedeutung. Der Einfluss dieser verschiedenen und verbundenen Faktoren auf Geschäftsmodelle und Wertschöpfungsstrukturen wird in den folgenden Kapiteln nicht differenziert.

Die Ausprägung der in Abb. 4.1 dargestellten Einflusskategorien auf Geschäftsmodelle ist in jedem Land anders, demzufolge auch die Prognosen für den Absatz der verschiedenen Antriebstechnologien. Die Ausbildung von automobilen Wertschöpfungsnetzwerken wird mittel- bis langfristig auch im Markt für Elektromobilität zu einer länder- oder

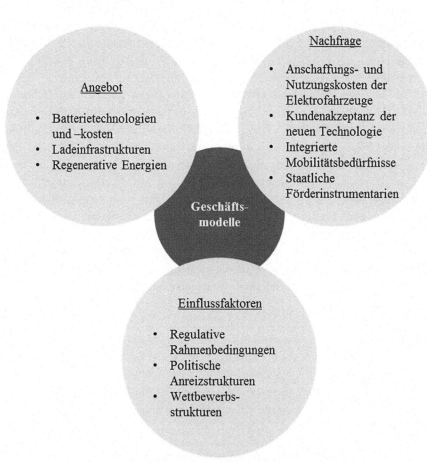

Abb. 4.1 Herausforderungen der Elektromobilität. (Eigene Darstellung)

regionenspezifischen Arbeitsteilung führen. Da sich etwa 75 % der Batterieproduktion auf asiatische Hersteller konzentriert entstehen dementsprechend Kooperationen mit westlichen Automobilproduzenten.

Elektromobilität stellt aufgrund der technologischen Einfachheit und ausreichenden Verfügbarkeit der Energiequelle Elektrizität für Regierungen und Automobilproduzenten derzeit eine Lösung dar, den Anforderungen globaler Klimaziele, dem Unabhängigkeitsstreben von fossilen Energiequellen wie Öl und neuen Mobilitätsbedürfnissen in urbanen Zentren gerecht zu werden. Zunehmend gewinnt auch die Brennstoffzelle an Bedeutung. Die meisten Elektrofahrzeuge, die heute und in naher Zukunft vermarktet werden, sind elektrifizierte Abwandlungen eines auf den Verbrennungsmotor ausgerichteten Antriebskonzeptes. Erst langfristig werden reine Elektrofahrzeuge eine Alternative im Hinblick auf technische und finanzielle Entscheidungsgrößen darstellen. Diese Entwicklung hängt im Wesentlichen von der Geschwindigkeit ab, mit der leistungsfähige Akkumulatoren entwickelt werden.

Im Folgenden werden die wichtigsten Marktentwicklungen und Einflussfaktoren im Bereich der Elektromobilität vorgestellt. Die Ausführungen orientieren sich an den in Abb. 4.1 dargestellten Herausforderungen der Elektromobilität in den Bereichen Angebot, Nachfrage und Einflussfaktoren. Anschließend werden Geschäftsmodelloptionen vorgestellt.

4.1.1 Einflussfaktoren auf die Marktentwicklung

4.1.1.1 Batterietechnologie und Fahrzeugpreise

Entscheidend für die Elektrifizierung des automobilen Antriebsstrangs ist neben dem Elektromotor insbesondere die Traktionsbatterie. Die Lithium-Ionen Batterie stellt dabei kurz- und mittelfristig die attraktivste Alternative zur Energiespeicherung im Antriebsstrang dar. Im Vergleich zu anderen Energiespeichertechnologien kann die Lithium-Ionen Batterie durch eine hohe Energie- und Leistungsdichte überzeugen. Die Energiedichte der Batterie bestimmt die mögliche Reichweite des Elektrofahrzeugs, während die verfügbare Leistungsdichte vorgibt, wie schnell die notwendige Energie aus der Batterie abgegeben bzw. aufgenommen werden kann. Diese Eigenschaft gewinnt aufgrund der Schnellladefähigkeit an Bedeutung und birgt zusätzliches Marktpotenzial. (Bertram 2014) Im Fokus stehen die gravimetrische und volumetrische Energie- und Leistungsdichte, da das geometrische Ausmaß und das Gewicht der Batterie das Design und Fahrzeugkonzept beeinflussen. Mittlerweile haben sich fast durchweg Lithium-Ionen-Akkumulatoren als Energiespeicher für Fahrzeuge durchgesetzt. Weitere Verbesserungen in diesem Bereich (wie höhere Energiedichte und damit einhergehend größere Reichweite und Gewichtreduktion, aber auch größere Sicherheit) verspricht man sich von Neu- und Weiterentwicklungen wie der Festkörperbatterie (All-Solid-State-Battery), Lithium-Schwefel- oder der Lithium-Luft-Batterie. Problematisch werden hier neben technischen Schwierigkeiten jedoch noch die geringe Leistungsdichte und relativ lange Ladezeiten gesehen. Zusammenfassend lassen sich die marktseitigen Anforderungen an die Technologie in Verbesserungen der Energiedichte, Leistungsdichte, Kostenstruktur, Sicherheit, Lebensdauer und Umweltverträglichkeit kategorisieren. (Jiang et al. 2015)

Aktuelle Prognosen bezüglich des zukünftigen Marktvolumens von Lithium-Ionen-Akkumulatoren reichen von 43 Milliarden Euro im Jahr 2020 bis weit über 100 Milliarden Euro im Jahr 2025 und weisen so jährliche Wachstumsraten von bis zu 30 Prozent auf. (Klink et al. 2012; Maiser et al. 2014) Aktuell teilen sich wenige Hersteller den rund neun Milliarden Euro umfassenden Markt für Batterien für elektrifizierte Fahrzeuge unter sich auf. So belegen die ersten Plätze die Firmen Automotive Energy Supply Corporation (23 Prozent), LG Chem (16 Prozent) und Panasonic Sanyo (13 Prozent). Dicht darauf folgen SB LiMotive (9 Prozent), A123 Systems (8 Prozent), Gsyuasa (7 Prozent) und Toshiba (3 Prozent). (Roland Berger 2012)

Durch dieses Angebotsoligopol setzen die großen europäischen OEMs zunehmend auf Kooperationen mit den Herstellern, wie beispielsweise Audi und PSA, (Schoke 2010) welche mit Sanyo kooperieren. Bereits 2010 gab es über 60 Kooperationen auf dem Gebiet. Dagegen scheiterten die meisten Versuche eigene Hersteller von Akkumulatoren aufzubauen, wie beispielsweise Daimlers Tochterfirma Li-Tec (oder ACCUmotive). (Volk 2014) Eine Ausnahme stellt der Automobilproduzent Tesla Motors dar. Die Errichtung der sogenannten „Gigafactory" für rund 5 Milliarden Dollar hat zum Ziel, die Kosten der Batterieproduktion um bis zu 30 Prozent zu senken. Deshalb rücken Akkumulatoren von Tesla und somit auch die Unabhängigkeit gegenüber asiatischen Produzenten in den Fokus der OEMs. Unterdessen verbaut Mercedes ebenso wie Smart Akkumulatoren aus dem Hause Tesla (Abb. 4.2). (Tesla 2013)

Letztlich entscheidend für die Marktdurchdringung der Elektrofahrzeuge wird der Preis der Fahrzeuge sein, welcher vergleichbar zum konventionellen Verbrennungsfahrzeug sein muss. Da ein großer Anteil der Kosten des Elektrofahrzeugs auf die Traktionsbatterie entfällt, finden große Bemühungen statt die spezifischen Kosten der Batterie pro

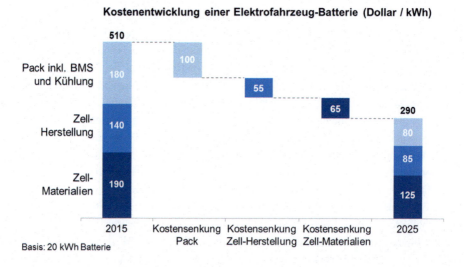

Abb. 4.2 Kostenentwicklung einer Elektrofahrzeug-Batterie in Dollar/kWh bis 2025. (Eigene Darstellung in Anlehnung an Klink et al. 2012)

kWh zu minimieren. Dies kann sowohl durch die Reduktion der Material- und Fertigungskosten als auch durch die Maximierung des Energieinhalts erreicht werden. Die Kosten liegen derzeit bei ungefähr 180 Euro pro kWh. Eine Batterie, die eine Reichweite von 100–180 km ermöglicht, kostet dementsprechend etwa 4000–5000 Euro. Die Optimierung der Lithium-Ionen-Batterie ist darauf ausgerichtet, den Zellpreis auf 100–120 Euro je kWh zu senken (bei 100.000 verkauften Einheiten pro Jahr). Bis zum Jahr 2020 ist sogar ein Preis von unter 100 Euro pro kWh auf Zellebene realistisch. Eine 150 kg schwere Batterie (Lithium-Ionen) mit 27 kWh (Reichweite ca. 250 km) würde dann etwa 3000 Euro kosten. (Eigene Erhebung 2016)

Die Automobilindustrie verwendet als Starterbatterie standardmäßig sogenannte Blei-Säure-Batterien, da sie sehr kostengünstig sind. Die Anwendung in elektrifizierten Fahrzeugen erweist sich allerdings als problematisch, da diese eine geringe Energiedichte aufweisen. Deshalb werden für die mittelfristig hohen benötigten Leistungsdichten Lithium-Ionen-Akkumulatoren bevorzugt. Dafür sprechen außerdem weiterhin Aspekte wie eine gleichmäßige Effizienz über einen großen Temperaturbereich und die Abwesenheit von Memory-Effekten. (Jiang et al. 2015) Im Renault Zoe kommen Zellen von LG Chem zum Einsatz, im Fiat 500 Zellen des Herstellers Samsung. (Anderman 2013) Für die nächsten Jahre wird die Preisdifferenz bei den Lebenszykluskosten zwischen einem Auto mit klassischem Verbrennungsmotor und einem Elektrofahrzeug somit im Wesentlichen vom Preis des Treibstoffs und den Kosten der Batterie und ihrer Neuaufladung bestimmt. Hinzu kommen Variablen des Nutzungsverhaltens, insbesondere der Nutzungsdauer und der -häufigkeit.

Neben den reinen elektrifizierten Fahrzeugen erfreuen sich zurzeit vor allem hybride Antriebsformen großer Beliebtheit. Im Jahr 2015 sind in Deutschland rund 33.500 Fahrzeuge mit Hybridantrieb zugelassen worden und weisen somit einen knapp dreimal so hohen Wert im Vergleich zu reinen Elektrofahrzeugen auf. (KBA (Kraftfahrtbundesamt) 2015) Diese Antriebsform wird jedoch eher als Übergangstechnologie gesehen, welche etwaige Schwachstellen der heutigen Batterietechnologie zu kompensieren versucht. (Weidmann 2015)

Die initialen Mehrkosten des Elektroautos lassen sich trotz Forschung und beträchtlichen Entwicklungen in dem Bereich der Energiespeicher für den Kunden nur anhand der Gesamtkosten relativieren, die von Nutzungsdauer und Laufleistung bestimmt sind. Dies wird sich laut Prognose erst 2018 ändern. (Hackmann et al. 2015) Ein weiteres Mittel dieser Relativierung ist die Entwicklung innovativer Abrechnungsmechanismen. Flottenkonzepte, die sich durch eine überdurchschnittlich hohe Laufleistung der einzelnen Fahrzeuge auszeichnen, senken den Gesamtkostennachteil in Bezug auf klassische Verbrennungsantriebe. In urbanen Ballungszentren und innerhalb von Organisationen mit großem Fuhrpark kann die Substitution von Fahrzeugen mit Verbrennungsmotor durch Elektrofahrzeuge als Chance genutzt werden, den Nutzer mit der neuen Technologie vertraut zu machen, ohne ihn mit hohen Anschaffungskosten zu belasten. Dabei unterstreicht eine Umfrage die These, dass mit Begeisterung des Kunden eher eine Anschaffung bewirkt wird. Drei von vier Testern eines Elektroautos waren von Elektromobilität begeistert und sogar über 80 Prozent zeigten sich nach dem Test kaufbereit. (Eigene Erhebung 2016)

4.1.1.2 Infrastruktur

Neben der Erforschung der Batterietechnologie wird zur erfolgreichen Marktdurchdringung auch eine flächendeckende und funktionierende Ladeinfrastruktur benötigt. Seit 2010 erhebt der Bundesverband der Energie und Wasserwirtschaft (BDEW 2015) die Zahl der öffentlich zugänglichen Ladepunkte. Während sich der Bestand von Elektroautos bis 2015 von etwa 1600 auf über 35.000 mehr als verzwanzigfacht hat, verzeichnet die Zahl der Ladepunkte nur einen geringen Anstieg von etwa 2800 auf 5571 Stück (Vgl. Abb. 4.4). Die unterschiedlichen Entwicklungszahlen eröffnen einen Mangel an verfügbaren öffentlichen Ladestationen. Der deutlich dynamischer wachsende Fahrzeugmarkt, dessen Bedarf an Ladepunkten bis 2020 auf ca. 77.000 geschätzt wird, wird diesen Engpass der Energiebereitstellung in Zukunft noch verschärfen. Der geforderte Ausbau der Infrastruktur soll bis 2020 ungefähr 550 Mio. Euro kosten (NPE 2014).

Zunehmend an Bedeutung gewinnt ebenfalls die Schnellladetechnologie. Mitte 2014 waren erst etwa 100 Schnellladestationen in Deutschland verfügbar. Bis 2017 soll sich diese Zahl versechsfachen.

4.1.1.3 Nachfrage

Unternehmen müssen ihre Geschäftsmodelle für Elektromobilität an einer genauen Definition der Markt- und Kundensegmente orientieren. Flottenbetriebe im privatwirtschaftlichen (Autovermietungen, Post, Wohnungsgemeinschaften) und öffentlichen Bereich können in naher Zukunft die Vorteile von Elektrofahrzeugen in Bezug auf niedrigere laufende Kosten und Umweltfreundlichkeit nutzen. Für Privatkunden sind einerseits innovative Mobilitätsangebote, andererseits eine Emotionalisierung für das Produkt Elektrofahrzeug nötig. Autofahrer in Deutschland sind in ihrem Mobilitätsverhalten eher konservativ. Der PKW in ihrem Besitz entspricht ihren Mobilitätsanforderungen und spiegelt die individuelle Kostengrenze für diese Mobilität wider. Zwar wird der Technologie in Zukunft eine wichtige Rolle beigemessen, insbesondere in Bezug auf Ressourcenknappheit und Umweltschutz, jedoch überzeugen die aktuellen Leistungsdaten (wie etwa Reichweite, Ladedauer und Preis) potenzielle Käufer noch nicht vollständig. Eine aktuelle Umfrage zeigt, dass etwa 70 Prozent der befragten Personen sich vorstellen können, ein elektrifiziertes Fahrzeug anzuschaffen. Dabei sind 44 Prozent dieser Gruppe bereit einen Mehrpreis von fünf bis zehn Prozent im Vergleich zu einem konventionellen Fahrzeug zu bezahlen. Paradox ist jedoch, dass fast niemand der Befragten die Anschaffung eines Elektroautos in den nächsten drei Jahren für wahrscheinlich hält. (Eigene Erhebung 2016)

Die praktische Erfahrung und der direkte Kontakt mit elektrifizierter Mobilität haben einen signifikant positiven Einfluss auf die Begeisterung und die Kaufbereitschaft potenzieller Nutzer, da ihnen so die Skepsis vor der neuen Technologie genommen wird. Ein entscheidendes Kaufkriterium ist außerdem vor allem die Umweltfreundlichkeit. Abb. 4.3 zeigt, dass über 87 Prozent der Befragten dieses Merkmal beim Kauf ihres Autos für ausschlaggebend halten. (Eigene Erhebung 2016) Bei der weitergehenden Befragung der Personen, welche großen Wert auf Umweltfreundlichkeit legen, stellte sich heraus, dass diese im Gegensatz zu ihrer Einstellung nur marginal auf Komfort im umweltfreundlichen

4 Geschäftsmodelle entlang der elektromobilen Wertschöpfungskette

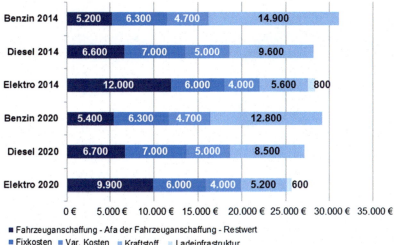

Abb. 4.3 Lebenszykluskosten von Verbrennungs- und Elektrofahrzeugen im Vergleich. (Eigene Darstellung in Anlehnung an BMWI 2015)

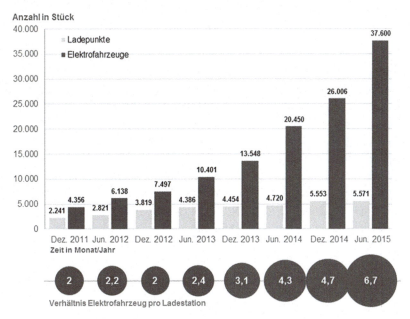

Abb. 4.4 Bestand von Ladepunkten und elektrifizierten Fahrzeugen von 2011 bis 2015. (Eigene Darstellung in Anlehnung an NPE 2014)

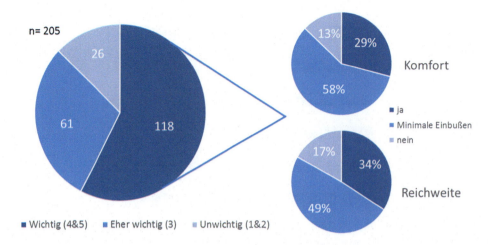

Abb. 4.5 Wie wichtig ist Ihnen der Schutz der Umwelt bei Ihrem Auto? Würden Sie der Umwelt zuliebe auf Komfort/Reichweite verzichten? (Eigene Erhebung 2016)

Fahrzeug verzichten wollen. So gaben über 70 Prozent der Befragten an, dass sie der Umwelt zuliebe nicht bzw. nur unwesentlich auf Komfort verzichten würden. Auch beim Verzicht auf Reichweite zeigte die Umfrage, dass 66 Prozent der Befragten keine Einschränkung hinnehmen würde (Vgl. Abb. 4.5).

Über 60 Prozent der Befragten erwarten von einem Elektrofahrzeug eine Mindestreichweite von 200 km. Dieses Ergebnis ist steht der Tatsache gegenüber, dass ca. 90 Prozent dieser Personengruppe täglich eine Strecke von maximal 60 km zurücklegt. Die gemittelte tatsächliche tägliche gefahrene Strecke liegt im Bereich von 11 km bis 30 km. Dieses Ergebnis zeigt, dass neben der technologischen Entwicklung zur Vergrößerung der Reichweite ebenfalls die psychologische Überzeugung potenzieller Käufer einen Beitrag zur Steigerung der Attraktivität von Elektromobilität leisten kann. (Eigene Erhebung 2016)

Weitere Emotionalisierung erleben die meisten Nutzer insbesondere während des Fahrens. Das beim Anfahrtsvorgang vollständig abrufbare Drehmoment von Elektromotoren erlaubt zudem eine schnellere und ruhigere Beschleunigung und bietet für Nutzer einen Erlebniswert und ist damit ein Vorteil gegenüber konventionellen Fahrzeugen. Während ein Elektromotor, beispielsweise aus einem Mitsubishi i-MiEV, mit 67 kW Nennleistung ein ähnlich zum Dieselmotor maximales Drehmoment von 180 Nm erzeugt, erreicht ein Dieselmotor dieses erst etwa bei 2000 bis 2500 U/min. Somit lassen Elektromotoren selbst ausgereifte Sportwagen an der Ampel stehen. Einige aktuelle Studien belegen, dass besonders der Fahrspaß ein Grund für die Anschaffung eines elektrifizierten Fahrzeuges sein kann. Unter insgesamt elf Auswahlmöglichkeiten für Motive bei der Kaufentscheidung bei der Fahrzeuganschaffung belegt dieser Aspekt belegt den vierten Rang und wurde von 78 Prozent der befragten Elektrofahrzeugnutzer als wichtiges Kaufkriterium identifiziert. (Lenz et al. 2015)

In großen Schwellenländern wie China und Indien ist die Situation der potenziellen Käuferschaft eine andere. Dort bilden vor allem junge Menschen aus der größer werdenden

Mittelklasse die Gruppe der potenziellen Nutzer von Elektromobilität. In China wurden im Jahr 2014 ca. 9,4 Millionen zweirädrige Elektromobile verkauft, wogegen die Absatzzahlen von etwa 31.000 Stück in den restlichen Ländern der Welt verschwindend gering erscheinen. (Pabst 2014) Dies zeigt, dass dort die Thematik Elektromobilität im Alltag der Menschen angekommen ist und die Nutzer mit der Handhabung der Batterie (Reichweite und Ladedauer) vertraut sind. Das verfügbare Pro-Kopf-Einkommen in städtischen Zentren hat ein Niveau von etwa 3600 Euro (2015) erreicht und wächst weiter an. Deshalb kann der Ersatz des bisher etablierten Scooterverkehrs durch Elektroautos eine naheliegende Option sein. Wer bisher kein Fahrzeug besaß, der kann mit der Reichweite eines Elektrofahrzeugs von 100 km seinen Mobilitätsradius deutlich verbessern. Grundvoraussetzung für einen Kauf ist in diesen Ländern ein niedriges Preisniveau, das bisher nur mit einer Subventionierung des Kaufpreises erzielbar ist. Diese wird von der chinesischen Regierung auch geleistet, denn explizites Ziel ist es, ein weltweit führender Anbieter von Elektrofahrzeugen zu werden.

4.1.1.4 Staatliche Fördermechanismen

Kurz- und mittelfristig können staatliche Subventionen helfen, sowohl die Preisdifferenz zwischen alten und neuen Antriebstechnologien zu verringern als auch den nötigen Infrastrukturaufbau zu beschleunigen. Eine Reihe von Förderinstrumenten zur Einführung und Verbreitung von Elektrofahrzeugen steht zur Verfügung, deren Einsatz jedoch kontrovers diskutiert wird (Tab. 4.1).

Anreizstrukturen für ein politisch erwünschtes Nachfrageverhalten können ohne nachhaltige Wirkung bleiben, wenn grundlegende Strukturen fehlen oder eine ökonomische Rationalisierung nicht erreicht werden kann. Als nachhaltig werden solche Investitionen der öffentlichen Hand bewertet, die den Aufbau von Kompetenzen und den technologischen

Tab. 4.1 Förderinstrumentarium der Elektromobilität. (Eigene Darstellung)

Fördermöglichkeiten		Beispiele
Finanzielle Förderung	Direkte Zuschüsse	Kaufrabatte vom Händler oder Staat
	Steuerbefreiung	Befreiung von der Kfz-Steuer, Mautbefreiung, Befreiung von der Registrierungsgebühr, Befreiung von der Gebühr für Nummernschilder
	Steuerermäßigung	Reduktion der Kfz-Steuer, Reduktion des zu versteuernden Einkommens bei Firmenwagen
	Forschung	Studien, Modellregionen, Schaufensterregionen
Nicht-finanzielle Förderung	Parkmöglichkeiten	Kostenlose Parkplätze, Privilegierte Parkplätze
	Ladeinfrastruktur	Kostenloses Laden, Wohnsiedlungsanschluss
	Aufhebung von Fahrverbotszonen	Nutzung von Busspuren, Befahren von Fußgängerzonen, Nutzung von Car Pool oder HOV Lanes

Fortschritt zum Ziel haben. Von der deutschen Bundesregierung werden beispielsweise bis 2016 vier „Schaufenster der Elektromobilität" gefördert mit einem Gesamtvolumen von knapp 300 Mio. Euro. Darin sind 90 Verbundprojekte untergebracht, welche sich unterschiedlichsten Fragestellungen widmen. Darüber hinaus haben verschiedene Ministerien breit gefächerte Förderungsschwerpunkte, welche auch nach 2016 die Fortführung verschiedener Projekte im Bereich Elektromobilität ermöglichen. (Förderinfo 2016)

Desweitern hat die Bundesregierung verschiedene Initiativen ins Leben gerufen, beispielsweise die nationale Plattform für Elektromobilität, welche sich der Begleitforschung des Nationalen Entwicklungsplans widmet. Dieser sieht von 2016 bis 2020 eine Volumenmarktphase vor, während welcher verschiedene Projekte, wie der flächendeckende Ausbau der Ladeinfrastruktur und die Erforschung von Netzeinspeisung, realisiert werden sollen. Hier werden unterschiedliche Akteure der Elektromobilität im Rahmen von Pilotprojekten zusammengeführt. Sie profitieren von gemeinsamen Forschungen und Erfahrungswerten.

Steuervorteile werden in fast allen Ländern gewährt, die sich im Bereich Elektromobilität positionieren möchten. Sehr unterschiedlich wird die direkte finanzielle Förderung des Kaufs eines Elektroautos gehandhabt. In Deutschland gibt es verschiedene Ansätze zur Förderung. Finanzielle Förderung im Rahmen der Befreiung von der Kfz-Steuer für eine Periode von fünf Jahren erhalten Käufer zwischen 2016 und 2020. Nach diesen fünf Jahren müssen sie lediglich einen Betrag zahlen, welcher sich nach einem vergünstigten Kfz-Steuertarif berechnet. Einschränkungen dabei sind, dass das elektrifizierte Fahrzeug eine Mindestreichweite von 30 km rein elektrisch zurücklegen können muss und im Falle eines PHEV einen kombinierten CO_2-Ausstoß von 50 g/km nicht überschreitet. 2018 wird die Mindestreichweite auf 40 km angehoben. Auch Nutzer eines Firmenwagens werden finanziell entlastet, da die Regierung den Batteriepreis des Fahrzeugs vom zu versteuernden Einkommen bei privater Nutzung des Fahrzeugs abzieht. Diese Regelung gilt bis 2022. (BMWi 2016)

Neben der finanziellen Förderung sieht die Regierung im 2015 verabschiedeten Elektromobilitätsgesetz für elektrifizierte Fahrzeuge priorisierte Parkplätze oder die Benutzung von Busspuren vor. Außerdem können Fahrverbote, wie etwa in Fußgängerzonen teilweise aufgehoben werden. Diese Maßnahmen können von den Kommunen eigenständig umgesetzt werden und unterscheiden sich deshalb regional in ihrer Realisierung. (EmoG I 2016) Eine weitere indirekte Förderung der Elektromobilität ist die Zielsetzung verschiedener Ministerien einen minimalen Anteil von zehn Prozent an elektrifizierten Fahrzeugen in ihrem Fuhrpark in den kommenden Jahren zu etablieren. (BMWi 2016)

Andere Länder setzen bei Fördermaßnahmen andere Schwerpunkte als Deutschland. Norwegen setzt bis Ende 2018 die Mehrwertsteuer von 25 Prozent bei Elektrofahrzeugen aus, was gerade bei preislich hoch angesiedelten Modellen, wie dem Telsa Model S, große Ersparnisse erzielt. Daneben gibt es Befreiungen von Maut und Registrierungsgebühren. (EVNorway 2016) In den Niederlanden staffelt sich die Kfz-Steuer nach dem CO_2-Ausstoß, ebenso die Registrierungsgebühr. In China sind elektrifizierte Fahrzeuge beispielsweise von der dortigen Nummernschild-Lotterie ausgenommen und erhalten eine pauschalen Rabatt von 9300 US Dollar auf den Listenpreis. Daneben entfällt auch hier die

Mehrwertsteuer von zehn Prozent. Frankreich ermöglicht es Fahrzeuge, welche über 13 Jahre alt sind, mit einem Preisbonus von 10.000 Euro gegen ein elektrifiziertes Fahrzeug zu tauschen. Außerdem wird dort die Installation von Ladesäulen mit 30 prozentigem Steuernachlass gefördert. (Harryson 2015)

4.1.2 Absatzprognosen für Elektrofahrzeuge

Aktuell liegt der Marktanteil von elektrifizierten Fahrzeugen in Deutschland bei ca. 0,4 Prozent. Im Bundesländervergleich sind die Spitzenreiter Baden-Württemberg mit 0,45 Prozent, gefolgt von Bremen (0,44 Prozent) und Niedersachsen (0,39 Prozent) (KBA (Kraftfahrtbundesamt) 2015).

Der Anteil an elektrifizierten Fahrzeugen entwickelt sich nach einer weltweiten Umfrage unter verschiedenen Akteuren in der Automobilbranche regional unterschiedlich. Im europäischen Markt wird der Anteil der Fahrzeuge auf 11 bis 15 Prozent im Jahr 2025 geschätzt. Für den chinesischen Markt gibt es ähnliche Prognosen. In Nordamerika ist man dagegen optimistischer und geht von einem Marktanteil von bis zu 20 Prozent aus. (KPMG 2015b)

Abb. 4.6 zeigt den Verlauf verschiedener Segmente bis zum Jahre 2040. Während 2020 reine Benziner und reine Diesel zusammengenommen noch über 80 Prozent des Marktes einnehmen, soll der Anteil zehn Jahre später nur noch bei einem Drittel liegen. Plug-In Hybrid Fahrzeuge werden für 2030 auf einen 20-prozentigen Anteil geschätzt. Generell erfahren Hybride auch im konventionellen Bereich eine hohe Ausbreitung. Im Jahr 2040 nehmen erstmals rein elektrische Fahrzeuge einen nennenswerten Anteil von ca. zehn Prozent ein. Kombiniert mit Plug-In Hybriden und Fahrzeugen mit Range Extender wächst dieser Bereich auf einen Anteil von etwa 60 Prozent des Gesamtmarktes an. (Brokate 2013)

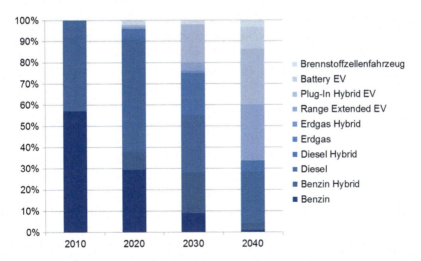

Abb. 4.6 Fahrzeugabsatz bis 2040 nach Antriebstechnologie in Deutschland. (Eigene Darstellung in Anlehnung an Brokate 2013)

Unstrittig ist, dass hybride Antriebsformen marktfähig werden. Dabei bestimmen die regulativen Anforderungen an die CO_2-Reduktion zumindest in Europa und den USA, in welchem Maß sich die unterschiedlichen innovativen Antriebsformen am Markt etablieren können. Abseits aller Prognosen scheint ein langfristiger Bedeutungsverlust des klassischen Verbrennungsmotors sicher zu sein.

Automobilproduzenten sind gefordert, ein intelligentes Portfolio der verschiedenen Antriebsarten zu entwickeln und anzubieten. Dieses Portfolio sollte sich möglichst flexibel an die schwer vorhersehbaren externen Rahmenbedingungen anpassen können. Ebenso sollte die Wertschöpfungskette transnational konfiguriert sein, um die unterschiedlichen Wachstumschancen der verschiedenen Antriebstechnologien zu nutzen.

4.2 Herausforderungen für Akteure entlang der Wertschöpfungskette

Ein Großteil der automobilen Wertschöpfung konzentriert sich derzeit auf Automobilproduzenten und -zulieferer. Die Elektrifizierung des Antriebsstrangs und bereits erwähnte weitere Einflussfaktoren (Abschn. 2.3) werden Wertschöpfungsanteile aus diesem Zentrum in vor- und insbesondere nachgelagerte Wertschöpfungsstufen verschieben. Die Restrukturierung der Wertschöpfungskette geht damit über die Veränderung wesentlicher Komponenten weit hinaus. Es wird sich langfristig eine neue Industriestruktur ergeben. Allerdings ist die Bedeutung der einzelnen Akteure noch offen. Ein in zahlreichen Studien entwickeltes Szenario basiert zudem auf einem völlig neuen Rollenverständnis von Energieversorgungsunternehmen. (Deloitte 2009; Wyman 2010; PWC 2010) Ihnen eröffnen sich nicht nur direkte Gewinnmöglichkeiten über wachsenden Stromabsatz, sondern auch der Markteintritt in völlig neue Geschäftsfelder. In Folge sowohl der technologischen Koordinationsanforderungen an Elektrofahrzeuge als auch insbesondere der Digitalisierung und sich wandelnden Mobilitätsbedürfnisse können sich zudem bisher branchenfremde Marktteilnehmer – insbesondere IT Unternehmen – mit innovativen Geschäftsmodellen in der elektromobilen Wertschöpfungskette positionieren und den Kundenzugang an sich binden. Langfristig ist es sogar möglich, dass sich diese Unternehmen aufgrund ihrer höheren Innovationsgeschwindigkeit mit ihrem Dienstleistungsspektrum als dominante Akteure in der Automobilindustrie positionieren. Experten gehen allerdings davon aus, dass auch im Jahr 2025 Automobilunternehmen durch ihre Kundenbeziehungen die wesentlichen Player sind (vgl. 2016) PWC.

4.2.1 Herausforderungen für Automobilhersteller und -zulieferer

Die Veränderung der Wertschöpfungsstrukturen im Upstream-Bereich ist produkttechnologisch getrieben und verändert das zukünftig benötigte Kompetenzspektrum von Automobilproduzenten und Zulieferern. Im Mittelpunkt der Veränderungen stehen der elektrifizierte Antriebsstrang und die entsprechende Anpassung von Komponenten und Fahrzeuganforderungen. Ein Kernstück der markenprägenden Module von Automobilproduzenten – der Verbrennungsmotor – wird ersetzt durch den Elektromotor (s. Abb. 4.7).

Damit nimmt in den nächsten Jahren der Bedarf an wesentlichen Komponenten, deren Produktionskompetenz bisher bei Automobilproduzenten lag, ab. Neben dem Verbrennungsmotor werden das Getriebe und eine Vielzahl von verbundenen Bauteilen auch als Kernelemente der Markenprägung an Bedeutung verlieren. Dafür eröffnen sich in den Bereichen Transaktionsbatterie und Elektronik Wachstumschancen, die zur Kompensation der Wertschöpfungsschrumpfung von Automobilproduzenten genutzt werden müssen. Eine Identifikation neuer Kernkompetenzen, die der Markenprägung zugrunde liegen, geht mit der Restrukturierung der Wertschöpfungsaktivitäten einher (s. Abb. 4.8).

In den letzten Jahren hat eine zunehmende Verlagerung der Wertschöpfung von Automobilproduzenten auf Zulieferer stattgefunden. Derzeit konzentrieren sich in den Wertschöpfungsstufen Antriebsstrang/Komponenten etwa 25–30 % auf Automobilproduzenten. Insbesondere bei den Kernelementen des Verbrennungsmotors, der Transmission und der Steuerung, liegt der Wertschöpfungsanteil höher (PWC 2010 spricht von 63 % Knowhow-Anteil beim Verbrennungsmotor). Beim Elektromotor konzentrieren Automobilproduzenten bisher nur einen geringen Anteil der Wertschöpfung auf sich. Die Elektrifizierung des Antriebsstrangs würde bei einer hohen Substitution von herkömmlichen Fahrzeugen durch Elektrofahrzeuge einen geschätzten Wegfall von etwa 30 % der derzeitigen Wertschöpfung von Automobilproduzenten bedeuten. Nach Angaben von McKinsey müssten OEM in diese Fall 50 % der Elektromotoren produzieren und im Bereich Batteriesysteme führen, um im Jahr 2030 den gleichen Anteil der Wertschöpfung zu haben. (McKinsey 2011) Da die Diffusion von Elektrofahrzeugen derzeit wesentlich langsamer voranschreitet als erwartet, ist der potenzielle Wertschöpfungsverlust in Folge der Elektromobilisierung voraussichtlich geringer. Letztendlich sind jedoch politische Interventionen einerseits, weitere Entwicklungen im Hinblick auf Mobilitätsbedürfnisse und Vernetzung andererseits schwer kalkulierbar. Die Herausforderung besteht demnach für Automobilproduzenten darin, ihre Kernkompetenzen innovativ an veränderten Bedürfnisstrukturen auszurichten und die Wachstumspotenziale der Elektromobilität durch Erschließung neuer Geschäftsfelder und Kooperationen mit vor- und nachgelagerten Akteuren entlang der Wertschöpfungskette zu nutzen. Dazu ist eine Neuordnung der Wertschöpfungsaktivitäten nötig, bei der Kooperationen und Akquisitionen eine entscheidende Rolle spielen. Zusätzlich müssen die regionalen Wachstumspotenziale berücksichtigt werden, damit die Konfiguration des Wertschöpfungsnetzwerks eine optimale Risikoallokation erlaubt.

Der Bedarf an Automobilen mit Verbrennungsmotor und den verbundenen Modulen in Schwellenländern wie China und Indien und einer Reihe von aufstrebenden Entwicklungsländern ist noch nicht gedeckt. Zusätzliche Kapazitäten für die Produktion von Motoren, Turboladern und Einspritzsystemen werden in Asien und auch Afrika benötigt. Automobilproduzenten und -zulieferer können dieses Wachstumspotenzial nutzen, um Absatzreduktionen in angestammten Märkten zumindest teilweise zu kompensieren. Sie passen ihre Wertschöpfungsarchitektur entsprechend an Darüber hinaus sind die

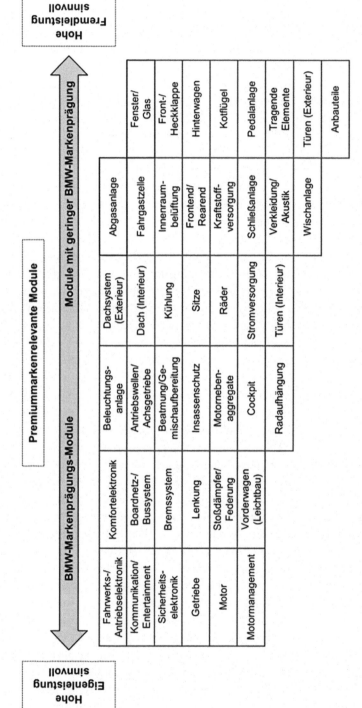

Abb. 4.7 Markenprägende und nicht-markenprägende Module am Beispiel von BMW. (Eigene Darstellung in Anlehnung an Becker 2006)

4 Geschäftsmodelle entlang der elektromobilen Wertschöpfungskette

Komponenten			
Entfallende Komponenten		**Neu aufkommende Komponenten**	
Fahrzeugbereich	System/Bauteil	Fahrzeugbereich	System/Bauteil
Antrieb	**Verbrennungsmotor:** • Kurbelgehäuse • Kurbelwelle • Kolben • Pleuel • Laufbuchsen • Zylinderkopf • Ventile • Nockenwellen • Nockenwellenverstellung • Gleitlager und Schmierung • Kühlkreislauf • Aufladung (Turbo, Kompressor) • Motorsteuerung	Antrieb	**Traktionselektromotor:** • Stator/Rotor • Leistungselektronik
	Kraftstoffversorgung: • Tankgefäß • Kraftstoffpumpe • Einspritzsystem • Leistungssystem		**Traktionsbatterie:** • Zellen • Batteriemanagement • Gehäuse • Ladegerät
	Abgasanlage: • Abgaskrümmer/Rohre • Drei-Wege-Katalysator • NOx Katalysator • SCR-System		**Hochspannungsnetz:** • Absicherung/Verkabelung • Gleichspannungswandler (12V)
	Kupplung: • Scheibenkupplung • Hydrodynamischer Wandler		
	Getriebe: • Gehäuse • Zahnräder • Schaltvorrichtung • Kugellager • Schmierung		
Fahrwerk	**Lenkung:** • Hydraulische Lenkhelfpumpe • Hydraulische Aktuator • Hydraulikleitungen	Fahrwerk	**Bremse:** • Bremspedal (by Wire) • Steuergerät
	Bremse: • Unterdruck-Bremskraftverstärker • Bremspedal (mechanisch)		
	Radaufhängung: • Hohe Geschwindigkeit		**Radaufhängung:** • Niedrige Geschwindigkeit

Abb. 4.8 Entfallende und neu auftretende Komponenten. (Eigene Darstellung in Anlehnung an Wallentowitz et al. 2011)

Wachstumspotenziale für Kernelemente von Elektrofahrzeugen wie Batterien, Elektromotoren und elektronische Systeme in Europa, Japan, China und Indien herausragend. Die Weiterentwicklung innovativer Antriebstechnologien verändert insbesondere für Automobilproduzenten das erforderliche Spektrum an Kernkompetenzen, während Automobilzulieferer ihre Kompetenzen vertiefen können (Abb. 4.9).

Abb. 4.9 Beschäftigungszuwachs nach Qualifikationen 2010–2030. (Eigene Darstellung in Anlehnung an McKinsey 2011)

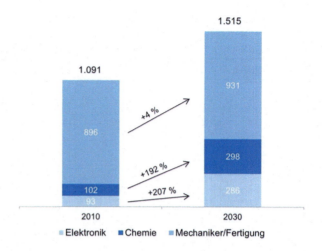

Zusätzliche Experten aus dem Bereich Mechanik werden vor allem in den Ländern China und Indien benötigt. Ausgeprägte Forschungs- und Entwicklungsinvestitionen im Bereich des Elektromotors und der Traktionsbatterie ziehen einen hohen Bedarf an Experten der Bereiche Chemie und Elektronik nach sich; Kompetenzen, die nahezu ausschließlich bei Zuliefererunternehmen gebündelt sind (Abb. 4.10). Eine Prognose für das regional verteilte Beschäftigungswachstum in verschiedenen Produktionskompetenzen liefert McKinsey:

In nahezu allen produktionsrelevanten Funktionen wird in den nächsten Jahren ein Beschäftigungswachstum in China und Indien erwartet. Da in diesen Ländern auch der Absatz von Fahrzeugen mit Verbrennungsmotor weiter steigt, werden klassische Kompetenzen der Metallverarbeitung, Mechanik und Produktionstechnik gebraucht. In gesättigten Automobilmärkten und -regionen wie den USA und Europa werden in den metallverarbeitenden Bereichen und der Mechanik Arbeitsplätze entfallen. Dafür entsteht ein Mehrbedarf im Bereich Leichtbau, aber auch in forschungs- und entwicklungsrelevanten Bereichen der Chemie und der Leistungselektronik. Ausgeprägte Kompetenzen existieren in Deutschland in den Bereichen Elektromotoren, mechanische Bauteile/Getriebe sowie der Leistungselektronik. Für industrielle Anwendungen werden mehr als 5 Mio. Elektromotoren pro Jahr hergestellt. Langjährige Kooperationsbeziehungen zwischen Wissenschaft und Industrie haben zu einer umfangreichen Kompetenzbasis geführt. Durch Bündelung ihrer Kompetenzen können Automobilproduzenten und -zulieferer diesen Wachstumsmarkt bedienen. Auch bei der Fertigung mechanischer Bauteile und Getriebe haben deutsche Produzenten eine Führungsrolle, die sich durch hohe Effizienz in der Großserie auszeichnet. Allerdings erfordert die Elektromobilität eine verstärkte mechatronische Integration und eine drastische Verschärfung der Leichtbauanforderungen. Großserienfähige Technologien für hochintegrierte, mechatronische Komplettsysteme stehen nur im Ansatz zur Verfügung. Die Kostenstruktur einer hoch automatisierten Großserienfertigung stellt für die anfänglich geringe Stückzahl der Elektromobilität eine Herausforderung dar.

4 Geschäftsmodelle entlang der elektromobilen Wertschöpfungskette

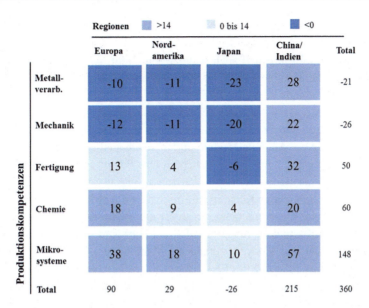

Abb. 4.10 Entwicklung regionaler Kompetenzprofile. (Eigene Darstellung in Anlehnung an McKinsey 2011)

Schon jetzt kooperieren Unternehmen, um in diesem Bereich möglichst schnell höhere Stückzahlen zu erreichen (vgl. Abschn. 3.2). Auf dem Gebiet der Leistungselektronik für industrielle Anwendungen ist Deutschland Technologieführer. Die Engineering-Kompetenz zur Entwicklung von Halbleitertechnologien und Architekturen ist ausgeprägt. Automobilzulieferer und auch Unternehmen anderer Branchen haben hier große Chancen, eine wesentliche Rolle im Bereich der Elektromobilität zu spielen.

Besondere Kompetenzen haben Automobilproduzenten und -zulieferer bei der Integration von Systemen, sowohl bei technischen Systemen (hochintegrierte Antriebssysteme, Getriebe-E-Motor-Verbund) als auch bei organisatorischen Systemen. Die Steuerung komplexer Koordinationsbeziehungen mit Zulieferern, Forschungsinstitutionen und Universitäten hat Automobilproduzenten und große Zulieferer befähigt, als fokale Organisationen die Funktion von Netzwerkkoordinatoren wahrzunehmen und organisationsübergreifende Lern- und Innovationsprozesse zu implementieren. Gerade diese Fähigkeiten können im System Elektromobilität einen gewichtigen Wettbewerbsvorteil ausmachen.

Der Markt für Elektrofahrzeuge eröffnet ebenfalls für etablierte Produzenten neue Möglichkeiten. Elektromobile können helfen, die zunehmend restriktiven CO_2-Richtwerte zu erfüllen. Die deutsche Automobilindustrie muss bspw. allein auf dem europäischen Markt bis zum Jahr 2020 mehr als 110 Mrd. Euro in die Entwicklung und Produktion investieren, um die CO_2-Grenzwerte der EU erfüllen zu können.

Um die Wachstumschancen der Elektromobilität nutzen zu können, sind Automobilhersteller gefordert, intelligente Kooperationen mit Zulieferern in Europa, USA und Asien zu initiieren. Neben der Herausforderung, ein flexibles Portfolio verschiedener

Antriebsformen zu produzieren und zu entwickeln, müssen sie gleichzeitig den Zugang zum Kunden sichern. Ansätze neuer Mobilitätskonzepte lassen bereits erkennen, dass ein Mobilitätsangebot prinzipiell auch ohne Automobilproduzenten in der ersten Reihe möglich ist. Der langfristige Ersatz markenprägender Kernmodule bedeutet für diese außerdem, neue prägende Kernelemente ihrer Automobilmarke zu identifizieren und zu kommunizieren.

Für Automobilzulieferer der ersten Stufe gelten ähnliche Herausforderungen wie für Automobilproduzenten. Aktuelle Module und Systeme sind an den Erfordernissen klassischer Verbrennungstechnologien ausgerichtet. Das Beispiel des deutschen Zulieferers Bosch zeigt, wie eine Redefinition der Wertschöpfung aussehen kann. Ziel ist es, ein vernetzter, umweltorientierter Konzern mit innovativen Antriebssystemen und Energietechnologien zu sein. Die Vernetzung erfordert eine hohe Kompetenz im Bereich der Informations- und Kommunikationstechnologien. Hier sind leistungsstarke Wettbewerber wie Apple, IBM und Microsoft etablierte Marktakteure. Andererseits eröffnet die technologische Simplifizierung des Elektroautos die Möglichkeit, unabhängig von Automobilproduzenten wertschöpfungsübergreifende Leistungen zu definieren und in andere Branchen vorzudringen. Intelligente Kooperationen werden für Automobilproduzenten und für große Zulieferer eine Erfolgsvoraussetzung sein.

Langfristig wird beispielsweise nicht mehr die Chemie der Batteriezelle, sondern werden Batteriepacks bzw. -systeme und deren effizienter Betrieb durch entsprechende Steuersoftware in einem spezifischen Fahrzeug gefragt sein. Diese Entwicklung erfordert vorausschauende Kooperationen mit System- bzw. Modullieferanten, ohne den Verlust der Kernkompetenz zu riskieren.

4.2.2 Herausforderungen für Energieversorgungsunternehmen

Der Aufbau von Ladeinfrastrukturen ist die Voraussetzung für die Marktfähigkeit von Elektrofahrzeugen. Da Nutzer von Elektrofahrzeugen nur wenige Einschränkungen ihrer Mobilität akzeptieren, sind Ladestationen an öffentlich zugänglichen Standorten, am Arbeitsplatz und im privaten Bereich erforderlich. Die enge Koordination zwischen Energiedienstleistern, Ladestationen- und Stromnetzbetreibern ist entscheidend. Der erfolgreiche Markteintritt in diesem Wertschöpfungsbereich ist außerdem mit hohen Investitionen verbunden und hängt von einer frühen Positionierung ab. Energieversorgungsunternehmen werden durch ihre Kompetenz im Bereich des Netzbetriebs und teilweise auch der Stromverteilung Teile dieses Wertschöpfungspotenzials für sich gewinnen können. Der zusätzliche Verkauf von Strom für Elektrofahrzeuge amortisiert allerdings nicht die hohen Investitionen in benötigte Infrastrukturen; Energieversorgungsunternehmen müssen deshalb erweiterte Wertschöpfungspotenziale identifizieren. Zusätzlich zu der Bereitstellung und dem Betrieb von Netz- und Ladeinfrastrukturen können sich Energieversorger Upstream an der Entwicklung, Produktion und dem Verkauf von Batteriesystemen beteiligen. Downstream kooperieren sie mit vielfältigen Akteuren, um Mobilität anbieten zu können.

4 Geschäftsmodelle entlang der elektromobilen Wertschöpfungskette

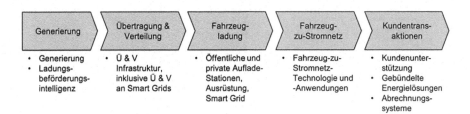

Abb. 4.11 Wertschöpfung von Infrastrukturanbietern. (Eigene Darstellung)

Eine Vertiefung der Wertschöpfung ist gerade im Bereich der Infrastruktur möglich. Mit der Etablierung intelligenter Stromnetze mit bilateraler Datenkommunikation (sog. „Smart Grids") steigt bspw. das Interesse am Betrieb der Ladesäulen (vgl. Abschn. 3.2). Ein großes Potenzial bietet auch die Stromrückspeisung aus Fahrzeugbatterien ins Netz (Vehicle-to-grid) (Abb. 4.11).

Autobatterien können so als bedarfsorientierte Ein- und Ausspeiser genutzt werden, um Spannungsspitzen im Netz auszugleichen. Nach einer Hochrechnung von PWC könnte ein Netzbetreiber so potenziell 20.000 Euro pro Tag einsparen (PWC 2010). Vorerst sind aber eine Reihe von regulativen Voraussetzungen zu schaffen, wie etwa einheitliche Konzessionsabgaben.

Restriktivere politische Regularien in Bezug auf Energieeffizienz, CO_2-Ausstoß und Sicherheitsstandards bei gleichzeitig steigendem Wettbewerb führen zu sinkenden Margen bei Energieversorgungsunternehmen. Aufgrund des forcierten Einsatzes regenerativer Energieträger im Zusammenhang mit Elektromobilisierung und der notwendigen Investitionen in Netzerweiterungen steigen auch die Kosten pro kWh. Der Markt für Elektromobilität eröffnet neue Chancen für eine Redefinition des Portfolios, d. h. der Wertschöpfungsarchitektur von Energieversorgungsunternehmen. Zusätzlich haben sie mit einer Positionierung im Elektromobilmarkt die Gelegenheit, sich als Unternehmen der nachhaltigen Energiewirtschaft zu positionieren.

4.2.3 Herausforderungen für Dienstleistungsunternehmen

Neue Mobilitätskonzepte erleichtern den Markteintritt neuer Akteure oder die Möglichkeit, Wertschöpfungsanteile zu erweitern. Die Elektromobilisierung eröffnet rentable Geschäftsfelder aber auch für etablierte Akteure. Insbesondere im Finanzierungs- und Leasinggeschäft sind aufgrund der nötigen Verteilung der Lebenszykluskosten von Elektrofahrzeugen innovative Angebote erforderlich, die ein hohes Renditepotenzial aufweisen. Viele Automobilproduzenten haben ihre Wertschöpfung in diesem Bereich diversifiziert. Aber auch für Versicherungsunternehmen und weitere Unternehmen der Dienstleistungsbranche zeigen sich neue Geschäftsfelder (s. Abb. 4.12).

Eine wachsende Bedeutung erlangen im Bereich der kundennahen Wertschöpfung Unternehmen der Informations- und Kommunikationstechnologie. Sie ermöglichen eine

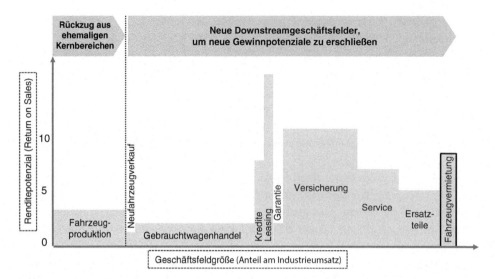

Abb. 4.12 Geschäftsfelder und Renditepotenziale im Downstream der elektromobilen Wertschöpfungskette. (Eigene Darstellung in Anlehnung an Throll und Rennhak 2009)

Vernetzung des Elektrofahrzeugs mit seiner Umgebung und der Ladeinfrastruktur. So hat auch der Nutzer innerhalb dieses Netzes nahtlosen Zugang zu anderen Mobilitätsdienstleistern.

Das Smartphone kann sowohl zur Steuerung des Ladevorgangs als auch zur Vernetzung mit der Ladeinfrastruktur genutzt werden (Informationen zur Reichweite, Verfügbarkeit und Lokation der Ladeinfrastruktur). Die Vernetzung mit anderen Mobilitätsdienstleistungen schafft für den Nutzer schließlich eine integrierte Mobilitätsplanung. Die zentrale Bedeutung der Daten- und Informationsvernetzung im Rahmen der Digitalisierung bietet Unternehmen dieser Branche die Chance, sich als zentrale Akteure für Mobilitätsdienstleistungen zu positionieren.

4.2.4 Das elektromobile Wertschöpfungssystem

Die Umsetzung neuer Mobilitätskonzepte geht über die technologische Veränderung von Fahrzeugkomponenten weit hinaus. Die verschiedenen Akteure sind in einem interdependenten System verbunden. Mit den veränderten Mobilitätsbedürfnissen muss sich das automobile Wertschöpfungssystem eng an die Kunden mit ihren Bedürfnisstrukturen und ihrer Zahlungsbereitschaft orientieren.

Veränderte Mobilitätsbedürfnisse stellen den Nutzer in den Mittelpunkt der Aktivitäten. Damit der Nutzer mit seinem Elektroauto so uneingeschränkt mobil sein kann, wie er das von seinem heutigen PKW gewohnt ist, müssen Automobilunternehmen und -zulieferer,

4 Geschäftsmodelle entlang der elektromobilen Wertschöpfungskette

Unternehmen der Energiewirtschaft und der Informations- und Kommunikationstechnologie sowie andere Dienstleister und Mobilitätsanbieter eng zusammenarbeiten.

Wesentlicher Baustein von Geschäftsmodellen muss es sein, dem Nutzer eine möglichst einfach in Anspruch zu nehmende Leistung anzubieten. Der Erfolg von Geschäftsmodellen der Elektromobilität wird also wesentlich davon abhängen, inwiefern die Mobilitätsbedürfnisse der Kunden antizipiert oder geformt werden. Die zukünftige Rollenverteilung von Akteuren im Downstream-Bereich der elektromobilen Wertschöpfungskette kann völlig neu definiert werden, wie Abb. 4.12 und 4.13 zeigt.

Gerade im endkundennahen Wertschöpfungsbereich haben Unternehmen der Informations- und Kommunikationstechnologie eine besondere Funktion, da sie für die Sammlung und Vernetzung der Daten und Informationen entscheidend sind. Ob sich, wie im Bereich der mobilen Kommunikation, Dienstleister wie etwa Tchibo im Energiehandel etablieren können, hängt wesentlich von den Marktbarrieren ab, die Energieversorger errichten können (Abb. 4.14).

Die Desintegration der automobilen Wertschöpfungskette und gleichzeitige Integrationsnotwendigkeit neuer Mobilitätsdienstleistungen eröffnet für alle beteiligten Akteure Möglichkeiten der Wertschöpfungsverbreiterung. Automobilproduzenten bewegen sich vertikal upstream und downstream. Nicht nur Kooperationen mit großen Zulieferern und Batterieherstellern, sondern auch Investitionen in regenerative Energieerzeugung sind Bestandteile des neuen Portfolios. Für Unternehmen der Energieversorgung ist eine Downstream-übergreifende Wertschöpfung nahe liegend. Neue, innovative Akteure haben das Potenzial, einzelne Wertschöpfungsaktivitäten in die Tiefe zu entwickeln oder auch wertschöpfungsübergreifend tätig zu werden (z. B. Tesla).

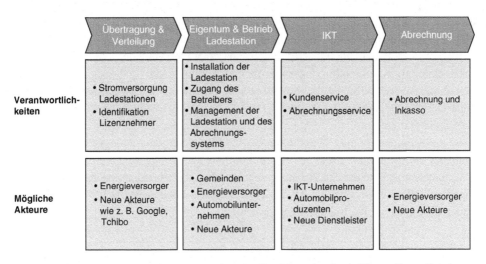

Abb. 4.13 Akteure im Downstream der elektromobilen Wertschöpfung. (Eigene Darstellung)

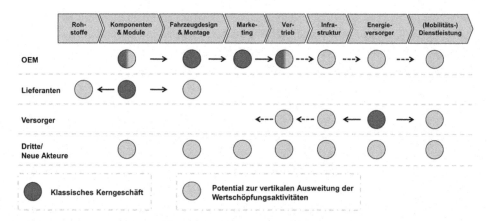

Abb. 4.14 Vertikale Integrationsmöglichkeiten für Akteure im Markt für Elektromobilität. (Eigene Darstellung in Anlehnung an Valentine-Urbschat und Bernhart 2009)

4.3 Geschäftsmodelle der Elektromobilität

Ein Modell ist die abstrakte Darstellung der Wirklichkeit, die sich aus Einzelelementen und deren Verknüpfungen zusammensetzt. Ein Geschäftsmodell ist demnach eine abstrahierte Darstellung der Funktionsweise eines Geschäfts. Grundlage eines Geschäftsmodells ist das Wertschöpfungsmodell. Werden wie im Fall der Elektromobilität integrierte Wertketten dekonstruiert, lösen sich ehemals fest verbundene Elemente der Kette voneinander (Abb. 4.15). An ihren Grenzen wird ein Übergang in neue Geschäftsfelder möglich. (Müller-Stewens und Lechner 2003) Grundsätzlich werden drei Elemente für eine methodische Darstellung des Geschäftsmodells genutzt: Nutzenversprechen, Wertschöpfungsarchitektur und Ertragsmodell Timmers 1998)

Erweiterte Geschäftsmodelle resultieren aus einem verbreiterten Nutzenversprechen meist etablierte Automobilproduzenten, die ihre Aktivitäten up- und insbesondere downstream der Wertschöpfungskette verstärken und ihre Ertragsmodell entsprechend anpassen. Der Kundennutzen wird durch zusätzliche Dienstleistungsangebote erhöht. Je umfassender dieses zusätzliche Angebot gestaltet wird, desto höher ist der Einfluss auf die Gesamtpositionierung des Unternehmens bis hin zu einem ökologisch-nachhaltigen Anbieter von Mobilität. Diese schleichende Strategieänderung verändert sukzessive die Ressourcenallokation und das Markenverständnis eines Automobilproduzenten. Mit zunehmender Aktivität in neuen Geschäftsfeldern der elektromobilen Wertschöpfungskette verändert sich auch die Wertschöpfungsarchitektur.

4.3.1 Geschäftsmodelloptionen

Im Zentrum eines Geschäftsmodells steht der Kundennutzen. Im herkömmlichen automobilen Geschäftsmodell ist das Nutzenversprechen, ein Automobil mit den vom Kunden

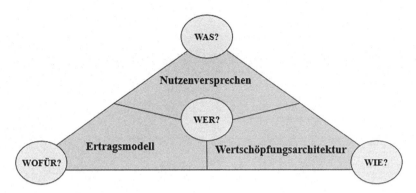

Abb. 4.15 Magisches Dreieck der Dimensionen eines Geschäftsmodells. (Eigene Darstellung in Anlehnung an Frankenberger et al. 2013)

gewählten qualitativen und sonstigen Eigenschaften gegen einen zuvor vereinbarten Preis zur Verfügung zu stellen. Der Produzent liefert dem Endkunden ein spezifisches Produkt und macht bezüglich Reparatur und Wartung Angebote, die vom Kunden individuell gewählt werden. Das Elektromobilitätssystem erfordert ein erweitertes Nutzenversprechen, wobei die involvierten Akteure im Rahmen ihres Geschäftsmodells entscheiden, welche integralen Bestandteile sie zum Teil ihres Nutzenversprechens machen. Kunden entscheiden wiederum, in welchem Umfang sie reine Mobilitätsdienstleistungen in Anspruch nehmen oder aber ein Eigentum an einem Produkt erwerben. Relevant ist das Preisbewusstsein, denn das Fahren eines Elektrofahrzeugs darf in einer wahrgenommenen Kosten-Nutzen-Rechnung nie schlechter abschneiden als eine Fahrt mit einem Automobil mit Verbrennungsmotor. Die Kosten insbesondere der Batterie noch hoch. Finanzierungs- und Leasingkonzepte können zur Risikominimierung beitragen. Des Weiteren muss die Mobilität des Kunden stets gewährleistet sein. Deshalb spielen neben Kriterien der Reichweite auch Verfügbarkeits- und Versorgungssicherheit eine Rolle für den Kunden – bei gleichen bzw. gehobenen Flexibilitätsansprüchen. Ein weiterer wichtiger Kundennutzen resultiert aus der Weiterentwicklung von Informationssystemen: das Bedürfnis nach Kommunikation und Information sowie die Systemsicherheit und -stabilität.

Eine Übersicht über grundsätzliche Geschäftsmodelle und die damit verbundenen direkten bzw. indirekten Nutzen für den Endkunden ist in Abb. 4.16 zusammengestellt. In der Darstellung werden zusätzlich potenzielle Wettbewerber identifiziert, die neben den etablierten und für das spezifische Modell als sinnvoll erachteten fokalen Organisationen gute Chancen haben, das entsprechende Geschäftsmodell auszuführen und sich zu positionieren.

Zusätzlich zu diesen grundsätzlichen Geschäftsmodellen gibt es eine Vielzahl von Varianten mit Fokus auf infrastrukturspezifischen Angeboten wie etwa das Hochleistungsladen, Induktive Ladung, Werbung auf Ladesäulen oder mit Fokus auf systemischen Angeboten wie etwa von Intermediären zwischen Infrastrukturanbietern und Abrechnungsdienstleistern.

Geschäftsmodell	Direkte oder indirekter Kundennutzen	Fokale Organisation	Potentielle Wettbewerber
E-Carsharing	Preisregulativ, Transportflexibilität	Automobilhersteller, etablierte Carsharing-Dienstleister	Verkehrsunternehmen
Neuartige Finanzierungs- und Leasingkonzepte	Risikooptimierung, Preisregulativ	Finanzdienstleister, Miet- und Leasinggesellschaften	Autobanken, Spezialisten
E-Flottenkonzept	Preisregulativ, Wartungsarmut, Flexible Einsatzbereiche	Automobilersteller, etablierte Flottenbetreiber	Fahrzeugspezialisten, Verkehrsunternehmen
Multimodaler Transport	Versorgungs-, Verfügbarkeitssicherheit, Transportflexibilität	Verkehrsunternehmen, ÖPNV, Airlines, Park&Ride	Automobilhersteller
Infrastruktur mit direkter Abrechnung	Versorgung, Sicherheit, Flexibilität	Verschiedene	Verschiedene
Energiemanagementsysteme	Energiekostensenkung, -stabilität, Versorgungssicherheit	Große und kommunale Energieversorger	Zulieferer, IKT-Unternehmen, große Softwareunternehmen
Spezifische IT-Dienste	Informations-, Systems- und Verfügbarkeitssicherheit	IT- und Telekommunikationsunternehmen, Zulieferer	Automobilhersteller, Energieversorger, Dienstleister
Green Services	Versorgungs- und Verfügbarkeitssicherheit, Preisstabilität	Große und kommunale Energieversorger	Automobilhersteller, Dienstleister
E-Roaming	Versorgungs- und Verfügbarkeitssicherheit	Clearinggesellschaft, Dienstleister	Energieversorger

Abb. 4.16 Übersicht Geschäftsmodelle. (Eigene Abbildung)

4.3.1.1 E-Carsharing

Ein aufsteigendes Geschäftsmodell, um die Mobilitätsbedürfnisse der Kunden zu befriedigen, ist das Carsharing. Dabei steht die Fahrzeugnutzung und nicht der Fahrzeugbesitz im Vordergrund. Das E-Carsharing ist eine Weiterentwicklung des klassischen Geschäftsmodells mit Verbrennungsmotor. Mit Hilfe dieses Modells kann ein einfacher und günstiger Zugang zu einem neuen Fahrerlebnis in Ballungsgebieten gewährt werden, das gleichzeitig eine transportable Flexibilität der Nutzer erlaubt.

Beim E-Carsharing wird eine Elektrofahrzeugflotte einem organisierten Nutzerkreis auf Zeit zur Verfügung gestellt. Der Flottenbetreiber ist für Wartung, Pflege und evtl. anfallende Reparaturen zuständig. Des Weiteren trägt er die Steuern sowie Versicherungs-, Reparatur- und Stromkosten. Die Dienstleistung der zeitweiligen Nutzung des Fahrzeugs wird über ein Entgelt abgerechnet, das sich nach dem Pay-per-Use-Ansatz richtet. Im Vergleich zu einer vollständigen Fahrzeugfinanzierung fallen für den Kunden dadurch weniger individuelle Kosten an, insbesondere wenn er das Fahrzeug nur zu spontanen Mobilitätszwecken innerhalb eines Ballungsgebietes nutzt. Die flexible Kostenstruktur ermöglicht darüber hinaus, dass der Kunde durch einen Mobilitätsverzicht einen direkten monetären Nutzen hat. Das Konzept ähnelt dem Mietfahrzeuggeschäft, unterscheidet sich jedoch darin, dass vor jeder Anmietung ein langfristiger Rahmenmietvertrag anstatt eines zyklischen Vertrags geschlossen wird. Dadurch wird die kurzfristige Mietung realisierbar. Außerdem wird Carsharing in Halbstunden- oder Stundenintervallen abgerechnet, während ein Fahrzeugmietvertrag meist über einen längeren Zeitraum wie bspw. einen Tag abgeschlossen wird.

Für die Elektromobilität ist dieses Geschäftsmodell vor allem für Ballungsräume und Megastädte geeignet, denn für den Einsatz in urbanen Zentren reicht die Reichweite eines Elektrofahrzeugs. Die Elektrofahrzeuge werden an viel frequentierten Orten wie Flughäfen oder Hauptbahnhöfen auf festen Parkplätzen mit entsprechenden Ladeinstallationen bereitgestellt und können via Internet und Smartphone geortet, auf Verfügbarkeit geprüft und gemietet werden.

Klassische Geschäftsmodellbetreiber auf dem Markt für E-Carsharing sind Autovermietungen wie bspw. Sixt oder Europcar sowie schon existente Carsharing-Anbieter für Fahrzeuge mit Verbrennungsmotor. Ein Beispiel für einen solchen Anbieter ist das schon im Jahr 2000 gegründete US-amerikanische Unternehmen ZipCar. Nach der erfolgreichen Pilot-Einführung einer Plug-in-Hybrid-Flotte in ausgewählten Städten möchte ZipCar das ambitionierte Konzept auf weitere Städte in den USA ausweiten. Auch Expansionen durch Akquisitionen ins europäische Ausland sind geplant. Dort sind zurzeit Automobilhersteller wie Daimler, Renault und VW mit ihren Carsharing-Angeboten präsent, die ihre Konzepte sukzessive in urbanen Zentren einführen. Erfolgsentscheidend auf dem europäischen Markt für Carsharing scheint zurzeit zu sein, wer sich als Erster in einem Ballungszentrum positionieren und dort zukünftig als monopolistischer Anbieter für Mobilität agieren kann. Im Geschäftsmodell des E-Carsharings konkurrieren also insbesondere etablierte Automobilhersteller mit ihren am Downstream orientierten Organisationseinheiten mit Dienstleistungsunternehmen wie Autovermietungen sowie spezialisierten neuen Akteuren.

4.3.1.2 Neuartige Finanzierungs- und Leasingkonzepte

Durch die komplexe Kostenstruktur bei Elektromobilen, in erster Linie verursacht durch die hohen Entwicklungs- und Produktionskosten der Traktionsbatterie, wird der Downstream-Wertschöpfungsteil der Finanzierungs- und Leasingkonzepte zu einem wichtigen Bestandteil innerhalb der neuen Geschäftsmodelle der Elektromobilität. Fahrzeugfinanzierung und -leasing sind klassische Vertriebswerkzeuge für Automobilhersteller, die durch Autobanken oder davon entkoppelte Finanzdienstleister wie etwa Leasinggesellschaften genutzt werden. Ein Beispiel für ein solches Geschäftsmodell ist, dass die Nutzungsrechte der teuren Traktionsbatterie losgelöst vom eigentlichen Fahrzeug über einen Leasingvertrag erworben werden. Der direkte Kundennutzen liegt dabei in der Risikominimierung, da der Leasinggeber rechtlicher Eigentümer der Batterie bleibt, somit auch Wartungs- und Reparaturleistungen übernimmt und für den evtl. Austausch und die Entsorgung der Batterie zuständig ist. (Wallentowitz et al. 2011) Dieses Modell funktioniert auch in Kombination mit der Fahrzeugfinanzierung und dem Fahrzeugleasing. So kann ein Anbieter etwa ein Elektroauto zum Verkauf (bar oder finanziert) anbieten und gleichzeitig als Leasinggeber der Batterie auftreten. Die Kaufbarriere für den Konsumenten wird dadurch erheblich gesenkt, sodass eine breitere Kundenschicht angesprochen wird. Die Disaggregation der Gesamtfahrzeugkosten zu bezahlbaren Mobilitätseinheiten mit Elektroautos wird oft als das Geschäftsmodell „Better Place" (2011) bezeichnet. Dabei soll der Kunde die Batterie an Wechselstationen schnell tauschen können, um sofort weiterzufahren. Die Ladeinfrastruktur wird durch das Unternehmen selbst gestellt, was einerseits ein enormes Investitionspotenzial bedingt und andererseits die Kunden zwingt, ihr Elektroautomobil an genau diesen Stationen aufzuladen. Ein innovatives Abrechnungssystem zählt, ähnlich wie in der Mobilfunkindustrie, nach gefahrenem Kilometer und nicht nach der Menge des aufgeladenen Stroms. Ein positiver Nebeneffekt des schnellen Austauschs der Batterie ist die virtuelle Reichweitenverlängerung, vorausgesetzt, entlang der gefahrenen Strecke liegen genug Wechselstationen.

Dem Kunden eine glaubhafte Strategie des Geschäftsmodells zu vermitteln, ist von zentraler Bedeutung und muss zum fokalen Instrument der etablierten Teilnehmer der Wertschöpfungskette Elektromobilität werden. Diese können auch die mit den risikobehafteten Geschäften einhergehenden hohen Investitionskosten tragen. Automobilherstellern oder Energieversorgungsunternehmen steht somit der Zugang zu den neuen Geschäftsmodellen im Dienstleistungsbereich der neuen Finanzierungs- und Leasingkonzepte offen. Nur muss der Weg dorthin durch entsprechendes Branding innovativ und kundenorientiert gestaltet werden.

4.3.1.3 E-Flottenkonzept

Auch das Flottenkonzept ist grundsätzlich ein Geschäftsmodell, das den Automobilherstellern downstream bekannt ist. Die Eignung dieses Modells für den Bereich der Elektromobilität erhöht sich durch die Tatsache, dass gerade das rein elektrisch betriebene Automobil für hoch frequentierte Fahrten mit geringer Reichweite innerhalb von Ballungszentren einsetzbar ist. Zielgruppen sind im gesamten Stadtverkehr insbesondere im Bereich der Nutzfahrzeuge zu finden. Innerstädtische Lieferdienste, Service- oder Handwerksbetriebe, kommunale Fuhrparks und Taxis gehören dazu. Eine Umrüstung oder Neugestaltung kommunaler Flotten sowie Taxis etwa wird die Sichtbarkeit in Städten erheblich erhöhen. Innovative Flottenkonzepte sollten sich darüber hinaus von Geschäftsmodellen mit Verbrennungsmotoren unterscheiden. So können Fuhrparks mit Elektromotoren bspw. dort eingesetzt werden, wo Fahrzeuge mit Geräusch- oder CO_2-Emissionen nicht eingesetzt werden können oder nicht erwünscht sind, so etwa in Hallen und Gebäuden, Naturschutzgebieten, Zoo- und Grünanlagen, auf Flughäfen, im Bergbau oder in Fußgängerzonen.

Außerdem muss ein effektives Flottenmanagement die Verfügbarkeit, Zuverlässigkeit und Flexibilität im Sinne des Kundennutzens sicherstellen. Elektrofahrzeuge können diesen Bedarf im urbanen Raum durch ihre hohe Wartungsarmut decken. Als weiteren Kundennutzen kann der Imageeffekt für gewerbliche Fuhrparks angesehen werden. Durch eine Nutzung von E-Flottenfahrzeugen wird eine Unternehmensstrategie, die für Umweltschutz und Nachhaltigkeit steht, unterstützt.

Die klassischen Betreiber des Geschäftsmodells Flottenkonzept sind die Automobilhersteller selber sowie Fuhrparkbetreiber wie etwa Europcar oder Sixt, die gleichzeitig im Dienstleistungsbereich der Autovermietungen tätig sind. Elektrofahrzeugspezialisten können den gewerblichen Endkunden mit einem Full-Service-Gesamtflottenkonzept erreichen, indem sie kundenspezifische Lösungen bereitstellen, die dem Kunden die gewünschte

Mobilität in dem von ihm gesteckten Rahmen bieten. Die Amortisationsdauer von viel genutzten Elektrofahrzeugen muss dabei unter der von Automobilen mit Verbrennungsmotor liegen. Dies setzt in erster Linie einen deutlich geringeren Preis pro Kilometer bei Elektrofahrzeugen voraus. Auch hier ist die Risikoübernahme durch einen Rahmenvertrag mit einem konstanten Preis pro Kilometer durchaus möglich. Die Finanzierungs- und Leasingkonzepte spielen demnach auch beim E-Flottenkonzept eine große Rolle bei der Entscheidung für oder gegen einen Fuhrpark mit Elektrofahrzeugen.

4.3.1.4 Multimodaler Transport

Das Geschäftsmodell des multimodalen Transports zielt auf den integrierten Mobilitätsansatz als Bestandteil des öffentlichen Verkehrs in Ballungsräumen ab. Die Zielgruppe dieses Geschäftsmodells sind die „Multimodalen", eine Nutzergruppe, die in der Mobilitätsforschung schon seit einigen Jahren definiert ist. Diese Personen kombinieren auf einer Wegstrecke oder auf mehreren Wegen im Laufe einer Woche verschiedene Verkehrsmittel (Canzler et al. 2007). Der multimodale Transport stellt dementsprechend das System für diese Form der integrierten Mobilität bereit (Abb. 4.17). Eine Übersicht über die möglichen Verkehrsmittel in Abhängigkeit von der zurückgelegten Distanz ist in Abb. 4.18 dargestellt.

Der Nutzer eines multimodalen Transportsystems kann auf verschiedene Verkehrsmittel zugreifen und sie als Alternative und in Kombination zu dem ggfs. vorhandenen Privatauto auswählen (vgl. Abschn. 3.1). Dabei schließt das E-Carsharing die Lücke im motorisierten Individualverkehr innerhalb urbaner Zentren und ist eine Ergänzung zum öffentlichen Nahverkehr. Die innerstädtischen Nutzungsszenarien der Verkehrsmittel kompensieren darüber hinaus die noch kurzen Reichweiten und langen Ladezeiten von Elektrofahrzeugen. Eine natürliche Reichweitenverlängerung wird durch den Einsatz von Intercity-Zügen und -Bussen garantiert. Bei der Mikromobilität wird eine Vergrößerung der Akzeptanz von Verkehrsmitteln wie Fahrrädern, Pedelecs und Elektromotorrollern erwartet. (Kalmbach et al. 2011)

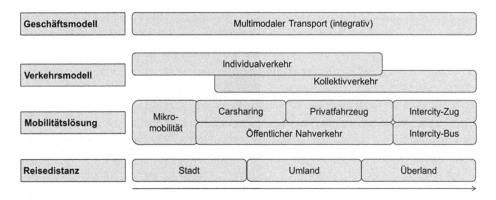

Abb. 4.17 Integration von multimodalen Mobilitätslösungen. (Eigene Abbildung)

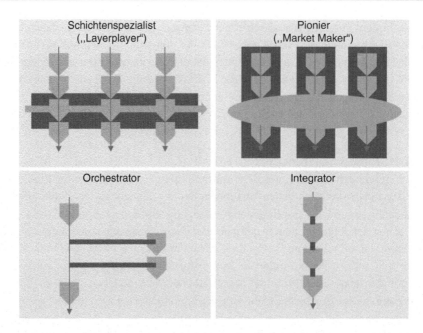

Abb. 4.18 Wertschöpfungsarchitekturen. (Eigene Darstellung in Anlehnung an Müller-Stewens und Lechner 2003)

Langfristig gesehen vereint dieses Geschäftsmodell die meisten der angesprochenen Kundenbedürfnisse und bietet eine weitere Lösung für den grenzenlosen Einsatz von Elektrofahrzeugen innerhalb des Stadtverkehrs. Es orientiert sich an der Maxime, dass der Kunde ein Mobilitätsangebot aus einer Hand fordert. Das Benutzen eines Verkehrsmittels muss deshalb einen direkten finanziellen Gegenwert haben, den der Kunde im Vergleich zur entgegengenommenen Leistung (Transport von Standort zu Ziel) abwägen und bewerten kann (PWC 2010). Individuell muss er entscheiden können, welches Verkehrsmittel oder welche Kombination von Verkehrsmitteln er wählt. Aus diesem Grund geht das Geschäftsmodell des multimodalen Transports über das Angebot der Nutzung von Elektrofahrzeugen wie der Fahrzeugvermietung oder dem E-Carsharing hinaus. Durch die strategische Standortwahl der Fahrzeugparkplätze bzw. der Verleihplätze erfolgt eine Eingliederung in das gegebene Raum-sowie Energie- und Mobilitätskonzept der Stadt. Ziel ist es, das multimodale Transportmodell über den bestehenden Kundenkreis der „Multimodalen" hinaus bekannt zu machen und die Schnittstelle zwischen Individual- und Kollektivverkehr zu bedienen. Ein Anreizsystem in urbanen Zentren ist etwa eine Verkürzung der Gesamtreisezeit durch die Verwendung von kostenlosen und konnektivitätsnahen Parkplätzen, die dem integrierten Verkehrsmodell angehören.

Als Betreiber dieses integrativen Geschäftsmodells kommen große Verkehrsbetriebe in Frage wie etwa die Deutsche Bahn. Solche Unternehmen müssen als Mobilitätsdienstleister fungieren und haben den Vorteil, die Verkehrsmittel des Kollektivverkehrs schon zu kontrollieren. Eine Ausweitung auf Mobilitätsangebote des Individualverkehrs muss in urbanen Zentren unmittelbar erfolgen, um den Wettbewerbsvorteil zu erhalten. Denn auch andere Gewerbe, wie bspw. reine Carsharing-Dienstleister oder Automobilhersteller und Mietwagengesellschaften, positionieren sich in diesem Geschäftsmodell. Erfolgskritisch ist der mit dem Angebot verbundene telematische Service für den Kunden, der die vollständige Information über alle relevanten Infrastrukturdaten bereitstellt. Insbesondere die Wechselhürden zwischen den verschiedenen Verkehrsträgern müssen mit Hilfe des Internets und ausgereiften Kommunikations- und Buchungssystemen minimiert werden. So müssen gleichzeitig Applikationen für Mobiltelefone in das Angebot des Geschäftsmodells mit aufgenommen werden, die bspw. über Verfügbarkeit, Park- und Lademöglichkeiten oder den angesprochenen Vergleich von Fahrtzeiten und Kosten von verschiedenen Verkehrswegen Auskunft geben. Die notwendige Existenz einer softwareunterstützten Vernetzung bringt auch Software- und Telekommunikationsunternehmen in das komplexe Modell mit ein. Sie können sich langfristig als Koordinator oder Systemintegrator dieses Geschäftsmodells positionieren.

4.3.1.5 Optionale Bausteine eines integrierten Mobilitätsangebots

Nachdem die wichtigsten neuen Geschäftsmodelle der Elektromobilität vorgestellt wurden, soll nun auf einzelne optionale Bausteine für diese Geschäftsmodelle eingegangen werden. Diese resultieren größtenteils aus den spezifischen Anforderungen der Kunden an Angebote in Verbindung mit Elektromobilität.

Die parallele Weiterentwicklung des Wunsches nach grenzenloser und intelligenter Kommunikation und Information bietet Ansatzpunkte für Unternehmen der Telekommunikationsbranche. Der notwendige technische Fortschritt bei kundenfreundlichen, informationstechnischen Systemen impliziert Chancen für Unternehmen wie etwa Apple, Deutsche Telekom, SAP oder Siemens. Eine Übersicht über die Aufgaben und Charakteristika der mit der Elektromobilität verbundenen intelligenten Fahrzeug- bzw. Transportsoftware bietet Tab. 4.2.

Ohne einen Anspruch auf Vollständigkeit zu erheben, wird die benötigte Software in drei Schlüsselbereiche unterteilt, welche die bilaterale Datenkommunikation der Elemente der Wertschöpfungskette untereinander und mit dem Kunden zulässt. Neuartige Netz- und Ladesoftware sind Wegbereiter für ein intelligenteres Netz, *Smart Grid,* für Energieversorgungsunternehmen eine notwendige Voraussetzung für die wirtschaftliche, effiziente und sichere Integration von erneuerbaren Energien und damit für die Netzintegrität von Elektrofahrzeugen. Die Software unterstützt die Netzauslastungsplanung und -steuerung (bspw. via Vehicle-to-Grid) und das Kommunikationsmanagement zwischen Elektrofahrzeug und Stromnetz. Zusätzlich entstehen neuartige Energiemanagementsysteme nahe am Kunden, wie etwa *Smart Metering* (Messung des tatsächlichen Energieverbrauchs und Kostenanzeige) oder das *Smart Home System* (Einbindung eines intelligent gesteuerten Energiesystems in Haushalte). Die Kundensoftware bedient den informellen Nutzen, der weit über das Bedürfnis nach geringen Kosten und Risiken oder nachhaltiger Mobilität hinausgeht. So muss das Fahrzeug in den öffentlichen Transport integriert werden. Eine Softwareplattform, bspw. auf dem Mobiltelefon oder innerhalb des Fahrzeugs

Tab. 4.2 Funktionsanforderungen an intelligente Fahrzeug- und Transportsoftware. (Eigene Darstellung)

Netzsoftware	• Messung und Management der Elektrizitätsnachfrage • Erfassung der Anzahl an Elektrofahrzeugen am Stromnetz • Unterstützung bei der Netzwerkplanung • Etc.
Ladesoftware	• Kommunikationsmanagement zwischen Elektrofahrzeug und Netz • Messung und Abgleich von Ladestatus und Netzauslastung • Regelung des konstanten Netzausgleichs und Rückspeisung in das Netz (Vehicle-to-Grid) • Messung von Stromkonsum • Abrechnung und Roaming • Etc.
Kundensoftware	• Ladefunktionen (Start/Stop, Status, Nachtstromnutzung) • Fahrzeuginformationen (Restreichweite, Navigation) • Verfügbarkeit, Lokalisierung und Reservierung von Ladeinfrastruktur oder Fahrzeugen • Reise-, Verkehrs- und Unfallinformationen • Elektronische Bezahlsysteme • Transitmanagement für multimodale Transportmöglichkeiten • Eco-Routing • Etc.

selbst, stellt dem Kunden alle Informationen rund um den effektiven Gebrauch, die Bezahlung und die Verfügbarkeit bereit. Art und Umfang der Kundensoftware sind grundsätzlich keine Grenzen gesetzt und müssen sich deutlich am Nutzungsverhalten der Kunden orientieren. Die Unternehmen der Telekommunikations- und Mobilfunkbranche haben in diesem Bereich schon viel Erfahrung sammeln können. Kurze Produktentwicklungszyklen machen den Try-and-Error-Prozess von Geschäftsmodellen in der IT im Gegensatz zur Einführung eines Elektrofahrzeugkonzeptes wesentlich einfacher. Trotzdem sind diese Modelle grundlegende Voraussetzung für Existenz und Funktionsfähigkeit von Elektromobilität im urbanen Raum.

Auch innovative Tarif- und Abrechnungssysteme werden als Bausteine eines integrierten Mobilitätsangebots identifiziert. So existieren Abrechnungsmodelle wie etwa das des Green Service, das ein Elektrizitätstarifpaket für den Privathaushalt und das Elektrofahrzeug aus Ökostrom anbietet. Unternehmensübergreifende Abrechnungsmodelle müssen bei der Elektromobilität genauso gut operieren wie in der Mobilfunkbranche, die auch hier wieder eine Vorreiterfunktion übernimmt. Bei der Nutzung von verschiedenen Netzen über kommunale und nationale Grenzen hinweg muss die Fakturierung trotzdem gebündelt geschehen. Dies wird über das sog. E-Roaming ermöglicht. Die Einrichtung von Roamingzonen und -gebühren muss über die Einrichtung von Clearinggesellschaften erfolgen. Sie sorgen gegen Gebühr für einen automatischen Austausch von E-Roaming-Daten zwischen Abrechnungsstellen. Betreiber eines Clearingmodells arbeiten nah an der Schnittstelle Energieversorgungsunternehmen und Kunde. Deshalb sind es typischerweise die kommunalen und regionalen Energieversorger selbst oder ein Dienstleister, der den Wissensvorteil aus der Mobilfunkbranche mitbringt.

Optionale Bausteine von Geschäftsmodellen sind folglich in Energiemanagementsystemen, spezifischen IT-Diensten, Green Services oder in Verbindung mit innovativen Abrechnungssystemen wie etwa E-Roaming zu finden. Sie befriedigen die erweiterten Kundenbedürfnisse an den Nahtstellen eines integrativen Angebots für Elektromobilität und sind daher ein wesentlicher Bestandteil der meisten kundennahen, kooperativen Geschäftsformen.

4.3.2 Wertschöpfungsarchitekturen

Der Wettbewerb innerhalb klassischer Industriegrenzen verschiebt sich und mündet langfristig in einen Wettbewerb der Wertschöpfungsarchitekturen. Generell werden vier Typen unterschieden:

- Der *Schichtenspezialist* konzentriert sich auf eine oder wenige Wertschöpfungsstufen. Er löst diese aus dem Gesamtzusammenhang und nutzt Größen- und Wissensvorteile für eine Expansion in andere Industrien.
- *Pioniere* versuchen, zusätzliche Wertschöpfungsstufen in bestehende Wertketten zu integrieren und diese mit eigenen Standards zu besetzen. Eigene Innovationen werden möglichst in verschiedenen Industrien zur Nutzenstiftung eingesetzt.
- *Orchestratoren* konzentrieren sich auf einzelne Kernelemente der Wertkette (wie etwa Produktentwicklung, Marketing oder Vertrieb), durch die geschickte Koordination mit anderen Wertschöpfungsstufen gelingt ihnen aber ein zusätzlicher Mehrwert.
- *Integratoren* kontrollieren große Teile der Wertkette. Sie müssen einerseits auf jeder Stufe dem Schichtenspezialisten gewachsen sein, andererseits die Schnittstellen so optimal gestalten, dass sie den Orchestratoren nicht unterliegen. (Müller-Stewens und Lechner 2003)

Eine Re-Konfiguration von Wertschöpfungsaktivitäten hängt von der Analyse der eigenen und der angrenzenden und verbundenen Branchen ab, um verbundene Wachstumsfelder und Überlappungen mit bestehenden Wertschöpfungsaktivitäten zu erkennen. Kernfragen der in einem Geschäftsmodell abgebildeten abstrahierten Realität sind inhaltlich grundsätzlich strategisch orientiert. Relevant ist eine konkrete Operationalisierung von strategischen Teilaspekten, die eine Kapitalisierung des Wertschöpfungsmodells erlaubt. Neben den in Abb. 4.19 dargestellten Kernelementen sind dies die Bestimmung der Kooperationspartner und -mechanismen in Abhängigkeit von der Auswahl der Wertschöpfungsaktivitäten (Kooperationsstrategie) sowie die Bestimmung und Entwicklung der Kernkompetenzen.

In der strategischen Wertschöpfungsgestaltung Elektromobilität ist die Entscheidung über die vertikale und horizontale Integration vs. Auslagerung (Desintegration) von enormer

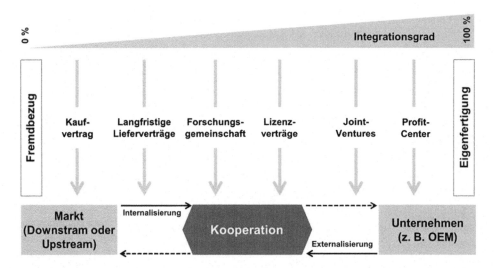

Abb. 4.19 Formen und Grade der Integration. (Eigene Darstellung in Anlehnung an Glaum und Hutzschenreuter 2010)

Bedeutung. Die Integration qualitativ gleichwertiger Wertschöpfungsaktivitäten verändert die Wertschöpfungsbreite, während die vertikale Integration die Wertschöpfungstiefe verändert. Die Auslagerung von Aktivitäten der klassischen Wertschöpfung ist besonders für Automobilhersteller wichtig, da Mittel für Forschung und Entwicklung sowie horizontale Entwicklungen im Bereich Elektromobilität finanziert werden müssen. Die Auflösung der starren Wertschöpfungsbeziehungen in der elektromobilen Wertschöpfung und die systemischen Zusammenhänge treiben vertikale und horizontale Kooperationen dynamisch an.

Um einen möglichst großen Anteil der neuen Wertschöpfungskette Elektromobilität zu kapitalisieren, sind Unternehmen gezwungen, ihre Kompetenzen und ihr Kapital durch Kooperationen zu bündeln. So wird die Fähigkeit, verschiedenartige Kooperationen zu managen, gerade für etablierte Akteure der Automobilwirtschaft entscheidend sein, um moderne Mobilitätsangebote unter traditioneller Marke anzubieten. Über die Intensität der kooperativen Beziehung und damit die Kontrollmöglichkeit entscheidet die gewählte Kooperationsform.

Entwicklungskooperationen und strategische Allianzen zwischen Unternehmen derselben Wertschöpfungsstufe (horizontale Kooperation) zielen meist auf die gemeinsame Entwicklung nicht-markenrelevanter Komponenten. Dabei sollen Verbund- und Skaleneffekte realisiert werden. Durch die Bündelung sich ergänzender Kompetenzen können dabei die vorgegebenen Entwicklungsziele effizienter erreicht werden. Diese Kooperationen sind meist zeitlich und inhaltlich klar definiert, um die Kernkompetenzen der kooperierenden Unternehmen zu schützen.

Ein höherer Formalisierungsgrad wird durch ein gemeinsam neu gegründetes Unternehmen erreicht (sog. Joint-Venture). In einem solchen Joint-Venture werden fachspezifische Kompetenzen meist unterschiedlicher Wertschöpfungsstufen oder Industrien zur gemeinsamen Entwicklung einer neuen Technologie zusammengeführt, die dann auch von diesem neuen Unternehmen vermarktet wird.

4.3.3 Kompetenzgetriebene Kooperationen

Das Wertschöpfungssystem Elektromobilität erfordert eine Vernetzung des Elektrofahrzeugs mit der Batterie, der Ladeinfrastruktur und Mess- bzw. Abrechnungssystemen. Während diese Integration technologiegetrieben ist, vernetzen sich Dienstleistungsunternehmen, um integrierte Mobilitätsbedürfnisse zu befriedigen. Die verschiedenen Akteure kooperieren mit unterschiedlichen Zielsetzungen. Zum einen werden durch die Bündelung verschiedener Kompetenzprofile technologieorientierte Entwicklungen angestrebt. Sie reduziert den nötigen Kapitaleinsatz, kann die Entwicklungszeit verkürzen und externe Kompetenzträger an das eigene Unternehmen binden.

Zum anderen folgen Kooperationen in der Elektromobilwirtschaft dem Ziel, endkundenorientierte Mobilitätsleistungen anbieten zu können. Das Zusammenspiel bisher unabhängiger Akteure erfordert koordinatives Lernen. In Pilotprojekten wurden dafür Erfahrungen gewonnen, wie die Schnittstellen zwischen Automobilherstellern, Energieversorgern, Auto- und Telekommunikationsanbietern und anderen Akteuren optimal gestaltet werden können. Diese marktorientierten Kooperationen spiegeln entstehende Geschäftsmodelle wider. Die folgenden Ausführungen zu Kooperationen beschränken sich deshalb auf kompetenzgetriebene Kooperationen zur neuen Technologie- und Produktentwicklung.

4.3.3.1 Kooperationen von Automobilherstellern

Automobilproduzenten bilden strategische Allianzen, um gemeinsam verbrauchsarme, optimierte, konventionelle und elektrifizierte Antriebe zu entwickeln. Diese horizontalen Kooperationen dienen in erster Linie der Realisierung von Skalen- und Verbundeffekten. Entwicklungsorientierte Kooperationen reduzieren Kapitalbedarf und Entwicklungszeiten, während in der Produktion Skaleneffekte erzielbar sind. Die gemeinsamen Entwicklungen konzentrieren sich auf die Kompaktklasse, sodass Kernkompetenzen für Premiumfahrzeuge erhalten bleiben. Die gewählten Kooperationsformen reichen in Abhängigkeit vom Kooperationsziel von strategischen Allianzen bis zu Gemeinschaftsunternehmen. Daimler und Renault Nissan kooperieren seit Jahren in Bezug auf Elektrofahrzeuge; Renault Nissan liefert den Elektromotor für den Smart, Daimler die Batterie. BMW und PSA arbeiteten Jahre im Bereich von Motoren zusammen. Mit zunehmender Bedeutung von Elektrofahrzeugen für die Wertschöpfung werden diese kooperativen Entwicklungsaktivitäten von Automobilproduzenten im Kernbereich eher zurückgehen und dann im Alleingang fortgesetzt.

Automobilproduzenten können durch Kooperationen mit Zulieferern von deren Knowhow etwa in der Batterietechnik, Elektromotorentechnik und im Leichtbau profitieren. Ziel ist die schnellere Markteinführung von Elektrofahrzeugen und eine Erweiterung der

Wertschöpfung in Wachstumssegmente (insbesondere beim Antriebsstrang). Außerdem ist der Verkauf der gemeinsam entwickelten Produkte an andere Industrien aus Sicht der Automobilbauer eine interessante Möglichkeit, ihr Geschäftsmodell auszuweiten. Aufgrund der strategischen Relevanz ist der Integrationsgrad solcher Kooperationen relativ hoch. Beispiele für Gemeinschaftsunternehmen liefern Daimler-Bosch, VW-Sanyo oder BMW-SGL Carbon. Insbesondere in Bezug auf Kooperationen für Batterietechnologien zeichnet sich aber eine rückläufige Tendenz von inner-europäischen Kooperationen ab, da die Zellenfertigung von asiatischen Anbietern dominiert wird. 71 % der Batterieherstellung konzentrieren sich auf Japan und Südkorea. Es entstehen demzufolge Kooperationen westlicher Automobilproduzenten mit asiatischen Zellanbietern, wie etwa die Kooperation zwischen Daimler und BYD (China). Zudem entwickeln sich Kooperationen in Bezug auf innovative Lademodule und –prozesse. Hier kooperiert z. B. BMW mit Solarwatt in Bezug auf die Entwicklung innovativer Glasmodule für die Batterieladung oder Daimler mit dem Chipspezialisten Qualcomm (USA) in Bezug auf induktive Ladeprozesse für Elektroautos. Tendenziell treibt die zunehmende Bedeutung elektromobiler Wertschöpfung aufgrund der globalen Kompetenz-Verteilung die Kooperation mit außereuropäischen Partnern. Probleme können sich durch die Wettbewerbsverschiebung als Folge geänderter Wertschöpfungsstrukturen ergeben; wenn Automobilproduzenten zukünftig selber als Tier-1-Zulieferer für andere Automobilproduzenten auftreten, ist eine Abgrenzung der Kernkompetenzen schwierig. Kooperationen im endkundennahen Bereich dienen dem Angebot von Ladeinfrastrukturen und intelligenten Abrechnungssystemen, sowie auch einer besseren Verbreitung von E-Fahrzeugen.

Beteiligungen an neuen Akteuren (bspw. bei Daimler an Tesla) wurden initiiert, um deren Innovationskraft in den eigenen Ressourcenpool aufzunehmen. Zudem erleichtert eine Kooperation die Beobachtung der Anbieter von Elektrofahrzeugen, die ohne die Kompetenz großer Fahrzeugbauer auskommen. Diese Kooperationen gelingen meist nur über Beteiligungen, da innovative und junge Unternehmen neue Finanzquellen erschließen müssen. Es etablieren sich auch ganz neue Produktionsnetzwerke im Bereich der Elektromobilität, ein Beispiel hierfür liefert 2010 in Aachen zur Entwicklung und Produktion von Elektrofahrzeugen gegründete Streetscooter GmbH. Die Herausforderung, Wissen aus unterschiedlichen Industrien zu bündeln und den Herausforderungen einer Kleinserienproduktion in einem noch jungen Markt zu entsprechen hat zu einem eigenen Netzwerkverständnis sowie neuen Management- und Organisationsansätzen geführt. Einige Akteure aus Wissenschaft und Industrie haben in dezentralen Konfigurationsstrukturen einen flexiblen Ansatz für Elektrofahrzeuge gezeigt. Durch die Partizipation der Akteure – im Gegensatz zu hierarchisch kommunizierten Standard-Spezifizierungen entfaltet ein Netzwerk sein Innovationspotenzial in höherem Maße. Die Streetscooter GmbH wurde Ende 2014 an die Deutsche Post AG verkauft (Abb. 4.20 und 4.21).

Große Zulieferer kooperieren mit bisher branchenfernen Unternehmen, um ihre Kompetenzen und ihre Marktposition im Bereich elektronischer Systeme und Batteriesysteme zu stärken. Da der Anspruch an die Fahrzeugtechnik und das Wertschöpfungspotenzial bei elektronischen Systemen und dem elektrifizierten Antriebsstrang zunimmt, können sie

4 Geschäftsmodelle entlang der elektromobilen Wertschöpfungskette

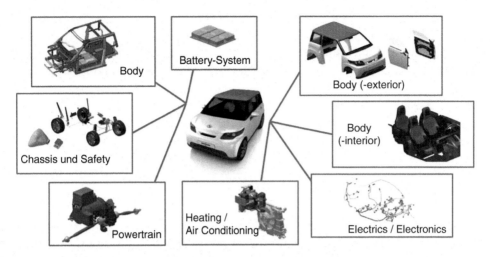

Abb. 4.20 Elemente des Return on Engineering Ansatzes (Kampker 2014)

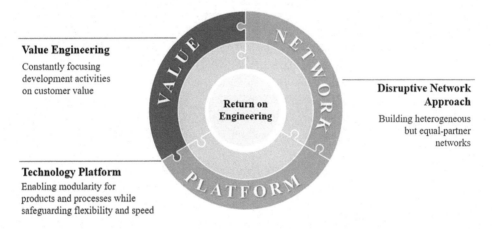

Abb. 4.21 Grobe Komponentenübersicht eines E-Fahrzeuges. (Darstellung: Streetscooter GmbH)

unabhängig von Fahrzeugproduzenten ihren Wertschöpfungsanteil verbreitern und vertiefen. Bosch und Samsung hatten ein Gemeinschaftsunternehmen gegründet, das die Entwicklung, Fertigung und den Vertrieb von Lithium-Ionen-Batteriesystemen für den Einsatz in Hybrid- und Elektrofahrzeugen zum Ziel hatte. Dieses Joint Venture wurde aufgrund unterschiedlicher Geschäftsauffassungen beendet. Bosch hat in seinem Projekthaus Hybrid bereits umfassendes Know-how etwa in den Bereichen Leistungselektronik, Batteriemanagement, elektrische Maschinen, Getriebe oder Gleichspannungswandler aufgebaut. Durch ihre Kooperation mit Automobilproduzenten stärken insbesondere Batterieproduzenten ihre Wertschöpfungsposition downstream oder erweitern ihr Geschäftsmodell in andere Industrien.

Die Infineon Technologies AG und die RWE Effizienz GmbH, ein Tochterunternehmen der RWE AG, etablierten Ladestationen für Elektrofahrzeuge in Warstein, einem der Produktions- und Entwicklungsstandorte von Infineon. Hier entwickelt und fertigt das IT-Unternehmen innovative Leistungshalbleiter für industrielle und automobile Anwendungen, u. a. auch für den Antriebsstrang von Hybrid- und Elektrofahrzeugen. Halbleiterlösungen können helfen, die Kosten für Antrieb und Elektronik zu senken und die Energieeffizienz des Gesamtsystems zu erhöhen. Auch bei der Ladeinfrastruktur und für das Thema Smart Grid werden Halbleiterlösungen benötigt. Sensoren, Mikrocontroller und Leistungshalbleiter des Unternehmens spielen eine zentrale Rolle bei der Gewinnung, Übertragung und Einspeisung von Energie in die Batterien sowie der Rückspeisung ins Netz.

4.3.3.2 Kooperationen von Energieversorgungsunternehmen

Unternehmen der Energieversorgung müssen ihre Wertschöpfung über die Bereitstellung der Infrastruktur hinaus erweitern, um kostendeckend bzw. mit Gewinn zu operieren. Im Wesentlichen werden produkt- bzw. technologiebezogene Entwicklungskooperationen zur Herstellung und Standardisierung von Ladesystemen initiiert und Projektkooperationen zum Aufbau von Ladestationen geschlossen (wie etwa mit Infineon). RWE kooperiert mit einer Reihe unterschiedlicher Unternehmen zum Aufbau von Ladestationen, neuerdings auch mit der Tochtergesellschaft des Konkurrenten Eon (Uniper). In Deutschland kooperierten Energieversorgungsunternehmen darüber hinaus auch innerhalb der von der Nationalen Plattform Elektromobilität geförderten Modellregionen. Beispielsweise kooperiert E.ON in der Modellregion München mit Audi, den Stadtwerken München (SWM) und der Technischen Universität München (TUM). Hier wurden in erster Linie Erkenntnisse bei der Datenübertragung zwischen Fahrer, Fahrzeug, Stromtankstelle und Stromnetz gewonnen.

Zugleich kooperieren Energieversorgungsunternehmen mit einer Reihe von anderen Mobilitätsanbietern, um Ihre Position im Rahmen eines integrierten Mobilitätsangebotes zu stärken. Energieversorgungsunternehmen beschränken sich bisher weitgehend auf kompetenzgetriebene Kooperationen im Downstream der elektromobilen Wertschöpfungskette.

Gemeinsame Wertschöpfung wird in der Fortentwicklung von Elektromobilität also in noch stärkerer Zusammenarbeit durchgeführt, als dies schon heute der Fall ist. Ein stark vernetztes Wertschöpfungssystem der Elektromobilität entsteht. Den Kernkompetenzen der verschiedenen Akteure entsprechend ist die Wahrscheinlichkeit hoch, dass Automobilproduzenten als sog. Mega-OEMs eine Systemintegration anstreben, sich also durch Kooperationen wertschöpfungsübergreifend positionieren. Energieversorgungsunternehmen versuchen, durch Kooperationen das Infrastrukturgeschäft für sich zu sichern und das Endkundengeschäft auszuweiten. Automobilzulieferer streben einerseits den weiteren Ausbau ihres Wertschöpfungsanteils an. Andererseits nutzen sie aber auch die entstehenden Chancen einer veränderten Wertschöpfungsstruktur, um sich als „Schichtenspezialisten" mit anderen Industrien zu vernetzen und in diese vorzudringen.

4.3.3.3 Wertschöpfungs- und kompetenzgetriebenes Kooperationsraster

Die Motivation von Kooperationen liegt vornehmlich in den Bestandteilen Wertschöpfung, Gewinn und Eigenleistungskosten. Beteiligte einer Kooperation erhoffen sich, die eigene Kostenstruktur zu verbessern oder den Gewinn zu erhöhen. In der automobilen Wertschöpfungskette stellt sich dies upstream mit der Hoffnung auf Kostensenkungen und verkürzte Entwicklungszeiten dar. Ein Beispiel dafür sind die strategischen Kooperationen von Automobilproduzenten. Hier werden Synergiepotenziale gehoben und Entwicklungskosten geteilt. Ebenso gilt dies für Kooperationen über Wertschöpfungsstufen hinweg, wie etwa in Joint-Ventures von Hersteller-Zulieferer. Downstream rechtfertigen sich Kooperationen hauptsächlich mit Gewinnerzielungsabsichten. Bei der elektromobilen Wertschöpfungskette bilden diese Kooperationen neue partnerschaftliche Geschäftsmodelle. Meist ist das Ziel eine Expansion der eigenen Geschäftsfeldkompetenzen unter Ausnutzung von Synergieeffekten.

Nachfolgend sind auszugsweise kooperative Aktivitäten von Daimler und RWE entlang der Wertschöpfungskette aufgezeigt, die durch das Thema Elektromobilität entstanden sind.

Erkennbar ist in Abb. 4.22, dass neue ungewohnte Kooperationsraster eher downstream der elektromobilen Wertschöpfungskette auftreten. Kooperationen wie etwa zwischen RWE und der Deutschen Bahn oder zwischen Fahrzeughersteller und Autovermietungen weisen darauf hin, dass die kapitalstarken Akteure der Elektromobilität versuchen, die endkundennahen

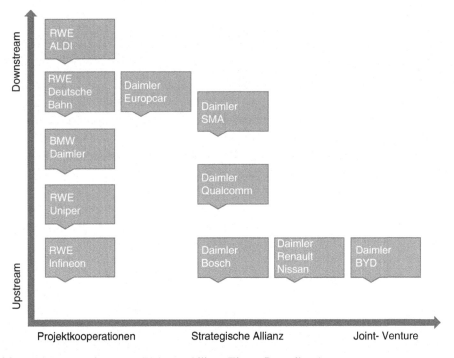

Abb. 4.22 Kooperationsraster Elektromobilität. (Eigene Darstellung)

Potenziale zu nutzen. Abgesehen davon, wie intensiv sich die Teilnehmer auf die Kooperation einlassen, wird deutlich, dass sich neue Geschäftsmodelle, die durch die Elektromobilität entstehen, in diesem Bereich der Wertschöpfungskette ausprägen. Dies ist auch Ansatz des folgenden Kapitels, das sich mit den veränderten, angepassten und neuen Geschäftsmodellen im Downstream-Bereich der Wertschöpfungskonfiguration beschäftigt. (noch anpassen)

Weit über diese bilateralen Kooperationen hinaus gehen industrieübergreifende Forschungsprojekte sowie auch innovative Produktionsnetzwerke in der Elektromobilität.

In dem vom Bundesministerium für Bildung und Forschung (BMBF) geförderten Forschungsprojekt „Luftstrom" kooperieren 12 Partner aus der deutschen Automobilindustrie und der Wissenschaft. Durch den Einsatz neuer Leistungshalbleiter soll das Laden verlustärmer und z. B. durch kompaktere Kühlaggregate annähernd geräuschlos möglich werden. Entlang der automobilen Wertschöpfungskette arbeiten hier verschiedene Universitäten und Forschungsinstitutionen mit Unternehmen wie beispielsweise BMW AG, Daimler AG, Infineon Technologie AG, Siemens AG und Robert Bosch GmbH zusammen. Das Projekt wird von Infineon geleitet. Ähnliche Partner arbeiten in einem ebenfalls vom BMBF geförderten Projekt „HV-Modal" zusammen, um durch vermehrten Einsatz von Bauteilen Produktionskosten zu senken. Ziel ist es, ein Baukastensystem zu entwickeln, das sich für verschiedene Motoren unterschiedlicher Hersteller eignet. Diese industrieübergreifenden Kooperationen zeigen, dass Wettbewerb in Zukunftsfeldern netzwerkgetrieben ist und klassische Wettbewerbsstrukturen durchlässiger werden.

4.3.4 Neue Geschäftsmodelle der Elektromobilität

4.3.4.1 Konkrete Geschäftsmodelloptionen

Nachdem einzelne Geschäftsmodelle vorgestellt und die Kooperationsmöglichkeiten einzelner Teilnehmer der elektromobilen Wertschöpfungskette aufgezeigt wurden, folgt nun die Erörterung konkreter Richtungen und Ausprägungen von Geschäftsmodelloptionen innerhalb der Wertschöpfungskonfiguration.

Der fokale Akteur wird der große Automobilhersteller sein, da er als Einziger eine Vollintegration, d. h. eine Integration nahezu aller Wertschöpfungsteile, realisieren kann. Vor allem beim verfügbaren Kapital und der Systemintegration werden sie als zentrale Schlüsselspieler mit dem größten Veränderungspotenzial gesehen. Automobilzulieferer sowie Energieversorger sind durch die aktuellen Entwicklungen in ihren spezifischen Kompetenzfeldern limitiert, als Vollintegrator aufzutreten.

4.3.4.2 Integrative Geschäftsmodelloptionen aus Sicht der Automobilhersteller

Festgestellt wurde, dass der klassische Automobilhersteller seine Kooperationen mit dem elektromobilen Wertschöpfungsumfeld anpassen muss. In diesem Kapitel werden deshalb Szenarien dargestellt, wie sich die Risiken und Potenziale für den OEM entwickeln könnten, wenn er in andere, bisher unbekannte Wertschöpfungsaktivitäten der Elektromobilität vordringt und sich dort etablieren möchte.

4 Geschäftsmodelle entlang der elektromobilen Wertschöpfungskette

Um eine Risiko- und Potenzialeinschätzung der elektromobilen Geschäftsmodellentwicklungen der Wertschöpfung in Bezug auf den OEM durchzuführen, wird eine zukunftsorientierte Szenariotechnik angewendet. Dafür werden zunächst zwei Extremszenarien festgelegt. Diese beiden Pole dienen der Eingrenzung möglicher Handlungsoptionen des Automobilherstellers. Eine Darstellung der eingegrenzten Wertschöpfungsszenarien findet sich in der folgenden Abb. 4.23.

Wenn die klassischen Grenzen der Wertschöpfungsaktivitäten weitestgehend bestehen bleiben, folgt der OEM dem Szenario der Produktfokussierung. Dabei steht er der Elektromobilität besonders konservativ gegenüber. Auf der anderen Seite steht das Extrem der Vollintegration durch den Automobilhersteller. Der OEM hat in diesem Fall sämtliche Aktivitäten der Wertschöpfungskette Elektromobilität in seine Unternehmensgrenzen integriert und ist sowohl bei der Erstellung des vollständigen Produktes inklusive Batterie als auch bei Infrastrukturversorgung und lokalen Mobilitätsdienstleistungen involviert. Innerhalb der beiden Extreme bewegt sich das Portfolio an Handlungsmöglichkeiten für den OEM und somit auch die Szenarioanalyse. Im Folgenden wird näher auf die in Abb. 4.24 dargestellten drei großen Szenarien eingegangen. Auch werden die damit verbundenen Teilabwandlungen untersucht, um Risiken und Potenziale für den Automobilhersteller ableiten zu können. Dazu dient die Übersicht in Abb. 4.24.

Bei der *Produktfokussierung* konzentriert sich der Automobilhersteller weiterhin auf seine Kernkompetenzen und agiert als Systemintegrator an den Grenzen zu Zulieferern, Versorgern und Mobilitätsanbietern. In diesem Szenario handelt der OEM sehr zurückhaltend und ist auf seine Technologie beschränkt. Mit dem geringen Veränderungsgrad geht jedoch auch der geringere Investitionsaufwand für bspw. Batteriekapazitäten upstream

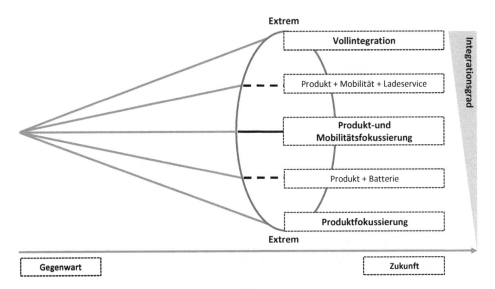

Abb. 4.23 Wertschöpfungsszenarien für Automobilhersteller. (Eigene Darstellung)

Szenario	Produktfokussierung Fahrzeug ohne Batterie	Produkt- und Mobilitätsfokussierung Fahrzeug mit/ohne Batterie + Mobilitätsdienstleistung	Vollintegration Fahrzeug mit Batterie + Mobilitätsdienstleistung + Infrastruktur
Potenziale (+)	- Geringer Veränderungsgrad - Wenig Investitionen nötig - Hochtechnologische Kompetenz - Batterierisiko wird nicht vom OEM getragen - Erhöhte Fahrzeugnachfrage in BRIC-Staaten	- Kundennähe - Markenpräsenz (Mobilitätsmarke) - Erschließung neuer Kunden und Märkte - Höheres Wertschöpfungspotential - Potenziale der lokalen Marktführerschaft - Mobilitätskonzepte auch unabhängig von Elektromobilität nutzbar	- Schnelle Reaktion auf Veränderungen möglich - Hohe Markenpräsenz sowie Kundennähe - First-Mover-Vorteile - Höchstes Wertschöpfungspotenzial - Schnelle Ausbreitung in andere Märkte möglich
Risiken (−)	- Wenig Wertschöpfungspotenzial erfasst - Aufgrund von Margendruck eher für Premium- als für Volumenhersteller geeignet - Abnehmender Kundenkontakt durch aufkommende integrierte Mobilitätsdienste - Umorientierung des Kunden - Rückläufige Nachfrage in der Triade - Hohe Markteintrittsbarrieren bei spätem Eintritt in den Markt der Elektromobilität	- Komplexeres Geschäftsmodell - Mobilitätskonzepte müssen lokal angepasst und dadurch flexibel sein - Mobilitätsangebote gehen noch am Vertrieb vorbei - Drittanbieter mit hoher Geschäftsfeldkompetenz + neue Wettbewerber (Energieversorger)	- Höchst komplexes Geschäftsmodell - Höherer Veränderungsgrad - Aufwendige Koordination - Hohe Investitionen nötig - Abhängig von anhaltender Nachfrage in jedem Teilbereich - Unsicherheiten der Elektromobilität - Batterierisiko

Abb. 4.24 Übersicht Potenziale und Risiken für den Automobilhersteller. (Eigene Darstellung)

oder der Aufbau der Ladeinfrastruktur downstream einher. Der OEM könnte ein Fahrzeug unter eigener Elektromobilitätsmarke einführen, was das Risiko minimieren würde, bei einem Scheitern das Image der Stammmarke negativ zu beeinflussen.

An der Upstream-Schnittstelle finden sich Zulieferer oder reine Batteriehersteller, mit denen Kooperationen zur Batteriefertigung geschlossen werden. Diese Erweiterung der Wertschöpfungstiefe ist insbesondere für Premiumhersteller möglich. So sind Unternehmen wie BMW und Daimler bereits Joint-Ventures eingegangen, um die Kompetenz der Batterie ins Unternehmen zu integrieren. Volumenhersteller wie bspw. Peugeot oder VW gehen das Risiko der Partnerschaft noch nicht ein und beziehen Batterien von bisher auf andere Industrien spezialisierten Batterieproduzenten wie etwa Sanyo oder Toshiba. Das Problem in der Triade ist, dass der Automobilhersteller zwar das Batterierisiko, wie etwa Leistungs- oder Lebensdauerbeschränkung, nicht tragen muss, die Umorientierung des Kunden aufgrund des Wertewandels jedoch auch das Image des Produktfokussierers bestimmt. Dies kann zum Verlust der Käuferschaft führen. Darüber hinaus beugt die Eigenfertigung der Traktionsbatterien bzw. eine enge Kooperation mit einem entsprechend starken Zulieferer dem Schnittstellenproblem zum Fahrzeug vor. Die richtige Partnerschaft kann auch zu Differenzierungsvorteilen führen, da es auf diesem Gebiet bisher noch keinen einheitlichen Standard gibt.

Auf der Downstreamseite hingegen besteht die Gefahr von Absatzeinbußen, da neue Marktteilnehmer die Wünsche der Kunden besser bedienen können. Durch zunehmendes Engagement von Mobilitätsdienstleistern wird der Absatzmarkt weiter eingeschränkt. Die rückläufige Nachfrage nach konventionellen Fahrzeugen in der Triade kann bei einem global agierenden Automobilhersteller zwar durch den steigenden Absatz in BRIC-Staaten gedeckt werden, trotzdem werden auch die dortigen Kunden mehr und mehr umweltbewusste Elektrofahrzeuge nutzen wollen.

Dieses Szenario ist aufgrund der abnehmenden Kundennähe auf der einen und durch bisher fehlende Technologiekompetenz auf der anderen Seite nur für Spezialisten oder wenige große Premiumhersteller geeignet. Letztere können es sich wegen des starken finanziellen Hintergrunds leisten, als Second-Mover in einen gereiften Markt einzutreten, um den Unsicherheiten der Elektromobilität zunächst aus dem Weg zu gehen. Dafür müssten sie jetzt ein hochtechnologisches Gesamtkonzept entwickeln, das sich bei Markteinführung von den Konzepten der anderen Hersteller wesentlich unterscheidet. BMW macht es mit dem Projekt i vor. Während andere Hersteller bestehende Fahrzeugkonzepte anpassen, wie bspw. beim Peugeot iOn oder Nissan Leaf, entwickelt der Premiumhersteller mit dem Mega-City-Vehicle ein langfristig ausgelegtes Gesamtkonzept. Doch insgesamt scheint die reine Produktfokussierung aufgrund des Kostendrucks zu eng gefasst. Deshalb müssen sich auch Premiumhersteller Möglichkeiten verschaffen, das erweiterte Mobilitätsbedürfnis der Kunden zukünftig decken zu können.

Dem Produktfokussierer gegenüber steht der *Vollintegrator*. Der Fahrzeughersteller wird bei einer vollen Integration der gesamten Wertschöpfungskette Elektromobilität zum Systemanbieter und deckt das komplette Spektrum der Produktherstellung, der Services rund um das Automobil und Ladungsmöglichkeiten sowie das des Mobilitätsdienstleisters ab. Ein solches Modell enthält viele Wertschöpfungspotenziale, da alle Bereiche der Elektromobilität berührt sind und dem Markt ein entsprechendes Volumen für die Zukunft zugesprochen wird. Dem Vollintegrator obliegt es, bei Veränderungen schnell auf die unsichere Umgebung zu reagieren und somit sein Leistungsspektrum flexibel anzupassen. Durch die Erschließung vieler Märkte ist eine ausdauernde Markenpräsenz gegeben, die die Kunden dazu veranlassen kann, diesem OEM mehr Vertrauen zuzusprechen als anderen. Insbesondere kann er es als First-Mover schaffen, Kunden mit hoher geografischer Reichweite zu erschließen. Die Verbreitung des Gesamtkonzeptes ist jedoch mit einigen Risiken und Schwierigkeiten verbunden. Der hohe Veränderungsgrad für einen OEM und das komplexere Geschäftsmodell machen eine große Koordinationskompetenz notwendig. Außerdem sind hohe und sehr unsichere Investitionen unerlässlich. Weiterhin ist der Einstieg in manche Teilgebiete der Wertschöpfungskette nicht ohne weiteres möglich, wie das Beispiel der Energieerzeugung zeigt. Die Energiewirtschaft hat großes Interesse an einem intelligenten Stromnetz, wird sich in diesem Bereich breit positionieren und dem Automobilhersteller mittelfristig keine Chance lassen, in dieses Marktfeld einzutreten. Auch Dritte sind in vielen Bereichen eine Gefahr, denn sie schaffen es, mit innovativen Geschäftsmodellen gerade in lokalen Märkten wie etwa einer Megastadt die Wünsche der Kunden zu treffen, während die breit angelegte Strategie des Vollintegrators immer wieder an regionale Aspekte angepasst werden muss und stark von einer nachhaltig ansteigenden Nachfrage in allen Teilbereichen der Elektromobilität abhängig ist.

Auch muss der OEM bereit sein, das Batterierisiko zu tragen. Ein Beispiel für einen solchen Integrator ist das Unternehmen BYD, das durch einschlägige Erfahrungen in der Batteriefertigung das Batterierisiko übernehmen kann und will. BYD möchte der weltweit führende Konzern für Elektroautos werden und unternimmt viel, um dieses Ziel zu erreichen. Um intensive Investitionen tätigen zu können, werden Kapitalerhöhungen sowie die anhaltende Rückendeckung der chinesischen Regierung als Bestandteil der Wachstumspläne des Unternehmens genutzt. Die Ausweitungen auf die Automobilmärkte der Triade werden im Bereich der Elektromobilität zunächst durch Kooperationen mit Energieversorgern wie RWE getätigt. Um in diesen Märkten eine lokale Akzeptanz von BYD zu erreichen, fehlt noch der Baustein Mobilitätskonzept. Der Einstieg in diesen Markt ist jedoch noch abhängiger von lokalen Gegebenheiten als etwa bei Ladestationen oder der Energieversorgung und erscheint deshalb für BYD in Deutschland erst nach der europäischen Markteinführung der Produkte möglich. Andere Automobilhersteller haben beim Teilsegment der Mobilitätsdienstleistung in Europa auf kurze Sicht mehr Chancen, wie das nächste Szenario zeigt.

Das Szenario der *Produkt- und Mobilitätsfokussierung* beschreibt den Mittelweg zwischen den beiden erläuterten Extremszenarien. In den Bereichen Ladeinfrastruktur und Energieversorgung werden Energieversorgungsunternehmen mittelfristig die Marktführerschaft beibehalten. Jedoch muss die dadurch auftretende Erhöhung der regionalen Kundennähe und -akzeptanz verstärkt in Betracht gezogen werden. Für den Automobilhersteller besteht das Risiko, dass Energieversorger gerade im Bereich der Mobilitätsdienstleistungen intensiv tätig werden, weil eine Zusammenführung von Ladevertrag und einem Nutzungsvertrag für ein Elektrofahrzeug sehr nahe liegt. Die Markenpräsenz spielt bei nachlassendem oder stagnierendem Fahrzeugverkauf in Deutschland eine wesentliche Rolle. Deswegen sollte auch die Mobilitätsdienstleistung, insbesondere das E-Carsharing, im Interessenbereich des Automobilherstellers liegen. Des Weiteren wird durch das Betreiben einer solchen Dienstleistung mit Elektrofahrzeugen explizit auf die veränderte Werteansicht der Kunden reagiert. Dadurch werden neue Kundentypen und Märkte erschlossen, die bisher nicht im Profil des zu betrachtenden Herstellers lagen. Gewiss beinhaltet das Modell der Mobilitätsdienstleistung eine Veränderung des bisherigen Geschäftsmodells, diese muss aber zunächst nicht zwangsläufig abhängig von Elektromobilität sein, sondern kann vorübergehend auch mit konventionellen Antrieben durchgeführt werden, wie etwa beim Geschäftsmodell des Carsharings. Dabei kann sich der OEM entweder der ergänzenden Partnerschaft mit etablierten Mobilitätsdienstleistern bedienen oder selbst als Dienstleister in den profitablen Markt einsteigen, so wie Daimler oder Peugeot mit ihren Carsharing-Angeboten. Die gezielte Auswahl der regionalen Standorte ist aufgrund von Pioniervorteilen ein kritischer Erfolgsfaktor. Es erfordert aber auch eine gewisse Flexibilität des Geschäftsmodells, da in jedem urbanen Raum andere Rahmenbedingungen gegeben sind. Um Drittanbietern oder Energieversorgern mit nennenswerter Geschäftsfeldkompetenz nicht zu viel Spielraum zu lassen, ist es darüber hinaus wichtig, Know-how und Mitbestimmung im Preis- und Abrechnungsmodell an den Ladestationen zu erlangen, um die Konkurrenz in einem weiteren Schritt innerhalb der Wertschöpfungskette unter Druck zu setzen. Auf der einen Seite muss deshalb das Downstreamsegment der Finanzdienstleistungen rund um das Elektrofahrzeug (Batterieleasing oder -tausch, Fahrzeugleasing und Finanzierung) durchdringend an die neuen Umstände angepasst werden. Dabei ist darauf zu achten, dass Mobilitätsmodelle nicht am klassischen Vertrieb des Fahrzeugherstellers vorbeigehen dürfen. Auf der anderen Seite muss durch den Hersteller in der Wertschöpfungskette Elektromobilität eine Entwicklung hin zu einem integrierten Ladeservice vollzogen werden, damit eine langfristige Marktführerschaft und Ausbreitung des Energieversorgers eingeschränkt werden kann und die führende Position in der automobilen Wertschöpfungskette durch den Automobilhersteller gehalten wird. Diese Entwicklung zu mehr Integration im Downstreamteil der Wertschöpfungskette kommt selbstverständlich auch daher, dass die Integration der Batteriefertigung im Upstreambereich abhängig ist von der finanziellen Stärke und dem Batterie-Know-how. Somit werden Wertschöpfungsanteile auf dieser Seite eher verloren als gewonnen.

Zusammenfassend sind die Erfolgsfaktoren dieses realistischen Szenarios der Produkt- und Mobilitätsfokussierung zum ersten die verstärkte Nutzung des Mobilitätsservices durch die Kunden, zum zweiten innovative Preis- und Abrechnungsmodelle, die sich geografisch flexibel zunächst an die Privatkunden richten und zum dritten die gezielte regionale Auswahl der urbanen Zentren und deshalb die frühe Positionierung an diesen Standorten.

Die Mobilitätsdienstleistung ist also Wegbereiter in Richtung Wertschöpfungserweiterung durch Elektromobilität auf der Downstreamseite des OEM und kann zu einer integrierten Wertschöpfung führen, die durch mehr Kundennähe die Risiken und Unsicherheiten der momentanen Entwicklungen auffangen kann. Neue lokale Märkte und Kunden werden durch den zusätzlichen Service adressiert, wodurch mehr Wertschöpfungsanteile für den Automobilhersteller nutzbar gemacht werden.

4.3.4.3 Geschäftsmodelloptionen aus Sicht der Automobilzulieferer

Die produkttechnologische Kompetenz für Elektromobilität liegt zum großen Teil im Bereich der klassischen Automobilzulieferer. Der Wegfall, die Neueinführung und die Veränderung von Komponenten lassen die Systemkompetenz von Tier-1-Komponenten- und Modulherstellern hervortreten. Ein erfahrener Zulieferer kann sich dadurch als Portfolioanbieter der Elektromobilität mit Ambition zur Technologieführerschaft positionieren. Zu einem Geschäftsmodell für Automobilzulieferer gehört auch die Batterieproduktion, deren technologische Kompetenz heute hauptsächlich bei asiatischen Zellenherstellern liegt. Eine Integration von reinem Batteriewissen ist bei Zulieferern hoch im Kurs und beweist den Willen und die Stärke, dem Automobilhersteller auch in diesem Bereich spezialisierte Gesamtlösungen anbieten zu können. Dabei wird sich derjenige Spieler mit der größten Schnittstellenwirksamkeit durchsetzen und sich als Standardsetter etablieren können. Ein Standard, der sich bei den typischen Komponenten eines Elektrofahrzeugs behaupten kann, wird außerdem den Kundennutzen positiv beeinflussen, da sich dieser durch hohe Stückzahlen preismindernd auswirkt.

Eine durchgängige Systemkompetenz von Zulieferern für Elektromobilitätskomponenten lässt die Einordnung dieses Modells in die Wertschöpfungsarchitektur des Schichtenspezialisten zu. Auch der angestrebte Weg zu einem umweltorientierten und hoch vernetzten Unternehmen unterstreicht den Übertrag von Geschäftsmodellkompetenzen in andere Industrien. Insbesondere im Bereich der vernetzten Informations- und Kommunikationstechnologie scheint der Hebel sinnvoll. Die größte Konkurrenz bilden bestehende Softwareunternehmen. Diesen muss der breite Einstieg in den Markt durch Erfahrung und automobile Systemkompetenz verwehrt werden, ansonsten werden sich Unternehmen wie Apple oder SAP schnell im Kommunikationsmarkt positionieren. Große Automobilzulieferer müssen entsprechend in die Entwicklung des vernetzten Automobils investieren. Informationstechnologische Strukturen in der Mensch-Maschine-Kommunikation halten auch in Zukunft Telekommunikationsunternehmen. Dabei wird das Mobiltelefon die Schnittstelle zwischen Mensch und Ladesäule bzw. Elektrofahrzeug sein.

Die fehlende Kompetenz zur Ausprägung und zum Aufbau einer Marke wird an der Schnittstelle zum Automobilhersteller weiterhin bedeuten, dass markenprägende Teile des Automobils vom Hersteller selbst entwickelt und produziert werden. Jedoch kann das neue zentrale Element des Traktionsmotors als Systemmodul mit einheitlichen Schnittstellen an den Fahrzeugproduzenten vertrieben werden. Insbesondere wenn große Tier-1-Zulieferer eine extensive Batteriekompetenz aufbauen, können sie sich als Systemanbieter für entsprechende Module branchenwertschöpfungsübergreifend positionieren. Das Wettbewerbsdenken in diesem Bereich ist durch die momentane asiatische Technologieführerschaft aber sehr intensiv. Auf lange Sicht werden diese Anbieter aufgrund der fehlenden Systemkompetenz für Automobile eine untergeordnete Rolle spielen.

Es bleibt festzustellen, dass Automobilzulieferer keine expliziten endkundennahen Geschäftsmodelle verfolgen werden. Weder wollen noch können sie zum Vollintegrator innerhalb der elektromobilen Wertschöpfungskette avancieren. Außerdem fordern die kapitalintensiven Investitionen in Forschung und Entwicklung elektrifizierter Komponenten eine Konzentration auf die bestehende Wertschöpfungsschicht in Verbindung mit deren Vernetzung. Aktivitäten, die downstream angesiedelt sind, werden von anderen Akteuren, wie etwa dem fokalen Akteur Automobilhersteller oder den Energieversorgern, geleistet.

4.3.4.4 Geschäftsmodelloptionen aus Sicht der Energieversorger

Energieversorger verfügen über ein breites Kompetenzspektrum. Insbesondere im Bereich der Stromnetzintegrität und der Bereitstellung einer Elektrizitätsinfrastruktur haben diese Unternehmen eine hohe Geschäftsfeldkompetenz. Um jedoch an der Wertschöpfung der Elektromobilität zu partizipieren, müssen sie Ballungsgebiete mit kapitalintensiven Ladeinfrastrukturen versorgen. Diese Investition wird teilweise durch die Einnahmen aus der über die Ladestationen verkauften Elektrizität rückfinanziert. Deshalb ist es von entscheidender Bedeutung, wer sich innerhalb der urbanen Zentren als Erster positionieren und sich einen lokalen Pioniervorteil verschaffen kann. Auch haben die Energieversorgungsunternehmen langjährige Erfahrung in Abrechnungsmodellen mit Privatkunden. Dieses Konzept kann durch die Unternehmen sehr gut adaptiert werden. Hausstromverträge in Kombination mit Ladestrom für Elektrofahrzeuge werden ebenfalls ein Mittel sein, um die Kunden an den Versorger zu binden. Der positive Außenwirkungseffekt, der durch den Vertrieb von erneuerbaren Energien für Elektroautos auftritt, bleibt ein Nebeneffekt.

Das eigentliche Ziel der Energiewirtschaft ist die Nutzung der Batterien in Elektrofahrzeugen als dezentraler Energiespeicher innerhalb eines intelligenten Netzes. Dadurch ist Elektromobilität ein kleiner, aber wichtiger Bestandteil der langfristigen Netzplanung der Energieversorger. Der Verbraucher wird ein aktiver Bestandteil der Energieversorgung und kann seine individuellen Kosten senken, indem er in kleinem Maß Elektrizität zu geringen Preisen erwirbt und durch die Bidirektionalität zu einem geringfügig höheren Preis zurückspeisen kann. Das Vehicle-to-Grid-Prinzip wird deshalb ein wichtiger und akzeptabler Bestandteil werden, um den restriktiven energiepolitischen Regularien entgegenzuwirken. Die Energieknappheit und unausgewogene Belastung der Netze führt dazu, dass die Effizienz überregional und über Grenzen hinweg gesteigert werden muss. Hinzu kommt, dass Elektrizität aus erneuerbaren Energien zu bestimmten Abnehmersenken transportiert werden muss. Ein Smart Grid wird die dezentrale Speicherung möglich machen. Im Investitionsportfolio eines Energieversorgungsunternehmens ist folglich nicht nur Elektromobilität thematisiert. Im großen Maß müssen diese sich finanziell in den Aufbau von transregionalen Stromverteilungs- und Stromspeichersystemen, in verbesserte Messmöglichkeiten und -services (Smart Metering), den Ausbau von überregionalen Abrechnungssystemen (E-Roaming) und in die Kommunikation der Einheiten auf allen Ebenen (wie auch die zwischen Fahrzeug und Ladesäule) einbringen.

Zunächst werden sich die Energieversorger folglich auf die aktuellen Themen konzentrieren, die in Verbindung mit dem Kernkompetenzfeld der Elektrizitätserzeugung und -verteilung stehen. Bei der Elektromobilität werden sich die Geschäftsmodelle für die Energieversorger weiter an der Ladeinfrastruktur und neuartigen Abrechnungsmodellen orientieren. Größte Herausforderung wird hier die Technologie zur Kommunikation zwischen Netz, Ladestation und Fahrzeug sein. Eine Integration in Richtung Elektrofahrzeugherstellung wird aus den genannten Gründen vorerst nur durch strategische Kooperationen stattfinden. Die Unternehmen nehmen folglich die Rolle von Orchestratoren ein. Eine Vollintegration innerhalb der Wertschöpfungskette ist durch fehlende Kompetenzen in der Automobilproduktion und den größten Akteur in diesem Bereich, den Automobilhersteller, der einen hohen finanziellen Rückhalt hat, nicht möglich.

4.4 Zusammenfassung

Die Elektrifizierung des Antriebsstrangs und die veränderten Kundenbedürfnisse gegenüber Mobilität und Nachhaltigkeit führen zu einer veränderten Wertschöpfungskette upstream und downstream. Insbesondere bei disruptiven Veränderungsprozessen muss die Antwort auf die Veränderungen frühzeitig entwickelt und evaluiert werden. Zur Konfiguration der Wertschöpfung in unterschiedliche Richtungen werden dazu Geschäftsmodelle der Elektromobilität verwendet. Dabei müssen je nach Endkundenorientierung bisherige Geschäftsmodelle verändert, angepasst oder neu kreiert werden. Sowohl für schon bestehende Akteure der Automobilbranche als auch für Dritte bieten sich in diesem Geschäftsfeld viele Herausforderungen, aber auch neue Potenziale. Intelligente Kooperationen sind entscheidend, um die Ertragspotenziale des Systems Elektromobilität zu erschließen.

Automobilproduzenten haben durch systemübergreifende Koordinationskompetenz die Chance, sich wertschöpfungsübergreifend zu positionieren (sog. Mega-OEM). Derzeit schließen sie upstream Kooperationen mit anderen Automobilproduzenten, um Risiken zu teilen und Entwicklungszeiten zu verkürzen. Die Kooperation mit Zulieferern eröffnet Lern- und Gewinnpotenziale im Bereich des elektrifizierten Antriebsstrangs. Automobilzulieferer kooperieren insbesondere mit bisher industriefernen Partnern, um als „Schichtenspezialisten" in andere Märkte vorzudringen. Große Zulieferer kooperieren mit Batterieproduzenten, um zukünftig Batteriesysteme optimieren zu können. Große Ertragspotenziale der Elektromobilität eröffnen sich aufgrund eines sich verändernden Mobilitätsverständnisses im Downstreambereich der Wertschöpfungskette. Mit innovativen Geschäftsmodellen können neue Mobilitätsbedürfnisse bedient und gesteuert werden. Die zukünftigen Rollen der Akteure in diesem dienstleistungsnahen Geschäft werden derzeit entwickelt.

Literatur

Anderman (2013) Assessing the future of hybrid and electric vehicles: the xEV industry insider report. Advanced Automotive Batteries, Oregon/California
BDEW (2015) BDEW Bundesverband der Energie- und Wasserwirtschaft – Erhebung Elektromobilität Mitte 2015. Berlin
Becker H (2006) High noon in the automotive industry. Springer, München
Bertram M (2014) Elektromobilität im motorisierten Individualverkehr – Grundlagen, Einflussfaktoren und Wirtschaftlichkeitsvergleich. Springer Fachmedien, Wiesbaden
Better Place (2011) Europe-wide Green eMotion initiative to pave the way for electromobility. http://www.betterplace.com/the-company-pressroom-pressreleases-detail/index/id/europe-wide-green-emotion-initiative-to-pave-the-way-for-electromobility. Zugegriffen am 10.07.2012
BMWI (2015) Wirtschaftlichkeit von Elektromobilität in gewerblichen Anwendungen, Abschlussbericht. http://www.ikt-em.de/_media/Gesamtbericht_Wirtschaftlichkeit_von_Elektromobilitaet.pdf. Zugegriffen am 14.03.2016
BMWi (2016) http://www.bmwi.de/DE/Themen/Industrie/Elektromobiltaet/rahmenbedingungen-und-anreize-fuer-elektrofahrzeuge.html. Zugegriffen am 11.03.2016
Brokate J (2013) Der Pkw-Markt bis 2040: Was das Auto von morgen antreibt – Szenario-Analyse im Auftrag des Mineralölwirtschaftsverbandes. Deutsches Zentrum für Luft- und Raumfahrt e.V. (DLR), Stuttgart
Canzler W et al (2007) DB Mobility – Beschreibung und Positionierung eines multimodalen Verkehrsdienstleisters. Innovationszentrum für Mobilität und gesellschaftlichen Wandel. http://www.innoz.de/fileadmin/INNOZ/pdf/Bausteine/innoz-baustein-01.pdf. Zugegriffen am10.07.2012
Deloitte (2009) Konvergenz in der Automobilindustrie: Mit neuen Ideen Vorsprung sichern.
EmoG I (2016) Gesetz zur Bevorrechtigung der Verwendung elektrisch betriebener Fahrzeuge. Elektromobilitätsgesetz vom 5. Juni 2015 (BGBl. I S. 898) (EmoG)
EVNorway (2016) www.evnorway.no. Zugegriffen am 11.07.2016
Förderinfo (2016) http://www.foerderinfo.bund.de/elektromobilit%C3%A4t. Zugegriffen am 11.07.2016
Frankenberger K, Csik M, Gassmann O (2013) Geschäftsmodelle entwickeln, Geschäftsmodelle entwickeln – 55 innovative Konzepte mit dem St Galler Business Model Navigator. Hanser, München
Glaum M, Hutzschenreuter T (2010) Mergers & Aquisitions: Management des externen Unternehmenswachstums. Kohlhammer, Stuttgart
Hackmann M et al (2015) Total cost of ownership Analyse für Elektrofahrzeuge. P3 Group, Stuttgart
Harryson S (2015) Overview and Analysis of electric vehicle incentives applied across eight selected country markets, A Study for Blekinge Institute of Technology within the Project GreenCharge Sydost, Blekinge tekniska högskola BTH, Karlskrona. http://www.bmwi.de/BMWi/Navigation/Service/publikationen,did=370824.html. Zugegriffen am 10.07.2012. https://www.deloitte.com/assets/DcomGermany/LocalAssets/Documents/de_mfg_studie_konvergenz-automobilindustrie.pdf. Zugegriffen am 20.05.2011
Jiang J et al (2015) Fundamentals and applications of lithium-ion batteries in electric drive Vehicles. Wiley, Singapore
Kalmbach R et al (2011) Automotive landscapes 2025: opportunities and challanges ahead. Roland Berger Strategy Consultants
Kampker A (2014) Elektromobilproduktion. Springer, Berlin/Heidelberg
KBA (Kraftfahrtbundesamt) (2015) Neuzulassungsbarometer im Dezember 2015. Kraftstoffarten
Klink G et al (2012) Überspannung im Batteriemarkt für Elektrofahrzeuge – Langfristig locken wachsende Märkte, kurzfristig drohen Überkapazitäten und Konsolidierung. ATKearney, Stuttgart

KPMG (2015a) KPMG's Global automotive executive survey – from a product-centric world to a service-driven digital universe?
KPMG (2015b) KPMG's Global automotive executive survey – who is fit and ready to harvest?
Lenz B et al (2015) Erstnutzer von Elektrofahrzeugen in Deutschland – Nutzerprofile, Anschaffung, Fahrzeugnutzung. Deutsches Zentrum für Luft- und Raumfahrt e. V. (DLR), Berlin
Maiser E et al (2014) Roadmap Batterieproduktionsmittel 2030. VDMA, Frankfurt am Main
McKinsey (2011) Boost! Transforming the powertrain value chain – a portfolio challenge
Müller-Stewens G, Lechner C (2003) Strategisches Management: wie strategische Initiativen zum Wandel führen: der St. Galler General Management Navigator. Schäffer-Poeschel, Stuttgart
NPE (2014) (Nationale Plattform Elektromobilität) Fortschrittsbericht 2014 – Bilanz der Marktvorbereitung, Berlin
Pabst J (2014) Plötzlich ist China Vorreiter beim Umweltschutz. Die Welt. http://www.welt.de/wirtschaft/article131363185/Ploetzlich-ist-China-Vorreiter-beim-Umweltschutz.html. Zugegriffen am 10.03.2016
PWC (2010) Elektromobilität Herausforderungen für Industrie und öffentliche Hand. Frankfurt am Main
Roland Berger (Hrsg) (2012) Global Vehicle LiB Market Study Update – Global Study. Detroit/München
Schoke B (2010) E-Auto-Technologie – Die Kooperationen der Hersteller. http://www.auto-motor-und-sport.de/news/e-autos-die-kooperationen-der-hersteller-1431038.html. Zugegriffen am 09.03.2016
Tesla (2013) Planned 2020 Gigafactory Production Exceeds 2013 Global Production, https://www.teslamotors.com/sites/default/files/blog_attachments/gigafactory.pdf. Zugegriffen am 09.03.2016
Throll M, Rennhak C (2009) Der Wandel der Wertschöpfungskette im Bereich der Hersteller. In: Rennhak C (Hrsg) Die Automobilindustrie von morgen: Wie Automobilhersteller und -zulieferer gestärkt aus der Krise hervorgehen können. Ibidem-Verlag, Stuttgart
Valentine-Urbschat M, Bernhart W (2009) Powertrain 2020 – The Future Drives Electric. Roland Berger. http://www.rolandberger.ch/media/pdf/Roland_Berger_Powertrain_2020_20091001.pdf. Zugegriffen am 10.07.2012
Volk F (2014) Daimler-Vorstand Weber: Kooperationen bei Batterietechnik sinnvoll, Automobil Produktion – Nachrichten für die Automobilindustrie. http://www.automobil-produktion.de/hersteller/wirtschaft/daimler-vorstand-weber-kooperationen-bei-batterietechnik-sinnvoll-117.html. Zugegriffen am 09.03.2016
Wallentowitz H et al (2011) Strategien zur Elektrifizierung des Antriebstranges: Technologien, Märkte und Implikationen. Vieweg + Teubner, Wiesbaden
Weidmann J (2015) Die Zukunft des Automobils: Eine Branche im Wandel. Diplomica Verlag, Hamburg
Wyman (2010) Elektrofahrzeugen gehört die Zukunft. http://www.oliverwyman.com/de/pdffiles/Oliver_Wyman_Automotivemanager_I_2010_DE.pdf. Zugegriffen am 20.05.2011

Fahrzeugkonzeption für die Elektromobilität

Dirk Morche, Fabian Schmitt, Klaus Genuit, Olaf Elsen,
Achim Kampker, Christoph Deutskens, Heiner Hans Heimes,
Mateusz Swist, Andreas Maue, Ansgar vom Hemdt,
Christoph Lienemann, Andreas Haunreiter, Saskia Wessel,
Ansgar Hollah, Bernd Friedrich, Matthias Vest,
Tim Georgi-Maschler und Wang Honggang

5.1 Fahrzeugklassen

5.1.1 Zulassungspflicht und Typgenehmigung

Jedes Kraftfahrzeug mit einer Bauart bedingten Geschwindigkeit von mehr als 6 km/h, das im öffentlichen Straßenverkehr betrieben wird, unterliegt einer gesetzlichen Zulassungspflicht. Die Notwendigkeit einer solchen Zulassung ist in § 3 der Fahrzeugzulassungsverordnung 2011 (FZV) festgeschrieben.

In § 3 Absatz 1 FZV heißt es: Fahrzeuge dürfen auf öffentlichen Straßen nur in Betrieb gesetzt werden, wenn sie zum Verkehr zugelassen sind. Die Zulassung wird auf Antrag erteilt, wenn das Fahrzeug einem genehmigten Typ entspricht oder eine Einzelgenehmigung erteilt ist. Das bedeutet: Jedes Fahrzeug muss ein Typprüfungsverfahren oder eine Homologation durchlaufen. Der Umfang der Typprüfung richtet sich nach der sog. Fahrzeugklasse

---

D. Morche · F. Schmitt · O. Elsen
StreetScooter GmbH, Aachen, Deutschland
E-Mail: dirk.morche@streetscooter.eu; fabian.schmitt@streetscooter.eu; olaf.elsen@streetscooter.eu

K. Genuit
HEAD acoustics GmbH, Herzogenrath, Deutschland
E-Mail: klaus.genuit@head-acoustics.de

A. Kampker (✉) · C. Deutskens · H.H. Heimes · A. Maue · A. vom Hemdt · C. Lienemann ·
A. Haunreiter · S. Wessel · A. Hollah
Chair of Production Engineering of E-Mobility Components (PEM) der RWTH Aachen University, Aachen, Deutschland
E-Mail: a.kampker@pem.rwth-aachen.de; c.Deutskens@pem.rwth-aachen.de; h.heimes@pem.rwth-aachen.de; a.maue@pem.rwth-aachen.de; a.hemdt@pem.rwth-aachen.de; c.lienemann@pem.rwth-aachen.de; a.haunreiter@pem.rwth-aachen.de; s.wessel@pem.rwth-aachen.de; a.hollah@pem.rwth-aachen.de

© Springer-Verlag GmbH Deutschland, ein Teil von Springer Nature 2018
A. Kampker et al. (Hrsg.), *Elektromobilität*,
https://doi.org/10.1007/978-3-662-53137-2_5

und der späteren Produktionsstückzahl. Voraussetzung für die Zulassung ist entweder eine Typgenehmigung (EU oder national), eine Allgemeine Betriebserlaubnis (ABE) oder ein Gutachten eines amtlich anerkannten Sachverständigen für den Kraftfahrzeugverkehr zur Erlangung einer sog. Einzelbetriebserlaubnis (EBE).

Eine Typgenehmigung ist das Verfahren, nach dem ein Mitgliedstaat bescheinigt, dass ein Typ eines Fahrzeugs, eines Systems, eines Bauteils oder einer selbstständigen technischen Einheit den einschlägigen Verwaltungsvorschriften und technischen Anforderungen entspricht. (2007/46/EG 2007b)

Maßgeblich für die Typzulassung von Fahrzeugen innerhalb der EU und somit auch der Bundesrepublik Deutschland ist das europäische Rechtssystem. Die Einführung der EG-Fahrzeuggenehmigungsverordnung 2011 (EG-FGV) erfolgte zum 29. April 2009 und löst damit die nationale STVZO (Straßenverkehrszulassungsordnung 2009) zukünftig ab. Grundlage für die Einführung der EG-FGV ist die Richtlinie 2007/46/EG vom 5. September 2007 (2007/46/EG 2007a).

Ziel der damit befassten EU-Gremien war es, die Zulassung, den Verkauf und die Inbetriebnahme zu genehmigender Fahrzeuge innerhalb der EU zu erleichtern. Mit Einführung der EG-FGV gibt es keine Trennung mehr zwischen der Regelung in § 21 StVZO (Betriebserlaubnis für Einzelfahrzeuge) und der neuen durchzuführenden Einzelgenehmigung nach § 13 EG-FGV. Aus diesem Grund wurde auch § 21 StVZO entsprechend angeglichen. Die Anforderungen des § 13 EG-FGV für die Erfassung der Daten, nach denen amtlich anerkannte Sachverständige ihr Gutachten erstellen, wurden in den § 21 StVZO übernommen.

5.1.1.1 Technische Prüfstellen und Technische Dienste

Neben den Sachverständigen der Technischen Prüfstellen können jetzt auch Sachverständige der beim Kraftfahrt-Bundesamt (KBA) akkreditierten Technischen Dienste Gutachten nach § 13 EG-FGV erstellen. Diese Gutachten haben innerhalb der gesamten EU Gültigkeit.

Eine Begutachtung nach § 21 StVZO (Vollgutachten) bleibt jedoch weiterhin ausschließlich den Sachverständigen der Technischen Prüfstellen (TP) vorbehalten, die auch Gutachten nach § 13 EG-FGV erstellen dürfen. Dieser § 21 StVZO regelt die Betriebserlaubnis für Einzelfahrzeuge, Vollgutachten sind Pflicht für Fahrzeuge, die länger als 7 Jahre außer Betrieb gesetzt wurden.

5.1.1.2 Zulassungsarten

Die unterschiedlichen Zulassungsarten sind geregelt in der Richtlinie 2007/46/EG zur Schaffung eines Rahmens für die Genehmigung von Kraftfahrzeugen und Kraftfahrzeuganhängern sowie von Systemen, Bauteilen und selbstständigen technischen Einheiten für diese

---

M. Swist
Werkzeugmaschinenlabor WZL der RWTH Aachen University, Aachen, Deutschland
E-Mail: m.swist@wzl.rwth-aachen.de

B. Friedrich · M. Vest · T. Georgi-Maschler · W. Honggang
IME Metallurgische Prozesstechnik und Metallrecycling der RWTH Aachen University, Aachen, Deutschland
E-Mail: bfriedrich@ime-aachen.de; mvest@ime-aachen.de; tgeorgi@ime-aachen.de; whonggang@ime-aachen.de

Fahrzeuge. Die Vorschrift ersetzte mit Wirkung vom 29. April 2009 die Richtlinie 70/156/EG zur Angleichung der Rechtsvorschriften der Mitgliedstaaten über die Betriebserlaubnis für Kraftfahrzeuge und Kraftfahrzeuganhänger. (70/156/EWG 1970)

Die neue Richtlinie gilt für die Typgenehmigung von Fahrzeugen, die in einer oder mehreren Stufen zur Teilnahme am Straßenverkehr konstruiert und gebaut werden, sowie von Systemen, Bauteilen und selbstständigen technischen Einheiten, die für derartige Fahrzeuge konstruiert und gebaut sind. Sie schafft einen harmonisierten Rahmen mit den Verwaltungsvorschriften und allgemeinen technischen Anforderungen für die Genehmigung aller in ihren Geltungsbereich fallenden Neufahrzeuge und der zur Verwendung in diesen Fahrzeugen bestimmten Systeme, Bauteile und selbstständigen technischen Einheiten. Außerdem gibt sie Vorschriften für den Verkauf und die Inbetriebnahme von Teilen und Ausrüstungen für Fahrzeuge, die nach der Richtlinie genehmigt wurden.

Spezielle Anforderungen für den Bau und den Betrieb von Fahrzeugen sind in derzeit 58 Einzelrichtlinien festgelegt. Diese betreffen bspw. Grenzwerte für Schadstoffemissionen und den Geräuschpegel. Anhang IV von 2007/46/EG enthält eine Auflistung dieser Rechtsakte.

5.1.1.3 Einzelbetriebserlaubnis

Für die Zulassung eines Neufahrzeugs ohne EG-Typgenehmigung oder EG-Kleinserien-Typgenehmigung ist eine Einzelgenehmigung nach § 13 EG-FGV erforderlich. Mit Inkrafttreten der Richtlinie 2007/46/EG kann diese Genehmigung nur noch erteilt werden, wenn das Neufahrzeug den Anhängen IV oder XI der Richtlinie entspricht oder alternativ die Anforderungen der StVZO erfüllt, die vergleichbare Vorgaben an Verkehrssicherheit und Umweltschutz enthalten. Trotz der Regelungen des § 13 Abs. 3 EG-FGV (Genehmigung von Anträgen auf Einzelgenehmigung (Einzelbetriebserlaubnis)) bleibt das bisherige Einzelbetriebserlaubnisverfahren nach § 21 StVZO weiterhin bestehen, wurde aber dem Typgenehmigungsverfahren, insbesondere beim Prüf- und Nachweisverfahren, angepasst (Abs. 2–5). Dazu wurde § 21 StVZO (Betriebserlaubnis für Einzelfahrzeuge) im Zusammenhang mit der Genehmigung von Einzelbetriebserlaubnissen geändert.

Weiteres Ziel der EU ist es, die Zahl der Einzelgenehmigungen bundesweit zu verringern. Der Fahrzeughersteller muss ab einer bestimmten Anzahl jährlich hergestellter Fahrzeuge diese im Wege der Kleinserien-Typgenehmigung in den Verkehr bringen. Die Anzahl der mit Einzelgenehmigung zugelassenen PKW (M1-Fahrzeuge) baugleichen Typs wird damit auf 20 % der für die Kleinserien-Typgenehmigung zulässigen Höchstzahl begrenzt.

Die Einführung einer Kleinserien-Typgenehmigung ist ebenfalls für weitere Fahrzeugklassen (bspw. N1, kleine Nutzfahrzeuge) geplant. Die Aufschlüsselung der davon betroffenen Fahrzeugtypen findet sich in § 2 FZV. Es handelt sich um Kraftfahrzeuge und Anhänger, für die Typgenehmigungen im Sinne folgender Verordnung erforderlich sind:

- Richtlinie 2007/46/EG des Europäischen Parlaments und des Rates vom 5. September 2007
- Richtlinie 2002/24/EG des Europäischen Parlaments und des Rates vom 18. März 2002 für zwei- und dreirädrige Fahrzeuge und ihre Teile
- Richtlinie 2003/37/EG des Europäischen Parlaments und des Rates vom 26. Mai 2003 für land- und forstwirtschaftliche Fahrzeuge und ihre Teile

5.1.2 Fahrzeugklassen

5.1.2.1 Internationale Regelung der Fahrzeugklassen

Als Referenz für die Einteilung der Fahrzeugklassen gilt in nahezu allen Ländern weltweit die Richtlinie ISO 3833:1977 Road vehicles – Types – Terms and Definitions. (ISO 3833:1977) Diese Richtlinie ist der ISO-Standard für Straßenfahrzeuge, deren Typen, Begriffe und Definitionen. Die Richtlinie definiert Begriffe im Zusammenhang mit den Arten von Straßenfahrzeugen nach bestimmten Konstruktionsmerkmalen und technischen Eigenschaften. Sie gilt für alle Fahrzeuge, die für den Straßenverkehr bestimmt sind. Ausgenommen sind landwirtschaftliche Zugmaschinen, die nur gelegentlich für die Beförderung von Personen oder Gütern auf der Straße eingesetzt werden.

5.1.2.2 Europäische und nationale Regelung der Fahrzeugklasse

Das jährlich vom KBA herausgegebene „Verzeichnis zur Systematisierung von Kraftfahrzeugen und ihren Anhängern" umfasst folgende Gliederung (KBA 2009):

- Teil A 1A   EU Fahrzeugklassen
- Teil A 1B   Fahrzeug- und Aufbauarten (national)
- Teil A2   Emissionsklassen
- Teil A3   Kraftstoffarten und Energiequellen

In Teil B dieses Verzeichnisses werden jeweils analog zur Gliederung die auslaufenden Bezeichnungen gelistet. Er basiert auf der Richtlinie 2007/46/EG (ergänzt durch die Verordnung der Kommission Nr. 678/2011 vom 14. Juli) (2007/46/EG 2011) und unterteilt Kraftfahrzeuge und deren Anhänger in vier große Hauptklassen mit jeweiligen Untergruppen, wovon die ersten drei Klassen in Tab. 5.1 aufgeführt sind.

5.1.2.3 Fahrzeugunterklassen

Fahrzeugunterklassen beschreiben Fahrzeuge, die vom Aufbau oder dem Bestimmungszweck her nicht eindeutig einer der vier Hauptklassen zugeordnet werden können.

Geländefahrzeug
Es handelt sich um ein Fahrzeug, das entweder der Klasse M oder N angehört und spezifische technische Merkmale aufweist, die seine Verwendung im Gelände ermöglichen.

Fahrzeug mit besonderer Zweckbestimmung
Dieses Fahrzeug zählt zur Klasse M, N oder O und weist spezifische technische Merkmale auf, mit denen eine Funktion erfüllt werden soll, für die spezielle Vorkehrungen bzw. eine besondere Ausrüstung erforderlich sind. Beispielklassen hierfür sind: SA (Wohnmobile), SB (beschussgeschützte Fahrzeuge) und SC (Krankentransportwagen).

5 Fahrzeugkonzeption für die Elektromobilität

Tab. 5.1 Übersicht der Fahrzeugklassen M, N und O

Klasse	Beschreibung
M	**Vorwiegend für die Beförderung von Fahrgästen und deren Gepäck ausgelegte und gebaute Kraftfahrzeuge.**
M 1	Fahrzeuge der Klasse M mit höchstens acht Sitzplätzen zuzüglich des Fahrersitzes, Fahrzeuge der Kasse M1 dürfen keine Stehplätze aufweisen. Die Anzahl der Sitzplätze kann dabei auf einen einzigen (d. h. den Fahrersitz) beschränkt sein. • EG-Kleinserientypgenehmigung nach Rili 2007/46/EG Artikel 22: max. 1000 Einheiten/Jahr • Nationale Typgenehmigung nach Rili 2007/46/EG Artikel 23: max. 75 Einheiten/Jahr
M 2	Fahrzeuge der Klasse M mit mehr als acht Sitzplätzen zuzüglich des Fahrersitzes und mit einer Gesamtmasse von höchstens 5 Tonnen. • EG-Kleinserientypgenehmigung nach Rili 2007/46/EG Artikel 22: 0 Einheiten/Jahr • Nationale Typgenehmigung nach Rili 2007/46/EG Artikel 23: max. 250 Einheiten/Jahr
M 3	Fahrzeuge der Klasse M mit mehr als acht Sitzplätzen zuzüglich des Fahrersitzes und mit einer Gesamtmasse von mehr als 5 Tonnen. • EG-Kleinserientypgenehmigung nach Rili 2007/46/EG Artikel 22: 0 Einheiten/Jahr • Nationale Typgenehmigung nach Rili 2007/46/EG Artikel 23: max. 250 Einheiten/Jahr
N	**Vorwiegend für die Beförderung von Gütern ausgelegte und gebaute Kraftfahrzeuge.**
N 1	Fahrzeuge der Klasse N mit einer Gesamtmasse von höchstens 3,5 Tonnen. • EG-Kleinserientypgenehmigung nach Rili 2007/46/EG Artikel 22: 0 Einheiten/Jahr • Nationale Typgenehmigung nach Rili 2007/46/EG Artikel 23: max. 500 Einheiten/Jahr
N 2	Fahrzeuge der Klasse N mit einer Gesamtmasse von mehr als 3,5 Tonnen und höchstens 12 Tonnen. • EG-Kleinserientypgenehmigung nach Rili 2007/46/EG Artikel 22: 0 Einheiten/Jahr • Nationale Typgenehmigung nach Rili 2007/46/EG Artikel 23: max. 250 Einheiten/Jahr
N 3	Fahrzeuge der Klasse N mit einer Gesamtmasse von mehr als 12 Tonnen. • EG-Kleinserientypgenehmigung nach Rili 2007/46/EG Artikel 22: 0 Einheiten/Jahr • Nationale Typgenehmigung nach Rili 2007/46/EG Artikel 23: max. 250 Einheiten/Jahr
O	**Anhänger, die sowohl für die Beförderung von Gütern und Fahrgästen als auch für die Unterbringung von Personen ausgelegt und gebaut sind.**
O 1–2	Anhänger der Klasse O 1–2 mit einer Gesamtmasse von bis zu 3,5 Tonnen. • EG-Kleinserientypgenehmigung nach Rili 2007/46/EG Artikel 22: 0 Einheiten/Jahr • Nationale Typgenehmigung nach Rili 2007/46/EG Artikel 23: max. 500 Einheiten/Jahr
O 3–4	Anhänger der Klasse O 3–4 mit einer Gesamtmasse von bis zu 3,5 Tonnen. • EG Kleinserientypgenehmigung nach Rili 2007/46/EG Artikel 22: 0 Einheiten/Jahr • Nationale Typgenehmigung nach Rili 2007/46/EG Artikel 23: max. 250 Einheiten/Jahr

5.1.2.4 Fahrzeugklasse L

Eine Besonderheit stellt die Fahrzeugklasse L dar. Grundlage dafür ist die Richtlinie 2002/24/EG vom 18. März 2002 über die Typgenehmigung für zweirädrige oder dreirädrige Kraftfahrzeuge und zur Aufhebung der Richtlinie 92/61/EWG. Durch diese Richtlinie wird die vollständige Anwendung des Typgenehmigungsverfahrens erstmals auch für diese Fahrzeugklasse möglich. Die Fahrklasse(n) L gelten gemäß dieser Richtlinie für zwei-, drei- und vierrädrige Kraftfahrzeuge. Aufgrund der besonderen Rahmenbedingungen dieser Fahrzeugklasse können hier leicht Fahrzeuge mit Elektroantrieb realisiert werden (Tab. 5.2).

Tab. 5.2 Übersicht der Fahrzeugklasse L

Klasse	Beschreibung
L 1e	Zweirädrige Kleinkrafträder mit einer bauartbedingten Höchstgeschwindigkeit von bis zu 45 km/h und einem Hubraum von bis zu 50 cm³ bei Verbrennungsmotoren oder einer maximalen Nenndauerleistung von bis zu 4 kW bei Elektromotoren.
L 2e	Dreirädrige Kleinkrafträder mit einer bauartbedingten Höchstgeschwindigkeit von bis zu 45 km/h und einem Hubraum von bis zu 50 cm³ bei Verbrennungsmotoren oder einer maximalen Nutzleistung von bis zu 4 kW bei Elektromotoren.
L 3e	Krafträder, d. h. zweirädrige Kraftfahrzeuge ohne Beiwagen mit einem Hubraum von mehr als 50 cm³ bei Verbrennungsmotoren und/oder einer bauartbedingten Höchstgeschwindigkeit von mehr als 45 km/h.
L 4e	Krafträder mit Beiwagen
L 5e	Dreirädrige Kraftfahrzeuge, d. h. mit drei symmetrisch angeordneten Rädern ausgestattete Kraftfahrzeuge mit einem Hubraum von mehr als 50 cm³ bei Verbrennungsmotoren und/ oder einer bauartbedingten Höchstgeschwindigkeit von mehr als 45 km/h.
L 6e	Vierrädrige Leichtkraftfahrzeuge mit einer Leermasse von bis zu 350 kg, ohne Masse der Batterien im Falle von Elektrofahrzeugen, mit einer bauartbedingten Höchstgeschwindigkeit von bis zu 45 km/h und einem Hubraum von bis zu 50 cm³ bei Verbrennungsmotoren oder einer maximalen Nutzleistung von bis zu 4 kW bei Elektromotoren. Diese Fahrzeuge müssen den technischen Anforderungen für dreirädrige Kleinkrafträder der Klasse L 2e genügen, sofern in den Einzelrichtlinien nichts anderes vorgesehen ist.
L 7e	Vierrädrige Kraftfahrzeuge, die nicht unter Klasse L 6e fallen, mit einer Leermasse von bis zu 400 kg (550 kg im Falle von Fahrzeugen zur Güterbeförderung), ohne Masse der Batterien im Falle von Elektrofahrzeugen, und mit einer maximalen Nutzleistung von bis zu 15 kW.

5.1.3 Fahrzeugklassen für Elektrofahrzeuge

Die FZV definiert keine eigene Fahrzeugklasse für Elektrofahrzeuge. Die heute am Markt erhältlichen Elektrofahrzeuge sind daher bislang hauptsächlich in den „klassischen" Fahrzeugklassen M1 für PKW zu finden (bspw. Mitsubishi iMiEV) oder in der Klasse N1 für kleine Nutzfahrzeuge bis 3,5 t (bspw. EcoCarrier).

Mit den Klassen L 5e bis L 6e wurden nun Fahrzeugklassen geschaffen, die erstmals explizit die Möglichkeit eines Elektroantriebs mit einer maximalen Nutzleistung von bis zu 15 kW erwähnen. Sind leichte zwei- oder dreirädrige Kleinkrafträder mit bis zu 4 kW elektrischer Antriebsleistung im Rahmen der Bestimmungen der Fahrzeugklassen L 1e und L 2e noch recht problemlos und zuverlässig zu realisieren, so stößt man bei den Fahrzeugklassen L 5e/L 7e doch schnell an technische Grenzen bei der passiven Sicherheit.

Besonders kritisch ist die Fahrzeugklasse L 7e, die nur eine Begrenzung der Fahrzeugmasse (Leergewicht ohne Batterien 400 bzw. 550 kg) und der Motorleistung (15 kW) kennt, aber keine Begrenzung der Höchstgeschwindigkeit. Geht man bspw. von einer Lithium-Ionen-Batterie mit 10 kWh Leistung aus, ergibt sich für ein solches Fahrzeug bei einem Batteriegewicht von rund 100 kg zuzüglich Fahrer (75 kg) eine Gesamtfahrzeugmasse

(Gesamtgewicht) von unter 600 kg. Bei einer Motorleistung von 15 kW kann dieses Fahrzeug innerhalb von 5–6 Sekunden auf 50 km/h beschleunigen und leicht eine Höchstgeschwindigkeit von über 100 km/h erreichen.

Diese Fahrzeuge gelten gemäß der Richtlinie trotzdem nur als dreirädrige Kraftfahrzeuge und müssen daher nur den technischen Anforderungen der Klasse L 5e genügen, sofern in den Einzelrichtlinien nichts anderes vorgesehen ist. Die Prüfumfänge und -nachweise für solche L 5e/L 7e-Fahrzeuge sind im Vergleich zu einem klassischen PKW (Fahrzeugklasse M1) deutlich geringer. Deshalb versuchen speziell chinesische Fahrzeughersteller, über diese Fahrzeugklassifizierung auf dem europäischen Markt Fuß zu fassen. So stammen über 90 % der sog. „Quads" aus chinesischer Produktion.

Auch für Elektrofahrzeuge zeigt sich der Trend, die Fahrzeuge so zu designen bzw. auszulegen, dass sie noch in die Kategorie L 7e fallen. Beispiele dafür finden sich in Europa wie der AIXEM-Mega und der MUTE (TU München) oder der Tazzari-ZERO. Da an diese L 5e/L 7e-Fahrzeuge keine gesetzlichen Anforderungen für Crashsicherheits-Nachweise gestellt werden, bedeutet die mögliche Unfallkonstellation: „Frontalzusammenstoß L 7e-Fahrzeug mit einem deutlich schwereren PKW" im Hinblick auf die inkompatiblen Fahrzeugmassen (600 kg vs. 1500–2000 kg) bei gleichzeitig fehlenden Airbags unfalltechnisch einen „worst case". Deshalb fordert die Unfallforschung der Versicherer, dass die Sicherheitsstandards von Leichtkraftfahrzeugen an die von PKWs angepasst werden müssen. Leichtfahrzeuge sollten darüber hinaus serienmäßig mit aktiven und passiven Sicherheitselementen ausgerüstet werden. (GDV 2006)

5.2 Entwicklungsprozess

Seit seiner Erfindung vor mehr als 125 Jahren hat sich das grundlegende Konzept des Automobils nicht signifikant geändert und die Weiterentwicklung war eher evolutionärer Natur. Der Entwicklungsprozess eines Automobils jedoch war dramatischen Änderungen unterworfen. Was früher die Arbeit eines (einzelnen) herausragenden Ingenieurs über viele Jahre war, ist heute ein hochkomplexes, vernetztes Zusammenspiel von Spezialisten aus verschiedensten Disziplinen.

Die Synchronisation der dezentralen (Sub-)Prozesse der Entwicklung sowie deren komplexe gegenseitige Wechselwirkungen müssen auf einem relativ hoch aggregierten Level zentral gesteuert werden. Hierfür existiert keine generelle Lösung und die Planung und Kontrolle der Entwicklung bis in die untersten Prozessebenen bleibt aufgrund des steten Wandels des Prozesses, der Entwicklungspartner, der technischen Weiterentwicklungen der Komponenten und Systeme, der Märkte, der Kundenanforderungen und des stets verbleibenden Restrisikos noch nur teilweise realisierbar. Auf der operativen Ebene des Entwicklungsprozesses, selbst bei den effizientesten OEMs, läuft die Entwicklung zu einem überraschend hohen Anteil auf einem Ad-hoc-Prozess. Dieser basiert eher auf den individuellen Erfahrungen der Mitarbeiter und der zu dem Zeitpunkt gegebenen Notwendigkeiten als auf einem methodisch sauber erstellten Entwicklungsplan. (Weber 2009)

Die Entwicklung eines Purpose-Design-Elektrofahrzeugs differenziert sich schon aufgrund seiner eigenständigen Architektur gegenüber dem konventionellen Fahrzeug mit Verbrennungsmotor. Darüber hinaus halten mit Elektro- und Hybridfahrzeugen zahlreiche „neue" Komponenten und komplexe Systeme, vor allem im Bereich des Antriebsstrangs, Einzug in das Fahrzeug. Für diese fehlen z. T. Erfahrungswerte bei der Entwicklung, Fahrzeugintegration, Testing, Produktion, Montage sowie den Serviceanforderungen, was eine verlässliche Planung zusätzlich erschwert. Darüber hinaus erfordert die Entwicklung eines Elektrofahrzeugs ein interdisziplinäres System-Know-how und Expertise in den neuartigen Komponenten, die in den derzeitigen Strukturen eines OEMs zur Entwicklung eines konventionellen Fahrzeugs nicht bzw. nur unzureichend vorhanden sind.

Das etablierte Prozessmodell zur Entwicklung, das V-Modell in Abb. 5.1, erlaubt ein tieferes Verständnis des Zusammenspiels der verschiedenen Prozesse im Laufe der Fahrzeugentwicklung. Die Spezifikation des zu entwickelnden Fahrzeugs mit seinen gewünschten Eigenschaften bildet die Ausgangsbasis auf Gesamtfahrzeuglevel. Entlang des ersten Zweigs des V-Modells erfolgt auf der Ebene des Systems bis hin zur Komponente – ausgehend vom Gesamtfahrzeuglastenheft – die Spezifikation der Teilsysteme und deren simulative Überprüfung der Auslegung bis hin zum Einzelkomponentenlastenheft, die Konstruktion und Evaluation der Teile.

Auf dem zweiten aufsteigenden Ast des V-Modells erfolgt analog zum ersten Ast hierarchisch, nur diesmal in umgekehrter Reihenfolge, die Validierung der Einhaltung der Lasten, ausgehend von der Komponentenebene über die Systemtests bis hin zur Integration in das Gesamtfahrzeug. Der automobile Entwicklungsprozess erfordert mehrere Stufen der Validierung in Prototypen unterschiedlichster Reifegrade. Jeder dieser Reifegrade repräsentiert einen eigenen kleinen Entwicklungsprozess in sich selbst, daher setzt sich das V-Modell für die Entwicklung von Fahrzeugen aus vielen untergeordneten V-Modellen zusammen. (Rausch und Broy 2008)

Neben dem rein technischen methodischen Ansatz des V-Modells ergeben sich weitere Anforderungen und Herausforderungen an einen modernen Entwicklungsprozess, die ständigen Änderungen unterliegen bzw. in den letzten Jahren zunehmend an Bedeutung gewonnen haben:

- Effiziente, virtuelle, konzernintegrierte Entwicklungsumgebung (Zeit, Kosten, Qualität, Usability, Interoperability …)
- Datenkonformität und -integrität
- Integrationsmanagement
- Komplexitätsmanagement
- Einsatz von Multi-CAD

5 Fahrzeugkonzeption für die Elektromobilität

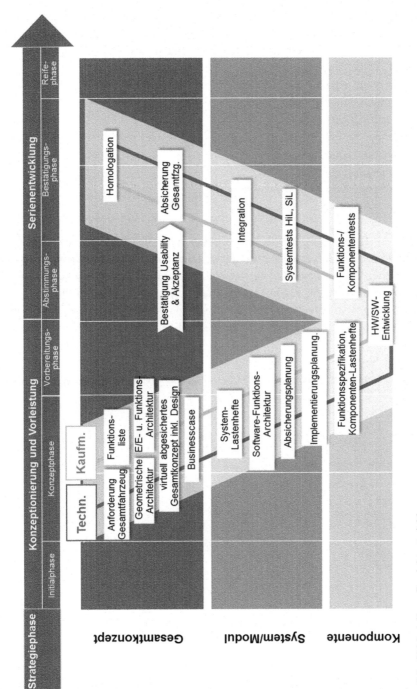

Abb. 5.1 V-Modell zur Produktentwicklung

- CAE-Datenintegration
- Datensicherheit
- Projektplanung und -management (Zeit, Kosten, Qualität, Risiko …)
- Digitale Prozessdefinitionen, Workflow-Management
- Modulare Produktarchitektur
- Variantenmanagement
- Gleich- und Normteilemanagement
- Softwaremanagement
- Compliance
- Kommunikationsmanagement
- Procurementmanagement
- Einhaltung weltweiter Legal Requirements
- …

Besonders der Bereich der virtuellen Entwicklung und Absicherung von Fahrzeugen hat in den letzten zwei Jahrzenten eine dramatische Entwicklung genommen. Während anfänglich 3-D-CAD-Programme nur benutzt wurden, um später 2-D-Fertigungszeichnungen abzuleiten, sind die Anforderungen an eine integrale Architektur für eine gemeinsame virtuelle Entwicklungsumgebung als zentrale Kommunikationsplattform in den letzten Jahren massiv gestiegen und stellen viele OEMs vor die Aufgabe, ihre Strukturen anzupassen (s. Abb. 5.2).

Die virtuelle Entwicklungsumgebung bzw. die Software Product Life Cyle Management (PLM) verbindet mit der Bill of Material (BOM) als zentrale Struktur des Systems

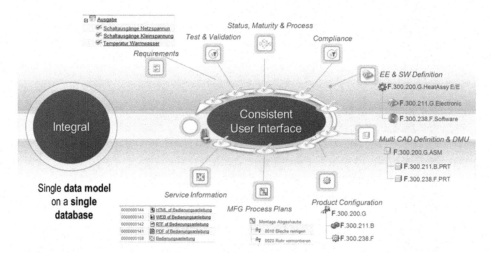

Abb. 5.2 Definition einer integralen Architektur zur gemeinsamen virtuellen Entwicklung. (Quelle: PTC 2012)

5 Fahrzeugkonzeption für die Elektromobilität

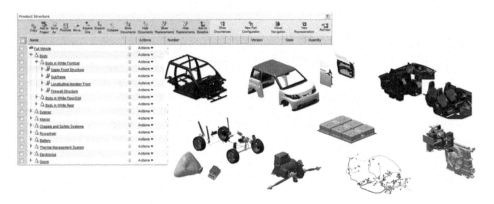

Abb. 5.3 BOM als Struktur der virtuellen Entwicklungsumgebung

(s. Abb. 5.3) alle relevanten Informationen und erleichtert die Überwachung und das Datenmanagement in der Entwicklung:

- Spezifikationen
- Test- und Validierungsdaten
- Life-Cycle-Informationen
- Workflows
- Compliance-Informationen
- E/E- und Software-Informationen und -Daten
- Multi-CAD-Integration
- Digital Mock-up
- CAE-Daten
- Variantenmanagement und Produktkonfiguration
- Suppliermanagement
- Kosteninformationen
- Produktionsplanung
- Service-Informationen
- …

5.3 Package für Elektrofahrzeuge

Das Package organisiert und harmonisiert die Anforderungen an die Bauräume, die Ergonomie und die Gesamteigenschaften eines Fahrzeugs und begleitet dieses von der Idee bis zum Serienanlauf. Dabei ist die Verwaltung der Gesamtfahrzeuggeometriedaten und die Sicherstellung ihrer Aktualität in jeder Entwicklungsphase ebenfalls Aufgabe des Packages.

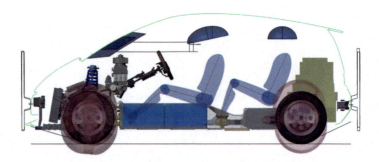

Abb. 5.4 Future Steel Vehicle 3-D-Package. (Quelle: Future Steel Vehicle o. J.)

Da primär das Äußere eines Fahrzeugs die Blicke der Kunden auf sich zieht, Emotionen weckt und letztlich mit über den Kauf entscheidet, wird eine Designtrendbestimmung auf der Basis der ersten CAD-Modelle durchgeführt (s. Abb. 5.4). Die Herausforderung liegt darin, möglichst ideale Proportionen nicht nur anzustreben, sondern auch innerhalb der technischen, finanziellen und dimensionellen Vorgaben umzusetzen (Grabner und Nothhaft 2006).

Die ersten CAD-Modelle des Packageentwurfs werden maßgeblich bestimmt durch die Abmaße, die durch die Marktpositionierung des Fahrzeugs vorgegeben sind, die rechtlichen Bestimmungen sowie Komfort- und Sichtanforderungen des Seating-Packages, den Strukturentwurf sowie die Komponenten und die Topologie des Antriebsstrangs und des Fahrwerks. Durch den Wandel bzw. die (teilweise) Ersetzung dieser Komponenten gegenüber dem „klassischen" Packageentwurf des Fahrzeugs mit Verbrennungsmotor verändert sich auch grundsätzlich der Packageentwurf für ein reines Elektrofahrzeug. Abb. 5.5 verdeutlicht den Bedarf der Anpassung des Packageentwurfs gegenüber dem konventionellen Entwurf mit zunehmender elektrischer Reichweite, ausgehend vom Full- und Plug-in-Hybrid über das Range-Extender-Fahrzeug hin zum reinen Elektrofahrzeug.

Besonders die neuen bzw. geänderten Komponenten des Antriebsstrangs, Batteriesystem, elektrischer Motor, Umrichter, Ladeinfrastruktur, Hoch-Volt-Bordnetz und Thermomanagement eines Elektrofahrzeugs sowie deren sichere Integration in das Fahrzeug machen ein gegenüber dem konventionellen Fahrzeug neuartiges und unkonventionelles Package notwendig. Abb. 5.6 zeigt die packagebestimmenden Komponenten in einer eher konventionellen Anordnung mit geringer elektrischer Reichweite.

Hierbei ist vor allem das Batteriesystem neben dem Seating-Package die bestimmende Komponente für die Auslegung des Packageentwurfs. Die Positionierung des Batteriesystems im (Unter-)Boden des Fahrzeugs ist aufgrund der Größe und des Gewichts des Systems aus Gründen der Wirtschaftlichkeit und besonders unter sicherheitstechnischen Aspekten der zu bevorzugende Bauraum. Hierbei kann man zwischen drei Integrationsstrategien in den Boden unterscheiden (Abb. 5.7):

- Sandwichbodenintegration (bspw. StreetScooter)
- T-Shape (bspw. Opel Ampera)
- Verteilte (Split-)Anordnung (bspw. Mitsubishi iMiev)

5 Fahrzeugkonzeption für die Elektromobilität

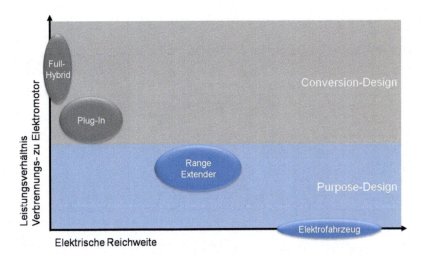

Abb. 5.5 Mit zunehmender Elektrifizierung des Antriebsstrangs steigt der Bedarf eines eigenständigen Purpose-Design-Packageentwurfs für Elektrofahrzeuge. (Quelle: Eigene Darstellung)

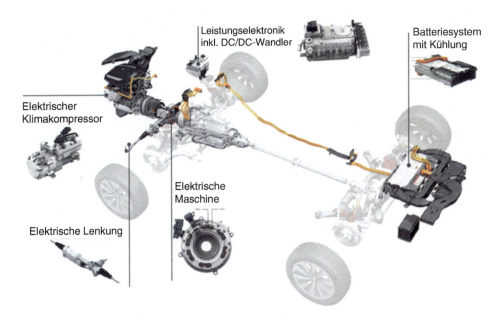

Abb. 5.6 Packagebestimmende Komponenten der Elektromobilität. (Quelle: Audi AG 2012)

Bei der Integration in den Fahrzeugboden kann durch einen Sandwich-Boden und unter Berücksichtigung der Crashstrukturen die maximale Fläche zur sicheren Integration des Batteriesystems genutzt werden. Weiterhin bietet dieser Ansatz das höchste Potenzial zur Ausnutzung von Synergieeffekten zwischen den Baureihen bzw. die kundenindividuelle Skalierung des Batteriesystems durch eine (geometrisch einfache Form der) Modularisierung des

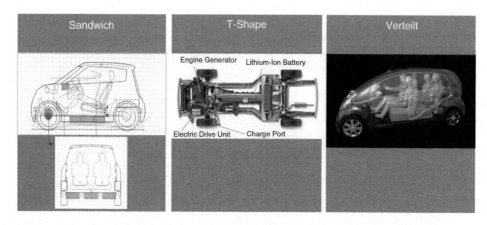

Abb. 5.7 Unterschiedliche Ansätze des Batteriepackages im Fahrzeugboden. (Quelle: RWTH Aachen 2009; Adam Opel AG 2012; Honda und Yoshida 2007)

Batteriesystems. Gerade weil das Batteriesystem mit zu den größten Kostentreibern im Fahrzeug gehört und die Stückzahlen derzeit noch begrenzt sind, ist dieser Ansatz gegenüber einer gesplitteten Anordnung der Batterien unter den Sitzen der Frontpassagiere und der Rücksitzbank (Packageraum für das Tanksystem bei konventionellen Fahrzeugen) bzw. der T-Anordnung (Getriebetunnel und unter der Rücksitzbank) der zielführende Ansatz für ein reines Elektrofahrzeug im Purpose-Design. Gegenüber der T-Shape- und der verteilten Anordnung der Batterie induziert die Sandwichbauform ein leicht höheres Fahrzeug, das bei der Umsetzung der Fahrzeugproportionen zu berücksichtigen ist.

Gleich bei allen drei Anordnungen ist die Auslegung auf den Seitencrash (besonders Pfahlaufprall) des Fahrzeugs. Ziel hierbei ist, eine Beschädigung des Batteriesystems im Crashfall zu vermeiden. Daher sehen alle Anordnungen eine ausreichend große Deformationszone mit Crashelementen und einer steifen Querabstützung vor.

Ein weiterer Vorteil der zentralen Anordnung des Energiespeichers sowie weiterer Hoch-Volt-Komponenten ist die Flexibilität der Antriebstopologie, die einen Front-, Heck- oder kombinierten Antrieb des Fahrzeugs mit 1–4 Maschinen mit kurzen Anbindungslängen des Hoch-Volt-Netzes erlaubt. Die derzeit häufigste Topologie ist eine Zentralmaschine mit Reduktionsgetriebe und mechanischem Differenzial im Front- bzw. Heckantrieb. Fahrdynamisch weist der Heckantrieb Vorteile gegenüber dem Frontantrieb auf, hat aber meistens einen kleineren Kofferraum zur Folge. Ebenfalls einen besonderen Einfluss auf das Package haben der Maschinentyp und die Realisierung des Differenzials. Die zentrale Maschine mit mechanischem Differenzial beansprucht hierbei den größten Bauraum. Durch den Einsatz von zwei Elektromotoren an einer Achse kann auf ein mechanisches Differenzial verzichtet und deutlich kompakter gebaut werden. Weitere Packagevorteile können realisiert werden, wenn die Elektromaschinen baulich geteilt in Richtung Rad als radnaher Antrieb ausgelegt werden. Der Freiheitsgrad im Package wird maximiert durch die vollständige Integration des Antriebs (und des Fahrwerks) in das Rad als Radnabenantrieb (Abb. 5.8).

5 Fahrzeugkonzeption für die Elektromobilität

Abb. 5.8 Beispiel für die unterschiedliche Integration der Elektromaschine. (Quelle: ZF Friedrichshafen AG 2001; Audi AG 2012; Michelin 2004)

Durch die Ausnutzung der neuen Gestaltungsmöglichkeiten des Packages für Elektrofahrzeuge ergeben sich somit (zukünftig) neue Designmöglichkeiten. Die vollständige Integration des Antriebs (Batteriesystem, Motor, Umrichter, Fahrwerk, …) in die Bodengruppe scheint realisierbar und wird besonders bei der Modularisierung des Fahrzeugs als auch bei der Erschließung neuer Innenraumkonzepte dem Elektrofahrzeug neue Wege ebnen.

5.4 Funktionale Auslegung

5.4.1 Noise, Vibration, Harshness (NVH)

5.4.1.1 NVH – Aufgaben in den vergangenen Jahren

Die Akustik in Verbindung mit wahrnehmbaren Schwingungen, im Automobilbereich unter dem Sammelbegriff NVH (Noise Vibration Harshness) zusammengeführt, hat sich als ein wesentlicher Baustein erfolgreicher Fahrzeugentwicklung etabliert. Mit der sukzessiven Verringerung der verbrennungsmotorbedingten Innengeräusche in den letzten Jahrzehnten stieg ihre Bedeutung weiter an. Mit Fahrzeuginnengeräuschen werden Leidenschaft und Emotion vermittelt, die allgemeine Wertanmutung gesteigert und mitunter ein ganzes Produktimage inszeniert. Diese Möglichkeiten erkannten Automobilhersteller frühzeitig und entwickelten entsprechende Methoden und Werkzeuge zur NVH-Optimierung. Denn positive Erlebnisse sind die Basis für Kundenzufriedenheit und Markentreue.

Im Allgemeinen interessieren sich Kunden nicht für Normen und Vorschriften im Bereich des Komforts, er wird während der Fahrt multisensuell empfunden, bewertet und Attribute wie „billig", „exklusiv", „sportlich" oder „luxuriös" dem Produkt zugeordnet. Dabei ist für den akustischen Komfort nicht nur die Wechselwirkung von Hören und Schwingungsempfindung wichtig, sondern gleichfalls müssen der Kontext, die

Erwartungshaltung der Zielgruppe, das Produktimage und die generellen Produktassoziationen mit einbezogen werden.

Anfänglich bestand die wesentliche Arbeit der Akustikingenieure darin, die akustische Belastung durch das Motorengeräusch für die Insassen zu verringern und auf ein zumutbares Geräuschniveau zu bringen, d. h., den Schalldruckpegel am Insassenohr deutlich zu reduzieren.

Das Thema Geräuschqualität rückte dann Anfang der 1980er-Jahre vermehrt in den Fokus. Den Automobilherstellern wurde bewusst, dass Sound-Design mehr bedeutet, als nur den Schalldruckpegel zu reduzieren. Letztendlich musste konstatiert werden, dass viele Geräuschphänomene nicht mit einem Messmikrofon und reinen Schallpegelbetrachtungen identifiziert werden können. Die binaurale Messtechnik zur gehörrichtigen Aufnahme und Wiedergabe wurde damit ein fester Bestandteil im Prozess der Fahrzeugentwicklung (Genuit 2010). Ebenfalls hielt die Psychoakustik Einzug in die Fahrzeugakustik, mit deren Hilfe gehörbezogene Geräuschbewertungen vorgenommen wurden. Denn Geräuschphänomene wie Pfeifen, Brummen, Poltern, Wummern, Quietschen, Nageln können nicht auf der Grundlage zeitlich gemittelter Schalldruckpegel behandelt werden. Diese Geräusche beeinflussen ungeachtet ihres geringen energetischen Beitrags wesentlich die Gesamtbeurteilung des Fahrzeuginnengeräusches. Aufgrund dieser Erkenntnisse wurden umfangreiche Studien zur Geräuschqualität durchgeführt, in denen Aspekte der menschlichen Signalverarbeitung und der analytisch-physikalischen Bestimmung von Geräuschqualität unter zunehmender Berücksichtigung der Psychoakustik behandelt wurden. Dass das Thema auch zukünftig diskutiert werden muss, wie Abb. 5.9 schematisch verdeutlicht, liegt nicht nur an der Komplexität des Untersuchungsgegenstandes. Das menschliche Gehör ist adaptiv und kann sich dem aktuellen Geräuschniveau anpassen. Es weist eine hohe Sensitivität für zeitliche und spektrale Muster nahezu ungeachtet des Schalldruckpegels auf.

Nachteilige Geräusche wie das Hinterachsheulen wurden bereits vor mehr als einem Jahrzehnt erfolgreich um einige dB reduziert. Damit konnte erreicht werden, dass das Geräusch durch andere Geräuschquellen maskiert und nicht mehr beanstandet wurde. Das Problem schien gelöst. Nachdem allerdings die Optimierung der Geräuschqualität im Fahrzeug fortschritt und verschiedene Geräuschquellen permanent optimiert wurden,

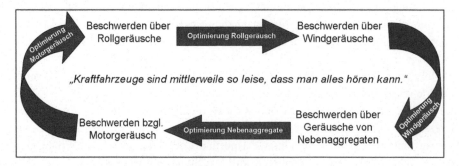

Abb. 5.9 Prozess der Fahrzeuggeräuschoptimierung

5 Fahrzeugkonzeption für die Elektromobilität

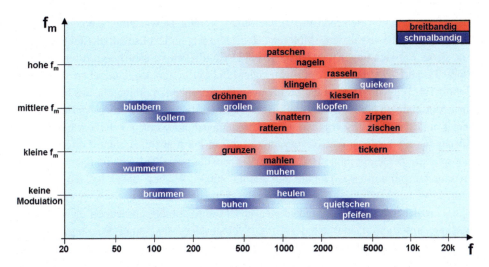

Abb. 5.10 Typische Störgeräusche im Bereich NVH und deren charakteristische Eigenschaften (Bandbreite, Modulationsfrequenz, spektrale Ausprägung)

resultierend in einem leiseren Gesamtgeräusch, ist das Geräuschphänomen Hinterachsheulen wieder verstärkt wahrzunehmen und verlangt nach neuer Optimierung. Dies gilt für alle Geräuschphänomene im Fahrzeuginnenraum. Die Reduzierung des akustischen Beitrags einer Geräuschquelle führt zur Hörbarkeit anderer Geräuschquellen, die unter Umständen dann ebenfalls der Optimierung bedürfen. Auf vorhandene ungewollte Geräusche zu reagieren und diese mittels „Troubleshooting" zu minimieren bzw. zu beseitigen, prägte die Arbeit der Akustikingenieure in den letzten Jahrzehnten (s. Abb. 5.10). Aktuelle Anforderungen im Bereich des akustischen Komforts verlangen allerdings auch nach gestalterischen Überlegungen, es muss aktiv am resultierenden Geräuscherlebnis im Fahrzeug gearbeitet werden.

5.4.1.2 NVH in Zukunft

Obwohl die Prävention und Behandlung von Störgeräuschen nach wie vor zu den Kernaufgaben des Akustikingenieurs zählt, rückt das aktive Gestalten der Akustik vermehrt in den Vordergrund. Durch den Wegfall des Verbrennungsmotors bei alternativen Antrieben ist das Potenzial gegeben, signifikant die Lautstärke des Fahrzeuginnengeräusches zu reduzieren. Dadurch könnten sich auch die Anforderungen an das Sound-Engineering dramatisch ändern: Die sukzessive und stetige Optimierung des Verbrennungsmotors wird abgelöst. Das Fahrzeuginnengeräusch muss nun aktiv „komponiert" und akustische Feedbacks müssen vollkommen neu gestaltet werden. Der Übergang von klassischen Aufgaben in den Bereichen akustischer Komfort, NVH und Sound-Design zu neuen Herausforderungen und Konzepten ist dabei fließend. (Genuit und Fiebig 2011)

Grundsätzlich erfordern strengere EU-Abgasbestimmungen bei gleichzeitiger Effizienzsteigerung im Spannungsfeld hoher Umweltverträglichkeit eine enge Zusammenarbeit mit

Motorenherstellern (Pletschen 2010). Gefordert werden Downsizing, kleinere, leichtere Fahrzeuge, hoch aufgeladene Motoren, Hybridantrieb und vollständige Elektrotraktion. Alle diese Entwicklungen werden neue NVH-Konfliktsituationen hervorrufen. So kann bspw. die parallele Existenz des elektrischen und verbrennungsmotorischen Antriebs in Hybrid-Fahrzeugen zu Geräusch- und Schwingungsproblemen führen, die aus herkömmlichen Automobilen nicht bekannt sind. Betriebsgeräusche der elektrischen Antriebskomponenten und das Betriebsverhalten des Verbrennungsmotors mit plötzlichem Starten und Abschalten sind ungewohnt. Insgesamt sollte ein harmonisches, unauffälliges Zusammenspiel dieser Geräuschquellen realisiert werden, das auch die Betrachtungen von Vibrationsanregungen umfasst (Genuit und Fiebig 2007). Wichtig dabei ist, dass stets als integrativer Bestandteil der Mess- und Analysekette das Hören eingebunden wird. Nur so lässt sich sicherstellen, dass Maßnahmen und Modifikationen tatsächlich die intendierte Wirkung entfalten. Daher ist der Einsatz binauraler Mess- und Wiedergabetechnik unverzichtbar. Daneben werden psychoakustische und weitere gehörbezogene Analysen benötigt, die wichtige Informationen über Intensität, Charakter, spektrale Verteilung und zeitliche Struktur spezieller Geräuschphänomene bereitstellen.

Für die Ableitung zielgerichteter konstruktiver Maßnahmen ist es zwingend erforderlich, Geräuschquellen und Übertragungswege detailliert zu kennen. Hier findet das Verfahren der Transferpfadanalyse Anwendung (Genuit et al. 1997). Durch die Trennung von Quelle und Übertragungsweg wird nicht nur eine zuverlässige Identifikation der Ursachen für akustische Konflikte ermöglicht, sondern sogar mit Hilfe der binauralen Transferpfadsynthese (BTPS) ist eine gehörmäßige Abschätzung des Potenzials simulierter Modifikationen möglich. Damit lässt sich sicherstellen, dass vorgeschlagene Modifikationen hörbar die gewünschte Wirkung erzielen. Erfolgreiches NVH und Sound-Design sind also nur zu erreichen, wenn vorhandene Methoden und Werkzeuge aufeinander abgestimmt und im Hinblick auf das Erlebnis des Gesamtfahrzeugs eingesetzt werden.

5.4.1.3 Fahrzeuginnengeräusche

Trotz der deutlichen Reduzierung des Innengeräuschpegels beim Elektrofahrzeug aufgrund des Wegfalls eines Verbrennungsmotors können zahlreiche akustische Konfliktsituationen auftreten. So sind bspw. störende Stromrichtergeräusche im hochfrequenten Bereich zu befürchten, deren Hörerlebnis im Kontext von Fahrzeuginnengeräuschen ungewohnt ist. Neben der konstanten Schaltfrequenz des Stromrichters entstehen drehzahlabhängige Seitenbänder. Der resultierende Sound ist unangenehm und lästig.

Ferner werden der Elektromotor und das Getriebe als wesentliche Geräuschquellen akustisch optimiert werden müssen. Die elektromagnetischen Ordnungen des Elektromotors können deutlich wahrnehmbar sein (engl. whine noise). Dies wird oft mit dem Sound einer Straßenbahn verglichen, aus der eben jenes Geräuschmuster hinreichend bekannt ist. Dass diese Phänomene nicht isoliert betrachtet werden dürfen, soll im Folgenden verdeutlicht werden.

Zur exemplarischen Illustration zukünftiger NVH-Themen werden die Ergebnisse aus einer Untersuchung an einem Hybridfahrzeug-Prototyp kurz vorgestellt. Mit Hilfe diverser

Prüfstandsmessungen wurde ein integriertes Transferpfadmodell vom untersuchten Fahrzeug erstellt, in dem die einzelnen Geräuschpfade durch Übertragungsfunktionen beschrieben und die entsprechenden Geräuschbeiträge durch Filterung im Betrieb gemessener Quellsignale synthetisiert wurden. Auf diese Weise lassen sich die Geräuschanteile der einzelnen Quellen und die Übertragungswege separat analysieren. Das Transferpfadmodell wurde um die Synthetisierung von Vibrationen an den wesentlichen Kontaktstellen erweitert, um die Problematik von Geräusch- und Schwingungskonflikten bei Hybridfahrzeugen angemessen zu berücksichtigen und realistische Simulationen im Fahrsimulator zu ermöglichen.

Abb. 5.11 zeigt ein Teilergebnis der binauralen Transferpfadanalyse in einer *FFT-über-Zeit*-Darstellung. Die Fast-Fourier-Transformation (FFT) erlaubt die Transformation aus dem Zeitbereich in den Frequenzbereich. Die ermittelten Frequenzspektren können, über der Zeit dargestellt werden, wobei die Amplituden der Frequenzen farbkodiert werden. Zu sehen sind die Anteile des Elektroantriebs für den Luft- und Körperschall am Innengeräusch. Die Spektrogramme verdeutlichen bereits, dass die durch Magnetkräfte verursachten höheren Ordnungen vom Elektromotor zwischen 500 Hz und 2 kHz nicht nur als Körperschall, sondern auch als Luftschall übertragen werden (Sellerbeck und Nettelbeck 2010). Darüber hinaus ist erstaunlicherweise zu konstatieren, dass derartige Geräuschkomponenten ebenfalls vom Umrichter abgestrahlt werden, zusätzlich zu den zu erwartenden Schaltfrequenzen. Nähere Untersuchungen am Fahrzeug ergaben, dass das Verbindungskabel zwischen Umrichter und Elektromotor eine wesentliche Körperschallbrücke war. Dadurch wirkte das Umrichtergehäuse als „Lautsprecher" für die Elektromotorgeräusche. Durch den Einsatz eines weniger steifen Kabels könnte diese Geräuschübertragung reduziert werden.

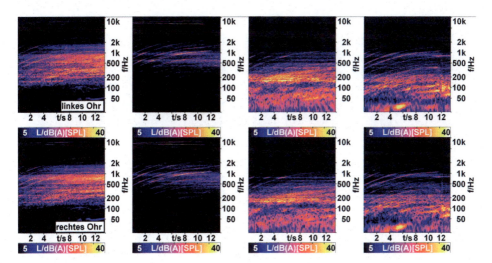

Abb. 5.11 Spektrogramme von den Geräuschanteilen des Elektroantriebs am Innengeräusch bei einer Beschleunigung von 0 auf 50 km/h. Von links nach rechts: Luftschallbeitrag des Elektromotors, Luftschallbeitrag des Umrichters, Körperschallbeitrag der Antriebswellen, Körperschallbeitrag des Elektromotors, FFT über Zeit

Mit Hilfe der in Abb. 5.11 skizzierten Analysen können bereits erste Anforderungen für Maßnahmen zur Optimierung der Geräuschqualität abgeleitet werden. Die Geräuschanteile lassen sich für die Erarbeitung detaillierter Modifikationsvorschläge weiter spezifizieren. Abb. 5.12 schlüsselt bspw. die Geräuschanteile des Elektromotors, die über Körperschall in den Innenraum gelangen, für die entsprechenden Motorlager für die x-, y- und z-Richtungen auf. Der Vorteil ist, dass die relevanten Geräuschmuster unmittelbar einzelnen Pfaden bzw. Koppelstellen zugeordnet werden können. Es kann bspw. abgeleitet werden, dass die störenden höherfrequenten Ordnungen des Elektromotors (whine noise) hauptsächlich über das Motorlager 1 übertragen werden. Ferner wird ein auffälliger Schalleintrag um 50 Hz über die y-Richtung übertragen. Ein tieffrequentes Brummen wird im Bereich um 20–30 Hz in x- und z-Richtung übertragen, womit auf eine Nickbewegung des gesamten Aggregats um die y-Achse geschlossen werden kann.

Weiterhin wird es im zukünftigen Sound-Engineering erforderlich sein, sich detailliert mit dem akustischen Beitrag des Umrichters auseinanderzusetzen, um einen hohen akustischen Komfort gewährleisten zu können. Abb. 5.13 zeigt links oben den akustischen Hauptbeitrag des Umrichters am Fahrerohr. Die erste Ordnungsanalyse verdeutlicht, dass für das Umrichtergeräusch der einfache Bezug zur Motordrehzahl nicht adäquat ist. Die fächerförmigen Ordnungen (Seitenbänder) um die Schaltfrequenz des Umrichters sind gut zu erkennen, sie stellen letztlich ein Nebenprodukt der Pulsweitenmodulation dar. Die Ordnungen des Umrichters verlaufen nicht proportional zur Motordrehzahl (n*Drehzahl/60), sondern stellen sich als geschwungene Kurvenverläufe im konventionellen Ordnungsspektrum dar. Mit Hilfe einer Ordnungsanalyse, bei der die Schaltfrequenz des Umrichters als „Frequenzversatz" eingestellt wird, lässt sich eine weitere sinnvolle Ordnungsanalyse

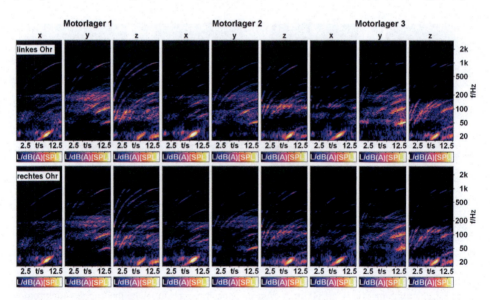

Abb. 5.12 Spektrogramme von den Geräuschanteilen des Elektromotors (Körperschall über Motorlager) am Innengeräusch (Beschleunigung von 0 auf 50 km/h), FFT über Zeit

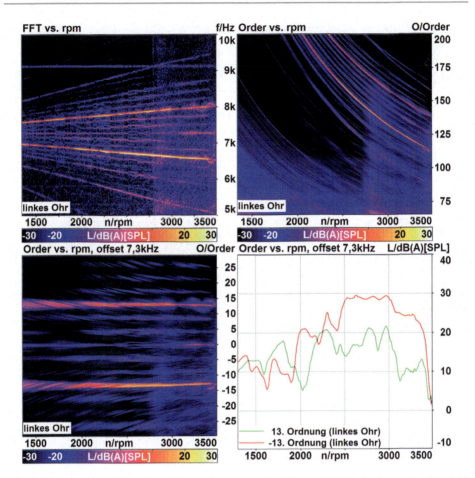

Abb. 5.13 Spektrogramme vom originalen Innengeräusch (Zoom in den höherfrequenten Bereich) für das linke Ohr; von oben links nach unten rechts: FFT über Drehzahl, Ordnungsspektrum über Drehzahl, Ordnungsspektrum mit Frequenzversatz (7,3 kHz) über Drehzahl, Ordnungspegel über Drehzahl (mit Frequenzversatz von 7,3 kHz)

durchführen. Die Ordnungen können im Gegensatz zur Betrachtung ohne Versatz nun auch negativ sein, da einige Ordnungen mit steigender Drehzahl eine Abnahme der Frequenz aufweisen. Das Ordnungsspektrum mit einem Frequenzversatz von 7,3 kHz zeigt unmittelbar, dass die (um die Schaltfrequenz des Umrichters verschobenen) 13. Ordnungen am auffälligsten sind. Der Abstand der Seitenbänder (26 Ordnungen) entspricht der Polpaarzahl des verwendeten Elektromotors, d. h., pro Umdrehung werden 26 Polpaare durchlaufen. Die Darstellung der relevanten Ordnungspegel ermöglicht schließlich eine detaillierte Einschätzung der Bedeutung dieser akustischen Beiträge.

Die Vorteile eines umfangreichen Transferpfadmodells liegen in der direkten technisch-analytischen sowie hörbaren Abschätzung der Auswirkungen bestimmter Modifikationen. Abb. 5.14 zeigt eine sukzessive virtuelle Optimierung, in der zuerst die Entkopplung des

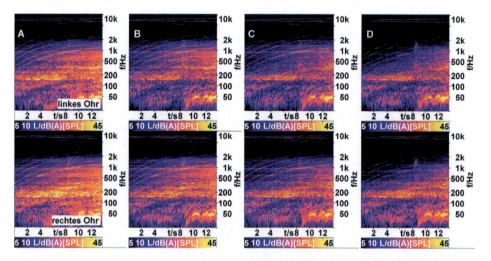

Abb. 5.14 Spektrogramme vom originalen Innengeräusch (A) und von simulierten Optimierungsmaßnahmen (B: Optimierte Lagerung des Elektromotors, C: B und eine zusätzliche Luftschallkapselung des Elektromotors, D: B, C und eine zusätzliche Luftschallkapselung des Umrichters) für eine Beschleunigung von 0 auf 50 km/h, FFT über Zeit

Elektromotors unter Einbeziehung der Lager- und Struktursteifigkeiten verbessert wurde. Dadurch ließ sich bereits eine höhere Isolation in einem weiten Frequenzbereich erreichen. Ferner wurden Luftschallkapselungen von Elektromotor und Umrichter simuliert. Obwohl die Kapselung des Umrichters (Änderung von C zu D) nur zu einer Schalldruckpegelabnahme von 1 dB führte, zeigt das Spektrogramm die deutliche Reduzierung des Stromrichtergeräusches um 7 kHz, verbunden mit einer erheblichen hörbaren Verbesserung der Geräuschqualität. (Genuit und Fiebig 2011)

Eine Herausforderung im Bereich des akustischen Komforts bei alternativen Antrieben ist es, Analysen zu entwickeln, die eine zuverlässige Identifikation von perzeptiv auffälligen spektralen und zeitlichen Mustern erlauben. Da der Schalldruckpegel im Innenraum leiser Fahrzeuge weiter als akustischer Indikator an Bedeutung verlieren wird, werden psychoakustische Größen benötigt, die eng mit dem Geräuschqualitätsempfinden verbunden sind. Diese werden als Zielgrößen im Fahrzeugentwicklungsprozess stärkere Anwendung und Verbreitung finden. Gerade die adäquate Analyse wahrgenommener Tonhaltigkeit wird aufgrund der höherfrequenten Beiträge von Elektromotor, Umrichter oder von auffälligen Getriebegeräuschen besonders relevant sein.

Neben der beschriebenen Vorgehensweise zur Verbesserung der Innengeräusche von Hybrid- und Elektrofahrzeugen, in denen Störgeräusche und unerwünschte Geräuschmuster reduziert werden, bedarf es zur Optimierung des akustischen Komforts grundsätzlich konzeptioneller Überlegungen. Gerade die konzeptionelle Gestaltung und Auslegung von Innengeräuschen von Elektrofahrzeugen erscheint noch vollkommen offen. Wie können Image und Markenkennwerte akustisch vermittelt werden? Sollte nur der vorhandene Elektromotorsound akustisch optimiert werden?

Abb. 5.15 Fahrsimulatoren; *links*: stationärer Fahrsimulator (mit Videoprojektion), *rechts*: mobiler Fahrsimulator (auf der Straße)

Eine einfache Aufrechterhaltung des vorhandenen Elektrosounds greift zu kurz. Markendifferenzierung, Emotionalisierung und Fahrfreude lassen sich damit nur bedingt forcieren. Die Verwirklichung von Konzepten, die vom konstruktionsbedingt gezielten Einbringen von speziellen Sounds und Geräuschkomponenten bis hin zur vollständig künstlichen Erschaffung eines Fahrgeräusches reichen können, ist grundsätzlich denkbar. Derartige Entwicklungen werden stärker denn je an intendierte Leitmotive gekoppelt werden, kreierte Geräuschkulissen im Spannungsfeld von Komfort und Emotion. Fahrsimulatoren, wie in Abb. 5.15 exemplarisch dargestellt, müssen zur Ermittlung der gewünschten Innengeräusche eingesetzt werden. (Genuit 2008)

Um eine geeignete Geräuschkulisse für zukünftige Automobile erarbeiten zu können, bedarf es neben der Anwendung verschiedener Simulationswerkzeuge auch der Anwendung kontext-sensitiver Methoden, die der Komplexität des Untersuchungsgegenstandes gerecht werden. Beispielsweise erlaubt das Verfahren Explorative-Vehicle-Evaluation (EVE) eine kontext-sensitive Datenerhebung sowie eine Ableitung von kundenorientierten Zielgeräuschen (Genuit et al. 2006). Hierbei findet die Datenerhebung im realistischen Umfeld Fahrzeug statt und Versuchsteilnehmer können frei und spontan Eindrücke, Impressionen, Empfindungen und Assoziationen äußern. Verbalisierte Urteile werden mit den dazugehörigen fahrzeug-technischen und akustischen Daten aufgezeichnet und zusammen mit weiteren Informationen aus zusätzlichen Interviews ausgewertet (Fiebig et al. 2005).

Letztendlich können geeignete Sounds für zukünftige Fahrzeuge aber nur mit gezielter interdisziplinärer Zusammenarbeit gefunden und erfolgreich realisiert werden.

5.4.1.4 Fahrzeugaußengeräusche

Die Thematik zukünftiger Außengeräusche ist Bestandteil kontroverser Diskussionen und gesellschaftlich weitreichender Debatten. Grundsätzlich ist mit einer zunehmenden Elektrifizierung des Individualverkehrs bzw. dem Aufkommen neuer alternativer Antriebskonzepte die Hoffnung verbunden, innerstädtischen Straßenverkehrslärm erheblich und nachhaltig zu reduzieren. Abb. 5.16 zeigt, dass bei geringen Geschwindigkeiten von einer Verringerung der akustischen Emission aufgrund des elektrischen Antriebs ausgegangen werden kann. Der Schalldruckpegelverlauf verdeutlicht, dass bei dem gemessenen Hybridfahrzeug (HEV) bei Wegfall des verbrennungsmotorischen Antriebs eine Pegelreduktion bis zu 10 dB möglich

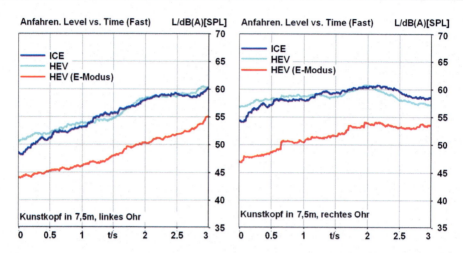

Abb. 5.16 Vorbeifahrtmessung einer Anfahrsituation, Schalldruckpegel über Zeit

ist. Bei höheren Geschwindigkeiten verringert sich die Reduzierung erheblich, da das Reifen-Fahrbahngeräusch dominant wird. Bei Geschwindigkeiten von über 30 km/h ist die Verringerung des Schalldruckpegels bereits zu vernachlässigen.

Allerdings ist mit der Pegelreduktion des Außengeräusches nicht automatisch von einer erheblichen Reduzierung der Lästigkeit von Straßenverkehrsgeräuschen auszugehen. Einerseits ist eine tatsächliche Pegelverringerung nur für geringe Geschwindigkeiten zu erwarten. Andererseits sind im Außengeräusch des Elektrofahrzeugs auffällige Geräuschkomponenten zu konstatieren, die lästig und störend sind. Abb. 5.17 zeigt das Außengeräusch eines Serienfahrzeugs für eine Anfahrsituation. Deutlich sind die durch die Magnetkräfte des Elektromotors bedingten höheren Elektromotor-Ordnungen im Frequenzbereich zwischen 2–4 kHz zu erkennen.

Darüber hinaus ist ein sehr störendes Stromrichtergeräusch um 7 kHz festzustellen. Hier laufen die Ordnungen auseinander, wodurch eine permanente Änderung der Modulation stattfindet. Dieses akustische Muster wiederholt sich um 14 kHz.

Ein diffiziles und heftig diskutiertes Thema im Bereich des Außengeräusches zukünftiger Kraftfahrzeuge betrifft die vermeintliche Gefahr des Überhörens leiser Fahrzeuge. Ein erhöhtes Gefahrenpotenzial für Kollisionen mit Fußgängern ermittelte die US-amerikanische NHTSA, die über den Zeitraum von 2000–2007 Unfallstatistiken auswertete (NHTSA 2009). Auf der Grundlage dieser Studie werden zur Gefahrenvermeidung akustische Warnsignale befürwortet. Die tatsächliche Aussagekraft dieser viel zitierten Studie wird allerdings kontrovers diskutiert und deren methodische Schwächen vielfach angemahnt (Sandberg et al. 2010). Ungeachtet dessen haben die USA und Japan bereits Gesetze zur Gewährleistung von Mindestgeräuschpegeln verabschiedet. Auch die UNECE empfiehlt die Entwicklung eines Warnsystems zur besseren Hörbarkeit von leisen Fahrzeugen (UNECE 2011). Das primäre Ziel ist es, dem Wunsch der generellen Vermeidung von Verkehrstoten erheblich näher zu kommen. Dennoch

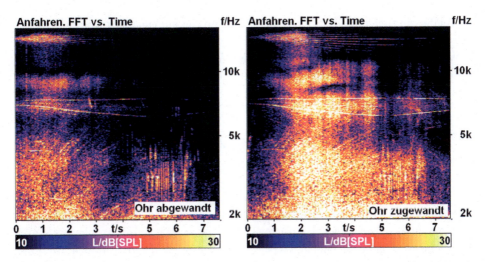

Abb. 5.17 Vorbeifahrtmessung einer Anfahrsituation eines Elektrofahrzeugs (Serienfahrzeug), FFT über Zeit

müssen effiziente Lösungen erarbeitet werden, die ein Minimum an unnötigem Lärm verursachen. Denn aktuelle Studien der WHO führen aus, dass jedes Jahr in Folge von gesundheitsschädlichen Auswirkungen durch Verkehrslärm in Europa eine Mio. Lebensjahre „verloren" gehen und 1,8 % aller Herzinfarkte Verkehrslärm zuzurechnen seien (WHO 2011). Daher bedarf es der Entwicklung seriöser Konzepte und intelligenter Lösungen fernab eines überstürzten Aktionismus, die weit über die einfache Emission von akustischen Signalen im Bereich niedriger Geschwindigkeiten hinausgehen müssen. (Genuit 2011)

5.4.1.5 Ausblick

Akustikingenieure sehen sich mit neuen Herausforderungen bei steigenden Komfortansprüchen und zunehmendem Wettbewerbsdruck konfrontiert. Neben den notwendigen Bemühungen zur Emissionsreduktion im Prozess der Fahrzeugentwicklung wird weiterhin die Erfüllung emotionaler Bedürfnisse von potenziellen Kunden einen besonderen Stellenwert einnehmen. Dabei spielen der empfundene akustische Komfort und das Thema NVH eine außerordentlich essenzielle Rolle. Geräusche werden permanent bewusst oder unbewusst registriert und interpretiert und erste Empfindungen manifestieren sich unmittelbar in einem schwer zu korrigierenden Qualitätseindruck. Daher wird aktives Sound-Design zunehmend erforderlich werden: konzeptionell die Akustik gestalten anstatt nur auf ungewollte Geräusche zu reagieren. Denn ein Fahrzeug wird nicht nur gefahren, es wird – auch oder gerade bei zukünftigen neuartigen, alternativen Antrieben – multisensorisch erlebt und danach bewertet. Es geht nicht allein darum, die Geräusche des Elektromotors, Umrichters oder Getriebes zu optimieren, vielmehr muss die Gesamtkomposition harmonisch abgestimmt werden. Das Ganze ist mehr als die Summe seiner Teile.

Vor diesem Hintergrund stehen die Ingenieure im Automobilbereich vor einer besonderen Revolution in der Aufgabenstellung. Nach einer über 120-jährigen kontinuierlichen Entwicklung im Automobilbereich, in der der Verbrennungsmotor schrittweise optimiert wurde, kommen neue Antriebs- und Energieversorgungskonzepte auf sie zu, die neuer Betrachtungsweisen bedürfen.

5.4.2 Elektromagnetische Verträglichkeit (EMV)

5.4.2.1 Einführung

Für die Entwicklung von Elektrofahrzeugen ist der Aspekt der elektromagnetischen Verträglichkeit (EMV) von großer Bedeutung. Neben dem konventionellen Bordnetz müssen Systeme zur Speicherung der elektrischen Energie, Steuerung und elektrischer Antrieb auf einer wesentlich höheren Spannungsebene in das Fahrzeug integriert werden. Die Kopplung zwischen den verschiedenen Netzwerken im Fahrzeug sowie der weiteren Umgebung führt zu anspruchsvollen Herausforderungen bei der Realisierung der EMV.

Ein Elektroantrieb enthält bspw. einen leistungsstarken Umrichter, der EMV-Probleme verursachen kann, sowie einen Energiespeicher, der diese Leistung bereitstellen kann. Dieser Energiespeicher (bei Elektro- und Hybridfahrzeugen) ist die sogenannte HochVolt-Batterie, nach heutigem Entwicklungsstand ein Lithium-Ionen-Batteriepaket mit einer Nenngleichspannung zwischen 100 und 800 Volt und in Anwendungen von der L7e Klasse bis zum 26-Tonner und Linienbussen.

Erfahrungen im Umgang mit derart hohen Gleich- und Wechselspannungen liegen bei den Entwicklern konventioneller Fahrzeuge, die mit Bordspannungen von 12/14 Volt (PKW) bzw. 24/28 Volt (Nutzfahrzeuge) arbeiten, noch nicht vor. In Elektrofahrzeugen können daher hohe elektrische Feldstärken auftreten, die evtl. andere Systeme beeinflussen. Noch gravierender sind die zu erwartenden magnetischen Felder, die durch die hohen, von leistungsstarken elektrischen Antriebsmotoren hervorgerufenen Ströme entstehen. Bei Antriebsleistungen von 15 bis 800 kW sind Ströme von bis zu 1500 Ampere zu erwarten. Zusätzlich werden in Plug-In Hybride und Elektrofahrzeuge zukünftig die HochVolt Batterien mit Leistungen von bis zu 350 kW geladen. Dies geschieht kabelgebunden, induktiv oder über Pentagraphen z. B. in Linienbussen. Da die hiermit geschalteten elektrischen Leistungen um Größenordnungen über den bisher im Auto auftretenden Leistungen liegen, verursachen sie auch wesentlich größere Störungen, die bei fehlerhaften Entwicklungen oder Prüfungen von Komfortfunktionen bspw. das Infotainmentsystem beeinflussen können. Riskanter wären diese Störungen bei Steuergeräten mit Sicherheitsfunktionen wie dem ABS/ESP oder bei Passagieren eines Lineienbusses, der an einer Haltestelle Zwischengeladen wird. Ohne geeignete EMV-optimierte Maßnahmen besteht die Gefahr, dass die gesetzlich zulässigen Grenzwerte, u. a. für den Personenschutz, überschritten werden. Zusätzlich ist ein hohes Störpotenzial zu erwarten, das von den für die Ansteuerung der Antriebsmotoren erforderlichen leistungsstarken Frequenzumrichtern ausgeht, die die von der Fahrzeugbatterie gelieferte Gleichspannung in eine für die Antriebsmotoren geeignete Wechselspannung umwandeln. Ferner sind Gleichspannungswandler erforderlich, die die Batteriespannung von 100 bis 800 Volt in eine konventionelle 12/14-Volt-Bordnetzspannung transferieren, über die die Fahrzeugkomponenten versorgt werden. Nicht zu vergessen sind die geschirmten Leistungsleitungen, die eine kapazitive Kopplung zur Fahrzeugmasse über den Schirm darstellen. Weitere Störquellen sind Spannungswandler im Fahrzeug für das 1- bis 3-phasige konduktive (leitungsgebundene) Laden der HochVolt-Batterien bis hin zu induktiv gekoppelten Ladegeräten oder Pentagraphen. Zudem gibt es außerhalb vom Fahrzeug konduktive Wechselspannungs- und Gleichspannungsladestationen, die aus dem Versogungsnetz oder auch aus stationären Speichern die Ladeleistung bereitstellen. Fachleute erwarten eine Verdopplung der Störpotenziale durch elektromagnetische Felder alle zwei Jahre.

Die internen Taktfrequenzen der Frequenzumrichter und Gleichspannungswandler sind Quellen für potenzielle elektromagnetische Störungen. Daher benötigt die Störfestigkeit gegen elektromagnetische Störstrahlung große Aufmerksamkeit. Derzeit liegen keine Erfahrungen vor, inwieweit kompakt aufgebaute Lithium-Ionen-Batteriepakete empfindlich auf elektromagnetische Strahlung reagieren. Bekannt ist, dass bspw. sehr nah an den Leistungsleitungen verbaute Elektronik besonders gegen Störstrahlungen geschützt werden muss und auch dem Masse-Konzept in Hochvolt-Batterien ist besondere Aufmerksamkeit zu schenken.

Aufgrund der hohen Komplexität, einer deutlich höheren Spannungsebene gegenüber den konventionellen Bordnetzen und schnelleren Schaltvorgängen von leistungselektronischen Systemen mit höheren Strömen können die EMV-Anforderungen des Gesamtsystems im Fahrzeug nur erfüllt werden, wenn man diese vorerst auf Komponenten- bzw. Systemebene detailliert und die EMV-Eigenschaften auf diesen Ebenen gezielt entwickelt. Die Einhaltung der EMV muss bei der Integration in das Gesamtfahrzeug erhalten bleiben.

Die Verantwortung dafür, dass das Fahrzeug in der elektromagnetischen Umgebung bestimmungsgemäß funktioniert, liegt beim Hersteller. Moderne elektronische Systeme machen Kraftfahrzeuge immer komfortabler und sicherer. Voraussetzung ist allerdings, dass sich die vielen elektronischen Einrichtungen, wie ABS, ESP, e-Gas, Navigationssystem, Abstandskontrollsystem oder Airbagsteuerung, nicht gegenseitig in ihrer Funktion beeinflussen. Zukünftig werden diese Systeme durch autonome Fahr-Funktionen deutlich steigen, weil leistungsstarke Steuergeräte Live- Daten in bruchteilen von Sekunden verarbeiten und beurteilen müssen. Die Herstellungskosten der Elektrik/Elektronik liegt bei den aktuellen Elektrofahrzeugen schon über 50 % und wird für autonom fahrende Fahrzeuge noch deutlich steigen. Das reibungslose Zusammenwirken elektronischer Systeme im Kfz stellt sehr hohe Ansprüche an die EMV. Aus diesem Grund verlangen die Automobilkonzerne sehr oft von den Zulieferern die Prüfung ihrer elektrischen/elektronischen Unterbaugruppen nach wesentlich schärferen Prüfkriterien als für die Typenzulassung (z. B. e1, CE, ECE R10) vorgeschrieben ist. Die Zulieferer wiederum geben den Druck an die Bauteillieferanten, wie bspw. Halbleiterhersteller, weiter und fordern von den verwendeten ICs, die sehr oft als Ursache für Störungen gesehen werden, ein hohes Maß an Störfestigkeit und gleichzeitig eine geringe Störemission (Abb. 5.18).

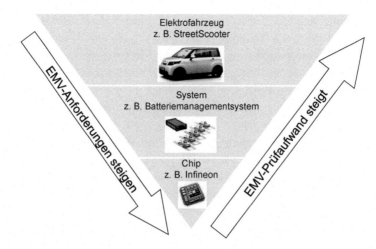

Abb. 5.18 EMV-Anforderungen steigen mit dem Integrationsgrad

Für die EMV-Prüfung von ICs (Integrierten Schaltungen) werden zwei Normen, IEC 61967 und IEC 62132, zur Messung der Störemission bzw. der Störfestigkeit herangezogen.

Für die Typgenehmigung sind jedoch nur die gesetzlichen Mindestanforderungen nachzuweisen. Aus Gründen der Produkthaftung des Herstellers gegenüber dem Endkunden werden in den Pflichtenheften der Automobilhersteller Prüffeldstärken gefordert, die ein Vielfaches über jenen der Richtlinie 2004/104/EG, ergänzt durch die Richtlinien 2005/49/EG, 2005/83/EG, 2006/28/EG und 2009/19/EG, liegen. Alle Bauteile vom Stecker bis zum Kabel müssen geschirmt sein, um Kopplungseffekte mit anderen elektrischen oder elektronischen Komponenten im Fahrzeug zu verhindern. Sämtliche Leitungen zwischen Batterie, den Schaltteilen bis zum Motor müssen hochfrequenzdicht sein.

Der Nachweis der Erfüllung der EMV-Anforderungen erfolgt in der Kraftfahrzeugentwicklung vorzugsweise auf Labor- und Fahrzeugebene. Die Komponenten werden einerseits in einer Fahrzeugnachbildung und andererseits im realen Fahrzeug getestet. Dies hat für elektrisch angetriebene Fahrzeuge zur Folge, dass Mess- und Prüfverfahren, Messaufbauten zur Nachbildung der Fahrzeugumgebung und ggfs. Messgeräte neu spezifiziert werden müssen. Außerdem sind EMV-relevante Betriebszustände des Antriebssystems zu ermitteln. Gerade beim Anfahren und Bremsen entstehen hohe Stromspitzen, die durch schnelle Schaltvogänge zu breitbandigen Störspektren führen. Als weiteres Hilfsmittel dient die Modellierung und Simulation der Komponenten und des Gesamtsystems. Simulationen bieten die Möglichkeit, in der Entwicklung zu sehen, wo die höchsten Feldstärken auftreten und wo das günstigste Routing der Leitungen liegt. Abschirmungs- und Filtermaßnahmen verursachen enorme Kosten für die Automobilhersteller. Neu entwickelte Simulationsmodelle helfen, im Vorfeld mögliche Koppelpfade und Störquellen zu identifizieren und zielgerichtet geeignete Maßnahmen wie Materialauswahl und Filterung zu ergreifen. Mit Hilfe von virtuellen Untersuchungen können Entwicklungsentscheidungen in der Konzeptphase getroffen werden. Offene Fragen werden sehr früh analysiert und Parameterstudien „kostenlos" durchgeführt. Bei den Berechnungen können große Ungenauigkeiten auftreten. Daher sind alle Ergebnisse auf ihre Sinnhaftigkeit zu hinterfragen.

Auf diese Weise wird sichergestellt, dass das Fahrzeug mit größtmöglicher Wahrscheinlichkeit bei allen im praktischen Betrieb zu erwartenden Einwirkungen elektromagnetischer Störbelastungen (Smartphones, WIFI-Hot-Spots, Rundfunk-/Fernsehsender, RFID, NFC) keine Funktionsstörungen zeigt.

Elektrofahrzeuge weisen im Vergleich zu konventionellen Fahrzeugen mit Verbrennungsmotor gravierende, bisher nicht zu berücksichtigende EMV-Aspekte auf, eine verschärfte Herausforderung für die Entwickler. Der Fokus liegt dabei auf zwei Arbeitsfeldern: Störaussendung und Störfestigkeit der Elektrofahrzeuge selbst sowie die Störaussendung und Störfestigkeit von konduktiven (leitungsgebundenen) und induktiven Ladestationen (kontaktlose Ladetechnik). Neben der Notwendigkeit, spezifisches neues Know-how aufzubauen und die Weiter- und Fortbildung in diesem Bereich auszubauen, sind erhebliche Investitionen in die Entwicklung einer an die neuen Anforderungen angepassten EMV-Prüfumgebung unumgänglich.

Anforderungen der Störabstrahlung und Störeinstrahlung sind nicht nur für ein Elektrofahrzeug und damit auch für ein Hybridfahrzeug gültig, sondern bestehen im gleichen Maß für alle beteiligten Systemkomponenten. Nur wenn man diese Anforderungen erfüllt, kann die elektromagnetische Verträglichkeit dieser Fahrzeuge gewährleistet werden.

5.4.2.2 Historische Entwicklung

Seit den Anfängen des Automobils ist die Anzahl der Steuer- und elektronischen Geräte im Fahrzeug ständig gestiegen und in der Folge die Höhe des Störpegels und die Wahrscheinlichkeit, eine Störung zu finden. Zudem ist die Größe der elektronischen Geräte immer weiter gesunken und damit die elektrische Packungsdichte gestiegen (s. Abb. 5.19). Dadurch rücken die Störsenken immer näher an die Störquellen heran und die geringere Leistungsaufnahme erhöht die Empfindlichkeit gegenüber Störungen.

Auch die Taktfrequenz wurde ständig weiter erhöht und mit der Einführung von Digitaltechnik auch die Flankensteilheit. Daraus ergeben sich ein höherfrequenterer Störpegel und die Erhöhung des Störbandes (breitbandiger).

Bei den elektrischen Einbauten ins Fahrzeug bis 1970 ging es im Wesentlichen um die Entstörung von Zündung und Elektromotoren. Weitere elektrische Highlights aus der Fahrzeug-entwicklungsgeschichte skizziert Tab. 5.3.

Durch den VDE wurden 1934 Leitsätze der Funkentstörung eingeführt. Richtlinien zur Störfestigkeit folgten erst Mitte der 1960er-Jahre. In Abb. 5.20 ist die geschichtliche Entwicklung der EMV-Gesetzgebung aufgelistet.

Mit der zukünftigen EMV-Entwicklung und der daraus resultierenden Normierung und Prüfung speziell für die Elektrofahrzeugentwicklung beschäftigt sich die Nationale Plattform für Elektromobilität (NPE) in ihren Arbeitskreisen. Sie hat eine Roadmap für die Anpassung der Normen bis 2020 für die Themen innerhalb und außerhalb des Fahrzeugs (s. Abb. 5.21 und 5.22) zusammengestellt und wird diese umsetzen. Verantwortlich für die Umsetzung ist u. a. die DKE.

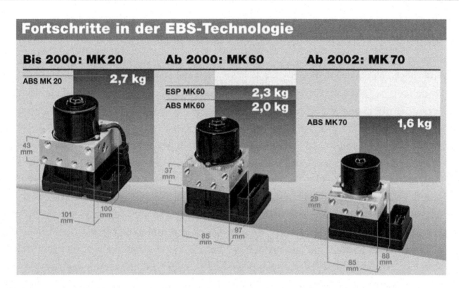

Abb. 5.19 Erhöhung der Packungsdichte am Beispiel des elektronischen Bremssystems

Tab. 5.3 Elektrische Highlights aus der Fahrzeugentwicklungsgeschichte

Jahr	Entwicklung
1958	Bendix erstes elektronisches Einspritzsystem (USA)
1967	Bendix erstmals im Einspritzsystem des VW 1600 E übernommen von Bosch (D-Jetronic)
1973	K-Jetronic von Bosch im Porsche 911
1974	L-Jetronic im Opel Manta GTE
1978	Serienstart des ersten ABS 2 bei Mercedes-Benz und kurz darauf bei BMW
1979	Motronic, Zusammenführung von Zünd- und Einspritzsystem
1986	Elektronisches Gaspedal hält Einzug
1991	Teilvernetzung beim Serienstart W 140
1995	Serienstart des Elektronischen Stabilitäts-Programms ESP®
1997	Vollvernetzung Class A und Class B CAN Bus im W 210 (E-Klasse)
1997	Serienstart von Hoch-Volt und elektrischer Antriebsmaschine im Toyota Prius Hybridfahrzeug
2002	Serienstart VW Phaeton mit mehr als 2100 Einzelleitungen und 3800 m Länge Bordnetz und mehr als 60 Steuergeräten an 3 Bussystemen mit mehr als 2500 Signalen
2008	Serienstart des Tesla Roadster Elektrosportwagens mit 215 kW elektrischer Antriebsleistung
2009	Serienstart des Mitsubishi i-MIEV mit 49 kW elektrischer Antriebs- und bis zu 50 kW DC-Ladeleistung
2010	Serienstart des Nissan Leaf mit 80 kW elektrischer Antriebs- und bis zu 50 kW DC-Ladeleistung
2012	Serienstart des Tesla Model S Elektrofahrzeuglimousine mit bis zu 400 kW Leistung

5 Fahrzeugkonzeption für die Elektromobilität

Abb. 5.20 Geschichtliche Entwicklung der EMV-Gesetzgebung

Standard	Organisation	Fahrzeug relevant	Einführung
ECE R10	EG	Ja	1958
72/245/EWG	EG	Ja	1972
89/336/EWG	EG	Ja	1989
95/54/EG	EG	Ja	1995
95/56/EG	EG	Nein	1995
ECE R10 Rev. 2	EG	Ja	1997
97/24/EG	EG	Ja	1997
2000/2/EG	EG	Ja	2000
2002/24/EG	EG	Ja	2002
2003/77/EG	EG	Ja	2003
2004/104/EG	EG	Ja	2004
2005/49/EG	EG	Ja	2005
2005/83/EG	EG	Ja	2005
2006/28/EG	EG	Ja	2006
ISO 7637	ISO	Nein, Komponente	1995–2004
ISO 10605	ISO	Ja	2008
ISO 11451	ISO	Ja	2005–2007
ISO 11452	ISO	Nein, Komponente	1997–2007
ISO 10605	ISO	Ja	2008
CISPR-12	IEC	Ja	2007
CISPR-25	IEC	Ja	2008
SAE J551	SAE	Ja	1995–2003
SAE J1113	SAE	Ja	1995–2002

EMV wird im Kontext von Normung nur auf Antriebs- und auf Gesamtsystemebene betrachtet – dies schließt die Batterie ein. Handlungsbedarf wird darin gesehen, die Prüfung unter definierten Lastzuständen durchzuführen und die Anforderungen an Störfestigkeit und Feldstärke an den technischen Fortschritt anzupassen. Dafür wurde die ECE 10 Revision 5 mi Oktober 2014 veröffentlicht.

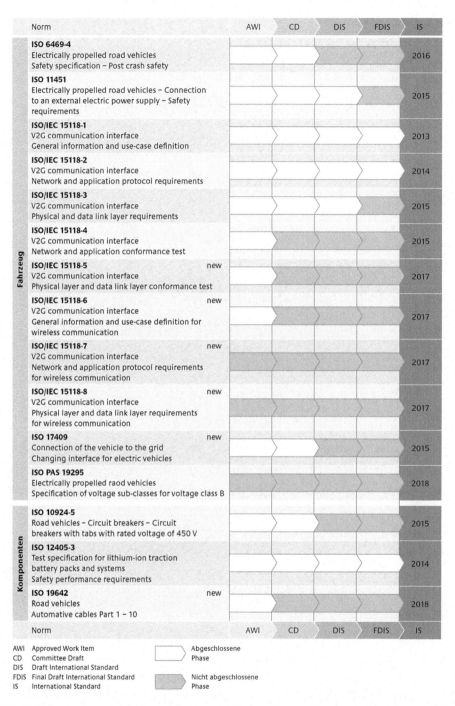

Abb. 5.21 Status der wichtigsten Normungsprojekte von Elektrofahrzeugen Stand August 2014. (Quelle: NPE 2014)

5 Fahrzeugkonzeption für die Elektromobilität

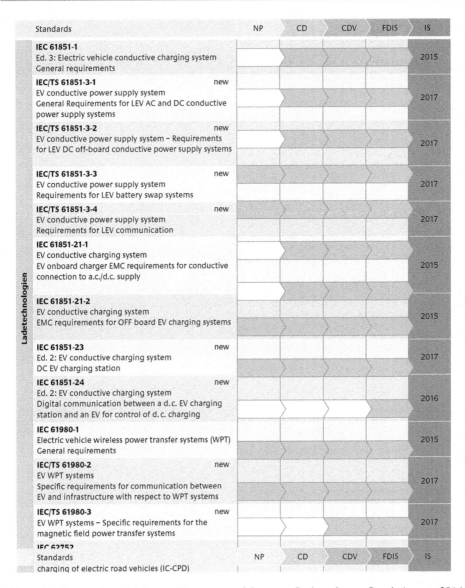

Abb. 5.22 Status der wichtigsten Normungsprojekte von Ladestationen Stand August 2014. (Quelle: NPE 2014)

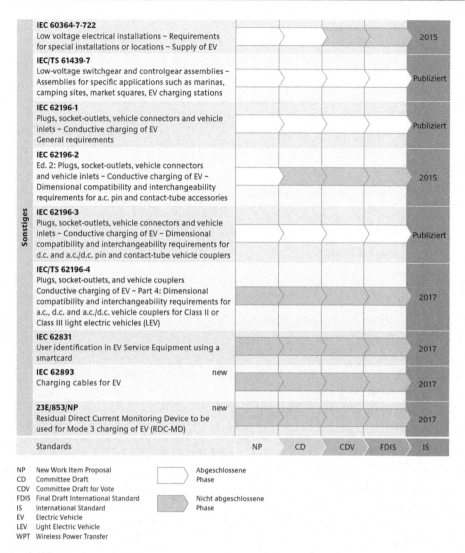

Abb. 5.22 (Fortsetzung)

In diesem Zusammenhang sind auch EMV-Normen zu beachten, die zusammen mit der CISPR behandelt werden. Ein Teil dieser Normen muss um neue Normteile ergänzt werden. Besonderheiten sind entsprechend den Fahrzeugkategorien zu beachten, bspw. bei Kategorie M3.

5.4.2.3 EMV-Design

Innerhalb der Elektromobilität und dem autonomen Fahren werden immer mehr elektrische und elektronische Komponenten (elektrischer Antrieb, Frequenzumrichter, Hoch-Volt-Batterie, Hochleistungsrechner) mit immer höherer Leistung auf immer

5 Fahrzeugkonzeption für die Elektromobilität

kleinerem Raum konzentriert. Gleichzeitig steigen die Taktfrequenzen von Steuergeräten und Antriebselektronik. Das Risiko der gegenseitigen Beeinflussung und der damit verbundenen Funktionsbeeinträchtigungen steigt.

Das übliche Störkopplungsmodell geht wie eben beschrieben von den Begriffen Störquelle, Kopplungspfad und Störsenke aus. Die Störungen erzeugenden Fahrzeugkomponenten oder solche aus der Umgebung wie Funkmasten werden als Störquelle und die beeinflusste Komponente als Störsenke bezeichnet (s. Abb. 5.23). Damit es zu einer Beeinflussung der Senke durch die Quelle kommen kann, muss die Störung zur Senke gelangen. Den Weg zwischen Quelle und Senke nennt man Kopplungspfad. Kriterium der Güte einer Signalübertragung ist in der EMV der Störabstand (s. Abb. 5.24).

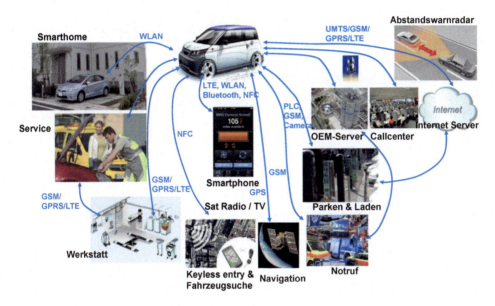

Abb. 5.23 Elektromagnetische Umwelt im Kraftfahrzeug

Abb. 5.24 EMV-Beeinflussungsmodell

Damit eine Störung entstehen kann, müssen grundsätzlich drei Voraussetzungen erfüllt sein:

- es muss eine Störquelle geben
- es muss eine Störsenke geben
- es muss einen Kopplungspfad zwischen den beiden geben

Auch wenn die oben genannten Bedingungen erfüllt sind, kommt es erst dann zu einer Störung, wenn die Beeinflussung die Störfestigkeit einer Komponente überschreitet. Die „elektromagnetische Beeinflussung" hat größtenteils erst bei höheren Frequenzen Auswirkungen. Dies bedeutet, dass die sachgemäße Funktion eines Elektrofahrzeugs nur dann erreicht werden kann, wenn der Einbau ins Fahrzeug neben den betriebstechnischen Anforderungen auch die Anforderungen der Hochfrequenz (bspw. Erdung, Schirmung, Filterung) erfüllt. Mögliche EMV-Beeinflussungen in einem Fahrzeugsystem sind in Abb. 5.25 zu sehen.

Frequenzumrichter können wesentlich höhere elektromagnetsiche Störungen (bis zu Faktor 100) als das herkömmliche 12 V Bordnetz erzeugen. Die folgende Liste nennt EMV-Werte, die im Fahrzeug vorkommen können, in Verbindung mit elektromagnetischen Wechselwirkungen fahrzeugeigener Systeme. Außerdem sind gewollte Ausstrahlungen von Sendegeräten im eigenen Fahrzeug enthalten, die Störimpulse auf dem Fahrzeugbordnetz bzw. bei den Sensorleitungen verursachen. Es muss also ein EMV-Schutz von Empfängern im eigenen Fahrzeug (Nahbereichsstörung) vor diesen Sendern implementiert werden.

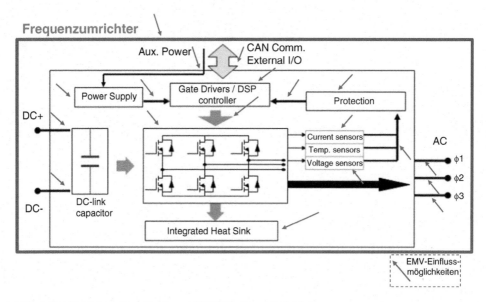

Abb. 5.25 Umrichter, Regelkreis und EMV-Einflussmöglichkeiten

- Störimpulse: bis 160 V
- Empfängerempfindlichkeit: 250 nV
- Störfeldstärken: bis 85 V/m
- Elektrostatische Entladungen: bis 30 kV

5.4.2.4 Kopplungsarten

Die Spannungsversorgung der Fahrzeugsysteme erfolgt aus einem gemeinsamen 12/14-Volt-Bordnetz. Die Leitungen der einzelnen Systeme werden meist in einem gemeinsamen Kabelbaum geführt. Dabei kann es über galvanische, kapazitive, induktive oder elektromagnetische Kopplungen zu Störbeeinflussungen benachbarter Systeme kommen (Abb. 5.26).

Vor allem die Ermittlung der Kopplungsmechanismen und -pfade ist sehr schwierig, da es sich oft um parasitäre Übertragungswege (Streukapazitäten, Streuinduktivitäten) handelt. In der Regel liegen mehrere Kopplungspfade gleichzeitig vor. Besonders auffällige Punkte sind die Alterungen der Steckverbinder, die durch Stecken oder Fahrzeugvibrationen eine Erhöhung des Übergangswiderstandes bis zum 10-Fachen BoL zu EoL aufweisen. Dadurch werden auch Schirmwirkungen über Lebensdauer stark reduziert.

In der EMV wird zwischen verschiedenen Kopplungsarten wie den leitungsgeführten und abgestrahlten Störungen unterschieden (vgl. Tab. 5.4).

Die gestrahlten Störungen werden bspw. als elektromagnetisches Feld auf die Störsenke übertragen und dort bspw. von einem als Antenne fungierenden Leiter empfangen.

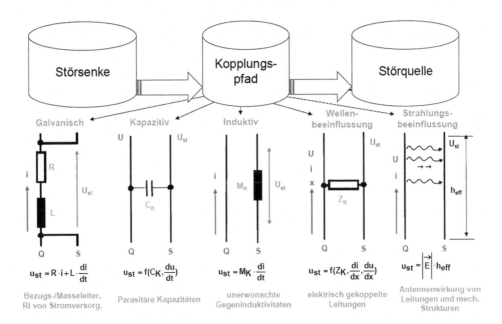

Abb. 5.26 Die verschiedenen Kopplungsmechanismen der Koppelpfade

Tab. 5.4 Störungsphänomene

Kopplungsmechanismus	Störfestigkeit	Störaussendung
abgestrahlt	Hochfrequente Feldeinkopplung (V/m)	Nahentstörung (dBµV) Fernentstörung (dBµV)
leitungsgeführt	Störimpulsfestigkeit (V) Elektrostatische Entladung ESD (kV)	Störimpulsaussendung (V)

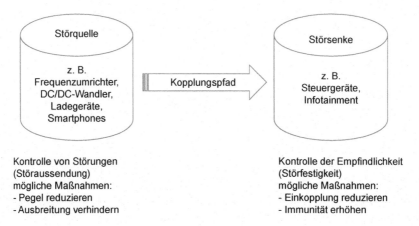

Abb. 5.27 Störquellen und Maßnahmen

Auch kapazitive und induktive Beeinflussungen elektrischer bzw. magnetischer Felder werden als feldgebundene Störungen bezeichnet.

Ein Beispiel für eine feldgebundene Störung ist die Einkopplung einer GSM-Mobiltelefon-Übertragung in eine Audioeinrichtung, bspw. in ein Autoradio. Grund dafür kann ein nicht ausreichend geschirmter Lautsprecher oder ein Kabel sein. Weiterhin ist der Einfluss der Varianten auf die EMV relevant: Varianten wie Sonnendach, Materialien in den Scheiben, unterschiedliche Thermosysteme wie HV-PTC-Heizer, Wärmepumpe, unterschiedliche Reifen-Leitfähigkeit, Scheibenenteisungssysteme und unterschiedliche Bordnetze haben großen Einfluss auf das EMV-Verhalten des Gesamtsystems (Abb. 5.27).

Zur Vermeidung von Störungen dient eine EMV-gerechte Auslegung von Systemen. Zu den bekannten Maßnahmen zählen die richtige Auswahl von Materialien und Bauteilen, die Schirmung von Gehäusen und Leitungen, die Filterung elektrischer Schaltungen sowie interner und externer Leitungen, das Verdrillen, die Verwendung symmetrischer Signale und eine EMV-gerechte Leitungsführung, bspw. die räumliche Trennung von Hoch-Volt- und Signalleitungen oder die Überschneidung solcher Leitungen nur im rechten Winkel. Häufig lassen sich Störungen durch eine geeignete Massegebung und die Vermeidung weitläufiger Störstromschleifen auf einer Platine vermeiden. Weiterhin sollten in EMV-kritischen Systemen Lötpads für spätere Filterbauteile vorgehalten werden. Wirksam ist je nach Störsituation entweder das Unterbrechen oder das

Zusammenschließen elektrischer Massen, etwa zur Vermeidung der o. g. galvanischen Kopplungen. Analoge Größen sind störanfälliger als digitale, daher sollte zur Reduzierung analoger Störeinflüsse eine Digitalisierung dieser Größen durch hohe Integration an der Quelle, bspw. direkt am Sensor, vorgenommen werden. Durch die Auswahl geeigneter und reduzierter Taktfrequenzen lassen sich Störeinflüsse auf nahe liegende bandbegrenzte Funkempfänger vermeiden, da die Taktfrequenz quadratisch in die Störaussendung eingeht (Abb. 5.28).

Zusätzlich sollen die EMV-Maßnahmen immer an oder in der Quelle beginnen. Sie müssen in einem frühen Stadium der Entwicklung implementiert werden, also ein Hineinentwickeln und kein Hineinprüfen, was zu einem späten Zeitpunkt einen hohen Zeit- und Kostenaufwand bedeutet. Tab. 5.5 zeigt die frühzeitige Festlegung EMV-relevanter Spannungswerte zur Zeit der Lastenhefterstellung von Hoch-Volt-Komponenten im Elektrofahrzeug. Auch die Definition der notwendigen Transferimpedanz/Kopplungsimpedanz bzw. Schirmdämpfung von Hoch-Volt-DC- und AC-Leitungen (Schirmungsart und Schirmaufbau) muss frühzeitig im Projekt definiert werden.

Nach DIN EN 50289-1-6 ist die Transferimpedanz der Quotient der Längsspannung, die in den äußeren Kreis (Umgebung) induziert wird, zum Strom im inneren Kreis (Kabel)

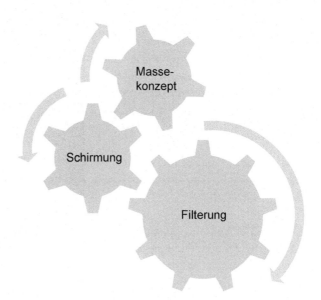

Abb. 5.28 Maßnahmen zur Sicherstellung der EMV

Tab. 5.5 Spannungspegel für Hoch-Volt-Komponenten im Fahrzeug

Parameter	Einheit	Spannung < 200 V
Spannungsdynamik erzeugt durch eine HV-Komponente	V/ms	+/−20
Anliegende Spannungsdynamik	V/ms	+/−25
Maximale Spannungswelligkeit bei verbundener HV-Batterie	V pk	+/−10
Spannungswelligkeit bei getrennter HV-Batterie	V pk	+/−15

oder umgekehrt, bezogen auf die Längeneinheit. Weitere Festlegungen sind die Definitionen des Signalspannungsbereichs, des Signalstroms, der Kurzzeitunterbrechungen, der Schwellen für digitale Eingänge, der Eingangsbandbreite, möglicher eingekoppelter Störungen am Eingang (HF, Transiente, ESD), möglicher Kurzschlüsse nach GND/Plus-Potenzial, von Bauteiltoleranzen sowie Temperaturtoleranzen. Daher ist auf den Einsatz von Schirmleitungen mit niedriger Transferimpedanz und hoher Schirmdämpfung zu achten. Außerdem sollte durchgängig vom Chip über die Komponenten und Systeme bis zum Gesamtfahrzeug auf die Anwendung von ISO/CISPR- und IEC-Normen sowie EMV-Untersuchungen auf Systemebene zurückgegriffen werden. Bei Fahrzeugmessungen werden von der Gesetzgebung bis zu 100 V/m verträgliche Mindest-Störfeldstärken vorgeschrieben, wobei viele OEM bis zum 6-Fachen dieses Wertes ihre Fahrzeuge prüfen, was Werten aus der Flugzeugindustrie entspricht.

Auch wenn die technologische Entwicklung und hohe Stückzahlen für EMV-Maßnahmen, bspw. Filter für die Antriebselektronik, weitere Produktivitätssteigerungen und damit geringere Kosten bedeuten, bleiben Maßnahmen zur Einhaltung der EMV-Anforderungen ein beträchtlicher Mehraufwand bei der Entwicklung leistungselektronischer Systeme. Dieser Mehraufwand ist notwendig und darf keineswegs nur als leicht nachzurüstende Kosmetik verstanden werden. Bei Geräten mit nennenswerten Stückzahlen ist es erforderlich, die EMV schon zu Beginn einer Systementwicklung zu berücksichtigen, um den Aufwand insgesamt zu minimieren. Außerdem ist zu beachten, dass durch eine zu hohe Variantenvielfalt die zu prüfenden Kombinationen in die Millionen gehen können, was nicht mehr zu beherrschen ist. Ob man nun EMV-Experten zusätzlich zu Systementwicklern in den Prozess einbezieht oder die Systementwickler zum Thema kostengünstiger EMV-Entwurf schult – Mehrkosten von 2–5 % des Systempreises, wie sie im Zusammenhang mit der Einführung des EMV-Gesetzes häufig geäußert wurden, dürften für die Antriebstechnik eine Wunschvorstellung bleiben.

5.5 Leichtbau

Leichtbau in konventionellen Fahrzeugen ist vornehmlich durch die beiden zentralen Aspekte Senkung des Energieverbrauchs und Steigerung der Fahrdynamik motiviert. Die Senkung des Energieverbrauchs hat sowohl für den Kunden (geringere Betriebskosten) als auch für den Fahrzeughersteller (geringerer CO_2-Flottenausstoß) einen wirtschaftlichen Vorteil, während sich die Steigerung der Fahrdynamik nicht unmittelbar wirtschaftlich bewerten lässt. Ersteres gewinnt sowohl für den Kunden als auch den Hersteller an Bedeutung, da mit der sinkenden Fahrzeugmasse und der damit möglichen Reduktion des Energiespeichers die Wirtschaftlichkeit des Fahrzeugs insgesamt stark verbessert werden kann.

Der signifikante Anstieg der Fahrzeugmasse bei konventionellen Fahrzeugen, bedingt durch gewachsene Anforderungen an die Komfort- und Interieurfunktionen (+ 37 % Zuwachs von Golf I zu Golf V), die Qualität (+ 8 %) und die Sicherheit (+ 30 %) des Fahrzeugs, sowie gestiegene legislative Anforderungen (+ 25 %) haben dazu geführt, dass

5 Fahrzeugkonzeption für die Elektromobilität

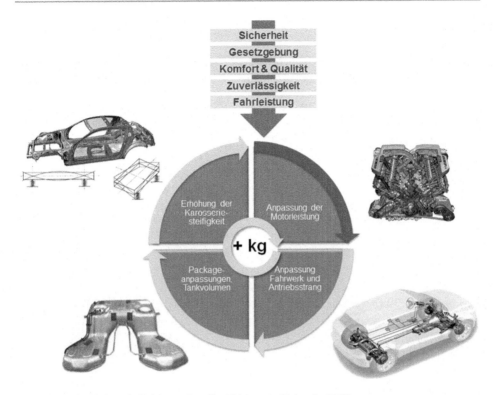

Abb. 5.29 Gewichtsspirale konventioneller Fahrzeuge (Eckstein 2010)

das Thema Leichtbau in den letzten Jahren wichtiger wurde (Goede et al. 2005). Die Gewichtsspirale in Abb. 5.29 verdeutlicht, dass durch die genannten Treiber eine Zunahme der Fahrzeugmasse induziert wird. Zur Kompensation der Zusatzmassen sind Leichtbaumaßnahmen erforderlich.

Umfangreiche Leichtbaumaßnahmen wurden in Fahrzeugen des Oberklasse-Segments deutlich früher eingesetzt als in preiswerteren Fahrzeugen, da dort der Mehrpreis, der mit dem erhöhten Einsatz von Leichtbaumaßnahmen einhergeht, durch den höheren Verkaufspreis kompensiert werden kann. Dass sich diese Leichtbaumaßnahmen mittlerweile bis in das Kompakt-Segment durchsetzen, zeigt Abb. 5.30 am Beispiel der Leergewichtsentwicklung eines Volkswagen Polo, Golf und Passat über die einzelnen Baureihen. Im Mittelklasse-Segment ist bereits eine Stagnation bzw. Verringerung der Fahrzeugmasse mit der Einführung des Passat B5 im Jahr 1996 zu erkennen, wohingegen dies im Kompakt-Segment erst mit dem Golf VI vollzogen wird. Im Kleinwagen-Segment (bspw. Volkswagen Polo) sind bisher noch keine signifikanten Leichtbaumaßnahmen in der Entwicklung der Fahrzeugmasse zur Kompensation des steigenden Mehrgewichts über die Baureihen erkennbar.

Leichtbaumaßnahmen werden besonders im Bereich des Antriebs, des Exteriours und der Karosserie angewandt, da diese Baugruppen einen Großteil der Gesamtfahrzeugmasse ausmachen. Abb. 5.31 stellt bisherige und potenzielle zukünftige Leichtbaumaßnahmen in

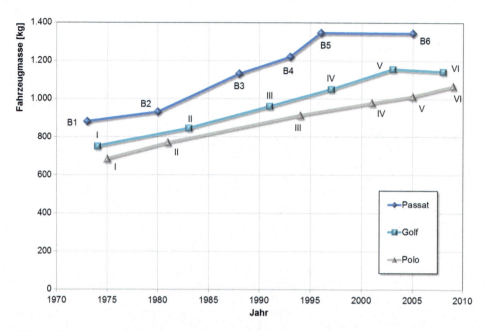

Abb. 5.30 Entwicklung der Fahrzeugmasse verschiedener Fahrzeugsegmente (Eckstein 2010)

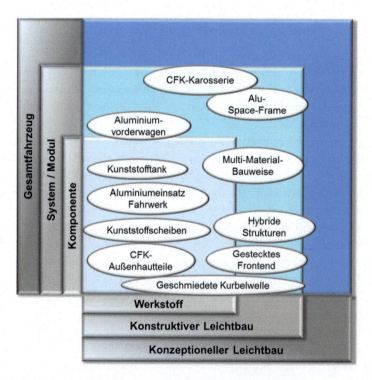

Abb. 5.31 Leichtbaumatrix für konventionelle Fahrzeuge (Eckstein 2010)

konventionellen Fahrzeugen als Matrix dar. Dabei wird einerseits zwischen den prinzipiellen Ebenen werkstofflicher, konstruktiver und konzeptioneller Leichtbau unterschieden, andererseits zwischen den Fahrzeugintegrationsebenen Komponente, System bzw. Modul und Gesamtfahrzeug.

Der Haupthinderungsgrund für den Einsatz weitreichender Leichtbaumaßnahmen sind deren Mehrkosten. Die derzeit akzeptierten Mehrkosten je eingespartem Kilogramm Fahrzeugmasse durch Leichtbaumaßnahmen liegen je nach Fahrzeugsegment bei etwa 5 Euro (Deinzer 2009). Aufgrund der Begrenzung des CO_2-Flottenausstoßes sowie steigender Kraftstoffpreise werden diese akzeptierten Leichtbaukosten zukünftig weiter steigen.

Aktuelle Forschungsergebnisse zum Thema Leichtbau benennen das Potenzial zukünftiger Gewichtseinsparungen. Exemplarisch sei an dieser Stelle auf das Projekt „SuperLight-Car" (SLC) hingewiesen. Am Beispiel eines Golf V wurde ein Leichtbaupotenzial von 37 % gegenüber der Body-in-White-Masse (BIW) nachgewiesen. Die dadurch verursachten Leichtbaumehrkosten von 112 % gegenüber der Basis sind jedoch nicht wirtschaftlich darstellbar. Analog zum Gewichtsreduktionspotenzial in der Karosserie gibt Lotus in einer Studie das Potenzial für das Gesamtfahrzeug (ohne Antriebsstrang) ebenfalls mit bis zu 38 % an (NN 2010a).

Um den Zusammenhang zwischen Leichtbaumaßnahmen und -kosten für das Elektrofahrzeug beschreiben zu können, wird der Energieverbrauch in Abhängigkeit von der Fahrzeugmasse analysiert. Der Energieverbrauch eines Elektrofahrzeugs ist bei der Auslegung des Batteriesystems eine der entscheidenden Größen und bestimmt maßgeblich die Kapazität und die Kosten der zu installierenden Batterie. Er resultiert aus den Fahrwiderständen in Form von Roll-, Luft-, Steigungs- und Beschleunigungswiderstand sowie der Bereitstellung von elektrischer Energie für die Nebenverbraucher, welche nicht am Antrieb des Fahrzeugs beteiligt sind. In Abhängigkeit von der Güte der Energiewandlung durch das Antriebsmodul und die Batterie folgt aus diesem Energiebedarf der Energieverbrauch des Fahrzeugs.

Als Basis für eine Untersuchung wird ein batterie-elektrisches Fahrzeug aus dem Kleinwagensegment mit einer Fahrzeugmasse von 1100 kg ausgewählt und in den Simulationsrechnungen bis zu einer Minimalfahrzeugmasse von 500 kg und einer Maximalmasse von 1700 kg variiert. Unter Berücksichtigung der geforderten Fahrleistungen (Beschleunigungen und Höchstgeschwindigkeit) wird die Leistung des elektrischen Antriebsstrangs der Fahrzeugmasse angepasst.

Der Energieverbrauch ist im Bereich von 700–1700 kg in den Fahrzyklen NEDC und dem Hyzem-Urban-Zyklus nahezu linear abhängig von der Fahrzeugmasse (s. Abb. 5.32). Die Steigung und der Achsenabschnitt dieser Funktionen sind dabei abhängig vom gewählten Zyklus und der Auslegung der Antriebskomponenten. Der y-Achsenabschnitt dieser Funktion bei einer virtuellen Fahrzeugmasse von 0 kg beschreibt den Grundverbrauch und ist abhängig vom Luftwiderstand des Fahrzeugs sowie von den Verlusten des Antriebsstrangs und der elektrischen Verbraucher. Mit Hilfe der Steigung und des y-Achsenabschnitts dieser Funktionen können Batteriekapazität und -masse für das Fahrzeug entsprechend der Auslegungsreichweite und unter Annahme verschiedener Parameter für das Batteriesystem berechnet werden.

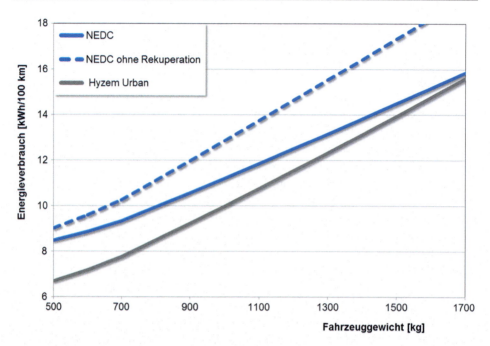

Abb. 5.32 Einfluss der Fahrzeugmasse auf den Energieverbrauch

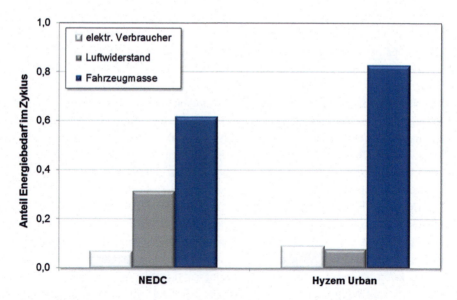

Abb. 5.33 Anteil der Fahrzeugmasse am Energieverbrauch (Eckstein 2010)

5 Fahrzeugkonzeption für die Elektromobilität

Die Analyse ergibt, dass die erforderliche Batteriemasse linear abhängig von der Fahrzeugmasse ist. Somit beeinflusst die Fahrzeugmasse neben der Auslegungsreichweite und den Batterieparametern die Dimensionierung der Batterie maßgeblich (s. Abb. 5.33).

Dieser funktionale Zusammenhang ermöglicht im nächsten Schritt die Quantifizierung der Kosteneinsparpotenziale durch Leichtbau in Abhängigkeit vom betrachteten Zyklus, der Auslegungsreichweite und der nutzbaren spezifischen Energiedichte des Batteriesystems.

Der signifikante Einfluss der Fahrzeugmasse auf den Energieverbrauch und die elektrische Reichweite sowie die hohen Batteriesystemkosten lassen ein großes Potenzial von Leichtbaumaßnahmen im Elektrofahrzeug vermuten. Um dieses Potenzial zu evaluieren, bedarf es der Quantifizierung der eingesparten Batteriesystemkosten durch Leichtbaumaßnahmen je reduziertem Kilogramm Fahrzeugmasse (s. Abb. 5.34).

Bei heutigen Batteriesystemkosten von ca. 1000 Euro/kWh (NN 2010b) und ansonsten konstanten Herstellkosten für das Gesamtfahrzeug sind je nach Auslegungsreichweite im NEDC Kosteneinsparungen von 8–18 Euro je eingespartem Kilogramm Fahrzeugmasse zu erwarten. Dies beruht auf einer dann möglichen Reduktion der Batteriesystemgröße. Für eine mittelfristige Entwicklung der spezifischen Batteriesystemkosten auf ca. 600 Euro/kWh (Sauer und Lunz 2010) ergeben sich ca. 10 Euro Kosteneinsparung pro reduziertem Kilogramm Fahrzeugmasse. Bei zukünftig zu erwartenden spezifischen Batteriesystemkosten von 200–300 Euro/kWh (Sauer und Lunz 2010) reduziert sich dieser Betrag auf ca. 2–5 Euro/kg.

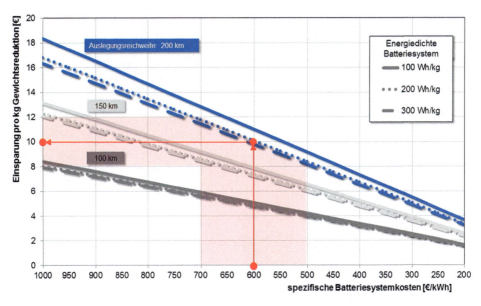

Abb. 5.34 Quantifizierung von wirtschaftlichen Leichtbaumaßnahmen durch Einsparungen im Batteriesystem (Eckstein 2010)

Im Gegensatz zum konventionellen Fahrzeug, bei dem Kosten für Leichtbau investiert und somit akzeptiert werden, zeigen die ermittelten Werte, dass im Elektrofahrzeug Leichtbaumaßnahmen im Bereich zwischen 2 und 18 Euro/kg kostenneutral dargestellt werden können. Der Einsatz von Technologien und Materialien, die im konventionellen Fahrzeugbau als zu kostenintensiv eingestuft werden, kann im Elektrofahrzeug in Abhängigkeit vom Einsparpotenzial durchaus sinnvoll sein. Dieser Wandel in der Bedeutung von Leichtbaumaßnahmen für Elektrofahrzeuge macht eine neue Bewertung der anzuwendenden Materialien und Technologien vor dem Hintergrund der Fahrzeuggesamtkosten und der Reichweite notwendig.

Zur Identifikation der potenzialträchtigsten Baugruppen und Systeme für diese Leichtbaumaßnahmen bedarf es einer gezielten Betrachtung der sich aufgrund der „neuen" elektrofahrzeugspezifischen Komponenten einstellenden Verteilung der Fahrzeugsystemmassen. Abb. 5.35 skizziert hierzu den Vergleich eines konventionellen Fahrzeugs des Kleinwagen-Segments mit einem Purpose-Design-Elektrofahrzeug derselben Fahrzeugklasse mit 220 km Reichweite und einer spezifischen Energiedichte des elektrochemischen Speichers von 130 Wh/kg. Deutlich zu erkennen ist der gestiegene Anteil des Antriebsstrangs an der Fahrzeugmasse, hierbei besonders der Traktionsbatterie, gegenüber den anderen Fahrzeugsystemen.

Das Verhältnis der anderen Fahrzeugsysteme zueinander ändert sich im Elektrofahrzeug nicht signifikant gegenüber der bisherigen Verteilung. Daher liegt es nahe, in diesen Fahrzeugsystemen die bereits erarbeiteten Leichtbaumaßnahmen aus konventionellen

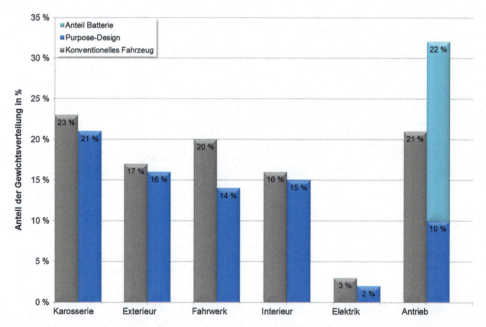

Abb. 5.35 Massenverteilung Vergleich Elektrofahrzeug und konventionelles Fahrzeug nach Fahrzeugsystemen (Eckstein 2010)

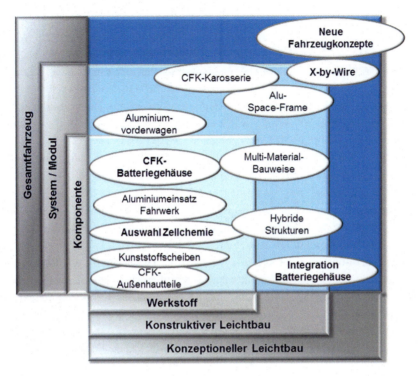

Abb. 5.36 Leichtbaumatrix von Elektrofahrzeugen (Eckstein 2010)

Fahrzeugsystemen (Karosserie, Exterieur und Fahrwerk), deren bisherige Umsetzung an den Leichtbaumehrkosten scheiterte, im Elektrofahrzeug anzuwenden. Wichtig ist hierbei die wahrnehmungsneutrale Umsetzung der Maßnahmen ohne Funktionsverlust des Systems, um eine hohe Kundenakzeptanz zu gewährleisten. Abb. 5.36 enthält die Leichtbaumatrix für Elektrofahrzeuge mit Beispielen von neuen und bereits bekannten Leichtbaumaßnahmen, die potenziell zum Einsatz in Elektrofahrzeugen kommen können.

Nachdem bereits heute bei konventionell angetriebenen Fahrzeugen regelmäßig werkstofflicher Leichtbau auf Komponentenebene betrieben wird (bspw. Türen und Klappen aus Kunststoff oder Aluminium), gilt es im nächsten Schritt, die spezifischen Vorzüge von Leichtbauwerkstoffen konstruktiv auf System- bzw. Modulebene zu erschließen. Ein naher liegender Ansatz ist die werkstoffgerechte, ein weiterer die Integration mehrerer Funktionen in ein Bauteil (Funktionsintegration). Als Beispiel sei eine Motorhaube aus einem dreidimensional geflochtenen faserverstärkten Kunststoff angeführt, die zusätzliche Funktionen wie Fußgängerschutz oder Schall- und Wärmedämmung übernehmen kann. Weiteres Potenzial kann realisiert werden, indem Leichtbaumaßnahmen nicht nur systemspezifisch, sondern auch systemübergreifend (bspw.: X-by-Wire, Integration Batteriegehäuse und Karosseriestruktur) umgesetzt werden.

Eine besondere Rolle spielt wiederum das Batteriesystem. Es bietet auf Zell- und Systemebene ein großes Leichtbaupotenzial. Auf Zellebene kann die Energiedichte durch

Auswahl und Kombination der Materialien für Kathode, Anode, Separator und Elektrolyt erhöht werden und zur Reduzierung der Batteriemasse beitragen. Durch die Weiterentwicklung bekannter Materialien und die Verwendung neuer Zellen erscheinen Energiedichten von 300 Wh/kg in Zukunft als realistisch (Sauer und Lunz 2010), wodurch die Masse der Zellen bei konstanter Auslegungsreichweite um den Faktor 1,5–3 reduziert werden könnte. Im Vergleich zu einem heutigen System mit einer Energiedichte auf Zellebene von maximal 200 Wh/kg würde sich die Masse der Zellen um ca. 110 kg auf 190 kg reduzieren. (Schmitt 2011; Eckstein et al. 2010)

Zu einem vollständigen Batteriesystem für den Einsatz im Fahrzeug zählt neben den Batteriezellen auch die Peripherie, bestehend aus Zell- und Modulverbinder, Kühlsystem, Elektronik und Gehäuse. Sie ermöglicht erst den sicheren und kontrollierten Betrieb, erhöht andererseits aber die Masse des Systems. Eine Übersicht der Massenanteile von Zelle und Peripherie verschiedener Batteriesysteme aktueller Elektrofahrzeuge (Serien- und Prototypenfahrzeuge) liefert Abb. 5.37.

Aus der Abbildung geht hervor, dass 25–40 % der Gesamtmasse des Batteriesystems der Peripherie zugesprochen werden können. Die großen Unterschiede resultieren hauptsächlich aus der Auslegung, Gestaltung und Komplexität des Kühl- und Heizkonzeptes der verschiedenen Systeme. Neben einer bedarfsgerechten und gewichtsoptimierten Auslegung des Kühlsystems stellt die Reduzierung der Gehäusemasse, bspw. durch die Verwendung von CFK-Werkstoffen für den Aufbau des Gehäuses oder die Integration des Batteriegehäuses in die Karosseriestruktur des Fahrzeugs, eine weitere mögliche Maßnahme dar, um die Peripherie leicht ausführen zu können. (Eckstein et al. 2010)

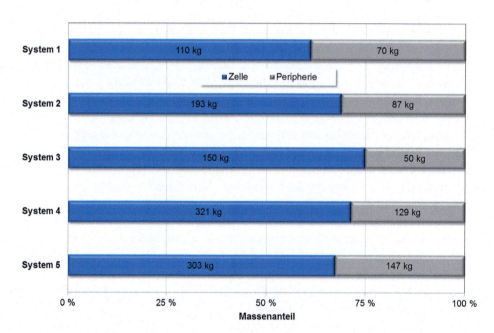

Abb. 5.37 Vergleich Massenanteile Zelle und Peripherie von Batteriesystemen (Eckstein 2010)

5 Fahrzeugkonzeption für die Elektromobilität

Schließlich gilt es, auf Gesamtfahrzeugebene konzeptionellen Leichtbau zu betreiben. Nur so kann eine Fahrzeugmasse deutlich unterhalb der 1000-kg-Marke realisiert werden, ohne bei der Fahrzeugsicherheit Zugeständnisse zu machen. Dazu müssen etablierte Systemgrenzen und Auslegungskritierien hinterfragt werden. Der erste Schritt ist eine Anforderungsfokussierung, bspw.: Was ist eine sinnvolle Auslegungsgeschwindigkeit, welche maximale Antriebsleistung ist zu berücksichtigen? In einem weiteren Schritt gilt es zu analysieren, wie die definierten Zieleigenschaften durch das Zusammenwirken mehrerer Systeme effizient und kostengünstig dargestellt werden können. Für die Fahrzeugsicherheit bedeutet dies bspw., dass aktive und passive Sicherheit gemeinsam betrachtet und optimiert werden müssen, denn durch die Vernetzung von Fahrwerksregelsystemen, Fahrerassistenzsystemen und Systemen der passiven Sicherheit können besonders kritische Situationen und Lastfälle von vornherein weitestgehend vermieden werden. Abb. 5.38 fasst die einzelnen Fahrzeugsysteme mit großem Leichtbaupotenzial noch einmal kompakt zusammen.

Die aufgezeigten Einsparpotenziale für Energieverbrauch und Kosten durch Leichtbau bei Elektrofahrzeugen ermöglichen gegenüber dem konventionellen Fahrzeug den Einsatz von bisher durch die akzeptierten Leichtbaumehrkosten ausgeschlossenen Maßnahmen in den Anwendungsbereichen Karosserie, Exterieur und Fahrwerk auf System- bzw. Modulebene. Außerdem kommt der Reduktion der Batteriemasse auf Zell- und Systemebene eine besondere Bedeutung zu. Durch den quantifizierten kostenneutralen Einsatz von Leichtbau ist eine signifikante Reduktion der Elektrofahrzeugmasse möglich, die eine Leichtbauspirale induziert (s. Abb. 5.39). Im Vergleich zur Gewichtsspirale verstärken sich die Leichtbaumaßnahmen und führen zu einer weiteren Reduktion der Fahrzeugmasse.

Durch die Einführung von weiterführenden, im Elektrofahrzeug kostenneutral darstellbaren Leichtbaumaßnahmen erscheint der zukünftige Einsatz dieser Maßnahmen auch im

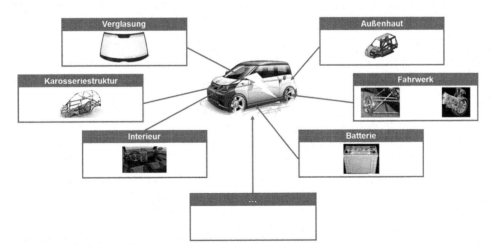

Abb. 5.38 Potenziale Leichtbau im Elektrofahrzeug

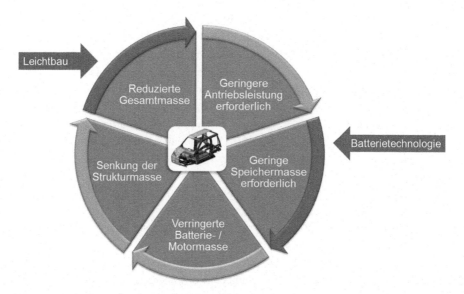

Abb. 5.39 Leichtbauspirale für Elektrofahrzeuge

konventionellen Fahrzeug möglich und somit nicht nur ein Anhalten der Gewichtsspirale, sondern eine Umkehr hin zur Leichtbauspirale. Zur Ausschöpfung des vollen Potenzials von Leichtbau sind jedoch noch stärker konzeptionelle Maßnahmen auf der Gesamtfahrzeugebene notwendig. Dies ist nur durch völlig neue Fahrzeugkonzepte erreichbar, die den Zielkonflikt zwischen Effizienz, Sicherheit und Fahrerlebnis auf andere Weise lösen, als es bislang bei konventionellen Fahrzeugen der Fall war.

5.6 Industrialisierung

Die Industrialisierung der Elektromobilproduktion beschreibt den Weg von der Produktidee bis zur Serienproduktion. Sie umfasst die Phasen der Produkt- und Prozessentwicklung und des Anlaufmanagements unter ständiger Berücksichtigung aktueller Normen und Standards.

Die Produkt- und Prozessentwicklung beginnt mit der ersten Produktidee und deren Planung und endet mit dem Beginn der Serienproduktion. Sie strukturiert die einzelnen Phasen der Entstehung eines neuen Produktes.

Die Phase des Anlaufmanagements startet erst mit der Fertigstellung eines Produkt-Prototyps und beschäftigt sich mit den Herausforderungen des Serienanlaufs auf dem Weg zur Serienproduktion.

Normen und Standards begleiten den gesamten Entwicklungs- sowie Anlaufprozess und dienen als Regelwerk für sicherheitstechnische Festlegungen und Prüfbedingungen.

5.6.1 Normen und Standards

Neben der Straßenfahrzeugtechnik, der Energieversorgung und der erforderlichen Informations- und Kommunikationstechnologie ist das Einhalten von Normen und Standards eine zentrale Voraussetzung für den Erfolg der Elektromobilität. Insbesondere im Bereich der Normung und Standardisierung ist eine enge Zusammenarbeit der bisher weitgehend getrennt betrachteten Domänen Automobiltechnik, Elektro- und Energietechnik sowie Informations- und Kommunikationstechnik notwendig (Nationale Plattform für Elektromobilität 2014). Außerdem dienen Normen und Standards dazu, Rahmenbedingungen festzulegen, die den Herstellern ein gewisses Maß an Investitionssicherheit bieten (Nationale Plattform für Elektromobilität 2014).

Um vom Kunden akzeptiert zu werden, muss ein Elektrofahrzeug die gleiche Sicherheit und Mobilität wie ein konventionelles Fahrzeug bieten – und das zu einem angemessenen Preis. Daher werden im Folgenden neben der Zulassung die Themen Sicherheit, Ladeinfrastruktur, individuelle Mobilität und Systemkomponenten anhand der derzeit wichtigsten Normen und Standards behandelt. Eine aktuelle Übersicht aller relevanten Normen und Standards zur Elektromobilität liefert die deutsche Normungs-Roadmap Elektromobilität.

5.6.1.1 Zulassung

Die Fahrzeughomologation ist ein überstaatliches System für die Zulassung von Fahrzeugen und Fahrzeugteilen (vgl. Abschn. 5.1). Sie basiert auf dem „Übereinkommen von 1958", das im Rahmen der Wirtschaftskommission für Europa der Vereinten Nationen (UN ECE) geschlossen wurde. Die Vertragsparteien des ECE-Abkommens sind dazu berechtigt, Vorschriften für die Genehmigung von Fahrzeugen, Ausrüstungsgegenständen und Teilen von Kraftfahrzeugen zu erlassen (Bundesministerium für Verkehr, Bau und Stadtentwicklung). Gleichermaßen gibt es die Verpflichtung, die Typgenehmigungen aller Vertragsparteien anzuerkennen (StVZO § 21a). Die technischen Vorschriften beziehen sich auf die Themen aktive und passive Sicherheit, Umweltschutz und Kraftstoffverbrauch von Radfahrzeugen (Nationale Plattform für Elektromobilität 2010). Nach dem Beitritt der Europäischen Gemeinschaft 1998 beteiligte sich diese aktiv an den Verhandlungen zu einem zweiten internationalen Übereinkommen (Beschluss 97/836/EG). Das sog. „Parallelübereinkommen" unterscheidet sich vom Übereinkommen von 1958 darin, dass es keine gegenseitige Anerkennung von Genehmigungen vorschreibt (Beschluss 2000/125/EG). Es bietet Ländern die Möglichkeit, sich an der Ausarbeitung globaler technischer Regelungen zu beteiligen, ohne die Verpflichtungen der gegenseitigen Anerkennung zu übernehmen (Zusammenfassungen der EU-Gesetzgebung).

Elektrofahrzeuge müssen weitestgehend die gleichen Vorschriften wie Fahrzeuge mit Verbrennungsmotor erfüllen. Außerdem bestehen zusätzliche Vorschriften, die nur für Kraftfahrzeuge mit elektrischem Antrieb gelten. Dafür wurden einige ECE-Regelungen, wie bspw. die ECE-R 85 zur Ermittlung der Motorleistung oder die ECE-R 100 für die Sicherheitsbedingungen der Traktionsbatterie, überarbeitet bzw. weiterentwickelt (Nationale Plattform für Elektromobilität 2010).

5.6.1.2 Produkt- und Betriebssicherheit

Die Produkt- und Betriebssicherheit ist ein wichtiges Thema in der Elektromobilproduktion. Vor allem hier müssen allgemein akzeptierte Regeln und Prüfverfahren die Sicherheit für den Anwender gewährleisten. Vorrangig behandelt werden die Themen elektrische Sicherheit, im Hinblick auf die Herausforderung durch die Hoch-Volt-Technik und die funktionale Sicherheit (Nationale Plattform für Elektromobilität 2014).

5.6.1.3 Elektrische Sicherheit

In § 62 der StVZO heißt es: „Elektrische Einrichtungen von elektrisch angetriebenen Kraftfahrzeugen müssen so beschaffen sein, dass bei verkehrsüblichem Betrieb der Fahrzeuge durch elektrische Einwirkung weder Personen verletzt noch Sachen beschädigt werden können."

Deshalb wird in den meisten Elektrofahrzeugen zur Versorgung der Hoch-Volt-Verbraucher ein vollständig isoliertes Gleichspannungssystem (Hoch-Volt-System) installiert. Als Hoch-Volt bezeichnet man die Spannungsklasse B mit Spannungen größer 30 V AC bis einschließlich 1000 V AC bzw. größer 60 V DC bis einschließlich 1500 V DC. Ähnlich einem IT-Netz (frz. Isolé terre) zeichnet sich das Hoch-Volt-Netz durch seine erhöhte Ausfall- und Unfallsicherheit bei Fehlern der Isolation aus. Der Vorteil besteht darin, dass ein erster Isolationsfehler zwischen einem Leiter und dem Gehäuse bzw. der Karosserie keine schädlichen Auswirkungen hat, sodass das elektrische System des Fahrzeugs nicht abgeschaltet werden muss. Ein Isolationsüberwachungsgerät (ISO-Wächter) kontrolliert den Isolationszustand regelmäßig oder permanent und meldet dem Fahrer den Fehler, der umgehend behoben werden sollte, da ein Isolationsfehler des zweiten Leiters zu einem Kurzschluss führen würde. (Sagawe 2010)

Schutzmaßnahmen gegen elektrischen Schlag haben, wie eingangs erwähnt, oberste Priorität. Die ISO 6469-3 – gültig für das fahrende und stehende Fahrzeug – soll den Schutz gegen direktes und indirektes Berühren des Elektrofahrzeugs gewährleisten (Hofheinz 2010). Dazu gehören u. a. die Basisisolierung aller spannungsführenden Teile und der Potenzialausgleich von Karosserieteilen. Bei der Isolationskoordination sind außerdem die Mindestabmessungen für Luft- und Kriechstrecken zu beachten (DIN IEC 60664).

Für die Typprüfung ist die ECE-R 100 bereits verbindlich vom Gesetzgeber vorgeschrieben. Es sind allerdings noch nicht alle Sicherheitsmaßnahmen zur Hoch-Volt-Technik darin erfasst.

5.6.1.4 Funktionale Sicherheit

Derzeit ist die ISO 26262 „Functional safety – Road vehicles" für Straßenfahrzeuge nicht zulassungsrelevant. Der Automobilhersteller ist jedoch aus Produkthaftungsgründen dazu verpflichtet, die Sicherheitserwartungen zu erfüllen, die der Verbraucher nach dem Stand der

Technik erwarten darf. Dieser Stand wird durch Normen festgelegt. Seit Juli 2009 liegt die ISO 26262 als DIS (Draft International Standard – internationaler Standardentwurf) vor. Mitte 2011 wurde sie als internationaler Standard veröffentlicht und löste damit die IEC 61508 für den Automobilbereich ab. Die IEC 61508 regelte die Entwicklung von sicherheitsrelevanten elektrischen, elektronischen und programmierbaren elektronischen Systemen. Jedoch war dieser Standard für den modernen Automobilbereich nicht spezifisch genug. Daher entwickelte man unter Beteiligung der Automobilindustrie die ISO 26262.

Momentan beschränkt sich ihr Geltungsbereich auf Personenkraftwagen bis 3,5 t zulässiges Gesamtgewicht. In der Automobilindustrie werden Systeme durch den Plattformgedanken auch in anderen Fahrzeugklassen verwendet. Beispielsweise unterscheiden sich Fensterheber in einem PKW kaum oder gar nicht von denen in einem Nutzfahrzeug. Somit ist es grundsätzlich sinnvoll, die ISO 26262 auf alle Klassen von Straßenfahrzeugen anzuwenden. (Sauler und Kriso 2009)

5.6.1.5 Systemkomponenten

Die Etablierung des Elektroautos wird sich innerhalb von Jahren vollziehen. Daraus resultieren flache Anlaufkurven in der Produktion. Um preislich dennoch konkurrenzfähig zu bleiben, ist eine unnötige Variantenvielfalt zu vermeiden und die Kompatibilität der Systemkomponenten in und außerhalb des Elektrofahrzeugs zu gewährleisten. (E-Mobility 2011)

5.6.1.6 Kabel und Steckverbindungen

Kabel- und Steckverbindungen in Elektrofahrzeugen bieten ein enormes Potenzial zur Kostenreduzierung durch Standardisierung. Neben der Erarbeitung kompatibler Schnittstellen untereinander werden hohe Ansprüche an die Qualität und Leistungsfähigkeit gelegt (Nationale Plattform für Elektromobilität 2014). Im Gegensatz zu einem Fahrzeug mit Verbrennungsmotor wird die Energie im Elektrofahrzeug über Kupfer- und Aluminiumkabel transportiert. Neben den sicherheitsrelevanten Aspekten ist auch die elektromagnetische Verträglichkeit, insbesondere im Hinblick auf die sich stark weiterentwickelnden Kommunikationstechnologien und Unterhaltungselektronikanteile, zu beachten. In den Steckverbindungen werden zusätzlich zu den Hauptstromkontakten voreilende Signalkontakte integriert, um eine Unterbrechung der Signalleitung zu erkennen und ggfs. eine Bordnetztrennung durchzuführen. Dadurch können beim Trennen von stromführenden Steckverbindungen Lichtbögen vermieden werden, was nicht nur die Sicherheit, sondern auch die elektromagnetische Verträglichkeit erhöht (Hauck o. J.). Die Norm ECE-R 10 zur „Elektromagnetischen Verträglichkeit" umfasst in der mittlerweile 5. Revision konkrete Anforderungen an die Ladeeinrichtung, sowie an das Prüfverfahren im Ladebetrieb. (VDE 2012; UNECE 2014)

Die ISO 6722 legt zwei Spannungsklassen (60 V und 600 V) für Leitungen im Elektrofahrzeug fest. Für die Zukunft werden noch höhere Spannungsklassen angestrebt, da diese kleinere Ströme und somit auch kleinere Kabelquerschnitte ermöglichen. Der Vorteil liegt in der Material- und Gewichtsersparnis.

Weiteres Potenzial zur Kostenreduzierung bietet die Erhaltung des 14-V-Bordnetzes. So können viele der heute effizient hergestellten Komponenten auch im Elektrofahrzeug verwendet werden. Das 42-V-Bordnetz wird für Nebenaggregate genutzt, die bspw. mechanisch arbeitende Systeme ersetzen können oder aufgrund ihrer Leistungsaufnahme wirtschaftlicher mit 42 V betrieben werden (42-V-Bordnetz – 42-V on-board power supply).

5.6.1.7 Ladeinfrastruktur

Die Schnittstelle zwischen Elektrofahrzeug und Smart Grid und die dazugehörige Infrastruktur sind ein weitreichendes Themenfeld. Schließlich geht es hierbei nicht nur um das Aufladen aus der Steckdose. Neben den verschiedenen Ladeorten spielen der Energiefluss und die Kommunikation eine wichtige Rolle. (Nationale Plattform für Elektromobilität 2014)

Für ein langsames Laden des Privatwagens über Nacht in der heimischen Garage ist die Infrastruktur bereits gegeben. Dafür sind 220 V Haushaltsstrom ausreichend. Die Langstreckennutzung von Elektrofahrzeugen gestaltet sich jedoch ungleich schwieriger. Eine Möglichkeit ist das induktive Laden auf Parkplätzen. Allerdings ist der Aufbau eines flächendeckenden Netzes fraglich und teuer. Daher wird dem induktiven Laden in naher Zukunft weniger Bedeutung beigemessen, weshalb dafür zurzeit lediglich ein Normungsvorschlag vorliegt (IEC 61980-1). Eine weitere Möglichkeit wären Batteriewechselstationen. Auch hier gibt es viele technische Herausforderungen und noch keine Ansätze zur Standardisierung (Bille et al. 2011). Auf dem Gebiet der Redox-Flow-Betankung besteht noch Forschungsbedarf, bevor es zu Normvorschlägen kommen kann (Nationale Plattform für Elektromobilität 2014).

Am weitesten vorangeschritten sind die Normungsaktivitäten zum kabelgebundenen Laden, vor allem bei den mechanischen und elektrischen Kennwerten sowie der Signalisierung (Nationale Plattform für Elektromobilität 2014. Hervorzuheben ist hier die bereits bestehende Norm IEC 62196, die u. a. das leitungsgebundene Laden von Elektrofahrzeugen bis 250 A Wechselstrom und 400 A Gleichstrom spezifiziert. Bei den Lademodi unterscheidet man zwischen Haushaltsstrom (bis 16 A) und Gerätestrom (bis 32 A) an der Standardsteckdose und Schnellladungen an speziellen Ladestationen bis zu 63 A.

Der dritte zentrale Aspekt der Ladeinfrastruktur ist die Kommunikation. Zum einen soll der Nutzer den Stromlieferanten selbst auswählen und zum anderen auch über den Lademodus bestimmen können. Vorstellbar ist, dass Personen ihren Wagen zu Hause und am Arbeitsplatz, der bspw. in einem anderen Netzgebiet liegt, laden. Solche Szenarien stellen die Entwicklung von Abrechnungssystemen vor große Herausforderungen. Des Weiteren soll eine Rückspeisung des Stroms möglich sein. Für die Stromerzeugung aus erneuerbaren Energien können dadurch Phasen mit geringer Einspeisung überbrückt werden. Zu beachten sind hierbei u. a. die Norm IEC 62351 der Normentwurf ISO/IEC 15118. (Nationale Plattform für Elektromobilität 2014)

5.6.2 Produkt- und Prozessentwicklungsprozess

Der Prozess der Produkt- und Prozessentwicklung beschreibt, welche Aufgaben nötig sind, um von einem Entwurf zu einem marktreifen Serienprodukt zu gelangen, und definiert die Verantwortlichkeiten (Seidel 2005).

Ein herkömmliches Auto besteht aus 10.000–20.000 Teilen (Heß 2008). Die Entwicklung eines dieser Teile besteht aus einem ausgeprägten und funktionsübergreifenden Prozess.

Darum ist es unumgänglich, neue Produkte und Prozesse verzahnt und integriert zu entwickeln und frühzeitig Expertengruppen aus Marketing, Entwicklung, Forschung, Produktion, Finanzabteilung, Top-Management, Rechtsabteilung sowie Verkauf und Serviceabteilung einzubinden (Schäppi et al. 2005).

Im weiteren Verlauf dieses Kapitels werden die einzelnen Phasen dieses Prozesses beschrieben. Es handelt sich um Planung, Konzeptentwicklung, Systemgestaltung, Detailgestaltung sowie Test und Optimierung. Der Produktionsstart ist der abschließende Teil und wird in Abschn. 5.6.3 erläutert (Laufenberg 1996) (Abb. 5.40).

5.6.2.1 Planung

Die erste Phase ist die Planung. Hier werden die grundsätzlichen Ziele der Neuentwicklungen und der grobe Projektablauf konzipiert. Die Ergebnisse werden in einem Businessplan festgehalten. Federführend ist in dieser ersten Phase das Marketing. Es müssen zunächst die Chancen für Elektromobile am Markt untersucht und die Marktsegmente definiert werden, um daraus die entsprechenden Produkte zu identifizieren. In dieser Phase werden auch die Zielgruppen und daraus resultierende Produktanforderungen festgelegt. Bei Elektrofahrzeugen geht man derzeit vor allem von drei Hauptnutzergruppen im privaten Bereich aus (Peters und Hoffmann 2011):

- Kunden, die sich von neuen Technologien begeistern lassen
- Kunden, die einen Beitrag zum Umweltschutz leisten wollen
- Kunden, die Wert auf Individualität und Fahrspaß legen

Die Planung der Produktplattform durch die Entwicklungsabteilung und die Bewertung der neuen Technologien sind ebenfalls Teil dieser Phase (Schäppi et al. 2005).

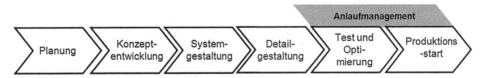

Abb. 5.40 Übersicht Produktentwicklungsprozess. (In Anlehnung an Schäppi et al. 2005)

Unmittelbar danach müssen bereits in der Produktion die entsprechenden Anforderungen identifiziert werden, um von Beginn an bei der Planung des Produktes mitzuwirken und die Supply-Chain-Strategien zu bestimmen. Im Bereich der Forschung müssen die verfügbaren Technologien demonstriert werden, um deren Nutzen und Möglichkeiten genauer abschätzen zu können. Dies ist besonders wichtig, wenn man ganz neue Bereiche wie die der Elektromobilität erschließt, da die technischen Möglichkeiten noch nicht abschließend bekannt sind. Die Finanzabteilung stellt Planungsziele zur Verfügung, damit bereits zu Beginn bekannt ist, welche finanziellen Ziele verfolgt werden. In dieser frühen Phase ist auch das Management entscheidend eingebunden, um die Projektressourcen sinnvoll zuzuteilen und die Zuständigkeiten vom ersten Projektschritt an eindeutig zuzuordnen. Dadurch werden Kompetenzüberschreitungen vermieden. (Schäppi et al. 2005)

Besondere Aufmerksamkeit benötigen in der Elektromobilität die entscheidenden Schlüsseltechnologien: der Elektromotor als Energiewandler und die Batterie als Energiespeicher. (Wallentowitz et al. 2010)

5.6.2.2 Konzeptentwicklung

Während der Konzeptentwicklung erfasst das Marketing die Kundenbedürfnisse. Nur so kann sichergestellt werden, dass das zu entwickelnde Elektromobil auch Akzeptanz beim Kunden findet. In einem weiteren Schritt müssen die wichtigsten Kundengruppen identifiziert werden, um von Beginn an die Hauptzielgruppe direkt ansprechen zu können. So muss rechtzeitig bestimmt werden, ob zu der Hauptzielgruppe von Elektrofahrzeugen neben bereits beschriebenen Privatkunden auch Gewerbekunden wie Pflege- oder Lieferdienste zählen (Peters und Hoffmann 2011). Außerdem bedarf es einer ständigen Recherche und Kontrolle, was von Mitbewerbern entwickelt wurde bzw. aktuell entwickelt wird. So ist eine ständige Überprüfung der eigenen Marktposition möglich. In der Entwicklung wird geprüft, welche Produktkonzepte realisierbar und technisch umsetzbar sind. Aus dieser Überprüfung folgt die Entscheidung, welche Prototypen letztendlich entwickelt werden sollen. Die Produktion muss möglichst genau die Herstellkosten abschätzen und grundsätzlich die Produktionsmöglichkeiten bewerten. Nur so ist es möglich, einen genauen Überblick über die anfallenden Kosten der Herstellung zu haben und die Wirtschaftlichkeit des gesamten Produktes von Anfang an abschätzen zu können. Die Finanzabteilung leistet Unterstützung bei der ökonomischen Analyse und verfeinert so die Berechnungen. Die Rechtsabteilung muss sich frühzeitig mit Fragen rund um die entsprechenden Patente beschäftigen. Oft wird dieser Punkt nicht ausreichend früh und intensiv genug beachtet. Dadurch können z. T. erhebliche Zusatzkosten entstehen. (Schäppi et al. 2005)

Ein wichtiger Ansatz, um die teilweise sehr hohen Kosten der Elektromobilität, die vor allem durch die Batterien entstehen, zu senken, ist die Modularisierung (Matthies et al. 2010).

Göpfert beschreibt sie folgendermaßen: Die Bauteile sind möglichst unabhängig voneinander und nur durch wenige Schnittstellen miteinander verbunden, um die Systemkomplexität zu reduzieren (Göpfert und Steinbrecher 2000). So lassen sich äußerst komplexe

Systeme beherrschen und deutlich schneller entwickeln. Mit der Modularisierung der Bauteile können die einzelnen Komponenten unabhängig und damit gleichzeitig entwickelt werden und nicht wie sonst üblich abhängig voneinander und somit nacheinander. Die Modularisierung verlangt allerdings einen deutlichen Mehraufwand an Organisation. Da die Komponenten gleichzeitig entwickelt werden, müssen ständig Absprachen getroffen werden. Dies wird noch erschwert, da im Zuge der Globalisierung die einzelnen Entwicklungsstandorte oft räumlich voneinander getrennt sind.

Zuständigkeiten und Entscheidungsträger sollten deutlich voneinander getrennt sein, um Überschneidungen zu vermeiden.

Um ein Optimum an Kosten und Durchlaufzeit zu erreichen, müssen auch die Organisationsstrukturen modularisiert werden. Die einzelnen Entwicklungsprojekte müssen stets abgeglichen und überprüft werden. Hierbei wäre eine zu starre Organisationsform hinderlich. Stattdessen muss zu jeder Zeit gewährleistet sein, dass man immer passend auf die neuen Situationen reagieren kann.

Ist die modularisierte und standardisierte Organisationsstruktur geschaffen, kann sie bei möglichen Änderungen schnell erweitert und entsprechende Module können ausgewählt werden.

Durch die Modularisierung ist es möglich, eine Vielzahl von mittelständischen Unternehmen in die Elektromobilproduktion einzubinden, da es diesen aufgrund ihrer geringen Kapazitäten oft nicht möglich ist, ihre guten Ideen und Lösungen für die hohen Stückzahlen der Serienproduktion bereitzustellen.

Die Modularisierung hat neben dem organisatorischen Mehraufwand weitere Nachteile. So können zwar schnell neue Produkte entwickelt werden, da man sich jetzt nur noch aus dem Modulbaukasten „bedienen" muss, aber oft sind diese Lösungen nicht optimal aufeinander abgestimmt, das volle Potenzial wird nicht ausgeschöpft.

Außerdem wird es durch die vielen standardisierten Teile zunehmend schwerer, das eigene Produkt von den anderen abzugrenzen.

Sind die Schnittstellen zwischen den einzelnen Modulen standardisiert, können problemlos einzelne Module ausgetauscht und erweitert werden.

Es gibt aber auch Schnittstellen zwischen der technischen und der organisatorischen Modularität. So wird bspw. stets ein organisatorischer Aufwand benötigt, wenn zwei Module über die Schnittstellen miteinander verbunden werden, da diese in der Regel in unterschiedlichen Projektteams oder Abteilungen entwickelt werden. (Göpfert 1998)

5.6.2.3 Systemgestaltung

In der dritten Phase der Systemgestaltung werden Produktfamilien erstellt, also die verschiedenen Modellvarianten der Elektromobile. Hier wird das gesamte Produktportfolio entwickelt, das dem Kunden angeboten wird. Außerdem werden für die einzelnen Produkte die Zielpreise festgelegt. Im Bereich der Entwicklung werden alternative Produktarchitekturen und Schnittstellen erarbeitet (Neuhausen 2002). Die Produktion befasst sich nun näher mit den Lieferanten der Schlüsseltechnologien der Elektromobilität. Diese Zusammenarbeit wird immer wichtiger, da eine Vielzahl von Komponenten bereits als ganze Baugruppen von den Lieferanten geliefert werden. Darüber hinaus wird inzwischen viel Entwicklungsarbeit direkt von den Lieferanten durchgeführt (Eversheim 2006). Ein Beispiel ist die Kooperation zur Entwicklung von Elektromotoren der Daimler AG mit der Robert Bosch GmbH (Krust 2011) (vgl. Abschn. 3.3). Parallel wird das Montageschema entwickelt und die genauen Bedarfsmengen werden bestimmt (Schuh 2006). In diesem Zusammenhang werden mit Hilfe der Finanzabteilung Make-or-Buy-Entscheidungen getroffen. Zu diesem Zeitpunkt befasst sich auch der Service mit dem Produkt. Es werden zu erwartende Wartungs- und Reparaturintervalle geplant und dafür benötigte Ressourcen bereitgestellt. Eine entsprechende Schulung der Mitarbeiter für die jeweiligen Produkte ist ebenfalls notwendig. Zudem muss bei Elektromobilen darauf geachtet werden, dass nun auch Hoch-Volt-Techniker und Elektroniker sowohl für die Produktion als auch für die Wartung gebraucht werden.

Insgesamt werden also in dieser Phase der Produktumfang und das Sourcing- und Montagekonzept erstellt.

5.6.2.4 Detailgestaltung

In dieser Phase ist vorrangig die Entwicklungsabteilung tätig, um ausgereifte Daten weitergeben zu können. Dazu definiert sie die Teilgeometrien und Toleranzen (Ulrich und Eppinger 2000).

Zeitgleich wird ein Marketingplan erstellt. Es wird genau festgelegt, wie, wo und wann geworben wird und wie hoch der dafür vorgesehene Etat ist.

Außerdem werden die zu verwendenden Materialien ausgewählt. Dabei müssen mehrere Punkte beachtet werden: Die Materialien müssen funktionsorientiert sein und die geforderte Anwendung erfüllen, denn es werden wirtschaftliche Entscheidungen aufgrund einer Kombination aus kostengünstigem Material und entsprechenden Verarbeitungsverfahren erwartet. Außerdem muss eine preisgünstige Demontage gewährleistet sein, die eine umweltbewusste Entsorgung ermöglicht (Czichos und Hennecke 2004). Um bei Elektromobilen das hohe Gewicht der Batterien kompensieren zu können, muss der Leichtbau fokussiert werden. Auch muss das Industriedesign (Produktdesign) komplett dokumentiert werden, um jederzeit darauf zugreifen zu können. In der Produktion werden die genauen Produktions- und Qualitätssicherungsprozesse erarbeitet, Überprüfungsintervalle, Messmethoden und Messtoleranzen müssen festgelegt werden. Besonders zu überprüfen sind angelieferte Zukaufteile darauf, ob sie den internen Qualitätsanforderungen genügen. Es muss eine Liste der benötigten Werkzeuge erstellt werden. Sind diese noch nicht vorhanden, müssen sie entweder selber hergestellt oder eingekauft werden. (Schäppi et al. 2005)

5.6.2.5 Test und Optimierung

In der anschließenden Phase „Test und Optimierung" werden die Produktmerkmale, Strategien und Prozesse kontrolliert und angepasst.

Dies umfasst zum einen die Entwicklung von Markteinführungsstrategien mit entsprechenden Werbematerialien und die Unterstützung von Feldtests. Hierbei ist es wichtig, dass man einen Überblick darüber erhält, wie das Elektrofahrzeug von den Kunden angenommen wird, um ggfs. noch Optimierungen durchzuführen. In der Entwicklung werden sämtliche benötigten Tests über Verlässlichkeit, Leistung und Lebensdauer durchgeführt (Neuhausen 2002). Dies kann u. a. mit realen Versuchen – bei Fahrzeugen für die Unfallsicherheit durch Crashtests – erfolgen. Heutzutage werden eine Vielzahl dieser Tests durch Computersimulationen erbracht. Diese Simulationen sind z. T. erheblich kostengünstiger als Prototypenversuche. Bisher wurden keine Sicherheitsbedenken bei Elektrofahrzeugen durch Crashtests festgestellt (Brieter 2011). Außerdem müssen alle Genehmigungen vorliegen, geprüft und letzte Designänderungen erbracht werden.

In der Produktion werden nun die genauen Fertigungs- und Montagevorgänge erarbeitet, um einen stabilen Anlaufprozess sicherstellen zu können. Die beteiligten Mitarbeiter werden durch Schulungen auf ihre bevorstehenden Arbeitsvorgänge bestmöglich vorbereitet. Für die Elektromobilproduktion wird Fachpersonal der Hoch-Volt-Technik gebraucht. Schlussendlich müssen nun die exakten Qualitätssicherungsstandards feststehen (Ulrich und Eppinger 2000).

Vom Vertrieb wird der Verkauf genau geplant, um bei der Markteinführung das Elektromobil zielgenau dem Kunden präsentieren und anbieten zu können.

5.6.3 Vom Prototyp zur Serienfertigung – Anlaufmanagement in der Elektromobilproduktion

Aufgrund diverser Unsicherheitsfaktoren bei den Kundenerwartungen, Marktanforderungen, der Wettbewerbssituation und der zu produzierenden Stückzahlen benötigt der Serienanlauf in der Elektromobilproduktion viel Aufmerksamkeit. Dabei steht die Skalierbarkeit der Produktion im Mittelpunkt. (Schönfelder et al. 2009; Hüttl et al. 2010)

Es gibt zahlreiche Parallelen zum Serienanlauf der konventionellen Automobilproduktion, aber neue Herausforderungen bedingen angepasste Handlungsspielräume und -schwerpunkte (Hüttl et al. 2010). Maßgeblich für den Erfolg oder Misserfolg des Produktes ist das Management des Serienanlaufs vor dem Hintergrund von Time-to-Market und Time-to-Volume sowie von Kosten, Qualität und Produktkomplexität (Straube 2004).

Der Serienanlauf kennzeichnet zugleich die Phase der Überführung einer abgeschlossenen Prototypentwicklung bis hin zur Serienproduktion bei voller Kapazitätserreichung und beinhaltet damit auch den Produktionsstart (Wiesinger und Housein 2002). Er wird in drei Hauptphasen unterteilt (s. Abb. 5.41).

In der Vorserie werden unter möglichst seriennahen Bedingungen Prototypen hergestellt, aber noch nicht alle Teile mit Serienwerkzeugen produziert. Diese Phase dient hauptsächlich der Problemfrüherkennung, der Prozessverbesserung und der Mitarbeiterqualifikation. (Schuh et al. 2008)

Die Nullserie stellt eine seriennahe Produktion dar, weil alle verwendeten Teile den späteren Serienwerkzeugen entstammen und auch Zulieferer bereits unter Serienbedingungen fertigen. Spätestens mit Beginn der Nullserie müssen sämtliche Komponenten, auch die der zugekauften Teile, vollständig definiert sein und eine detaillierte

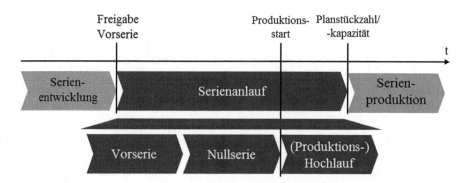

Abb. 5.41 Phasen des Serienanlaufs. (In Anlehnung an Gentner 1994; Wangenheim 1998)

Kostenabschätzung muss vorliegen. Der Beginn der Nullserie wird auch als Launch approval bezeichnet. Vor- und Nullserie werden oftmals aufgrund des erheblichen Aufwands zu einer Pilotserienproduktion zusammengefasst. (Baumgarten und Risse 2001; Schuh et al. 2008; Wangenheim 1998)

Mit der Freigabe für die Serie beginnt der Produktionsstart und somit der Produktionshochlauf. Er ist beendet (und damit auch der Serienlauf), wenn eine stabile Produktion erreicht ist und geplante Stückzahlen unter Serienbedingungen gefertigt werden. (Wangenheim 1998; Baumgarten und Risse 2001)

Der Serienanlauf als Verbindungselement von Serienentwicklung und Serienproduktion hat ein enormes Optimierungspotenzial, da in dieser Phase zahlreiche Handlungsfelder und Stellhebel zur Komplexitätsreduktion, Verbesserung und Einsparung existieren. Deshalb ist für die Beherrschung dieser kritischen Phase ein ganzheitliches und kontinuierliches Anlaufmanagement zentral. (Schuh et al. 2005; Kuhn et al. 2002)

Gleichzeitig wird vor dem Hintergrund neuer, teils noch unbekannter Herausforderungen der Elektromobilproduktion die Anwendung eines integrierten Anlaufmanagementmodells empfohlen. Es besteht aus drei Kernkomponenten: den Akteuren, den Managementdimensionen sowie den Zieldimensionen und deren Wirkzusammenhängen (s. Abb. 5.42). (Schuh et al. 2008)

Im Folgenden wird auf die sieben erfolgskritischen Managementdimensionen Anlaufstrategie, Anlauforganisation, Lieferantenmanagement, Logistikmanagement, Produktionsmanagement, Änderungsmanagement und Kostenmanagement eingegangen und es werden Besonderheiten und Unterschiede der Elektromobilproduktion im Vergleich zur konventionellen Automobilproduktion diskutiert.

5.6.3.1 Anlaufstrategie

Die Anlaufstrategie ist ein übergeordnetes Regelwerk für sämtliche Anläufe eines Unternehmens an allen Standorten sowie Handlungsgrundlage für am Serienanlauf beteiligte Unternehmen. Zugleich operationalisiert sie die Ziele der Unternehmensstrategie auf den Serienanlauf. (Schuh et al. 2008)

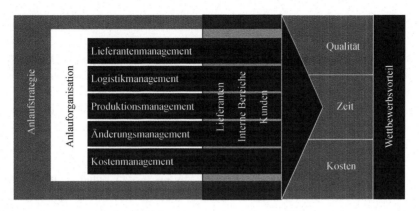

Abb. 5.42 Integriertes Anlaufmanagementmodell. (In Anlehnung an Schuh et al. 2008)

Unternehmensstrategien konventioneller Automobilhersteller zielen auf einen „First-Mover"-Strategieansatz ab, der zur Generierung nachhaltiger Wettbewerbsvorteile durch Monopolrenten („Pioniergewinne") führen kann (Wiesinger und Housein 2002). Er ist für die noch wenig standardisierte Produktion von Elektrofahrzeugen besonders interessant. Der Wettstreit um eine Vormachtstellung in der Elektromobilproduktion hängt somit auch von einer geeigneten Anlaufstrategie und einem erfolgreichen Anlaufmanagement ab.

Eine auf Wettbewerbsvorteil ausgelegte Anlaufstrategie muss die drei Zieldimensionen Zeit, Kosten und Qualität integriert betrachten und gleichzeitig Bindeglied zu vor- und nachgelagerten Entwicklungs- und Produktionsprozessen sein (Schuh et al. 2008). Sie übernimmt damit die phasen- und funktionsübergreifende Koordination innerhalb eines Unternehmens und stellt die Anschlussfähigkeit der Funktionen und Bereiche weiterer Produktionsstandorte sowie sämtlicher am Anlauf beteiligten Unternehmen sicher. (Pfohl und Gareis 2000; Schuh et al. 2008)

Für die Formulierung einer Anlaufstrategie stehen die Konzepte des strategischen Flexibilitäts-, Komplexitäts-, Qualitäts- und Kostenmanagements zur Verfügung, die in den Managementdimensionen des integrierten Anlaufmanagementmodells verankert sind. Für einen erfolgreichen und reibungslosen Serienanlauf sind die Flexibilitätssteigerung und die Komplexitätsreduktion wichtige Eckpfeiler einer Anlaufstrategie, da sie deutlich zu einer verbesserten Anlaufperformance beitragen. (Schuh et al. 2008)

5.6.3.2 Anlauforganisation

Die Anlauforganisation dient der funktions- und unternehmensübergreifenden Abstimmung und Integration im Serienanlauf und verringert Effizienz- und Effektivitätsverluste an diesen Schnittstellen. Sie strukturiert die beteiligten Bereiche des Serienanlaufs räumlich und formal in einer Anlauf-Aufbauorganisation und legt in einer Anlauf-Ablauforganisation ihre zeitlichen und logischen Beziehungen zueinander fest (Schuh et al. 2008).

Die Aufbauorganisation gibt die strukturellen Rahmenbedingungen vor, während die Ablauforganisation die Arbeits- und Informationsprozesse regelt (Frese 1998; Schmidt 1994). Zur ablauforganisatorischen Strukturierung und Unterstützung der Serienanläufe werden standardisierte Regelwerke und Methoden wie bspw. das Gateway-Konzept eingesetzt. Dies gilt für die konventionelle Automobilproduktion und auch für die Elektromobilproduktion. Es definiert die für alle Anlaufbeteiligten wichtigsten Phasen und Meilensteine und weist eindeutig Verantwortlichkeiten und Arbeitsumfänge zu. (Schuh et al. 2008)

Zudem gibt es verschiedene Grundtypen von Anlauforganisationen, von temporären Projektorganisationen über spezielle Anlaufteams bis hin zu Linienorganisationen, die nach Unternehmensvoraussetzungen und -bedürfnissen ausgewählt werden müssen. Hinsichtlich der noch unbekannten Stückzahlen von Elektrofahrzeugen und der Wettbewerbssituation hat bei der Auswahl einer geeigneten Anlauforganisation die Skalierbarkeit der Produktion hohe Priorität.

Ohne eine klar definierte Anlauforganisation und -struktur sind Verantwortlichkeiten, Rollenverständnisse und Schnittstellen unzureichend geregelt. Dies führt zu Kompetenzmangel, fehlender Kooperationsbereitschaft und Ressourcenkonflikten (Schuh et al. 2008).

Zur Anlauforganisation gehört auch die Definition des Aufbaus, der Aufgaben und der Kompetenzen von Anlaufteam und Anlaufmanager. Die Arbeit dieser Akteure startet mit dem Beginn der Nullserienproduktion und endet mit der stabilen Serienproduktion. Aufgrund der interdisziplinären Zusammensetzung des Anlaufteams aus unterschiedlichen Funktionsbereichen eines Unternehmens und der dadurch konzentrierten fachlichen und methodischen Kompetenz kann das Anlaufteam Probleme schnell und effizient lösen. Der Anlaufmanager trägt die Verantwortung für die erfolgreiche Durchführung des Serienanlaufs und koordiniert dessen Planung, Steuerung und Kontrolle. Er ist mit Weisungsbefugnis ausgestattet, hat ein ausgeprägtes technisches Produkt- und Prozesswissen und verfügt zudem über sehr gute Kunden- und Lieferantenkontakte. (Fitzek 2004; Schuh et al. 2008)

5.6.3.3 Lieferantenmanagement

Das Lieferantenmanagement ist in der konventionellen Automobilproduktion eine der wichtigsten Managementaufgaben, um die Qualitäts-, Zeit- und Kostenziele des Anlaufmanagements zu erreichen. In der Elektromobilproduktion hat es eine Schlüsselrolle. Aufgrund des höheren Outsourcing-Grades und der daraus resultierenden sinkenden Fertigungstiefe der OEMs ist die Kooperation mit internen und externen Partnern von signifikanter Bedeutung (McKinsey 2003). Komplexe Module und Systeme werden von Lieferanten selbstständig als sog. „Black box" entwickelt und zugeliefert (Schuh et al. 2008). So ist bspw. in der konventionellen Automobilproduktion der Motor die entscheidende Kernkompetenz, die in der Regel beim OEM liegt. Bei der Elektromobilproduktion ist die Batterie eine entscheidende Kernkompetenz, die beim Lieferanten liegt und als fertiges Modul zugeliefert wird. Dies zeigt, dass der OEM vermehrt zu einer koordinierenden Instanz in einem Lieferantennetzwerk wird.

Dadurch gewinnt die frühzeitige Identifikation und Integration anlaufkritischer Lieferanten an Relevanz (Schuh et al. 2008).

Gleichzeitig liegen wichtige Determinanten des ökonomischen Erfolgs nicht mehr in unmittelbaren, internen Einflussbereichen des Unternehmens, sondern werden im Zuge der Verlagerung von Wertschöpfungsanteilen auf die Lieferanten übertragen (Stölzle und Kirst 2006). Darüber hinaus durchlaufen einige Kaufteile wie bspw. Batterie oder Elektromotor ebenfalls eine Anlaufphase und stellen dadurch ein erhöhtes Risiko dar. Aus diesen Gründen muss das Lieferantenmanagement eine frühzeitige Lieferanteneinbindung, besonders von anlaufkritischen Lieferanten wie den Batterieproduzenten, fokussieren (Schuh et al. 2008; Hahn und Kaufmann 2002).

5.6.3.4 Logistikmanagement

Die Logistik gilt aufgrund ihres integrativen Charakters als zentrale Koordinationsinstanz im Unternehmen (Schuh et al. 2008). Die Phasen der Produktentwicklung müssen zeitnah bzw. simultan einen aktiven Einfluss auf die jeweilige Phase der Prozessentwicklung haben. Zugleich sollte ein reger Informationsrückfluss zwischen den einzelnen Phasen herrschen, um Mängel frühzeitig zu identifizieren und zu korrigieren. Die hohe logistische Komplexität des Serienanlaufs impliziert den Bedarf nach stabilen und standardisierten Logistikprozessen. Als Instrumente tragen integrative Logistikkonzepte dazu bei, Produktionsstörungen noch vor dem Serienanlauf zu identifizieren und zu vermeiden (Witt 2006). Insbesondere die Absicherung des Materialflusses sowie die Reduzierung innerbetrieblicher Logistikstörungen zwischen Abladestelle und dem Verbauort stehen hier im Fokus. (Fitzek 2006; Kirst 2006)

5.6.3.5 Produktionsmanagement

Neuartige, nicht ausgereifte Prozesse und starke Kapazitätsschwankungen durch unbekannte Stückzahlen fordern ein hohes Maß an Flexibilität im Serienanlauf der Elektromobilproduktion. Vor diesem Hintergrund befasst sich das Produktionsmanagement hauptsächlich mit den Aspekten der Werkstruktur und der Betriebsmittelplanung sowie der Produktionsstandardisierung und der Befähigung der Mitarbeiter (Schuh et al. 2008). Ziel ist es, die Vielzahl an ungeplanten und unvermeidbaren Störungen im Anlauf zu reduzieren und die prozessbeteiligten Mitarbeiter zu befähigen, mit Störungen lösungsorientiert umzugehen (Schuh et al. 2008). In Kap. 1 wurde bereits gezeigt, dass Normen und Standards in der Elektromobilproduktion notwendig sind, um Schwierigkeiten im Serienanlauf – bedingt durch den Neuigkeitsgrad der Prozesse und Produktionsmittel – beherrschbar zu machen. Elektromotoren besitzen eine geringere Komplexität als Verbrennungsmotoren, daher sind Anlaufprozesse evtl. robuster. Trotz der anhaltenden Entwicklung in der Batterieproduktion, des Baus der „Gigafactory" und damit der Verdoppelung der momentanen weltweiten Produktionskapazität durch Tesla (2013), stellt die Batterieproduktion derzeit noch ein Risiko dar (Hüttl et al. 2010), dessen Ausmaß für den Serienanlauf noch ungewiss ist.

5.6.3.6 Änderungsmanagement

Änderungen sind definiert als alle nachträglichen Anpassungen von freigegebenen, d. h. verbindlich festgelegten Arbeitsergebnissen (Zanner et al. 2002). Im Serienanlauf stellen Änderungen maßgebliche Kosten- und Zeittreiber dar, deshalb ist es Ziel des Änderungsmanagements, die Termintreue der Prozesse im Serienanlauf sicherzustellen und gleichzeitig Durchlaufzeiten zu reduzieren. Mittel dafür sind präventive Maßnahmen der Änderungsplanung sowie die Implementierung und Nutzung von Standardänderungsprozessen (Schuh et al. 2008).

Der Zeitpunkt von Änderungen spielt eine große Rolle. In den ersten Phasen des Produktentwicklungsprozesses sind Änderungen mit dem geringsten Aufwand zu realisieren (Jania 2004). Doch schon allein in der Entwicklungs- und Konstruktionsphase beanspruchen Änderungen bis zu 40 % der Gesamtressourcen (Lindemann und Reichwald 1998). Auf der anderen Seite sind Änderungen nicht nur als Störgröße zu sehen, da sie auch zu Qualitätssteigerungen und Kostenreduzierung bei Produkten und Prozessen führen. Es darf also nicht allein die Anzahl der Änderungen minimiert werden, sondern der Zeitpunkt dafür muss in die frühe Phase des Produktentwicklungsprozesses verlagert werden (Schuh et al. 2008).

Das Ausmaß von Änderungen ist ebenfalls unterschiedlich. Einerseits gibt es Änderungen, die nur unternehmensintern koordiniert werden müssen, Änderungen in Entwicklungspartnerschaften hingegen unter sämtlichen beteiligten Partnern (Schuh et al. 2008). Diese Entwicklungspartnerschaften spielen in der Elektromobilproduktion eine größere Rolle als noch in der konventionellen Automobilproduktion (vgl. Abschn. 4.3.2). Dies muss bei der unternehmensübergreifenden Koordination von Änderungen im Änderungsmanagement berücksichtigt werden.

Gleichzeitig steigen durch teilweise neuartige Prozesse und unbekannte Stückzahlen die Eintrittswahrscheinlichkeit und Bedeutung von Änderungsvorhaben während der Produktentstehung. Deshalb ist die Implementierung von Standardänderungsprozessen von großer Signifikanz (Schuh et al. 2008).

5.6.3.7 Kostenmanagement

Dem Kostenmanagement im Serienanlauf kommen die Aufgaben der Kostensteuerung und der Identifikation von Kostentreibern zu, um die Profitabilität des Gesamtserienanlaufs sicherzustellen (Stölzle et al. 2005; Schuh et al. 2008). Dabei beeinflussen die weiteren Zieldimensionen Zeit und Qualität über ihre Auswirkungen auf den kompletten Produktlebenszyklus und die damit entstehenden Folgekosten bzw. Erlösausfälle den Erfolg und die Gewinnmarge des Produktes (Wiesinger und Housein 2002). Sowohl Terminverzögerungen wie auch Qualitätsmängel haben Auswirkungen auf die direkten und indirekten Kosten des Serienanlaufs (Möller 2002; Schneider und Lücke 2002). Häufig impliziert ein verschobener Verkaufsstart den finanziellen Misserfolg eines Produktes am Markt (Kuhn et al. 2002). Deshalb müssen Instrumente zum Einsatz kommen, die möglichst alle Zieldimensionen abdecken und deren Wechselwirkungen beachten (Möller 2002). Instrumente zur Kostensteuerung im Anlauf sind Frontloading-Konzepte wie bspw.

die digitale Simulation oder Design for Manufacturing and Logistics, bei denen Probleme frühzeitig im Entwicklungsprozess identifiziert werden, um Folgekosten zu minimieren (Thomke und Fujimoto 2000; Wildemann 2006).

Für die Elektromobilproduktion spielen die Kosten eine äußerst wichtige Rolle, um sich im Wettbewerb gegenüber der konventionellen Automobilproduktion zu etablieren. Maßgeblicher Kostentreiber ist weiterhin die Batterie.Obwohl in den letzten Jahren stetige Kostendegressionen verzeichnet wurden, liegen die Batteriepreise im Jahr 2017 immer noch bei ungefähr 250–300 $/kWh und damit noch rund $100 über dem erklärten Preisziel für eine weitreichende Kommerzialisierung (SEI 2015).

5.6.3.8 Produktionsstart

Die letzte Phase ist der Produktionsstart. Alle Bedingungen müssen erfüllt sein, um die Serienproduktion starten zu können. Das gesamte Produktionssystem läuft an. Die Produktion beginnt mit den Schlüsselkunden. Die Entwicklung muss die erste Produktionsserie genau analysieren und überprüfen, um Probleme auszuschließen. Andernfalls müssen Änderungsmaßnahmen anhand des Standardänderungsprozesses getroffen werden. (Schäppi et al. 2005)

5.6.4 Zulassung und Zertifizierung von Batteriepacks

Das zentrale Kernelement in der Elektromobilität bildet der Energiespeicher. Obwohl die Erfindung der Batterie als Speichermedium bereits drei Jahrhunderte zurückliegt, eröffnen sich noch heute enorme Potenziale in der Weiterentwicklung von Leistungsfähigkeit und Energiedichte. In diesem Zusammenhang dürfen die Sicherheitsanforderungen an die Batterie nicht vernachlässigt werden. Dies hat zu einer Fülle an Regulierungen, Vorschriften und Normen in Bezug auf Produkt- und Transportsicherheit auf dem globalen Markt sowie im länderspezifischen Kontext geführt. Dieses Kapitel beschäftigt sich mit dieser Thematik und den daraus resultierenden Folgen für Zell- und Batteriehersteller sowie OEMs.

5.6.4.1 Klassifizierungen

Der aktuelle Batteriemarkt bietet eine Vielzahl an Produkten und Speicherlösungen verschiedenster chemischer Material-konstellationen für alle nur denkbaren Anwendungsmöglichkeiten. Die Lithium-Ionen-Technologie kann nach dem heutigen Stand die Anforderungen eines großen Speichersystems in Bezug auf Lebensdauer, Sicherheit sowie Leistungs- und Energiedichte für den Einsatz im Elektromobilbereich am besten erfüllen. (Kampker 2014, S. 48)

Die übergeordnete Klassifizierung von Batterien, nach der auch der Gesetzgeber unterscheidet, erfolgt in die Bereiche Primärbatterien (einmalige Entladung), Sekundärbatterien (Akkumulatoren) und tertiäre Batterien (z. B. Brennstoffzelle). Sekundärbatterien besitzen die Kerneigenschaft nach der Entladung wieder aufladbar zu sein. (Reiner Korthauer 2013, S. 371–380)

Zur Unterscheidung von reinen Starterbatterien wird für den Energiespeicher in reinen Elektrofahrzeugen der Begriff Traktionsbatterie verwendet. Dieser besteht dabei grundsätzlich aus drei Komponenten: Batteriezellen, Gehäuse mit Schutz- und Kühlfunktion sowie dem Batteriemanagementsystem (kurz BMS) (Achim Kampker 2014, Elektromobilproduktion, S. 58 f). Deshalb ist zu beachten, dass sowohl für jede Komponente als auch für den Gesamtverbund Vorlagen und Richtlinien vorliegen.

5.6.4.2 Institutionen, Standards und Normen

In Bereichen, in denen mit gespeicherter Energie, in welcher Form auch immer, gearbeitet wird, ist der Sicherheitsaspekt von besonderer Bedeutung. Die Reduzierung von Gefahrenpotenzialen auf den Ebenen Zelle, Modul, Batteriepack und letztendlich auf der Fahrzeugebene macht daher einheitliche Sicherheitsvorgaben unumgänglich. Ein Fehler auf einer dieser Ebenen kann gefährliche Konsequenzen für die weiteren Ebenen bedeuten (Doughty, Dan, and E. Peter Roth. „A general discussion of Li ion battery safety." *Electrochemical Society Interface* 21.2 (2012): 37–44.). Aus diesem Grund wurden einheitliche Standards zur Zulassung in den jeweiligen Märkten eingeführt. Die Standards werden von Normungsinstitutionen festgesetzt und überwacht. Relevante nationale sowie internationale Institutionen sind in unten stehender Tab. 5.6 aufgeführt.

Diese Institutionen legen fest, welche Normen und Standards zur Zulassung der Traktionsbatterie erfüllt sein müssen, bevor diese im Fahrzeugverbund auf den Markt kommt. Unter Zulassung wird in diesem Kontext eine Erlaubnis seitens der zuständigen Behörden verstanden, ein Produkt auf dem Markt in Verkehr zu bringen. Bezogen auf die Batterie ist das „in Verkehr bringen" für den deutschen Rechtsraum im Batteriegesetz (§ 2 Abs. 16 BattG) definiert. Häufig wird auch der Begriff Homologation dafür verwendet (vgl. Abschn. 5.1). Ein Beispiel für eine standardisierte Zulassungsgrundlage stellt die ECE-Homologation dar, in der sich die ECE-Signatarstaaten zu einer einheitlichen Anerkennung von Zertifizierungen und Normen verpflichten (vgl. Abschn. 5.6.1.1).

Normen bilden heute die Basis nahezu aller Entwicklungen des technischen Lebens. Sie bilden die Grundlage für Unternehmen, ihre Produkte in nationalen und internationalen Märkten zu vertreiben und dabei rechtlich abgesichert zu sein (Schönau und Baumann 2013, S. 371).

Tab. 5.6 Übersicht der relevanten Normierungsinstitutionen im Bereich Batterie

Kürzel	Institution	Wirkungskreis
ISO	International Organization for Standardization	international
IEC	International Electrotechnical Commission	international
CEN	Comité Européen de Normalisation	europaweit
CENELEC	Comité Européen de Normalisation Électrotechnique	europaweit
DIN	Deutsches Institut für Normung	deutschlandweit
DKE	Deutsche Kommission Elektrotechnik Elektronik Informationstechnik in DIN und VDE	deutschlandweit

Die länderspezifischen Normungsinstitutionen wie das Deutsche Institut für Normung (DIN) sind dabei in der Regel ständige Mitglieder größerer Institutionen wie beispielsweise der „International Organization for Standardization" (kurz: ISO). Als fundamentale Grundlage finden sich die festgelegten Normen nicht nur in Gesetzestexten, sondern auch in Zertifikaten akkreditierter Labore wieder. Bei der Zertifizierung muss das Batteriepack in speziellen Tests den Nachweis zur Einhaltung festgelegter Normen und Standards liefern.

Anfang des Jahres 2016 wurden die bisher geltenden Zulassungsnormen durch die Einführung der ECE R100 Homologationsprüfung abermals verschärft. Die bereits erwähnten ECE-Signatarstaaten einigten sich auf einheitliche Bedingungen für die Genehmigung der Fahrzeuge hinsichtlich der besonderen Anforderungen an den Elektroantrieb. Für wiederaufladbare Energiespeichersysteme (REESS) gelten damit beispielsweise neue sicherheitsrelevante Anforderungen in Bezug auf elektrische, mechanische und thermische Sicherheit. Das Batteriesystem wird in unterschiedlichen Prüfungen konkreten Missbrauchsversuchen ausgesetzt, um realistische Betriebsszenarien nachzubilden. Beispielsweise wird das System mit Beschleunigungen bis zu 28 g belastet zur Abbildung der im Crash wirkenden mechanischen Kräfte. Damit erfolgt eine verpflichtende Ergänzung der bisher geltenden Transportnorm UN 38.3, wodurch die bisher geltenden Regelungen deutlich verschärft werden. Die ECE R100 ist nur ein Beispiel für die zukünftig noch stärker auftretende Anzahl an Standardisierungen durch Normen und Regelungen.

Ausgelöst durch die angestrebte Energiewende und die rasante technische Entwicklung der Lithium-Ionen-Batterien sind Standards für den Betrieb in den unterschiedlichsten Einsatzbereichen dringend notwendig um dem Verbraucher das erforderliche Vertrauen und den Herstellern die benötigte Rechtssicherheit zu geben. (Hermann von Schönau und Matthias Baumann 2013, Handbuch der Lithium-Ionen Batterie, S. 371)

5.6.4.3 Internationaler Vergleich

Bevor ein Hersteller auf dem globalen Markt Batteriepacks in Umlauf bringen darf, müssen regional gültige Vorschriften eingehalten werden. Im europäischen Raum ist eine CE-Zertifizierung beispielsweise verpflichtend. In Nordamerika muss dagegen ein Nachweis nach UL und/oder CSA erfolgen. Eine weitere Region bildet der chinesische Raum rund um das CCC-Zertifikat. Teilweise sind sogar länderspezifische Regelungen zu beachten. Die nachfolgende Tabelle beinhaltet eine Übersicht der aktuellen Normenlandschaft für Energiespeicher in der Elektromobilität im deutschen Raum. Zusätzlich sind weitere Normen der Society of Automotive Engineers (SAE) mit internationaler Ausrichtung, aber grundsätzlichem Geltungsbereich in Nordamerika, angefügt. Diese sind speziell für deutsche OEMs mit eben dieser Marktausrichtung von Interesse (Tab. 5.7).

Durch die ständige Mitgliedschaft nationaler Normierungsinstitutionen in den internationalen Gremien werden immer häufiger internationale Standards allgemeingültig übernommen. Die Erarbeitung rein nationaler Normen ist mit einem Anteil von etwa 5 % nur noch sehr gering. Trotzdem werden viele internationale Normen noch immer in die nationalen Kataloge eingepflegt (vgl. Abb. 5.43) und teilweise auch angepasst. Dieser Umstand

Tab. 5.7 Übersicht der Normenlandschaft für Energiespeicher von Elektro- und Hybridfahrzeugen im deutschen Raum. (Quelle: Die Deutsche Normungs-Roadmap Elektromobilität – Version 3.0, Nationale Plattform Elektromobilität 2014)

Norm	Beschreibung
IEC/TS 60479-1	Wirkungen des elektrischen Stromes auf Menschen und Nutztiere – Teil 1: Allgemeine Aspekte
IEC/TS 61439-7	Schutz gegen elektrischen Schlag – Gemeinsame Anforderungen für Anlagen und Betriebsmittel
IEC 61508	Funktionale Sicherheit von elektrisch/elektronisch/programmierbar elektronisch, sicherheitsbezogenen Systemen
IEC 62576	Elektrische Doppelschichtkondensatoren für die Verwendung in Hybridelektrofahrzeugen – Prüfverfahren für die elektrischen Kennwerte
IEC 62660-1	Lithium-Ionen-Sekundärzellen für den Antrieb von Elektrostraßenfahrzeugen – Teil 1: Prüfung des Leistungsverhaltens
IEC 62660-2	Lithium-Ionen-Sekundärzellen für den Antrieb von Elektrostraßenfahrzeugen – Teil 2: Zuverlässigkeits- und Missbrauchsprüfung
IEC 62660-3	Lithium-Ionen-Sekundärzellen für den Antrieb von Elektrostraßenfahrzeugen – Teil 3: Sicherheits-anforderungen von Zellen und Modulen
ISO 6469-1	Elektrisch angetriebene Straßenfahrzeuge – Sicherheitsspezifikationen – Teil 1: On-Board-wiederaufladbares Energiespeichersystem (RESS)
ISO 12405-1	Elektrische Straßenfahrzeuge – Prüfspezifikation für Lithium-Ionen Antriebsbatteriesystem und Batterieteilsysteme – Teil 1: Hochleistungssysteme
ISO 12405-2	Elektrisch angetriebene Straßenfahrzeuge – Prüfspezifikation für Lithium-Ionen Antriebs-batteriesysteme und Batteriemodule – Teil 2 Anwendungen mit hohen Energiebedarf
ISO/IEC PAS 16898	Elektrische Straßenfahrzeuge – Abmessungen und Bezeichnungen für aufladbare Lithium-Ionen Batteriezellen
ISO 18243	Elektrisch angetriebene Mopeds und Motorräder – Spezifikationen und Sicherheitsanforderungen für Lithium-Ionen Antriebsbatteriesysteme
ISO 18300	Elektrisch angetriebene Straßenfahrzeuge – Spezifikationen für Lithium-Ionen-Batterie-Systeme in Kombination mit Blei-Säure- Batterie oder Kondensator
SAE J 1797	Empfehlungen für die Verpackung von Batterie-modulen in Elektrofahrzeugen
SAE J 1798	Empfehlungen für die Leistungsbewertung von Batteriemodulen in Elektrofahrzeugen
SAE J 2288	Lebenszyklustests von Batteriemodulen in Elektrofahrzeugen
SAE J 2289	Batteriepack-System für den Elektroantrieb: Funktionelle Leitlinien
SAE J 2464	Wiederaufladbare Energiespeicher-Systemsicherheits- und Missbrauchstests für Elektro- und Hybridelektrofahrzeug
SAE J 2929	Sicherheitsstandards für Antriebsbatteriesysteme auf Lithium-Ionen Basis in Elektro- und Hybrid-fahrzeugen

begründet sich durch die unterschiedlichen Rechtsprechungen einzelner Länder und den damit verbundenen gesetzlichen Restriktionen.

Die in Deutschland geltende Rechtsprechung ist für Energiespeicher im sogenannten Batteriegesetz (BattG) verankert. Das Gesetz über das Inverkehrbringen, die Rücknahme

5 Fahrzeugkonzeption für die Elektromobilität

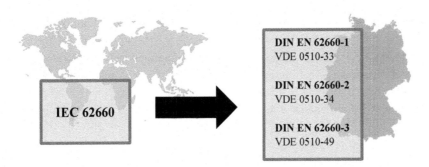

Abb. 5.43 Beispiel der Übernahme wichtiger globaler Normen für den deutschen Rechtsraum

Tab. 5.8 Prüfanforderungen auf thermischer, elektrischer und mechanischer Ebene nach Transportnorm UN T 38.3. (Quelle: VDE-Prüfanforderungen an Li-Batterien für Elektrofahrzeuge, 17.03.2010)

T1 – Höhensimulation	T5 – Externer Kurzschluss
T2 – Temperaturzyklisierung	T6 – Schlag (Zelltest)
T3 – Vibration	T7 – Überladung
T4 – Schock	T8 – Tiefentladung (Zelltest)

und die umweltverträgliche Entsorgung von Batterien und Akkumulatoren setzt die europäische Richtlinie 2006/66/EG in deutsches Recht um. Es trat am 1. Dezember 2009 in Kraft und stellt den rechtlichen Rahmen für Energiespeicher neben den nicht rechtlich verpflichteten Normen von ISO, IEC, CEN und DIN.

5.6.4.4 Transportvorschriften

Seit dem Jahr 2003 gelten für Batterien mit Lithiumanteilen seitens der EU für den Transport besondere Vorschriften. So muss eine Prüfung vor dem kommerziellen Transport der Batterien nach der Vorschrift UN 38.3 durch akkreditierte Labore erfolgen. Dies gilt für sämtliche Transportmöglichkeiten, wie z. B. Sraßen- und Schienenverkehr, Binnen- und Seefracht.

Die Transportnorm ist bindend für einen spezifischen Zelltyp bzw. Zellverbund. Bei Veränderungen der Masse von Kathode, Anode oder Elektrolyten oder bei Abweichungen der Nennenergie muss die Zertifizierung wiederholt werden. Ebenso führen Änderungen der Schutzvorrichtungen auf mechanischer, elektrischer und thermischer Ebene dazu, dass der Zellverbund erneut dem Testverfahren nach UN T 38.3 (siehe Tab. 5.8) unterzogen werden muss.

Lithium-Batterien müssen dabei nacheinander acht unterschiedliche Tests durchlaufen, wobei die Anzahl der zu testenden Batterien vom Gewicht abhängt. Liegt das Gewicht bei weniger als 12 kg, so sind acht Batterien zu verwenden. Vier dieser acht Batterien müssen vorab 50 Zyklen durchlaufen. Für ein Gewicht oberhalb von 12 kg reduzieren sich sowohl die Anzahl der Batterien als auch die vorab durchlaufenen Zyklen um die Hälfte. Diese Festlegungen gelten für die Tests 1 bis 5 sowie Test 7. Ähnliche Bestimmungen gelten auch für Lithium-Zellen. Test 6 und 8 werden ausschließlich auf Zellebene vorausgesetzt.

Für den Transport von Lithium-Batterien im Flugverkehr gelten verschärfte Sicherheitsregelungen. Im Januar 2013 sorgte der Brand durch eine im Dreamliner verbaute Lithium-Ionen-Batterie dafür, dass die Boeing 787 Dreamliner mehrere Monate aus dem Verkehr gezogen werden musste. Es musste festgestellt werden, dass die standardmäßig vorhandenen Feuerschutzanlagen in Passagierflugzeugen die durch Lithium-Ionen-Batterien ausgelösten Brände nicht löschen können

Ab April 2016 wird daher der Transport von Lithium-Ionen-Batterien im Laderaum von Passagierflugzeugen aufgrund der hohen Brandgefahr von der Internationalen Zivilluftfahrtorganisation (ICAO) verboten. Dies gilt nicht für Batterien in Gepäckstücken von Passagieren, die in Unterhaltungselektronik (z. B. Laptop, Mobiltelefon) eingebaut sind, sondern für den Transport von Batterien in der Beifracht von Passagiermaschinen. Der Beschluss der ICAO ist nicht bindend, jedoch folgen die meisten UN-Mitglieder den Vorgaben der Behörde. (Quelle: ICAO Council Prohibits Lithium-Ion Cargo Shipments on Passenger Aircraft, 22.02.2016, Montreal Canada).

5.6.4.5 Fazit

Die Anzahl der Normen und Standards, welche für den Einsatz von Lithium-Ionen-Batterien im Elektrofahrzeug berücksichtigt werden müssen, sind vielseitig und zahlreich. Darüber hinaus werden in naher Zukunft noch einige Entwicklungen weitere bindender Normen und Vorschriften erwartet, wodurch die Transparenz der Anforderungen zusätzlich erschwert wird. Schließlich werden die Prüfungen zur Erfüllung der Normen mit Prototypen durchgeführt. Dieser Umstand sorgt bereits vor dem Verkauf für hohe Kosten und sollte daher bereits im Entwicklungsbudget einkalkuliert werden.

5.7 Recycling als Teil der Wertschöpfungskette

5.7.1 Gesetzliche Rahmenbedingungen

Die ursprüngliche Rechtsvorschrift für das Batterierecycling in Europa ist mit der Richtlinie 91/157/EEC der Europäischen Gemeinschaft vom 18. März 1991 in Kraft getreten (EG-Richtlinie 1991). Die ersten Überarbeitungen dieser sog. EU-Batteriedirektive sind mit den Richtlinien 93/86/EEC vom 4. Oktober 1993 und 98/101/EC vom 22. Dezember 1998 erfolgt. (EG-Richtlinie 1993; EG-Richtlinie 1998a) Die aktuell gültige Neufassung ist die Richtlinie 2006/66/EC vom 6. September 2006 (EG-Richtlinie 2006), sie hat die ursprüngliche Richtlinie 91/157/EEC außer Kraft gesetzt. Auch die aktuelle Neufassung ist bereits zwei Mal mit den Richtlinien 2008/12/EC vom 11. März 2008 und 2008/103/EC vom 10. November 2008 überarbeitet worden. (EG-Richtlinie 2008)

Laut Artikel 1 der EU-Batteriedirektive enthält die Richtlinie „Vorschriften für das Inverkehrbringen von Batterien und Akkumulatoren, insbesondere das Verbot, Batterien und Akkumulatoren, die gefährliche Substanzen enthalten, in Verkehr zu bringen, und spezielle Vorschriften für die Sammlung, die Behandlung, das Recycling und die Beseitigung von Altbatterien und Altakkumulatoren, die die einschlägigen Abfallvorschriften der Gemeinschaft ergänzen und ein hohes Niveau der Sammlung und des Recyclings der Altbatterien und -akkumulatoren fördern. Sie zielt darauf ab, die Umweltbilanz der Batterien und Akkumulatoren sowie der Tätigkeiten aller am Lebenszyklus von Batterien und Akkumulatoren beteiligten Wirtschaftsakteure, d. h. Hersteller, Vertreiber und Endnutzer, und insbesondere der Akteure, die direkt an der Behandlung und am Recycling von Altbatterien und -akkumulatoren beteiligt sind, zu verbessern". (EG-Richtlinie 2006)

Die EU-Batteriedirektive schreibt für die Mitgliedstaaten u. a. die Mindestsammelquoten für Altbatterien und -akkumulatoren von 25 % bis zum 26. September 2012 und 45 % bis zum 26. September 2016 vor. Zudem wird für Lithium-Ionen-Batterierecyclingprozesse eine Mindestrecyclingeffizienz von 50 % der durchschnittlichen Batterieschrottmasse vorgeschrieben. (EG-Richtlinie 2006)

Eine einheitliche Methode zur Bestimmung bzw. Berechnung der Recyclingeffizienz von Batterierecyclingprozessen wird jedoch nicht durch die EU-Batteriedirektive vorgegeben. Demzufolge werden gegenwärtig mögliche Berechnungsmethoden in der Batterierecyclingindustrie sehr kontrovers diskutiert, dies betrifft vor allem die Einbeziehung bzw. Nichteinbeziehung bestimmter Batterieinhaltsstoffe wie Wasser, Sauerstoff und Kohlenstoff in die Recyclingeffizienzberechnung. Einige Batterierecyclingunternehmen fordern, dass diese Inhaltsstoffe als wiedergewonnen zu betrachten sind, da sie entweder über Prozessaustragsströme der Umwelt direkt wieder zugeführt werden oder eine stoffliche bzw. energetische Umsetzung erhalten, die für den Recyclingprozess notwendig ist.

Weitere Diskussionspunkte sind die für die Effizienzberechnung zugrunde gelegte Batterieschrottmasse sowie die Berücksichtigung von Schlacken, die in schmelzmetallurgischen Recyclingprozessen anfallen. Bei der Eingangsschrottmasse stellt sich die Frage, ob diese nur Batterieeinzelzellen oder auch komplette Batteriepacks enthalten darf, da letztere neben den eigentlichen Batteriezellen auch aus Verschaltungselektronik- und Gehäusekomponenten bestehen. Die generelle Ablehnung anfallender Schlacken als Recyclingprodukte wird kritisiert, da sie unter bestimmten Voraussetzungen bspw. im Straßenbau eingesetzt und somit als Recyclingprodukt bewertet werden können. Schließlich kommen in vielen Recyclingprozessen Zusatz-/Hilfsstoffe zum Einsatz, die in die Recyclingprodukte übergehen können und dadurch zu einer Erhöhung der Produktmasse beitragen. Hier stellt sich die Frage, ob diese Zusatzstoffe für die Effizienzberechnung wieder von der Produktmasse abgezogen werden müssen.

Im Bereich Recycling sind neben den vorgeschriebenen Mindestsammelquoten und -recyclingeffizienzen die Definitionen der Begriffe „Behandlung" und „Recycling" sowie deren Abgrenzung voneinander von besonderem Interesse. Laut Artikel 3 Punkt 10 (EG-Richtlinie 2006) umfasst die Behandlung „alle Tätigkeiten, die an Altbatterien und -akkumulatoren nach Übergabe an eine Anlage zur Sortierung, zur Vorbereitung des

Recyclings oder zur Vorbereitung der Beseitigung durchgeführt werden". Zudem muss laut Anhang III Teil A Punkt 1 „die Behandlung mindestens die Entfernung aller Flüssigkeiten und Säuren erfassen". Dem gegenüber wird das Recycling in Artikel 3 Punkt 8 als „die in einem Produktionsprozess erfolgende Wiederaufarbeitung von Abfallmaterialien für ihren ursprünglichen Zweck oder für andere Zwecke, jedoch unter Ausschluss der energetischen Verwertung" definiert (EG-Richtlinie 2006).

Mit der im März 1998 in Kraft getretenen und im Juli 2001 neugefassten „Verordnung über die Rücknahme und Entsorgung gebrauchter Batterien und Akkumulatoren" (BattV) erfolgte die deutschlandweite Umsetzung der EU-Batteriedirektive. In der BattV werden den Herstellern, Vertreibern und Endverbrauchern bestimmte Pflichten auferlegt. Hierdurch sollen eine Rücknahme und eine entsprechend den Vorschriften des 1996 in Kraft getretenen „Gesetzes zur Förderung der Kreislaufwirtschaft und Sicherung der umweltverträglichen Beseitigung von Abfällen" (KrW-/AbfG) ordnungsgemäße und schadlose Verwertung bzw. gemeinwohlverträgliche Beseitigung sichergestellt werden. Gemäß der BattV dürfen Batterien nur dann in Verkehr gebracht werden, wenn von Herstellern und Vertreibern gewährleistet wird, dass diese vom Endverbraucher wieder zurückgegeben werden können. Gleichzeitig ist der Endverbraucher dazu verpflichtet, Altbatterien beim Vertreiber oder bei den von den öffentlich-rechtlichen Entsorgungsträgern eingerichteten Erfassungsstellen abzugeben. Eine Entsorgung im Hausmüll ist für alle Batterietypen verboten. Die Hersteller und Vertreiber sind wiederum zu einer unentgeltlichen Batterierücknahme vom Endverbraucher verpflichtet. (BattV 1998; KrW-/AbfG 1994)

Zu diesem Zweck wurde ein laut der BattV vorgeschriebenes gemeinsames Rücknahme- und Entsorgungssystem eingerichtet, dessen Organisation und Verwaltung der „Stiftung Gemeinsames Rücknahmesystem Batterien" (GRS) obliegt. An der GRS beteiligen sich seit 1998 die Hersteller von ca. 80 % der im deutschen Markt abgesetzten Batterien. Gegründet wurde die GRS von den Batterieherstellern Duracell, Energizer, Panasonic, Philips, Saft, Sanyo, Sony, Varta und dem Zentralverband Elektrotechnik- und Elektroindustrie e. V. (ZVEI). Ende 2008 haben insgesamt 991 Hersteller und Importeure von Gerätebatterien und -akkumulatoren die Serviceleistungen der GRS genutzt. Die GRS ist als gemeinnützige Organisation zu verstehen und hat über 170.000 Sammelstellen zur Rücknahme verbrauchter Batterien eingerichtet. Die Altbatterien werden in regelmäßigen Abständen abgeholt, nach Batteriesystemen sortiert und schließlich entsorgt bzw. verwertet. Zudem ist die GRS für eine Abfallberatung und eine Information der Öffentlichkeit verantwortlich. Zusätzlich wird den Bundesländern ein jährlicher Erfolgsbericht vorgelegt, der Auskunft über die in Verkehr gebrachte Batteriemasse, die zurückgenommene Batteriemasse, die qualitativen und quantitativen Entsorgungsergebnisse sowie die gezahlten Preise für Entsorgungsleistungen gibt. (BattV 1998; Döhring-Nisar et al. 2001; Fricke 2009; Bundesministerium 2001)

Im Dezember 2009 trat das „Gesetz zur Neuregelung der abfallrechtlichen Produktverantwortung für Batterien und Akkumulatoren" (BattG) in Kraft und ersetzt damit die bisher gültige BattV. Ergänzend zu den bereits in der BattV geltenden Regelungen wurden gemäß der EU-Richtlinie Mindestanforderungen (Recyclingeffizienz) an Recyclingverfahren verankert. (Gesetz über das Inverkehrbringen 2009a)

5.7.2 Generelles zu Batterierecyclingverfahren

Prinzipiell können Lithium-Ionen-Batterien auf hydrometallurgischem Weg (nasschemische Prozesse bei niedrigen Temperaturen) oder auf pyrometallurgischem Weg (Einsatz von Schmelzaggregaten bei hohen Temperaturen) recycelt werden; auch eine Kombination aus pyro- und hydrometallurgischen Prozessschritten ist möglich. Die grundsätzlichen Vor- und Nachteile dieser beiden metallurgischen Verfahrensmöglichkeiten für das Recycling lithiumhaltiger Batterien werden in Tab. 5.9 aufgelistet.

Für Lithium-Ionen-Batterien müssen sowohl beim Transport als auch beim Recycling spezielle Sicherheitsvorkehrungen getroffen werden. Der Grund liegt in der hohen Brand- bis hin zur Explosionsgefahr, hervorgerufen durch äußere oder innere Kurzschlüsse. Diese Gefahren sind zwar bei Lithium-Primärbatterien größer aufgrund des enthaltenen metallischen Lithiums, aber auch Lithium-Ionen-Batterien werden oftmals speziellen Behandlungsschritten zur „Deaktivierung", d. h. Unschädlichmachung der Batteriezellen vor dem eigentlichen Recyclingprozess, unterzogen. (Miller und McLaughlin 2001; Krebs 2005)

Als Vorbehandlungsmethoden sind eine mechanische Aufbereitung und/oder eine Pyrolyse sinnvoll. Bei der mechanischen Aufbereitung werden die Batteriezellen mittels Brechern und Schreddern unter Schutzgas zerkleinert, in speziellen Fällen wird auch eine Tieftemperaturzerlegung durchgeführt. Anschließend findet eine Materialtrennung mittels klassischer Trenntechniken wie bspw. Magnetscheiden, Schweretrennen, Windsichten und Sieben statt. Während der Pyrolyse werden die Batteriezellen auf einige hundert Grad erhitzt. Dabei verflüchtigen oder verbrennen die organischen Batteriekomponenten und der Pyrolyserückstand wird weiter behandelt. Neben der Deaktivierung lithiumhaltiger Batteriezellen zur Minimierung der Gefahrenpotenziale verfolgen die Vorbehandlungen das weitere Ziel, weitestgehend einzelne, möglichst sortenreine Materialfraktionen zu gewinnen, die anschließend in getrennten Prozessschritten weiterverarbeitet werden können.

Tab. 5.9 Vor- und Nachteile des hydro- bzw. pyrometallurgischen Recyclings lithiumhaltiger Batterien. (In Anlehnung an Georgi-Maschler 2011)

	hydrometallurgischer Prozess	pyrometallurgischer Prozess
Vorteile	+ Wiedergewinnung der unedlen Metalle, der organischen Komponenten sowie des Kohlenstoffs auch ohne Vorbehandlung möglich + geringe Abgasmengen + hohe Selektivität	+ Nutzung der unedlen Metalle, der organischen Komponenten und des Kohlenstoffs als Reduktionsmittel bzw. als Energieträger + absatzfähige Metalle als Recyclingprodukte + hohe Raum-Zeit-Ausbeute
Nachteile	− Umgang mit großen Mengen an Chemikalien (Laugen, Säuren, Fällungsmittel usw.) − geringe Raum-Zeit-Ausbeute − große Mengen an Abwasser und Schlämmen	− große Mengen an Brennstoffen oder elektrischer Energie notwendig − aufwendige Abgasreinigung notwendig

Seit Inkrafttreten der EU-Batteriedirektive sind eine Reihe von Batterierecyclingverfahren entwickelt worden, die oftmals speziell auf die einzelnen chemischen Batteriesysteme zugeschnitten sind. Daneben besteht aber auch die Möglichkeit, Lithium-Ionen-Batterieschrott als Sekundärrohstoff in die Primärgewinnungsrouten von Metallen wie Kobalt und Nickel oder in die Recyclingroute von Stahl einzubringen. Diese Möglichkeit zielt jedoch nur auf einzelne Metallinhalte ab, sodass die übrigen Batteriekomponenten verloren gehen und das Erreichen der derzeit vom Gesetzgeber vorgeschriebenen Recyclingeffizienz von 50 Maß.-% für Lithium-Ionen-Batterien in Frage zu stellen ist.

5.7.3 Stand der Technik von Forschung und Entwicklung

Für Lithium-Ionen-Batterien sind in den letzten 15 Jahren eine Vielzahl von Recyclingverfahren im Labormaßstab veröffentlicht worden. Zudem sind eine Reihe von Patenten angemeldet worden, die sich ebenfalls hauptsächlich auf Untersuchungen im Labormaßstab stützen. (Patent div.) Diese Recyclingverfahren basieren überwiegend auf hydrometallurgischen Prozessschritten, also nasschemischen Lösungs- und Fällungsreaktionen, und konzentrieren sich hauptsächlich auf die Elektrodenmaterialien. Somit zielen alle Verfahren in erster Linie auf die Wiedergewinnung des Kobalts und des Lithiums ab. In einigen wenigen Veröffentlichungen ist ein zusätzlicher Pyrolyseschritt vorgesehen.

Um die Batterien laugen zu können, müssen sie zunächst aufgebrochen werden. Danach werden sie entweder direkt über Zeiträume zwischen 1–2, mitunter sogar über mehrere Stunden hinweg bei Temperaturen von maximal 100 °C und teilweise unter Einsatz eines Rührers gelaugt oder es findet vor der Laugung eine Materialtrennung mittels Sieben und Magnetscheiden statt, sodass nur die anfallende Feinfraktion der Laugung unterzogen wird. Letztere Verfahrensweise hat den Vorteil, dass die Laugungszeit erheblich, d. h. bis auf ca. 10 Minuten, verkürzt werden kann. Den restlichen Materialfraktionen, die hauptsächlich die metallischen Batteriekomponenten enthalten, wird zumeist keine große Beachtung geschenkt. Hier wird entweder auf den Verkauf an Metallrecyclingunternehmen verwiesen oder die gesamte Restfraktion wird einer Pyrolyse unterzogen, um nichtmetallische Bestandteile zu verbrennen. Der Pyrolyserest, der teilweise sogar mit den Sammelbegriffen „Metal Alloy" oder „Steel" bezeichnet wird, ist wiederum für den Verkauf an Metallrecyclingunternehmen vorgesehen. (Castillo et al. 2002; Contestabile et al. 2001; Shin et al. 2005; Nan et al. 2006)

Da sich $LiCoO_2$ kaum in herkömmlichen Lösungsmitteln löst, sind verschiedene Untersuchungen zur Bestimmung geeigneter Lösungsmittel durchgeführt worden. Als Laugungsmedien kommen bspw. Salpetersäure (HNO_3), Oxalsäure ($C_2O_4H_2$), Salzsäure (HCl), Hydroxylaminhydrochlorid ($NH_2OH \cdot HCl$), schweflige Säure (H_2SO_3) oder Schwefelsäure (H_2SO_4) zum Einsatz, teilweise auch unter Zugabe von Wasserstoffperoxid (H_2O_2). Die Untersuchungen haben ergeben, dass Mischungen aus Schwefelsäure und Wasserstoffperoxid sowie Salzsäure oder Salpetersäure die besten Laugungsergebnisse liefern. (Sohn et al. 2006; Zhang et al. 1998)

Nach der Laugung findet eine Filtration zur Abtrennung der unlöslichen Bestandteile statt. Der Filterrückstand enthält alle metallischen Batteriekomponenten, die während der Laugung nicht aufgelöst werden, und soll entweder direkt weiterverkauft oder vorher noch einem Pyrolyseschritt zur Entfernung von Kohlenstoff und organischen Komponenten unterzogen werden. Es besteht somit kein Unterschied zu der Verfahrensweise, bei der bereits vor der Laugung eine Materialtrennung stattfindet. (Castillo et al. 2002; Contestabile et al. 2001)

Für die Lauge sind zwei verschiedene Weiterbehandlungsverfahren untersucht worden. Der erste Verfahrensvorschlag sieht eine direkte Zugabe eines Fällungsreagenz zur Ausfällung einer Kobaltverbindung vor, bspw. Natronlauge (NaOH) zum Ausfällen von Kobalthydroxid ($Co(OH)_2$). Dieses wird abfiltriert, bevor ein zweites Fällungsmittel, bspw. Natriumkarbonat (Na_2CO_3), zum Ausfällen einer Lithiumverbindung, zumeist Lithiumkarbonat (Li_2CO_3), zugegeben wird. (Castillo et al. 2002; Contestabile et al. 2001; Zhang et al. 1998; Afonso 2006; Hurtado 2005; Sohn 2003)

Der zweite Verfahrensvorschlag zielt auf die metallische Gewinnung von Kobalt und evtl. enthaltenem Nickel durch eine Gewinnungselektrolyse ab. Um in der Elektrolyse störende Begleitelemente aus der Hauptlösung zu entfernen, wird eine Solvent-Extraktion durchgeführt. Dazu werden gängige Solvent-Extraktionsmittel wie Cyanex 272 (Bis-2,4,4-Trimethylpentyl-Phosphinsäure), D2EHPA (Bis-2-Ethylhexyl-Phosphorsäure) oder PC-88A (2-Ethylhexyl-Phosphorsäure-Mono-2-Ethylhexyl-Ester) eingesetzt. (Nan et al. 2006; Zhang et al. 1998; Dorella und Mansur 2007; Lupi und Pasquali 2003; Lupi et al. 2005; Rosenberg 2004; Ellar und Liwat 1987) Auf diese Weise verbleibt das Lithium in der Hauptlösung und kann später als Lithiumverbindung ausgefällt werden. Wenn der Kupfergehalt und/oder der Nickelgehalt hoch sind, wird vor der Kobalt-Solvent-Extraktion noch eine Kupfer- bzw. Nickel-Solvent-Extraktion durchgeführt.

Besonders interessante Recyclingüberlegungen finden sich in Untersuchungen zur direkten Herstellung von neuen aktiven Kathodenmaterialien aus Lithium-Ionen-Batterieschrott. Durch Laugen der Elektrodenmaterialien wird eine Ausgangslösung erstellt, die je nach aktivem Kathodenmaterial Lithium, Kobalt, Nickel und Mangan enthält. Dafür wird das Elektrodenmaterial wie in den bereits beschriebenen Verfahren durch kombinierte mechanische Aufbereitungs- und Pyrolyseschritte separiert. Der Ausgangslösung wird dann zur gezielten Einstellung des Stoffmengenverhältnisses von Lithium zu Kobalt eine Lithiumnitrat-Lösung ($LiNO_3$) zugegeben. Aus der so hergestellten Prekursor-Lösung wird anschließend durch Zugabe von Zitronensäure eine gelartige Substanz erzeugt, die bspw. zur Herstellung von $LiCoO_2$ bei einer Temperatur von 950 °C über 24 Stunden kalziniert wird (vgl. Lee und Rhee 2007; Li et al. 2007).

Eine weitere Möglichkeit stellt die Trennung der gesamten Kathoden, bestehend aus $LiCoO_2$, Binder- und Kohlenstoffkomponenten sowie Aluminiumfolie, von den Lithium-Ionen-Altbatterien dar. Die kompletten Kathoden werden anschließend unter Verwendung einer fünfmolaren Lithiumhydroxidlösung (LiOH) als Laugungsmittel in einem Autoklaven separat gelaugt. Das Verfahren basiert auf einem einzigen Lösungs- und Fällungsschritt. Durch gezielte Einstellung der Prozessparameter kann direkt nach der Laugung wieder neues Kathodenmaterial ausgefällt werden, das neben $LiCoO_2$ bis zu 13,7 Mass.-% an Verunreinigungen enthält. Jedoch soll es sich bei diesen Verunreinigungen hauptsächlich um Binder- und Kohlenstoffkomponenten handeln, die dem $LiCoO_2$ vor dem Aufbringen auf die Aluminiumfolie ohnehin wieder beigefügt werden müssen. Der Prozess wird bei einer Temperatur von 200 °C über einen Zeitraum von 20 Stunden durchgeführt (vgl. Kim et al. 2003).

Alle Untersuchungen zur direkten Herstellung von Elektrodenmaterialien aus Lithium-Ionen-Batterieschrott liefern aktive Kathodenmaterialien mit brauchbaren elektrochemischen Eigenschaften für den erneuten Einsatz in Batterien. Es sind aber nicht die gleichen guten Eigenschaften von herkömmlichen kommerziellen Kathodenmaterialien erreicht worden. Zudem fokussieren die Untersuchungen nur auf die Wiedergewinnung der Kathodenmaterialien, d. h., alle anderen Batteriekomponenten bleiben unberücksichtigt.

5.7.4 Stand der Technik industrieller Recyclingverfahren

Industrielle Recyclingverfahren für lithiumhaltige Batterien sind in erster Linie in Nordamerika, Europa und Japan anzutreffen, wo vom Gesetzgeber vorgeschriebene bzw. organisierte Rücknahme- und Entsorgungssysteme bestehen, welche die notwendige Grundlage für ein umweltgerechtes Batterierecycling darstellen. Das Fehlen dieser organisierten Systeme führt bspw. in China und Indien zu einer speziellen Form des Batterierecyclings. Dort werden Altbatterien von der ärmeren Bevölkerung in Hinterhöfen manuell aufgebrochen und in einzelne Materialfraktionen separiert (s. Abb. 5.44).

Die Materialfraktionen werden an Metallschrotthändler weiterverkauft oder z. T. sogar in selbst konstruierten kleinen Schmelzaggregaten eingeschmolzen, da die umgeschmolzenen Metalle höhere Erlöse erzielen. Diese Form des Batterierecyclings ist nicht nur aus

Abb. 5.44 Beispiel für händisches Batterierecycling in China (*links*) und Indien (*rechts*). (Quelle: BAN 2009, Süddeutsche Zeitung 2007)

umwelttechnischer Sicht problematisch, sondern auch in hohem Maß gesundheitsgefährdend für die Menschen sowie ressourceninffizient.

Im Folgenden werden Prozessbeispiele für industrielle Lithium-Ionen-Batterierecyclingverfahren der Unternehmen Batrec, Toxco, Inmetco, Xstrata (ehemals Falconbridge) und Umicore als typische Vertreter ihrer Verfahrenskategorien beschrieben. Neben diesen Prozessbeispielen gibt es eine Reihe weiterer Unternehmen, die sich mit dem Recycling von Lithium-Ionen-Batterien befassen. Dies sind u. a. Recupyl (Frankreich), S.N.A.M. (Frankreich), AEA Technology (Großbritannien), Metal-Tech (Israel), Sony-Sumitomo (Japan) und Onto Technology (USA) (vgl. Lain 2001; Lupi et al. 2005; Rosenberg 2004; Espinosa et al. 2004; Rentz et al. 2001; Rosenberg 2001; Recupyl S.A.S. 2009; European Commission 2009; Tedjar 2003, 2006, 2008; S.N.A.M. 2009; David 1999; Wiaux 2002; Sloop 2008; Onto Technology LLC 2009; Butler 2004). Alle Recyclingverfahren dieser Unternehmen lassen sich in die hier vorgestellten Verfahrenskategorien einordnen, weshalb auf deren detaillierte Prozessbeschreibung verzichtet wird.

5.7.4.1 Batrec-Prozess als Beispiel für mechanische Aufbereitung von Batterieschrott

Die zur Veolia-Gruppe gehörende Batrec Industrie AG in Wimmis (Schweiz) verarbeitet als einziges Batterierecyclingunternehmen in der Schweiz alle Arten von Primärbatterien, quecksilberhaltige Abfälle und Altkatalysatoren. Dementsprechend sind die Hauptrecyclingprodukte eine Ferromanganlegierung, Zinkmetall und Quecksilber. Des Weiteren verfügt Batrec über eine spezielle Anlage zur mechanischen Aufbereitung von Lithium-Ionen-Batterien unterschiedlichster Zellengrößen. Die Batterien werden über eine je nach Anforderung beheiz- oder kühlbare Förderschnecke in die Anlage eingetragen und dort zur Minimierung der Brand- und Explosionsgefahr unter CO_2-Atmosphäre aufgebrochen. Batrec bezeichnet dies als „Neutralisation" der Batterien. Der leicht flüchtige Elektrolyt verdampft währenddessen und wird als nicht weiterverwertbares Kondensat aufgefangen. Anschließend findet unter Luftatmosphäre eine Trennung der einzelnen Batteriekomponenten in zwei Metallfraktionen, eine Plastikfraktion und eine Feinfraktion statt, die das kobalt- und lithiumhaltige Elektrodenmaterial beinhaltet. Die einzelnen Metallfraktionen (Nichteisenmetalle und Nickel-Stahl) werden an Recyclingunternehmen der Metallindustrie abgegeben. Die Feinfraktion wird an die Kobalt- und Nickelhersteller Xstrata und Umicore verkauft. Die Plastikfraktion wird z. T. dem Pyrolyseprozess für Primärbatterien zugeführt und das Kondensat in der eigenen Abwasseraufbereitungsanlage weiterbehandelt. Den Aufbereitungsprozess sowie die dabei entstehenden Materialfraktionen zeigt Abb. 5.45. Zurzeit verarbeitet die Anlage ca. 300 t lithiumhaltige Batterien pro Jahr, wobei auch Lithium-Primärbatterien in geringeren Mengen dem Prozess zugeführt werden können (vgl. Krebs 2005; Espinosa et al. 2004; Rentz et al. 2001; Batrec Industrie AG 2009; Metallurgische Exkursion des IME 2008; Bau-, Verkehrs- und Energiedirektion des Kantons Bern 2003; Wissmann 2008; Krebs 2002, 2003, 2006).

Abb. 5.45 Mechanische Aufbereitung bei Batrec. (Quelle: Batrec Industrie AG 2009)

5.7.4.2 Toxco-Prozess als Beispiel für hydrometallurgisches Batterierecycling

In Nordamerika betreibt das zur Kinsbursky Brothers Inc. gehörende Unternehmen Toxco Inc., British Columbia, seit 1993 einen industriellen Recyclingprozess für Lithiumbatterien, der auf einer Tieftemperaturzerlegung basiert und ursprünglich für Lithium-Primärbatterien entwickelt worden ist.

Das Verfahren eignet sich für alle Typen von lithiumhaltigen Batterien, d. h. sowohl für alle unterschiedlichen chemischen Zellsysteme als auch für alle Batteriegrößen von klassischen Gerätebatterieformaten bis hin zu Spezialbatterien für militärische Anwendungen mit Gewichten von über 250 kg. Dabei werden laut Toxco Recyclingeffizienzen von bis zu 80 % realisiert. Zur Vermeidung von Unfällen werden ca. 90 % der Arbeitsschritte ferngesteuert durchgeführt.

Die angelieferten Lithiumbatterien werden zunächst nach System und Größe sortiert und anschließend in Betonbunkern bis zur Weiterverarbeitung sicher gelagert. Im Fall von

Lithium-Primärbatterien werden die Batterien zur Herabsetzung der Reaktionsfähigkeit des metallischen Lithiums und anderer Bestandteile in ein Bad mit flüssigem Argon ($T_b = -186\ °C$) oder Stickstoff ($T_b = -196\ °C$) eingetaucht, je nach Größe bis zu 24 Stunden. Das Aufbrechen der Batterien findet in einer Natriumhydroxid- oder Lithiumhydroxid-Lösung (NaOH bzw. LiOH) statt, um saure Komponenten zu neutralisieren und die Wasserstoffbildung zu minimieren. Je nach Größe werden bis zu zwei weitere Zerkleinerungs- und Reaktionsstufen durchgeführt, um eine vollständige Reaktion der reaktiven Bestandteile zu gewährleisten. Der bei der Reaktion entstehende Wasserstoff reagiert kontrolliert an der Badoberfläche mit aufschwimmendem Lithium. Im Fall von Lithium-Ionen-Batterien findet direkt nach dem Aufbrechen eine Materialtrennung statt, wobei eine Leichtfraktion („Li-Ion-Fluff"), ein Kupfer-Kobalt-Produkt sowie ein lithium- und kobalthaltiger Schlamm anfallen. Es ist anzunehmen, dass es sich bei dem Kupfer-Kobalt-Produkt um Kupfer-Elektrodenfolien mit anhaftendem Elektrodenmaterial handelt. Aus dem Schlamm wird das Lithium herausgelöst und die Lösung in die Aufarbeitungsroute für Lithium-Primärbatterien gegeben, wo später ein Lithiumkarbonat mit einer Reinheit von 90–97 % ausgefällt wird. Der verbleibende Filterkuchen („Cobalt Filter Cake") enthält das Kobalt und wird zur Gewinnung einer Kobaltverbindung mit einer Reinheit von 99 % getrennt weiterverarbeitet. Wie dies geschieht, ist nicht bekannt; es ist jedoch wahrscheinlich, dass es sich dabei ebenfalls um gezielte Lösungs- und Fällungsschritte handelt. Das gewonnene Lithiumkarbonat kann direkt an die Batterieindustrie verkauft werden, was dem Ziel eines Closed-Loop-Recyclings sehr nahe kommt. Beispielsweise produziert das Tochterunternehmen Lithchem International seit 1996 aus dem von Toxco wiedergewonnenen Lithiumkarbonat u. a. Salze und Elektrolyte zur Herstellung von Lithium-Ionen-Batterien. Im Prozessverlauf anfallende Metallfraktionen werden an Metallrecyclingunternehmen abgegeben (vgl. Miller und McLaughlin 2001; Espinosa et al. 2004; Rentz et al. 2001; Gavinet 1999; Coy 2001, 2006).

5.7.4.3 Inmetco-Prozess als Beispiel für pyrometallurgisches Batterierecycling

Das US-amerikanische Unternehmen Inmetco Inc. in Ellwood City (Pennsylvania) ist ein Tochterunternehmen von Vale Inco und hat sich hauptsächlich auf das Recycling von Reststoffen aus der Stahlproduktion (Krätzen, Walzzunder, Flugstäube usw.) zur Herstellung von Direct Reduced Iron (DRI) in einem Drehherdofen spezialisiert (Prozesstemperatur ca. 1350 °C). Daneben verarbeitet Inmetco auch nickel- und chromhaltige Reststoffe aus der Galvanikindustrie. Seit 1995 betreibt Inmetco eine Anlage zum Recycling von NiCd-Batterien. Heute werden neben NiCd-Batterien auch quecksilberfreie Zink-Kohle-Batterien sowie NiMH- und Lithium-Ionen-Batterien recycelt. Während das Recycling von NiCd-Batterien in einer speziellen Anlage stattfindet, werden Zink-Kohle-, NiMH- und Lithium-Ionen-Batterien dem DRI-Hauptrecyclingprozess an geeigneten Stellen zugeführt. Zink-Kohle- und NiMH-Batterien können zusammen mit den Reststoffen aus der Stahlproduktion direkt im Drehherdofen eingesetzt werden. Das entstandene DRI wird anschließend in einem Lichtbogenofen (LBO) zur Herstellung einer NiCoCrFe-Legierung

Abb. 5.46 Legierungsabstich aus dem LBO bei Inmetco. (Quelle: Inmetco Inc. 2009)

eingeschmolzen (s. Abb. 5.46). Das Kobalt stammt aus Lithium-Ionen-Batterieschrott, der in den LBO zuchargiert wird. Das Verfahren zielt somit nur auf die Wiedergewinnung der Kobalt- und Nickelinhalte aus den Lithium-Ionen-Batterien ab. Alle organischen, unedlen und leicht flüchtigen Bestandteile dienen entweder als Reduktionsmittel oder werden verschlackt bzw. über den Abgasstrom ausgetragen. Insofern stellt der Inmetco-Prozess kein speziell auf Lithium-Ionen-Batterien zugeschnittenes Recyclingverfahren dar (vgl. Espinosa et al. 2004; Rentz et al. 2001; Inmetco Inc. 2009; Hardies 2008; Thompson 2004).

5.7.4.4 Xstrata-Prozess als Beispiel für Batterierecycling durch Einbringen in Primärgewinnungsroute

Lithium-Ionen-Batterien können auch durch Einbringen in die Primärgewinnungsroute von Kobalt und Nickel recycelt werden. Da diese beiden Metalle zumeist im Erz vergesellschaftet sind, ist deren Gewinnung sehr eng miteinander verknüpft. Durch die Übernahme von Falconbridge Ltd. im Jahr 2006 verfolgt der Kobalt- und Nickelhersteller Xstrata Plc. seit 2001 das Prinzip, kobalt- und nickelhaltigen Batterieschrott sowie Produktionsschrotte von Elektrodenmaterialherstellern in die einzelnen Prozessstufen seiner Primärgewinnungsroute von Kobalt und Nickel einzubringen. Laut Xstrata besteht ein großer Vorteil dieser Recyclingmethode darin, dass die Chargierung von wertmetallhaltigem, aber schwefelfreiem Batterieschrott im Vergleich zum Erz eine Energieeinsparung mit sich bringt, da der Schwefelanteil im Abgas deutlich herabgesetzt wird. Dadurch kann die Abgasbehandlung minimiert werden. Ebenfalls gibt Xstrata eine Reduzierung des Energieverbrauchs um 75 % durch den Einsatz von kobalthaltigen Sekundärrohstoffen im Vergleich zum Erz an. Bis 2008 ist der Batterieschrott je nach Zusammensetzung in den Röster, in den Elektroofen oder in den

Peirce-Smith-Konverter chargiert worden. Durch das direkte Chargieren der kompletten Batterien ist jedoch ebenfalls eine große Feuchtemenge über den Elektrolyten in den Prozess eingebracht worden, was neben Energieverlusten zum Zusetzen bzw. Verkleben von Anlagenteilen geführt und folglich die Zuchargierung von Batterien massenmäßig begrenzt hat. Seit 2008 betreibt Xstrata daher einen Drehrohrofen-Prozess zur Vorbehandlung von kobalt- und nickelhaltigen Sekundärrohstoffen bei Temperaturen von 750–900 °C. Der trockene Materialaustrag aus dem Drehrohrofen wird anschließend zusammen mit den Primärrohstoffen aus dem Röster in den LBO chargiert. Entsprechend zielt diese Recyclingmethode in erster Linie auf die Kobalt- und Nickelinhalte der Batterien ab. Alle übrigen Materialinhalte werden entweder energetisch verwertet oder dienen als Reduktionsmittel und werden verschlackt bzw. über den Abgasstrom ausgetragen. Erzeugt wird eine kobalt- und nickelhaltige Steinphase, die im weiteren Prozessverlauf granuliert und einem Laugungsschritt sowie einer Solvent-Extraktion unterzogen wird. Mittels Gewinnungselektrolysen wird letztendlich reines Kobalt- bzw. Nickelmetall erzeugt. Die Gewinnung der Steinphase erfolgt in Kanada (Sudbury), während die Elektrolyse zur Metallgewinnung in Norwegen (Kristiansand) stattfindet. Bis 2008 hat das Unternehmen eine Recyclingeffizienz von mindestens 60 Mass.-% angegeben, jedoch unter Miteinberechnung der chemisch umgesetzten (teilweise verschlackten) und daher nicht wiedergewonnenen unedlen Elemente Eisen, Aluminium und Kohlenstoff. Das wird begründet durch die für den Prozess erforderlichen reduzierenden Eigenschaften dieser Elemente (vgl. Henrion 2004, 2008a, b; Tollinsky 2009). Laut der EU-Batteriedirektive gelten diese Anteile aber nicht als recycelt und sind somit irrelevant für die Berechnung der Recyclingeffizienz.

5.7.4.5 Umicore-Prozess als Beispiel für kombiniertes hydro- und pyrometallurgisches Batterierecycling

Umicore hat im September 2011 eine Pilotanlage zum Recycling von Lithium-Ionen-, Lithium-Polymer- und NiMH-Batterien in Hoboken, Belgien, eingeweiht. Diese Anlage ist für 7000 t Batterieschrotte ausgelegt.

In Hoboken werden ganze Zellen in einen pyrometallurgischen Ofen chargiert und eingeschmolzen. Dabei wird eine CoNiCuFe-Metalllegierung erzeugt. Lithium, Aluminium, der Elektrolyt, der Separator und der Grafit verbrennen bzw. werden teilweise als Reduktionsmittel genutzt, reichern sich in der Schlacke an oder verlassen den Prozess mit dem Abgas. Die gewonnene Schlacke kann als Baumaterial im Straßenbau veräußert werden. Die CoNiCuFe-Legierung wird granuliert und im Umicore-Werk in Olen, Belgien, hydrometallurgisch weiterverarbeitet. Das Granulat wird gelaugt. Die gewonnene NiCo-Lösung wird gereinigt, Co und Ni durch ein Solvent-Extraktionsverfahren getrennt und als hochreine Zwischenprodukte gewonnen. Das so gewonnene Kobaltoxid wird dann im Umicore-Werk in Cheonan, Südkorea, als Ausgangsmaterial zur Herstellung von neuem aktivem Kathodenmaterial ($LiCoO_2$) verwendet. Die nachfolgende Abb. 5.47 zeigt schematisch den Umicore-Recyclingprozess. Laut den Aussagen von Umicore kann so eine Recyclingeffizienz von 64,6 % erreicht werden (Umicore 2010).

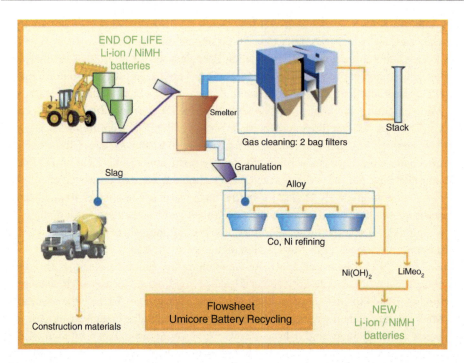

Abb. 5.47 Schematische Darstellung des Umicore-Recyclingprozesses. (Quelle: Umicore 2010)

5.7.4.6 IME-ACCUREC-Verfahren als Beispiel für eine Kombination aus mechanischer, hydro- und pyrometallurgischer Aufbereitung

Am IME – Institut für Metallurgische Prozesstechnik und Metallrecycling der RWTH Aachen University wurde im Rahmen eines BMBF-geförderten Verbundforschungsprojektes („Rückgewinnung der Rohstoffe aus Lithium-Ionen-Akkumulatoren"; Förderkennzeichen 01RW0404) ein alternatives Recyclingverfahren für Lithium-Ionen-Batterien entwickelt, das bereits erfolgreich im Technikums-Maßstab getestet wurde. Das Verfahren zielt darauf ab, sowohl die Metallgehalte weitestgehend in metallischer Form als auch die organischen Komponenten wiederzugewinnen. Dazu wurden verschiedene Aufbereitungstechniken sowie die Vorteile hydro- und pyrometallurgischer Prozessschritte kombiniert.

Im Unterschied zu den vorgestellten rein pyrometallurgischen Recyclingverfahren werden die Batterien vor dem Einschmelzen aufgebrochen, zerkleinert und die einzelnen Batteriekomponenten weitestgehend voneinander getrennt. Dies ermöglicht trotz der pyrometallurgischen Behandlung die Wiedergewinnung der unedlen und organischen Komponenten. Zudem soll das Verfahren eine Wiedergewinnungsmöglichkeit für Lithium bieten. Das zugehörige Prozessfließbild zeigt Abb. 5.48.

Die Hauptrecyclingprodukte sind eine im Elektrolichtbogenofen erschmolzene Kobalt-Mangan-Legierung sowie ein Lithium-Konzentrat (Lithium-angereicherter Flugstaub). Die Metalllegierung kann als Vorlegierung für Superlegierungen auf Kobaltbasis eingesetzt werden und ist somit direkt absetzbar. Aus dem Lithium-Konzentrat wird

5 Fahrzeugkonzeption für die Elektromobilität

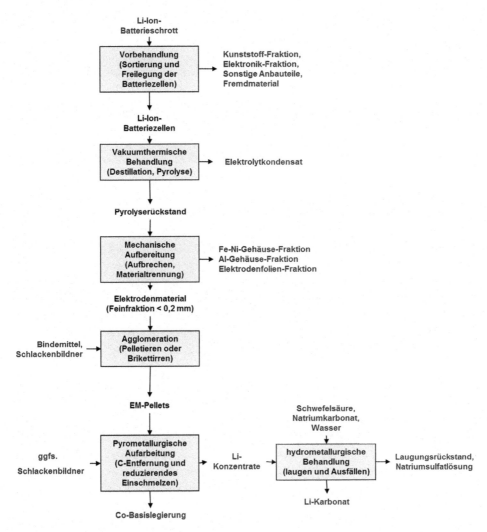

Abb. 5.48 Alternatives Recyclingverfahren für Lithium-Ionen-Batterien. (Quelle: Georgi-Maschler 2011)

mittels einer hydrometallurgischen Behandlung ein Lithium-Karbonat mit einer Reinheit größer 99 % gewonnen.

5.8 Remanufacturing als ergänzender Teil der Wertschöpfung

Im Rahmen des Remanufacturing wird die Aufbarbeitung eines gebrauchten Gerätes auf einen neuwertigen Qualitätsstandard forciert (Walther 2010). Es stellt ein besonders nachhaltiges Konzept zur Steigerung der Rohstoff-, Material- und Ressourceneffizienz dar.

Abb. 5.49 Verwertungsstufen in Anlehnung an (Kreislaufwirtschaftsgesetz vom 24 2012)

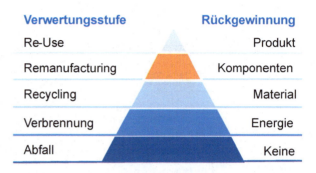

In der Abfallhierarchie (Abb. 5.49 links) steht das Remanufacturing auf der zweithöchsten Verwertungsstufe und gilt daher als besonders erstrebenswert. Insbesondere bei der Verwendung von knappen Ressourcen ist das Potenzial enorm. Neben ökologischen, sind somit auch strategische und ökonomische Interessen Treiber für das Remanufacturing (Benory et al. 2014).

Bei vielen Produkten wird Remanufacturing bereits heute umgesetzt, insbesondere bei investitionsintensiven Gütern wie Industriemaschinen und -werkzeugen, in der Luft- und Raumfahrt oder im Anlagenbau (Gray und Charter 2007). Im Gegensatz zu den Begriffen Refurbishing oder Retrofit, bei denen einzelne Komponenten ausgetauscht, aktualisiert oder instandgesetzt werden, wird beim Remanufacturing das komplette Produkt betrachtet (s. Abb. 5.50). Der klassische Remanufacturingprozess kann dabei generell in fünf Schritte gegliedert werden. Im ersten Schritt wird das gebrauchte Endprodukt demontiert und seine Bestandteile gereinigt. Die einzelnen Teile und Komponenten werden anschließend hinsichtlich möglicher Defekte und Schwachstellen inspiziert. Im dritten Schritt werden die Bauteile wiederaufbereitet und im Bedarfsfall durch neue ersetzt. Die neuwertigen Bauteile werden im vierten Schritt wieder in ein Endprodukt verbaut. Dabei ist sowohl die Wiederverwendung der Teile und Komponenten im ursprünglichen Endprodukt zur Verlängerung der Nutzungsdauer, als auch die Wiederverwendung in gänzlich anderen Endprodukten möglich. Abschließend erfolgt im fünften Schritt eine funktionsprüfung des Endproduktes.

Bislang findet in der Automobilindustrie, im Bezug auf das Gesamtfahrzeug nur Refurbishing auf Komponentenebene statt, d. h. das Fahrzeug wird unter Austausch oder Reparatur von Verschleißteilen wiederverwendet. Beispiele stellen Motoren, Anlasser und Lichtmaschinen, Kupplungen oder Kraftfahrzeug-Elektronik dar (Bullinger et al. 2009). Am Ende des Lebenszyklus findet zudem bei einzelnen Komponenten eine Wiederverwendung statt. Im Gegensatz zu den aufgeführten Komponenten ist das Remanufacturing von Lithium-Ionen-Batterien bislang noch nicht Stand der Technik. Als Grund ist hier unter anderem die fehlende Berücksichtigung der Demontierbarkeit bei der Konzeption von Traktionsbatterien zu nennen. Weitere Gründe können design-, umwelt- oder sicherheits-technische Aspekte darstellen. Demgegenüber stehen aber große Potenziale durch ein Remanufacturing von Lithium-Ionen-Batteriepacks. Diese liegen zum Beispiel in der Erschließung von neuen Geschäftsfeldern durch das Veräußern gebrauchter und wieder aufbereiteter Komponenten, einer nachhaltigen und emissionsarmen Produktion

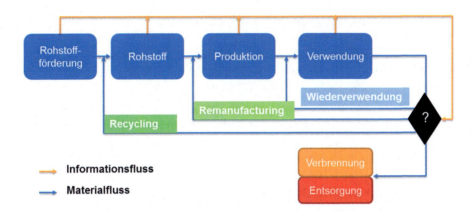

Abb. 5.50 Material- und Informationsfluss während des Lebenszyklus im Fahrzeugs (Ke et al. 2011)

mit einem verringertem Energie- und Ressourcenbedarf, in der Wiederverwendung oder in der Verlängerung der Nutzungsdauer durch den Austausch defekter Komponenten. Zudem lassen sich gezielt Marketingmaßnahmen aus dem Produktnutzungsverhalten durch eine geeignete Traceability ableiten und genauere Nachfrageprognosen für zukünftige Produkte generieren. Neben den aufgeführten Potenzialen, bietet das Remanufacturing dem Hersteller auch die Möglichkeiten, die gesetzlichen Anforderungen an Batterien zu erfüllen. Nach § 23 des Kreislaufwirtschaftsgesetztes (KrWG) sind Entwickler, Hersteller und Vertreiber von Erzeugnissen dazu verpflichtet, Produkte möglichst so zu gestalten, dass bei ihrer Herstellung und ihrem Gebrauch Abfälle vermindert werden. Darüber hinaus muss sichergestellt werden, dass nach ihrer Nutzungsphase entstandene Abfälle umweltverträglich verwertet oder beseitigt werden. Hierdurch müssen die Hersteller von Lithium-Ionen-Batterien dafür Sorge tragen, dass ihre Batterien eine möglichst hohe Lebenserwartung, eine mehrfache Verwendbarkeit und die Wiedergewinnung von Rohstoffen (Recycling) zulassen. Dabei kommt für Traktionsbatterien zusätzlich die Altfahrzeugverordnung zu tragen, die eine Wiederverwendung und Wiederverwertung von mind. 95 Gewichtsprozent bzw. eine Wiederverwendung und stoffliche Verwertung von mind. 85 Gewichtsprozent seit dem 01.01.2015 fordert. Darüber hinaus wird in § 5 des Batteriegesetztes (Gesetz über das Inverkehrbringen 2009b) die Rücknahmepflicht der Hersteller geregelt. Danach sind Hersteller dazu verpflichtet, die produzierten Batterien vom Vertreiber unentgeltlich zurückzunehmen und Wiederzuverwerten bzw. zu beseitigen. Neben den innerdeutschen Gesetzen müssen Hersteller verschiedene EU-Verordnungen zur stofflichen Verwertung und Recyclingeffizienz von Batterien einhalten (siehe u. a. (EU) Nr. 493/2012, Richtlinie 2006/66/EG). Neben den aufgeführten Vorteilen des Remanufacturings von Lithium-Ionen-Batterien für die Produzenten, weist dieses auch viele Vorteile für Kunden auf. Zum einen steigt die ökologische Wertigkeit des Produktes und zum anderen sind Kostensenkungspotenziale durch eine längere Nutzungsdauer oder durch die Wiederverwendung einzelner Komponenten realisierbar.

5.8.1 Konzeptansätze zum Remanufacturing von Lithium-Ionen-Batterien

Der theoretische Restwert von genutzten Batterien bei einer Restkapazität von 80 % liegt bei ca. 70–75 % des Neupreises. Insbesondere die Zellen aber auch die Peripherie wie Gehäuse, Kühlung und Batteriemanagementsystem besitzen einen hohen Restwert und bieten sich daher für entsprechende Remanufacturingkonzepte an (Kampker et al. 2016a).

Second-life-Konzepte und Anwednungen in z. B. stationären Energiespeichern berücksichtigen diese hohen Restwerte bereits, bedingen aber aufgrund von sehr unterschiedlichen Anforderungen und Betriebsbedingungen meist eine komplette Anpassung der entsprechenden Batteriearchitektur. Daher werden die Potenziale im Second-use in anwendungsfremden Applikationen wie als Hausspeicher sehr unterschiedlich wahrgenommen.

Typischerweise bietet der After-Sales Markt ein großes Potenzial für den Einsatz von Remanufacturing-Konzepten. Berücksichtigt man die sich sehr schnell verändernde Batterietechnologie steht die Ersatzteilversorgung vor neuen Herausforderungen. Insbesondere für zukünftige Youngtimer stellt sich die Frage, wie eine Nachserienversorgung von Batterieersatzteilen realisiert werden kann. Geeignete Remanufacturing-Lösungen können hier die Lücke zwischen Serienproduktion und Nachserienversorgung schließen und auch in Zukunft bei neuen Batterietechnologien die entsprechenden Erstazteile bereitstellen (Kampker et al. 2016a).

Darüber hinaus variiert die Lebensdauer der einzelnen Zellen im Batteriepack und die Gesamtkapazität des Packs kann so negativ beeinflusst werden. Austauschbare Zellen oder Module, welche durch ein remanufacturingfähiges Design ermöglicht werden, können so die Lebensdauer und Kapazität der Batteriepacks nachhaltig erhöhen und wirken so dem Reichweitenverlust durch Alterung entgegen. Noch weiter gedacht können durch bessere Zelltechnologien und geeignete modulare Schnittstellen Updates für die Batteriepacks ermöglicht werden. So könnte die mögliche Reichweite bei zu erwartenden Kapazitätssteigerungen sogar nachträglich erhöht werden. Schließlich wären auch modulare Reichweitenupdates bei sich ändernden persönlichen Reichweitenanforderungen durch die entsprechende Auslegung für ein Remanufacturing denkbar.

5.8.2 Herausforderungen des Remanufacutring in der Batterie

Für ein erfolgreiches Remanufacuring müssen verschiedene technische Fragestellungen gelöst werden. Bestehende Forschungsarbeiten definieren produktseitige Vorraussetzungen, die dieses Vorgehen ermöglichen. So führt Sundin (2004), als Befähiger für Remanufacturing, die Fertigbarkeit eines Produktes in einer Serienumgebung, den Aufbau des Produktes aus austauschbaren Komponenten oder das Ausbleiben von disruptiven Technologiewechseln an (Sundin 2004). Weiter zeigen Lage und Filho (2012) Herausforderungen in der Produktionsplanung und -steuerung auf, welche es im Rahmen des

Remanufacturings zu adressieren gilt. Diese zeigen sich beispielsweise in dem unsicheren Zeitpunkt und der unsicheren Menge der Rückläuferprodukte. Gelingt es nicht diesen Rückfluss mit der Nachfrage abzugleichen, kann es zu hohen Lagerbeständen kommen. Darüber hinaus muss eine eindeutige Rückverfolgbarkeit der Batteriebestandteile gewährleistet werden. Dies führt zu der Notwendigkeit eines ausgereiften Reverse-Logistik-Netzwerks, um eine etwaige Kollektions-Lücke zu schließen und die Rückverfolgbarkeit zu gewährleisten. Schließlich ergibt sich eine weitere Herausforderung in den variierenden Zuständen der rückfließenden Produkte, sodass angepasste Aufbereitungs- und Montageprozesse erforderlich werden (Lage und Filho 2012). Zudem muss das Produkt eine Integration neuer Komponenten und somit die Demontage ermöglicht werden. Für eine einfache Demontage sollten die entsprechenden Teile und Komponenten durch lösbare Verbindungen mit dem Gesamtsystem verbunden sein. Diese lösbaren Verbindungen müssen bereits im Konstruktionsprozess berücksichtigt und ohne Zerstörung der jeweiligen Komponenten gelöst werden können. Zu den lösbaren Verbindungen zählen unter anderem Schrauben, Stift- und Bolzenverbindungen und Clipse. Inbesondere bei Traktionsbatterien sind hierfür noch einige weitere Herausforderungen zu bewältigen, da diese aktuell nicht speziell auf eine Demontage ausgelegt werden. Beispielsweise sind die Packgehäuse nicht auf Demontageschritte ausgelegt oder die Zellkontaktierung im Modul erfolgt durch nicht lösbare Verbindungen. In Anbetracht des Preisverfalls von Lithium-Ionen-Batteriezellen ist eine wirtschaftliche Demontage der Komponenten entscheidend, um die wiederaufbereiteten Komponenten nicht teurer zu gestalten als neue. Hierdurch ergibt sich die zusätzliche Herausforderung den Demontagevorgang der Batterien weitestgehend zu automatisieren. Aufgrund der Vielzahl an unterschiedlichen Designs auf Pack-, Modul- und Zellebene wird eine automatische Demontage ein hohes Hindernis darstellen.

Voraussetzungen für das Remanufacturing ist also ein modularer Aufbau der Batteriepacks mit standardisierten Schnittstellen, die für die Integration von technologischen Weiterentwicklungen ausgelegt sind. Auch die Anbindung ans Fahrzeug muss modular und mit einheitlichen Schnittstellen gestaltet werden, um einen nachträglichen Austausch bei neuen Batterietechnologien zu ermöglichen. Um darüber hinaus bereits in der Produktion das Potenzial des Remanufacturing gänzlich auszuschöpfen, kann bei der Auslegung der Batterie bereits die Nutzungsdauer Berücksigung finden. So werden die jeweiligen Komponenten entsprechend auf eine definierte Lebensdauer ausgelegt, die über die normale Nutzungsdauer des Produkts erheblich hinausgeht, um so zu gewährleisten, dass zum einen das benötigte Qualitätsniveau erhalten bleibt und zum anderen der Aufbereitungsaufwand gering bleibt.

5.8.3 Potenziale von Remanufacturing für Batterien

Derzeit sind die Anschaffungskosten ein zentraler Grund für die noch geringe Verbreitung von Elektrofahrzeugen, insbesondere wenn vergleichbare Reichweiten, wie bei konventionell angetriebenen Fahrzeugen, erzielt werden sollen (Abb. 5.51).

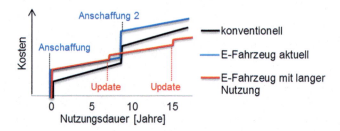

Abb. 5.51 Total Costs of Ownership für Remanufacutring (Kampker et al. 2016b)

Im Hinblick auf den Lebenszyklus eines Fahrzeugs werden die höheren Anschaffungskosten zumeist nicht durch die geringeren Betriebskosten kompensiert. Der Hauptverursacher der hohen Kosten von Elektrofahrzeugen ist die Traktionsbatterie. Eine längere Nutzungsdauer des Fahrzeugs (z. B. 16 Jahre) stellt also einen möglichen Lösungsansatz dar. Dem stehen u. a. die begrenzte Lebensdauer der Lithium-Ionen-Batterie gegenüber (Kampker et al. 2016b). Um die Lebensdauer einer Traktionsbatterie weiter zu erhöhen, kann ein kontinuierliches Update der Batterie, wie bei einer Software, ermöglicht werden, anstatt diese über den Lebenszyklus unverändert zu lassen. Da eine Traktionbatterie aber großteils aus „Hardware" besteht, wird in diesem Zusammenhang von einem Remanufacturing der Lithium-Ionen-Batterie gesprochen. Neben der Verlängerung der Lebensdauer von Traktionsbatterien, können auch wiederaufbereitete Komponenten am Ende der Nutzungsphase in neue Produkte übeführt werden. Hierdurch sind zum einen Kostensenkungspotenziale durch den Aufkauf der gebrauchten Batterie aber auch durch die vergünstigten Zukaufteile in der Fertigung von Traktionsbatterien denkbar. Somit kann aus ökonomischer Sicht das Remanufacturing die Wirtschaftlichkeit von Elektrofahrzeugen und damit deren Verbreitung erhöhen. Aber auch aus ökologischer Sicht ist das Remanufacturing besonders erstrebenswert. Durch eine verlängerte Nutzungsphase kann Abfall reduziert werden und durch die Wiederverwendung von Komponenten werden Ressourcen geschont (Kampker et al. 2016a).

Um die zahlreichen Potenziale von Remanufacturing für Lithium-Ionen-Batterien zu adressieren, wird eine entsprechende Auslegung und das passende Design der Batterien entscheidend. Dabei müssen Modularität, Schnittstellen und die Demontage entsprechend berücksichtigt werden. Außerdem muss für die Werker in der Demontage die Hochvoltsicherheit stets garantiert werden. Das Austauschen von Zellen oder Komponenten muss also ohne Gefahr möglich sein. Abziehbare Verbindungen und Verkabelungen können dabei gepaart mit modularen Schnittstellen die Grundlage für ein remanufacturingfähiges Batteriedesign bilden. Das Batteriemodulgehäuse könnte dabei die Rolle der Aufnahme mit modularen Schnittstellen in Form eines Stecksystems für die Zellen, anstelle von Verschweißung und Verklebung übernehmen. Um ein solches System jedoch automotive tauglich umzusetzen müssen Crashsicherheit, Isolierung, (Vibrations-)Stabilität und viele weitere Fragestellungen adressiert und weiter erforscht werden.

5.8.4 Zusammenfassung und Ausblick

Durch ein durchdachtes und abgestimmtes Design, welches standardisierte Schnittstellen und Modularität bietet, zusammen mit entsprechenden Geschäftsmodellen und automatisierten Demontageprozessen können die Potenziale eines Remanufacturing für Lithium-Ionen-Batterien, die sich nicht nur durch den Restwert der Batterie, sondern auch durch mögliche Updates ergeben, gezielt adressiert werden. Dafür ist jedoch weitere Forschung notwendig, um die gezeigten Herausforderungen zu überwinden. Schließlich können so neben Kostenpotenzialen auch ökologische Vorteile durch eine funktionierende Kreislaufwirtschaft generiert werden.

Literatur

Adam Opel AG (2012) Die Batterie des Opel Ampera. http://www.opel.de/fahrzeuge/modelle/personenwagen/ampera/highlights/technology.html. Zugegriffen am 10.07.2012

Afonso J C (2006) Recovery of valuable elements from spent Li-batteries. ICBR – International Congress for Battery Recycling, Interlaken, 28.–30.06.2006

Audi AG (2012) Bildmaterial Elektromobilität, Audi AG. https://www.audi-mediaservices.com/publish/ms/content/de/public.html. Zugegriffen am 16.02.2012

BAN – The Basel Action Network (2009). http://www.ban.org. Zugegriffen am 05.06.2009

Batrec Industrie AG (2009) Internetauftritt des Unternehmens. http://www.batrec.ch. Zugegriffen am 02.06.2009

BattV (1998) Verordnung über die Rücknahme und Entsorgung gebrauchter Batterien und Akkumulatoren (Batterieverordnung – BattV) vom 27.03.1998 (BGBl. I Nr. 20 vom 02.04.1998 S 658)

Bau-, Verkehrs- und Energiedirektion des Kantons Bern, GSA – Amt für Gewässerschutz und Abfallwirtschaft (Hrsg) (2009) Altbatterien gehören nicht in den Kehrrichtsack. Abfallsplitter, Abfall-Information Kanton Bern, Ausgabe 2, 2003. http://www.bve.be.ch. Zugegriffen am 02.06.2009

Baumgarten H, Risse J (2001) Logistikbasiertes Management des Produktentstehungsprozesses. In: Hossner R (Hrsg) Jahrbuch der Logistik 150–156. Verlagsgruppe Handelsblatt, Düsseldorf

Benory AM, Owen L, Folkerson M (2014) Triple win – the social economic and environmental case for remanufacturing. Hrsg.: All-Party Parliamentary Sustainable Resource Group & All-Party Parliamentary Manufacturing Group, London

Bille S et al (2011) (UINITY-Fokusgruppe Elektromobilität) Elektromobilität – Perspektiven und Chancen für Unternehmen. http://www.unity.de/de/veroeffentlichungen/opportunity.html

Brieter K (2011) Ein Japaner unter Strom. ADAC Motorwelt 2:46–54

Bullinger H-J, Spath D, Warnecke H-J, Westkämper E (Hrsg) (2009) Handbuch Unternehmensorganisation. Strategien, Planung, Umsetzung. (Reihe: VDI), 3., neu bearb. Aufl. Springer, Berlin

Bundesministerium für Umwelt, Naturschutz und Reaktorsicherheit (2001) Informationen zur Batterieverordnung vom 03.07.2001, Bonn. http://www.bmu.de. Zugegriffen am 12.05.2009

Bundesministerium für Verkehr, Bau und Stadtentwicklung.. Internationale Harmonisierung der technischen Vorschriften für Kraftfahrzeuge. http://www.bmvbs.de/SharedDocs/DE/Artikel/StB-LA/internationale-harmonisierung-der-technischen-vorschriften-fuer-kraftfahrzeuge.html?-view=renderDruckansicht&nn=58354

Butler D (2004) Li-ion battery recycling in the UK. ICBR – International Congress for Battery Recycling, Como, 02.–04.06.2004

Castillo S et al (2002) Advances in the recovering of spent lithium battery compounds. J Power Sources 112(1):247–254
Contestabile M et al (2001) A laboratory-scale lithium-ion battery recycling process. J Power Sources 92(1–2):65–69
Coy TR (2001) Lithium battery recycling, established and growing. ICBR – International Congress for Battery Recycling. Montreux, 02.–04.05.2001
Coy TR (2006) Recycling Ni, Co and Cd from batteries in the United States. ICBR – International Congress for Battery Recycling. Interlaken, 28.–30.06.2006
Czichos H, Hennecke M (2004) Hütte, das Ingenieurwissen. Springer, München
David J (1999) New recycling technologies of rechargeable batteries. International Battery Recycling Congress, Deauville, 27.–29.09.1999
Deinzer GH (2009) Die Karosserie birgt das größte Potenzial. Automobilwoche, Oktober 2009
DIN IEC 60664: Isolationskoordination für elektrische Betriebsmittel in Niederspannungsanlagen
Döhring-Nisar E et al (2001) Die Welt der Batterien – Funktion, Systeme, Entsorgung. GRS – Stiftung Gemeinsames Rücknahmesystem Batterien (Hrsg), Hamburg
Dorella G, Mansur MB (2007) A study of the separation of cobalt from spent Li-ion battery residues. J Power Sources 170(1):210–215
ECE-R 10: Einheitliche Bedingungen für die Genehmigung der Fahrzeuge hinsichtlich der elektromagnetischen Verträglichkeit
ECE-R 100: Einheitliche Bedingungen für die Genehmigung der batteriebetriebenen Elektrofahrzeuge hinsichtlich der besonderen Anforderungen an die Bauweise und die Betriebssicherheit 42-V-Bordnetz – 42 V on-board power supply http://www.itwissen.info/definition/lexikon/42-V-Bordnetz-42-V-on-board-power-supply.html
ECE-R 85: Messung der Motorleistung
Eckstein L, Schmitt F, Hartmann B (2010) Leichtbau von Elektrofahrzeugen. ATZ 11
EG (1991) EG-Richtlinie 91/157/EEC vom 18.03.1991: COUNCIL DIRECTIVE of 18 March 1991 on batteries and accumulators containing certain dangerous substances (91/157/EEC)
EG (1993) EG-Richtlinie 93/86/EEC vom 04.10.1993: COMMISSION DIRECTIVE 93/86/EEC of 4 October 1993 adapting to technical progress Council Directive 91/157/EEC on batteries and accumulators containing certain dangerous substances
EG (1998a) EG-Richtlinie 98/101/EC vom 22.12.1998: COMMISSION DIRECTIVE 98/101/EC of 22 December 1998 adapting to technical progress Council Directive 91/157/EEC on batteries and accumulators containing certain dangerous substances
EG (1998b) EG-Richtlinie 2008/12/EC vom 11.03.2008: DIRECTIVE 2008/12/EC OF THE EUROPEAN PARLIAMENT AND OF THE COUNCIL of 11 March 2008 amending Directive 2006/66/EC on batteries and accumulators and waste batteries and accumulators, as regards the implementing powers conferred on the Commission
EG (2006) EG-Richtlinie 2006/66/EC vom 06.09.2006: DIRECTIVE 2006/66/EC OF THE EUROPEAN PARLIAMENT AND OF THE COUNCIL of 6 September 2006 on batteries and accumulators and waste batteries and accumulators and repealing Directive 91/157/EEC
EG (2007a) Richtlinie 2007/46/EG des Europäischen Parlaments und des Rates vom 5. September 2007 zur Schaffung eines Rahmens für die Genehmigung von Kraftfahrzeugen und Kraftfahrzeuganhängern sowie von Systemen, Bauteilen und selbstständigen technischen Einheiten für diese Fahrzeuge
EG (2007b) Richtlinie 2007/46/EG des Europäischen Parlaments und des Rates vom 5. September 2007, Artikel 3 Abs. 3
EG (2008) EG-Richtlinie 2008/103/EC vom 19.11.2008: DIRECTIVE 2008/103/EC OF THE EUROPEAN PARLIAMENT AND OF THE COUNCIL of 19 November 2008 amending Directive 2006/66/EC on batteries and accumulators and waste batteries and accumulators as regards placing batteries and accumulators on the market

EG (2011) Verordnung (EU) Nr. 678/2011 der Kommission vom 14. Juli 2011 zur Ersetzung des Anhangs II und zur Änderung der Anhänge IV, IX und XI der Richtlinie 2007/46/EG

EG-Fahrzeuggenehmigungsverordnung (2011) EG-Fahrzeuggenehmigungsverordnung vom 3. Februar 2011 (BGBl. I S. 126), die durch Artikel 27 des Gesetzes vom 8. November 2011 (BGBl. I S. 2178) geändert worden ist

Ellar AM, Liwat CG (1987) Development of a new cobalt recovery process at the Surigao Nickel Refinery. Int J Miner Process 19(1–4):311–322

E-Mobility – Die Normung im Blick (2011) http://www.bsozd.com/?p=592666

Espinosa DC et al (2004) An overview on the current processes for the recycling of batteries. J Power Sources 135(1–2):311–331

European Commission (2009) Recycling of primary and secondary lithium batteries. Record Control Number 51959, Informationen zum VALIBAT-Projekt. http://ec.europa.eu/. Zugegriffen am 25.05.2009

Eversheim W (2006) 100 Jahre Produktionstechnik. Springer, Berlin

EWG (1970) Richtlinie des Rates vom 6. Februar 1970 zur Angleichung der Rechtsvorschriften der Mitgliedstaaten über die Betriebserlaubnis für Kraftfahrzeuge und Kraftfahrzeuganhänger (70/156/EWG)

Fahrzeugzulassungsverordnung (2011) Fahrzeug-Zulassungsverordnung vom 3. Februar 2011 (BGBl. I S. 139), die zuletzt durch Artikel 5 des Gesetzes vom 12. Juli 2011 (BGBl. I S. 1378) geändert worden ist

Fiebig A et al (2005) Subjektive Evaluierung hat Methode – Ein anwendungsbezogenes Design zur Beurteilung von Geräuschszenarien. DAGA, München

Fitzek, D (2004) Abschlussbericht des internationalen Benchmarking-Projekts „Anlaufmanagement für Automobilzulieferer". St. Gallen

Fitzek D (2006) Anlaufmanagement in Netzwerken: Grundlagen, Erfolgsfaktoren und Gestaltungsempfehlungen für die Automobilindustrie. Haupt, Bern

Frese E (1998) Grundlagen der Organisation: Konzept – Prinzipien – Strukturen. Gabler, Wiesbaden

Fricke J L (2009) Jahresbericht/Dokumentation 2008 – Erfolgskontrolle nach Batterieverordnung gemäß § 10 BattV. GRS – Stiftung Gemeinsames Rücknahmesystem Batterien (Hrsg), Hamburg

Future Steel Vehicle, World Auto Steel. http://www.worldautosteel.org/projects/future-steel-vehicle/. Zugegriffen am 10.07.2012

Gavinet C (1999) 6 Years experience in lithium battery recycling. International Battery Recycling Congress. Deauville, 27.–29.09.1999

GDV (2006) Sicherheitsrisiko von Leichtkraftfahrzeugen – Informationsgespräch der Unfallforschung der Versicherer am 6. Dezember 2006 in München. http://www.gdv.de/Presse/Archiv_der_Presseveranstaltungen/Presseveranstaltungen_2006/inhaltssite20060.html. Zugegriffen am 16.05.2007

Gentner A (1994) Entwurf eines Kennzahlensystems zur Effektivitäts- und Effizienzsteigerung von Entwicklungsprojekten. Dissertation, RWTH Aachen

Genuit K (2008) Interdisciplinary approaches for optimizing vehicle interior noise, 5. SNVH Kongress, Graz

Genuit K (Hrsg) (2010) Sound-Engineering im Automobilbereich. Methoden zur Messung und Auswertung von Geräuschen und Schwingungen. Springer, Heidelberg

Genuit K (2011) Warnsignale für leise Fahrzeuge – im Spannungsfeld zwischen Lärm (Emission) und Sicherheit. Automotive Acoustics Conference, 1. Internationale ATZ-Fachtagung, Juli 2011, Zürich

Genuit K, Fiebig A (2007) The influence of combined environmental stimuli on the evaluation of acoustical comfort: case studies carried out in an interactive simulation environment. Int J Veh Noise Vib 3(2):119–129

Genuit K, Fiebig A (2011) Fahrzeugakustik und Sound Design im Wandel der Zeit. ATZ 07–08:530–535

Genuit K et al (1997) Binaural „Hybrid" model for simulation of noise shares in the interior of vehicles. Inter-Noise 1997, Budapest

Genuit K et al (2006) New approach for the development of vehicle target sounds. Internoise 2006, Honolulu

Georgi-Maschler T (2011) Entwicklung eines Recyclingverfahrens für portable Li-Ion-Gerätebatterien. Dissertation, RWTH Aachen University, Shaker-Verlag

Gesetz über das Inverkehrbringen (2009a) die Rücknahme und die umweltverträgliche Entsorgung von Batterien und Akkumulatoren (Batteriegesetz – BattG) vom 25.06.2009 (BGBl. I Nr. 36 vom 30.06.2009 S 1582)

Gesetz über das Inverkehrbringen (2009b) die Rücknahme und die umweltverträgliche Entsorgung von Batterien und Akkumulatoren (Batteriegesetz – BattG) vom 25.06.2009, das zuletzt durch Art. 1 vom 20.11.2015 geändert worden ist

Gesetz zur Förderung der Kreislaufwirtschaft und Sicherung der umweltverträglichen Beseitigung von Abfällen. (Kreislaufwirtschafts- und Abfallgesetz – KrW-/AbfG) vom 27.09.1994 (BGBl. I S. 2705), zuletzt geändert durch Artikel 5 des Gesetzes vom 22.12.2008 (BGBl. I S 2986)

Goede M, Ferkel H, Stieg J, Dröder K (2005) Mischbauweisen Karosseriekonzepte – Innovationen durch bezahlbaren Leichtbau. 14. Aachener Kolloquium Fahrzeug- und Motorentechnik, Aachen

Göpfert J (1998) Modulare Produktentwicklung. Gabler, Wiesbaden

Göpfert J, Steinbrecher M (2000) Modulare Produktentwicklung leistet mehr. Harv Bus Manager 3:20–32

Grabner J, Nothhaft R (2006) Konstruieren von PKW-Karosserien. Springer, Berlin

Gray C, Charter M (2007) Remanufacturing and product design – designing for the 7th generation. The Centre for Sustainable Design, University College for the Creative Arts, Farnham

GRB Working Group on Quiet Road Transport Vehicles (UNECE) (2011) Proposal for guidelines on measures ensuring the audibility of hybrid and electric vehicles to be added to [R.E.3 and/or S.R.1]. Document GRB-53-09

Hahn D, Kaufmann L (2002) Handbuch Industrielles Beschaffungsmanagement. Gabler, Wiesbaden

Hardies AC (2008) High temperature metal recovery from spent batteries. EBR – Electronics & Battery Recycling. Toronto, 03.–06.06.2008

Hauck U. (o. J.) Standardisierung ist das Gebot der Stunde. http://www.e-auto-industrie.de/energie/articles/295685. Zugegriffen am 20.01.2012

Henrion P (2004) Battery recycling – a perspective from a nickel and cobalt producer. ICBR – International Congress for Battery Recycling. Como, 02.–04.06.2004

Henrion P (2008a) Recycling Li-ion batteries at Xstrata Nickel. EBR – Electronics & Battery Recycling, Toronto. 03.–06.06.2008

Henrion P (2008b) Recycling Li-ion batteries at Xstrata Nickel. ICBR – International Congress for Battery Recycling. Düsseldorf, 17.–19.09.2008

Heß G (2008) Supply-Strategien in Einkauf und Beschaffung. Springer, München

Hofheinz W (2010) Auf die Isolation kommt es an. http://www.e-auto-industrie.de/bordnetz/articles/295738. Zugegriffen am 20.02.2012

Hurtado MdRF (2005) Method of recovering lithium ion batteries LG cellphone. ICBR – International Congress for Battery Recycling; Barcelona/Sitges, 08.–10.06.2005

Hüttl RF, Pischetsrieder B, Spath D (2010) Elektromobilität – Potenziale und wissenschaftlich-technische Herausforderungen. Springer, Berlin

IEC 61508: Functional safety of electrical/electronic/programmable electronic safety-related systems

IEC 61980-1: Electric equipment for the supply of energy to electric road vehicles using an inductive coupling; General requirements

IEC 62196: Plugs, socket-outlets, vehicle couplers and vehicle inlets – Conductive charging of electric vehicles

IEC 62351: Data and communication security (Security for Smart Grid)

Inmetco Inc (2009) Internetauftritt des Unternehmens. http://www.inmetco.com. Zugegriffen am 17.07.2012

ISO (1977) 3833:1977 Road vehicles – types – terms and definitions. International Standards for Business, Government and Society

ISO 26262Road vehicles – functional safety

ISO 6469-3Electric propelled road vehicles – safety specifications; protection of persons against electric shock

ISO 6722Road vehicles – 60 V and 600 V single-core cables

ISO/IEC 15118Road vehicles – communication protocol between electric vehicle and grid

Jania T (2004) Änderungsmanagement auf Basis eines integrierten Prozess- und Produktdatenmodells mit dem Ziel einer durchgängigen Komplexitätsbewertung. Dissertation, Universität Paderborn

Kampker A (2014) Elektromobilproduktion. Springer, Berlin

Kampker A, Heimes H, Ordung M, Lienemann C, Hollah A, Sarovic N (2016a) Evaluation of a remanufacturing for lithium ion batteries from electric cars. 18th international conference on automotive and mechanical engineering, Sydney

Kampker A, Kreisköther K, Hollah A, Lienemann C (2016b) Electromobile remanufacturing – Nutzenpotenziale für batterieelektrische Fahrzeuge. 5th conference on future automotive technology (COFAT), Fürstenfeld

KBA (2009) Verzeichnis zur Systematisierung von Kraftfahrzeugen und ihren Anhängern. Stand April 2009, SV 1. Kraftfahrt-Bundesamt

Ke Q, Zhang H-C, Liu G, Li B (2011) Remanufacturing engineering – literature overview and future research needs. In: Hesselbach J, Hermann C (Hrsg) Glocalized solutions for sustainability in manufacturing. Proceedings of the 18th CIRP international conference on life cycle engineering, Technische Universität Braunschweig, Braunschweig. Springer, Berlin/Heidelberg, S 437–442

Kim D-S et al (2003) Simultaneous separation and renovation of lithium cobalt oxide from the cathode of spent lithium ion rechargeable batteries. J Power Sources 132(1–2):145–149

Kirst P (2006) Gelungener Start dank Anlaufmanagement: Der Erfolg von Serienneuanläufen wird nicht beim Automobilhersteller entschieden. DVZ 60/124:38

Korthauer R (2013) Handbuch Lithium-Ionen-Batterien. Springer, Berlin

Krebs A (2002) Batrec process for spent Li-batteries. ICBR – International Congress for Battery Recycling. Wien, 03.–05.07.2002

Krebs A (2003) Batrec news – Industrial recycling of spent lithium batteries. ICBR – International Congress for Battery Recycling. Lugano, 18.–20.06.2003

Krebs A (2005) About lithium batteries. ICBR – International Congress for Battery Recycling. Barcelona/Sitges, 08.–10.06.2005

Krebs A (2006) Latest developments at Batrec. ICBR – International Congress for Battery Recycling. Interlaken, 28.–30.06.2006

Kreislaufwirtschaftsgesetz vom 24 (2012) (BGBl. I S. 212), das zuletzt durch § 44 Absatz 4 des Gesetzes vom 22. Mai 2013 (BGBl. I S 1324) geändert worden ist

Krust M (2011) Daimler und Bosch wollen Produktion von E-Motoren 2012 starten. Automobilwoche. http://www.automobilwoche.de/article/20110412/REPOSITORY/110419992/1139. Zugegriffen am 06.06.2011

Kuhn A et al (2002) „fast ramp-up" – Schneller Produktionsanlauf von Serienprodukten. Verlag Praxiswissen, Dortmund

Lage M Jr, Filho MG (2012) Production planning and control for remanufacturing – literature review and analysis. Prod Plan Control 23:419–435

Lain MJ (2001) Recycling of lithium ion cells and batteries. J Power Sources 97–98:736–738

Laufenberg L (1996) Methodik zur integrierten Projektgestaltung für die situative Umsetzung des Simultaneous Engineering. Shaker, Aachen

Lee C-K, Rhee K-I (2007) Preparation of $LiCoO_2$ from spent lithium-ion batteries. J Power Sources 109(1):17–21

Li J et al (2007) Preparation of $LiNi1/3Co1/3Mn1/3O_2$ cathode materials from spent Li-ion batteries. Trans Nonferrous Met Soc Chin 17(5):897–901

Lindemann U, Reichwald R (1998) Integriertes Änderungsmanagement. Springer, Berlin

Lupi C, Pasquali M (2003) Electrolytic nickel recovery from lithium-ion batteries. Miner Eng 16(6):537–542

Lupi C et al (2005) Nickel and cobalt recycling from lithium-ion batteries by electrochemical process. Waste Manag 25(2):215–220

Matthies G et al (2010) Zum E-Auto gibt es keine Alternative. Bain & Company, München

McKinsey (2003) HAWK 2015 – Herausforderung Automobile Wertschöpfungs-Kette. Eine Studie von McKinsey & Company und dem VDA. Heinrich Druck + Medien GmbH, Frankfurt am Main

Metallurgische Exkursion des IME 2008, Information im Rahmen einer Unternehmensbesichtigung bei der Batrec Industrie AG. Wimmis, 19.09.2008

Michelin (2004) Michelin Active Wheel. http://www.michelin.com/corporate/EN/news/article?articleID=N13730. Zugegriffen am 10.07.2012

Miller DG, McLaughlin B (2001) Recycling the lithium battery. In: Pistoia G et al (Hrsg) Used battery collection and recycling. Elsevier Science, Amsterdam

Möller K (2002) Lebenszyklusorientierte Planung und Kalkulation des Serienanlaufs. Z Planung 13(4):431–457

Nan J et al (2006) Recovery of metal values from a mixture of spent lithium-ion batteries and nickel-metal hydride batteries. Hydrometallurgy 84(1–2):75–80

National Highway Traffic Safety Administration (NHTSA) (2009) Incidence of pedestrian and bicyclist crashes by hybrid electric passenger cars. Dot HS 811204: Technical Report, USA

Nationale Plattform für Elektromobilität (2010) AG 4 – Normung, Standardisierung und Zertifizierung: Vorschriften in den Bereichen Kraftfahrzeugtechnik und Gefahrguttransport. http://www.elektromobilitaet.din.de/sixcms_upload/media/3310/Bericht_Vorschriften_Gefahrguttransport.pdf. Zugegriffen am 02.02.2012

Nationale Plattform für Elektromobilität (2014) Die deutsche Normungsroadmap: Elektromobilität – Version 3. https://www.dke.de/de/std/aal/documents/nr%20elektromobilit%C3%A4t%20v3.pdf. Zugegriffen am 23.09.2016

Neuhausen J (2002) Gestaltung modularer Produktionssysteme für Unternehmen der Serienproduktion. Dissertation, RWTH Aachen

NN (2010a) An assessment of mass reduction opportunities for a 2017–2020 Model Year Vehicle Program. Studie Lotus Engineering Inc.

NN (2010b) Elektrofahrzeuge – Bedeutung, Stand der Technik, Handlungsbedarf. ETG VDE Taskforce Studie

NPE. (AG 4) Die Deutsche Normungs-Roadmap Elektromobilität – Version 3.0, Dezember 2014

Onto Technology LLC (2009) Internetauftritt des Unternehmens unter http://www.onto-technology.com. Zugegriffen am 05.06.2009

Parametric Technology GmbH (2012) Definition of an integral architecture for a virtual development – PLM Solution StreetScooter

Peters A, Hoffmann J (2011) Forschungsbericht Nutzerakzeptanz von Elektromobilität. Fraunhofer ISI. http://www.elektromobilitaet.fraunhofer.de/Images/FSEM_Ergebnisbericht_Fokusgruppen_2011_tcm243-92030.pdf. Zugegriffen am 12.01.2012

Pfohl HC, Gareis K (2000) Die Rolle der Logistik in der Anlaufphase. Z Betriebswirt 70(11):1189–1214

Pletschen B (2010) Akustikgestaltung in der Fahrzeugentwicklung. In: Genuit K (Hrsg) Sound-Engineering im Automobilbereich. Methoden zur Messung und Auswertung von Geräuschen und Schwingungen. Springer, Heidelberg

Rausch A, Broy M (2008) Das V-Modell XT – Grundlagen, Erfahrungen und Werkzeuge. Dpunkt. Verlag, Heidelberg

Recupyl S.A.S. (2009) http://www.recupyl.com. Zugegriffen am 05.06.2009

Rentz O et al (2001) Untersuchung von Batterieverwertungsverfahren und -anlagen hinsichtlich ökologischer und ökonomischer Relevanz unter besonderer Berücksichtigung des Cadmiumproblems. Umweltforschungsplan des Bundesministers für Umwelt, Naturschutz und Reaktorsicherheit, Forschungsprojekt 299 35 330, Deutsch-Französisches Institut für Umweltforschung, Universität Karlsruhe (TH)

Rosenberg A (2001) Battery recycling at METEK Metal Technology in Israel. ICBR – International Congress for Battery Recycling, Montreux, 02.–04.05.2001

Rosenberg A (2004) Multi batteries non sorted recycling technology through hydrometallurgy. ICBR – International Congress for Battery Recycling, Como, 02.–04.06.2004

RWTH Aachen (2009) Konzeptphase Projekt StreetScooter, erster Grobpackageentwurf

S.N.A.M. (2009) Internetauftritt des Unternehmens. http://www.snam.com. Zugegriffen am 05.06.2009

Sagawe T (2010) Sicherheit der Hochvolttechnik bei Elektro- und Hybridfahrzeugen. http://www.sachverstaendigentag21.de/downloads/6_Sagawe.pdf. Zugegriffen am 08.08.2011

Sandberg U et al (2010) Are vehicles driven in electric mode so quiet that they need acoustic warning signals. ICA 2010, Sydney

Sauer DU, Lunz B (2010) Technologie und Auslegung von Batteriesystemen für die Elektromobilität. Solar Mobility, Berlin

Sauler J, Kriso S (2009) Standardisierung: ISO 26262 – Die zukünftige Norm zur funktionalen Sicherheit von Straßenfahrzeugen. http://www.elektronikpraxis.vogel.de/themen/elektronikmanagement/projektqualitaetsmanagement/articles/242243/. Zugegriffen am 08.11.2011

Schäppi B et al (2005) Handbuch Produktentwicklung. Hanser, München

Schmidt G (1994) Organisatorische Grundbegriffe. Schmidt, Gießen

Schmitt F (2011) Leichtbau von Elektrofahrzeugen – eine wirtschaftliche Notwendigkeit. Innomateria, Köln

Schneider M, Lücke M (2002) Kooperations- und Referenzmodelle für den Anlauf: Schneller Produktionsanlauf von Serienprodukten. wt Werkstattstechnik online 92/10:514–518

Schönau H, Baumann M (2013) Normung für die Sicherheit und Performance von Lithium-Ionen-Batterien. In: Korthauer R (Hrsg) Handbuch Lithium-Ionen-Batterien. Springer, Berlin

Schönfelder M et al (2009) Elektromobilität – Eine Chance zur verbesserten Netzintegration Erneuerbarer Energien. uwf – UmweltWirtschaftsForum 17(4):373–380

Schuh G (2006) Produktionsplanung und Steuerung. Springer, Berlin

Schuh G et al (2005) Anlaufmanagement – Kosten senken, Anlaufzeit verkürzen, Qualität sichern. wt Werkstattstechnik online 95/5:405–409

Schuh G et al (2008) Anlaufmanagement in der Automobilindustrie erfolgreich umsetzen. Springer, Berlin

SEI (2015) Rapidly falling costs of battery packs for electric vehiclesand outlook on implications for stationary storage. http://content.lichtblick.de/sflibs/docs/default-source/news-%28pdf%29/2015/presentation-sei-rapidly-falling-costs-for-battery-packs.pdf?sfvrsn=0. Zugegriffen am 04.03.2017

Seidel M (2005) Methodische Produktplanung. Universitätsverlag, Karlsruhe

Sellerbeck P, Nettelbeck C (2010) Verbesserung des Geräusch- und Schwingungskomforts von Hybrid- und Elektrofahrzeugen. Aachener Akustik Kolloquium 2010, Aachen

Shin S-M et al (2005) Development of a metal recovery process from spent Li-ion battery wastes. Hydrometallurgy 797(3–4):172–181

Sloop SE (2008) Advanced battery recycling. ICBR – International Congress for Battery Recycling, Düsseldorf, 17.–19.09.2008

Sohn J-S (2003) Collection and recycling of spent batteries in Korea. ICBR – International Congress for Battery Recycling, Lugano, 18.–20.06.2003

Sohn J-S et al (2006) Hydrometallurgical approaches for selecting the effective recycle process of spent lithium ion battery. In: Kongoli F, Reddy R G (Hrsg), TMS (The Minerals, Metals & Materials Society) Sohn International Symposium, Advanced processing of metals and materials, Bd 6. New, improved and existing technologies: aqueous and electrochemical processing

Stölzle W, Kirst P (2006) Portfolios als risikoorientiertes Instrument zur Steigerung des erwarteten Wertbeitrags im Lieferantenmanagement. In: Jacquemin M, Pibernik R, Sucky E (Hrsg) Quantitative Methoden der Logistik und des SCM. Festschrift für Prof. Dr. Heinz Isermann. Deutscher Verkehrs-Verlag, Hamburg

Stölzle W, Hofmann E, Hofer F (2005) Supply Chain Costing: Konzeptionelle Grundlagen und ausgewählte Instrumente. In: Brecht U (Hrsg) Neue Entwicklungen im Rechnungswesen. Gabler, Wiesbaden

Straßenverkehrszulassungsordnung (2009) Straßenverkehrs-Zulassungs-Ordnung in der Fassung der Bekanntmachung vom 28. September 1988 (BGBl. I S. 1793), die zuletzt durch Artikel 3 der Verordnung vom 21. April 2009 (BGBl. I S. 872) geändert worden ist

Straube F (2004) e-Logistik – Ganzheitliches Logistikmanagement. Springer, Berlin

StVZO § 21aAnerkennung von Genehmigungen und Prüfzeichen auf Grund internationaler Vereinbarungen und von Rechtsakten der Europäischen Gemeinschaften

StVZO § 62Elektrische Einrichtungen von elektrisch angetriebenen Kraftfahrzeugen

Süddeutsche Zeitung (2007) Begehrter Rohstoff. 280:11, 05.12.2007

Sundin E (2004) Erik, product and process design for successful remanufacturing. Dissertation, Linköpings Universitet

Tedjar F (2003) Challenge for recycling new batteries and fuel cells. ICBR – International Congress for Battery Recycling, Lugano, 18.–20.06.2003

Tedjar F (2006) Recupyl process for recycling lithium ion battery. In: Kongoli F, Reddy R G (Hrsg), TMS (The Minerals, Metals & Materials Society) Sohn International Symposium; Advanced processing of metals and materials, Bd 5, New, improved and existing technologies: iron and steel and recycling and waste treatment

Tedjar F (2008) From portable batteries to hybrid vehicle and electrical vehicles batteries – extension of Recupyl process. ICBR – International Congress for Battery Recycling, Düsseldorf, 17.–19.09.2008

Tesla Motors (2013) https://www.teslamotors.com/sites/default/files/blog_attachments/gigafactory.pdf. Zugegriffen am 02.03.2017

Thomke S, Fujimoto T (2000) The effect of „Front-Loading" problem-solving on product development performance. J Prod Innov Manag 17:128–142

Thompson S (2004) Recycling HEV batteries in the US. ICBR – International Congress for Battery Recycling. Como, 02.–04.06.2004

Tollinsky N (2009) Xstrata boosts recycling capacity. Sudbury Mining Solut J 5/2:1 und 36. http://www.sudburyminingsolutions.com. Zugegriffen am 02.06.2009

Ulrich K, Eppinger SD (2000) Methodologies for Product Design and Development, 2. Aufl. McGraw-Hill, New York

Umicore: Artikel (2010) The Umicore process: recycling of Li-ion and NiMH batteries via a unique industrial Closed Loop. www.batteryrecycling.umicore.com. Zugegriffen am 31.08.2011

UNECE (2014) ECE Addendum 9: Regulation No. 10 Revision 5. https://www.unece.org/fileadmin/DAM/trans/main/wp29/wp29regs/updates/R010r5e.pdf. Zugegriffen am 05.05.2017

VDE (2012) VDE-Kompendium „Elektromobilität": Symposium Elektromobilität – Ausgewählte Vorträge. http://www.vde.com/de/Technik/e-mobility/Testing/Documents/VDE_Kompendium_Elektromobilitat.pdf. Zugegriffen am 28.04.2017

Verordnung (EU) Nr. 493/2012 der Kommission vom 11. Juni 2012 mit Durchführungsbestimmungen zur Berechnung der Recyclingeffizienzen von Recyclingverfahren für Altbatterien und Altakkumulatoren gemäß der Richtlinie 2006/66/EG des Europäischen Parlaments und des Rates Text von Bedeutung für den EWR

Verordnung über die Rücknahme und Entsorgung gebrauchter Batterien und Akkumulatoren (Batterieverordnung – BattV) vom 27.03.1998 (BGBl. I Nr. 20 vom 02.04.1998 S 658); neugefasst durch Bekanntmachung vom 02.07.2001 (BGBl. I S 1486), geändert durch Artikel 7 des Gesetzes vom 09.09.2001 (BGBl. I S 2331)

Wallentowitz H et al (2010) Strategien zur Elektrifizierung des Antriebsstrangs. Vieweg+Teubner, Wiesbaden

Walther G (2010) Nachhaltige Wertschöpfungsnetzwerke. Überbetriebliche Planung und Steuerung von Stoffströmen entlang des Produktlebenszyklus, 1. Aufl. Springer, Berlin

Wangenheim S (1998) Integrationsbedarf im Serienanlauf dargestellt am Beispiel der Automobilindustrie. In: Horváth P, Fleig G (Hrsg) Integrationsmanagement für neue Produkte. Schäffer-Poeschel, Stuttgart

Weber J (2009) Automotive development process – process for successful customer oriented vehicle development. Springer, Berlin

Wiaux J-P (2002) Lithium batteries in European countries – technology, market, collection and recycling. ICBR – International Congress for Battery Recycling, Wien, 03.–05.07.2002

Wiesinger G, Housein G (2002) Schneller Produktionsanlauf von Serienprodukten. Wettbewerbsvorteile durch ein anforderungsgerechtes Anlaufmanagement. wt Werkstattstechnik online 92/10:505–508

Wildemann H (2006) Anlaufmanagement: Leitfaden zur Verkürzung der Hochlaufzeit und Optimierung der An- und Auslaufphase von Produkten. TCW, München

Wissmann R (2008) Batterie-Recycling wird privatisiert. Der Bund S 19. Tageszeitung vom 19.09.2008, Espace Media, Bern

Witt C (2006) Interorganizational new product launch management: an empirical investigation of the automotive industry. Dissertation, Universität St. Gallen

World Health Organization (WHO), Europe (2011) Burden of disease from environmental noise. Quantification of healthy life years lost in Europe. WHO, Bonn

Zanner S et al (2002) Änderungsmanagement bei verteilten Standorten. Ind Manag 18(3):40–43

ZF Friedrichshafen AG (2001) Electric Twist Beam Axle. http://www.zf.com/corporate/de/press/press_releases/press_release.jsp?newsId=21852712. Zugegriffen am 16.02.2012

Zhang P et al (1998) Hydrometallurgical process for recovery of metal values from spent lithium-ion secondary batteries. Hydrometallurgy 47(2–3):259–271

Entwicklung von elektrofahrzeugspezifischen Systemen

6

Thilo Röth, Achim Kampker, Christoph Deutskens, Kai Kreisköther, Heiner Hans Heimes, Bastian Schittny, Sebastian Ivanescu, Max Kleine Büning, Christian Reinders, Saskia Wessel, Andreas Haunreiter, Uwe Reisgen, Regina Thiele, Kay Hameyer, Rik W. De Doncker, Uwe Sauer, Hauke van Hoek, Mareike Hübner, Martin Hennen, Thilo Stolze, Andreas Vetter, Jürgen Hagedorn, Dirk Müller, Kai Rewitz, Mark Wesseling und Björn Flieger

6.1 Fahrzeugstruktur

6.1.1 Body für Elektrofahrzeuge

Die Fahrzeugkarosserie bildet als größte funktionale und organisatorische Systemeinheit ein zentrales Kompetenzfeld der OEMs. Für den Fahrzeughersteller stellt der Karosserierohbau eine hohe Kernkompetenz sowohl in der Produktentwicklung als auch in der Produktion dar. Neue, innovative Karosseriebauweisen, bspw. aufgrund eines neuen Fahrzeugkonzeptes oder neuer Anforderungen, bedeuten für den OEM auch gleichzeitig die intensive Auseinandersetzung mit Kompetenzfokussierung bzw. Wertschöpfungsverlagerungen.

T. Röth
FH Aachen – University of Applied Sciences, Lehr- und Forschungsgebiet Karosserietechnik, Aachen, Deutschland
E-Mail: roeth@fh-aachen.de

A. Kampker (✉) · C. Deutskens · K. Kreisköther · M. Kleine Büning · C. Reinders · H.H. Heimes · S. Wessel · A. Haunreiter
Chair of Production Engineering of E-Mobility Components (PEM) der RWTH Aachen University, Aachen, Deutschland
E-Mail: a.kampker@pem.rwth-aachen.de; c.Deutskens@pem.rwth-aachen.de; k.kreiskoether@pem.rwth-aachen.de; m.kleine_buening@pem.rwth-aachen.de; c.reinders@pem.rwth-aachen.de; h.heimes@pem.rwth-aachen.de; s.Wessel@pem.rwth-aachen.we; a.Haunreiter@pem.rwth-aachen.ha

B. Schittny · S. Ivanescu
Werkzeugmaschinenlabor WZL der RWTH Aachen University, Aachen, Deutschland
E-Mail: b.schittny@wzl.rwth-aachen.de; s.ivanescu@wzl.rwth-aachen.de

© Springer-Verlag GmbH Deutschland, ein Teil von Springer Nature 2018
A. Kampker et al. (Hrsg.), *Elektromobilität*,
https://doi.org/10.1007/978-3-662-53137-2_6

Um das aktuelle Marktgeschehen bei Elektrofahrzeugen und damit verbundene Zukunftsszenarien zu beschreiben, wird in diesem Kapitel die Fahrzeugkarosserie in die Bereiche „Karosserietragstruktur", „Karosserieaußenhaut" und „Klappen" unterteilt. Die Karosserietragstruktur befindet sich in der Bodengruppe sowie im Fahrzeugaufbau und besteht aus Trägern, Knoten sowie Schubfeldern bzw. Schließstrukturen (s. Abb. 6.1). Die Karosserieaußenhaut, die sog. Class-A-Flächen, beschreibt die Oberfläche des Fahrzeugs. Die Verglasung, Grills, Blenden und Spiegel werden für die Beschreibung der strukturellen Fahrzeugkarosserie ausgenommen. Unter Fahrzeugklappen werden neben den Türen auch die Heckdeckel sowie die Motorhaube verstanden. Die Klappen beinhalten sowohl Tragstrukturen als auch Class-A-Flächen der Karosserieaußenhaut. Typiv (bspw. Beulsteifigkeiten) ausgelegt. Die eigentliche Tragstruktur übernimmt umfangreiche globale Anforderungen.

Im Gesamtfahrzeugkontext zeigt sich der konträre Stellenwert einer Fahrzeugkarosserie für die Entwicklung und Produktion von Elektrofahrzeugen. Bei konventionellen Fahrzeugen trägt die Fahrzeugkarosserie mit 35–45 % am Gesamtfahrzeuggewicht bei und ist somit eine der Hauptstellschrauben für den Fahrzeugleichtbau. Für ein neues Großserienfahrzeugmodell sind teilgebundene Investitionen zur Fertigung der einzelnen Karosserieblechpressteile mit mehr als 300 Mio. Euro nicht unüblich. Selbst neue Fahrzeugkarosserien mit hohen Übernahmeanteilen aus bereits existierenden Fahrzeugmodellen fordern Werkzeugin-

---

U. Reisgen · R. Thiele
Institut für Schweißtechnik und Fügetechnik (ISF) der RWTH Aachen University,
Aachen, Deutschland
E-Mail: office@isf.rwth-aachen.de; office@isf.rwth-aachen.de

K. Hameyer
Institut für Elektrische Maschinen der RWTH Aachen University, Aachen, Deutschland
E-Mail: post@iem.rwth-aachen.de

R.W. De Doncker · H. van Hoek · M. Hübner · M. Hennen · U. Sauer
ISEA – Institut für Stromrichtertechnik und Elektrische Antriebe der RWTH Aachen
University, Aachen, Deutschland
E-Mail: post@isea.rwth-aachen.de; hauke.vanhoek@isea.rwth-aachen.de;
mareike.huebner@isea.rwth-aachen.de; martin.hennen@isea.rwth-aachen.de;
post@isea.rwth-aachen.de

T. Stolze · A. Vetter
Infineon Technologies AG, Warstein, Deutschland
E-Mail: thilo.stolze@infineon.com; andreas.vetter@infineon.com

J. Hagedorn
Aumann GmbH, Espelkamp, Deutschland
E-Mail: juergen.hagedorn@aumann.com

D. Müller · K. Rewitz · M. Wesseling · B. Flieger
E.ON Energy Research Center (E.ON ERC) der RWTH Aachen University,
Aachen, Deutschland
E-Mail: dmueller@eonerc.rwth-aachen.de; krewitz@eonerc.rwth-aachen.de;
mwesseling@eonerc.rwth-aachen.de; bflieger@eonerc.rwth-aachen.de

Abb. 6.1 Fahrzeugkarosserie, bestehend aus Tragstruktur, Außenhaut und Klappen

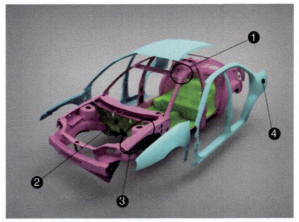

1 Knoten   2 Schließstrukturen   3 Träger   4 Außenhaut

vestitionen von mindestens 10 % einer kompletten Neuentwicklung (Quick und Büttner 2008). Selbst für klassische Kleinserienkarosserien (bis 10.000 Fz./Jahr) in entsprechender profillastiger Aluminiumbauweise fallen teilgebundene Investitionen in einer Höhe von 5–20 Mio. Euro an. Somit bildet für einen OEM die Karosserie eines neuen Fahrzeugmodells eine wesentliche Säule der Kapitalbindung.

Eine weitere Besonderheit in der Karosserierohbaufertigung ist der sehr hohe Automatisierungsgrad. Er liegt in der Großserie bei bis zu 98 %, selbst in der mittleren Serienfertigung (ab 10.000 Fz./Jahr) sind bis zu 70 % üblich. Bei der Entwicklung und Herstellung von Elektrofahrzeugen werden diese Rahmenbedingungen verstärkt hinterfragt und neue Karosseriebauweisen, -werkstoffe und -fertigungsverfahren für die Einzelteile als auch deren Fügeprozesse unter einem neuen Blickwinkel bewertet.

6.1.1.1 Eigenschaftsmanagement von Elektrofahrzeug-Karosserien

Die Fahrzeugkarosserie interagiert maßgeblich mit dem Fahrzeug- und Kundennutzungskonzept, dem Fahrzeugdesign sowie der Produktionsstrategie. In sehr hohem Maß wird in der Karosserieentwicklung Integrationskompetenz für die Innenausstattung, das Fahrwerk und die verschiedenen Antriebsstrangkonzepte gefordert. Grundsätzlich wird ein Karosseriekonzept auf der Basis eines komplexen geometrischen und mechanischen Anforderungsprofils entschieden. Damit reagiert das Karosseriekonzept mit seinen Funktionseigenschaften auf die Fahrzeughauptattribute (s. Abb. 6.2).

Für die Fahrzeugkarosserie eines Elektrofahrzeugs werden neue Bewertungsmaßstäbe insbesondere für folgende Fahrzeugeigenschaften gefordert:

- Passive Sicherheit
- Bedienung/Ergonomie
- Akustik und Vibrationen

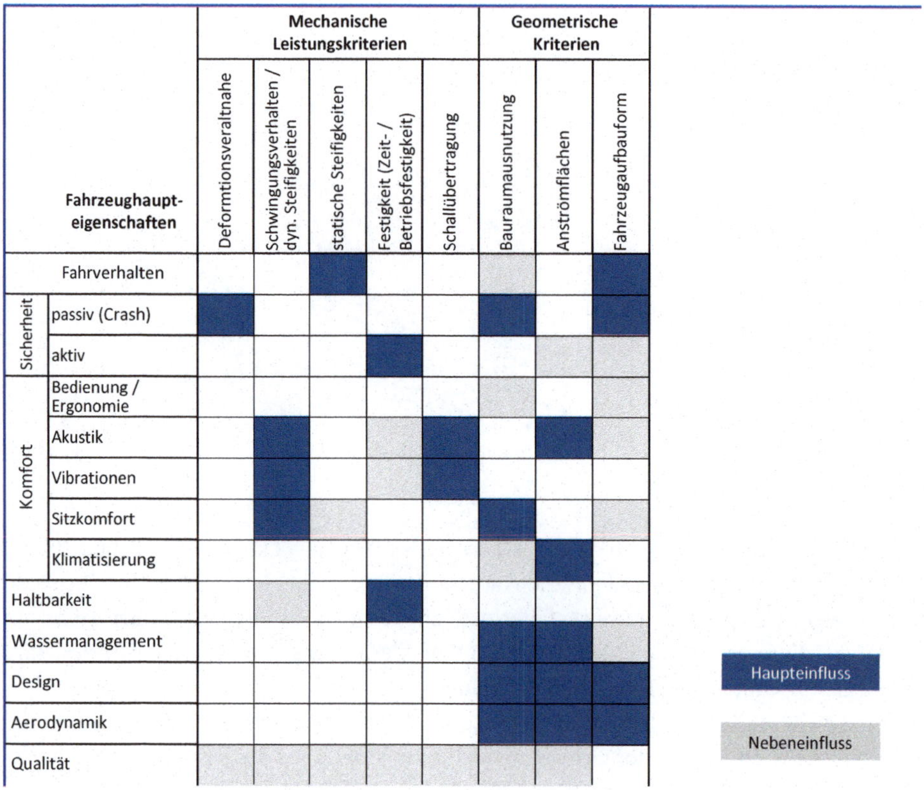

		Mechanische Leistungskriterien				Geometrische Kriterien		
Fahrzeughaupteigenschaften		Deformtionsverhalten	Schwingungsverhalten / dyn. Steifigkeiten	statische Steifigkeiten	Festigkeit (Zeit-/Betriebsfestigkeit)	Schallübertragung	Bauraumausnutzung	Anströmflächen	Fahrzeugaufbauform
Sicherheit	Fahrverhalten			■			▨		▨
Sicherheit	passiv (Crash)	■				▨	■		■
Sicherheit	aktiv				■				▨
Komfort	Bedienung / Ergonomie						▨		
Komfort	Akustik		■			■		▨	
Komfort	Vibrationen		■						
Komfort	Sitzkomfort						■		
Komfort	Klimatisierung						▨		
Haltbarkeit			▨		■				
Wassermanagement							■		■
Design							▨	▨	■
Aerodynamik							▨	■	■
Qualität			▨						▨

Legende: ■ Haupteinfluss, ▨ Nebeneinfluss

Abb. 6.2 Eigenschafts-Interaktionsmatrix für die Fahrzeugkarosserie

- Klimatisierung
- Design
- Gewicht und Kosten

Die korrespondierenden, mechanischen und geometrischen Leistungskriterien der Karosserie stehen somit im Fokus bei der Entwicklung eines neuen Elektrofahrzeugs. Insbesondere bei Purpose-Design-Elektrofahrzeugen werden durch neue mechanische Packagekonzepte für den Antrieb und die Energiespeichersysteme neue Karosseriestrukturkonzepte am Markt erkennbar.

Ein wichtiger Aspekt für die Umsetzung einer Elektrofahrzeug-Karosserie ist die Abbildung des kundenseitigen Fahrzeugnutzungskonzeptes, d. h. der Fahrzeugklasse sowie der Fahrzeuggröße. In den nächsten Jahren werden Elektrofahrzeuge zum größten Teil in der Klasse der Klein- und Kleinstwagen sowie in der Sportwagenklasse erwartet.

6 Entwicklung von elektrofahrzeugspezifischen Systemen

Entsprechend lassen sich anforderungsbezogene Elektrofahrzeug-Karosserien in die beiden Hauptdisziplinen „Hochleistungskarosserien für Freizeitsportgeräte" und „wirtschaftliche Leichtbaukarosserien für Stadtfahrzeuge" unterteilen.

6.1.1.2 Elektrofahrzeug-Karosserien – Evolution aus dem modernen Fahrzeugbau

Die Auseinandersetzung mit der richtigen Karosseriebauweise sowie dem entsprechenden Werkstoffkonzept für Elektrofahrzeuge erfolgt vorrangig im Kontext der Leichtbauforderungen, der Leistungserwartung sowie der geplanten Produktionslosgrößen (s. Abb. 6.3). Die derzeit noch schwer vorhersagbaren Absatzprognosen für Elektrofahrzeuge sowie die Bereitschaft, für Leichtbaumaßnahmen deutlich höhere Kosten als im klassischen Fahrzeugbau zu akzeptieren, sorgen für klare Trends bei der Fahrzeugkarosserie von Elektrofahrzeugen.

Fahrzeugkarosserien von Elektrofahrzeugen orientieren sich heute noch stark an den klassischen Karosseriebauweisen und -werkstoffen (s. Abb. 6.4). So wird bspw. beim Conversion-Design-Elektrofahrzeug noch vorrangig auf die selbsttragende Karosserie in Stahlblech zurückgegriffen. Bei Purpose-Fahrzeugen für die Kleinst- und Kleinserie sowie für die kleine, mittlere Serienfertigung von Elektrofahrzeugen dominieren Aluminiumprofilbauweisen sowie Monocoque-Bauweisen. Stahlbauweisen, insbesondere profillastig, sind besonders interessant bei Elektrofahrzeugkonzepten, bei denen niedrige Anschaffungskosten mit einer „mittleren Serienfertigung" oder Großserienfertigung im Vordergrund stehen.

Bezeichnung		[Fzg./Jahr]		Elektrofahrzeug-Varianten	
		Min.	Max.	Jahr 2020	Jahr 2030
Einzelfertigung (Manufaktur)		1	5		
Kleinstserie (Manufaktur)		5	50		
Kleinserie	klein	50	200		
	mittel	200	500		
	groß	500	1.000		
mittlere Serienfertigung	klein	1.000	10.000		
	mittel	10.000	30.000		
	groß	30.000	50.000		
Großserienfertigung	klein	50.000	100.000		
	mittel	100.000	300.000		
	groß	300.000	offen		

Abb. 6.3 Definition verschiedener Produktionslosgrößen in Abhängigkeit von den Elektrofahrzeug-Varianten

Bauweise	Werkstoff	Beispiel	Invest.-Kosten	Stückkosten	Gewicht	Produktionslosgröße	Großserienabsicherung
Monobauweisen							
Monocoque	CFK / GFK	Formel 1 / Motorsport, KTM X-BOW					o
Monocoque	Alu	Lotus, Wiesmann, Tesler					+
Rohrrahmen	Stahl	DTM / Motorsport					o
Rohrrahmen	Alu	Rolls Royce Phatom Space					+ +
Space Frame	Alu	Audi A8, Audi R8, Jaguar XK					+ +
Selbsttragend	Alu	Hond NSX, Jaguar XJ					+ +
Selbsttragend	Stahl	VW Golf					+ +
Mischbauweisen							
CFK-Schalenbauweise oder Monocoque / Space Frame	CFK / Alu	Porsche Carrera GT, McLaren MP4-12C, Lamborghini Aventador; BMW i3 & i8					+ +
Spaceframe / Selbsttragend	Alu / Stahl	Audi TT 8J (seit 2006) / BMW 5er E59					+ +
FlexBody-Rahmenbauweise	Alu / Stahl / GFK / CFK	Technologieträger, EC2Go*, Protosar Lampo3b* (*Konzeptstudien)					+ +

Abb. 6.4 Karosseriebauweisen und Werkstoffkonzepte in Abhängigkeit von Produktionslosgrößen, Kosten- und Gewichtsanforderungen als qualitative Aussage

6.1.1.3 Karosserien von Conversion-Design-Elektrofahrzeugen

Bei einem Conversion-Design-Elektrofahrzeug wird eine bereits existierende Karosserierohbaustruktur verwendet. Lediglich für die notwendigen Adaptionsteile zur Integration des elektrischen Antriebs und des Energiespeichersystems werden aufwendigere Leichtbaumaßnahmen und alternative Werkstoffe eingesetzt. Besondere Modifikationen an der Karosserie eines solchen Fahrzeugs sind:

- Schaffung entsprechender Bauräume in der Fahrzeugbodengruppe für die Batteriespeichersysteme
- zusätzliche Karosserieverstärkungen zur Kompensation des erhöhten Fahrzeugleergewichts
- Abdichtung bei strukturellen Batteriegehäusen und Sicherstellung der Servicezugänglichkeit

Die wesentlichen Vorteile einer Übernahmekarosserie für ein Conversion-Design-Elektrofahrzeug liegen in der intensiven Nutzung der Gleichteile. Die investitionsintensive Neuanfertigung der Fahrzeugkarosserie wird vermieden. Abgesehen vom Antriebsstrang kann in den Bereichen Exterior, Ausstattung, Fahrwerk und Fahrzeugelektronik auf Teile und Varianten eines bestehenden Produktes zugegriffen werden. Der größte Teil des funktionalen Absicherungsprozesses (bspw. Crash, Fahrdynamik, Klappentests) wird eingespart. Bei diesem Prozess handelt es sich um eine bewährte Vorgehensweise, die seit vielen Jahrzehnten zur Darstellung von Sonderserien mit leistungsstarken Antrieben angewendet wird. Zusätzlich werden diese Fahrzeuge häufig durch optische Tuning-Kits im Exterior und in der Innenausstattung vom Massenprodukt differenziert.

Nachteilig ist bei Conversion-Design-Elektrofahrzeugen, dass die durch elektrische Antriebe gewonnenen Freiheitsgrade ungenutzt bleiben und die Individualität im Fahrzeugkonzept nicht an den Nutzer weitergegeben werden kann.

Durch die in den letzten Jahren eingesetzte, rasante Auseinandersetzung mit der Elektromobilität haben die Conversion-Design-Elektrofahrzeuge einen sehr hohen Stellenwert am Markt. Um zügig Elektrofahrzeuge anbieten zu können, werden von den OEMs oder Spezialanbietern existierende Fahrzeuge und deren Karosserien verwendet und ein Elektroantrieb integriert. Die Serienkarosserie bleibt in sehr großem Umfang erhalten.

6.1.1.4 Karosserien von Inline-Design-Elektrofahrzeugen

In der Zukunft werden Conversion-Design-Elektrofahrzeuge durch sog. Inline-Design-Elektrofahrzeuge ersetzt. Bei der Planung neuer Fahrzeugmodelle wird der rein elektrische Antriebsstrang als ein zusätzliches Derivat zu den konventionellen und hybriden Antrieben vorgesehen. Für alle Antriebsstränge kommt dieselbe oder eine leicht modifizierte Fahrzeugkarosserie zum Einsatz. Der OEM kann somit den maximalen Skaleneffekt im Karosseriebau nutzen und gegenüber dem reinen Conversion-Design-Elektrofahrzeug eingeschränkt spezifische Anforderungen bereits in der Serienentwicklung umsetzen. Da die Karosserie bei Inline-Design-Elektrofahrzeugen alle geplanten Antriebsstränge bedienen muss, wird auch hier die Packagefreiheit der elektrischen Antriebe nur eingeschränkt eingesetzt.

Das grundsätzliche Konzept eines Inline-Design-Elektrofahrzeugs verdeutlicht der Nissan LEAF, welcher auf derselben Produktionslinie mit dem Juke, Cube, Note, Sylphy und Tida gefertigt wird (vgl. Yasutsune und Yoshinori 2011). Auf der Basis einer umfassenden Gleichteilestrategie werden die Bodenlängsträger gegenüber der konventionellen Bodengruppe deutlich gekürzt und durch die Batteriegehäusestruktur ersetzt (s. Abb. 6.5). Diese Gehäusestruktur unterstützt maßgeblich die verschiedenen Crash-Lastfälle, erhöht

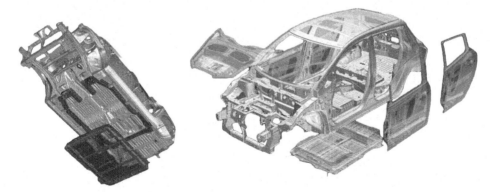

Abb. 6.5 Inline-Design-Elektrofahrzeug: Nissan LEAF – Karosseriebodengruppe und Klappen. (Quelle: Yasutsune und Yoshinori 2011)

die Biege- sowie Torsionssteifigkeit des Karosserierohbaus und integriert die hintere Fahrwerksanbindung mit entsprechender Steigerung der lokalen Steifigkeiten. Um den noch vorhandenen dynamischen Steifigkeitsverlust zusätzlich zu kompensieren, werden eine geänderte Motorrahmenstruktur und ein versteifender Heckklappen-Torsionsring eingesetzt. Durch die Inline-Design-Strategie konnten 50 % der Anfangsinvestitionen eingespart werden. Um dem Bestreben nach Leichtbau für den elektrisch angetriebenen Nissan LEAF gegenüber den anderen Fahrzeugderivaten gerecht zu werden, wird in den Klappen des LEAF ausschließlich Aluminium (ca. 10 % des Rohbaugesamtgewichts) sowie 2,5-mal so viel UHSS (Ultra High Strength Steel > 780 MPa) wie bei den anderen Derivaten eingesetzt.

Bei der Karosserie des Inline-Design-Elektrofahrzeugs i-MiEV von Mitsubishi kommt eine konventionelle Stahlkarosserie in selbsttragender Bauweise zum Einsatz (s. Abb. 6.6) (Likar 2011). Ergänzt wird diese durch 2 ausgeprägte Bodenlängsträger, die komplett vom Vorderwagen bis zum Heckwagen verlaufen. Ähnliche Karosserieformen sind bei SUVs als sog. „Body Integrated Frame" seit vielen Jahren bekannt. Durch die sich nach hinten öffnende Topologie des integrierten Leiterrahmens wird im Vorderwagen dem Platzbedarf der Radhüllkurven Rechnung getragen. Im mittleren Bodenbereich wird ausreichend Platz für das Batteriepack und ausreichender Deformationsraum für den Seiten-Crash geschaffen. Die mit Querträgern stabilisierte Rahmenstruktur schützt die Batterie. Im Heckwagen wird der elektrische Heckantrieb durch die Hauptlängsträger eingefasst und es werden die Anbindungspunkte für das Fahrwerk integriert. Diese eher konventionelle Karosseriebauweise setzt das Leichtbaupotenzial nur bedingt um und ist sehr an heutige Bauweisen von Großserienkarosserien angelehnt. Ursache ist die gleichzeitige Auslegung der Karosserie für einen konventionellen Antrieb, der ausschließlich für den asiatischen Markt eingesetzt wird.

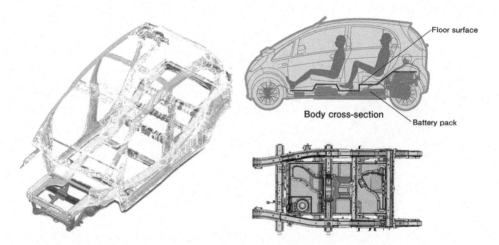

Abb. 6.6 Mitsubishi i-MiEV – Karosseriestruktur in selbsttragender Stahlblech-Schalenbauweise als „Body Integrated Frame". (Quelle: Likar 2011)

6.1.1.5 Karosseriestrukturkonzept in Abhängigkeit vom mechanischen Package

Das Batteriepack als Energiespeicher wird bei Elektrofahrzeugen typischerweise in der Bodengruppe verbaut. Das hohe Gewicht und Bauraumvolumen müssen durch die Karosseriebodenstruktur integriert werden. Je nach Fahrzeugkonzept und -größe sowie nach Größe des Batteriepacks haben sich verschiedene Layouts etabliert (s. Abb. 6.7). Durch das hohe Bauraumvolumen der Batterien wird je nach Fahrzeugtyp und Packagelayout die Bodentragstruktur unterschiedlich beeinflusst.

Bei urbanen Stadtfahrzeugen haben sich bspw. Batteriepacks direkt unter den vorderen Sitzen und auseinanderliegende Bodenlängsträger durchgesetzt. Bei Sportwagen werden der hohe Tunnel und die Bereiche hinter den Sitzen bzw. in der hinteren Bodengruppe als Nutzraum verwendet. Durch eine Packageanordnung der Batterie im hinteren Bereich des Fahrzeugs werden die Bodenlängsträger unterbrochen und entsprechende Versteifungsmaßnahmen durch die Batteriegehäusestruktur sind notwendig.

Am Beispiel des Batteriepacks wird das Potenzial erkennbar, das durch eine speziell auf ein Elektrofahrzeug entwickelte Karosserie entsteht.

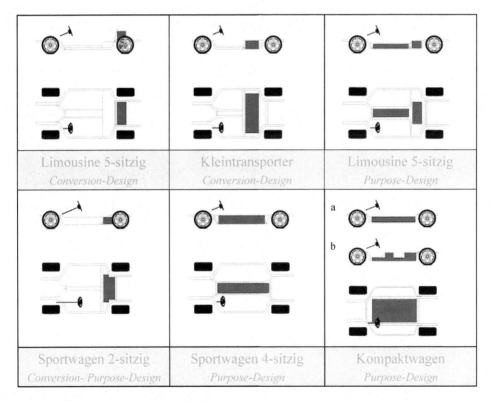

Abb. 6.7 Topologie der Karosseriebodengruppen in Abhängigkeit vom Batteriepack

6.1.1.6 Karosserien von Elektrofahrzeugen – Purpose-Design

Die neue Karosserie eines ausschließlich für den elektrischen Antrieb entwickelten Fahrzeugs kann im höchsten Maß an die individuellen Maßgaben des Elektrofahrzeugkonzeptes angepasst werden. Die Karosserie wird insbesondere in der Bodengruppe auf das mechanische Package des Elektroantriebs ausgelegt.

Eine Stahl-Karosseriebauweise kommt – gemäß L 7e homologiert – beim zweisitzigen Twizzy von Renault zum Einsatz (Le-Jaouen und Breat 2011). Die Skelettstruktur wird aus einfachen gebogenen Vierkant-Stahlprofilrohren und einfachen Faltblechen als Knotenverstärkungen gebildet (s. Abb. 6.8). Es werden ca. 800 manuelle Schweißnähte gesetzt. Die Batterie befindet sich in der Bodengruppe und wird durch zusätzliche 4 Querstreben im Falle eines Seitenaufpralls geschützt. Die 93,5 kg schwere Karosseriestruktur wird mit thermogeformten Kunststoffteilen beplankt. Das Karosseriekonzept lehnt sich verstärkt an Konstruktionen aus dem Motorradbau an und ist auf eine mittlere Serienfertigung (ca. 20.000 Stck./Jahr) ausgelegt. Verstärkte Leichtbaumaßnahmen kommen lediglich in der ca. 11 kg schweren Türkonstruktion zum Einsatz. Neben 13 einfachen Stahlblechteilen bildet eine faserverstärkte Kunststoffträgerstruktur aus PA66 die strukturelle Basis. Die Innen- und Außenbeplankung ist sowohl bei den Klappen als auch bei den restlichen Oberflächen mit thermogeformtem Kunststoff ausgeführt.

Ebenfalls auf Stahl-Leichtbau setzt der ca. 200 kg schwere Karosserierohbau des StreetScooters. Besonders kennzeichnend für diesen Karosserierohbau ist der Einsatz von Fertigungstechnologien, welcher eine hohe Produktionsskalierbarkeit sowohl von der Kleinstserie bis hin zu verschiedenen Losgrößen der mittleren Serienfertigung zulässt. Grundsätzlich versteht sich damit die StreetScooter-Karosserie als Fertigungsmischbauweise in

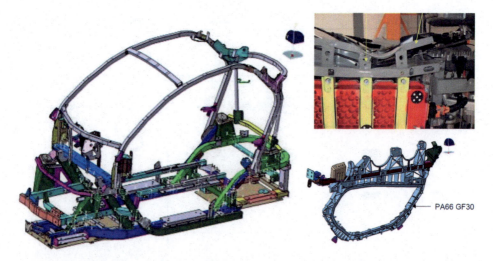

Abb. 6.8 Renault Twizzy – Stahlkarosserie aus Vierkant-Profilen, Bodenquerträger zum Schutz der Batterie im Seitencrash, Tür in Kunststoff-Stahl-Mischbauweise. (In Anlehnung an Le-Jaouen und Breat 2011)

6 Entwicklung von elektrofahrzeugspezifischen Systemen

Materialmonokultur. Durch den hohen Einsatz von sehr investitionsfreundlichen Rollprofilen, Kant- und Biegeteilen (s. Abb. 6.9) sowie wenigen Blechziehteilen in Kalt- als auch Warmumformung lässt sich der Rohbau grundsätzlich als eine Stahl-Space-Frame-Struktur charakterisieren. Für die Tiefziehteile kommen dabei losgrößenangepasste Werkzeuge zum Einsatz. Die verwendeten Fertigungsverfahren ermöglichen, trotz geringer Investitionskosten, die Verwendung von hochfesten und ultrahochfesten Stahlwerkstoffen. Die Verwendung der Längs- und Vertikalstrukturen in Profilbauweise erlauben ein hohes Maß an Variantenskalierbarkeit in Fahrzeuglänge und -höhe. Auf diesem Bauweisenkonzept können somit verschiedene Fahrzeugvarianten abgebildet werden.

Das Rohbaufügekonzept wird mit konventionellen Fügeverfahren, insbesondere dem Punktschweißen, umgesetzt. Je nach Losgröße kann somit auf bekannte Standards – vom manuellen Prozess mit einzelnen Schweißzangen bis hin zu hoch automatisierten Schweißzellen – zurückgegriffen werden. Die Karosseriebeplankungen sind als „Hang-On-Panel" in thermogeformtem Kunststoff konzipiert und tragen somit nicht zur Strukturleistung des Karosserierohbaus bei.

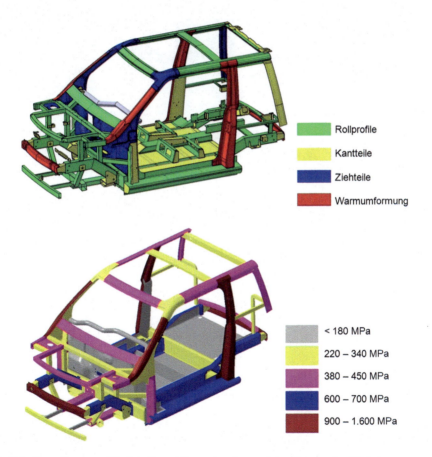

Abb. 6.9 StreetScooter – Werkstoff- und Bauweisenkonzept des Karosserierohbaus

Der THINK CITY (Mollestad 2010) setzt auf eine Fahrzeugkarosserie in Material- und Fertigungsmischbauweise. Die Produktionsplanzahl liegt bei ca. 1000 Fahrzeugen. Die Bodengruppe besteht aus Stahlblech, der Strukturaufbau aus Aluminiumprofilen und die Beplankungen aus Kunststoff (s. Abb. 6.10). Die ca. 128 kg schwere Bodenstruktur ist als Blech-Monocoque-Bauweise ausgeführt. Es werden vor allem Präge-Falt-Blechteile aus hochfestem Stahl eingesetzt. Die Investitionsausgaben für diese Werkzeuge sind im Vergleich zu klassischen Tiefziehwerkzeugen sehr gering. Bei der Aufbaustruktur mit einer Gesamtmasse von 26 kg kommt eine sog. Rohrrahmenstruktur aus höherfesten, stranggepressten sowie streckgebogenen Aluminiumprofilen der Werkstoffgüte 6060 zum Einsatz.

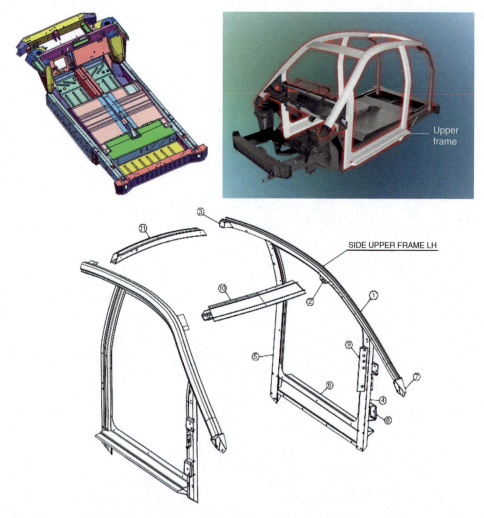

Abb. 6.10 THINK CITY – Karosserieaufbau in Material- und Fertigungsmischbauweise mit Stahlblech-Bodengruppe sowie Aluminium-Aufbaustruktur und Kunststoffbeplankung. (In Anlehnung an Mollestad 2010)

Die Außenbeplankung besteht komplett aus thermoplastischen Kunststoffen, die nach dem Fertigungsverfahren „Thermoformen" hergestellt werden. Dabei bestehen die Stoßfängerschalen aus Polypropylen (PP), die restliche Außenhaut zu 80 % aus ABS und zu 20 % aus ASA. Da die extrudierten Ausgangsplatten vollständig durchgefärbt sind, kann auf einen nachträglichen Lackierprozess verzichtet werden. Die matte Kunststoffaußenhaut bietet eine „moderne", unsensible Oberfläche.

Die Karosserie des urbanen, elektrisch angetriebenen Stadtfahrzeugs i3 von BMW setzt ebenfalls auf Fertigungs- und Materialmischbauweise. Trotz einer relativ hohen Planstückzahl für eine mittlere Serienfertigung wird ein großer Anteil der Fahrzeugkarosserie in kohlenstofffaserverstärkten Kunststoffen (CFK) umgesetzt. Lediglich in der Bodenstruktur (s. Abb. 6.11), die beim i3 Bestandteil des sog. „Drive-Moduls" ist, kommt ein Aluminium-Space-Frame zur Anwendung. Neben den stranggepressten Aluminiumprofilen und einfachen Blechteilen vervollständigen sehr große, integrative Druckgussteile die Bodenstruktur. Mit dem Verbau des Antriebsstrangs und des Fahrwerks wird das Drive-Modul komplettiert.

Für das Crash-Management ist zum Großen Teil der duktile Aluminiumwerkstoff des Drive-Moduls verantwortlich. Durch die horizontale Teilung zwischen der Bodengruppe und dem Fahrzeughut können unterschiedliche Bauweisen vorteilhaft realisiert werden. Beim Fahrzeughut (Life-Modul) werden nur noch 20 % der üblichen Bauteile miteinander verklebt. Hierbei handelt es sich um Carbon-Fasergelege-Bauteile nach dem RTM-Verfahren (Resin Transfer Moulding). Zusätzlich kommen Wabenstrukturen sowie Flechtprofile als Verstärkungsmaterial zum Einsatz. Das Life-Modul wird vollständig über Strukturklebung und mechanische Schraubverbindungen an das Drive-Modul gekoppelt. Die Außenbeplankungen des BMW i3 bestehen aus thermoplastischem Kunststoff. Die industrielle Umsetzung der CFK-Karosserie geht bei BMW mit dem Aufbau einer neuen, hoch automatisierten CFK-Fertigungsstätte einher.

Die verschiedenen Fahrzeugkarosserien aktueller Purpose-Design-Elektrofahrzeuge zeigen, dass in der Werkstoffwahl, den Fertigungstechniken und in den Bauweisen neue Wege im Karosseriebau beschritten werden. Dies gilt gleichermaßen für neue OEMs als auch für etablierte Fahrzeughersteller.

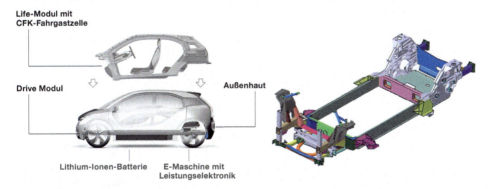

Abb. 6.11 BMW i3 – Bodengruppe aus Aluminium-Space-Frame sowie Karosseriehut in kohlenstofffaserverstärktem Kunststoff nach dem RTM-Verfahren. (Quelle: Ségaud 2011)

6.1.1.7 Karosseriebaukasten für Elektrofahrzeuge – ein Blick in die Zukunft

Aus heutiger Sicht ist zu erwarten, dass sich die Markteinführung für Purpose-Design-Elektrofahrzeuge vorwiegend in den Segmenten der Manufaktur bis zur mittleren Serienfertigung abspielen (s. Abb. 6.3) wird.

In den Studien von Röth und Göer (2011) bzw. Kern et al. (2009) wurde erstmalig der Karosseriebaukasten „FlexBody" für Kleinserienproduktionsgrößen vorgestellt. Zu den wesentlichen Merkmalen dieses Baukastens zählen die Anwendbarkeit auf verschiedene Fahrzeugklassen, ohne die Designfreiheit einzuschränken, eine kurze Entwicklungs- und Produktionszeit, die Erfüllung moderner Leichtbauanforderungen sowie die funktionale Absicherung insbesondere von Sicherheitsanforderungen.

Mit dem Baukasten können unterschiedlichste Strukturverläufe in Rahmenbauweisen umgesetzt werden. Beim FlexBody wird die Karosserietragstruktur mit Profilen und konzeptgleichen Knotenstrukturen abgebildet. Die Knoten werden in sog. 2-Arm-, 3-Arm- oder 4-Arm-Knoten unterteilt. Die Profile und Knoten werden, in Abhängigkeit von den Werkstoffkombination, abschließend mittels kalter oder warmer Fügeverfahren zur fertigen Karosserie assembliert (Abb. 6.12).

Die Querschnitte der Profile werden den jeweiligen Anforderungen entsprechend dimensioniert. Spezielle Verfahren zur Gestaltung komplexer Profilformen kommen in bestimmten Bereichen zum Einsatz. Die Knotenstrukturen sorgen für eine sichere Lastübertragung an den Verbindungsstellen und gleichen die unterschiedlichen Querschnittsabmessungen der Profile aus.

Der modulare Aufbau des Karosseriebaukastens erlaubt eine Kombination unterschiedlichster Materialien wie Stahl, Aluminium, GFK/CFK sowie Strukturschäume (s. Abb. 6.13). Durch den Einsatz des „richtigen Materials an der richtigen Stelle" ist somit gezielter, wirtschaftlicher Leichtbau möglich. Auf diese Weise wird das Fahrzeuggewicht insgesamt reduziert und auf die Gewichtsverteilung durch gezielten Leichtbau Einfluss genommen.

Um einen solchen Materialmix für eine Kleinserie zu ermöglichen, werden nur solche Fertigungsverfahren im Karosseriebaukasten zugelassen, die in Abhängigkeit der geplanten Stückzahlen sehr geringe bis niedrige Werkzeuginvestitionen erfordern. Für eine sichere Verbindung von Bauteilen aus unterschiedlichen Materialien sorgt neben den

Abb. 6.12 Profile und Knotenstrukturen im FlexBody-Karosseriebaukasten

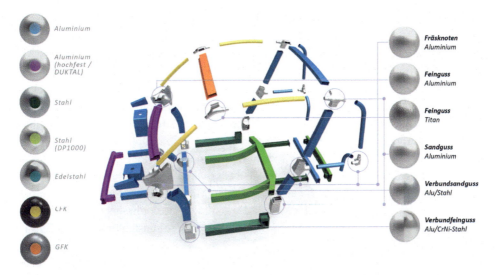

Abb. 6.13 Beispielhafte Material- und Fertigungsmischung beim FlexBody-Karosseriebaukasten

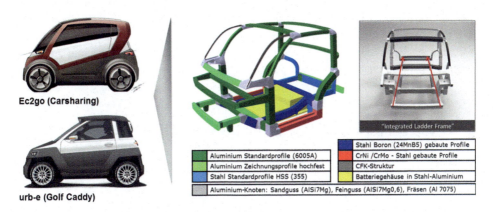

Abb. 6.14 Strukturlayout mit Karosseriebaukasten für die urbanen Stadtfahrzeug urb-e und ec2go. (Quellen: Röth und Göer 2011; Kern et al. 2009; Röth 2011)

klassischen Verbindungstechniken ein neues Fügeverfahren – das Injektionskleben. Damit können über die verhältnismäßig dicke Klebeschicht die Bauteiltoleranzen bis zu 2 mm ausgeglichen werden.

Die folgenden Beispiele zeigen konkrete Anwendungen für den Karosseriebaukasten (s. Abb. 6.14). Bei den beiden Stadtfahrzeugkonzepten „urb-e" – einem Elektrofahrzeug als Ableitung eines Golf-Caddy – sowie dem „ec2go" (Röth 2011) – einem reinen eCarsharing-Fahrzeug – kommt ein „Integrated Ladder Frame" (ILF) zum Einsatz. Aus dem Baukastenportfolio wird ein Leiterrahmen in die Profiltragstruktur integriert. Er bildet den strukturellen Hauptlastpfad in der Bodengruppe und schützt das zentral angeordnete

Batteriepack. Die gewählte Werkstoffkombination ist auf Stückzahlen bis max. 1000 Fz./Jahr und auf niedrige Einzelkosten ausgelegt. Eine hohe Leistungsumsetzung spielt für diese beiden urbanen Fahrzeugkonzepte eine untergeordnete Rolle.

Für die Konzeptstudie des 4-sitzigen Supersportwagens „Lampo3" (Röth und Piffaretti 2012) wird als Hauptlastpfad ein „Center Tube Frame" (CTF) genutzt. Dabei handelt es sich um eine Neuinterpretation des historischen Zentralrohrrahmens. Das umfangreiche Batteriepack mit weniger als 350 kg (42 kWh) wird in den Strukturtunnel umfassend integriert. Ein besonderes Merkmal des CTF sind die beiden Zentralplatten, welche den profillastigen Vorder- und Heckwagen mit dem Strukturtunnel verbinden.

Aufgrund der sehr hohen strukturellen Leistungsanforderungen für das Gesamtfahrzeug sowie einer Planstückzahl für eine Kleinserien-Manufaktur wird mit dem Baukasten ein aggressives Materialkonzept umgesetzt. Es kommen neben ultrahochfesten Stahlsorten, CFK und Aluminiumteilstrukturen verstärkt hochfeste Edelstahlprofile zum Einsatz (Abb. 6.15).

Zusammenfassend lassen sich für die Fahrzeugkarosserien von Elektrofahrzeugen der Zukunft einige Trends identifizieren. Auch wenn heute Karosserien eines Elektrofahrzeugs eher eine evolutionäre Ableitung des klassischen, konservativen Karosseriebaus sind, so sind heute schon sehr aggressive Ansätze von Bauweisen und Werkstoffkonzepten für Elektrofahrzeug-Karosserien erkennbar. Es ist durchaus denkbar, dass gerade durch die Entwicklung von Elektrofahrzeugen ausgeprägte Leittechnologien im Karosseriebau entstehen, von denen konventionelle Fahrzeuge zukünftig ebenfalls profitieren.

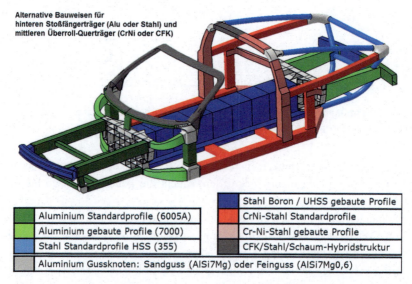

Abb. 6.15 Lampo3 – Strukturlayout mit Karosseriebaukasten für einen Supersportwagen. (Quelle: Röth und Piffaretti 2012)

6.1.2 Produktionsprozesse der Fahrzeugstruktur

6.1.2.1 Stückzahlspezifische Produktionsverfahren der Außenhautkomponenten

Energieeffizienz ist einer der wichtigsten Aspekte in der Elektromobilität, da sie sich direkt auf die Reichweite bzw. die erforderliche Batteriekapazität und somit auf die Kosten auswirkt. Die Steigerung der Energieeffizienz ist zugleich der Treiber für die Ausgestaltung der Fahrzeugstruktur. Die beste Balance zwischen Leichtbau und Herstellungskosten bietet eine Kombination aus Space-Frame-Bauweise und Kunststoffaußenhaut.

Im Folgenden werden die stückzahlspezifischen Produktionsverfahren zur Herstellung der Außenhaut eines Elektrofahrzeugvorderwagens kurz vorgestellt. Alle Verfahren für die Fertigung von Komponenten eines Fahrzeugvorderwagens müssen das Umsetzen der technischen und technologischen Anforderungen an diesen gewährleisten. Produktionsprozesse, die dieses Kriterium erfüllen, unterscheiden sich in ihrem Aufwand bei den Investitions-, Rüst- und Prozesskosten. Für unterschiedliche Stückzahlen sind deshalb jeweils unterschiedliche Herstellungsverfahren vorzuziehen.

Stückzahlabhängige Produktionsverfahren Kunststoff Wirtschaftliches Produzieren verlangt nach stückzahlbasierten Produktionsverfahren, um verschiedene Stückzahlbereiche effizient herstellen zu können. Ein dieser Arbeit zugrunde liegendes stückzahloptimiertes Produktionsprogramm für Kunststoffkomponenten ist in Abb. 6.16 dargestellt.

Für eine Stückzahl von 220 ist Handlaminieren das wirtschaftlichste Produktionsverfahren. Stückzahlen im Bereich von 220 bis 67.000 sind mit Hilfe des Verfahrens Thermoformen herzustellen. Zwischen 67.000 und 110.000 sollten die Karosseriekomponenten aus Kunststoff mittels des Spritzverfahrens gebaut werden, um kostenminimal zu arbeiten.

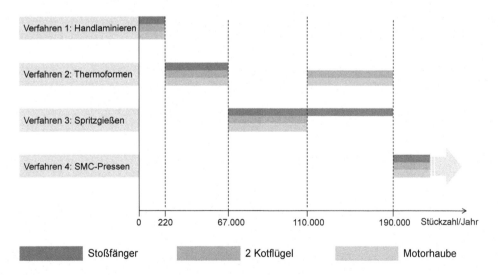

Abb. 6.16 Stückzahloptimiertes Produktionskonzept für Kunststoffteile

Ab einer Stückzahl von 110.000 bis 190.000 Teilen werden die Komponenten auf verschiedenen Produktionsanlagen hergestellt, um kostensparend zu produzieren. Stoßfänger werden durch das Verfahren Spritzgießen und Kotflügel sowie Motorhauben nach dem Verfahren Thermoformen gefertigt.

Handlaminieren Handlaminieren ist ein manuelles Herstellungsverfahren, bei dem Bauteile mittels spezieller Formen schichtweise produziert werden. Schichten von Laminierharz und Verstärkungsmatten werden im Wechsel in die Form eingebracht und mit Hilfe einer Rolle entlüftet und abgedichtet. Dieses Verfahren eignet sich für Kleinserien von Bauteilen, da keine umfangreichen Investitionen in Maschinen erforderlich sind. (AVK 2010) Durch rein manuelles Bearbeiten sind die Prozesskosten und die Durchlaufzeiten im Vergleich zu automatisierten Prozessen hoch.

Thermoformen Das Verfahren Thermoformen beschreibt das Erwärmen und Verformen eines Halbzeugs durch Verstreckhilfen, Vakuum oder Druckluft unter Ausdünnung der ursprünglichen Wanddicken. Thermoformen verursacht geringe Fixkosten, die sich im Wesentlichen aus Investitionskosten für eine geeignete Maschine und Werkzeugkosten zusammensetzen. Daher eignet sich dieses Verfahren für mittlere Stückzahlbereiche von Kunststoffteilen. Hohe Ausstoßraten machen dieses Verfahren aber auch für große Stückzahlbereiche anwendbar. (Throne und Beine 1999)

Spritzgießen Spritzgießen ist ein Verfahren zur Herstellung von Kunststoffbauteilen. Hier wird der Ausgangswerkstoff, das Granulat, aufgeschmolzen und in die Kavität eines Werkzeugs eingespritzt. Nachdem das Material ausgehärtet ist, kann das Bauteil dem Werkzeug entnommen und für evtl. Nacharbeiten weitergeleitet werden. Spritzgießen eignet sich aufgrund geringer Zykluszeiten und damit hohem Durchsatz für große Stückzahlbereiche. Dieses Verfahren ist jedoch wenig flexibel, da es ausschließlich für hohe Stückzahlbereiche angewendet wird. Der Grund sind hohe Investitionskosten für einen nahezu voll automatisierten Prozess. (Jaroschek 2008)

SMC-Pressen SMC-Pressen ist ein Verfahren, bei dem ein Halbzeug unter Druck und Temperatureinwirkung in einem Werkzeug verformt und ausgehärtet wird. SMC (Sheet Moulding Compound) stellt hierbei das Halbzeug dar und besteht aus einer flächigen Formmasse, Harzpaste, Glasfasern und Thermoplasten. Hohe Investitionskosten machen dieses Verfahren unter wirtschaftlichen Gesichtspunkten für große Stückzahlen von Kunststoffkomponenten nutzbar. (Flemming et al. 1999) Ein hoher Durchsatz und Automatisierungsgrad sind die Kennzeichen dieses Verfahrens.

Stückzahlabhängige Produktionsverfahren Metall Nachfolgend wird die Produktion der Baugruppe Vierkant-Hohlprofil, Stirnwand, Space-Frame-Knoten und Federbeinaufnahmen vorgestellt. Dabei kommen die stückzahlabhängigen, günstigsten Produktionsverfahren zum Einsatz.

6 Entwicklung von elektrofahrzeugspezifischen Systemen

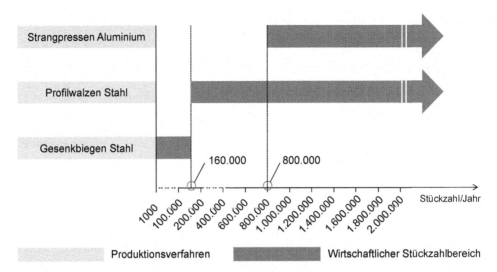

Abb. 6.17 Stückzahloptimiertes Produktionsprogramm Vierkant-Hohlprofil

Produktion eines Vierkant-Hohlprofils

In Abb. 6.17 ist ein stückzahloptimiertes Produktionsprogramm zur Herstellung eines Vierkant-Hohlprofils, bestehend aus Stahl oder Aluminium, dargestellt.

Für den Werkstoff Stahl ist bis zu einer Stückzahl von 160.000 Komponenten mit einer Länge von 1 m das Verfahren Gesenkbiegen sinnvoll, da es mit geringeren Investitionskosten verbunden ist als das Verfahren Profilwalzen. Ein Technologiewechsel hin zum Profilwalzen findet ab einer Komponentenzahl von 160.000 statt. Dieses Verfahren ist besonders für hohe Stückzahlen geeignet, weil es einen kontinuierlichen und damit schnellen Prozess gewährleistet. Das Vierkant-Hohlprofil aus Aluminium herzustellen, ist ab einer Stückzahl von 800.000 mittels des Verfahrens Strangpressen wirtschaftlich. Für kleine oder mittlere Stückzahlen ist Strangpressen aufgrund seiner hohen Investitionskosten ungeeignet.

Profilwalzen Mit Hilfe des Profilwalzens können Bleche in verschiedene Geometrien gebogen werden. Je nach Komplexität der Geometrie müssen dazu verschieden viele Walzen hintereinander geschaltet werden, um durch Anpassung der Biegewinkel die gewünschte Form zu erreichen. (Fritz und Kuhn 2010) Der überbleibende Schlitz kann nach dem Biegeprozess mittels Schweißen verschlossen werden.

Gesenkbiegen Mit Hilfe dieses Biegeverfahrens können Bleche auf eine gewünschte Form gebogen werden. Das Blech wird auf das Gesenk gelegt. Ein Stempel drückt das Blech so lange in das Gesenk, bis dieses auf dessen Innenseiten anliegt. Das Vierkant-Hohlprofil kann durch Verschweißen zweier U-Profile hergestellt werden. (Doege und Behrens 2010)

Strangpressen Innerhalb dieses Pressverfahrens wird ein erhitzter Metallblock, bspw. Aluminium, unter hohem Druck mit einer bestimmten Geschwindigkeit durch eine Matrize gepresst, wobei gradlinige Profile entstehen. Diese können durch weitere Verfahren in die gewünschte Form gebogen werden. (Fritz und Kuhn 2010)

Produktion der Stirnwand

Abb. 6.18 zeigt das stückzahloptimierte Produktionsprogramm zur Herstellung einer Stirnwand.

Es wird deutlich, dass bis zu einer Stückzahl von 32.000 Komponenten das Verfahren des Gesenkbiegens optimal ist. Für größere Stückzahlen ist das Produktionsverfahren Tiefziehen wirtschaftlicher. Da das Verfahren Gesenkbiegen bereits erläutert wurde, wird es an dieser Stelle nicht weiter ausgeführt.

Tiefziehen Das Verfahren des Tiefziehens bezeichnet einen Umformprozess, bei dem ein Blechzuschnitt mittels eines Werkzeugs verbogen wird. Dabei wird das zugeschnittene Blech auf das Werkzeug, die Ziehmatrize, gelegt. Das Blech wird von einem Niederhalter eingespannt, sodass kein Material nachfließen kann und das Bilden von Blechfalten verhindert wird. Das Verfahren verändert nicht die Wanddicke und eignet sich besonders für hohe Stückzahlen. (Hering 2009)

Produktion des Space-Frame-Knotens

In Abb. 6.19 wird das optimale Produktionsprogramm für verschiedene Stückzahlbereiche vorgestellt. Hierbei werden Kleinserien mit Hilfe des Sandgusses und Mittel- bis Großserien nach dem Verfahren des Druckgusses produziert.

Sandguss Der Sandguss ist ein in der Automobilindustrie weit verbreitetes Gießverfahren. Zunächst wird ein Modell mit der gewünschten Form in den Sand platziert. Das Negativ wird mittels Kunstharz in Form gehalten. Dieser Hohlraum wird mit flüssiger Schmelze ausgefüllt. Nachdem das Material ausgehärtet ist, kann die Sandform zerstört werden und das Gussteil bleibt übrig. (Kalpakjian et al. 2011) Das Verfahren eignet sich unter wirtschaftlichen Gesichtspunkten für kleine Bauteilserien.

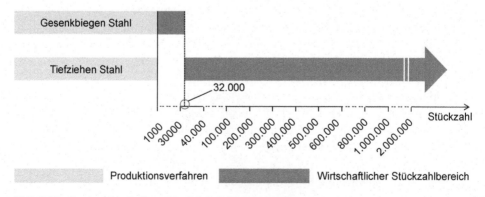

Abb. 6.18 Stückzahloptimiertes Produktionsprogramm Stirnwand

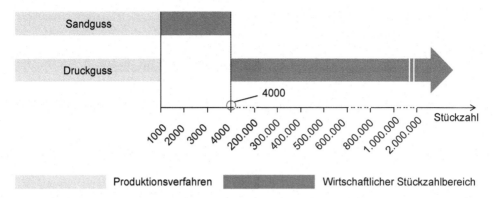

Abb. 6.19 Stückzahloptimiertes Produktionsprogramm Space-Frame-Knoten

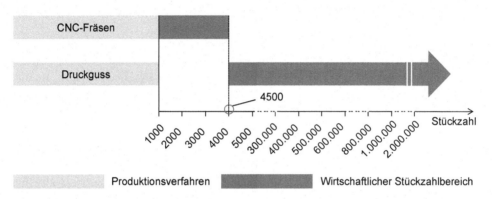

Abb. 6.20 Stückzahloptimiertes Produktionsprogramm Federbeinaufnahme

Druckguss Innerhalb des Druckgussverfahrens wird die Schmelze in eine Gießkammer eingeführt. Danach wird diese durch einen Kolben unter hohem Druck in das zweiteilige Werkzeug gepresst. Dieses Verfahren ist sehr schnell und zeichnet sich durch eine besonders hohe Oberflächenqualität der Gussteile aus. Damit können Mittel- bis Großserien effizient hergestellt werden. (Ilschner und Singer 2010)

Produktion der Federbeinaufnahme
Abb. 6.20 zeigt die Produktionsverfahren zur Herstellung einer Federbeinaufnahme und die Stückzahlbereiche, in denen diese Verfahren unter wirtschaftlichen Gesichtspunkten angewendet werden.

Das Karosserieteil kann durch CNC-Fräsen oder Druckguss hergestellt werden.

CNC-Fräsen CNC steht für Computer Numerical Control. Bei diesem Fräsverfahren werden aus massiven Metallblöcken plane und gekrümmte Flächen mittels eines drehenden, mehrschneidigen Werkzeugs hergestellt. (Schicker 2002) Mit Hilfe dieser elektronischen

Methode können Werkzeugmaschinen genauer gesteuert und geregelt werden. Komplexe, feine Ausfräsungen sind damit möglich. (Orlowski 2009)

6.1.2.2 Wertschöpfungskette innerhalb des Produktionssystems

Die beschriebenen Verfahren zur Herstellung der Außenhaut eines Elektrofahrzeugvorderwagens sind in eine Wertschöpfungskette zu integrieren. Innerhalb der operativen Prozesskette werden die Bereiche Werkzeugbau, Produktionsverfahren und die Montage der Komponenten in eine prozessorientierte Reihe gebracht. Außerdem können Leistungsbeziehungen zwischen den Prozessbereichen benannt und dargestellt werden.

In Abb. 6.21 sind die Bereiche der Prozesskette und deren Leistungsbeziehungen gezeigt. Damit soll eine erste Idee des Prozessaufbaus visualisiert werden, exemplarisch für Kunststoffkomponenten. Schnittstellen der einzelnen Prozesse zu anderen Prozessstufen bzw. zu Beschaffungsmärkten und Absatzmärkten werden später entwickelt und gezeigt.

Werkzeugbau Innerhalb der industriellen Prozesskette ist der Werkzeugbau zwischen der Produktentwicklung und der Serienproduktion einzuordnen. In der Regel kann davon ausgegangen werden, dass der Werkzeugbau Kleinserien von Werkzeugen herstellt, um die nachgelagerte Serienproduktion zu ermöglichen. Man spricht in der Literatur von der „Fabrik in der Fabrik" (Spath et al. 2002), da der Werkzeugbau auch in die Bereiche Entwicklung und Produktion aufgeteilt werden kann.

Aus Abb. 6.22 wird ersichtlich, dass Leistungsbeziehungen zwischen dem Werkzeugbau und der vorgelagerten Produktentwicklung und der nachgeschalteten Produktion bestehen müssen. Der Werkzeugbau stellt die Voraussetzung für die Serienproduktion dar und hängt eng mit den zu definierenden Zielgrößen des Produktionsmanagements zusammen. Diese Zielgrößen sind

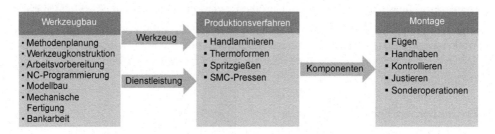

Abb. 6.21 Operative Prozesskette für Kunststoffkomponenten

Abb. 6.22 Der Werkzeugbau in der industriellen Prozesskette

- Qualität,
- Termintreue,
- Minimierung relevanter Kosten und
- Kapazitätsauslastung. (Dietrich 1998)

Qualität kann als elementares Ziel des Produktionsmanagements gesehen werden, da alle produzierten Teile die verlangte Beschaffenheit aufweisen müssen. (Geiger und Kotte 2005) Auf die Oberflächenbeschaffenheit und die Qualität im Ganzen hat das verwendete Werkzeug maßgeblichen Einfluss und steht direkt mit der Qualität des Produktes in Verbindung.

Termintreue ist ein wesentlicher Faktor, um am Markt als Unternehmen bestehen zu können. Sie ist maßgeblich von der Verfügbarkeit der notwendigen Werkzeuge abhängig, da die Werkzeuge die Serienproduktion grundlegend ermöglichen. Eine punktgenaue Verfügbarkeit der Werkzeuge ist absolut notwendig, da Endprodukte erst nach erfolgreicher Integration der Werkzeuge in den Produktionsprozess hergestellt werden können. Die Rüstzeiten werden maßgeblich von der anzuwendenden Werkzeugtechnologie bestimmt und sind als Installationsaufwand der verwendeten Werkzeuge zu verstehen. (Gaus 2010)

Zwischen der Produktentwicklung und dem Werkzeugbau besteht ein Leistungsaustausch. Zunächst werden die Produkteigenschaften eines zu produzierenden Gutes sehr von den verwendeten Werkzeugen beeinflusst. Die Leitung des Werkzeugbaus muss die technologische Machbarkeit eines geplanten Produktes kommunizieren. Außerdem können die Innovationsfähigkeit und wirtschaftliche Machbarkeit des Endproduktes durch Austausch von Expertise gesteigert werden. (Fricker 2005)

Der Werkzeugbau stellt das Bindeglied zwischen der Produktentwicklung und der Teileproduktion dar. Seine Fähigkeiten steigern die Flexibilität innerhalb des Produktherstellungsprozesses, bspw. durch Produktänderungen und -anpassungen. (Eversheim 1998) Außerdem nimmt er erheblichen Einfluss auf das Investitionsvolumen in der Automobilindustrie. Nach Klotzbach machen Werkzeugkosten einen erheblichen Teil des zur Verfügung stehenden Investitionsvolumens aus. (Klotzbach 2006)

Die Einordnung des Werkzeugbaus in die industrielle Prozesskette macht deutlich, dass dieser eine hinreichende Bedingung für die Teileproduktion ist.

Produktionsverfahren Teileproduktion Die Teileproduktion bekommt nicht nur Input vom Werkzeugbau, sondern auch externen Input, der vom Beschaffungsmarkt ausgeht und von Zulieferern sichergestellt wird.

Abb. 6.23 zeigt, dass die Teileproduktion verschiedene Inputgrößen enthält. Zum einen wurden vom vorgelagerten Werkzeugbau Betriebsmittel in Form von Werkzeugen und die zugehörige Dienstleistung der Wartung bereitgestellt, zum anderen erhält der Prozessschritt Produktion Input von außerhalb der Prozesskette. Die verschiedenen Maschinenhersteller dienen als Bezugsquelle für den benötigten Maschinenpark. Außerdem übernehmen sie die Dienstleistung der Wartung. Am Arbeitsmarkt werden qualifizierte Mitarbeiter rekrutiert,

Abb. 6.23 Input der Teileproduktion

die die vorhandenen Maschinen bedienen können. Außerdem werden durch Zulieferer die verschiedenen Werkstoffe für die Komponentenherstellung bereitgestellt. Hierbei werden metallische Werkstoffe wie Stahl und Aluminium und Kunststoffe wie Polypropylen und Thermoplaste benötigt. Generell werden drei Produktionstypen unterschieden: Massen-, Serien- und Einzelproduktion. Sie haben verschiedene charakteristische Primärziele. Die Massenproduktion zielt auf einen hohen Umlaufbestand und eine hohe Auslastung ab. Bei der Produktion in Serie ist ebenfalls auf einen hohen Umlaufbestand, aber auch auf Termintreue zu achten. Innerhalb der Einzelproduktion steht die Einhaltung von Lieferzeiten und Termintreue im Zentrum. (Wiendahl et al. 2009)

Montage In Anlehnung an Warnecke kann die Montagetechnik wie folgt definiert werden: Die Montage hat die Aufgabe, verschiedene Komponenten mit vorgegebener Funktion innerhalb eines bestimmten Zeitraums zu einem Produkt höherer Komplexität und Güte zusammenzufügen. (Lotter und Wiendahl 2006) Die Montagetechnik setzt sich aus den Teilbereichen

- Fügen (bspw. Schweißen, Kleben, Löten, mechanische Verfahren),
- Handhaben (bspw. Bewegen, Sichern, Speichern),
- Kontrollieren (bspw. Prüfen, Messen),
- Justieren (bspw. Einformieren, Umformen, Trennen) und
- Sonderoperationen (bspw. Markieren, Erwärmen, Kühlen)

zusammen. Außerdem kann zwischen verschiedenen Automatisierungsgraden innerhalb der Montage unterschieden werden (s. Abb. 6.24).

Der Zusammenhang zwischen dem ausgewählten Automatisierungsgrad der Montage und dem zu investierenden Kapital ist deutlich. Je höher der Automatisierungsgrad eines Montagesystems ist, desto höher wird auch das Investment zur Beschaffung ausfallen.

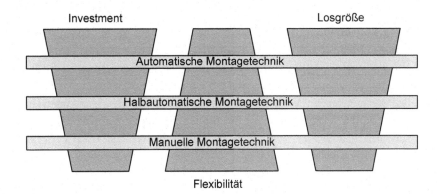

Abb. 6.24 Auswahlkriterien für Montagesysteme

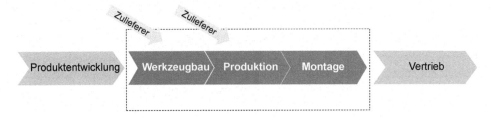

Abb. 6.25 Schnittstellen der operativen Prozesskette

Das entsprechende Montagesystem kann man nach Flexibilität und Losgröße abwägen. Je automatisierter die Montage abläuft, desto unflexibler ist dieser Prozess. Mit einer hohen Automatisierung innerhalb der Montage kann aber eine hohe Losgröße kalkuliert werden, da die einzelnen Montageschritte schneller vollzogen werden können. Die Schnittstellen der Montage sind die vorgelagerte Produktion. Hier werden die produzierten Teile an den Montageprozess weitergeleitet. Mit der Montage endet die definierte operative Prozesskette. Innerhalb der Wertschöpfungskette hat die Montage eine Schnittstelle mit dem Vertrieb, da nach der Montage das Produkt für den Verkauf bereitsteht.

Es wurde zum einen die operative Prozesskette in ihrer Struktur definiert und erklärt, zum anderen wurden die einzelnen Bestandteile der Kette in ihrer Funktion beschrieben. Abb. 6.25 zeigt die Schnittstellen der operativen Prozesskette mit vor- und nachgelagerten Prozessen der Wertschöpfungskette und die Zulieferer der Prozesse Werkzeugbau und Produktion. Für den Bereich Montage werden im Folgenden die möglichen Fügeverfahren betrachtet.

6.1.2.3 Fügen von Außenhaut und Karosserie

Die Karosserie eines Elektrofahrzeugs hat einen großen Anteil am Gesamtgewicht. Aus diesem Grund ist die Reduzierung des Karosseriegewichts eine der wichtigsten Aufgaben im automobilen Leichtbau. Insbesondere bei Elektrofahrzeugen sind niedrige Gewichte ein dominierendes Thema, da ein leichteres Fahrzeug weniger Antriebsleistung benötigt, um die gleichen Anforderungen an Reichweite und Geschwindigkeit zu erfüllen wie ein schwereres. Dies könnte die benötigte Gesamtkapazität der Fahrzeugbatterie verringern, was zu niedrigeren Anschaffungskosten führt und somit die Attraktivität des Fahrzeugs für den Kunden erhöht.

Im Bereich der Automobilkarosserie werden verschiedene Lösungsansätze zur Gewichtsreduzierung verfolgt. Dazu zählen der Einsatz von hoch- und höchstfesten Stählen zur Reduzierung der Blechdicken im Vergleich zu konventionellen Stählen, die Verwendung von Leichtbauwerkstoffen geringerer Dichte, wie bspw. Aluminium oder Kunststoff, sowie das Konzept der Mischbauweise. Im Bereich der Fahrzeugaußenhaut wird das Prinzip des Leichtbaus, ähnlich wie bei der Karosserie, durch den Einsatz von Stahlwerkstoffen mit höherer Festigkeit und geringerer Blechdicke oder von Leichtbauwerkstoffen, insbesondere Kunststoff, umgesetzt. Dadurch ergibt sich die fügetechnisch anspruchsvolle Aufgabe, verschiedene Werkstoffe miteinander zu verbinden, die sich in ihren Materialeigenschaften teilweise erheblich voneinander unterscheiden. Aus diesem Grund ist die Anwendung von im Karosseriebau etablierten Verfahren, insbesondere dem Widerstandspunkt- oder Laserstrahlschweißen, für die angesprochene Mischbauweise nicht ohne Weiteres möglich. Während sich verschiedene Stahlwerkstoffe aus den potenziell anwendbaren Legierungen mittels Schmelzschweißverfahren mit ausreichender Verbindungsqualität fügen lassen, sind Verbindungen mit entsprechenden mechanischen Eigenschaften aus Stahl- und Aluminiumwerkstoff mittels konventioneller Schweißverfahren herstellbar. Der Grund dafür sind große Unterschiede in den physikalischen Eigenschaften, wie bspw. dem Schmelzpunkt oder dem Wärmeausdehnungskoeffizient. Darüber hinaus kommt es während des Schweißens von Stahl und Aluminium zur Bildung hochspröder intermetallischer Phasen im Schweißgut, die die Festigkeiten der erzeugten Verbindung auf ein nicht akzeptables Maß reduzieren. Das Schweißen von Metall und Kunststoffen ist aufgrund ihrer unterschiedlichen Materialcharakteristik nicht möglich. Zur Lösung dieser Problematik sind Verfahren anzuwenden, bei denen ein Aufschmelzen der Fügepartner nicht erforderlich ist. Dazu zählen bspw. das Rührreibschweißen, das Kleben, das Löten sowie die mechanischen Fügeverfahren. Trotz der genannten Schwierigkeiten im Bereich des Mischbaus bleiben die für den Automobilbau typischen schweißtechnischen Fertigungsverfahren für die Herstellung von Elektrofahrzeugen aufgrund ihrer guten Wirtschaftlichkeit, der hohen Verbindungsqualitäten bei artgleichen Verbindungen sowie des hohen erreichbaren Automatisierungsgrades relevant. Im Folgenden werden einige Fügeverfahren näher beschrieben, die bereits im Automobilbau eingesetzt werden und für die Fertigung in der Elektromobilität ebenfalls hohes Anwendungspotenzial besitzen. Dazu zählen das Widerstandspunktschweißen, das Laserstrahlschweißen, die Klebtechnik, das Rührreibschweißen und mechanische Fügeverfahren wie das Durchsetzfügen oder das Verbinden mit Funktionselementen (Nieten, Schrauben etc.).

Widerstandspunktschweißen Das Verfahren des Widerstandspunktschweißens basiert auf dem Prinzip der Joule'schen Widerstandserwärmung bei Stromfluss durch einen elektrischen Leiter. Beim Widerstandspunktschweißen sind die zu verschweißenden Bleche überlappt angeordnet. Die Stromzufuhr erfolgt durch Kupferelektroden, die beidseitig mit einer definierten Elektrodenkraft von mehreren kN an der Fügestelle aufsetzen. Die Schweißströme können je nach Werkstoff bis zu 60 kA betragen, die Spannung hat dabei in der Regel nicht mehr als 15 V. Das Verfahren eignet sich insbesondere für das Schweißen von dünnen Stahlblechen. Aluminium und Kupfer sind ebenfalls schweißbar, allerdings kann es zu einem erhöhten Elektrodenverschleiß kommen. Das Widerstandspunktschweißen ist aufgrund seiner hohen Prozessgeschwindigkeit, der hervorragenden Automatisierbarkeit und der hohen Wirtschaftlichkeit zurzeit das dominierende Fügeverfahren in der automobilen Karosseriefertigung.

Laserstrahlschweißen Die Basis des Laserstrahlschweißens bildet ein hochenergetischer Lichtstrahl, der Laserstrahl. Beim Laserstrahl handelt es sich um kohärentes monochromatisches Licht, das sich aufgrund seiner geringen Divergenz zur Übertragung über vergleichsweise lange Strecken eignet und über eine hohe Leistungsdichte verfügt. Die Wellenlänge des erzeugten Lichts hängt unmittelbar mit der Art der Strahlerzeugung zusammen. Dazu kommen entweder CO_2-, Nd:YAG- oder Diodenlaserstrahlquellen zum Einsatz. Die Übertragung des Laserlichts wird entweder über Spiegel (CO_2-Laser) oder über lichtleitende, flexible Fasern (Nd:YAG-, Diodenlaser) realisiert. Zum Schweißen wird der Laserstrahl über eine Optik auf dem Werkstück fokussiert, um dadurch die benötigte Energiedichte zu erhalten. Die Energieeinbringung in das Werkstück basiert auf der Absorption des Laserstrahls durch den Bauteilwerkstoff, wobei der Absorptionsgrad je nach Werkstoff und Wellenlänge des Laserstrahls stark variiert. Die Vorteile des Laserstrahlschweißens sind: Eignung, fast alle metallischen Werkstoffe können gefügt werden, sehr hohe erreichbare Schweißgeschwindigkeiten von bis zu 20 m/min, die vergleichsweise geringe Streckenenergie und die lediglich einseitig benötigte Zugänglichkeit zur Fügestelle. Nachteilig sind der hohe Investitionsaufwand in die Schweißanlage und benötigte Sicherheitseinrichtungen, hohe Betriebskosten, ein geringer Wirkungsgrad bei Strahlerzeugung und Energieeinkopplung sowie die hohen Anforderungen an Bauteilvorbereitung und -positionierung.

Kleben Das starke Bestreben zum Leichtbau besteht insbesondere bei Elektrofahrzeugen, um das Gesamtgewicht zugunsten der Batterie gering zu halten. Eingesetzt wird deswegen die Multimaterialbauweise, bei der Werkstoffe wie Aluminium, Stahl und Kunststoffe miteinander kombiniert werden. Diese Werkstoffe können aufgrund ihrer Materialcharakteristik nicht mit den herkömmlichen Schweißverfahren gefügt werden. Hier kommt der Klebtechnik eine wachsende Bedeutung zu. Kleben ist das Fügen unter Verwendung eines Klebstoffs (DIN 8593). Ein Klebstoff ist ein nichtmetallischer Werkstoff, der Fügeteile durch Flächenhaftung und innere Festigkeit miteinander verbindet (DIN 16920). Die stoffschlüssige Verbindung entsteht durch Adhäsion und Kohäsion. Die Adhäsion wirkt zwischen Klebstoff und Fügeteil, die Kohäsion stellt die innere Festigkeit des Klebstoffs dar. Häufig eingesetzte Klebstoffe im Automobilbau sind ein- und zweikomponentige Epoxidharze bzw. Polyurethanklebstoffe.

Rührreibschweißen Das Verfahren des Rührreibschweißens (engl. Friction Stir Welding, kurz: FSW) ist ein vergleichsweise junges Schweißverfahren mit einem enormen Anwendungspotenzial. Die Einbringung der zum Schweißen notwendigen Prozesswärme wird allein über die Reibung des Werkzeugs, bestehend aus Stift und Schulter, auf und im Werkstück realisiert. Dadurch wird das zu fügende Material plastifiziert und durch die Rotation des Werkzeugs verrührt. Ein Aufschmelzen der Fügeteile findet hierbei nicht statt, sodass keine Umwandlung der flüssigen in die feste Phase erfolgt. Die Bildung von spröden intermetallischen Phasen wird durch diese Tatsache weitestgehend vermieden. Daraus resultiert u. a. die hervorragende Eignung zum Fügen von Mischverbindungen und das damit verbundene Leichtbaupotenzial.

Mechanisches Fügen Mechanische Fügeverfahren werden überall dort eingesetzt, wo die zu fügenden Bauteile thermisch nicht stark belastet werden dürfen oder aufgrund ihrer Materialcharakteristik nicht mit den herkömmlichen Schweißverfahren gefügt werden können. Im Bereich des Fügens von Aluminiumkarosserien haben mechanische Fügeverfahren das Widerstandspunktschweißen weitestgehend abgelöst, da es hier zu hohem Elektrodenverschleiß und damit zu geringen Elektrodenstandzeiten kommt. Als mechanische Fügeverfahren werden bspw. Schrauben, Nieten, Bolzen oder das Durchsetzfügen (Clinchen, Toxen) eingesetzt. Die mechanischen Fügeverfahren sind hinsichtlich der eingesetzten Funktionselemente und der Bauteilvorbereitung zu unterscheiden. Schrauben oder Blindniete erfordern bspw. ein vorgefertigtes Durchgangsloch für das Funktionselement. Bei selbstschneidenden Funktionselementen wie Bolzen kann auf die Fügeteilvorbereitung verzichtet werden. Das Durchsetzfügen basiert auf der Umformung der Fügepartner. Hierbei wird kein zusätzliches Funktionselement verwendet, auch eine Bauteilvorbereitung ist nicht erforderlich.

Fügen von elektrischen Komponenten Für elektrisch betriebene Fahrzeuge rückt neben den bewährten Verbindungen in Karosserie und Außenhaut auch die Verbindung von elektrischen Kontakten in den Fokus der Fügetechnik. Diese müssen nicht nur über sehr gute und dauerhafte mechanische Festigkeit verfügen, sondern auch eine dauerhaft niedrigohmige Stromleitung garantieren.

Aufgrund seiner besonders guten elektrischen Leitfähigkeit wird Kupfer für elektrische Kontakte eingesetzt. Dieser Werkstoff wird vermehrt mit Aluminium kombiniert oder sogar ganz durch Aluminium substituiert, um Kosten- und Gewichtsvorteile nutzen zu können. Häufig sind demnach Kupfer-Kupfer- und Aluminium-Aluminium-Verbindungen, mit steigender Nachfrage auch Kupfer-Aluminium-Verbindungen, in elektrischen Kontakten zu finden. Den Ansprüchen von Fügeverbindungen gleicher Werkstoffart werden bekannte Fügeverfahren gerecht. Wärmearme Fügeverfahren werden vor allem dort eingesetzt, wo Mischverbindungen aus Kupfer und Aluminium erforderlich werden. Hier bestehen aufgrund unterschiedlicher Werkstoffeigenschaften besondere Herausforderungen für eine mechanisch stabile und elektrisch leitfähige Schweißverbindung. Berücksichtigt werden müssen große Unterschiede für Schmelztemperaturen, Wärmeleitfähigkeit und elektrische

Leitfähigkeit ebenso wie die ausgeprägte Bildung intermetallischer spröder Phasen in Schmelzschweißverbindungen.

Als Standard haben sich Verfahren wie Ultraschallschweißen, Widerstandsschweißen und Laserstrahlschweißen zum Fügen in der Elektronik und Feinwerktechnik etabliert, aber auch das Löten kommt in geringem Umfang zum Einsatz.

Ultraschallschweißen Das Ultraschallschweißen ist ein ausgereiftes Verfahren zum Fügen von NE-Metallen. Mittels einer hochfrequenten elektrischen Schwingung wird eine hochfrequente mechanische Schwingung erzeugt. Die Verbindung der Werkstoffe erfolgt durch mechanische Schwingungsenergie bei plastischer Verformung der Oberflächen und Zerstörung vorhandener Oberflächenschichten unter vertikalem Druck. Ultraschallschweißen wird zum Verbinden dünner Bleche, Folien, Drähte und Litzen eingesetzt. Da die Schweißtemperatur unterhalb der Schmelztemperatur der Werkstoffe bleibt, können gerade Mischverbindungen aus Aluminium und Kupfer mit ausreichend mechanischer Stabilität und guter elektrischer Leitfähigkeit geschweißt werden (Abb. 6.26).

Widerstandsschweißen Beim Widerstandsschweißen erfolgt die Verbindungsherstellung durch Aufbringung äußerer Kräfte, die zusammen mit dem eingebrachten Schweißstrom die erforderlichen Kontakt- und Werkstoffwiderstände ausbilden. Die Einstellung der Schweißparameter Zeit (Vorhalte-, Schweiß- und Nachhaltezeit), Schweißstrom und Elektrodenkraft erfordern insbesondere bei Werkstoffen wie Aluminium und Kupfer die Berücksichtigung der bereits genannten spezifischen Werkstoffeigenschaften. Im Vergleich zu Stahlschweißungen müssen der Schweißstrom heraufgesetzt und Schweißkraft sowie Schweißzeit reduziert werden. Durch eine geeignete Prozessparametrierung gelingt es für Aluminium-Kupfer-Verbindungen (insbesondere im Dünnblechbereich) und für elektrische Kontakte, die Bildung intermetallischer Phasen gering zu halten bzw. zu vermeiden (Abb. 6.27).

Cu-Durchgangsverbinder Al-Leitung an Cu-Erdungskontakt

Abb. 6.26 Kontaktierung mittels Ultraschallschweißen. (Quelle: Schunk Sonosystems GmbH)

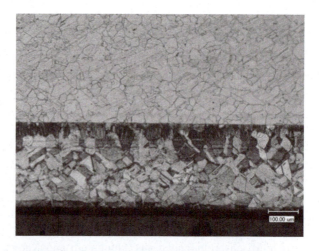

Abb. 6.27 Schliffbild einer widerstandsgeschweißten Al-Cu-Verbindung. (Quelle: ISF RWTH Aachen)

Naht   Makroschliff

Abb. 6.28 AlCu-Verbindung laserstrahlgeschweißt. (Quelle: ISF RWTH Aachen)

Laserstrahlschweißen Das Laserstrahlschweißen findet vielfältige Anwendung, so auch in der Elektronik und Feinwerktechnik. Die Bandbreite der mit dem Laser zu verschweißenden Werkstoffe reicht von den un- und niedriglegierten Stählen bis zu hochwertigen Titan- und Nickelbasislegierungen. Aluminium und Kupfer bereiten aufgrund ihrer thermophysikalischen Materialeigenschaften Probleme bei der Energieeinkopplung und der Prozessstabilität. Mit entsprechender Prozessgestaltung und unter Berücksichtigung der werkstoffspezifischen Erfordernisse lassen sich gute Mischverbindungen schweißen. Das Schweißen von Kupfer stellt aufgrund der Strahlabsorption eine besondere Herausforderung dar. Hier werden bereits gute Ergebnisse durch Schweißen mit grünem Laserlicht erzielt (Abb. 6.28).

Da für Mischverbindungen aus Aluminium und Kupfer vor allem wärmearme Verfahren oder solche mit präzise definierbarer Energieeinbringung erfolgversprechend sind, werden Fügetechnologien wie Rührreibschweißen und Elektronenstrahlschweißen für diese Anwendungsgebiete immer interessanter. Es existiert in diesem Zusammenhang eine Vielzahl von Forschungsvorhaben.

6.2 Elektrischer Antriebsstrang

Die Anwendung von elektrischen Antrieben in Kraftfahrzeugen zur Personenbeförderung geht zurück zu den Fahrzeugen ohne Zugpferde. Die ersten Antriebe wurden mit Gleichstrommaschinen realisiert. Radnahe als auch Radnabenmotoren wurden wie bspw. beim Lohner-Porsche eingesetzt. Abb. 6.29 zeigt die zentralen Meilensteine in der Entwicklungsgeschichte von Kraftfahrzeugen. Zu Beginn wurde das Elektrofahrzeug gerne dem Verbrennerfahrzeug vorgezogen, da es für dessen Betrieb nicht erforderlich war, den Motor händisch mit einer Kurbel zu starten. Dieses „goldene Zeitalter" der Elektrofahrzeuge wurde um 1912 beendet, als der elektrische Startermotor für Verbrennungsmotoren erfunden wurde. Erst die Ölkrise der 1970er Jahre und der „Zero-Emission Act" in Kalifornien in den USA 1990 lösten eine kleine, aber nicht signifikante Rückkehr der Elektrofahrzeuge aus. Motiviert von einem neuen Umweltbewusstsein werden in naher Zukunft einheitliche Vorgaben zum erlaubten durchschnittlichen Schadstoffausstoß einer Hersteller-Fahrzeugflotte eingeführt. Diese führen aktuell zu einem Umdenken bei den Fahrzeugherstellern.

Der elektrische Antriebsstrang bildet die zentrale Komponente jedes Elektrofahrzeugs. Im folgenden Kapitel wird ein Überblick über seinen Aufbau und die Bestandteile gegeben.

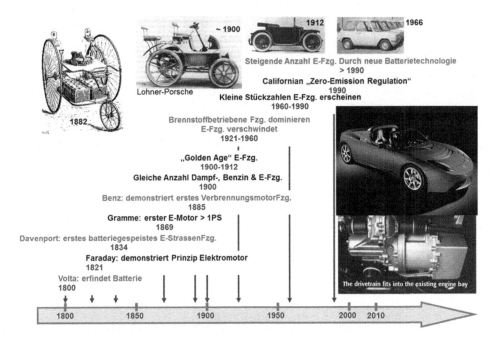

Abb. 6.29 Meilensteine der Entwicklung in der Automobiltechnik

6.2.1 Antriebsstrangkonzepte in Elektrofahrzeugen

Der elektrische Antriebsstrang ist das Bindeglied zwischen der Traktionsbatterie und der Antriebswelle. Er beinhaltet die Komponenten, die für eine Umwandlung der gespeicherten elektrochemischen Energie in der Batterie in Antriebsenergie notwendig sind. Die einfachste Antriebsstrangtopologie ist in Abb. 6.30 dargestellt. Ein Umrichter wandelt die Gleichspannung der Batterie in eine Wechselspannung um, wie sie bspw. von Drehfeldmaschinen benötigt wird. Die elektrische Maschine wandelt die bereitgestellte elektrische Energie in mechanische Energie um, also ein Drehmoment bei einer bestimmten Drehzahl. Dieses Prinzip lässt sich auch umkehren. Bei der elektrischen Bremsung (Rekuperation) wird die Bremsenergie wieder in elektrische Energie durch die Maschine als Generator umgewandelt und über den Umrichter in der Batterie gespeichert.

Es gibt eine Vielzahl von realisierbaren Möglichkeiten, die Komponenten Umrichter, Maschine und Getriebe anzuordnen. Als Beispiel seien hier Radnaben-Antriebe oder einfache zentrale Antriebe mit Differenzial genannt. Welches Konzept verwendet wird, wird mit einer genauen Analyse des erwarteten Betriebs bzw. des Fahrzyklus des zu entwickelnden Fahrzeugs ermittelt. Der möglichst hohe Gesamtsystemwirkungsgrad über einen bestimmten Fahrzyklus, also über viele verschiedene Betriebspunkte, ist eine der wesentlichen Forderungen. Ein guter Gesamtwirkungsgrad bei geringem Fahrzeuggesamtgewicht bedeutet eine größere Reichweite des Fahrzeugs bei gleichem Energiespeicher. Zur Verdeutlichung wird in Abb. 6.31 in verschiedene Fahrzeugkategorien unterschieden. Ein Kleinfahrzeug für den urbanen Stadtverkehr mit geringer Reichweite, ein etwas schwereres und geräumigeres Familienfahrzeug für Fahrten auch am Wochenende mit etwas größerer Reichweite und als drittes Konzept ein Sportfahrzeug, das auf hohe Beschleunigungen und größere Geschwindigkeiten ausgelegt ist. Hier muss durch die Dimensionierung der Batterie als Energiespeicher für eine größere Reichweite gesorgt werden.

Weitere Entscheidungskriterien zur Konzeptauswahl können sich aus Randbedingungen des vorhandenen Platzes und dem Packaging der Antriebselemente Batterie, Leistungselektronik und Motor ergeben. Abb. 6.31 zeigt prinzipiell radnahe Konzepte. Radnah bedeutet in diesem Fall, dass der Antrieb mit dem Rad über eine Welle verbunden ist. Eine nicht gezeigte mögliche Antriebsanordnung sind Radnabenantriebe. Hier ist der elektromechanische Energiewandler im angetriebenen Rad selbst untergebracht. Bewertet man Radnabenantriebe, stellt man fest, dass die Konstruktion, die häufig auch ein Planetengetriebe im Rad integriert, aufwändig ist. Zusätzlich muss bei Radnabenkonzepten auf die Dynamik des gesamten Fahrzeugs geachtet werden. Naturgemäß sind hier die ungefederten Massen größer. Ein Vorteil von Radnabenantrieben ist der gewonnene Bauraum im Fahrzeug, da die Maschine und das Getriebe keinen Platz in Anspruch nehmen.

Abb 6.30 Einfache Antriebsstrangtopologie

6 Entwicklung von elektrofahrzeugspezifischen Systemen

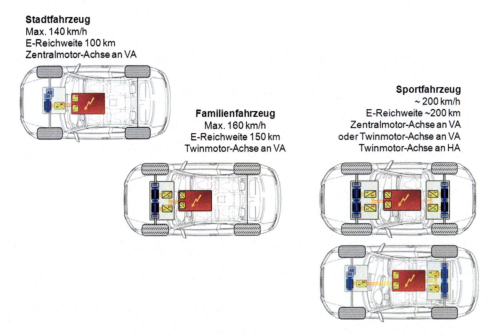

Abb. 6.31 Beispiele möglicher Fahrzeugkonzepte

Die Vielzahl möglicher Topologien mit individuellen Vor- und Nachteilen zusammen mit der schwierigeren Abbildbarkeit dieser komplexen Systeme wird noch einige Zeit für Diskussionen über die optimalen Strukturen sorgen (van Hoek et al. 2010). Letztendlich wird neben den sicherheitstechnischen und zuverlässigkeitsrelevanten Aspekten die Käuferakzeptanz, insbesondere welchen Funktionsumfang man zu welchem Preis erhält, die Topologien der aktuellen Generation von Elektrofahrzeugen prägen. Es ist daher nicht verwunderlich, dass zunächst auf simple, zuverlässige und günstige Konzepte gesetzt wird, um auf einem Markt mit den konventionellen Autos konkurrenzfähig zu sein.

Losgelöst von dem Antriebsstrangkonzept und dem Maschinentyp kann die Charakteristik von elektrischen Maschinen als ihr Wirkungsgrad über einen bestimmten Drehmoment-Drehzahlbereich dargestellt werden. Die Art des gewählten Antriebskonzeptes hat hier einen großen Einfluss auf die Spezifikationen des benötigten Antriebs. In diesem Fall werden durch die Konfiguration, die Anordnung der Maschinen und das eingesetzte Getriebe das benötigte maximale Drehmoment und die maximale Drehzahl der Maschine bestimmt.

Abb. 6.32 zeigt eine typische Drehmoment-Drehzahlcharakteristik von Traktionsantrieben. Im Grunddrehzahlbereich bis zum Eckpunkt (im Beispiel bei ca. 4800 min^{-1}) ist das Drehmoment von elektrischen Antrieben konstant. Die Leistung steigt proportional zur Drehzahl an. Der Eckpunkt ist als der Punkt definiert, bei dem die Nennleistung des Antriebs erreicht wird. Möchte man nun höhere Drehzahlen bekommen, ohne die Nennleistung zu übersteigen, muss das Drehmoment proportional zur Drehzahl abgesenkt werden. Dieser Bereich wird Feldschwächbereich genannt.

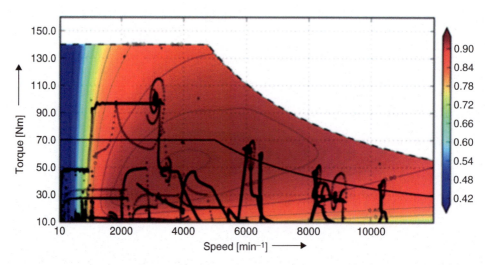

Abb. 6.32 Typische Drehmoment-Drehzahlcharakteristik eines Traktionsantriebs

In Abb. 6.32 ist durch Farbgebung der Wirkungsgrad der Maschine abzulesen. Im gezeigten Beispiel sind die höchsten Wirkungsgrade um den Bereich der Eckdrehzahl zu finden. Im Diagramm sind ebenfalls die Gebiete des Überlastbereichs des Antriebsmotors zu erkennen. Ein kurzzeitiger Betrieb in diesem Betriebsbereich ist zulässig, da der Traktionsmotor eine hohe thermische Zeitkonstante aufweist. Beim gesamten Antriebsstrang ist darauf zu achten, dass die thermischen Zeitkonstanten von Leistungselektronik signifikant kleiner sind. Die Nennleistung der Umrichter muss also im Überlastbereich der Maschine liegen.

Die schwarzen, in dickem Strich ausgeführten Linien kennzeichnen die in einem bestimmten Fahrzyklus angefahrenen Betriebspunkte. Der Gesamtwirkungsgrad des Antriebs sollte mit der Kenntnis dieser am häufigsten angefahrenen Arbeitspunkte gemittelt am höchsten sein, um eine große Reichweite des Fahrzeugs zu erreichen.

Typische Leistungsdaten für Elektrofahrzeuge liegen im Bereich von ca. 10–150 kW. Die „Drehzahl" für PKW-Anwendungen bewegen sich bei den Antriebsmotoren im Bereich zwischen 5000 und 15.000 min^{-1}. Es existiert ein deutlicher Trend zu höheren Drehzahlen. Setzt man die abgegebene Leistung der Maschine konstant und erhöht die Drehzahl, reduziert sich proportional das benötigte Drehmoment. Da das Volumen der Maschine proportional zum Drehmoment ist, sind dadurch Einsparungen beim Gewicht des Antriebs möglich.

Die maximalen Drehzahlen von Antrieben für Nutzkraftfahrzeuge liegen aktuell etwas niedriger im Bereich von 2000–6000 min^{-1}. Der Überlastbereich der Fahrzeugkonzepte liegt zwischen 1,5- und 2-mal Bemessungsdrehmoment der Maschine. Im Feldschwächbereich kann ein Bereich von 3,5–5-mal der Eckdrehzahl erreicht werden. An dieser Stelle sei schon darauf hingewiesen, dass die Feldschwächung bei permanentmagneterregten Motoren eine gewisse Schwierigkeit darstellt.

6.2.1.1 Modularisierung des elektrischen Antriebsstrangs

Aus Abb. 6.31 kann auch die Möglichkeit der Modularisierung des Antriebsstrangs abgeleitet werden. Die unterschiedlichen Antriebsleistungen der drei Fahrzeugkonzepte sind aus jeweils den gleichen Motor-, Batterie- und leistungselektronischen Komponenten zusammengesetzt. Der modulare Aufbau und die Verwendung gleicher Bauteile im Fahrzeug können durch Skalierungseffekte der Serienfertigung Kostenvorteile bieten.

Durch Modularisierung der Maschinen und Maschinenumrichter können kleinere Komponenten verteilt platziert werden. Der Einsatz mehrerer Maschinen statt einer großen ermöglicht je nach Konfiguration den Einsatz von Torque Vectoring, also die gezielte Aufteilung der Antriebsmomente auf Achsen oder Räder. Ein weiterer Vorteil dieser Konzepte liegt in der Skalierbarkeit des Energiespeichers und der Antriebsleistung. So hat ein Sportwagen mehr Batterie- und Maschinenmodule als ein Stadtwagen, wie in Abb. 6.31 gezeigt.

Die modulare Struktur lässt sich bspw. durch die Verwendung mehrerer Umrichter und einen Ansatz mit verteilten Maschinen umsetzen. Ein Beispiel für eine modulare Antriebsstrangtopologie ist in Abb. 6.33 skizziert. Durch den Einsatz modularer DC/DC-Wandler werden die modulare Batterie und der modulare Umrichter entkoppelt. Dadurch erhöht sich die Redundanz im System und es ergibt sich eine hohe Flexibilität beim Anschluss der Energiespeicher. So können nicht nur Batterien verschiedenen Alters oder Ladezustands kombiniert werden, sondern auch verschiedene Batterietechnologien. Durch eine dynamische Anpassung der Ausgangsspannung der DC/DC-Wandler gibt es einen zusätzlichen Freiheitsgrad, mit dem die Wirkungsgrade des Umrichters und der Maschine über den gesamten Drehzahlbereich optimiert werden können. Eine Verbesserung des Wirkungsgrades kann bspw. dadurch erreicht werden, dass bei niedrigeren Drehzahlen die Spannung reduziert wird.

Weiterhin kann durch die DC/DC-Wandler der Einfluss des Ladezustandes der Batterie auf die Spannung kompensiert werden. Die Maschine und der Wechselrichter müssen nicht so ausgelegt werden, dass sie bei einer fast leeren Batterie und dadurch geringen Batteriespannung die maximale Leistung liefern müssen. Dies würde zu deutlich größeren Strömen im Umrichter und in der Maschine führen.

Durch eine komplette Erhöhung der Spannung durch die DC/DC-Wandler wird zusätzlich die benötigte Stromtragfähigkeit der Komponenten kleiner. Dadurch kann der Leiterquerschnitt der Zuleitungen und der Maschine reduziert werden, was potenziell zu einer Gewichtsreduzierung führt. Der Gewichtsverlust ist abhängig von der räumlichen Anordnung der Komponenten.

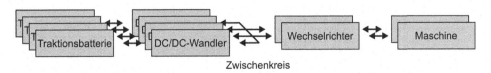

Abb. 6.33 Verteilte Antriebsstrangtopologie

All diesen Vorteilen gegenüber stehen Verluste, Komplexität und Kosten, die durch die zusätzlichen DC/DC-Wandler verursacht werden. Untersuchungsergebnisse sprechen jedoch durchaus dafür, dass ein solches Gesamtsystem effizienter sein kann. (van Hoek et al. 2010; Schoenen et al. 2010)

6.2.1.2 Optimale Spannungslevel für Antriebssysteme

Neben den Vor- und Nachteilen der verschiedenen Konzepte ist ein zentrales Thema der aktuellen Diskussionen die Wahl der Spannungsebenen im System. Die verschiedenen Aspekte stellen diesbezüglich unterschiedliche und auch widersprüchliche Anforderungen. Setzt man bspw. auf Batteriespannungen unter 60 V, so gelten andere Vorschriften für den Berührungsschutz als bei Spannungen bis 120 V oder 1500 V, die für den Menschen gefährlich sind. Bei niedrigerem Spannungsniveau kann einfacher sichergestellt werden, dass auch bei Beschädigungen der Komponenten, etwa bei Unfällen, eine potenzielle Gefahr für Insassen und Rettungskräfte durch spannungsführende Teile ausgeschlossen ist. Eine niedrige Spannung bedeutet bei gleicher Leistung allerdings höhere Ströme, wodurch die Verluste in der Maschine und der Kupferaufwand für das Bordnetz, besonders bei verteilten Topologien, steigen. Einen weiteren Faktor bilden die Betriebsspannungen der kommerziellen Leistungshalbleiter, die bei etwa 400 V (600-V-Bauteile) bzw. 900 V (1200-V-Bauteile) liegen. Diese Spannungen versprechen aus Sicht der leistungselektronischen Komponenten die ideale Ausnutzung der Bauteile. Bei ausreichenden Stückzahlen ist die Einführung einer spezifischen Spannungsebene für Automotive durchaus denkbar, allerdings müsste hierfür die Einigung auf die benötigte Spannungsklasse erfolgen und den Halbleiterherstellern der entsprechende Markt in Aussicht gestellt werden. Aus den bisherigen Überlegungen werden die Chancen eines Konzeptes mit DC/DC-Wandler deutlich, da dieser die von Wechselrichter, Bordnetz und Maschinen geforderte höhere Spannung dynamisch erzeugt und steuert. Beim Abstellen des Fahrzeugs oder im Fehlerfall kann der Zwischenkreis schnell entladen werden, dann ist nur noch die niedrige Batteriespannung im System vorhanden. Im Extremfall können dies Spannungen unterhalb von 60 V sein, wodurch das System berührungssicher ist. Die Verwendung solch kleiner Batteriespannungen ist ohne DC/DC-Wandler nur bei geringen Antriebsleistungen, etwa einem kleinen Stadtfahrzeug, eine sinnvolle Lösung.

6.2.1.3 Komponenten des elektrischen Antriebsstrangs

Für die Anwendung im Fahrzeug werden hohe Anforderungen an Bauraum, Gewicht, Preis und Zuverlässigkeit der leistungselektronischen Komponenten und der Maschine gestellt. Dem gegenüber stehen die hohen thermischen und mechanischen Belastungen. In Abb. 6.34 sind die Komponenten eines Antriebsstrangs dargestellt.

Der Austausch der elektrischen Energie zwischen den Komponenten erfolgt über das Bordnetz, das verschiedene Spannungsniveaus aufweist. Es wird zwischen dem Hoch-Volt-Netz für Traktionsbatterie und Antrieb und dem Niedervoltnetz für die gängigen 12-V-Verbraucher unterschieden. Bei Verwendung von Hoch-Volt-DC/DC-Wandlern ergeben sich zusätzlich unterschiedliche Spannungsebenen für die Hoch-Volt-Batterie und den

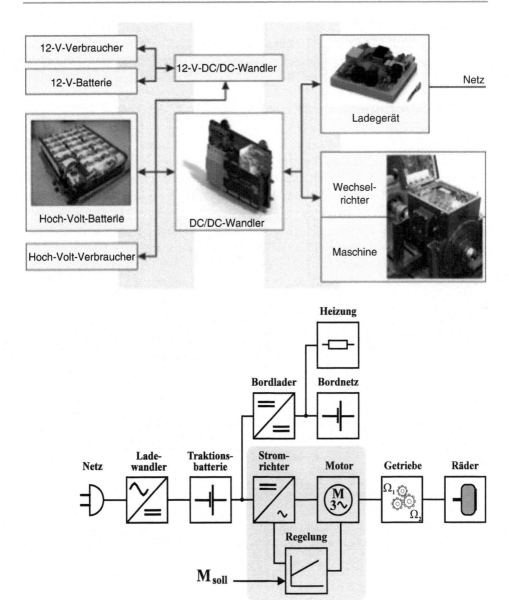

Abb. 6.34 Komponenten in einem elektrischen Antriebssystem

Hauptantrieb. Neben dem Wechselrichter, der Traktionsbatterie und dem optionalen DC/DC-Wandler finden sich im Hoch-Volt-Bordnetz noch das Ladegerät und der 12-V-DC/DC-Wandler. Das Ladegerät lädt die Traktionsbatterie aus dem Elektrizitätsnetz. Der 12-V-DC/DC-Wandler speist das Niedervoltnetz mit Energie aus der Traktionsbatterie, womit er die 12-V-Verbraucher während der Fahrt versorgt und einen ausreichenden

Ladezustand der 12-V-Batterie sicherstellt. Viele der 12-V-Verbraucher sind aus den konventionellen Fahrzeugen bekannt. Darüber hinaus besteht die Möglichkeit, Verbraucher hoher Leistungen wie die Klimatisierungssysteme an das Hoch-Volt-Netz anzuschließen.

6.2.2 Elektrische Maschinen

Prinzipiell lassen sich alle bekannten elektrischen Maschinenarten in Elektrofahrzeugen einsetzen. Durch moderne Leistungselektronik können die gewünschten Traktionscharakteristiken erzeugt werden. Die Entscheidung für den einen oder anderen Motor ist abhängig von Kriterien, die von der gewünschten Anwendung des Fahrzeugs und somit von einem ganz bestimmten Fahrzyklus vorgegeben sind. Weitere Kriterien, wie Kosten, Fertigbarkeit des Motors, Wartungsfähigkeit, Recycelbarkeit, Lebensdauer, Leistungsdichte, Wirkungsgrad, Materialauswahl etc., spielen eine wesentliche Rolle bei der Auswahl des am besten geeigneten Motors für ein bestimmtes Fahrzeug. Wie bereits erwähnt sind Wirkungsgrad und Leistungsdichte für den Bereich der am häufigsten angefahrenen Betriebspunkte (Fahrzyklus) des Motors die wichtigsten Auswahlkriterien des Antriebsmotors.

In Abb. 6.35 sind die Magnetkreisanordnungen der wichtigsten Motorvarianten aufgeführt. Jede dieser Maschinen besitzt spezifische Vor- und Nachteile.

6.2.2.1 Gleichstrommaschinen

Die Gleichstrommaschine (DC) mit mechanischem Kommutator hat heutzutage für den Einsatz als Hauptantrieb im PKW-Bereich keine Bedeutung mehr. Man findet diese Maschine noch vereinzelt in fahrbaren Arbeitsmaschinen kleinerer Leistungen.

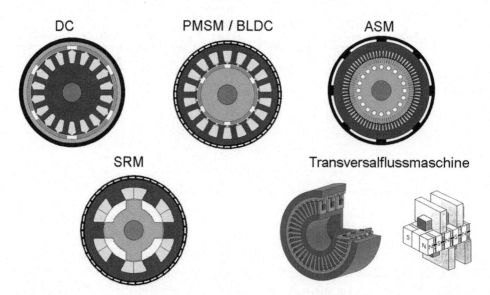

Abb. 6.35 Mögliche Motorarten für den Einsatz im Elektrofahrzeug

6.2.2.2 Permanentmagneterregte Maschinen

Die permanentmagneterregten Maschinen (PM) besitzen die höchsten Wirkungsgrade und ermöglichen die größten Leistungsdichten. Bedingt durch moderne Hochenergiepermanentmagnete wie bspw. die NdFeB-Werkstoffe sind sehr kompakte Konstruktionen möglich. Trotz der zurzeit extrem hohen Werkstoffpreise für diese Magnete gibt es keine Alternative, wenn Leistungsdichte das Hauptkriterium ist. Falls doch aus Kostengründen vom Einsatz der NdFeB-Magneten abgesehen werden soll, können Kompromisse bei Leistungsdichte und Wirkungsgrad gemacht werden.

Die Speisung der PM-Maschinen mit blockförmigen oder sinusförmigen Stromsystemen entscheidet über die Namensgebung einer permanentmagneterregten bürstenlosen Gleichstrommaschine (BLDC) bzw. der permanentmagneterregten Synchronmaschine (PMSM). Die Magnetkreistopologie beider Maschinenarten ist identisch. Details in der Gestaltung des Magnetkreises sorgen für die effiziente Funktion beider Maschinen. Teilweise werden auch beide Betriebsarten verwendet. So wird im Sinusbetrieb der Antrieb bei kleinen Drehzahlen geführt und dann bei höheren Drehzahlen in den Blockbetrieb gewechselt. Dies hat den Vorteil eines ruckfreien Anfahrens bzw. Fahrens ohne Drehmomentschwankungen bei kleinen Fahrgeschwindigkeiten und einem hohen Wirkungsgrad der Leistungselektronik bei höherer Geschwindigkeit. Ein etwas schlechterer Wirkungsgrad des Antriebsmotors muss bei dieser Betriebsart in Kauf genommen werden. Die permanentmagneterregten Maschinen lassen sich für einen großen Drehzahlbereich mit hohen Wirkungsgraden und hohen Drehmomentdichten dimensionieren, sie sind somit als Direktantrieb ohne mechanisches Getriebe gut geeignet.

Heutzutage werden in Elektrofahrzeugen größtenteils PM-Maschinen eingesetzt, da sie gute Wirkungsgrade und durch die Verwendung der Hochenergiepermanentmagnete eine sehr große Leistungsdichte aufweisen. Als Hauptantrieb werden meist Innenrotorkonstruktionen verwendet. Außenläufer bilden die Ausnahme. Bei Radnabenmotoren können diese Konstruktionsvarianten vorteilhaft sein. In der Regel befinden sich die Permanentmagnetsysteme im Rotor des Motors (s. Abb. 6.36).

Von links nach rechts zeigt Abb. 6.36 Oberflächenmagnete mit weichmagnetischer Pollücke zur Erweiterung des Feldschwächbereichs, auf der Oberfläche des Rotors aufgebrachte Magnete, Magnetsysteme mit Flusskonzentrator, um den Luftspaltfluss zu vergrößern, im Rotoreisen eingebettete Magnete und die V-förmig eingelassenen Magnete. Mit all diesen Varianten lässt sich das Luftspaltfeld der Maschine anpassen, sodass der

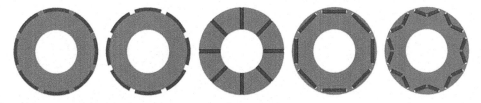

Abb. 6.36 Verschiedene Rotorvarianten für Permanentmagneterregung

Flussverlauf bzw. die induzierte Spannung genau zum speisenden Strom passt, um ein großes und gleichförmiges Drehmoment zu erzeugen.

6.2.2.3 Asynchronmaschinen

Die Asynchronmaschine (ASM) bietet eine preiswerte Alternative für einen Hauptantrieb. Verglichen mit PM-Maschinen muss mit einem schlechteren Wirkungsgrad gerechnet werden, da diese Maschine in jedem Betriebspunkt einen Blindleistungsbedarf hat und damit der cos φ einen Wert > 1 annimmt. Größere Einbauvolumen und damit schlechtere Leistungsdichten, gerade im Teillastbereich der Maschine, sind zu berücksichtigen. Erst für höhere Drehzahlen lassen sich Wirkungsgrade erzielen, die mit denen der PM-Maschinen vergleichbar sind. Als Direktantrieb ohne Getriebe sind die ASM daher nicht geeignet.

6.2.2.4 Geschaltete Reluktanzmaschinen

Die Geschaltete Reluktanzmaschine (GRM) zeichnet sich durch einen einfachen und robusten Aufbau ohne Magnete und Rotorwicklung aus. Sowohl Stator als auch Rotor besitzen ausgeprägte Zähne, wie in Abb. 6.37 zu sehen ist. Im Gegensatz zu den bisher vorgestellten Maschinen entsteht das Drehmoment durch Änderung der Reluktanz (magnetischer Widerstand).

Die Reluktanz eines Motorstrangs ist von der Rotorposition abhängig. Wird zunächst Strang A bestromt, so entsteht der weiß eingezeichnete Fluss. Die Reluktanzkraft sorgt für eine Drehung gegen den Uhrzeigersinn, bis die Rotorzähne den bestromten Statorzähnen komplett gegenüber stehen. Für eine kontinuierliche Drehbewegung wird nun Strang A abgeschaltet und Strang B bestromt. Um ein Drehmoment mit geringer Welligkeit zu

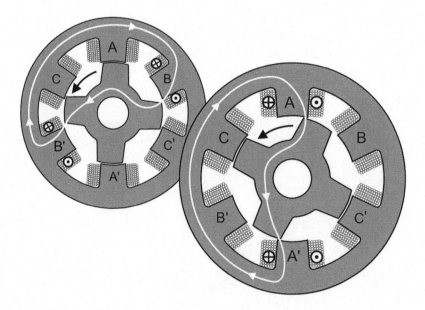

Abb. 6.37 Prinzip der Geschalteten Reluktanzmaschine

erreichen, werden die pulsförmigen Drehmomentverläufe, die durch die einzelnen Stränge verursacht werden, aufeinander abgestimmt.

Wegen der zusätzlichen pulsförmigen Kraftanregung in radialer Richtung ist die GRM für eine hohe Geräuschentwicklung bekannt. Diese lässt sich jedoch durch eine entsprechende Maschinenauslegung (Fiedler 2007) sowie durch die Regelung mit einem frühen Einzelpulsbetrieb bei niedrigen Drehzahlen (Kasper 2011) minimieren.

Insgesamt ist die GRM für Elektrostraßenfahrzeuge, insbesondere für Hochdrehzahlantriebe, geeignet, da sie robust und kostengünstig zu fertigen ist und zudem im hohen Drehzahlbereich eine große Leistungsdichte aufweist.

Eine Übersicht über die GRM als Antriebsmotor bietet De Doncker et al. (2011b). Weitere Grundlagen zur GRM finden sich bspw. in (De Doncker 2011a).

6.2.2.5 Transversalflussmaschinen
Die Transversalflussmaschine (TFM) ist eine elektrische Maschine mit einer besonders hohen Polpaarzahl. Dies führt zu großen Drehmomentdichten. Ihr typisches Einsatzgebiet bei Elektrofahrzeugen sind die Direktantriebe ohne Getriebe. Neben dem großen Drehmoment ist die relativ kurze axiale Länge der Maschine vorteilhaft. Es gibt Anwendungen als Radnabenantrieb in Kleinbussen.

6.2.2.6 Aufbau elektrischer Maschinen
Beim Aufbau elektrischer Maschinen wird zwischen aktiven und inaktiven Bauteilen differenziert. Unter aktiven Bauteilen einer elektrischen Maschine versteht man den magnetischen Kreis, die Wicklungen und die stromzuführenden Teile. Die inaktiven Bauteile dienen mechanischen Zwecken. Hier wird zwischen den arbeitenden Teilen (Welle, Lüfter, Lager usw.) und den tragenden oder haltenden Teilen (Gehäuse, Lagerschilde) unterschieden. Der magnetische Kreis besteht aus einem Ständer- (Stator) und Läuferteil (Rotor) sowie dem Luftspalt. Sowohl Rotor als auch Stator sind als Blechpaket ausgeführt. Die voneinander isolierten Bleche reduzieren die auftretenden Wirbelstromverluste, die durch die zeitlich veränderlichen Flüsse in der Maschine hervorgerufen werden.

In diesem Kapitel wird auf die in den Elektromotoren eingesetzten Werkstoffe eingegangen. Zusammengefasst bestehen die gezeigten Maschinentypen in Abb. 6.35 aus Elektroblechen (weichmagnetisches Material), Wicklungen (bspw. Kupfer) oder teilweise Permanentmagneten (hartmagnetisches Material).

Die Eigenschaften der Werkstoffe stehen zentral für die erreichbaren Leistungen und Eigenschaften des Motors. Auf die Unterscheidung zwischen weichmagnetischen Werkstoffen, die zur Flussführung dienen, und den hartmagnetischen Werkstoffen zur Erzeugung von magnetischem Fluss wird ebenfalls eingegangen.

Weichmagnete Die weichmagnetischen Werkstoffe im magnetischen Kreis des Motors, auch Elektrostahl oder Elektroblech genannt, sollen den Maschinenfluss führen. Die Permeabilität, die magnetische Leitfähigkeit dieses Werkstoffs, ist verglichen mit der von Luft sehr hoch. Dadurch wird der gesamte Fluss der Maschine im Eisen geführt. Mit steigender Feldstärke geht das Material in die Sättigung, d. h., der für kleine Feldstärken lineare Anstieg der Induktion wird für höhere Werte der Feldstärke stark nicht linear.

Weichmagnetische Werkstoffe haben im Gegensatz zu den Hartferriten eine sehr kleine Hysterese. Sie bedingt relativ kleine Hystereseverluste, die durch Ummagnetisierungserscheinungen im Material entstehen. Ein weiterer Verlust im Eisen, der durch die Flussschwankungen und durch Ummagnetisierung entsteht, sind die Wirbelstromverluste. Sie können für große Ummagnetisierungsfrequenzen in schnelllaufenden Motoren sehr groß werden. Um diesen Verlustanteil in der elektrischen Maschine möglichst gering zu halten, wird der magnetische Kreis nicht aus massivem weichmagnetischen Material gefertigt, sondern aus dünnen, voneinander elektrisch isolierten Blechen. Grundsätzlich kann festgestellt werden: Je dünner die Bleche, desto kleiner werden die Wirbelstromverluste sein. Der Betrieb eines Elektrofahrzeugs bedeutet, dass der Traktionsmotor je nach Fahrsituation in verschiedenen Arbeitspunkten betrieben wird. Die Drehzahl des Motors korreliert dann mit der Ummagnetisierungsfrequenz im Eisenkreis der Maschine. Die richtige Werkstoffauswahl für den Magnetkreis spielt also eine wichtige Rolle für den Gesamtwirkungsgrad der Maschine.

In Abb. 6.38 sind in dem Drehmoment-Drehzahldiagramm des Traktionsmotors die Eigenschaften eingetragen, die das Elektroblech für die verschiedenen Arbeitspunkte besitzen muss. Hohe Drehzahlen benötigen dünne Bleche, um die Wirbelströme zu begrenzen. Kleine Drehzahlen mit großem Drehmoment benötigen einen Werkstoff, der eine möglichst hohe Sättigungsmagnetisierung besitzt. Aus diesen Zusammenhängen

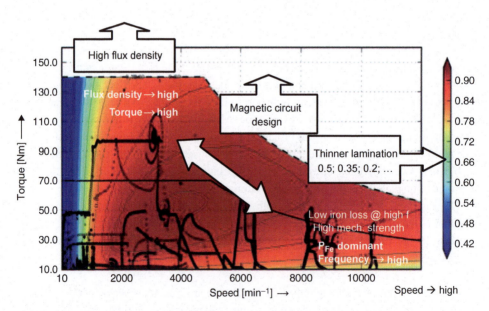

Abb. 6.38 Benötigte Werkstoffeigenschaften des Elektroblechs für die verschiedenen Arbeitspunkte des Traktionsmotors

wird die Schwierigkeit deutlich, den richtigen Werkstoff zu wählen, um einen über alle Arbeitspunkte des Antriebs gemittelt hohen Wirkungsgrad zu erzielen. Damit hängt auch die Abhängigkeit des Gesamtwirkungsgrades von der Verwendung des Fahrzeugs ab. Der Fahrzyklus spielt somit eine große Rolle beim Entwurf eines Antriebssystems für eine spezifizierte Anwendung als Elektrofahrzeug.

Hartmagnete Die Permanentmagnete sollen in permanentmagneterregten Maschinen einen möglichst großen magnetischen Fluss erzeugen, um ein hohes Drehmoment zu erreichen. Dies lässt sich mit großen Werten für die Remanenzinduktion erreichen (Abb. 6.39: B für H=0). Daher soll der Energieinhalt der Magnete, gekennzeichnet durch den BH_{max}-Wert, möglichst groß sein. Das hartmagnetische Material wird in einer Magnetisierungseinrichtung aufmagnetisiert und anschließend im zweiten Quadranten, der Entmagnetisierungscharakteristik, der Hysterese betrieben (s. Abb. 6.39).

Abb. 6.39 zeigt typische Entmagnetisierungskennlinien einiger Permanentmagnetwerkstoffe. Deutlich ist die Überlegenheit der NdFeB-Werkstoffe bspw. gegenüber den Ferriten. Sehr viel größere remanente Induktionen (B bei H=0) und sehr große Werte der Koerzitivfeldstärke (H bei B=0) lassen sich verifizieren. Eine große Koerzitivkraft gewährleistet eine hohe Entmagnetisierungssicherheit des Permanentmagneten.

Grundsätzlich kann man sagen, dass die Ferritwerkstoffe zwar relativ schwache Magneteigenschaften haben, ihre Kosten aber verglichen mit den SmCo- oder NdFeB-Werkstoffen sehr klein sind. Ferrite sind daher in allen Konsumeranwendungen zu finden, bei denen die Kosten einen besonders hohen Stellenwert haben. Fast alle Hilfsantriebe im Kraftfahrzeug sind mit diesem Material ausgestattet. Bedingt durch den kleinen BH_{max}-Wert der Ferrite lassen sich keine kompakten und leitungsdichten Traktionsantriebe

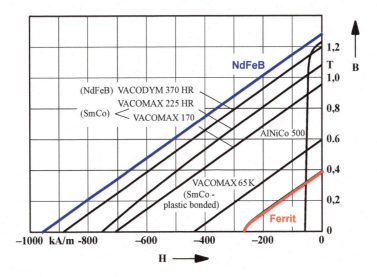

Abb. 6.39 Typische Entmagnetisierungskennlinien verschiedener Hartmagnete (20 °C)

mit diesem Werkstoff realisieren. Hier ist der Werkstoff NdFeB, auch bei dem zurzeit extrem hohen Preis, alternativlos, wenn es um Wirkungsgrad, Leistungsdichte und um geringe Gewichte geht.

Wicklungskonfigurationen Der Stator jeder elektrischen Maschine besteht aus Elektroblechen und einer Statorwicklung. Abhängig vom Maschinentyp gibt es hier verschiedene Möglichkeiten der Wicklung. Grundsätzlich kann man zwischen verteilten und Einzelzahnwicklungen, auch als konzentrierte Wicklung bezeichnet, unterscheiden.

Unterstellt man, dass nur ein ganz bestimmtes Einbauvolumen für den Motor zur Verfügung steht, sieht man in Abb. 6.40a die Vorteile der Einzelzahnwicklung: Die Wickelköpfe sind sehr kurz und die magnetisch aktive Maschinenlänge ist verglichen mit der verteilten Wicklung größer. Bei Erhöhung der Polpaarzahl ist eine weitere Reduktion des Wickelkopfes möglich. Die Einzelzahnwicklung hat Vorteile, wenn der Motor sehr kompakt aufgebaut werden soll. Das eingesetzte Kupfervolumen im Wickelkopfbereich ist bei der Einzelzahnwicklung kleiner, was einen besseren Wirkungsgrad bedeutet. In diesem Zusammenhang darf nicht vergessen werden, dass die Einzelzahnwicklung einen höheren Anteil von Feldoberwellen im Luftspalt der Maschine erzeugt. Diese Oberwellen haben parasitäre Wirkungen wie Drehmomentschwankungen und Zusatzverluste im Kupfer als auch im weichmagnetischen Eisenkreis der Maschine zur Folge. Die Produktion von Einzelzahnwicklungen ist verglichen mit derjenigen der verteilten Wicklung kostengünstiger. Falls jedoch der Wirkungsgrad der Maschine das Hauptkriterium zur Auswahl des Wicklungssystems ist, werden verteilte Wicklungen bevorzugt, die einen sehr kleinen Anteil an harmonischen Wicklungsoberfeldern im Luftspalt aufweisen.

Die Asynchronmaschine wird grundsätzlich nur mit verteilten Wicklungen ausgestattet werden. Der bei der ASM prinzipbedingt sehr kleine Luftspalt führt dazu, dass alle parasitären Oberfelderscheinungen in ihrer negativen Wirkung voll auf das Betriebsverhalten der Maschine durchschlagen. Für Geschaltete Reluktanzmaschinen hingegen kommt prinzipbedingt nur der Einsatz von konzentrierten Wicklungen in Frage, wie anhand der Statorgeometrie in Abb. 6.40 zu erkennen ist.

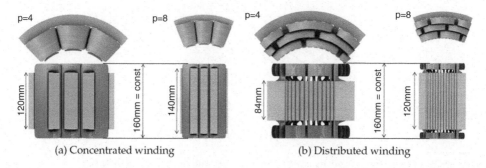

Abb. 6.40 Statorwicklung: **a** als Einzelzahnwicklung und **b** als verteilte Wicklung ausgeführt

6.2.3 Leistungselektronik

Das Gebiet der Leistungselektronik beschäftigt sich mit elektrischen Komponenten, sog. Umrichtern oder Wandlern, die elektrische Energie von einer Form in eine andere konvertieren. Diese Energietransformation kann dabei die Form, bspw. Gleichspannung in Wechselspannung, als auch die charakteristischen Größen betreffen, wie etwa bei einer Wandlung der Frequenz oder der Spannung. Die Leistungselektronik gilt mit ihren Merkmalen bei vielen Innovationen als wichtige Schlüsseltechnologie. Da sie dabei jedoch selten im Vordergrund steht, sind sich nur wenige ihrer Bedeutung bewusst. Heutzutage stellt die Leistungselektronik mit Wirkungsgraden deutlich über 90 % und ihrer hohen Flexibilität die fortgeschrittenste Möglichkeit der elektrischen Energieumwandlung dar. In Zeiten zunehmenden Energiebewusstseins und steigender Energiekosten ist sie aus ökonomischer und ökologischer Sicht bei vielen Applikationen alternativlos.

Wie bereits beschrieben bildet der Wechselrichter, der die elektrische Maschine speist, eine zentrale Komponente des Antriebssystems. Die komplexe, dynamische Steuerung der elektromechanischen Energiewandlung des Systems obliegt dabei der Wechselrichterregelung, weswegen die Forschungsgebiete der Leistungselektronik und der elektrischen Antriebe eng miteinander verknüpft sind.

Die Anwendung von Leistungselektronik beschränkt sich nicht nur auf die reine Antriebsenergie. Auch viele Hilfsaggregate wie bspw. die elektrisch unterstützte Lenkung oder das Batteriemanagement mit der dazugehörigen Ladetechnik sind prädestinierte Applikationen für moderne Leistungselektronik.

Um hohe Effizienzen erreichen zu können, arbeiten leistungselektronische Schaltungen mit getakteten Schaltzuständen. Der Grundgedanke ist hierbei, statt eines kontinuierlichen Leistungsflusses die Energie periodisch in einzelnen Paketen zu übertragen. Durch eine hohe Frequentierung der Pakete und entsprechende Leistungsfilter erscheint dieser zerstückelte Leistungsfluss nahezu kontinuierlich an Ein- und Ausgang. Schon mit dieser abstrakten Darstellung wird deutlich, dass eine höhere Frequentierung den Filteraufwand und damit das Bauvolumen und die Kosten der Komponente herabsetzen kann. Diese Zielvorgabe wird durch die schaltenden Halbleiterbauelemente beschränkt, da deren Schaltverluste mit steigender Schaltfrequenz zunehmen und die abführbare Verlustleistung begrenzt ist. Entsprechend ist die Herausforderung der Auslegung eines leistungselektronischen Wandlers meist die Abbildung des Optimums aus Wirkungsgrad, Bauraum/Gewicht und Kosten.

In Bezug auf die Leistungsdichte wurden bei wassergekühlten Systemen für den Antriebswechselrichter und den DC/DC-Wandler Zielgrößen für 2015 formuliert: Leistungsdichten von 12 kW/l bei Kosten von 5 Euro/kW (ETG 2010). Ein Trend zur steigenden Integration der Komponenten, bspw. des Antriebswechselrichters in die Maschine, soll in naher Zukunft für deutlich höhere Leistungsdichten sorgen (März 2007). Der erste Schritt hin zu einer solchen Integration ist die Vermeidung von Kabelverbindungen. So kann der Wechselrichter bspw. direkt auf der Maschine platziert werden. Nachteile ergeben sich durch die stärkeren Vibrationen, denen die Leistungselektronik durch die mechanische Kopplung ausgesetzt ist.

Der Betrieb der verschiedenen Komponenten auf immer kleinerem Raum ist aus Sicht der elektromagnetischen Verträglichkeit (EMV) kritisch. Unter diesem Begriff werden ungewollte elektrische und elektromagnetische Wechselwirkungen technischer Geräte behandelt. Es wird zwischen leitungsgebundenen und feldgebundenen, also abgestrahlten Störungen unterschieden. Leitungsgebundene Störungen sind solche, die sich über die Verbindung verbreiten. Bei leistungselektronischen Komponenten ist diese Störungsform ein zentrales Problem.

Es ist nachvollziehbar, dass man die Taktung in irgendeiner Weise an Ein- und Ausgang der Wandler im Signal sehen kann und sie sich über das Anschlusskabel als hochfrequenter Stromrippel ausbreitet. Diese Störungen können durch EMV-Filter unterdrückt werden. Mit dem entsprechenden Aufwand können demnach die EMV-Vorschriften für die Bordnetze, d. h. die Grenzen der Amplitude, mit der diese hochfrequenten Signale in verschiedenen Frequenzbändern ausgesendet werden dürfen, eingehalten werden. Feldgebundene Störungen erweisen sich vor allem innerhalb der Komponenten als problematisch. Hier muss die zuverlässige Funktion der Steuergeräte in unmittelbarer Nähe zu den schaltenden Leistungsteilen und magnetischen Bauteilen, die elektromagnetische Felder abstrahlen können, sichergestellt sein.

6.2.3.1 Bauelemente und ihre Ausführungsformen

Die erforderlichen hohen Schaltfrequenzen können nur von Halbleiterschaltern umgesetzt werden. Der Vorteil, die Leistungshalbleiter in Form von kompakten Modulen bereitzustellen, liegt dabei im von vornherein isolierten Aufbau und der dadurch möglichen sehr hohen Leistungsdichte. Als Bauelemente selbst werden meist IGBTs (Insulated-Gate-Bipolar-Transistoren) verwendet, da sie die Vorteile vom Bipolar- und Mosfet-Transistor zu einem Bauelement mit geringen Verlusten, guter Parallelschaltbarkeit und leistungsloser Ansteuerung kombinieren.

Leistungshalbleitermodule für automotive Applikationen sind in der Regel wie folgt aufgebaut:

Die Bauelemente werden auf ein Keramik-Substrat o. ä. gelötet, das beidseitig mit einer Kupfer-Kaschierung versehen ist. Auf der einen Seite (Layout/Bestückseite) befindet sich meist eine Struktur, die zur internen Verschaltung der Bauteile dient; auf der anderen Seite (Unterseite) ist die Kaschierung durchgängig. Das Substrat bildet dabei oft die Basis des Moduls. In größeren Modulen für größere Leistungen werden häufig mehrere Substrate mit oder ohne Bodenplatte zusammengefasst.

Die elektrischen Potenziale des Moduls müssen über entsprechende Kontakte nach außen geführt werden, wo sie an Leiterplatten, Busbars oder anderen externen Leitern angeschlossen werden (Abb. 6.41 und 6.42).

Grundsätzlich kommen also zwei verschiedene Ausführungsformen zum Einsatz: Module mit Bodenplatte für größere Leistungen und Module ohne Bodenplatte für kleinere Leistungen. Dabei unterscheiden sich Module mit Bodenplatte in der Art der Kühlschnittstelle im Umrichter: Universell verwendbar sind Module mit Standard-Bodenplatte zur Verschraubung auf einer ebenen, standardisierbaren Kühloberfläche. Effizienter – aber bezüglich ihrer Einbausituation unflexibler – sind Module mit direkter Kühlung, bspw. sog. Pin-Fin-Kühler (Abb. 6.43 und 6.44).

Abb. 6.41 Modul ohne Bodenplatte

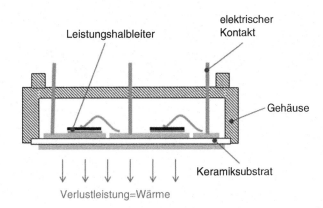

Abb. 6.42 Modul mit Bodenplatte

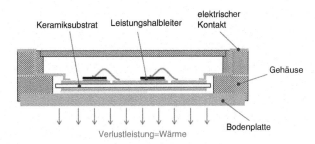

Abb. 6.43 Hybrid-PACK 1

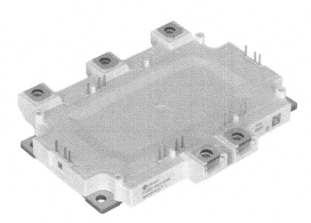

Abb. 6.44 Easy 1B

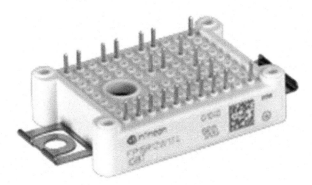

6.2.3.2 Wechselrichter

Mit dem Wechselrichter wird die Gleichspannung aus dem Hoch-Volt-Bordnetz in die benötigte Spannungsform für den Elektromotor umgewandelt. Für die Rekuperation muss ein Stromfluss in umgekehrte Richtung möglich sein. Für den Betrieb von Drehfeldmaschinen kommen dreiphasige Wechselrichter wie die B6C-Brücke in Abb. 6.45 zum Einsatz. Diese erzeugen eine Dreiphasenwechselspannung variabler Frequenz und Amplitude, wodurch sich Drehzahl und Drehmoment innerhalb des Betriebsbereichs stufenlos einstellen lassen.

Bei der GRM ist die Stromrichtung für die Drehmomenterzeugung nicht von Belang. Daher wird in der Regel die asymmetrische Halbbrücke verwendet (s. Abb. 6.46). Sie besteht im dreiphasigen Fall aus ebenso vielen Halbleitern wie die B6C-Brücke, benötigt aber die doppelte Anzahl an Zuleitungen. Daher ist eine Integration des Umrichters bei der GRM besonders interessant. Mit der mehrphasigen asymmetrischen Halbbrücke lassen sich die Stellparameter für jeden Betriebspunkt optimieren, da die einzelnen Stränge voneinander unabhängig ansteuerbar sind. Zudem ist der Weiterbetrieb des Antriebs bei Ausfall eines Motorstrangs möglich (De Doncker et al. 2011a). Weitere Umrichtertopologien für GRM finden sich bei Barnes und Pollock (Barnes und Pollock 1998).

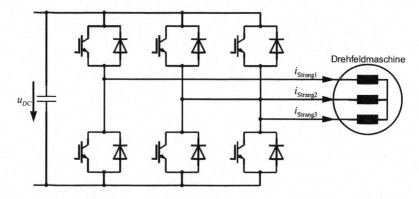

Abb. 6.45 B6C-Brücke als dreiphasiger Wechselrichter für Drehfeldmaschinen

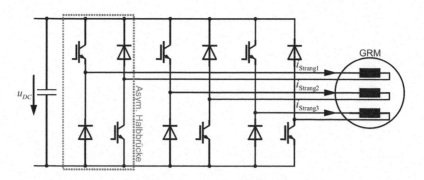

Abb. 6.46 Dreiphasige asymmetrische Halbbrücke für dreisträngige GRM

6.2.3.3 DC/DC-Wandler

Wie in Abschn. 6.2.1.1 beschrieben wurde, dient der DC/DC-Wandler der flexiblen Kopplung von Traktionsbatterie und Wechselrichter, wobei der Grad der Flexibilität von der verwendeten Schaltung vorgegeben wird. Die Batteriespannung wird auf eine höhere Zwischenkreisspannung für die Wechselrichter angehoben, der DC/DC-Wandler arbeitet also im Motorbetrieb als Hochsetzsteller. Beim Rekuperieren, d. h. der Rückspeisung in die Batterie, arbeitet der Wandler als Tiefsetzsteller.

Die einfachste Realisierung des DC/DC-Wandlers bildet ein bidirektionaler Gleichstromsteller, wie er in Abb. 6.47 links dargestellt ist. Anhand der Stromverläufe in der rechten Abbildung lässt sich die Taktung der Energieübertragung erkennen. Während sich der Eingangsstrom kontinuierlich und mit einem dreiecksförmigen Stromrippel ergibt, fließt der Ausgangsstrom nicht kontinuierlich und ein entsprechend großer Stromrippel stellt sich ein. Die EMV-Filter müssen dabei anhand der Vorgaben zur Glättung dieses Rippels dimensioniert werden. Ein praktikabler Betriebsbereich des bidirektionalen Gleichstromstellers liegt in einem Spannungsübersetzungsverhältnis von 1,1–10.

6.2.3.4 Ladegerät

Das Ladegerät dient zum Aufladen der Traktionsbatterie und kann durch Kommunikation mit dem Batterie-Management-System (BMS) einen zustandsangepassten Ladeprozess umsetzen, der die Lebensdauer der Batterie entscheidend erhöhen kann. Bei Antriebsstrangtopologien mit verteilten Batterien und DC/DC-Wandler (s. Abb. 6.33) speist das Ladegerät den Zwischenkreis und die Leistungssteuerung wird durch die DC/DC-Wandler umgesetzt. Unabhängig von der Antriebsstrangtopologie sind hier verschiedene Konzepte möglich, wobei zwei wichtige Aspekte eine entscheidende Rolle spielen: die angestrebte Ladegeschwindigkeit und die Anschlussverfügbarkeit.

Das Laden an einer Haushaltssteckdose (ca. 3,5 kW) dauert mehrere Stunden (ca. 7–10 h für 150–200 km), dafür ist sie überall verfügbar und wird entsprechend für PKWs als Lösung favorisiert (ETG 2010). Die Installation eines dreiphasigen Anschlusses in der Garage könnte die Ladeleistung auf 11 kW (16 A) bzw. 22 kW (32 A) heraufsetzen, wodurch sich die Ladezeit zwar entsprechend verringert, aber noch deutlich über einer

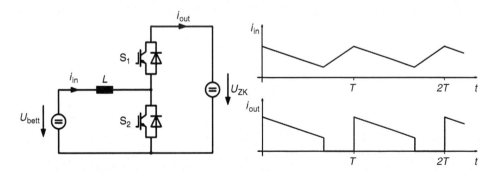

Abb. 6.47 Bidirektionales Ladegerät

Stunde liegt. Einige Ladegeräte sehen hierfür Anschlussmöglichkeiten für ein- und dreiphasiges Laden vor. Dieses Konzept setzt voraus, dass das Ladegerät als Komponente im Auto verbaut wird, was mit höherem Aufwand und höheren Kosten einhergeht. Im Hinblick auf die Kundenakzeptanz von Verfügbarkeit und Zugangsmöglichkeiten ist ein externes Ladegerät für PKWs nicht rentabel.

Eine Schnellladestation, die etwa während einer kurzen Pause innerhalb von einer Viertelstunde nennenswert nachlädt, braucht deutlich über 50 kW Ladeleistung und ist damit für die Hausinstallation ungeeignet. Derartige Konzepte werden eher bei Nutzfahrzeugen mit festen Tagesstrecken, wie bei Buslinien oder Lieferdiensten, eingesetzt, wo feste Standzeiten und -orte planbar sind.

Ein Beispiel für den Aufbau eines integrierten Ladegerätes zeigt Abb. 6.48. Es besteht aus zwei Stufen: einem Gleichrichter und einem DC/DC-Wandler mit Transformator, also einer galvanischen Trennung. Je nach Schutzkonzept im Fahrzeug kann diese Potenzialtrennung, d. h. die Verwendung eines Transformators im Ladegerät, erforderlich sein. Zwar gibt es dafür aktuell noch keine Vorschrift, aber die Forderung nach einer Potenzialtrennung unabhängig vom Schutzkonzept erscheint sinnvoll (ETG 2010). Es wird nicht nur eine Gleichrichterstufe mit Transformator eingesetzt, weil dieser dann für eine Betriebsfrequenz von 50 Hz ausgelegt werden muss, was ihn groß und schwer macht. Das zweistufige System mit einem Transformator im DC/DC-Wandler, der mit einer hohen Betriebsfrequenz (im Bereich von 10–50 kHz) arbeitet, kann deutlich kompakter gebaut werden. Bei den Konzepten mit geringerer Ladeleistung werden kleinere Halbleiterschalter als im Wechselrichter oder DC/DC-Wandler verwendet. Neben kleinen IGBTs kommt insbesondere der „Metal Oxide Semiconductor" (MOSFET) zum Einsatz, mit dem höhere Schaltfrequenzen erreicht werden können.

Im Zuge der intelligenten Stromnetze („Smart Grids") kann das Ladegerät zusätzliche Funktionen übernehmen. Denkbar wäre die Stützung des Netzes durch die Bereitstellung von Blindleistung oder bei bidirektionaler Ausführung auch die Rückspeisung von Wirkleistung. Letzteres, die Einführung von verteilten Energiespeichern im Netz, wird im Zusammenhang mit der Erschließung erneuerbarer Energien als möglicher Energiepuffer diskutiert. Untersuchungen zeigen, dass diese zusätzlichen Entladephasen die Lebensdauer der Batterie nicht nennenswert herabsetzen (ETG 2010). Ein Ladegerätkonzept, das einen aktiven Eingriff ins Netz vorsieht, ist allerdings mit hohem Aufwand verbunden, da neben einer komplexen Kommunikationsstruktur spezielle Sicherheitseinrichtungen für Inselnetzerkennung

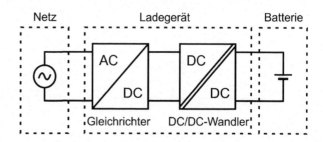

Abb. 6.48 Aufbau eines Ladegerätes

in den Ladegeräten benötigt werden. Diese Vorschrift gilt für alle Erzeugungsanlagen am Niederspannungsnetz, um am Netz arbeitende Personen nicht zu gefährden. Entsprechend ist die Einführung rückspeisender Ladegeräte vorerst nicht zu erwarten (ETG 2010). Eine Regelung der Ladeleistung, also eine gezielte Netzentlastung im Bedarfsfall, ist im Vergleich einfacher zu realisieren, und eine Umsetzung daher wahrscheinlicher.

6.2.3.5 Regelung und Steuerung

Für die hoch dynamische Regelung des elektromechanischen Energiewandlungsprozesses sowie der Spannungswandlung sind digitale Regelungsplattformen unverzichtbar, die Sensoren auslesen, Steuersignale liefern und die Kommunikation mit weiteren Geräten ermöglichen. Abb. 6.49 zeigt eine Beispielarchitektur, in der ein schnell arbeitendes Field Programmable Gate Array (FPGA) die Sensorsignale über Analog-Digital-Umsetzer (analog-to-digital-converter, ADC) erhält und die Steuersignale für den Wechselrichter generiert. Auf höherer Ebene und etwas langsamer regelt ein digitaler Signalprozessor (DSP) die Kommunikation zu externen Geräten und zur übergeordneten

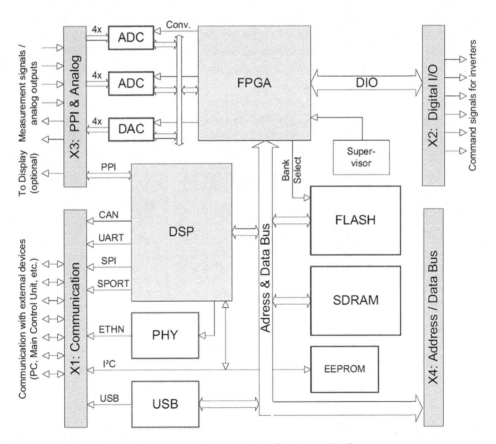

Abb. 6.49 Exemplarische Rapid-Control-Prototyping-Regelungsplattform

Regelung (De Doncker et al. 2011b). Durch derartige Steuerbausteine sind komplexe Regelungs- und Schutzalgorithmen auf kleinem Raum möglich. Die Entwicklungszeit wird durch höhere Programmiersprachen wie C++ oder spezielle Werkzeuge verkürzt, sodass eine schnelle Anpassung des Antriebs für verschiedene Anwendungen möglich ist. (De Doncker 2006)

6.2.4 Prozesskette und Kosten elektrischer Maschinen

Die Elektromotorenproduktion ist geprägt von einem hohen und diversifizierten Technologieeinsatz. Neben urformenden und mechanischen Fertigungsverfahren zur Herstellung der mechanischen Komponenten und des Blechpaketes werden Technologieprozesse zur Wicklung, Imprägnierung und Magnetisierung eingesetzt. Zusätzlich kommen in der Elektromotorenproduktion normativ wie qualitätsseitig getriebene mechanische Prüfprozesse zur Sicherstellung der mechanischen und elektrischen Güte des Antriebs zum Einsatz. Dies trägt nicht zuletzt den hohen Qualitätsanforderungen in der Produktion Rechnung, welche sich aus der hohen Belastung und der schlechten Instandhaltbarkeit im Feld ergeben. Das nachfolgende Kapitel fokussiert sich auf die konventionelle Prozesskette zur Herstellung asynchroner und permanentmagnetisch erregter synchroner elektrischer Maschinen, welche aktuell die weiteste Verbreitung unter den elektrischen Traktionsmaschinen in der Elektromobilität aufweisen.

Abb. 6.50 stellt die generische Prozesskette zur Produktion dieser Motortechnologien dar. Nachfolgend werden ausgewählte Prozessschritte der Elektromotorenproduktion im Detail erläutert. Die Betrachtung beschränkt sich hierbei auf die Herstellung der

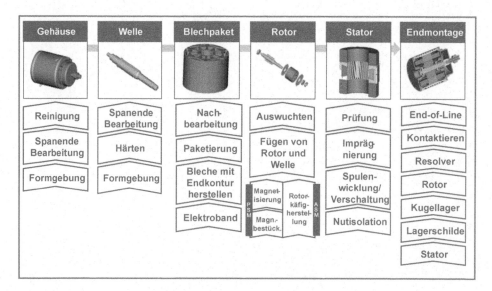

Abb. 6.50 Generische Prozesskette der Elektromotorenproduktion

Blechpakete, die Wicklung und Imprägnierung des Stators, die Magnetbestückung und die Endmontage eines permanentmagneterregten Synchronmotors, welche die qualitätsbestimmenden Fertigungsschritte innerhalb der Motorenherstellung sind. Zusätzlich werden die notwendigen und etablierten Prüftechnologien erläutert.

Für die **Blechpaketherstellung** werden die Grundkörper von Rotor und Stator eines Elektromotors aus zueinander isolierten Eisen-Silizium-Blechen zusammengefügt. (Hellwig 2009) Für die Produktion dieser sogenannten Lamellenpakete wird Elektroblech verarbeitet. Dies erfolgt durch das Schneiden, Stapeln und Paketieren der Bleche. Für das **Ausschneiden der Bleche** besteht die Möglichkeit, in der Serienproduktion Stanzverfahren mit Werkzeugeinsatz oder in der Einzelproduktion Laserstrahlschneiden anzuwenden. Im Folgeschnitt wird Bandmaterial in das Werkzeug eingeführt und bei jedem Takt ein Teil der späteren Kontur ausgestanzt. Der Folgeschnitt ist sehr materialsparend. Für das **Stapeln und Paketieren** existieren unterschiedliche Methoden. Nach dem Ausstanzen werden die Bleche gestapelt und beim Stanzpaketieren noch im selben Werkzeug im Durchsetzfügeverfahren zusammengepresst. Die Bleche können jedoch auch verschweißt oder genietet werden. Alle genannten Verfahren haben den Nachteil, dass die Isolationsschicht der Blechlamellen punktuell zerstört wird. An den zerstörten Stellen entsteht zwischen den Lamellen ein elektrischer Kontakt, was Wirbelstromverluste begünstigt und eine Verringerung des Wirkungsgrades des Motors zur Folge hat. Zur Vermeidung dieses Effektes existieren unterschiedliche adhäsiv fügende Verfahren wie zum Beispiel die Backlackverarbeitung, bei der ein warmvernetzendes Epoxidharzsystem die Bleche verklebt und elektrisch isoliert sowie das Kleben.

Für die **Statorherstellung** werden die Blechpakete elektrisch isoliert, mit einem Spulensystem versehen, imprägniert und abschließend geprüft. Nach der Nutgrundisolation durch das Einlegen von Isolationspapier, Dünnwandspritzguss oder Pulverbeschichtungsverfahren erfolgt das **Wickeln des Kupferlackdrahts**. Aufgrund steigender Rohstoffpreise und der Minimierung von Bauräumen wird angestrebt, die geometrischen Abmessungen einer Spule so klein wie möglich zu halten. Wichtige Faktoren hierbei sind die Füllform und der Füllfaktor einer Wicklung. Der **mechanische Füllfaktor** beschreibt hierbei das Verhältnis des Gesamtquerschnitts der Windungen zum Querschnitt des zur Verfügung stehenden Wickelraumes. Für den **elektrischen Füllfaktor** wird dieser Wert noch um die Fläche des Isolationssystems, also des Lacks auf dem Draht, gemindert. Da bei der Wicklung mit rundem Draht stets Räume eingeschlossen werden, die nicht ausgefüllt werden können, ist der Füllfaktor immer kleiner eins. Unterschiedliche Füllformen unterscheiden sich darüber hinaus in der Höhe des Füllfaktors. Bei **Wilden Wicklungen** liegen die Drähte unsortiert neben- und übereinander. Bei diesen Wicklungen wird kein optimaler Füllfaktor erreicht. Er liegt bei circa 73 %. Bei **orthozyklischen Wicklungen** liegen die Drähte der jeweiligen Oberwicklung in den Tälern der Unterwicklung. Diese Wicklungen zeichnen sich durch eine hohe Leistungsdichte, weniger Kupferverbrauch und bessere magnetische Eigenschaften aus. Theoretisch kann ein Füllfaktor von 91 % erreicht werden. In der Praxis sind diese Werte, unter anderem wegen der Drahtisolation, nicht möglich. Jedoch existieren Ansätze zur Bewicklung von eckigen Profildrähten und sogenannten Formsteckspulen oder Hairpins, welche den Füllfaktor durch optimale Ausnutzung der Nutgeometrie weiter steigern können. Darüber hinaus entstehen beim Bewickeln von Spulen sogenannte **Wickelköpfe**, die nicht in der Höhe des Blechpaketes des Stators, der sogenannten aktiven Länge liegen. Das Kupfer in diesen Köpfen trägt nicht zur Leistung des Elektromotors bei und senkt den Wirkungsgrad durch ohmsche Verluste und parasitäre Magnetfelder. Die Bewicklungsarten können durch die unterschiedlichen **Bewicklungstechniken** Linearwickeln, Flyerwickeln sowie Einziehen, Nadelwickeln und Hairpinmontage durchgeführt werden. Die vier Hauptschritte des Wickelvorgangs sind **Terminieren, Wickeln und ggf. Einziehen, Abschneiden** und **Verschalten**. Terminieren bedeutet, dass der Draht vor der Bewicklung beispielsweise an einem Drahtparkierstift befestigt wird. Nach der Bewicklung wird die Befestigung mittels Abschneiden gelöst und die Enden der Drähte werden beispielsweise mittels Widerstandsschweißen zur Stern- oder Dreieckschaltung miteinander kontaktiert. Bei der **Linearwickeltechnik** wird die Spule erzeugt, indem Wicklungen durch Rotation des zu bewickelnden Spulenkörpers aufgebracht werden. Die Zuführung des Drahtes wird durch ein Röhrchen ermöglicht. Die Verteilung des Drahtes im Spulenkörper erfolgt durch eine lineare Bewegung des Drahtführerröhrchens. Die **Flyerwickeltechnik** ist dadurch gekennzeichnet, dass ein umlaufender und ausgewuchteter Flyer um den während des Wickelns feststehenden Spulenkörper rotiert. Der Draht wird nachfolgend mittels Leitbacken in die Nuten oder Formspulen verlegt. Ein großer Nachteil der Flyerwickeltechnik ist, dass der Draht mit jeder Drehung um den Spulenkörper einmal um seine eigene Achse verdreht wird. Dadurch entstehen hohe Belastungen für Draht und Isolation. (Wolf 1997) Beim **Nadelwickelverfahren** verfährt eine Nadel mit einer Düse, die rechtwinklig zur Bewegungsrichtung angeordnet ist, an den Statorpaketen vorbei durch die Nuten zwischen zwei benachbarten Polen. Währenddessen wird der Draht an der gewünschten Stelle abgelegt. Am Wicklungskopf wird der Stator um eine Zahnteilung gedreht und der Prozess läuft in umgekehrter Reihenfolge ab. Die **Hairpinmontage** stellt einen Gegenentwurf zu den klassischen Wickeltechnologien dar. Hierfür wird Profildraht abgelängt, vorgeformt und in den Stator eingesetzt. Nach einer weiteren Verformung der Köpfe werden die einzelnen Kupferenden verschaltet. Trotz implizierender Einschränkungen für Statortopologie und Wicklungsschemata hat die Hairpinmontage aufgrund der zum Einsatz kommenden deterministischen Fertigungstechnologien ein hohes Einsatzpotenzial in der elektromobilen Traktionsmotorenproduktion.

Das so entstandene Spulensystem muss im Betrieb hohen elektrischen, thermischen und mechanischen Belastungen standhalten. Um die Lebensdauer zu erhöhen und die elektrische Isolationsfähigkeit weiter zu verbessern, wird es daher zusätzlich durch das Einbringen einer Harzschicht *imprägniert*. Hierdurch wird eine Verfestigung und Schutz vor den im Betrieb auftretenden mechanischen Kräften erreicht. Zudem wird das Eindringen von Feuchtigkeit verhindert und die thermische Leitfähigkeit, insbesondere Abführung, verbessert. Für die Durchführung des Harzimprägnierens existieren verschiedene Technologien. Beim **VPI[1]-Verfahren** wird der zu imprägnierende Stator unter Vakuum

---

[1] VPI: Vacuum Pressure Impregnation.

gesetzt und unter Überdruck mit Tränkharz geflutet. Danach werden die Bauteile in einem Umluftofen auf ca. 150 °C erwärmt. Bei dieser Temperatur härtet das Tränkharz zu einem festen Formstoff aus. (Schmidt und Mann 2006) Bei großen Bauteilen kann es mehr als zwei Stunden dauern, bis die notwendige Geliertemperatur des Harzes im Ofen erreicht ist. Während dieser Zeit läuft ein Teil des Harzes (bis zu 50 %) aus den Wicklungen ab, was durch eine Rotation der Bauteile verringert werden kann. Zudem ist das **Strom-UV Verfahren** für die Anwendung in der Automobilindustrie von großer Bedeutung. Der Vorteil gegenüber dem VPI-Verfahren besteht darin, dass die Bauteile nach dem Eintauchen ins Harz mittels Stromwärme (Widerstandsheizung) innerhalb von Minuten auf die Aushärtetemperatur gebracht werden. Dadurch tropft praktisch kein Harz mehr aus den Wicklungen. Eine Bestrahlung mit UV-Licht ermöglicht ein vollständiges und gleichmäßiges Aushärten des Harzes. Durch diese Änderungen reduzieren sich Stromverbrauch und umweltschädliche Emissionen um bis zu 70 % (im Vergleich zum VPI-Verfahren). Den Abschluss der Statorherstellung stellt die elektrische Prüfung dar. Hierbei werden insbesondere Isolationsfehler und resistive Ungleichmäßigkeiten in den Spulen detektiert. Dies erfolgt durch Widerstands- und Hochspannungsprüfungen.

In der Rotorherstellung differenzieren sich die Technologieketten zwischen den einzelnen Erregungsprinzipien maßgeblich. Während diese bei den übrigen Komponenten und in der Endmontage vergleichbar sind, sind im Rotor deutliche Unterschiede in Fertigungsfolgen und Technologien erkennbar. Während in fremderregten Synchronmaschinen, vergleichbar wie in der Statorfertigung, Wickeltechnologien zum Einsatz kommen und die Asynchronrotorenproduktion insbesondere durch die urformende Fertigung des Käfigs geprägt ist, werden für die Produktion permanenterregter elektrischer Maschinen Magnete montiert. Für die *Magnetkörperbestückung* werden die Fügeflächen von Magneten und Blechpaket in einem ersten Schritt von Schmutz und Staubpartikeln befreit. Dadurch wird die Zerstörung der Oberflächenbeschichtung der Magnete verhindert, die für den Korrosionsschutz verantwortlich ist. Daraufhin werden die Magnete gefügt. Bei der Magnetbestückung wird zwischen zwei verschiedenen Rotortopologien unterschieden. Die **innen liegenden Magnete** werden in Rotorkavitäten **gefügt** und gegebenenfalls **verklebt** oder **verstemmt**, während die **außen liegenden Magnete** auf dem Rotorumfang fixiert werden. Beide Alternativen haben Vor- und Nachteile. Die oberflächenmontierten Magnete besitzen gute dynamische Eigenschaften und sind kostengünstig in der Montage. Aufgrund der Tatsache, dass die Magnete aus stromleitenden Werkstoffen hergestellt werden, besteht allerdings die Gefahr der Wirbelstromentstehung. Diese Ströme führen zu einer Wärmeentwicklung und können eine Herabsetzung der Remanenz hervorrufen. Ein weiterer Nachteil liegt in der notwendigen **Bandagierung** der Oberflächenmagnete. Werden außen liegende Magnete auf diese Weise fixiert, führt dies zu einem größeren Luftspalt zwischen Rotor und Stator und somit im Vergleich zu Motoren mit innen liegenden Magneten zu geringeren Längs- und Querinduktivitäten, was eine verminderte Drehmomentgenerierung zur Folge hat. (VDE-Studie 2010) Innenliegende bzw. vergrabene Magnete haben den Vorteil, dass sie durch das Blechpaket vor mechanischer Beschädigung und Wirbelströmen geschützt werden. Hinzu kommt, dass sich die

Fixierung der Magnete in dieser Topologie einfacher realisieren lässt. Da die Flussverläufe bei dieser Konstruktion komplex sind, ist die elektromagnetische Auslegung in diesem Fall sehr umfangreich. Je nach Magnetisierzustand müssen die Rotoren anschließend magnetisiert werden. Dies erfolgt durch die Beaufschlagung des Rotors mit einem sehr hohen Magnetfeld, wodurch sich die magnetischen Dipole in den Magneten dauerhaft ausrichten. Die Magnetisierung erfolgt vor oder nach der **Auswuchtung** der Rotorpaket-Wellenbaugruppe. Diese ist notwendig, um Fertigungsungenauigkeiten und Materialinhomogenitäten auszugleichen und somit einen vibrations- und geräuscharmen Betrieb der elektrischen Maschine zu realisieren.

Die *Elektromotorenendmontage* ist von verschiedenen Montage- und Fügeprozessen wie beispielsweise dem Schrauben geprägt und kann nahezu vollständig automatisiert umgesetzt werden. Die Endmontage des Elektromotors beginnt mit der Montage des Stators und des Gehäuses. Für diesen Prozessschritt existieren unterschiedliche Verfahrensalternativen, beispielsweise **Schrauben, Kleben** oder **Warmschrumpfen**. Schrauben und Kleben haben den Nachteil, dass die Verfahren fertigungstechnisch aufwendig und temperaturempfindlich sind. Das Warmschrumpfen erfordert einen gleichmäßigen und homogenen Aufbau des zu erwärmenden Bauteils (in diesem Fall des Gehäuses) und kann daher nicht uneingeschränkt als beste Alternative bezeichnet werden. Beim Warmschrumpfen wird die Wärmeausdehnung von Metallen ausgenutzt, um eine kraftschlüssige Verbindung zwischen Bauteilen herzustellen. Die Erwärmung des Bauteils erfolgt berührungslos mittels Induktionserwärmung oder einem Ofen. Das Gehäuse wird auf circa 200 °C erwärmt und anschließend über den Stator gestülpt. Danach kühlt das Gehäuse ab und es entsteht eine kraftschlüssige Verbindung. Anschließend wird das Festlager (je nach Motorarchitektur) des Elektromotors in das erste Lagerschild eingebracht. Das Lagerschild wird im Anschluss in das Gehäuse montiert. Die Montage der mit dem Rotor verbundenen Welle erfolgt in mehreren Schritten. Zunächst wird das Loslager auf die Welle gefügt. Anschließend wird die mit Lager und Rotor verbundene Welle ins Gehäuse eingefahren. Zuletzt wird das zweite Lagerschild am Gehäuse befestigt. Weitere Montagearbeiten erfolgen durch den Einbau auftrags- bzw. kundenspezifischer Komponenten, wie beispielsweise Lage- und Temperatursensoren, sowie durch den Anschluss von Steckern und Hochvoltkontaktierungen. Zuletzt wird das Gehäuse verschlossen. Je nach Antriebstopologie erfolgt daraufhin noch die Montage eines Getriebes und der Leistungselektronik in derselben Produktionslinie.

Nach abgeschlossener Montage erfolgt die **End-of-Line Prüfung**. Hierbei wird die Funktionalität und Leistungsfähigkeit des Elektromotors überprüft und die elektrische Maschine charakterisiert, um die Leistungselektronik entsprechend zu parametrisieren. Dazu wird der Motor in einen Prüfstand eingespannt und elektrisch und mechanisch kontaktiert. Mögliche Prüfszenarien sind beispielsweise der Kurzschlussversuch, die Prüfung der Drehgeber oder die Prüfung der Leerlauf- und Lastlaufeigenschaften sowie Geräuschprüfungen. Dazu wird der Motor in verschiedene Lastpunkte und Betriebsmodi versetzt und das Dauer- und Überlastverhalten im motorischen und generatorischen Betrieb überwacht und bewertet.

Die Wertschöpfungsverteilung in der Elektromotorenproduktion ist zwischen den einzelnen Fahrzeugbauern stark diversifiziert und kann nicht verallgemeinernd charakterisiert werden. Während sich eine Vielzahl der OEM für die Inhouse-Produktion des elektrischen Antriebs entschieden und die Kompetenzen hierfür aufgebaut hat beziehen andere Automobiler diesen von spezialisierten Zulieferern. Aufgrund der Erweiterung des Derivateportfolios elektrischer Fahrzeuge und der technologischen Differenzierungsmöglichkeit insbesondere im Mittel- und Oberklassebereich ist eine Tendenz zur Eigenfertigung, nicht zuletzt auch aufgrund der Erhaltung der Wertschöpfungstiefe durch den Wegfall der Verbrennungsmotorenproduktion, zu erkennen. Während die Fertigung der mechanischen Komponenten und des Blechpaketes oftmals extern erfolgen, ist die Baugruppenmontage für Rotor und Stator, die Endmontage und die Prüfung in der Regel in der Hand der Endproduzenten. Die Kapazitätserweiterung durch die Automobiler in der elektrischen Antriebsproduktion hat zudem Auswirkungen auf die gesamte Elektromaschinenbranche. Zum einen sind durch die akribische und zukunftsgewandte Innovationsarbeit der OEM weitreichende Innovationen in der Motortechnik und der Fertigungskette zu erwarten, welche auch in anwendungsfremden Applikationen Anwendung finden können. Zum anderen stoßen die Technologie- und Anlagenlieferanten für die Elektromotorenproduktionstechnik an Ihre kapazitativen Grenzen, was neuen Wettbewerbern in diesem Markt Potenziale eröffnet.

Kostenseitig stellt der elektrische Antrieb eine Chance für den Automobilbau dar. Investitionskostenseitig und kapazitätsbereinigt schlägt die Produktionstechnik für den elektrischen Antrieb mit ca. 10–15 % der Aufwendungen für die Produktion eines konventionellen Verbrennungsmotors zu Buche. Kostentreiber sind hierbei die Wickeltechnik sowie die aufwändigen Prüfstände in Statorproduktion und Endmontage. Investitionskosten für eine Großserienproduktion liegen somit je nach Wertschöpfungstiefe zwischen 20 und 30 Mio. Euro. Durch den Einsatz hochwertiger Materialien wie Kupferlackdraht und Seltene-Erde-Magneten ist ein Großteil der Produktionskosten für die elektrische Maschine durch Materialkosten determiniert. Hierbei erreichen gut konfigurierte Produktionssysteme Materialkostenanteile von bis zu 60 %.

6.2.5 Aktuelle Produktionsprozesse für Leistungshalbleitermodule

6.2.5.1 Leiterplatten für die Leistungselektronik

Die IGBTs, MOSFETs und Dioden des Leistungsteils durchlaufen eine zueinander ähnliche Fertigungsfolge. Sie werden mit dem für Halbleiterelemente üblichen Verfahren der Fotolithographie aus einem n-dotierten Silizium-Wafer hergestellt. Die keramische Grundplatte des DCB-Layers (Direct Copper Bonded Layer), welche als Verbindungsplatte für die Dioden, IGBTs, Emitter und Kollektor dient, besteht aus AlN (Kriegesmann 2001). Abb. 6.51 zeigt den Fertigungsablauf zur Herstellung von AlN-Keramik. Zur Herstellung einer AlN-Grünkörpers wird das Rohmaterial (Al_2O_3) aufbereitet, indem gröbere und agglomerierte Pulver gemahlen und dabei mit einem Sinteradditiv vermischt werden.

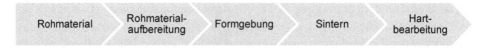

Abb. 6.51 Fertigungsprozess der AlN-Keramik (Kriegesmann 2001)

Die Formgebung kann unter anderem mit Trockenpressen und Kalt-Isostatischen Pressen erfolgen. Bei der Produktion von dünnen Platten bis zu 1,5 mm Dicke, wie sie für Leistungsteile verwendet werden, ist Foliengießen das geeignetste Verfahren. Standarddicken in der Herstellung von Substraten sind 0,635 mm und 1 mm. Bei der Formgebung müssen spätere Löcher zur Durchkontaktierung des DCB-Layers vorgesehen werden. Nach der Formgebung durch Foliengießen durchläuft der Grünling einen dreistufigen Sinterprozess.

Der erste Prozessschritt wird in einem separaten Ausbrandofen an Luft vor dem eigentlichen Sintern durchgeführt. In diesem Schritt, dem Binderausbrand, werden organische Hilfsmittel aus dem AlN ausgebrannt. Im Hauptschritt, dem Sinterbrand wird der Grünling in grafit- oder metallbeheizten Öfen von 1600 °C bis 1900 °C unter Stickstoffatmosphäre gesintert. Der letzte Prozessschritt ist der Flachbrand, der bei kürzeren Sinterzeiten und niedrigeren Temperaturen stattfindet. Nach der anschließenden Hartbearbeitung (Flachschleifen, Rundschleifen, Läppen und Bohren) wird die Keramik gereinigt und geprüft. (Kriegesmann 2001)

Nach der Produktion dieses keramischen Isolators wird der Grundkörper wie in Abb. 6.52 dargestellt weiterbearbeitet. Zur Durchführung des DCB-Prozesses muss zunächst eine Aluminiumoxidoberfläche durch Hochtemperaturoxidation geschaffen werden. Bei ca. 1200 °C wird AlN mit Sauerstoff zu Aluminiumoxid umgewandelt. Die dadurch geschaffene Aluminiumoxidoberfläche hat eine Dicke von 1–2 µm. (Kriegesmann 2001) Der eigentliche Beschichtungsprozess (DCB-Prozess) wird bei 1065 °C – 1080 °C durchgeführt. Unter Atmosphäre hat Kupfer einen Schmelzpunkt von 1083 °C; bei Sauerstoffzufuhr verringert sich der eutektische Schmelzpunkt auf 1065 °C. Bei diesem Hochtemperaturprozess entsteht eine dünne eutektische Schmelzschicht, welche mittels Oxidation von Kupferfolien oder durch Sauerstoffzufuhr realisiert werden kann. Diese Schmelzschicht reagiert mit dem Aluminiumoxid, sodass eine sehr dünne Kupfer-Aluminium-Spinelschicht entsteht. (Schulz-Harder 2005)

Nach dem Beschichtungsprozess wird das Bauteil maskiert. Hier wird mit einer aufgetragenen Maske festgelegt, welche Flächen später mit Kupfer bedeckt sein sollen und welche nicht. Durch anschließendes UV-Belichten (Ultraviolet-Belichten), Ätzen, Laserritzen und Mikroätzen wird die gewünschte Kupferoberfläche geschaffen. (Feldmann et al. 2005) Neben der Bearbeitung der Oberfläche wird im Ätzprozess zudem die Durchkontaktierung an den in der Formgebung festgelegten Stellen realisiert. (Schulz-Harder 2005) Nach der Herstellung des DCB-Layers erfolgt die Nachbearbeitung.

Lötstopplack schützt die Leiterplatte vor Korrosion, mechanischer Beschädigung und verhindert beim Löten das Benetzen der mit Lötstopplack überzogenen Flächen auf der Leiterplatte. In der Praxis werden folgende Verfahren zum Auftrag des Lötstopplacks

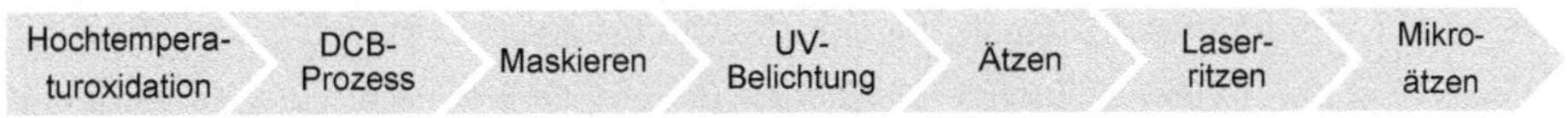

6 Entwicklung von elektrofahrzeugspezifischen Systemen

Hochtemperaturoxidation › DCB-Prozess › Maskieren › UV-Belichtung › Ätzen › Laserritzen › Mikroätzen

Abb. 6.52 Prozesse zur Herstellung des DCB-Layers (Schulz-Harder 2005)

verwendet: Siebdruck (screen printing), Sprühen (spraying), Vorhanggießen (curtain coating) oder Walzenauftrag (roller coating).

Falls mehrere Leiterplatten in einem Prozessschritt aneinander gefertigt wurden, müssen diese voneinander getrennt werden. Der dafür notwendige Säge- oder Fräsprozess kann zwischen allen oben genannten Prozessen geschaltet werden.

Das spätere Gehäuse des Leistungsteils, in welchem die wesentlichen Komponenten der Leistungselektronik untergebracht sind, besteht aus zwei Hälften. Für die untere Gehäusehälfte werden Kollektor und Emitter aus einem ausgestanzten, gelochten und umgeformten Aluminiumblech gefertigt, das am oberen Ende ein Gewinde aufweist. Diese Kontaktierungsbleche sowie Kontaktflächen und Metallhülsen mit Innengewinde werden in einem Spritzgussprozess mit Kunststoff umspritzt. Drähte dienen zur Verbindung der Leistungsteilsteuerung mit dem Gate-Anschluss und der Motorkontrolleinheit. Die untere Gehäusehälfte umfasst Stege und Gewinde um die Leistungsteilsteuerung, die obere Gehäusehälfte und später den Zwischenkreiskondensator zu montieren. Um die Motorkontrolleinheit mit dem Leistungsteil zu verbinden, werden außerhalb der unteren Gehäusehälfte Kontakte vorgesehen. Die obere Gehäusehälfte, der Deckel, durchläuft einen normalen Kunststoff-Spritzgussprozess.

Beim Zusammenbau werden im ersten Montageschritt mittels Lotpastendruck Lotdepos erzeugt, die zum Herstellen einer Lötverbindung auf der Leiterplatte benötigt werden. Die Genauigkeit dieses Prozesses beeinflusst maßgeblich die Qualität der späteren Lötverbindungen. (Ulrich 2004) Die IGBTs, Dioden und Kontakte für die Bonddrähte werden auf die DCB Leiterplatte gelötet. (Feldmann et al. 2005) Dieser Prozessschritt, auch Attach genannt, erfolgt in einer Wasserstoffumgebung mit einem Restsauerstoffgehalt von unter 20 ppm, bei der die Löttemperatur über 250 °C beträgt. Die Bonddrähte zur Verbindung der Komponenten stellen wegen hoher Temperaturunterschiede eine nicht optimale Möglichkeit zur Kontaktierung der Komponenten dar. (Feldmann 2009) Temperaturen der Leistungselektronik von -40 °C bis 150 °C und unterschiedliche Temperaturausdehnungskoeffizienten provozieren Spannungen zwischen den Bonddrähten und Bauteilen, sodass die Bonddrähte abheben und den Kontakt verlieren können. Dieser Effekt wird als Bonddraht-Lift-off bezeichnet.

Die Verbindung des DCB-Layer mit der Pinfin-Grundplatte erfolgt durch Plasmaschweißen. Nachdem die untere Gehäusehälfte mit den integrierten Kontakten auf die Pinfin-Grundplatte geklebt und geschraubt wurde, werden die Bonds zwischen DCB-Layer und Emitter bzw. Kollektor gelötet. Ebenfalls mit einem Bond wird der Gate-Anschluss und die Sensoren mit der zuvor beschriebenen Kontaktfläche verbunden. Die untere Gehäusehälfte wird nun mit Silikongel gefüllt. Zum Schutz des Silikongels wird zwischen Leistungsteilsteuerung und den IGBTs ein Aluminium-Blech verschraubt.

Auf vorher beschriebenen Stegen wird die Leistungsteilsteuerung platziert. Die Gate-Ansteuerung der Leistungsteilsteuerung wird dabei genau auf die oben beschriebene Kontaktfläche gelegt. Die Verschraubung der Leistungsteilsteuerung garantiert den Kontakt. Die obere Gehäusehälfte wird verklebt und verschraubt. Je nach Verbindungskonzept werden die oberen Enden des Kollektors und des Emitters beim Aufsetzen der oberen Gehäusehälfte durch Schlitze in der oberen Gehäusehälfte gesteckt und anschließend umgebogen.

6.2.5.2 Zwischenkreiskondensatoren

Das zweiteilige Kunststoffgehäuse des Zwischenkreiskondensators wird in einem Spritzgussprozess hergestellt, wobei Gewinde mit eingegossen werden. Die einzelnen Folienkondensatoren, die je nach Bauform in Reihe geschaltet werden, werden in das Gehäuseunterteil geschraubt. Die Kondensatoren werden an Stromschienen festgelötet. Die Stromschienen werden mit dem Gehäuseunterteil verschraubt. Auf dem Zwischenkreiskondensator wird später die Motorkontrolleinheit montiert, weshalb auf dem Gehäuseoberteil ein Blech zum Schutz der Motorkontrolleinheit vor thermischer Strahlung montiert wird. Im letzten Schritt wird das Gehäuseoberteil auf das Unterteil geklebt und verschraubt.

Der zum Zwischenkreiskondensator gehörende Entladewiderstand besteht aus hintereinandergeschalteten Widerständen, die auf einer gelochten Aluminium-Platte festgeschraubt sind.

6.2.5.3 Motorkontrolleinheit

Zur Produktion der Leiterplatte gibt es vier grundlegende Herstellungsverfahren:

- Additivtechnik
- Semiadditivtechnik
- Aufbautechnik
- Subtraktivtechnik

Die Subtraktivtechnik lässt sich in Ätztechnik, Siebdruck und Fotolithografie unterteilen, wobei die letztgenannte Variante die am häufigsten verwendete ist.

Wie in Abb. 6.53 zu sehen gibt es zwei Technologien zur Aufbau- und Verbindungtechnik der Leiterplatte:

- Bei der Durchsteckmontage (engl.: Through-Hole Device (THD)) besitzen die Bauteile Drahtanschlüsse, die durch Kontaktlöcher in der Leiterplatte gesteckt und anschließend verlötet werden.
- Oberflächenmontierte Bauelemente (engl.: Surface-Mounted Device (SMD)) besitzen keine Drahtanschlüsse, sondern lötfähige Anschlussflächen, die direkt mit der Leiterplatte verbunden werden.

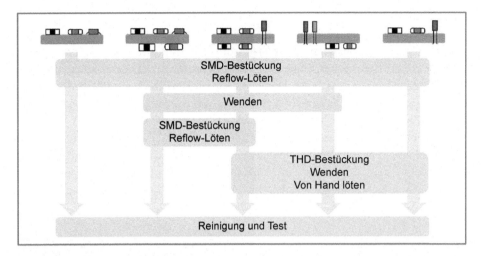

Abb. 6.53 Bestücken und Löten (eigene Darstellung)

Beim Reflow-Lötprozess wird auf die Leiterplatte Lötpaste aufgetragen und diese mit SMD-Bauteilen bestückt. Die Paste hat den Vorteil, dass sie klebrig ist und die SMD Bauteile somit haften bleiben. Anschließend wird das Lot erhitzt, wodurch die Bauteile fixiert und kontaktiert werden. THD-Bauteile werden in vorgebohrte und durchkontaktierte Löcher der Leiterplatte gesteckt und anschließend von Hand verlötet. Falls auf der Unterseite der Leiterplatte auch SMD- oder THD-Bauteile vorgesehen sind, werden diese analog zur Oberseite befestigt. Die Kosten der Bauteile spielen in diesem Prozess eine untergeordnete Rolle, sodass teurere SMD-Bauteile wegen des einfacheren Prozesses den THD-Bauteilen vorgezogen werden. (Feldmann 2009) Bei geforderter hoher Stromtragfähigkeit werden hingegen THD-Bauteile verwendet.

Falls mehrere Leiterplatten getrennt werden müssen, weil sie zusammen auf einer Platte gefertigt wurden, müssen sie mit einem Nutzentrenner voneinander getrennt werden. Um die Zuverlässigkeit der Leiterplatte zu erhöhen ist eine künstliche Alterung (Burn-in und Run-in) möglich. (Feldmann 2009) Hierbei wird die Leiterplatte über mehrere Stunden oder Tage bei höherer Temperatur und Spannung gestresst betrieben. Dadurch werden Frühausfälle früh erkannt und aussortiert.

6.2.5.4 Gehäuse und Verbindungstechnik

Je nachdem, welche Komponenten im Gehäuse eingegliedert werden und ob es sich um ein Hybridfahrzeug oder ein rein elektrisches Fahrzeug handelt, sind viele Gehäusekonzepte möglich. Eine Option sind zwei Gehäusehälften aus Aluminium sowie ein oberer und ein unterer Gehäusedeckel aus Kunststoff. In der Elektromobilität spielt die Gewichtsreduzierung eine große Rolle, daher sind reine Kunststoffgehäuse in Zukunft denkbar. Dazu wird zurzeit an Kunststoffgehäusen geforscht, die die Anforderung an die elektromagnetische Verträglichkeit (EMV) erfüllen.

Kunststoff-Gehäusedeckel werden in einem Spritzgussprozess hergestellt, für Aluminium-Gehäuseteile kommt das Feingussverfahren zum Einsatz. An der Verbindungsfläche befinden sich an den Aluminiumelementen Kühlkanäle, durch die das Kühlmittel strömt. Insbesondere im Bereich der Kühlkanäle, die integrierte Kühlstege besitzen, und deren Verbindungsstellen wird eine hohe Präzision gefordert. Flächen, die eine geringe Rauigkeit aufweisen müssen (Flächen zur Befestigung von Kühlungskomponenten) werden je nach Oberflächengegebenheit geschliffen und teilweise sogar poliert.

Zusätzliche Komponenten werden größtenteils an das Gehäuse geschraubt, wozu Bohrungen und anschließend Gewinde in das Gehäuse eingebracht werden. Zur Kühlung des Leistungsteils ist eine Aussparung im Gehäuse vorzusehen, um die Pinfin-Grundplatte zu befestigen. Bohrlöcher für Kabelkanäle zur Verbindung der oberen und unteren Komponenten müssen ebenfalls berücksichtigt werden.

6.2.5.5 Endmontage

Abb. 6.54 zeigt exemplarisch den Aufbau einer Leistungselektronik eines Hybridfahrzeugs mit zwei Front-Elektromotoren und einem Heck-Elektromotor. Die Komponenten der Leistungselektronik der Front-Elektromotoren 1 und 2 (MG1 und MG2) sowie des Heck-Elektromotors (engl.: Motor/Generator Rear (MGR)) sind direkt auf der oberen Gehäusehälfte angebracht. Der Zwischenkreiskondensator und die Motorkontrolleinheit werden oberhalb der Leistungsmodule montiert. An den Flächen der unteren Gehäusehälfte befinden sich der 12 V DC/DC Gleichstromsteller zur Bereitstellung der Bordelektronik, eine Spule, der Gleichstromsteller für den Leistungsteil sowie der Filterkondensator.

Im ersten Schritt der Montage müssen an den beiden Gehäusehälften Stecker und Kabel zur Verbindung der Leistungselektronik mit den anderen Komponenten wie Motor, Batterie, Bordnetz, elektrische Kontrolleinheit (engl.: Electrical Control Unit (ECU))

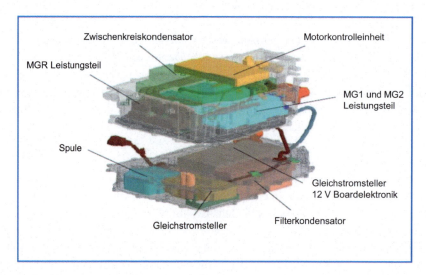

Abb. 6.54 Aufbau der Leistungselektronik am Beispiel eines Hybridfahrzeugs (Quelle: Lexus)

und Sensoren montiert und kontaktiert werden. Je nach Fahrzeugkonzept werden hier Anschlüsse für das Ladegerät und Anschlüsse zur Verbindung zum Verbrennungsmotor und zum Klimakompressor integriert. Bei Hybridantrieben können das Ladegerät und der Gleichstromsteller für den Klimakompressor aus Platzgründen in andere Bereiche des Fahrzeugs verlegt sein. Abschließend folgen Anschlüsse zur Zuleitung von Kühlflüssigkeiten.

Nun werden die beiden Gehäusehälften verbunden. Da sich zwischen den beiden Hälften die Kühlflüssigkeit befindet, muss der Auftrag von Kleber auf die Verbindungsflächen präzise sein. Anschließend werden die Hälften aufeinandergelegt und zusätzlich verschraubt.

Die Komponenten, die direkt gekühlt werden müssen, befinden sich in unmittelbarer Nähe zu den Aluminium-Gehäusehälften, sodass das Leistungsteil direkt an der oberen Gehäusehälfte befestigt wird. Auf den Kontaktflächen zwischen Pinfin-Grundplatte und Gehäuse wird Kleber aufgetragen, der die Dichtung sicherstellt. Nachdem die Pinfin-Grundplatte an die Gehäusehälfte geklebt ist, unterstützen Verschraubungen diese Verbindung. Pro Elektro- bzw. Verbrennungsmotor (bei Hybridantrieb) wird ein Leistungsteil montiert, (VDE-Studie 2010) die Möglichkeit der Integration von mehreren Leistungsteilen in ein Gehäuse ist ebenso vorhanden. (Basshuysen und Schäfer 2009) Dazu werden die Leiterplatten nicht getrennt. Nach der Montage werden die Leistungsteile mit den zuvor montierten Steckern und Kabelanschlüssen des Gehäuses über Stromschienen verbunden. Die Kabel zur Verbindung des Leistungsteils mit den anderen Komponenten (z. B. Zwischenkreiskondensator) sowie die Stromschienen werden angeschraubt.

Die Platte des Entladewiderstandes wird ebenso am Gehäuse montiert und später mit dem Zwischenkreiskondensator verbunden. Über dem Leistungsteil befindet sich der Zwischenkreiskondensator, der auf das Gehäuse des Leistungsteils geschraubt wird. Die Kabel zur Verbindung zum Leistungsmodul und Entladewiderstand werden mittels Kabelschuh angeschraubt.

Nachfolgend wird die Motorkontrolleinheit auf dem Zwischenkreiskondensator angebracht. Alle Komponenten bis auf Entladewiderstand, Spule und Kondensator haben eine Verbindung zur Motorkontrolleinheit, die Kabel werden zu einem Strang gebunden und mit einem Stecker mit der Motorkontrolleinheit verbunden. Sofern nicht schon zuvor geschehen, wird nun die Programmierung der Motorkontrolleinheit durchgeführt. (Feldmann 2009)

An die Kühlflächen der zweiten Gehäusehälfte werden Gleichspannungswandler für das Leistungsteil und Gleichspannungswandler für Bordelektronik sowie Kondensatoren und Spulen geschraubt. Mögliche Gleichspannungswandler für die Batterie, Wechselrichter für Klimakompressoren und Gleichrichter als Ladegerät können hier optional ebenfalls montiert werden. (VDE-Studie 2010; Basshuysen und Schäfer 2009) Zwischen den Flächen der zweiten Gehäusehälfte und den Komponenten, befindet sich Wärmeleitpaste. Analog zum Leistungsteil kann die Steuerung des Gleichspannungswandlers und des Ladegeräts in der Motorkontrolleinheit oder im Gehäuse der Komponenten selbst integriert sein. Um die Komponenten zu steuern ist eine Verbindung zur Motorkontrolleinheit nötig. Dazu werden die an der Motorkontrolleinheit angebrachten Kabel durch die im Gehäuse der Leistungselektronik vorgesehenen Bohrungen gesteckt und mit den Komponenten der unteren Gehäusehälfte verbunden. Die zum Gleichstromsteller gehörende Spule und der Filterkondensator werden mit einem angeschraubten Kabel verbunden. Im letzten Schritt werden die beiden Gehäusedeckel auf die jeweiligen Gehäusehälften geschraubt.

6.2.5.6 Produktionsumgebung und ESD-Schutz

Um die Funktionstüchtigkeit der sensiblen Leistungselektronik garantieren zu können, sind im Zuge der Fertigung von ESD-empfindlichen Bauteilen und -gruppen Schutzmaßnahmen gegen elektrostatische Entladung (ESD) nach IEC 61340 zu treffen. In der Fertigung von Leistungselektronikkomponenten kommen somit ESD-Bekleidung, komplette ESD-Arbeitsplätze, ESD-Verpackungen sowie -Logistiklösungen zum Einsatz.

6.3 Batteriesysteme und deren Steuerung

6.3.1 Entwicklung eines Batteriesystems

Lithium-Ionen-Batterien werden als Schlüssel für eine weitreichende Hybridisierung und Elektrifizierung von Antrieben in ganz unterschiedlichen Anwendungsbereichen angesehen. Durch das hohe Potenzial dieser Speichertechnologie, dem wachsenden Druck auf CO_2-Einsparungen und steigende Treibstoffkosten beschäftigen sich viele Firmen mit Hybridisierung und Elektrifizierung. Da es keine Universalbatterie gibt, die alle Anforderungen erfüllen kann, muss für die verschiedenen Anwendungen die jeweils geeignete Batterie ausgewählt werden. Dabei können in der Regel auch auf der Basis einer einzelnen Batterietechnologie durch unterschiedliche Materialkombinationen und den inneren Aufbau der Zellen verschiedene Leistungsdaten erreicht werden.

Nach einer Analyse der typischen Anforderungen für Batteriespeicher werden Leistungsmerkmale für die Speicher abgeleitet. In der Folge werden verschiedene Speichertechnologien vorgestellt, die für den Einsatz in Hybrid- und Elektrofahrzeugen geeignet sind. Die Lithium-Ionen-Technologie erweist sich dabei als die vielseitigste. Alle technischen Anforderungen an Leistung und Lebensdauer lassen sich damit bei akzeptablen Energiedichten erreichen. Für langreichweitige Elektrofahrzeuge stehen Kosten und Energiedichten allerdings einem großflächigen Einsatz noch entgegen.

6.3.1.1 Typische Batterieauslegung

Bei der Dimensionierung des Batteriesystems müssen mehrere Parameter betrachtet werden. Die erste Auslegungsgröße ist die Batteriespannung. Bei höherer Leistung ist eine entsprechende Batteriespannung notwendig, um die Ströme in akzeptablen Grenzen zu halten, dadurch die Ohm'schen Verluste zu reduzieren und Material für die Kabel einzusparen. Typische Batteriespannungen liegen in Elektrofahrzeugen nominal heute im

Bereich zwischen 200 V bis 1000 V. Modulare Batteriekonzepte mit Spannungen bis 60 V und nachgeschaltetem Hochsetzsteller sind interessant, weil die Spannung unter der Berührschutzspannung liegt und sich dadurch erhebliche Erleichterungen im Bereich der elektrischen Sicherheit ergeben.

Die Energiekapazität ist der zweite Auslegungsparameter. Diese Größe wird bestimmt durch die gewünschte nutzbare Energiemenge und die erlaubte Zyklentiefe, um die gewünschte Zyklenlebensdauer zu erreichen. Daher kann eine Batterie deutlich größer sein, als es aus energetischen Gründen notwendig ist. Bei vollelektrischen Fahrzeugen wird die Größe der Batterie im Wesentlichen durch wirtschaftliche Erwägungen, durch das Mobilitätsbedürfnis des Kunden sowie Bauraumrestriktionen auf Fahrzeugebene bestimmt. Bruttobatteriekapazitäten liegen heute im Bereich von 20–100 kWh für etwa 100–600 km elektrische Reichweite.

Der dritte Auslegungsparameter ist die Leistung. Bei Elektrofahrzeugen ist die Leistung durch die gewünschte Beschleunigungsleistung und die maximale Fahrzeuggeschwindigkeit definiert. Der typische Leistungsbedarf ist hier 100–150 kW, besonders sportliche Fahrzeuge können auch einen höheren und Kleinwagen für die Stadt einen niedrigeren Leistungsbedarf haben.

6.3.1.2 Typische Batteriebelastung und Anforderungen an die Lebensdauer

Die Lebensdauer von Batterien wird über zwei Kriterien definiert:

- kalendarische Lebensdauer – gibt an, wie lange die Batterie auch ohne Belastung leben würde
- Zyklenlebensdauer – gibt an, welchen Ladungsdurchsatz die Batterie liefern kann

Das Ende der Lebensdauer wird einerseits über die Zunahme des Innenwiderstands und andererseits über die Abnahme der nutzbaren Kapazität definiert. Typischerweise wird das Lebensdauerende bei einer Zunahme des Innenwiderstands um 100 % oder der Abnahme der Kapazität auf 80 % der Nennkapazität definiert. In Hybridfahrzeugen ist der Innenwiderstand die begrenzende Größe, während in Elektrofahrzeugen die Kapazität und damit die Reichweite aus Sicht des Nutzers das Lebensdauerende definiert.

Während die Zyklenlebensdauer primär von der Zyklentiefe DOD (= depth of discharge) abhängt, sind dies bei der kalendarischen Lebensdauer vor allem die Temperatur und der Ladezustand. Dabei gilt, dass Batterien umso mehr Ladungsumsatz erreichen, je kleiner die Zyklentiefe ist („Wöhlerkurve"), und die Lebensdauer sich in etwa halbiert bei einer Temperaturzunahme von 10 K.

Die typische kalendarische Lebensdaueranforderung für eine Fahrzeuganwendung liegt zwischen 8 und 12 Jahren. Die Zyklenlebensdauer in Elektrofahrzeugen soll rund 3000 Vollzyklen betragen. De facto kann der Durchschnittsfahrzeugnutzer diese Zahl über 10 Jahre Fahrzeuglebensdauer nicht realisieren. Bei einer elektrischen Reichweite des Fahrzeugs von 100 km entsprechen 3000 Zyklen einer Fahrleistung von 300.000 km.

6.3.1.3 Speichertechnologien

In der Fahrzeugtechnik werden eine Reihe verschiedener Speichertechnologien für elektrische Energie diskutiert und eingesetzt. Für fast alle Anwendungen wird große Hoffnung auf die Lithium-Ionen-Technologie gesetzt, sie werden ausführlich diskutiert. Daneben kommen in verschiedenen Fahrzeuganwendungen auch Bleibatterien, NiMH-Batterien, Supercaps oder Schwungräder in Frage. Diese Technologien werden in den nachfolgenden Abschnitten kurz besprochen.

Bleibatterien Blei-Säure-Batterien in den Ausführungen als geschlossene Batterien mit flüssigem Elektrolyt und als verschlossene Batterie mit festgelegtem Elektrolyt in Gel oder Vlies stellen die mit Abstand kostengünstigste Speichertechnologie bei den Investitionskosten für die Speicherkapazität dar. Aus diesem Grund werden Bleibatterien als Starterbatterie heute in allen Fahrzeugen eingesetzt und für die Mikro-Hybrid-Fahrzeuge als wichtigste Technologie angesehen.

Probleme bestehen vor allem in Bezug auf die Energiedichte (ein Problem, das sich kaum lösen lässt), die schlechte Kapazitätsausnutzung bei hohen Strömen und die Lebensdauer. Aufgrund der geringen Basismaterialkosten werden nach wie vor verschiedene Fahrzeugkonzepte mit Bleibatterien, insbesondere im Bereich von Transportfahrzeugen für den Stadtverteilverkehr, sehr kostengünstige Kleinfahrzeuge oder Elektroscooter entwickelt und in den Markt gebracht.

Nickel-Metall-Hydrid-(NiMH-)Batterien In nahezu allen Hybridfahrzeugen, die derzeit kommerziell am Markt angeboten werden, kommen NiMH-Batterien zum Einsatz. Dies entspricht einem Markt von mehreren 100.000 Fahrzeugen pro Jahr. Die Technologie ist weitgehend ausgereift und ergibt gute Lebensdauerergebnisse. Der Anwendungsbereich beschränkt sich aber auf die Medium- und Vollhybridfahrzeuge. Ein Einsatz in Plug-in-Hybrid- oder vollelektrischen Fahrzeugen ist nicht vorgesehen, da weder die Energiedichten noch die Kostensenkungspotenziale ausreichend hoch sind. Letzteres liegt vor allem an den hohen Materialkosten. Daher wird zwar in den kommenden 3–5 Jahren noch von wachsenden Stückzahlen von NiMH-Batterien für Hybridfahrzeuge ausgegangen, mittelfristig ist aber von einer Verdrängung durch Lithium-Ionen-Batterien auszugehen.

Elektrochemische Doppelschichtkondensatoren (Supercaps) Supercaps sind interessant, weil hohe Zyklenlebensdauern (bis zu einer Mio. Zyklen) bei voller Kapazitätsausnutzung erreicht werden können. Gleichzeitig gibt es sehr hohe Leistungsdichten, die für die Bereitstellung von Leistung für die Beschleunigungsunterstützung und die Rückgewinnung von Bremsenergie relevant sind. Dies ist vor allem für Busse, Bahnen oder Maschinen wie Kräne oder Baumaschinen mit Hybridantrieb interessant. Aufgrund der sehr hohen spezifischen Kosten pro gespeicherter Energie und der geringen Gesamtenergie macht der Einsatz von Supercaps als Hauptspeicher in reinen Elektrofahrzeugen keinen Sinn. Diskutiert werden die Supercaps auch als ergänzender Leistungsspeicher.

Schwungräder Schwungräder werden in verschiedenen Bauformen und Dreh geschwindigkeiten angeboten. Die Einsatzbereiche überschneiden sich weitgehend mit denen von Supercaps (hohe Leistung für kurze Zeiten, hohe Zyklenzahlen). Grundsätzlich werden Schwungräder mit elektrischem Antrieb und vollständiger mechanischer Entkopplung zwischen Anwendung und der Schwungmasse verwendet. Ein Einsatz in vollelektrischen Fahrzeugen ist nicht sinnvoll.

6.3.1.4 Lithium-Ionen-Batterien

Technologie „Lithium-Batterie" ist der Überbegriff für eine Vielzahl von Materialkombinationen, aus denen Batteriezellen aufgebaut werden. Gemeinsam ist den Zellen, dass sie rund 3-5 Gewichtsprozent Lithium enthalten und die Ionenleitung zwischen den Elektroden über Lithium-Ionen erfolgt. Lithium als Element Nr. 3 des Periodensystems und als leichtestes Element, das bei Raumtemperatur fest ist, ist als Elektrodenmaterial sehr attraktiv, da es sowohl ein hohes elektronegatives Potenzial als auch eine hohe gewichtsbezogene Kapazität aufweist.

Unterschieden werden Lithium-Metall-Batterien von Lithium-Ionen-Batterien. Während die Lithium-Metall-Batterien eine metallische Lithium-Elektrode (Anode) enthalten, beinhalten Lithium-Ionen-Batterien das Lithium nur in ionischer Form oder als Bestandteil von oxidischen Materialien. Lithium-Metall-Batterien können theoretisch höhere Energiedichten erreichen, da in der Anode kein Trägermaterial für die Lithium-Ionen benötigt wird. In der Praxis führen aber erhebliche Sicherheitsprobleme mit dem metallischen Lithium und irreversible Nebenreaktionen an der Lithium-Elektrode dazu, dass diese Technologie heute nur noch von wenigen Batterieherstellern im Hinblick auf den Einsatz im Fahrzeug verfolgt wird. Aktuell basieren alle bekannten und angekündigten Projekte zum Einsatz von Lithium-Batterien in Fahrzeugen ausschließlich auf der Lithium-Ionen-Technologie, die im Folgenden auch als einzige betrachtet wird.

Abb. 6.55 zeigt eine Auswahl populärer Materialien, die in verschiedenen Zusammensetzungen und Stöchiometrien heute in kommerziellen Produkten eingesetzt oder für zukünftige Produkte entwickelt werden.

Als Anode werden derzeit verschiedene Kohlenstoffmodifikationen eingesetzt, in deren Kristallstruktur während der Lade-/Entladezyklen Lithium-Ionen ein- bzw. ausgelagert werden. Dabei nehmen sechs Kohlenstoffatome ein Lithium-Ion auf, was zu einer geringen Energiedichte der Elektrode führt. Als Alternativen werden Titanate oder Silizium diskutiert. Silizium hat bspw. ein Verhältnis von einem Silizium-Atom zu etwa fünf Lithium-Atomen und damit theoretisch eine 11-mal höhere Energiedichte im Vergleich zum Kohlenstoff. Allerdings dehnen sich die Siliziumkristalle bei dem Prozess um bis zu 400 % aus, was in der Konsequenz bislang zu sehr geringen Zyklenlebensdauern führt.

Als Elektrolyte werden organische Lösungsmittel mit Lithium-Leitsalzen eingesetzt. Aufgrund des hohen Potenzials von modernen Lithium-Ionen-Batterien im Bereich von 4 V müssen die Elektrolyte wasserfrei sein, da das Wasser andernfalls unmittelbar in Wasserstoff- und Sauerstoffgas zersetzt werden würde. Die Reinheit der Elektrolyte ist ein wichtiger Kostenfaktor.

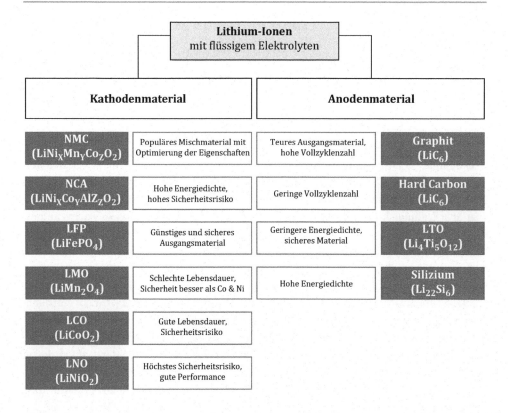

Abb. 6.55 Auswahl von populären Materialkombinationen für Lithium-Ionen-Batterien, die heute gefertigt oder entwickelt werden

Die Separatoren sind ebenfalls ein wichtiger Kostenfaktor und liefern durch ihre Eigenschaften einen zentralen Beitrag zur Sicherheit der Zellen. So wird bspw. ein keramischer Separator (Separion®) angeboten, der auch bei höheren Temperaturen nicht schmilzt. Dadurch führt ein punktueller Kurzschluss, wie er bspw. durch einen Dendriten erzeugt werden kann, nicht zu einer lawinenartigen Ausbreiten der Kurzschlussregion durch den schmelzenden Separator.

Für die Kathode (positive Elektrode) werden Lithium-Metall-Oxide oder Metall-Phosphate verwendet. Die grundsätzliche Auswahl an Materialien ist groß. Diese unterscheiden sich in ihrer Energiedichte und ihrem Potenzial, aber auch ganz wesentlich in den elektrischen Eigenschaften, der Lebensdauer und den Sicherheitsaspekten. $LiCoO_2$ (LCO), $LiNiO_2$ (LNO) und $LiMn_2O_4$-Spinell (LMO) stellen derzeit die wichtigsten Materialien dar. LCO war lange das bevorzugte Material für Lithium-Ionen-Batterien im Konsumerbereich. Aufgrund der hohen Kobalt-Kosten wird jedoch versucht, andere Materialien – insbesondere für die elektromobile Anwendung – einzusetzen. So werden heute verstärkt Mischmaterialien verwendet, bei denen bspw. jeweils ein Drittel der verschiedenen Metalloxide gemischt wird ($LiNi_{1/3}Co_{1/3}Mn_{1/3}O_2$; kurz NCM).

Großes Interesse zieht $LiFePO_4$ (LFP) auf sich. Bei etwas geringerer Energiedichte durch eine tiefere Spannungslage weist das Material eine deutlich höhere Sicherheit auf.

Es zersetzt sich nicht unter Wärme- und Sauerstofffreisetzung. Zudem sind die Rohmaterialien günstiger als die oben aufgeführten Materialien. LFP hat eine sehr schlechte elektrische Leitfähigkeit, daher müssen die LFP-Kristalle mit einer Kohlenstoffhülle umgeben werden („coating"), die die elektrische Leitfähigkeit verbessert und den Einsatz in Hochleistungsbatterien ermöglicht.

Lithium-Ionen-Batterien verfügen in den heute verwendeten Materialkombinationen nicht über einen definierten Überlademechanismus, der bei Überladung Strom aufnehmen könnte, ohne dabei die Batterie zu schädigen. Dies führt zwar zu einem sehr hohen Coulomb'schen Wirkungsgrad von nahezu 1, andererseits führt eine Überladung in der Regel zu irreversiblen Reaktionen, die eine direkte Alterung auslösen und im Extremfall ein Sicherheitsrisiko darstellen.

Die vorstehenden Betrachtungen zeigen, dass es viele verschiedene Materialkombinationen gibt, die eingesetzt und erforscht werden. Die Eigenschaften in den Bereichen elektrische Leistungsfähigkeit, Lebensdauer und Sicherheit hängen erheblich von der genauen Materialkombination und der Elektrolytzusammensetzung ab, über die der private Batteriekunde anhand der Angaben des Herstellers kaum Auskunft bekommt. Daher lassen sich allgemeine Aussagen über die vorgenannten Eigenschaften nur begrenzt machen. Andererseits ist ein sehr spezifisches Design der Zellen aufgrund der jeweiligen Anforderungen in den Anwendungen möglich. Daher ist die Analyse der Kundenwünsche zentral, um diese Spezifikationen in der Entwicklung zu verfolgen.

Elektrische Leistungsfähigkeit Lithium-Ionen-Batterien werden aktuell in zwei Hauptproduktlinien entwickelt und angeboten: Hochenergie-Batterien für den Elektrofahrzeugmarkt und Hochleistungsbatterien für Hybridfahrzeuge (s. Abb. 6.56 und 6.57).

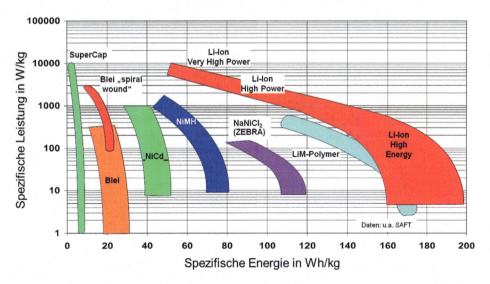

Abb. 6.56 Spezifische Leistung und spezifische Energie für verschiedene Speicher-technologien. (Quelle Ragnone-Plot: Saft) und Angabe von verschiedenen kommerziellen Lithium-Ionen-Zellen (Leistungsdaten aus Datenblättern oder eigenen Messungen)

	Hochenergiezellen	**Hochleistungszellen**
Leistungsdichte (25 °C)	200–400 W/kg	2.000–4.000 W/kg
Energiedichte	120–200 Wh/kg	70–100 Wh/kg
Wirkungsgrad	~ 95 %	~ 90 %
Selbstentladung	< 5 %/Monat (25 °C)	< 5 %/Monat (25 °C)
Lebensdauer	1.500–5.000 äquivalente Vollzyklen (spezielle Zellen auch mehr)	bis 1.000.000 µ-Zyklen (ca. 3–5 % DOD)

Abb. 6.57 Vergleich der elektrischen Eigenschaften von Hochenergie- und Hochleistungsbatteriezellen

Für Hybridfahrzeuge eine hohe Leistungsdichte im Vordergrund. Angeboten werden Zellen für eine Lade-/Entladebelastung im Bereich von 20–30 C, also 200–300 A für eine 10-Ah-Zelle (der C-Wert gibt Informationen über die Nennkapazität der Batterie und steht in direktem Zusammenhang mit dem Strombetrag beim Laden oder Entladen). Vollelektrisch betriebene Fahrzeuge benötigen dagegen hohe Energiedichten. Die Strombelastbarkeit liegt hier nicht über 3 C. Entsprechend unterscheiden sich die Energiedichten.

Hochleistungsbatterien haben auf die Zelle bezogen Energiedichten von 80-100 Wh/kg, Hochenergiebatterien etwa 150-180 Wh/kg (s. Abb. 6.57). Die volumenspezifische Energiedichte liegt etwa 2,5-mal höher. Der Unterschied betrifft vor allem die Dicken der Elektrodenmaterialien. Für die Hochleistungsbatterien werden sehr dünne Aktivmassen eingesetzt, damit steigt der relative Anteil an Metallfolien für die Stromableitung und von Separatoren bzw. Elektrolyt pro Aktivmassenvolumen. Für die Hochleistungszellen ist daher ein deutlich höherer Materialeinsatz notwendig, was sich bei den Kosten bemerkbar macht.

Auch bei großen Stromraten kann ein sehr hoher Anteil der bei kleinen Strömen verfügbaren Kapazität genutzt werden. Damit eignen sich Lithium-Batterien sehr gut für Hochstrombelastungen, wie sie bspw. auch in PowerTools oder unterbrechungsfreien Stromversorgungen auftreten.

Wirkungsgrade liegen infolge des geringen Innenwiderstands und der hohen Zellspannung von 3,3–3,7 Volt für die Standardmaterialien bei 90–95 % und damit im Verhältnis zu anderen Batterie- und Energiespeichertechnologien sehr hoch. Die Leistungsdaten fallen bei Temperaturen unterhalb von 0 °C zunächst leicht und dann sehr deutlich ab. Bei −30 °C kann man von weniger als einem Zehntel der Leistung, die bei +20 °C erzielt wird, ausgehen.

Die Aufladung von Lithium-Ionen-Batterien wird mit Konstantstrom/Konstantspannungsladeverfahren durchgeführt. Durch den sehr hohen Coulomb'schen Wirkungsgrad (nahezu 100 %) sinkt der Strom während der Konstantspannungsladung auf nahezu 0 ab. Die Ladung kann als beendet angesehen werden, wenn der Ladestrom bspw. unter 1 % des Stroms zu Beginn der Ladung fällt. Wichtig ist allerdings, dass die vom Hersteller für eine bestimmte Temperatur vorgegebene Spannung nicht überschritten wird. Dies gilt für jede einzelne Zelle. Auch kurzfristige Überschreitungen gelten für die Standardmaterialien als nicht tolerabel, denn es besteht das Risiko einer Überladung und damit eines gefährlichen Fehlerfalls der Zelle. Daher muss bei der Ladung von Batteriesträngen jede einzelne Zelle überwacht und das Ladegerät auf die höchste Zellspannung geregelt werden. Vom Ladegerät wird eine hohe Zuverlässigkeit verlangt, um sicherzustellen, dass die Spannungslimits stets eingehalten werden. Typische Ladespannungen liegen heute für die Standardmaterialien bei maximal 4,2 V/Zelle. Die Spannungslage von NMC ist etwa ein halbes Volt geringer, von LFP liegt die nominale Spannung bei etwa 3,2 V/Zelle.

Die Stromstärken bei einem Ladevorgang liegen je nach Zelltyp meist zwischen 1 und 10 C, in Ausnahmefällen auch höher. Wichtig ist, darauf zu achten, dass die Zellen nicht überhitzen. Somit kommt dem Kühlsystem bzw. der Kühlstrategie eine große Bedeutung zu. Dies bestimmt auch die maximale Laderate. Die maximale Temperatur wird in der Regel am Ende des Entladevorgangs erreicht.

Bei der Entladung sind Spannungen unterhalb des von Herstellern angegebenen Spannungswertes ebenfalls zu vermeiden. Allerdings führt eine kurzfristige Unterschreitung in der Regel nicht direkt zu einem Sicherheitsproblem, beschleunigt aber die Alterung erheblich und kann indirekt ein Sicherheitsproblem verursachen.

Zelldesigns Aktuell werden drei verschiedene Zelldesigns entwickelt und hergestellt (s. Abb. 6.58). Für die Rundzellen werden die Elektroden und die Separatoren von Endlosrollen aus aufgewickelt und in ein zylindrisches Gehäuse eingebracht. Viele wiederaufladbare Batterien, aber auch Supercaps werden so gefertigt. Bei den Flachzellen werden die Elektroden aufgeschichtet und in einer Folie verschweißt (vgl. Abschn. 6.3.2). In prismatischen Zellen sind sowohl oval gewickelte Zellstacks als auch geschichtete Designs bekannt.

Abb. 6.58 Prismatisches Zelldesign, Flachzelle und Rundzelle

Der Vorteil der Rundzellen liegt in der großen Erfahrung mit dem Produktionsprozess. Das Gehäuse ist dicht und hält einen gewissen Innendruck, der durch Nebenreaktion entstehen kann, ohne Verformung gut aus. Nachteil ist eine beschränkte Packungsdichte und bei Zellen mit größeren Kapazitäten eine schlechtere Wärmeabführung. Insbesondere bei größeren Kapazitäten kann es im Kern der Zellen zu erheblichen Temperaturerhöhungen kommen. Flachzellen haben ein besseres Verhältnis von Oberfläche zu Volumen und erlauben effizientere Kühlkonzepte. Auf der anderen Seite sind die langfristige Dichtigkeit und Aufblähungen bei Druckaufbau mögliche Probleme. Langfristig könnten die Flachzellen geringere Produktionskosten und etwas höhere Energiedichten erreichen, da die Folien leichter als die Gehäuse der Rundzellen sind. Die prismatische Zelle vereint Eigenschaften der beiden anderen Zelltypen und ist aufgrund der hohen Packungsdichte, bei gleichzeitig höherer Biegesteifigkeit als die Flachzellen, interessant. Derzeit werden in der Automobilindustrie alle drei Zellbauformen untersucht und in den ersten Serienfahrzeugen eingesetzt.

Kosten und Verfügbarkeit Die Kosten für Lithium-Ionen-Zellen sind heute noch sehr hoch und liegen für Qualitäts-Hochleistungszellen, die für den Einsatz im Kraftfahrzeug in Frage kommen, noch in der Größenordnung von 180 Euro/kWh. Durch Massenfertigung sind erhebliche Economy-of-scale-Effekte zu erwarten, und es wird heute schon von Preisen um 120 Euro/kWh für Qualitätsprodukte mit Produktionsstart in 2019 berichtet. Es steht nicht fest, ob dies kostendeckende Preise oder Markteinführungspreise sind.

Die Abschätzung der Preise für das Ende des Jahrzehnts basieren auf der Betrachtung der Rohmaterialkosten, der Auswertung der Kostenreduktion bei den Lithium-Ionen-Batterien für portable Anwendungen in den letzten 20 Jahren seit Markteinführung und der Marktbeobachtung des Billigmarktsegments, bspw. aus China. Daraus lässt sich abschätzen, dass Batteriezellen zu Preisen um etwa 200 Euro/kWh und damit Batteriepackkosten von unter 300 Euro/kWh erreichbar sind. Dafür ist aber eine Produktion in sehr großem Umfang und mit voll automatisierten Fertigungsanlagen notwendig, die eine gleichbleibende Qualität bei sehr geringem Ausschuss ermöglicht. Tesla Motors strebt genau dieses Ziel durch den Bau der „Gigafactory" in Nevada an und plant damit die weltweite Lithium-Ionen-Batterieproduktion zu verdoppeln.

Für Hochleistungsbatterien ist wesentlich mehr Material pro Kapazität notwendig, da mit dünneren Elektroden gearbeitet wird und die Elektrodenfolien aus Kupfer und Aluminium sowie die Separatorfläche und die Elektrolytmenge relativ zur Kapazität deutlich ansteigen. Für Hybridfahrzeuge werden daher die Kosten rund 50 % höher liegen. Dies gilt auch für Batterien in Elektrofahrzeugen, die sehr hohe Ladeleistungen aufnehmen sollen, wie es bei Schnellladungen im Bereich einiger Minuten notwendig ist.

Kontrovers diskutiert wird die Frage der Reichweite von Lithium bei einer stark steigenden Nachfrage durch den Verkehrssektor. Die aktuelle Jahresproduktion von Lithium liegt bei rund 25.000 Tonnen. Geht man von einem Lithiumbedarf von 200 g pro kWh aus (konservative Abschätzung), werden für eine 10-kWh-Batterie rund 2 kg Lithium benötigt. Bei einer geschätzten Verfügbarkeit von etwa 6 Mio. Tonnen Lithium würden sich daraus nach der obigen Abschätzung bei Vernachlässigung anderer Anwendungsbereiche rund 3 Mrd. Elektrofahrzeuge mit jeweils einer Kapazität von 10 kWh (ausreichend für

50–70 km elektrische Reichweite, je nach Fahrzeug) ergeben. Dies ist zunächst eine ausreichend große Menge, bedeutet aber auch, dass mittelfristig ein effizientes Recyclingsystem etabliert werden muss, das die Rückgewinnung von Lithium vorsieht, und weitere Vorkommen erschlossen werden sollten. Es ist auch zu beachten, dass sich die Lithium-Vorkommen auf relativ wenige Länder mit einem Schwerpunkt in Südamerika verteilen. Es muss also frühzeitig Planungssicherheit für die Betreiber der Lithium-Minen hergestellt werden, um die Produktionskapazitäten rechtzeitig erweitern zu können und Preisspitzen beim Lithium zu vermeiden.

Weitere Entwicklungstendenzen Lithium-Ionen-Batterien stellen die wichtigste Technologie für die Elektrifizierung von Kraftfahrzeugen dar. Die Potenziale dieser Technologie sind die Grundlage des aktuellen Optimismus für die Einführung von Elektrofahrzeugen. Die große Zahl von Materialkombinationen, die eingesetzt werden, und die große Zahl von Herstellern weltweit führen zu einem Wettbewerb der Anbieter. Daher ist auch in den kommenden Jahren mit einer dynamischen Weiterentwicklung sowohl in Bezug auf technische Verbesserungen als auch Kostensenkungen zu rechnen.

Leistungs- und Energiedaten sind bereits heute so gut, dass die Einführung in den Fahrzeugmarkt beginnen kann. Entscheidend für den Markterfolg werden die im Feld erzielten Lebensdauern einerseits und die Kosten bei der Volumenproduktion andererseits sein. Die Sicherheit wird durch neue Materialien für die Elektroden (bspw. $LiFePO_4$) oder Separatoren (bspw. keramischer Separator Separion®) sowie optimierte Batteriemanagementsysteme, zu denen auch das thermische Management gehört, kontinuierlich verbessert.

Für die Hersteller der Zellen besteht die Herausforderung in der Reduktion der Kosten und in der Produktion einer gleichbleibenden Qualität der Zellen. Gerade die Gleichmäßigkeit in der Qualität der Zellfertigung ist bei Lithium-Ionen-Batterien zentral. Während in allen anderen bekannten Batterietechnologien das Verhalten der einzelnen Zellen kaum beachtet wird, muss die Leistung in einer Lithium-Ionen-Batterie immer auf die schlechteste Zelle in einem Serienverbund reduziert werden. Daraus ergibt sich die besondere Verantwortung der Fertigungs- und Prozessqualität.

Die Kapazitäten für die Gewinnung von Lithium als Rohmaterial müssen erheblich ausgebaut und gleichzeitig die Recyclingprozesse weiter entwickelt und etabliert werden, die eine Rückführung des Lithiums in den Produktionskreislauf ermöglichen. Realistische Alternativen zur Lithium-Ionen-Technologie gibt es für einen Massenmarkt von Elektrofahrzeugen in den kommenden Jahren kaum.

Die wichtigsten Entwicklungsziele in den nächsten Jahren, die eine schnelle Markteinführung ermöglichen sollen, werden sein:

- Maximierung der Sicherheit und Zuverlässigkeit
- Reduktion der Kosten durch Materialauswahl und Economies of scale
- Minimierung der Qualitätsschwankungen in der Zellproduktion
- Erhöhung des nutzbaren Kapazitätsbereichs bei hoher Lebensdauer
- Optimierung der Systemtechnik (insbesondere Kosten)
- Erhöhung der Energiedichte

6.3.2 Produktionsverfahren Batteriezellen und -systeme

Speichersysteme im Elektromobilbereich basieren aufgrund ihrer hohen Energiedichte vorwiegend auf Lithium-Ionen-Zellen. Diese werden, wie Abb. 6.59 zu entnehmen ist, zu Batteriemodulen zusammengefügt und anschließend zu einem Batteriepack assembliert.

Die Anzahl der Batteriemodule, die zusammen mit dem Batterie-Management-System, dem Kühlsystem, dem Thermo-Management und der Leistungselektronik zu einem Batteriepack montiert werden, hängt vom Verwendungszweck ab. In den meisten Fällen wird eine Anzahl von fünf Batteriemodulen nicht überschritten. Bei den verwendeten Zellenformen wird zwischen drei Bauformen unterschieden: Rundzelle, prismatische Zelle und Flachzelle. Aufgrund des vergleichsweise geringen Gewichts, der Flexibilität in der Formgebung und der guten Kühleigenschaften finden Flachzellen im Bereich der Elektromobilität verstärkt Verwendung.

6.3.2.1 Herstellungsprozess der Batteriezelle

Im Folgenden wird der Herstellungsprozess der Batteriezelle, vornehmlich der Flachzelle, näher betrachtet.

Abb. 6.60 zeigt den Herstellungsprozess einer Flachzelle. Er gliedert sich in die drei Hauptprozessschritte Fertigung der Elektroden, Zusammenbau der Zelle sowie Formation und Prüfen.

Bei der *Fertigung der Elektroden* wird das Aktivmaterial der Anode und Kathode auf eine metallische Trägerfolie, die als Stromsammler dient, aufgetragen, getrocknet und auf die richtige Dicke gewalzt. Die beschichteten Elektrodenfolien werden daraufhin zu Bi-Zellen weiterverarbeitet und in einer Aluminiumverbundfolie verpackt. Diese Arbeitsschritte sind unter *Zusammenbau der Zelle* zusammengefasst. Im letzten Abschnitt, *Formation und Prüfen*, wird die Zelle in mehreren Zyklen geladen, um ihre volle Leistungsfähigkeit zu erhalten. Abschließend werden die definierten Zelleigenschaften kontrolliert.

Im Folgenden werden die einzelnen Prozessschritte des Beschichtungsvorgangs analysiert. Sie finden komplett in evakuierten Räumlichkeiten statt, um ein Reagieren des Lithiums mit der Feuchtigkeit der Luft zu verhindern (Sauer 2010).

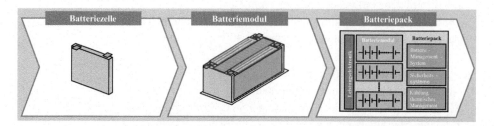

Abb. 6.59 Von der Zelle zum Batteriepack

6 Entwicklung von elektrofahrzeugspezifischen Systemen

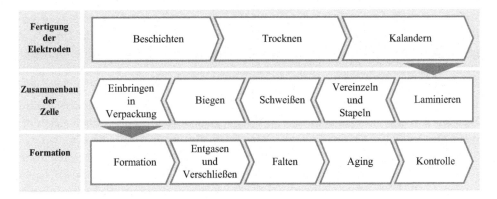

Abb. 6.60 Herstellungsprozess einer Flachzelle

Beschichten Während des Beschichtungsprozesses wird die Beschichtungsmasse, die aus dem Aktivmaterial, einem elektronischen Leiter, Bindemittel sowie einer Vielzahl von Additiven besteht, auf die Kupferfolie der Anode und auf die Aluminiumfolie der Kathode aufgetragen. Die Metallfolien dienen dabei als Elektrodengrundlage und Stromsammler. Dem Binder kommt die Aufgabe zu, die Elektrodenstruktur zusammenzuhalten und für ausreichend Haftung der Masse an der Kupfer- und Aluminiumfolie zu sorgen. Additive hingegen erhöhen bspw. die Leitfähigkeit. Diese Komponenten werden zusammen mit einem Lösungsmittel in einem Mischer gleichmäßig zu einer Paste vermischt. Das Lösungsmittel übernimmt die Aufgabe, alle Komponenten zu lösen und die rheologischen Eigenschaften so zu beeinflussen, dass es möglich ist, die Beschichtungspaste auf die Metallfolie aufzutragen (Nazri 2009; Sauer 2010; Ceder 1998).

Die Kapazität einer Flachzelle wird weitestgehend durch die Schichtdicke des Aktivmaterials auf der Trägerfolie bestimmt. Bei Hochenergiezellen finden Elektroden mit einer Gesamtdicke in der Größenordnung von 200 μm Verwendung. Dabei entfallen ungefähr 10–15 μm auf die zugrunde liegende Folie und der Rest auf die Dicke der Beschichtungspaste (Sauer 2010).

Beim Beschichten wird eine Beschichtungsmasse, die pastenartig oder fast flüssig sein kann, mit Hilfe unterschiedlichster Auftragsverfahren auf das Substrat appliziert. Im Folgenden werden drei Verfahren näher betrachtet: der Rakel, die Schlitzdüse sowie die Rasterwalze.

Bei dem *Rakel* handelt es sich um ein selbstdosierendes Verfahren. Der Beschichtungsvorgang findet mit Hilfe eines scharfen Streichmessers (Rakel/Doctor Blade) statt, das als Abstreifvorrichtung der Beschichtungsmasse dient. Der Rakel ist an dem sog. Rakelbalken orthogonal zur Bewegungsrichtung des Substrats angebracht. Die Beschichtung entsteht durch den Spalt zwischen Warenbahn und Rakel. Die Bahnbreite der aufzubringenden Beschichtungsmasse wird durch Seitenbegrenzer bestimmt. Diese können in Fällen niedrig viskoser Beschichtungsmaterialien zu einem geschlossenen Pastenbecken ergänzt werden. Die verwendeten Rakeln sind keilförmig und hinterschnitten, damit sich keine Paste an der Rückseite des Rakels sammelt und ein Schichtabriss verhindert wird (Groover 2010; Gries 2007).

Das *Schlitzdüsenverfahren* ist ein geschlossenes, vordosiertes Beschichtungsverfahren. Dies hat u. a. den Vorteil, dass das Fluid vor Verunreinigungen aus der Umgebung geschützt ist und das stetige Verdunsten des Lösungsmittels verhindert wird. Prinzipiell wird die Düse aus zwei gegeneinander montierten Platten, die in ihrem Innern eine beliebig komplexe Düsenkammer formen, gebildet.

Beim Substratbeschichten durch Schlitzdüsen sind zwei Methoden zu unterscheiden. Zum einen kommt das Curtain Coating (Vorhanggießen) zum Einsatz, zum anderen das Bead Coating (Schlitzbeschichtung). Beide Methoden greifen auf dieselbe Art von Schlitzdüse zurück. Der Unterschied besteht in der Entfernung der Düse zur Warenbahn. Befindet sich die Düse kurz oberhalb des Substrats, handelt es sich um den „Bead Coating Mode". Ist die Düse in gewissem Abstand zum Substrat positioniert, ist dies charakteristisch für den „Curtain Coating Mode" (Schweizer 2000, Abb. 6.61).

Bei *Walzenauftragssystemen* erfolgt der Beschichtungsvorgang in direktem Kontakt zum Substrat. Die in einem Vorratsbehälter lagernde Beschichtungspaste wird durch die Rasterwalze aufgenommen. Anschließend wird mit einem Abstreifmesser die überschüssige Pastenmasse von der Walze entfernt, sodass nur die Vertiefungen der Rasterung gefüllt sind. Die Rasterwalze wiederum rollt auf einer zweiten Walze ab und trägt so die Beschichtung direkt auf das Substrat auf (Wicks 2007).

Trocknen Die im vorherigen Arbeitsgang hergestellte Beschichtung muss für kommende Prozessschritte getrocknet werden. Die Bedingungen des Trocknungsprozesses nehmen großen Einfluss auf die Struktur und die Eigenschaften der Elektroden (Wypych 2001).

Aufgabe des Trocknungsprozesses ist es, die in der Beschichtung vorhandenen Lösungsmittel zu entfernen und die Beschichtung selbst zu trocknen. Darüber hinaus stellt die Trocknung den letzten Prozess dar, in dem die chemischen und physikalischen Eigenschaften der Beschichtung beeinflussbar sind. Die Energie für das Verdampfen des Lösungsmittels und das Trocknen der Beschichtungsmasse kann auf unterschiedliche Weise bereitgestellt werden (Abb. 6.62).

Die *Konvektionstrocknung* wird in der Praxis am häufigsten angewendet, da mit heißer Luft nicht nur ein Gut getrocknet, sondern auch im selben Arbeitsgang die entweichenden Lösungsmittel abtransportiert werden können. Es ist kein zusätzlicher Luftstrom für den

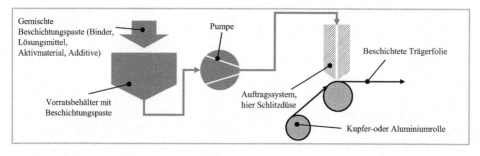

Abb. 6.61 Beschichtungsvorgang

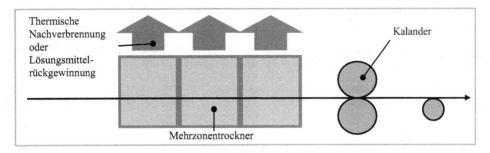

Abb. 6.62 Trocknungsvorgang

Abtransport erforderlich. Bei vielen Konvektionstrocknern wird der Luftstrom zur Trocknung ständig im Kreis geführt. Nach dem Überströmen des Trocknungsguts wird ein Teil der mit Lösungsmittel beladenen Luft durch Frischluft ausgetauscht und erneut zugeführt. Das heißt: Ein Teil des Umluftstroms wird entfernt (Abluft) und durch einen Zuluftstrom (Frischluft) ersetzt. Oft wird der Schwebetrockner verwendet und das Trocknungsgut durch Luftpolster in der Horizontalen schwebend getrocknet. Ferner gibt es Rollenbahntrockner, bei welchen der Transport der Warenbahn durch den Trockner nicht schwebend, sondern kontaktbehaftet auf Rollen stattfindet und währenddessen von beiden Seiten durch Luftstrahlen getrocknet wird. Die austretenden Lösungsmitteldämpfe werden entweder durch eine thermische Nachverbrennung entfernt oder durch eine Lösungsmittelrückgewinnung zurückgewonnen (Meuthen 2005; Gutoff 2006; Kröll 1978).

Kalandern Ein Kalander (franz.: calandre = Rolle) ist ein System von zwei übereinander positionierten Walzen, die temperiert werden können. Sie werden genutzt, um die Elektroden nach der Trocknung auf die richtige Dicke und Dichte zu walzen. Die sukzessive Reduzierung der Dicke durch das Hintereinanderschalten mehrerer Walzen bietet ein hohes Maß an Kontrolle (s. Abb. 6.70, Kalandern) (Schalkwijk 2002).

Die Dicke der einzelnen Elektrodenschichten hängt von der benötigten Kapazität der Batterie ab. Durch das Kalandern ist es möglich, auf eine signifikante Kennzahl der Lithium-Ionen-Batteriezelle einzuwirken, ohne die restlichen Parameter des Produktionsprozesses zu verändern. Dies ermöglicht bei einem sonst gleichbleibenden Batterieherstellungsprozess eine Vielzahl von Leistungsvariationen (Nazri 2009).

Kalander für die Batterieelektroden verfügen über Liniendrücke von 40-60 Tonnen, wobei die Spaltverstellung motorisch mit µ-Genauigkeit erfolgt (Eschenbruecher 2010).

Laminieren zu Folienverbund Bei der Herstellung des Bi-Zellen-Folienverbunds wird die „Rolle zu Rolle"-Verarbeitung angewandt. Die hergestellten Elektrodenfolien werden für die folgenden Fertigungsschritte nicht mehr aufgewickelt. Die Fertigung unter Nutzung von Endlosfolien bietet große wirtschaftliche Vorteile, da die Folienverarbeitung mit relativ hoher Geschwindigkeit, wenn auch mit großem technischen Aufwand, möglich ist. Um einen großen Durchsatz zu erzielen, müssen die Folien für Anode, Kathode und Separator möglichst lange von Rolle zu Rolle verarbeitet werden.

Ein Folienverbund entsteht, indem wiederholt Anode, Kathode und Separator gestapelt und dann unter Einwirkung von Hitze und Druck laminiert werden. Die Abfolge Anode/Separator/Kathode/Separator/Anode entspricht einer Bi-Zellen-Konfiguration (s. Abb. 6.63, Laminieren). Die Stapelreihenfolge kann abweichend auch zuerst mit der Kathode beginnen. Es gibt mehrere Möglichkeiten, um diesen Folienverbund herzustellen. Zwei Varianten sind in Abb. 6.63 illustriert (Schutzrecht US 6 235 065 B1 2001).

Vereinzeln und Stapeln der Bi-Zellen Findet die Vereinzelung des gestapelten Folienverbunds erst nach dem Laminieren zu Bi-Zellen statt, ist ein Stanzen durch alle Schichten nötig. Dies birgt die Gefahr, dass Schnittkanten durch den kompletten Folienverbund erzeugt werden und eine Verschmierung der unterschiedlichen Beschichtungsmaterialien über die Schnittkanten erfolgt. Verschmierungen können negative Einflüsse auf die Funktionsfähigkeit der Bi-Zellen haben. Aus diesem Grund werden die unterschiedlichen Folien oft schon vor dem Stapeln und Laminieren vereinzelt. Dies hat jedoch einen erhöhten Handlingaufwand und hohe Anforderungen an die passgenaue Positionierung der Folienelemente zueinander zur Folge. In der Praxis findet deshalb die erstgenannte Methode vermehrt Anwendung (Schutzrecht EP 1 528 972 B1 2007).

Unabhängig von der Reihenfolge der Laminierung (vor oder nach der Vereinzelung) schließt sich als Folgeprozess die Stapelung der vereinzelten Bi-Zellen an (s. Abb. 6.70, Vereinzeln und Stapeln). Dieser Schritt ist komplex und wird durch Roboter- und Automatisierungstechnik erledigt. Je nach Oberfläche und geforderter Zellenkapazität kann der Stapel aus mehr als 150 Einzelschichten bestehen. Eine exemplarische Stapelabfolge von Bi-Zellen ist in Abb. 6.70 skizziert. Bei der Stapelung werden die Bi-Zellen so übereinander geschichtet, dass die Anoden oder Kathoden (das ist abhängig von der gewählten Konfiguration) der Bi-Zellen aufeinander liegen (Barenschee 2010).

Nach der Prüfung der Höhe der Bi-Zellen-Stapel erfolgt das Ablängen der Stromableiter auf eine festgelegte Länge. Dieser Vorgang wird mittels Laserzuschnitt oder Stanzen durchgeführt. Ableiter ist der überstehende Teil einer jeden Elektrode, der im nächsten Schritt mit den anderen Ableitern zu einem Minus- und einem Pluspol der Flachzelle zusammengeführt wird.

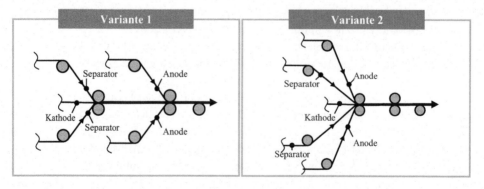

Abb. 6.63 Laminiervorgang

Schweißen der Kontaktfahnen Das Schweißen der Kontaktfahnen (auch Stromableiterfahnen) als Fertigungsschritt hat die Aufgabe, die Ableiter der gestapelten und laminierten Bi-Zellen mit den beiden Kontaktfahnen, die jeweils ca. 0,5 mm dick sind, zu verbinden und dabei zu schalten (s. Abb. 6.70, Anschweißen Kontaktfahnen). Die Länge der als Zungen ausgebildeten Kontaktfahnen ist so bemessen, dass sie ungefähr einem Drittel der Zellkantenlänge entspricht. Die Wahl des Schweißverfahrens ist relevant, da die Ableiter extrem dünn und temperaturempfindlich sind. Außerdem bietet nicht jedes Verfahren die nötige Präzision. Prinzipiell sind das Widerstandsschweißen, das Plasmaschweißen, das Ultraschallschweißen und das Laserstrahlverfahren einsetzbar. In der Praxis werden zumeist die beiden letztgenannten Verfahren angewendet.

Biegen der Kontaktfahnen Abhängig von der weiteren Nutzung der Flachzelle ist es u. a. notwendig, dass die angeschweißten Kontaktfahnen umgebogen werden (bspw. bei Verschaltung in einem Batteriemodul).

Der Abstand der Kontaktfahnen der hintereinander angeordneten Zellen zu den beiden Anschlusspolen des Batteriemoduls kann so groß sein, dass es zu einer starken Biegebelastung der Kontaktfahnen kommt. Abhilfe schafft hier die horizontale Vorverformung (Biegen) der Stromableiterfahnen, sodass ein Aufschieben einer Sammelschiene über alle Kontaktfahnen und somit die ganzheitliche Kontaktierung realisierbar ist (s. Abb. 6.70, Biegen Kontaktfahnen) (Schutzrecht EP 0 766 327 B1 1999).

Einbringen der Elektrodenstapel in Folienverpackung Nachdem die Bearbeitung der Bi-Zellen abgeschlossen ist, folgen das Einbringen der Bi-Zellen-Stapel in die Verpackung, die Elektrolytbefüllung und das Siegeln (s. Abb. 6.70, Einbringen in Folienverpackung). Damit schließen sich die Fertigungsschritte an, die aus einem Stapel von Bi-Zellen einen Rohling der Folienzelle machen. An das exakte Siegeln und Einbringen in eine inline hergestellte Verpackung sind große Voraussetzungen hinsichtlich der ablaufenden Prozesse geknüpft, um eine einwandfreie Funktion der Batterie zu garantieren. Kleinste Abweichungen in den Einstellparametern können zu eklatanten Sicherheitsmängeln und zur Zerstörung der Batterie führen. Wichtig sind hier die absolute Dichtigkeit der Verpackung sowie die genaue Positionierung der Bi-Zellen in der Verpackung, um Kurzschlüsse an den Kontaktfahnen bei Berührung der Aluminiumverbundfolie zu vermeiden. Für die Fertigung der Folienverpackung gibt es verschiedene Methoden. Die Elektroden können in einen separat tiefgezogenen Deckel- und Bodenteil eingefügt werden. Oder sie werden in den tiefgezogenen Bodenteil eingelegt und dann der Deckel aufgefaltet. Bei dem dritten Verfahren wird der Elektrodenstapel in einen aus einer Folienbahn kontinuierlich hergestellten Beutel gefügt. Jeder dieser Methoden zur Herstellung der Verpackung folgen dieselben weiterführenden Bearbeitungsschritte. Die genaue Abfolge kann in Einzelfällen abweichen. Nach dem Einbringen in die Verpackung folgt das Siegeln dreier Seiten des Batteriebeutels. Durch die vierte, offene Seite wird dann das Elektrolyt eingefüllt und die Seite durch einen Siegelvorgang geschlossen (Harro Höfliger 2009; Harro Höfliger 2010).

Formation Bei der Formation wird die Flachzelle zum ersten Mal geladen und erhält so ihre Leistungseigenschaften. Der Formation kommt aus zwei Gründen besondere Beachtung zu: Erstens bildet sich bei den ersten Ladezyklen die Solid-Electrolyte-Interface-(SEI-)Schicht auf den Anodenfolien, die dafür zuständig ist, dass die Anode während des Betriebs nicht mit dem Elektrolyt reagiert. Außerdem hat sie als eine Art Hülle um die Anodenfolien eine stabilisierende Funktion. Zweitens wird durch die Formation guter Kontakt zwischen dem Elektrolyt und dem Aktivmaterial hergestellt. Der erste Ladezyklus beginnt bei einer geringen Stromstärke, damit die SEI-Schicht sich auf dem Grafit der Anoden sukzessiv formen kann. Die Ausbildung einer SEI-Schicht ist unvermeidbar und erst nach mehreren Ladezyklen vollständig abgeschlossen. Die Anzahl der aufeinanderfolgenden Ladezyklen–während dieser Zyklen wird die Stromstärke kontinuierlich gesteigert – hängt vom jeweiligen Hersteller ab (Schalkwijk 2002).

Entgasen und Wiederverschließen Während der Formation entsteht Gas im Inneren der Batteriezelle, das über die nur teilweise gesiegelte Verbindung in die angrenzende und dafür vorgesehene Gastasche übertritt. Bei diesem Vorgang wird die Gastasche gefüllt. Ist der Formationsprozess vollständig abgeschlossen, wird die Gastasche angestochen und das Gas kann in die Umgebung entweichen. Die teilgesiegelte Naht zwischen der Zelle und der Gastasche wird dann endgültig geschlossen. Dieser letzte Siegelvorgang hat in einer Vakuum-Siegeleinheit stattzufinden, in der die Batteriezelle vakuumiert und unter Schutzatmosphäre fertig gesiegelt wird. Das Siegeln unter Vakuum führt dazu, dass sich die laminierten Schichten nicht so einfach wieder voneinander lösen können. Bewegungen der Flachzelle innerhalb der Verpackung werden unterbunden und die Flachzelle wird durch den Unterdruck versteift. Die jetzt leere Gastasche wird im nächsten Schritt abgetrennt und entsorgt (s. Abb. 6.70, Entgasen und Wiederverschließen) (Schalkwijk 2002).

Falten der Siegelnähte Zum Schutz der Zelle vor dem Eindringen von Feuchtigkeit über den gesamten Lebenszyklus ist es wichtig, dass die Siegelnähte rund um die Batteriezelle nicht zu klein dimensioniert sind. Umso breiter die Arbeitsfläche beim Siegelvorgang gehalten ist, desto besser ist die Verbindung zwischen der Ober- und Unterseite der Folienverpackung ausgeprägt. Folglich ist ein größeres Maß an Dichtigkeit gegenüber dem Eindringen von Luft oder Wasser garantiert. In der Praxis sind Nahtbreiten von 1 cm keine Seltenheit. Mit zunehmender Nahtbreite nimmt die Projektionsfläche zu und gleichzeitig die volumenbezogene Energiedichte pro Zelle ab. Somit besteht eine Trade-Off-Beziehung zwischen volumenbezogener Energiedichte und der Zuverlässigkeit der Batterie. Um trotz gut dimensionierter Siegelnähte nicht ungenutztes Batterievolumen zu verschenken, werden die Nähte der Verpackung nach innen gefaltet (s. Abb. 6.64, Falten der Siegelnähte). Dies wirkt der Trade-Off-Beziehung entgegen.

Aging Dem Aufladeprozess folgt eine Messung der Zellspannung und der Kapazität. Während der Zellalterung (engl.: Aging) lagern die Zellen zwischen zwei Wochen und

6 Entwicklung von elektrofahrzeugspezifischen Systemen

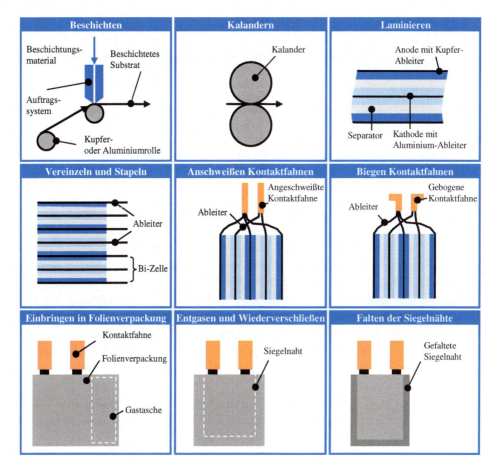

Abb. 6.64 Entwicklungsstadien zur Flachzelle

einem Monat in einem dafür vorgesehenen temperierten Raum. Danach findet eine erneute Messung der Zellspannung statt. Die Werte werden miteinander verglichen, um Batteriezellen mit signifikanten Abweichungen gegenüber dem Durchschnittswert auszusortieren. Diese Zellen können kleine interne Kurzschlüsse aufweisen, die die Ursache für die geringere Kapazität bzw. Zellspannung sind.

Kontrolle Bevor die Flachzellen weiter in Batteriemodulen Verwendung finden, durchläuft jede Zelle die Endkontrolle. Zudem werden die Flachzellen gereinigt und mit einer Seriennummer versehen. Diese ermöglicht später Rückschlüsse auf das Herstellungsdatum, die verbauten Zellkomponenten sowie die gemessene Zellspannung und Kapazität. Zum Schluss werden die Flachzellen nach ihren Leistungsdaten sortiert, um bei der Assemblierung der Batteriemodule Batteriezellen zu verwenden, die dieselben Leistungseigenschaften besitzen.

6.3.2.2 Assemblierung des Batteriemoduls

Nachdem die Flachzellen hinsichtlich ihrer Leistungsdaten sortiert sind, werden sie in der Folge zu einem Batteriemodul zusammengesetzt. Der Assemblierungsvorgang ist Abb. 6.65 zu entnehmen.

Wichtig bei der Auswahl der Zellen ist, dass die verwendeten Zellen dieselben Leistungsdaten haben. Ist dies nicht der Fall und es gibt signifikante Unterschiede, hat dies negative Auswirkungen auf das gesamte Modulverhalten. Die Gesamtleistung des Batteriemoduls orientiert sich, bedingt durch die Verschaltung der Zellen, an den Leistungseigenschaften der schwächsten Zelle.

Zunächst werden die ausgewählten Zellen in einen Rahmen vormontiert, d. h. hintereinander aufgereiht und befestigt. Die Kontaktfahnen der Zellen werden daraufhin kontaktiert, sodass die Zellen über eine Parallel- oder Reihenschaltung miteinander verbunden sind (Abb. 6.66).

Bei der Anbindung der Kontakte an die Stromleiterschiene sind derzeit gängige Verbindungsmethoden das Schweißen oder Verschrauben. Dem guten Handling bei der Montage und der schnellen Austauschbarkeit der Zellen bei Schraubverbindungen steht die geringe Vibrationsbeständigkeit gegenüber. Dauerhafte Schweißverbindungen verfügen hier klar über Vorteile. Darüber hinaus ist der Stromfluss aufgrund eines geringeren Übergangswiderstands weitaus besser als bei einer geschraubten Verbindung. Auf das vormontierte Batteriemodul wird nun die Cell-Supervision-Circuit-(CSC-)Platine (auch BMS-Slave oder Cell-Monitoring-Circuit-(CMC)-Platine genannt) in Verbindung mit Kühlplatten aufgebracht. Die CSC-Platine überwacht die Zellen hinsichtlich Spannung und Temperatur und sorgt dafür, dass ein optimales Zusammenspiel zwischen den einzelnen Zellen gewährleistet ist. Der fertiggestellte Rahmen wird in das Gehäuse eingebracht und das Batteriemodul einer abschließenden Kontrolle unterzogen.

6.3.2.3 Assemblierung des Batteriepacks

Der letzte Schritt zum fertigen Batteriepack ist die Montage der geprüften Batteriemodule mit den peripheren elektronischen Komponenten (Abb. 6.67).

Abb. 6.65 Montageprozess des Batteriemoduls

Abb. 6.66 Entwicklung bei der Assemblierung des Batteriemoduls

Abb. 6.67 Montageprozess des Batteriepacks

Dabei werden die Batteriemodule in das Batteriegehäuse eingesetzt. Anschließend werden die Kontaktschienen montiert. Diese verbinden die einzelnen Module des Batteriepacks. Im Weiteren werden die Batteriemodule fest im Gehäuse verschraubt. Zusätzlich zu den Batteriemodulen werden das Battery-Management-System (BMS) und die Leistungselektronik eingebaut. Das BMS stellt den Kontakt zwischen der Batterie und anderen Komponenten des Fahrzeugs her. Weitere Funktionen des BMS sind bspw. die Messungen und Regelung von Temperatur, Ladezustand und Spannung. Abschließend wird das Batteriepack mit einem Hoch-Volt-Anschluss versehen, eine End-of-Line-(EOL-)Prüfung durchgeführt, abgedichtet und vollständig geladen.

6.4 Thermomanagement

Die flächendeckend erfolgreiche Elektrifizierung im Automobilmarkt wird in hohem Maß von der Integration der für die Fahrzeugnutzer gewohnten Bestandteile eines Fahrzeugs mit gewöhnlichem Verbrennungsmotor abhängen. Dazu gehören neben den verschiedenen Fahrassistenzsystemen vor allem Komponenten für Unterhaltungsmedien und die Gewährleistung thermischer Behaglichkeit im Innenraum. Daraus ergeben sich Herausforderungen für das Energie- und Thermomanagement zukünftiger Automobile, die nur mit Hilfe interdisziplinärer Ansätze und Maßnahmen konsequenter Innovation gemeistert werden können.

6.4.1 Herausforderung Thermomanagement im Elektrofahrzeug

Der Einsatz von Elektrofahrzeugen erfordert das Bewältigen von verschiedenen mit dem Thermomanagement verknüpften Herausforderungen. Zum einen müssen für einen optimalen Betrieb die elektrischen Komponenten wie die Leistungselektronik und Akkumulatoren in definierten Temperaturbereichen gehalten werden. Zum anderen ist die Gewährleistung der Reichweite unter Einhaltung notwendiger komfortrelevanter Parameter respektive der Aufrechterhaltung der Konzentrationsfähigkeit der Fahrzeugführer zu gewährleisten. Diesen Aspekt gilt es vor allem auf den spezifizierten Einsatzzweck des betrachteten Elektofahrzeugs zu optimieren.

Hocheffiziente Antriebe von Elektrofahrzeugen bieten für das Energiemanagement große Möglichkeiten als auch Herausforderungen. Die bei der Verwendung von Verbrennungsmotoren üblicherweise genutzte Energie für das Heizsystem eines Fahrzeugs wird als

Nebenprodukt des Antriebs gewonnen. Somit bedeutet eine Nutzung der Abwärme eine Steigerung der Gesamteffizienz im Sinne des Energiemanagements. Dieses Prinzip kann für Wirkungsgrade des Antriebs bei Elektrofahrzeugen von über 90 % nicht mehr vollständig angewendet werden. Die Möglichkeiten einer Verschiebung von Wärmemengen innerhalb eines Systems ändern sich damit grundlegend. Die Erzeugung und Nutzung der bereitgestellten Energie eines Fahrzeugs müssen daher so aufeinander abgestimmt werden, dass thermodynamisch minimale Energieverbräuche realisiert werden können. Abb. 6.68 verdeutlicht diese Interaktionen zwischen einzelnen Komponenten im globalen Energiemanagement.

Bei der Auslegung des Thermomanagements von Elektrofahrzeugen müssen nicht nur neue Wege der Bereitstellung von Wärme und Kälte für die Klimatisierung des Innenraums gefunden werden. Auch die Batterien stellen komplexe Anforderungen an die Be- und Entladezyklen, die möglichst gewinnbringend in das Energiesystem integriert werden müssen. Die verschiedenen Erzeuger und Verbraucher von thermischer Energie können entsprechend gekoppelt und über ein effizientes Zusammenspiel der Wärmeströme im Sinne einer Gesamteffizienz genutzt werden.

Aktuelle Elektrofahrzeuge wie zum Beispiel der BMW i3 (18,8 kWh), Tesla Model S (90 kWh), Opel Ampera (16 kWh), VW e-Golf (24,2 kWh) oder Chevrolet Volt (16 kWh) weisen unterschiedliche Batteriekapazitäten auf, die nur begrenzte Möglichkeiten zur Innenraumklimatisierung bieten. Eine direkte Nutzung elektrischer Energie zur Erzeugung von Wärme scheint daher in der Elektromobilität nicht zielführend. Stattdessen werden aktuell bereits sogenannte LowEx-Systeme (Niedrig Exergie Syteme), wie sie im Gebäudesektor ebenfalls bereits etabliert sind, eingesetzt. Aus der Gebäudetechnik können zudem verschiedene, skalierte Konzepte zur Erzeugung, für den Transport und die Übergabe von Wärme- und Kälteenergie auch auf ein Fahrzeug übertragen werden. Neben den aktiven Komponenten der Heizung, Kühlung und Lüftung können auch passive Systeme angewendet werden. Die Fahrzeugkabine besitzt hier großes Entwicklungspotenzial und kann in ihren thermischen Eigenschaften stark verbessert werden.

Abb. 6.68 Interaktion von Komponenten im globalen Energiemanagement

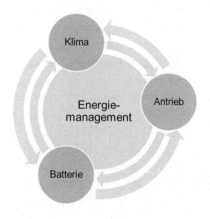

6.4.1.1 Nutzungsanforderungen & Einsatzszenarien

Bei der Auslegung von Elektrofahrzeugen ist die Berücksichtigung des späteren Einsatzzweckes zur Erhöhung der Gesamtenergieeffizienz von großer Bedeutung. Lösungen, die auf definierte Einsatzzwecke indiviualisiert angepasst wurden, müssen kein allgemeingültiges Optimum darstellen. So lassen sich beispielsweise verschiedene Einsatzszenarien für Elektrofahrzeuge finden. Dies kann der Einsatz für einen Carsharing-Betrieb im urbanen Bereich mit Kurzdistanzen oder den konventionellen Pendelverkehr zur Arbeitsstätte bis über mittlere Distanzen sein. Hier kann bedingt durch häufige Standzeiten an Ladesäulen eine Vorkonditionierung ohne Belastung der Batterien von großem Vorteil sein, da bei der Fahrt weniger Energie für das Abkühlen bzw. Aufheizen der thermischen Massen aufgewendet werden muss.

Zudem werden aktuell bereits Nutzfahrzeuge im urbanen Bereich von Logistikdienstleistern, aber auch von städtischen Betrieben eingesetzt. Dieser Einsatz ist durch teilweise kurze Fahrintervalle mit häufigem Betreten und Verlassen der Fahrzeugkabine ohne zwischenzeitliches Aufladen geprägt. Hier bietet es sich an, anstelle der kontinuierlichen Klimatisierung der gesamten Kabine inklusive des Luftvolumens nur zonale Bereiche vorzugsweise durch Kontakt- und Strahlungsflächen zu konditionieren, um die thermische Behaglichkeit zu gewährleisten.

6.4.1.2 Komfort & Sicherheit

Der Mensch verbringt rund 90 % seiner Zeit in Innenräumen. Neben Gebäuden zählen dazu Kabinen in Flugzeugen, Bahnen oder Kraftfahrzeugen. Die in der menschlichen Wahrnehmung maßgeblichen Kriterien für die Zufriedenheit mit der Umgebung sind die thermische Behaglichkeit, das Zugluftrisiko und die Luftqualität. Sie können direkt durch eine Klimaanlage beeinflusst werden. Die dominierenden Faktoren der thermischen Behaglichkeit sind die lokale Luftgeschwindigkeit, die lokale Lufttemperatur sowie die Temperatur der Umschließungsflächen. Die sich nahezu aus dem arithmetischen Mittel ergebende Empfindungstemperatur ist insbesondere bei inhomogenen Umgebungsbedingungen relevant. Die Fahrzeugkabine stellt hier vor allem im Winter hohe Anforderungen an die Heiztechnik. Eine einfache Berechnung des von Fanger eingeführten PMV (Predicted mean vote = Vorhersage des mittleren thermischen Empfindens) oder des PPD (Predicted percentage of dissatisfied = Vorhersage des Anteils unzufriedener Personen) (Fanger 1970) ist hier nicht zielführend.

Zur Vorhersage der thermischen Behaglichkeit in einer Kabinenumgebung sind komplexe Modelle notwendig. Damit lassen sich für einzelne Körperteile das lokale thermische Empfinden und mit entsprechenden Wichtungsfunktionen eine globale Vorhersage des thermischen Komforts berechnen. Aus der Literatur sind dazu verschiedene Modelle bekannt. In der Fahrzeugindustrie wird häufig das in der Simulationsumgebung THESEUS-FE integrierte Komfortmodell von Fiala (Fiala 1998) verwendet. Weitere Modelle sind das von Tanabe et al. entwickelte „JOS-2 thermo-regulation model" (Kobayashi und Tanabe 2013) und das von Streblow (Streblow 2010) entwickelte „33 Node-Comfort-Model".

Die thermische Behaglichkeit und die Luftqualität stehen in direktem Zusammenhang mit der Leistungsfähigkeit von Personen. Dies wurde in zahlreichen Untersuchungen nachgewiesen (Wargocki et al. 2000; Bako-Biro 2004). Während die Konzentrationsfähigkeit für Passagiere eine untergeordnete Rolle spielt, muss sie für die Fahrzeugführer unbedingt gewährleistet sein. Demnach ist neben den üblichen Komponenten der aktiven und passiven Sicherheit die Bereitstellung von thermischer Behaglichkeit in Verbindung mit einer guten Luftqualität auch für den Fahrer eines Automobils von großer Bedeutung. Diese erhöht maßgeblich die Konzentrations- und Leistungsfähigkeit sowie die Reaktionsschnelligkeit im Straßenverkehr. Eine energetische Betrachtung von Klimatisierungskonzepten darf also nicht nur auf die Effizienz beschränkt werden.

6.4.1.3 Reichweite

In der breiten Diskussion über die erfolgreiche Elektrifizierung des Automobilmarktes steht die Reichweite der Fahrzeuge im Mittelpunkt. Die von Herstellerseite angegebenen maximalen Reichweiten werden unter Verwendung des Neuen Europäischen Fahrzyklus (NEFZ) ermittelt. Die geschieht jedoch ohne Zuschaltung von Stromverbrauchern und unter optimalen Betriebsbedingungen für das Gesamtsystem (Rahimzei 2015). Dagegen kann ein Fahrzyklus in Temperaturbereichen unterhalb von 0 °C und bei Zuschaltung von Stromverbrauchern bis zu einer Halbierung der Reichweite führen (TÜV SÜD Automotive GmbH 2010).

Für eine Reichweitenberechnung für eine Reihe von in Großserie gefertigen Elektrofahrzeugen wird in (Flieger 2013) von einem Standardheizsystem (Luftheizung) mit elektrischer Direktheizung ausgegangen. Die berechnete einhergehende Reduzierung der Reichweite in Bezug auf vom Hersteller angegebene Reichweite nach dem NEFZ beträgt zwischen 40–45 %. Diese Berechnung beinhaltet lediglich den Bedarf zur Deckung der Heizlast. Unter Berücksichtigung von Verlusten im Transportnetz können weitere Einbußen hinsichtlich der realen Reichweite angenommen werden. Weiterhin hat der Fahrstil signifikatnen Einfluss auf den spezifischen Energieverbrauch. Durch eine Veränderung des Fahrstils ist in (Beitler 2016) eine Reichweitenerhöhung von 29 % beschrieben.

Weitere Einflussgrößen auf die Reichweite werden durch das Batteriemanagement vorgegeben. Neben Punkten der Betriebsweise wie mittlerem SOC bzw. DOD und C-Rate hat auch die Betriebstemperatur entscheidenden Einfluss auf die Lebensdauer, die Leistungsfähigkeit und die Sicherheit der Batterien. Im Folgenden liegt der Fokus wie im vorangegangenen Kapitel auf Lithium-Ionen-Batterien. Dazu werden verschiedene Ansätze des Thermomanagements speziell für die Batterie betrachtet.

Reichweite unter Komfort- und Sicherheitsaspekten kann nicht ohne Nebenaggregate diskutiert werden. Denn die Diskrepanzen der Verbrauchswerte, die von den Herstellern angegeben werden, und denjenigen, die unter realistischen Randbedingungen ermittelt wurden, ist bei Elektrofahrzeugen deutlich höher als bei Fahrzeugen mit Verbrennungsmotoren. Daher ist es notwendig, angepasste Fahrzyklen zu entwickeln. Unter Berücksichtigung realistischer Randbedingungen werden sich intelligente Lösungen für das

6 Entwicklung von elektrofahrzeugspezifischen Systemen

Zusammenspiel aus passiven und aktiven Techniken zur Bereitstellung von Sicherheit und Komfort der Passagiere durchsetzen.

6.4.2 Systembetrachtung zum Thermomanagement

Soll ein optimales Thermomanagement erreicht werden, so muss eine Gesamtbetrachtung aller interagierenden Subsysteme erfolgen. Neben realen Bedarfsprofilen und Fahrzyklen müssen die verschiedenen Komponenten und deren Kombinationen aus den Bereichen der Energieerzeugung, des Energietransports und der Energieübergabe betrachtet werden.

6.4.2.1 Bedarfsprofil Mitteleuropa

Zur Berechnung eines Heiz- und Kühlbedarfs bei Gebäuden ist die Einordnung des Standorts mit seinen klimatischen Bedingungen die Voraussetzung zur Ermittlung der thermischen Randbedingung. Daraus ergeben sich die Bedarfsprofile für die Kühl- und Heizlast eines Gebäudes. Ähnliche Anforderungen lassen sich auch für Fahrzeuge ermitteln. Die in der ECE R101 definierten Randbedingungen zur Ermittlung der elektrischen Reichweite beruhen nicht auf realitätsnahen Betriebsbedingungen. Bei Reichweitentests in geschlossenen Rollenprüfständen werden Umgebungstemperaturen zwischen 20 und 30 °C eingehalten. Die in Abb. 6.69 dargestellte Häufigkeit der Außentemperatur in Stunden pro Jahr zeigt für die Städte Aachen und Berlin die tatsächlich zu erwartenden Randbedingungen für Fahrten mit einem Elektrofahrzeug. Die in Abb. 6.70 gezeigte entsprechende Summenhäufigkeit weist für mehr als 8000 h/Jahr Temperaturen unterhalb der für die Reichweitenbestimmung verwendeten 20 °C auf. Für den Standort Berlin können für mehr als 50 % eines Jahres Temperaturen von unter 4 °C angenommen werden.

Auf der anderen Seite werden im Sommer durch solare Einstrahlung schnell Zustände erreicht, bei denen eine Kühlung der Fahrzeugkabine zur Sicherstellung der thermischen Behaglichkeit unumgänglich wird.

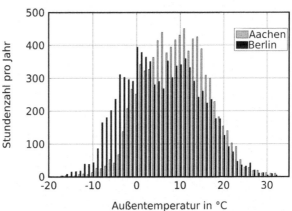

Abb. 6.69 Häufigkeit der Außentemperatur in Stunden pro Jahr laut Testreferenzjahr des Deutschen Wetterdienstes für die Städte Aachen und Berlin

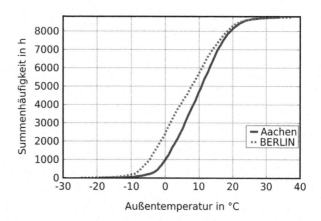

Abb. 6.70 Summenhäufigkeit der Außentemperatur laut Testreferenzjahr des Deutschen Wetterdienstes für Aachen und Berlin

6.4.2.2 Erzeugung von Wärme und Kälte

Für die Erzeugung von Wärme und Kälte können verschiedene Konzepte der Gebäudetechnik unter Berücksichtigung der komplexen Aufgabenstellung und Sicherheitsaspekte im Automobilbereich eingesetzt werden. Wie in der gängigen Praxis in der Gebäudetechnik werden zunehmend LowEx-Systeme den Weg in den Fahrzeugsektor finden.

Elektrische Direktheizung/Flächenheizung

Die elektrische Direktheizung als reiner Lufterhitzer bietet aufgrund ihrer guten Regelbarkeit, ihres geringen Gewichts und der kompakten Bauform viele Vorteile. Darüber hinaus ist eine mögliche Anwendung als Flächenheizsystem in Kombination mit einem Lüftungssystem vorteilhaft, wenn die empfundene Temperatur für die Fahrzeuginsassen mit einer beheizten Fläche erhöht werden kann. Versuche haben gezeigt, dass der Einsatz von großflächigen Heizmatten unmittelbar unter der Oberfläche von Umschließungsflächen zu optimalen Ergebnissen führt (Wriske 2005). Die Verwendung von direkten Kontaktstellen zu einem Fahrzeuginsassen im Bereich des Sitzes und des Lenkrades ist bereits Stand der Technik. Durch den Einsatz von Heizdrahtgeflechten können bspw. auch der Himmel oder Bereiche der Türen als Heizflächen ausgestattet werden.

Zudem werden vielfach Scheibenheizungen zur Unterstützung eines Enteisungsvorgangs eingesetzt. Eine Erhöhung der Temperatur der Fensteroberflächen stellt mit Blick auf etwaige Kondensatbildung einen zusätzlichen Vorteil dar. Die niedrigen Spannungen weisen auch im Schadensfall kein Sicherheitsrisiko auf. Die gewünschte empfundene Temperatur in der Kabine kann mit hoher Regelgüte bei kurzen Ansprechzeiten erreicht werden. Der effiziente Einsatz der Direktheizung als Flächensystem ist dabei an einen hohen Dämmstandard und minimierte Lüftungswärmeverluste gebunden. Setzt man also eine hinreichende Dämmung der Umschließungsflächen voraus, kann die Direktheizung für den Betrieb im Fahrzeug auch energetisch eine sinnvolle Alternative darstellen.

Wärmepumpe/Kältemaschine

Großes Potenzial unter den derzeit verfügbaren Erzeugungskonzepten hat die Wärmepumpe. Weitreichende Erfahrungen in der Verwendung von Kompressionskältemaschinen können auf die Wärmeerzeugung für Elektrofahrzeuge übertragen werden. Die eingesetzten Systeme zeigen jedoch starke Abhängigkeiten von den Randbedingungen, sodass sich Leistungszahlen jenseits von 2,5 bei Luftwärmepumpen nur schwer erreichen lassen. Der zusätzliche Aufwand bei installierten Aggregaten bzw. Massen und der erforderlichen Regelung benötigt aber vergleichsweise hohe Leistungszahlen. Hier ist der Ansatz zur Bestimmung der Leistungszahlen von Wärmepumpen unter dynamischen Randbedingungen, wie er aktuell in der Gebäudetechnik entwickelt wird, von großer Bedeutung, um realistische Vorhersagen der Systemleistungsfähigkeit erstellen zu können (Nürenberg et al. 2016).

Durch eine geeignete Verschaltung kann die Wärmepumpe abhängig vom Betriebsmodus sowohl zum Heizen als auch zum Kühlen genutzt werden. Dabei müssen mögliche Anforderungen hinsichtlich eines parallelen Entfeuchtungs- und Aufheizvorgangs berücksichtigt werden. Trotz des zusätzlichen Installationsbedarfs und des Regelungsaufwands können bei geeigneter Auswahl die System- und Wartungskosten deutlich reduziert werden.

Als Energiequellen der Wärmepumpe in einem Elektrofahrzeug kommen die Umgebungsluft, die Kabinenabluft sowie die Abwärme von Batterie, Elektromotor und Leistungselektronik in Frage. Die verschiedenen Quellen können sowohl über Sole-Systeme bzw. Kreislaufverbundsysteme mit der Anlagentechnik verbunden werden.

6.4.2.3 Verteilung und Transport

Die bereits vorgestellten Methoden zur Erzeugung von Wärme und Kälte ermöglichen verschiedene Formen des Energietransports zur Klimatisierung in Elektrofahrzeugen. Neben den üblicherweise verwendeten Luftsystemen bietet sich in einem Elektrofahrzeug unter Verwendung von temperierten Strahlungs- und Kontaktflächen auch elektrischer Strom als Transportmedium an.

Hydraulische Kreisläufe zur Versorgung der Kabine werden aufgrund der geringen Praktikabilität in diesem Kapitel nicht diskutiert.

Energietransport mit Luft

Die Verwendung von Luft als Energieträger verbindet drei grundsätzliche Aufgaben der Fahrzeugklimatisierung. Zum einen werden thermische Lasten (Heiz- und Kühlfälle) zu- bzw. abgeführt. Zum anderen wird eine gute Luftqualität in der Kabine gewährleistet. Für die Abführung der thermischen Lasten sind bei extremen Außenbedingungen aufgrund der geringen Wärmekapazität von Luft große Volumenströme notwendig. Die für eine ausreichende Luftqualität erforderlichen Frischluftmengen sind dagegen sehr klein. Durch geeignete Anpassungen des Umluftanteils kann die Menge der angestrebten Frischluft reduziert werden. Die abzuführende Heiz- oder Kühllast kann weiterhin über den Gesamtvolumenstrom eingestellt werden.

Eine dritte Aufgabe der Fahrzeugklimatisierung besteht in der Abführung von Wasserdampf. Die Reduzierung der Frischluftmenge funktioniert bei reinen Luftheizungssystemen nur begrenzt, da Kondensatbildung im Bereich der Fenster aus Sicherheitsgründen auszuschließen ist. Bei hoher Fahrzeugbesetzung und gleichzeitig hohem Umluftanteil muss daher zwangsläufig Wasser abgeschieden werden. Bei konventionellen Fahrzeugen mit Klimaanlage wird dazu die Abluft aus der Fahrzeugkabine zunächst bis zur Kondensation gekühlt und danach wieder auf den gewünschten Wert aufgeheizt. Bei Elektrofahrzeugen ist zu berücksichtigen, inwieweit die vorhandenen Anlangen diese Betriebsweise ermöglichen.

Energietransport mit elektrischem Strom

Elektrischer Strom steht bereits in einem Elektrofahrzeug zur Verfügung und kann daher ohne großen Mehraufwand genutzt werden. Zudem lassen sich relativ leicht Komponenten an beliebigen Orten im Fahrzeug versorgen. Die Anwendung bleibt jedoch ausschließlich auf den Heizfall beschränkt. Zwar kann mithilfe des Seebeck-Effektes ein elektrothermischer Wandler betrieben werden, jedoch weisen Peltierelemente einen vergleichsweise niedrigen Wirkungsgrad auf und können bei dem gegebenen Bauraum bislang nicht die erforderlichen Leistungen zum Kühlen zur Verfügung stellen.

6.4.2.4 Übergabe

Die Übergabe von Wärme und Kälte in die Kabine lässt sich zum einen über konditionierte Luft und zum anderen über temperierte Flächen realisieren. Letztere können entweder so ausgeführt werden, dass sie im Strahlungsaustausch mit den Fahrzeuginsassen stehen oder die Wärmeströme als direkte Kontaktflächen per Wärmeleitung übergeben.

Konvektion mit Luftauslässen

Gegenwärtige Lüftungskonzepte im Fahrzeugsektor arbeiten mit großen Luftvolumenströmen, die bei begrenzten Querschnitten der Zuluftdurchlässe zu hohen Geschwindigkeiten im Innenraum und einem daraus resultierendem erhöhten Zugluftrisiko führen können.

Abb. 6.71 zeigt Streichlinien des Strömungsfeldes innerhalb der Kabine, beginnend an den Zuluftdurchlässen im oberen Bereich des Fahrzeuginnenraums. Ein Großteil der zugeführten Luft wird entlang des Himmels zu den Abluftdurchlässen transportiert und trägt nur ungenügend zum Austausch der Raumluft bei.

Abb. 6.73 zeigt einen Konturplot der Geschwindigkeit in einer Ebene innerhalb einer Fahrzeugkabine (s. Abb. 6.72) für einen Heizfall. Dabei wird ein großer Anteil warmer Luft im unteren Bereich der Kabine eingebracht. Im Bereich des Fahrers treten, obwohl die Personenanströmer in diesem Szenario ungenutzt sind, Geschwindigkeiten oberhalb von 0,2 m/s auf, so dass auch hier von einem erhöhten Zugluftrisioko ausgegangen werden kann. Die Zuschaltung der Personenanströmer wird in diesem Fall die Luftgeschwindigkeiten in unmittelbarer Nähe der vorderen Insassen und dementsprechend das Zugluftrisiko weiter erhöhen.

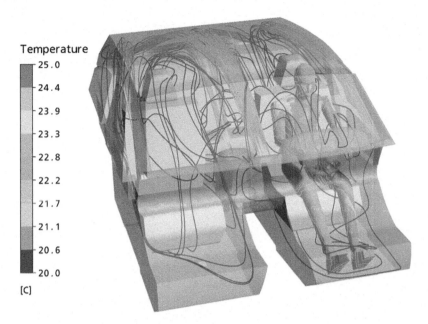

Abb. 6.71 Simulation der Raumluftströmung in einer Fahrzeugkabine: Streichlinien beginnend an den oberen Zuluftdurchlässen

Abb. 6.72 Ebene durch eine Fahrzeugkabine auf der Fahrerseite zur Analyse der Innenraumströmung

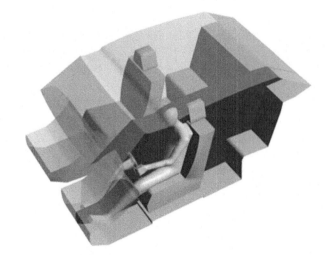

Flächentemperierung

Flächentemperierungen können genutzt werden, um die Strahlungstemperatur in der Kabine gezielt einzustellen. Für diesen Einsatz kommen der Cockpitbereich zwischen den A-Säulen und der Dachhimmel in Frage. Sollen die Flächen mit einem Heizsystem versehen werden, so können elektrische Heizfolien oder Heizdrähte eingesetzt werden. Zusätzlich kann die elektrische Beheizung der Heck- und der Windschutzscheibe unterstützend zur Scheibenenteisung und Kondesatvermeidung genutzt werden.

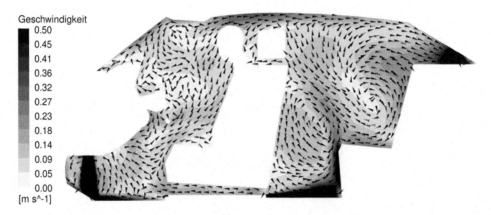

Abb. 6.73 Konturplot der Geschwindigkeit in einer Analyseebene auf der Fahrerseite einer Fahrzeugkabine

Ein genereller Nachteil der Temperierung der Oberflächen ist jedoch ein gesteigerter Wärmeverlust über die Fahrzeughülle. Dieser kann hinsichtlich der nichttransparenten Bauteile in der Praxis durch eine verbesserte Wärmedämmung gemindert aber nicht vermieden werden kann.

Der Einsatz einer aktiven Flächenkühlung beispielsweise durch den Einbau von wasserdurchströmten Kapillarrohrmatten wird durch zwei Faktoren eingeschränkt. Zum einen ist der Aufwand bzw. der benötigte Bauraum für ein hydraulisches System vergleichsweise groß, zum anderen können nur geringe Temperaturdifferenzen eingestellt werden, da ansonsten Kondensat an den gekühlten Flächen ausfällt. Eine Taupunktregelung kann zwar die Kondensatbildung vermeiden, dennoch limitiert dies die abzuführenden Wärmeströme.

Eine weitere Nutzungsmöglichkeit der Flächentemperierungen besteht in der Anwendung als direkte Kontaktflächen. Wärmeströme können so per Wärmeleitung an die Fahrzeuginsassen übergeben werden. Aktuell stellen elektrisch beheizte Sitze sowie Lenkradheizungen den Stand der Technik dar. Weiterhin werden belüftete Sitze angeboten, mit denen eine Sitzkühlung realisiert werden kann. Elektrisch beheizte Kontaktflächen im Bereich der Kopfstützen, der Armlehnen, der seitlichen Mittelkonsole und Türen sowie der Fußmatten sind derzeit in der Entwicklung (Ackermann et al. 2013). Der genaue Einfluss auf die thermische Behaglichkeit wird zurzeit untersucht.

6.4.2.5 Thermomanagement der Batterie

Bei dem Einsatz von Lithium-Ionen Batterien sollten Temperaturen, die sowohl deutlich über als auch unterhalb von ca. 25 °C liegen, vermieden werden. Je weiter die Betriebstemperatur von dem Optimum abweicht, desto größer sind die Einflüsse auf Lebensdauer, Leistungsfähigkeit, Kapazitätsreduktion und Sicherheit der Zellen. Entsprechende Untersuchungen zum Temperatureinfluss lassen sich in zahlreichen Veröffentlichungen finden, u. a. in (Großmann 2013; Sperber et al. 2015) und (Zuo und Chen 2010). Nachteilig wirken sich zudem Temperaturunterschiede sowohl innerhalb der Zellen als auch im Mittel zwischen den einzelnen Zellen aus, so dass für eine optimale Betriebsweise geringe Gradienten anzustreben sind. Neben allgemeinen sicherheitsrelevanten Punkten wie Giftigkeit und Brennbarkeit der Batterien müssen Risiken durch eine fehlerhafte thermische Betriebsweise minimiert werden. Kurzschlüsse durch Kondensation bei der Batterieerwärmung mit Luft oder durch defekte Kühl- oder Kältemittelkreisläufe gilt es auszuschließen. Ein weiterer wesentlicher Punkt ist die Vermeidung eines thermischen Durchgehens (Thermal Runaway) bei Überschreiten einer kritischen Betriebstemperatur, bei der es zu einer unkontrollierten Überhitzung durch einen selbstverstärkenden, exothermen Prozess kommt. Dieser Prozess kann bereits bei Batterietemperaturen von 80 °C in Gang gesetzt werden.

Aus den oben genannten Gründen sollte nicht nur dem Thermomanagement der Kabine, sondern auch dem des Batteriesystems große Beachtung geschenkt werden. Derzeitige Lösungen unterscheiden sich hinsichtlich des verwendeten Wärmeübertragungsmediums, so dass eine Unterteilung in Luft-, Kühlmittel- oder Kältemittel-basierte Systeme erfolgen kann. Phasenwechselmaterialien spielen aktuell in diesem Kontext als Wärmeübertragungsmedium eine eher untergeordnete Rolle.

Luftbasierte Systeme bieten den Vorteil, dass diese relativ einfach und kostengünstig umzusetzen sind, wenn Umgebungsluft angesaugt werden kann und ausreichend Platz für die Luftkanäle vorgesehen wird. Aufgrund des vergleichsweise geringen Wärmeübergangs, wird für diese Anwendung eine hohe Temperaturspreizung benötigt, um die benötigten Leistungen mit aufwendbaren Volumenströmen zu realisiern. Zudem weist diese Lösung eine steigende Systemkoplexität bei warmen Außenlufttemperaturen auf. Hier wird der Einsatz einer Kältemaschine notwendig, welcher bspw. über die Kopplung mit der bereits vorhandenen Klimaanlage abgedeckt werden kann. Ein Einfluss auf die Klimatisierung der Kabine ist bei diesem Konzept nicht ausgeschlossen. Zur Aufheizung bei kalten Umgebungs bedingungen kann entweder die konditionierte Kabinenluft angezapft oder ein zusätzlicher Elekroheizer (PTC) zwischengeschaltet werden.

Verwendete Kühlmittel bestehen in der Regel aus einem Wasser-Glykol-Gemisch, dessen Gefrierpunkt durch den Glykolanteil eingestellt werden kann. Zudem bewirken zugesetzte Inhibitoren einen Korrosionsschutz. Die technische Ausführung mit einem Kühlmittel benötigt im Vergleich zur Luft-basierten Lösung weniger Bauraum und weist zudem höhere Wärmekapazitätsströme auf, wodurch eine im Vergleich zum Luftbasierten System geringere Temperaturspreizung zwischen Batterie und Kühlmedium resultiert. Zur Rückkühlung kann entweder die Umgebungsluft genutzt werden oder eine Verschaltung mit dem Kältemittelkreislauf der Klimaanlage erfolgen. Letztere ist notwendig, um auch bei warmen Außenbedingungen ausreichende Kühlleistungen zur Verfügung zu stellen. Um eine Batterieerwärmung zu gewährleisten, kann ein elektrischer Zusatzheizer im Kühlmittelkreislauf integriert werden. Bei diesem System ist eine Einbindung von weiteren Komponenten in den Kühlkreislauf vergleichsweise leicht zu realisieren. Eine Beeinflussung der Innenraumklimatisierung muss durch eine geeignete Regelung minimiert werden.

Wird neben dem Verdampfer für die Kabinenklimatisierung ein weiterer Verdampfer direkt an der Batterie vorgesehen, kann bei geringem Bauraumbedarf die übertragene Wärmeleistung im Vergleich zu den voran beschriebenen Systemen weiter erhöht werden. Mit steigender Batteriegröße nimmt jedoch die Schwierigkeit zu, eine homogene Temperaturverteilung über die gesamte Verdampferlänge einzustellen. Zudem wird ein kontinuierlicher Betrieb des Kältemittelkreislaufes notwendig. Die Beeinflussung der Innenraumklimatisierung ist bei diesem System am größten. Eine Aufheizung bei kalten Außenbedingungen kann zudem nur über externe Zusatzsyteme und nicht direkt über den Kältemittelkreislauf erfolgen.

6.4.2.6 Reduzierung des Energiebedarfs

Zur Reduzierung des Energiebedarfs einer Fahrzeugklimatisierung können sowohl passive Maßnahmen, wie bspw. Wärmedämmung und selektive Beschichtung der Fensterscheiben, als auch aktive Elemente, wie bspw. die Zonierung und die Wärmerückgewinnung angewendet werden. Letztendlich kann aber nur eine auf den Anwendungsfall maßgeschneiderte Kombination der vorgestellten Systeme eine globale Optimierung der Klimatisierung ermöglichen.

Abb. 6.74 zeigt in diesem Kontext die in einem Elektrofahrzeug zur Verfügung stehenden Wärmequellen (rot). Dazu gehören die Batterie (thermische und elektrische Energie), der Elektromotor und die Leistungselektronik. Darüber hinaus kann die Umgebungsluft und, über Wärmerückgewinnung (WRG), die Abluft genutzt werden. Über die unterschiedlichen Transportmedien (grün) Fluid, Luft oder elektrischer Strom kann die aufgenommene Energie für die Anlagentechnik (grau) bereitgestellt werden. Dazu können neben einem einfachen PTC auch die Wärmepumpe bzw. die Kompressionskältemaschine gehören. Über den elektrischen Strom können zudem direkt die Strahlungs- und Kontaktflächen temperiert werden. Ein Wärmetransport für die unterschiedlichen Wärmeübergabemethoden (blau) erfolgt somit über das Medium Luft oder Strom.

Wärmerückgewinnung

Bei der Klimatisierung von Gebäuden wird seit Langem mit verschiedenen Formen der Wärmerückgewinnung gearbeitet. Diese Konzepte können auch für den Fahrzeugbereich verwendet werden. Ein Schwerpunkt liegt auf einer drastischen Gewichtsreduktion gegenüber konventionellen Ausführungen. Außerdem wird die Anpassung an die zur Verfügung stehenden Volumina nur über eine Steigerung der Effizienz möglich.

Hier können hocheffiziente Kunststoffwärmeübertrager eine Alternative zu konventionellen Komponenten aus Metall sein. Bei einer Reduzierung des Gewichts können so Rückwärmezahlen im Bereich herkömmlicher Wärmeübertrager aus Metall erzielt werden. Darüber hinaus bieten Kunststoffwärmeübertrager auch aus produktionstechnischer und ökobilanzieller Sicht Vorteile gegenüber Aluminium.

Der Einsatz von Wärmerückgewinnungssystemen kann mit einer alternativen Anordnung der Komponenten für die Klimatisierung realisiert werden. Über ein hydraulisches

6 Entwicklung von elektrofahrzeugspezifischen Systemen

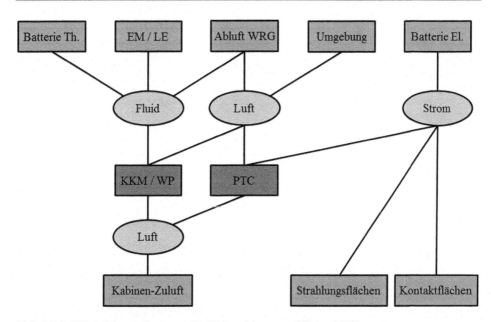

Abb. 6.74 Klimatisierungskonzepte für Elektrofahrzeuge (Flieger 2013)

Netz wird die Aufnahme von Energiemengen von der Abgabe entkoppelt. Die in diesem Abschnitt beschriebenen Maßnahmen zur Reduzierung des Energiebedarfs einer Fahrzeugklimatisierung können einzeln und in Kombination eingesetzt werden. Die Bewertung der Effektivität der zu installierenden Komponenten erfordert grundsätzlich eine Betrachtung des Gesamtsystems. Die Interaktion der verschiedenen Technologien in den Bereichen Erzeugung, Transport und Übergabe von Wärme und Kälte muss in einem Energie- und Thermomanagement abgestimmt sein.

Abb. 6.75 zeigt exemplarisch eine mögliche kaskadierte Verschaltung des Kühlmittelkreislaufs mit den unterschiedlichen Subsystemen. Der Kühlmittelkreislauf verbindet die im globalen Thermomanagement eingebundenen Komponenten aus Klimatisierung und Kabine mit der Batterie und dem Antrieb inklusive der Leistungselektronik. Eine Wärmepumpe bildet das zentrale Element zur Erzeugung von Wärme und Kälte für die verschiedenen Komponenten des Fahrzeugs. Sie kann über eine entsprechende hydraulische Verschaltung als Kälte- oder Wärmeerzeuger genutzt werden. Darüber hinaus bietet sich die Möglichkeit einer sogenannten freien Kühlung, bei der die Wärmepumpe nicht in Betrieb ist. Die verschiedenen Betriebsmodi sind in Tab. 6.1 aufgeführt.

Als Quelle im Wärmepumpenbetrieb dient die Umgebungsluft über einen Außenluftwärmeübertrager. Die Komponenten Kabine, Batterie, Elektromotor (EM) und Leistungselektronik (LE) bilden die Wärmesenke und werden über eine Ringleitung miteinander verbunden. Damit ist eine kaskadierte Versorgung der einzelnen Verbraucher möglich. Die Massenströme durch die einzelnen Komponenten können dabei über Stellventile den jeweiligen Bedarfen angepasst werden.

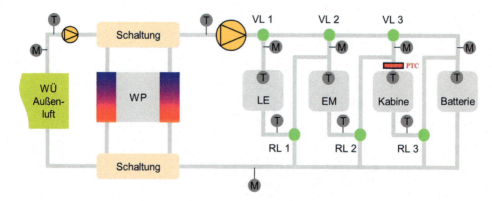

Abb. 6.75 Schematische Darstellung für eine kaskadierte Verschaltung des Kühlmittelkreislaufs

Tab. 6.1 Betriebsmodi des Kühlmittelkreislaufs

Betriebsmodus	Quelle	Senke
Freie Kühlung	Komponenten/Kabine	Umgebung
Wärmepumpenbetrieb	Umgebung	Komponenten/Kabine
Kältemaschinenbetrieb	Komponenten/Kabine	Umgebung

Als Quelle des Kältemaschinenbetriebs werden die Komponenten Kabine, Batterie, Elektromotor und Leistungs elektronik verwendet. Die abzuführende Wärme wird über den Außenluftwärmeübertrager abgeführt. Für Umgebungs bedingungen, die eine freie bzw. direkte Kühlung über den Außenluftwärmeübertrager zulassen, kann auf den Betrieb der Wärmepumpe verzichtet werden.

Die Pumpendrehzahl und die Ventilstellungen an den einzelnen Komponenten im Kreislauf werden vom Energiemanager in Abhängigkeit des tatsächlichen Wärme- oder Kältebedarfs vorgegeben. Zur Bestimmung des Bedarfs werden in den einzelnen Kreislaufabschnitten Temperatursensoren positioniert. Der für die jeweilige Komponente eingefügte Bypass ermöglicht eine abgestufte Verteilung der Wärme und Kälte. Die Anordnung orientiert sich dabei an den einzuhaltenden und zu erwartenden Temperaturniveaus der Komponenten. Damit können die optimalen Betriebsbedingungen für das Gesamtsystem aus der Abstimmung der Einzelkomponenten erreicht werden.

Neben der guten Regelgüte wasserbasierter Systeme können flüssige Medien somit ebenfalls verschiedene Wärmequellen in einfacher Weise in ein globales Thermomanagement einbinden. Die derzeit verwendeten Batterien von Elektrofahrzeugen weisen in ihrer Leistungsfähigkeit eine starke Abhängigkeit von der Umgebungstemperatur auf. Durch die Einbindung von Batterie und Antriebsstrang in einen Heiz- und Kühlkreis können die unterschiedlichen Temperaturniveaus der verschiedenen Komponenten innerhalb eines hydraulischen Netzes optimal genutzt werden. Das Hydrauliknetz wird dabei gewöhnlich als Wasser-Glykol-Gemisch ausgeführt.

Lüftung

Mit Hilfe eines Simulationsmodells für einen Fahrzeuginnenraum (Flieger 2013) kann für unterschiedliche Randbedingungen der Leistungsbedarf zur Beheizung einer Fahrzeugkabine berechnet werden. Für eine Außentemperatur von 5 °C, einem Frischluftanteil von 100 % und einer mittleren Fahrgeschwindigkeit von 33,6 km/h, die aus dem Neuen Europäischen Fahrzyklus (NEFZ) resultiert, ergibt sich im stationären Betrieb ein Bedarf von ca. 2 kW Zusatzheizleistung, sodass eine Lufttemperatur von 20 °C in der Kabine gehalten werden kann. Durch die kalten Oberflächen in der Kabine, die im Strahlungsaustausch mit den Passagieren stehen, muss davon ausgegangen werden, dass für eine empfundene Temperatur von 20 °C die Lufttemperatur weiter erhöht werden muss. Alternativ kann auch der Einsatz von Flächenheizsystemen zur Erhöhung der Strahlungstemperaturen genutzt werden. Für die Bereitstellung einer entsprechend empfundenen Temperatur kann damit in beiden Fällen ein höherer Energiebedarf angenommen werden.

Zur Reduzierung der Frischluftmenge respektive der Erhöhung des Umluftanteils kann die Frischluftmenge dem tatsächlichen Bedarf angepasst werden. Abb. 6.76 zeigt die Ergebnisse einer von Wargocki und Wyon im Jahr 2006 durchgeführten Untersuchung zur Produktivität bzw. Leistungsfähigkeit von Probanden bei unterschiedlichen Außenluftvolumenströmen für Bürogebäude (Wargocki und Wyon 2006). Als Maß für die Leistungsfähigkeit wird die Geschwindigkeit beim Lösen einfacher Aufgaben im Bereich Rechnen, Texte korrigieren und Texte tippen verwendet. Für eine Außenluftrate von 10 l/(s*Person) wird eine optimale Leistungsfähigkeit der Probanden erreicht. Die bei aktuellen Luftheizsystemen auftretenden Volumenströme im Kraftfahrzeug betragen für gewöhnlich ein Vielfaches davon.

Durch eine Regelung des Umluftanteils kann eine Entkopplung der thermischen Last und der bereitzustellenden Luftqualität erreicht werden. Die Konditionierung der Zuluft erfolgt über eine gezielte Mischung der notwendigen Außenluft mit der aus der Fahrzeugkabine abgeführten Abluft, welche in der Klimaeinheit bzw. der Wärmepumpeneinheit

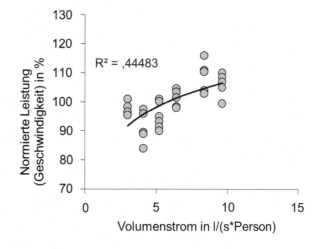

Abb. 6.76 Darstellung der normierten Leistung („Rechnen", „Texte korrigieren" und „Texte tippen") in Abhängigkeit vom Außenluftvolumenstrom in Litern pro Sekunde und Person

vorkonditioniert wird. Je nach Lastszenario und Verhältnis zwischen Außenluft-, aktueller und angestrebter Fahrzeuginnenraumtemperatur lassen sich hier wie im konventionellen Fahrzeug unterschiedliche Modi definieren.

Um hohe Lasten zu- oder abzuführen, können auch im Umluftbetrieb dennoch hohe Luftvolumenströme erforderlich sein. In diesem Fall können zur Reduzierung des Zugluftrisikos der Fahrzeuginsassen Personenanströmer mit diffusiver und drallbehafter Ausströmcharakteristik eingesetzt werden, welche eine schnelle Aufweitung des Freistrahls und eine damit einhergehende Geschwindigkeitsreduktion aufweisen.

Speicher & Vorkonditionierung

Das typische Nutzungsprofil eines PKWs bietet große Potenziale für den Einsatz von Speichertechnologien. Die durchschnittlich kurze Nutzungsdauer im Tagesgang ermöglicht neben der Batterieladung auch eine thermische Speicherung von Energie während der Standzeiten. Dabei sollten die zusätzlich installierten Massen eine große spezifische Wärmekapazität aufweisen.

Thermische Speicher

Für diese Anforderung weisen sog. Phasen-Wechsel-Materialien (Phase-Change-Material im folgenden PCM) im Bereich der angestrebten Innenraumtemperaturen große Vorzüge auf. Abb. 6.77 zeigt das zugrunde liegende Verhalten von PCM. PCM weisen im für raumlufttechnische Anwendungen relevanten Temperaturbereich um 20 °C eine fast dreimal so hohe Wärmespeicherkapazität auf wie Wasser (s. Abb. 6.78). Möglich wird dies durch die Nutzung latenter Wärmespeicherung. In einem schmalen Temperaturbereich von 4–5 K kann durch Schmelzen und Kristallisation eine große Energiemenge gespeichert werden. Grundsätzlich können für PCM verschiedene Stoffe verwendet werden. Schmelztemperaturen von ungefähr 20–30 °C werden allerdings nur bei Paraffinen und Salzhydraten erreicht (s. Abb. 6.79). Die Stoffe unterscheiden sich in Wärmeleitfähigkeit, Dichte und Wärmekapazität. Die thermischen und chemischen Eigenschaften der Stoffe sind in Tab. 6.2 aufgeführt.

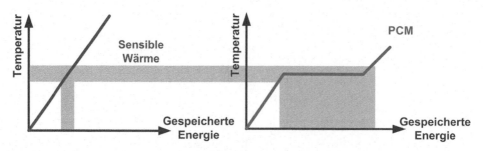

Abb. 6.77 Thermisches Verhalten von Phase-Change-Materials (PCM)

6 Entwicklung von elektrofahrzeugspezifischen Systemen

Abb. 6.78 Vergleich der Wärmespeicherkapazität verschiedener Materialien bei einer Referenztemperatur von 20 °C und einer Temperaturdifferenz von 15 K

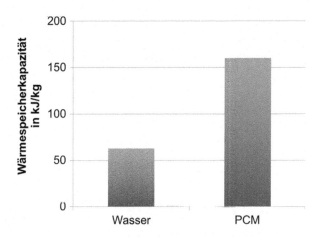

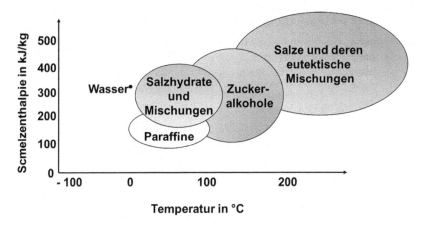

Abb. 6.79 Einsatzbereiche verschiedener PCMs

Tab. 6.2 Vergleich von Paraffinen und Salzhydraten

Eigenschaften	Paraffin	Salzhydrate
Thermische Eigenschaften		
Latente Wärmekapazität in kJ/kg	100–200	160–400
Wärmeleitfähigkeit in W/(mK)	0,3	0,6–0,8
Chemische Eigenschaften		
brennbar	ja	nein
korrosiv	nein	ja

PCM können als konventionelle Wärmespeicher im Fahrzeug verwendet werden. Eine Vorkonditionierung des PCM Speichers kann mit Hilfe der Ladestationen realisiert werden ohne die Fahrzeugbatterie zu belasten. Während der Standzeiten wird das PCM verflüssigt oder verfestigt und kann während der Fahrt ins Thermomangement integriert werden. Verflüssigung und Verfestigung bilden in ihrem Verlauf eine Hysterese, d. h., Schmelz- und Erstarrungstemperatur sind nicht gleich. Für das Material kann aufgrund der Abhängigkeit von der Verkapselung und vom realisierten Wärmeübergang nur ein Schmelz- bzw. Erstarrungsbereich angegeben werden.

Die latente Wärmespeicherung kann bspw. für die Batterie genutzt werden und gewährleistet deren Leistungsfähigkeit auch für längere Entladezeiten. Zur Kabinenkonditionierung weist eine flächenintegrierte Lösung gegenüber einer zentralen Ausführung hinsichtlich der Effizienz Nachteile auf, da die Aktivierung – teilweise nur indirekt – über die zur Verfügung stehenden Heiz- und Kühlsysteme erfolgen kann.

Thermochemische Speicher (TCS)

Sorptionsspeicher wie bspw. Zeolithe können ebenfalls zur Speicherung von thermischer Energie eingesetzt werden. Das Einspeichern der Wärme erfolgt in einer endothermen, das Ausspeichern in einer exothermen Reaktion. Beide Prozesse sind reversibel. Aufgrund ihrer Arbeitstemperaturen im Bereich bis 100 °C eignen sich neben Zeolithen auch Silicagele. Zusätzlich zur Wärmespeicherung bieten TCS die Möglichkeit vor allem im Heizfall zur Feuchtereduzierung im Fahrzeug beizutragen und so Kondensatbildung zu reduzieren.

Zonierung

Nach Ergebnissen im Rahmen des Projektes Mobilität in Deutschland (MiD 2008) waren im Jahr 2008 in Deutschland Privat-PKW im Durchschnitt mit 1,5 Personen besetzt (DLR – Institut für Verkehrsforschung 2010). In Berlin betrug der Besetzungsgrad für Kraftfahrzeuge 1,3 Personen pro PKW-Fahrt. Eine aktuelle Befragung wurde 2017 durchgeführt. Es ist daher davon auszugehen, dass bei einem Großteil der Fahrten die PKW mit einer oder zwei Personen besetzt sind.

Wird in diesem Kontext eine Zonierung nicht im Sinne einer konventionellen Mehrzonenklimatisierung definiert, die sich hauptsächlich durch die variable Einstellung der Zulufttemperatur für verschiedene Bereiche innerhalb der Fahrzeugkabine beschreiben lässt, sondern als bedarfsorientierte Teilklimatisierung betrachtet, so lässt sich zusätzlich Energie einsparen. Durch die Reduzierung des zugeführten Luftvolumenstroms auf die notwendige Frischluftmenge und den gezielten Einsatz der vorgestellten Kontakt- und Strahlungsflächen ausschließlich im Bereich des Fahres und ggf. des Beifahres kann eine vollständige Beheizung des Fahrzeugs vermieden werden ohne die thermische Behaglichkeit signifikant zu senken.

Wärmedämmung

Die Ausstattung aktueller Fahrzeuge mit Dämmungsmaterialien richtet sich hauptsächlich gegen auftretende Geräuschemissionen. Neben der Geräuschbelastung kann durch eine geeignete Ausführung von Dämmverbundsystemen auch eine Verbesserung der thermischen Behaglichkeit durch Angleichung der Strahlungstemperatur an die Lufttemperatur erreicht werden. Die speziellen sicherheitstechnischen Anforderungen an die Fahrzeugkarosserie erfordern geeignete Methoden zur Vermeidung von Wärmebrücken.

Im Bereich der Karosserie können zur Reduzierung von Transmissionswärmeverlusten neue Dämmungskonzepte eingesetzt werden. Die Ausstattung der nicht transparenten Bauteile mit innovativen Dämmmaterialen oder leichten und kompakten Vakuumdämmplatten sind mögliche Ansätze. Die eingesetzte Technologie benötigt als Basis angemessene Maßnahmen zum Schutz der Isolationsschicht, um bei leichten Beschädigungen der tragenden Konstruktionen die Leistungsfähigkeit zu erhalten.

Für eine gute Entkopplung des Innenraums von der Karosserie sollte die Maßnahmen als Innendämmung ausgeführt werden. In den üblicherweise kurzen Nutzungsphasen des Fahrzeugs kann somit ein unnötiges Aufheizen oder Abkühlen der umgebenen Massen vermieden werden. Aufgrund der geringeren Transmissionswärmeströme wird eine Aufheizung des Innenraums im Sommer bspw. durch eine Standlüftung mit einem kleinen Volumenstrom vermieden.

Fenster

Die größten Transmissionswärmeverluste an einem Fahrzeug weisen die transparenten Bauteile auf. Die Wärmedurchgangs-koeffizienten der verwendeten Sicherheitsgläser entsprechen im Allgemeinen den Koeffizienten normaler Einfachverglasung. Auf der anderen Seite können bei solarer Einstrahlung hohe thermische Lasten durch die Fensterflächen in die Kabine eingetragen werden. Der solare Eintrag kann durch geeignete Wahl des Glasmaterials oder einer selektiven Beschichtung reduziert werden. Für einen Heizfall mit 5 °C Außenlufttemperatur und einer Sonneneinstrahlung von 1000 W/m^2 führt nach (Flieger 2013) ein Wechsel des Glasmaterials zu einer Veränderung der Reichweite um 3 %.

Neben einer Anhebung der Fensteroberflächentemperatur können auch Beschichtungen der Gläser Kondensatbildungen verzögern bzw. verhindern und somit der notwendige Frischluftanteil reduziert werden. Bei den vorgestellten Maßnahmen sind die besonderen Anforderungen an die optischen Eigenschaften der verwendeten Gläser zu berücksichtigen. (Großmann 2013) führt drei sich ergänzende Methoden an, um die Wirksamkeit von so genannten Sonnenschutzgläsern zu beurteilen.

Bedarforientierte Systemkombination

Durch eine an den spezifizierten Anwendungsfall des Elektrofahrzeugs angepasste Systemkombination lässt sich zusätzlich Energie einsparen. Denkbare Ansätze wären eine modusbasierte Ausstattung des Fahrzeuges mit entsprechenden Systemen und eine darauf angepasste ebenfalls modusbasierte Regelung.

So lässt sich eine Vielzahl an Szenarien definieren, die in verschiedenen Kombinationen zu optimierten Systemausstattungen und Betriebsweisen führen können. Eine genaue Spezifizierung beispielsweise nach der Nutzungsart des Fahrzeugs (Pendlerfahrzeug, Kurzdistanzen im Carsharing-Betrieb, Nutzfahrzeuge mit häufigem Ein- und Aussteigen der Fahrer), der Verfügbarkeit von Ladestationen im Laufe von Tages- bzw. Betriebszyklen mit Option auf Vorkonditionierung, sowie einer Anpassung auf die Nutzungsregion sind dazu notwendig.

Bei dem Aufheizvorgang eines nicht vorkonditioniertem Fahrzeugs ist beispielsweise die Kombination einer Wärmepumpe mit Kontakt- und Strahlungsflächen erfolgsversprechend (Ackermann et al. 2013). So kann zu Beginn des Aufheizvorgangs vor allem die Nutzung der Kontakt- und Strahlungsflächen sinnvoll sein, um schnell einen thermisch behaglichen Zustand zu erreichen und eine gewisse Trägheit des Wärmepumpensystems zu überbrücken. Sobald ein stationärer Betriebspunkt errreicht ist, können daraufhin die Flächenheizungen selektiv abgeschaltet und der elektrische Kompressor des WP-Systems abgeregelt werden, um den Gesamtenergieverbrauch zu senken.

6.4.2.7 Regelung

Für die vorgestellten Systeme und deren Kombinationen lassen sich verschiedene Optimierungsziele bei der Regelung definieren. So kann zum Beispiel darauf abgezielt werden den Gesamtwirkungsgrad zu maximieren oder den Gesamtenergieverbrauch zu minimieren. Eine weitere Nebenbedingung kann die Einhaltung der komfortrelevanten thermischen Parameter in spezifizierten Grenzen sein.

Für die effiziente Nutzung der vorgestellten Systeme ist eine hohe Regelgüte erforderlich. Neben der im vorangegangenen Abschnitt vorgestellten einfachen, modusbasierten Regelung, kann bei guter Kenntnis der physikalischen Fahrzeugwerte, die Regelung mit Hilfe eines modellprädiktiven Reglers sinnvoll sein, wenn dieser mit der realen Routenberechnung des Navigationssystems und der lokalen Wettervorhersage gekoppelt wird. Ähnliche Ansätze werden bspw. aktuell im Rahmen eines optimierten Reichweitenmodells für Elektrofahrzeuge (ORM) entwickelt (Sperber et al. 2015). Über bereits vorhandene Drucksensoren in den Sitzen lässt sich zudem die Anzahl der Fahrzeuginsassen und somit die notwendig Aktivierung der zonalen Klimatisierungskompentenen ermitteln. Werden Routen mittelfristig geplant und an das Fahrzeug übergeben, kann zudem die Vorkonditionierung sehr gezielt und effizient eingesetzt werden. Die Möglichkeiten, die sich durch die in der Regel verhältnismäßig langen Standzeiten von Fahrzeugen ergeben, können durch entsprechendes Energiemanagement genutzt werden. Eine Einbindung des Fahrzeugs in Smart Grids und die Adaption von Regelanforderungen dienen der Effizienzsteigerung.

Für die Innenraumklimatisierung eignen sich Regelkonzepte wie bspw. nutzerprofilbasierte adaptive Regler. So lassen sich abhängig von persönlichen Präferenzen optimale Ergebnisse hinsichtlich der thermischen Behaglichkeit errreichen.

6.4.2.8 Entwicklung innovativer Ansätze

Bei der Entwicklung und Bewertung von neuen Ansätzen der Klimatisierung und des Thermomanagements ist die Nutzung verschiedener simulativer Methoden und Werkzeuge sinnvoll. Co-Simulationen der Anlangentechnik, die mit verschiedenen Kabinenmodellen gekoppelt werden können, geben bei der Bewertung unter dynamischen Randbedingungen Aufschluss über das Potenzial neuer Ideen zum ganzheitlichen Energiemagement.

Abb. 6.80 zeigt verschiedene Detailierungsgrade von Modellen und beispielhaft jeweils ein mögliches Werkzeug zur Abbildung der Luftströmung innerhalb der Kabine. Die Genauigkeit nimmt von den einfachen zonalen Modellen über die sogenannten Coarse-Grid Modellen bishin zu vergleichsweise detaillierten CFD Modellen zu. Gleichzeitig steigt mit der Genauigkeit jedoch der Rechenaufwand für die Lösung des Strömungsfeldes.

Wird eine Echtzeitfähigkeit des Kabinenmodells angestrebt, empfiehlt sich die Anwendung eines zonalen Modells, welches in eine oder auch mehrere Knoten strukturiert werden kann. Das Lösen der Energiebilanz erfolgt für jeden Knoten durch Berücksichtigung der ein- und austretenden Enthalphieströme und der äußeren Wärmeströme (Umschließungsflächen, Fahrzeuginsassen). Bei der Verwendung eines zonalen Modells wird die Kalibrierung für den Anwendungsbereich mit Hilfe von Mess- und /oder CFD Rechnungen empfohlen. Zur Implementierung des Modells kann hier beispielhaft Modelica als Programmiersprache genutzt werden.

Ansätze, die sich zwischen zonalen Modellen und CFD bewegen und dem Bereich der Coarse-Grid Simulation zuzuordnen sind, können zum einen die Fast Fluid Dynamics (FFD) sein (Zuo und Chen 2010). Hier wird anhand eines vereinfachten Berechnungsverfahrens das Strömungsfeld ermittelt. Durch das Lösen der Gleichungen auf der Grafikkarte (GPU) statt der CPU kann die Simulationsgeschwindigkeit auch für große Zellenzahlen im Bereich der Echtzeit gehalten werden. Eine weitere Möglichkeit, ein Strömungsfeld mit geringen Reynoldszahlen für grobe Berechnungsgitter zu lösen, ist die Nutzung des open-source coarse-grid Strömungslösers Fire Dynamics Simulator (FDS). Ursprünglich für den Bereich der Rauch- und Feuerausbreitung entwickelt, kann er durch Modifikationen auch zur Abbildung der Strömungsstrukturen in der Fahrzeugkabine genutzt werden.

Eine genaue Abbildung der Luftströmung ist nur mit Hilfe detaillierter Strömungssimulationen (CFD) möglich, die jedoch sehr große Rechenzeiten zur Folge haben. Ein gebräuchliches kommerzielles Werkzeug wäre für eine solche Berechnung des Strömungsfeldes ANSYS CFX.

Durch die Kopplung mit Modellen für Anlagen, Komponenten, und Bordnetzen sowie zur Vorhersage der thermischen Behaglichkeit lassen sich schließlich ganzheitliche Systembetrachtungen und Vergleiche verschiedener Technologien durchführen.

6.4.3 Entwicklung und Produktion im Netzwerk

Für die Optimierung der Produktionsprozesse von Klimamodulen ist eine intensive Verbindung zum Entwicklungsprozess notwendig. Die Konstruktion und Auswahl der beteiligten Aggregate zur Fahrzeugklimatisierung müssen unter energetischen und produktionstechnischen Aspekten abgestimmt werden.

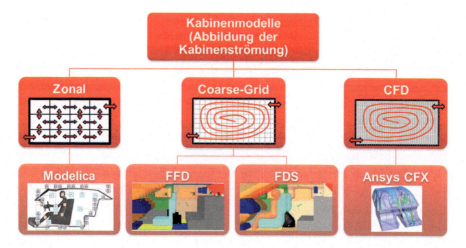

Abb. 6.80 Unterschiedliche Modelle zur Abbildung der Luftströmung in der Kabine

6.4.3.1 Integration von Klimamodulen

Für die Gestaltung unterschiedlicher Heizungs-, Kühlungs- und Lüftungskonzepte müssen entsprechende Schnittstellen zur tragenden Konstruktion und zu allen Komponenten des Thermomanagements definiert sein. Eine modulare Fahrzeug-struktur für alle beteiligten Disziplinen auf der Basis von festgelegten Randbedingungen ermöglicht eine kostengünstige Fertigung des Gesamtsystems. Der modulare Charakter begünstigt zudem eine ständige Weiterentwicklung vorhandener Module oder einzelner Komponenten.

Das Thermomanagement der Innenraumklimatisierung benötigt einen integralen Ansatz zur Konstruktion der Fahrzeughülle und der installierten Anlagentechnik. Für eine hohe Leistungsfähigkeit von Niedrigexergiesystemen, wie bspw. ein Wärmepumpensystem mit angeschlossener Flächenheizung, muss ein hoher Dämmstandard erreicht werden. Die komplexen Abhängigkeiten bieten dabei eine Reihe von Lösungsansätzen zur Bereitstellung thermischer Behaglichkeit im Innenraum von zukünftigen Elektrofahrzeugen.

6.4.3.2 Aufteilung des Bauraums

Die begrenzten Energiedichten der aktuellen Batterieent wicklungen erfordern erheblichen Platzbedarf. Der integrale Ansatz zur Entwicklung und Produktion von Elektrofahrzeugen spiegelt sich auch in der Gestaltung der Fahrzeugplattform wider. Daneben erfordert die Integration von Elektromotoren und die mögliche Ergänzung mit Range-Extendern ein grundsätzliches Umdenken für die Ausnutzung des Bauraums zukünftiger Automobile. Die gegenüber konventionellen Fahrzeugen veränderte Lastverteilung und Notwendigkeit von zusätzlichen Komponenten der Klimatisierung bedarf einer frühzeitigen Koordinierung der verfügbaren Volumina zur Anpassung der Geometrie eingesetzter Aggregate.

Für eine Minimierung des Heiz- und Kühlbedarfs muss der Fahrzeuginnenraum von der Umgebung möglichst thermisch entkoppelt werden. Eine konsequente Dämmung und die Integration von Speichermaterialien führen zu neuartigen Wandaufbauten. Sie müssen im Bereich Tragfähigkeit, aber auch aufgrund steigender Wanddicken auf das Fahrzeugdesign abgestimmt sein.

Literatur

Ackermann J et al (2013) Neue Ansätze zur energieeffizienten Klimatisierung von Elektrofahrzeugen. ATZ 06:480–485

Bako-Biro Z (2004) Human perception, SBS symptoms and performance of office work during exposure to air polluted by building materials and personal computers. PhD Thesis, Technical University of Denmark, International Centre for Indoor Environment and Energy

Barenschee E (2010) Wie baut man Li-Ionen-batterien? Welche Herausforderungen sind noch lösen? AUTOMATICA Forum. München, 10.06.2010

Barnes M, Pollock C (1998) Power electronic converters for switched reluctance drives. IEEE Trans Power Elect 13(6):1100–1111

Basshuysen R, Schäfer F (2009) Handbuch Verbrennungsmotor: Grundlagen, Komponenten, Systeme, Perspektiven. Vieweg + Teubner, Wiesbaden

Bechthold D (1999) Prismatische, galvanische Zelle. Schutzrecht EP 0 766 327 B1 (03.03.1999)

Beitler A (2016) Erhöhung der Reichweite von Elektrofahrzeugen durch eine bewusste Energieoptimierung mittels Thermomanagement und Fahrerbeeinflussung. disserta Verlag, Hamburg; Buch-ISBN: 978-3-9535-216-1

Belt J, Utgikar V, Bloom I (2011) Calender and PHEV cycle life aging of high-energy, lithium-ion cells containing blended spinel and layered-oxide cathodes. J Power Sources 196:12213–10221

Bonfanti F (2007) Mit einem Stanzmuster versehene Folien und Folienverbünde, insbesondere für die Fertigung von elektrochemischen Bauelementen. Schutzrecht EP 1 528 972 B1 (17.10.2007)

Broussely M et al (2001) Aging mechanism in Li ion cells and calender life predictions. J Power Source 97–98:13–21

Ceder G (1998) Lithium-intercalation oxides for rechargeable batteries. JOM 50(9)

Christophersen JP et al (2006) Advanced technology development program for lithium-ion batteries: Gen 22 performance evaluation final report. Idaho National Laboratory, Idaho

De Doncker et al (2011a) Geschaltete Reluktanzmaschine als Antriebsalternative. Etz Elektrotechnik + Automation, S 72–74

De Doncker et al (2011b) Advanced electrical drives. Springer, Berlin

Dietrich A (1998) Produktionsmanagement. Gabler, Wiesbaden

DLR – Institut für Verkehrsforschung, infas Institut für angewandte Sozialwissenschaft, Mobilität in Deutschland 2008 (MiD 2008), Bonn, Projektbereicht 2010

Doege E, Behrens B-A (2010) Handbuch Umformtechnik – Grundlagen, Technologie, Maschinen. Springer, Berlin

Eschenbruecher (2010) Coatema Kalander. Lösungen für alle Arbeitsbereiche und Anforderungen!

Eversheim W (1998) Organisation in der Produktionstechnik – Konstruktion, 3. Aufl. Springer, Berlin u. a

Fanger PO (1970) Thermal Comfort. Danish Technical Press, Copenhagen, Denmark

Feldmann K, Lang S, Roith N (2005) Effiziente Herstellung von DCB-Substraten. Optimierung der Handhabungsprozesse bei der DCB-Herstellung durch innovative Automation. wt Werkstattstechnik

Feldmann K (2009) Montage in der Leistungselektronik fur globale Markte. Design, Konzepte, Strategien. Springer, Berlin

Fiala D (1998) Dynamic simulation of human heat transfer and thermal comfort. PhD thesis. De Montfort University, Leicester

Flemming M, Ziegmann G, Roth S (1999) Faserverbundbauweisen – Verfitungsverfahren mit duroplastischer Matrix. Springer, Berlin

Flieger B (2013) Innenraummodellierung einer Fahrzeugkabine in der Programmiersprache Modelica. RWTH Aachen, Dissertation

Fricker IC (2005) Strategische Stringenz im Werkzeug- und Formenbau. Shaker, Aachen

Fritz A H, Kuhn K-D (2010) Fertigungstechnik. Springer, Berlin

Gaus F (2010) Methodik zur Überprüfung der Logik eines Geschäftsmodells im Werkzeugbau Apprimus, Aachen

Geiger W, Kotte W (2005) Handbuch Qualität. Vieweg und Sohn, Wiesbaden

Gries T (2007) Füge- und Oberflächentechnologien für Textilien. Verfahren und Anwendungen. Springer, Berlin/Heidelberg

Groover MP (2010) Fundamentals of modern manufacturing. materials, processes, and systems. Wiley, New Jersey

Großmann H (2013) Pkw-Klimatisierung – Physikalische Grundlagen und technische Umsetzung, 2. Aufl. Springer Vieweg, Berlin

Gutoff E (2006) Coating and drying defects. Troubleshooting operating problems. Wiley, New Jersey

Harro Höfliger Verpackungsmaschinen GmbH (2009) Herstellen von Lithium-Ionen-Polymer-Batterien.. Sonderlösung von A bis Z

Harro Höfliger Verpackungsmaschinen GmbH (2010) Batterieherstellung mit Siegelrand Beuteln.. Technologie für sichere Produkte

Hellwig W (2009) Spanlose Fertigung: Stanzen. Grundlagen für die Produktion einfacher und komplexer Präzisions-Stanzteile. Vieweg + Teubner Verlag, Wiesbaden

Hering E (Hrsg) (2009) Taschenbuch für Wirtschaftsingenieure. Hanser, München

Ilschner B, Singer R F (2010) Werkstoffwissenschaften und Fertigungstechnik – Eigenschaften, Vorgänge, Technologien. Springer, Berlin

Industrievereinigung verstärkter Kunststoffe e.V (2010) Handbuch Faserverbundkunststoffe. Vieweg+Teubner, Wiesbaden

Jaroschek C (2008) Spritzgießen für Praktiker. Hanser, München

Kalpakjian S, Schmid SR, Werner E (2011) Werkstofftechnik – Herstellung, Verarbeitung. FertigungPearsons, München

Kern D et al (2009) FlexBody© – Entwicklung eines Baukastensystems für Karosseriestrukturen von kleineren Fahrzeuglosgrößen. mobiles, 35

Klotzbach C (2006) Gestaltungsmodell für den industriellen Werkzeugbau. Shaker, Aachen

Kobayashi Y, Tanabe S (2013) Development of JOS-2 human thermoregulation model with detailed vascular system. Build Environ 66

Konrad R (2010) Konventioneller Antriebsstrang und Hybridantriebe. Mit Brennstoffzellen und alternativen Kraftstoffen. Vieweg + Teubner Verlag, Wiesbaden

Kriegesmann J (2001) Aluminiumnitridkeramik. Technische Keramische Werkstoffe (DKG), 66. Ergänzung

Kröll K (1978) Trockner und Trocknungstechnik. In: Kröll K (Hrsg) Trocknungstechnik, Bd 2. Springer, Berlin/Heidelberg

Le-Jaouen G, Breat J-L (2011) New sustainable mobility and its transposition to the Renault Twizy body in white. Future Car Body 2011, Automotive Circle International, Bad Nauheim, 22.–23.11.2011

Likar U (2011) i-MiEV EU Production Vehicle. Dritter Deutscher Elektro-Mobil Kongress, Bonn

Lotter B, Wiendahl H-P (2006) Montage in der industriellen Produktion (Hrsg: Wiendahl H-P). Springer, Berlin

Meuthen B (2005) Coil coating. Bandbeschichtung; Verfahren, Produkte und Märkte. Vieweg, Wiesbaden

Mollestad E (2010) Egil: Think City – An innovative combination of high strength steel, extruded aluminium space frame and thermoplastic body panels. Aachener Karosserietage, Aachen, 21.–22.9.2010

Nazri GA (2009) Lithium batteries: science and technology. Springer, New York

Nürenberg M et al (2016) Instationäre energetische Bewertung von Wärmepumpen- und Mikro-KWK-Systemen – Simulation und Emulation, BauSIM, Dresden

Orlowski PF (2009) Praktische Regeltechnik – Anwendungsorientierte Einführung für Maschinenbauer und Elektrotechniker. Springer, Berlin

Pasquier E (2001) Room temperature lamination of Li-ion polymer electrodes. Schutzrecht US 6 235 065 B1 (22.05.2001)

Quick R, Büttner C (2008) Die neue Ford Kuga Karosserie in Entwicklung und Produktion, Aachener Karosserietage 2008, Aachen September 2008

Rahimzei E (2015) Ergebnispapier Nr. 6 – Wie kommen die Angaben über den Stromverbrauch und die Reichweite von Elektrofahrzeugen zustande? Begleit- und Wirkungsforschung Schaufenster Elektromobilität

Röth T (2011) Der intelligente Karosseriestrukturbaukasten für das weltweit erste e-CarSharing Fahrzeug „ec2go". Strategien des Karosseriebaus 2011, Automotive Circle International-Fachkonferenz Bad Nauheim, 22.–23.03.2011

Röth T, Göer P (2011) Smart application kit for lightweight multi-material body structures for EV, Future Car Body 2011, Automotive Circle International, Bad Nauheim, 22.–23.11.2011

Röth T, Piffaretti M (2012) Internes Informationsmaterial der Protoscar SA und der Imperia GmbH

Sauer U (2010) Produktionstechnik für die Batterieproduktion. Produktionstechnik auf dem Weg zur Elektromobilität. METAV 2010. Messe Düsseldorf, 24.02.2010

Schalkwijk WA (2002) Advances in lithium-ion batteries. Springer, New York

Schicker H (2002) Fräsmaschinen und Fräsen. Grin-Verlag, München

Schmidt W, Mann C (2006) Umweltverträgliche Harzimprägnierung elektrischer Maschinen mittels Stromwärme. Herausgegeben von Innovation und Technologie Bundesministerium für Verkehr, Wien

Schulz-Harder J (2005) Von der Keramik zur Schaltung. Trends – Strategien – Innovation. Curamik electronics GmbH. Kooperationsforum „Leiterplattentechnologie". http://www.bayern-innovativ.de/ib/site/documents/media/a0eb4d92-adb2-1e3b-fdae-86a9da231d62.pdf/Vortrag-Schulz_Harder_curamik.pdf. Zugegriffen: 17.05.2017

Schweizer PM (2000) Vorhanggiessverfahren. Coating 6:227–230

Ségaud M (2011) Nachhaltigkeit und deren Auswirkung auf die Leichtbaukonzepte und Prozesskette; 11. Internationaler Druckgusstag, Nürnberg, 23.02.2011

Spath D, Nesges D, Demuss L (2002) Fabrik in der Fabrik – Wie Betreiberkonzepte die Maschinen- und Anlagennutzung rationalisieren. New Manage 3:44–50

Sperber P et al (2015) Entwicklung und Einsatz des Optimierten Reichweitenmodells im Verbundprojekt E-WALD. ZfAW, Bamberg, S 53–59

Streblow R (2010) Thermal sensation and comfort model for inhomogeneous indoor environments. RWTH Aachen, Dissertation

Throne JL, Beine J (1999) Thermoformen – Werkstoffe, Verfahren, Anwendung. Hanser, München

TÜV SÜD Automotive GmbH: Normangaben bei Reichweiten von E-Cars nicht ausreichend, 15.12.2010

Ulrich N (2004) Schulungsunterlagen „Lasergeschnittene Metallschablonen". Zollner Elektrik AG. http://wiki.fed.de/images/b/b7/A2_-_Schablonen_2004.pdf. Zugegriffen: 17.05.2017

VDE (2010) Elektrofahrzeuge. Bedeutung, Stand der Technik, Handlungsbedarf. VDE-Studie, Verband der Elektrotechnik

VDE-Studie (2010) Elektrofahrzeuge. Bedeutung, Stand der Technik, Handlungsbedarf. Verband der Elektrotechnik Elektronik Informationstechnik e.V., Energietechnische Gesellschaft (ETG), Frankfurt am Main

Wargocki P, Wyon DP (2006) Research report on effects of HVAC on student performance. ASHRAE J 22–28.

Wargocki P, Wyon DP, Sundell J, Clausen G, Fanger PO (2000) The effects of outdoor supply rate in an office on perceived air quality, sick building syndrome (SBS) symptoms, and productivity. Indoor Air 10:222–236

Wicks ZW (2007) Organic coatings. Science and technology. Wiley, New Jersey

Wiendahl H-P, Reichardt J, Nyhuis P (2009) Handbuch Fabrikplanung – Konzept, Gestaltung und Umsetzung wandlungsfähiger Produktionsstätten. Hanser, München

Wolf K-U (1997) Verbesserte Prozessführung und Prozessplanung zur Leistungs- und Qualitätssteigerung beim Spulenwickeln. Meisenbach Verlag, Bamberg

Wriske J (2005) Bedarfsorientierte Raumwärmeversorgung durch dynamische Elektroflächensysteme. RWTH Aachen, Dissertation

Wypych G (2001) Handbook of solvents. ChemTec Publishing, Toronto/New York

WZL 2010 bitte streichen, es handelt sich um eine eigene Darstellung

Yasutsune T, Yoshinori T (2011) Nissan Leaf – 100 % electric, no gas, no tailpipe. Euro Car Body 2011, Automotive Circle International, Bad Nauheim, 18.–20.10.2011

Zuo W, Chen Q (2010) Simulation of air distribution in buildings by FFD on GPU. HVAC&R Res 16(6):785–798

Stichwortverzeichnis

A

Abgasemission
    Elektromobilität 30
    Photovoltaik 30
    Primärenergiequelle 30
    Speicherkapazität 30
Abluftdurchlass 370
Absatzprognose
    Marktanteil 143
    regional unterschieldiche 143
ABS/ESP
    Sicherheitsfunktion 206
Abwasseraufbereitungsanlage 257
After-Sales Markt 266
Aging 360
Aktivmassenvolumen 350
Aktivmaterial 355
Akustik 195
Akustikingenieur 205
Akzeptanz
    Beratung 104
    Einsatz 104
    Etablierung 104
    Vertriebsstruktur 104
    Weiterentwicklung 104
Alltagstauglichkeit
    Ladeinfrastruktur, sinnvolle 93
    Nutzerakzeptanz 93
    Versorgungsinfrastruktur 93
als Energiespeicher
    Batteriepack 289
Als Vorbehaltungsmethode 253
Aluminium-Gehäusehälfte 343
Analog-Digital-Umsetzer 331
Angebotsoligopol
    OEMs 136
    Unabhängigkeit 136
Anlaufmanagementmodell 240
Anlaufmanager 242
Anlauforganisation 241, 242
Anlaufstrategie 240
Anordnung, verteilte 192
    Batterie 194
Anreizstruktur
    Nachfrageverhalten 141
    Rationalisierung, ökonomisch 141
Anschaffungskosten
    Elektrofahrzeug 267
Anschlussleistung 32
    Beanspruchung 32
    Belastung, resultierende 32
    Energiebedarf, zeitabhängiger 32
    Gegenmaßnahme 33
    Ladeleistung 33
Anschlussleistung, hohe
    Durchdringungsgrad 116
    Netzanpassungsmaßnahme 116
    Netzüberlastung 116
Antrieb, reinelektrischer 17
    Amortisierung 17
    Kostenminimierungspotenzial 17
Antriebskomponente
    Fertigungsverfahren, zerspanende 62
    Schweißverfahren 62
    weniger 62
Antriebskonzept
    Elektromotor 3
    Verbrennungsmotor 4
    Wärmekraftmaschine 4
Antriebsmotor 206, 318

Antriebsprinzip 5
　innovatives 6
　transmissionsloses 6
　vorderradgetriebenes 6
Antriebsstrangkonzept 313
Antriebsstrangtopologie 312, 315
Antriebstrang
　elektrischer 57
　hochkomplexer 57
Antriebswechselrichter 325
Anwendungspotenzial 306
Assemblierung 362
Asynchronmaschine 320, 324
Aufbauorganisation 242
Aufheizvorgang 382
Aufladeprozess 360
Auslegungskriterium 229
Auslegungsreichweite 228
Außengeräusch 204
　　Überhörens leiser Fahrzeuge 204
Außenhaut 302, 305
Ausströmcharakteristik 378
Auto
　Mobilitätssystem 5
Autoanbieter
　Alternative 10
　Initiative 10
　Verbrenner, umgerüsteter 11
Automatisierungsgrad
　Montagesystem 304
Automatisierungsgrade 304
Automobilindustrie
　Refurbishing 264
　rising stars 27
　transformers 28
　under pressure 28
Automobilmarkt
　Elektromotor 148
　Funktion, produktionsrelevante 148
　Leichtbau 148
　Leistungselektronik 148
　Mechanik 148
Automobilproduktion 242
Automobilproduzent 148, 165
　Elektrifizierung 145
　Elektromobilität 148, 149
　Gemeinschaftsunternehmen 166
　Herausforderung 145
　inner.europäischer 166

　Kernkompetenz 145
　Kompetenverteilung, globale 166
　Kostenstruktur 148
　Leichtbauanforderung 148
　Schwellenländer 145
　Wachstumssegment 166
　Wertschöpfungskette 145
Automobilzulieferer
　Elektrizitätsinfrastruktur 177
　Elektronik 148
　Entwicklungsinvestition 148
　Vollintegrator 177
　Wertschöpfungskette, elektromobile 177
　Zuliefererunternehmen 148

B
Ballungsraum 40
　Dienstfahrzeugflotte 40
　Kleinlieferfahrzeug 40
　Verteilungsinfrastruktur 41
Bandagierung
　Oberflächenmagnet 335
Baterie
　leistungsfähige 7
　robuste 7
Batrec-Prozess 257
　Batrec Industrie AG 257
Batterie
　Demontage 268
　Modularität 268
　Normung 9
　Schnittstelle 268
　Vorschrift UN 38.3, 249
　Zertifizierung 249
Batteriedesign, remanufacturingfähiges 268
Batteriegesetz
　Richtlinie 2006/66/EG 249
Batteriehersteller
　Dominanz 50
　Japan 50
Batteriekomponente 254, 262
Batteriekomponenten 257
Batteriekonzept
　Spannung 345
Batteriemanagementsystem 246
Batterie-Management-System
　Ladeprozess 329
Batteriemarkt 245

Batteriemasse
 Zell- und Systemebene 229
Batteriemodul 354, 362
 Batteriepack 354
Batteriemodulgehäuse 268
Batterierecycling 256
 EG-Richtlinie 250
 Richtlinie 91/157/EEC 250
Batterierecyclingprozess 251
Batterierecyclingunternehmen 257
Batterierecyclingverfahren 257
Batterierücknahme 252
Batterieschrottmasse
 Recyclingprozess 251
Batteriespannung 316
Batteriesystem 254, 373
 Abfallberatung 252
 Dimensionierung 344
 Kostentreiber 194
 Massenanteil 228
 Missbrauchsversuchen 247
 Parameter 223
 Positionierung 192
 Wirtschaftlichkeit 192
Batteriesystemkosten
 Herstellkosten 225
Batterietechnologie 28
 Fertigung 28
 Standardisierung 28
Batterietemperatur 373
Batterievolumen, ungenutztes 360
Batteriezelle 253, 347, 354
Battery-Management-System
 (BMS) 363
BattG 252
BattV 252
Bauelement, oberflächenmontiertes 340
Baukastenportfolio 295
Bauteil 321
Bauteilwerkstoff 307
Bedeutung, wirtschaftliche
 redundante 109
 vollständig beobachtete 109
Bedürfnisstruktur
 Mobilitätsbedürfnis 152
 Zahlungsbereitschaft 152
 Zusammenarbeit mit Dienstleister 153
Behaglichkeit, thermische 365
Behandlung, pyrometallurgische 262

Berechnungsverfahren
 Strömungsfeld 383
Berührschutzspannung
 Sicherheit, elektrische 345
Beschichten 355
Beschichtungsprozess 355
Beschichtungsvorgang 354, 355
Beschreibungsgröße
 Produktkomplexität 66
 Stückzahl 66
 Variantenvielfalt 66
Betriebszustand, EMV-relevanter
 Antriebssystem 208
Bewicklungstechnik 334
Biegen
 Kontaktfahne 359
Bi-Zelle
 Vereinzeln und Stapeln 358
Bi-Zellen-Folienverbund 357
Black box 242
Blechpaketherstellung
 Rotor und Stator 333
Bleibatterie 346
Brennstoffzelle 60
 Ergän–zung des Antriebsstrangs 60
 Wasserstofftankstelle 60
Brennstoffzellenmodul
 Brennstoffzelle 61
 Kostenaufwand, hoher 62
 Optimierung des Leichtbaus 61
Businessplan 235

C
Carsharing
 Grundgebühr 101
 Nutzungsgebühr 102
CCC-Zertifikat 247
CE-Zertifizierung 247
CFK-Werkstoff 228
Closed-Loop-Recycling
 Lithiumkarbonat 259
CNC-Fräse 301
Conversion-Design-
 Elektrofahrzeug 286, 287
Crash-Lastfall 287
Crash-Management 293
Crashtests
 Computersimulation 239

D

Dämmmaterial 381
DC/DC-Wandler 315, 316
  Leistungssteuerung 329
  Traktionsbatterie 329
  Wechselrichter 329
Demontage 267
Demontagevorgang 267
Demontierbarkeit 264
der Elektromobilproduktion
  Anlaufstrategie 241
Derivateportfolio 337
des Batteriepacks 362
des Space-Frame-Knoten 300
Detailgestaltung 235
die Entwicklungsabteilung
  Marketingplan 238
  Teilgeometrie", 238
  Toleranz", 238
Dienstleister 153
  Desintegration 153
  Kooperation 153
  wertschöpfungsübergreifende 153
Digitaltechnik 209
DIN 247
  International Organization for
    Standardization
    (kurz\: ISO) 247
Direktheizung 368
Distributionsweg
  überregionaler 123
  regionaler 123
Doppelschichtkondensatoren, elektrochemische
    (Supercaps) 346
Draft International Standard
  IEC 233, 61508
  ISO 233, 26262
Drehfeldmaschine
  Wechselrichter 328
Drehmoment-Drehzahlcharakteristik
  Traktionsantrieb 313
Drehmoment-Drehzahldiagramm
  Traktionsmotor 322
Drehmomenterzeugung 328
Drehzahl 314
Druckguss 301
Durchlaufzeit
  Organisationsstruktur 237

E

E-Carsharing
  Flottenbetreiber 156
  Mobilitätszweck, spontaner 156
  Pay-per-Use-Ansatz 156
ECE-R 10
  Elektromagnetischen Verträglichkeit 233
ECE R100
  Homologationsprüfung 247
ECE-R 100, 232
  Sicherheitsbedingung der
    Traktionsbatterie 232
E-Fahrzeug
  Conversion Design 54
  Produktionsinfrastruktur 54
Effizienzberechnung 251
Effizienzsteigerung
  Innenraumklimatisierung 382
Einflussfaktor
  Digitalisierung 134
  Konnektivität 134
  Wertschöpfungskette 134
Eingangsbandbreite 220
Einsatzfeld 88
  Landverkehrsmittel 88
  Raum, urbaner 88
Einsatzmuster 93
  emissionsarme 93
  leise 93
  Reichweite 93
  Transportkapazität 93
  Umweltanforderung 93
Einsatzszenarium
  Elektrofahrzeug 365
Einseipse-/Verbrauchersituation
  kritische 115
  Spannungsverlauf, differierender 115
  Unterschied, regionaler bzw. netztypischer 115
Einspeisung
  Belastung, unsymmetrische 115
  Schwachlastphase 115
Einzelzahnwicklung 324
Elektrifizierung 363
elektrischen Maschine 321
Elektroauto
  Energiebilanz 129
  Ressourcenverbrauch 129
  Strompaket 129

Stichwortverzeichnis

Elektrodenkraft 309
Elektrodenmaterial 255
   Lithium-Ionen-Batterieschrott 256
Elektrodenmaterialhersteller 260
Elektrodenschicht
   Kapazität der Batterie 357
Elektrodenstapel 359
Elektrofahrzeug 239, 242, 296, 314, 370, 384
   Analysesoftware 128
   Arbeit, notwendige 128
   Diagnoseplattform 128
   Einfluss, signifikanter 113
   elektromagnetische Verträglichkeit (EMV) 206
   Fehlercode 128
   Jahresenergieverbrauch 113
   Kraftwerksstruktur 113
   Ladeinfrastruktur 152
   Mobilitätsdienstleistung 152
   Package 2
   Wartungsplan 128
   Wertschöpfung 151
Elektrofahrzeugentwicklung 209
Elektrofahrzeug-Finanzierung
   Finanzierungsmöglichkeit 128
   Stromkonzern 128
   Vertriebskanal 128
Elektrofahrzeug-Karosserie 284
Elektrofahrzeugkonzept 290
Elektrofahrzeugmasse 229
Elektrolyte
   Lithium-Leitsalz 347
Elektrolytmenge 352
Elektromagnetische Verträglichkeit (EMV) 341
Elektromobil 238
Elektromobilität 1, 35
   abgasfreie 90
   Akzeptanz 53
   Antriebssystem 150
   Antriebstechnologie 15
   Aufmerksamkeit 15
   Ausbau der Ladeinfrastruktur 142
   Flottenbetreiber 40
   Förderung 142
   Geschäftsmodell 53
   Herausforderung 1
   individuelle 40
   Informationstechnologie 53
   Innovationspotenzial 35
   Kriterien der Fahrzeugnutzung 96
   Leitmarkt für Elektromobilität 107
   Mobilitätsangebot 150
   Nischenprodukt 107
   Nutzbarkeit 40
   Nutzer 96
   Nutzungs 35
   Rahmenbedingung, technische 95
   Schlüsseltechnologie 15
   Wachstumschance 149
   Weiterentwicklung 2
   Zukunftstechnologie 107
Elektromobilitätsgesetz
   Fördermaßnahme 27
   Kennzeichnung 27
   Parkmöglichkeit 27
   Prämie 27
Elektromobilproduktion 230
   Anforderung 68
   Herausforderung 68
   Leistungsfähigkeit 68
Elektromotor 236
   Fertigungsstraße 59
   Geräusch 205
   Investitioneskosten 59
   Kostenentwicklung 60
   Senkung der Herstellungskosten 60
Elektromotorenendmontage
   Kleben 336
   Schrauben 336
   Warmschrumpfen 336
Elektromotorenproduktion 332
Elektromotorsound 202
EMV 218
   Systementwicklung 220
EMV_Anforderung
   Kraftfahrzeugentwicklung 208
EMV-Anforderung
   Gesamtsystem 207
EMV-Aspekt 209
EMV-Entwicklung 209
EMV-Entwurf
   Mehrkosten 220
EMV-Filter 326, 329
EMV-Maßnahme
   Entwicklung 219, 220
EMV-Problem 206

EMV-Prüfung
  Schaltung, integrierte 208
EMV-Schutz 216
EMV-Vorschrift
  Bordnetz 326
End-of-Line Prüfung 336
Energiebedarf 374
Energiedichte 384
Energieeffizienz 297
Energieeinbringung 307
Energiegewinnung
  Ladeinfratsruktur 106
  Quelle, regenerative 106
  Vernetzung, intelligente 106
Energiespeicher 194, 245
Energiespeichersystem 286
Energiesystem 364
Energietransport
  Luft 369
  Strom, elektrischer 370
Energieverbrauch 220
Energieversorgung
  Elektrofahrzeug 112
  Ladeleistung 112
  Ladezeit 112
  Niederspannungsebene 112
Energieversorgungsunternehmen
  Abrechnungsmodell 178
  Energieeffizienz 151
  Investitionsportfolio 177
  Ladeinfrastruktur 178
  Messmöglichkeiten 177
  Redefinition 151
  Regularien, politische 151
  Sicherheitsstandard 151
  Stromverteilungs- und
    Stromspeichersystem 177
Entgasen 360
Entmagnetisierungskennlinie 323
Entscheidungskriterium
  Konzeptauswahl 312
Entscheidungsträger 237
Entsorgungssystem 256
Entstörung von Zündung und
  Elektromotoren 209
Entwicklung
  Fahrzeug-spezifischer Anforderungen 74
  Fertigungsinfrastruktur 74
  Investion 74

Purpose-Design-Elektrofahrzeug 188
  (Sub-)Prozesse 187
Entwicklungskooperation
  Allianz 164
  Entwicklung, gemeinsame 164
  Formalisierungsgrad 164
  reduziert den nötigen Kapitaleinsatz 165
  technologiebetriebene 165
  Wertschöpfungsstufe 164
Entwicklungspartnerschaft 244
Entwicklungsprozess 2, 188
  V-Modell 188
Entwicklungstendenz 353
Entwicklungsumgebung, virtuelle 190
Entwicklung, virtuelle
  3-D-CAD-Programme 190
  2-D-Fertigungszeichnungen 190
Erfolgsfaktor
  Kundennähe 175
  Nutzung des Mobilitätsservices 175
  Positionierung, frühe 175
Erzeugungskonzept 369
EU-Abgasbestimmung
  Umweltverträglichkeit 197
EU-Batteriedirektive 251, 252, 254
EU-Richtlinie
  Recyclingeffizienz 252
Explosionsgefahr 257

F
Fahrdynamik 220
Fahrwiderstand
  Roll-, Luft-, Steigungs- und
    Beschleunigungswiderstand 223
Fahrzeugbordnetz 216
Fahrzeugdichte, städtische 91
Fahrzeuge 366
Fahrzeugentwicklung
  Spezifikation 188
Fahrzeugflotte
  CarSharinganbieter 13
  Publikum 13
Fahrzeughersteller
  Fahrzeugklasse 184
  Höchstzahl 183
  Kleinserien-Typgenehmigung 183
Fahrzeughomologation
  ECE-Regelungen 231

UN ECE 231
Vorschriften 231
Fahrzeughut 293
Fahrzeugintegrationsebene
   Komponente, System bzw. Modul und Gesamtfahrzeug 223
Fahrzeugkarosserie 283, 285, 293, 296
   Systemeinheit 281
Fahrzeugklasse
   Betriebserlaubnis 182
   KBA 184
   Regelung 184
   Typgenehmigung 181
   unterschiedliche 23
   Verzeichnis 184
   Wachstumspotenzial 24
   Zulassungspflicht 181
Fahrzeugklassen für Elektrofahrzeuge
   Antriebsleistung 186
   Elektrofahrzeuge 186
   Höchstgeschwindigkeit 186, 187
   maximale 186
   Motorleistung 186
Fahrzeugklimatisierung 374
Fahrzeugmasse 221, 223
   Fahrzeug, konventionelles 220
   Reichweite, elektrische 225
Fahrzeugsicherheit 229
Fahrzeugsystem 226
   EMV-Beeinflussung 216
   Spannungsversorgung 217
Fahrzeugsystemmasse 226
Fahrzeugunterklasse
   Bestimmungszweck 184
   Geländefahrzeug 184
   nicht eindeutige 184
Fahrzeugvibration 217
Falten der Siegelnähte
   Lebenszyklus 360
Fast-Fourier-Transformation (FFT) 199
   Freuqenzspektrum 199
Federbeinaufnahme 301
Fenster 381
(Fern-)Güterverkehr
   Einsatzstrecken 41
   Ruhezeitvorschrift 41
   Standzeiten 41
Fertigbarkeit 318
Fertigungsverfahren

Batterieproduktionsprozess 62
Elektromotor 62
Ultraschallschweißverbindung 62
Feuerausbreitung 383
FFT-über-Zeit-Darstellung 199
Filterrückstand 255
First-Mover-Strategieansatz
   Wettbewerbsvorteil 241
Flächenheizung 368
Flächentemperierung 371
   Kontaktfläche 372
Flächentemperierungen
   Strahlungstemperatur 371
Flachzelle 355, 361
   Leistungseigenschaft 360
Flankensteilheit 209
Flexibilitätssteigerung 241
Flottenmanagement
   Flexibilität 158
   Verfügbarkeit 158
   Zuverlässigkeit 158
Flow-Betankung 234
Folienverpackung 359
Formation 360
Freiheitsgrad 287
Freiheitsgrad im Package
   Radnabenantrieb 194
Frequenzbereich 202
Frequenzumrichter
   12-V-Bordnetz-Erzeugung 216
Frischluftmenge 377
Frontloading-Konzept 244
Fügen
   mechanisches
      Materialcharakteristik 308
   von elektrischen Komponenten 308
Fügepartner 306
Fügeverfahren 308

G

Gate-Ansteuerung 340
Gehäusehälfte
   Kühlflüssigkeit 343
Gehäusekonzept 341
Gehäusestruktur 287
Gehäuseunterteil 340
Gerätebatterieformat 258
Geräuschkulisse 203

Geräuschpfad 199
Geräuschphänomen
　　Hinterachsheulen 197
Geräuschqualität 196, 200
Geräuschquelle 196
Geräusch- und Schwingungskonflikt
　　Hybridfahrzeug 199
Gesamtenergiebedarf 32
Gesamtenergieeffizienz
　　Bedeutung 365
Gesamtfahrzeug
　　Diversifizierung 56
　　E/E-Architektur 56
Gesamtfahrzeugebene
　　Leichtbau 229
Gesamtfahrzeuggeometriedaten 191
Gesamtfahrzeugkontext 282
Gesamtfahrzeugmasse 221
Gesamtlösung
　　Konkurrenz 176
　　preismindernde 176
　　Schnittstellenwirksamkeit 176
　　Softwareunternehmen 176
　　Standardsetter 176
Gesamtmarkt
　　Antriebsform, hybride 144
　　Plug-In Hybrid 143
　　Verbrennungsmotor 144
Gesamtmasse 228
　　Rohrrahmenstruktur 292
Gesamtsystemwirkungsgrad
　　Fahrzyklus 312
Geschäftsmodell 155, 167
　　Batterierisiko 174
　　Dienstleistungsangebot 154
　　Elektromobilität 138, 158
　　Emotionalisierung 138
　　Energieeffizienz 168
　　Energieversorgung 174
　　Geschäftsfeld, neues 154
　　Hochleistungsladen 155
　　innerstädtisches 158
　　innovatives 158
　　Investitionskosten 158
　　Ladeinfrastruktur 168
　　Ladesäule 155
　　Ladezeit, lange 159
　　Ladung, induktive 155
　　Leasingkonzept 158

　　Mobilitätsnagebot 138
　　multimodales 159
　　Reichweite, kurze 159
　　Verkehrsmittel, verschiedene 159
　　Wachstumspläne 174
　　Wertschöpfungsarchitektur 154
　　Wertschöpfungsmodell 154
Geschaftsmodell, neues
　　Integration 161
Geschäftsmodell, neues
　　Weiterentwicklung 161
Geschäftsmodelloption
　　Finanzierungs 155
　　Leasingkonzepte 155
　　Mobilitätsdienstleistung 155
　　Nutzenversprechen 155
　　Preisbewusstsein 155
Geschaltete Reluktanzmaschine
　　(GRM) 320
Gesenkbiege
　　Biegeverfahren 299
Gesetzgebung 24
　　Antriesbtechnologie 24
　　Optimierung 24
　　Richtlinie 25
　　Vorgabe 25
Gewichtsverlust 315
Gewinnmarge 244
Gewinnungselektrolyse 255, 261
GFK/CFK 294
Glecihspannungsladestation 207
Gleichspannung 206, 328
Gleichspannungswandler
　　Bordelektronik, Kondensator 343
　　Leistungsteil 343
Gleichstrommaschine 318, 319
Großserienfahrzeugmodell
　　Investition 282
Grundbedürfnis
　　Mobilität 4
GSM-Mobiltelefon-Übertragung 218

H

Hairpinmontage 334
Halbleiterschalter 326
Handlaminierung 297
Handlungsspielraum 239
Hartmagnet 323

Haushaltsstrom 234
Heizsystem 371
Heiztechnik
    PMV (Predicted mean vote = Vorhersage des mittleren thermischen Empfindens) 365
    PPD (Predicted percentage of dissatisfied = Vorhersage des Anteils unzufriedener Personen) 365
Herausforderung
    Effizienzsteigerung 69
    Energiedienstleister 150
    Energieversorgungsunternehmen 150
    Komponententechnologie 69
    Ladestation 150
    Leistungselektronik 69
    Lithium-Ionen-Technologie 21
    Produktionsprozess 21
    Speichersystem 69
    Stromnetzbetreiber 150
    Verbesserungspotenzial 21
    Wertschöpfungspotenzial 150
Herstellkosten 236
    konkurrenzfähige 64
    verringerte 64
Herstellungskosten
    Kunststoffaußenhaut 297
    Space-Frame-Bauweise 297
Herstellungsprozess
    Flachzelle 354
Herstellungsverfahren
    Handlaminierung 298
Herausforderung 8, 363
    Energiespeicherdichte 8
    Langlebigkeit 8
    Technikfortschritt 8
Hochsetzsteller 345
Hochspannungsnetz
    Anforderung, sicherheitstechnische 67
    Elektronikprüfung 67
Hochtemperaturoxidation
    Aluminiumoxid 338
    Aluminiumoxidoberfläche 338
Hoch-Volt-DC/DC-Wamdler
    Spannungsebenen 316
Hoch-Volt-DC- und AC-Leistung 219
Hoch-Volt-System 232
Hoch-Volt-Techniker 238
Hoch-Volt-Verbraucher 232
Hybridfahrzeug 341, 342, 350

I
IGBTs (Insulated-Gate-Bipolar-Transistoren) 326
Inbetriebnahme
    Erleichterung 182
    Gutachten 182
    innerhalb der EU 182
    Sachverständiger 182
    Zulassungsart 182
Industrialisierung 230
Industriedesign 238
Infrastrukturbedarf
    Fahrradparkhaus 34
    Ladeinfrastruktur 34
    Umsteige 34
    Zugangspunkten 34
Infrastrukturnetz
    flächendeckendes 18
    Handlungsbedarf 18
    Ladesäule 18
Inline-Design-Elektrofahrzeug 287, 288
Inmetco-Prozess 259
Innengeräusch
    Hybrid- und Elektrofahrzeug 202
Innengeräuschpegel
    Konfliktsituation, akustische 198
Innenraumklimatisierung 364
Innovationsdruck
    Mobilitätskonzept 25
    Regulierung 25
    Wettbewerbsvorteil 25
Innovationskraft
    Herausforderung 166
    Kleinserienproduktion 166
    Kompetenz 166
    Produktionsnetzwerk 166
Investitionskosten 291, 298, 299
    Entwicklung 26
    Förderprogramm 26
    Forschung 26
    Subvention 26
Investitionsvolumen
    Integration, vollständige 75
    Leistungstiefe, hohe 75
Isolationsfehler 232
Isolationskoordination 232
Isolationsüberwachungsgerät
    Isolationszustand 232
Isolator, keramischer 338

K

Kabinenklimatisierung 374
Kabinenumgebung 365
Kalander
   Walze 357
Kältemaschinenbetrieb
   Batterie 376
   Elektromotor 376
   Kabine 376
   Leistungs-elektronik 376
Kapazitätsschwankung
   Flexibilität im Serienanlauf 243
Karosserie 305
Karosseriebaukasten 295
Karosserieentwicklung 283
Karosseriekonzept 290
Karosserietragstruktur 294
Kathodenmaterial
   Kobalt 255
   Lithium 255
   Mangan 255
   Nickel 255
   Verunreinigungen 256
Kaufpreis
   Herstellkosten 56
   Produktion 56
   Technologiereife 56
Kernkompetenz 242
Kleben
   Gesamtgewicht 307
Kleinserien-Manufaktur 296
Kleinserienproduktion
   Flexibilität 52
   Management 52
   Wettbewerbsstruktur 52
Kleinwagensegment 223
Klimamodul
   Integration 384
Klimatisierung
   Innenraum 364
   Wärmerückgewinnung 374
Kohlenstoffmedikation 347
Kommunikationsplattform 190
Kompetenzfeld
   Batterie 71
   Elektromotor 71
   Serienprozess 71
Kompetenzfokussierung 281
Komplexität 243

Komponente, defekte 265
Komponente, elektronische 214
Komponentenherstellung 304
Kondensation 370
Konstantspannungsladeverfahren 350
Konstrukt, sozio-technisches 5
Kontaktierungsblech
   Spritzgussprozess 339
Kontrolle 361
Konvektionstrocknung
   Luftstrom 357
Konzentrationsfähigkeit 363, 366
Konzeptentwicklung 235, 236
Konzeptwerkstatt
   Marktliberalisierung 124
Kooperation 165, 173
   bilaterale 169
   Differenzierungsvorteil 173
   Eigenleistungskosten 169
   Geschäftsmodell, neues 169
   Gewinn 169
   Lebensdauerbeschränkung 173
   Partnerschaft 173
   Umorientierung des Kunden 173
   ungewohnte 169
   Wertschöpfung 169
   Wertschöpfungsstufe 169
Koppelung
   Ladeinfrastruktur 104
   Ladetarif 104
   Parkkosten 104
Kopplungsmechanismus- und pfad 217
Körperschall 199
Kosten 352
   Reduktion 137
Kostendegression 245
Kostendruck
   Erstinvestition 16
   innovativer 16
   maßgeblicher Faktor für den Durchbruch 16
Kostenmanagement 244
Kostenreduzierung 233
Kostenrisiko
   Käuferkreis 71
   Kosteninnovation 70
   Marktreiz 71
Kostenstruktur
   Finanzdienstleister 157
   Finanzierungs- und Leasingkonzepte 157

Kundenschicht 157
Risikominimierung 157
Wechselstation 157
Kostentreiber
  Batterie 16
  Infrastruktur 16
Kraftfahrzeug 311
Kreislaufverbundsystem 369
Kühlmittel
  Wasser-Glykol-Gemisch 373
Kühlmittelkreislauf 373, 375
Kundenakzeptanz 227
Kundenbedürfnis
  Eingliederung 160
  Einsatz, grenzenloser 160
  Energie- und Mobilitätskonzept 160
  Mobilitätsangebot aus einer Hand 160
Kundenwahrnehmung 20
  Conversion-Design 20
  Purpose-Design 20
Kunststoff, kohlenstoffverstärkter 293
Kunststoffwärmeübertrager 374
Kupferlackdraht 333

L
Lade-/Entladezyklus 347
Ladeinfrastruktur 231
  Ballungsraum 96
  Bedarf, höherer 96
  Engpass der Energiebereitstellung 138
  Fahrleistung, geringe 97
  flächendeckende 138
  Flexibilität, gewohnte 97
  funktionierende 138
  Sondersituation 97
Laminieren zu Folienverbund 357
Laminierung 358
Laserstrahlschweißen 306, 307, 310
  Lichtstrahl 307
Laugungsmedium 254
Lebensdauer 266, 268
Lebensdaueranforderung
  Zyklenlebensdauer 345
Lebenserwartung 265
Lebenszyklus 264, 268
Leergewichtsentwicklung 221
  Stagnation 221
  Verringerung 221

Leichtbau 226, 285
  Anforderung, legislative 221
  Gewichteinsparung 223
Leichtbaumaßnahme 223, 226, 290
  Karosserie 221
  Karosserie, Exterieur und Fahrwerk 227
  Mehrkosten 223
  Oberklassen-Segment 221
Leichtbaumehrkosten 229
Leichtbaupotenzial
  Batteriesystem 227
Leichtbauwerkstoff 227, 306
Leistungsanforderung 296
Leistungsbeziehung 302
Leistungsdichte 325
Leistungselektronik 342, 344
  Antriebsenergie 325
  Umrichter, Wandler 325
Leistungsfähigkeit
  Elektrifizierung 125
  Haltbarkeit, steigende 125
  Komplexität, technische 125
Leistungsfähigkeit, elektrische 349
Leistungsteilsteuerung
  Kontaktfläche 340
Leiterrahmen, intergrierter 288
Leittechnologie 296
Lenkradheizung 372
Lichtbogenofen 259
Lieferantenmanagement
  Managementaufgabe 242
Lieferdienst 236
Life Cyle Management (PLM)
  Bill of Material 190
$LiFePO_4$
  Wärme- und Sauerstofffreisetzung 349
Linearwickeltechnik 334
Lithiumbatterie 258
Lithium-Batterie 249, 347
  Flugverkehr 250
Lithium-Elektrode 347
Lithium-Ionen Batterie
  Alternative, attraktivste 135
  Antriebsstrang 135
  Energie- und Leistungsdichte, hohe 135
Lithium-Ionen-Batterie 247, 250, 253, 254,
  344, 347, 352
  Überlademechanismus 349
  Hochenergie-Batterie 349

Hochleistungsbatterie 349
Materialkombination 349
Potenzial 353
Primärgewinnungsroute 260
Recyclingverfahren 260
Temperatur 372
Temperaturunterschied 373
Transport 253
Unschädlichmachung der Batteriezellen 253
Lithium-Ionen-Technologie 245
Lithium-Metall-Batterie 347
Lithiumnitrat-Lösung 255
Litium-Ionen-Batterie 366
Logistikkonzept 243
Logistikprozess 243
Lösungsansatz 2
   Fahrzeugkonzeption 2
   Mobilitätskonzept 2
Lösungsmöglichkeit
   Digitalisierung 14
   Mobilitätsbedürfnis 14
Lötstopplack
   Korrisionsschutz 338
LowEx-System 364, 368
Luftqualität 377
   Überschreitung 105
   Fahrverbot 105
   Grenzwert 105
Luftschall 199
Luftschallkapselung
   Elektromotor 202
Lüftung 377
Lüftungskonzept 384
   Luftvolumenstrom 370
Luftwiderstand 223
Luxussegment
   Deckungsbeitrag 64
   Mehrpreisbereitschaft 64
   Preisbereitschaft 64

M
Magnetisierungseinrichtung 323
Magnetkörperbestückung
   Flügefläche 335
Magnetkreisanforderung 318
Make-or-buy-Entscheidung 238
Marktdurchdringung 38
   Kfz-Bestand 38

Ladeinfrastruktur 38
Markteinführung 38
Stromversorgungsinfrastruktur 38
Verteilungsnetz 38
Zweitwagenbesatz 38
Marktentwicklung
   Anstrengung 22
   unsichere 22
Marktprognose
   Elektromobilität 42
   Gesamtfahrzeugbestand 42
   Geschäftsfeld 42
   Geschäftsmodell 42
Marktsituation
   Ungewissheit 21
   Unsicherheit 21
Maschine
   elektrische 313, 321
   permanentmagneterregte 319
Maschinenumrichter 315
Massenfertigung 352
Massenproduktion 304
Materialfraktion 257
Mehrkosten
   Energiespeicher 137
   Gesamtkosten 137
   Laufleistung 137
   Nutzungsdauer 137
Merkmal 103
   Darstellung 104
   Demonstration 104
   Nutzung 104
Metallrecyclingunternehmen 254
Mindestgeräuschpegel
   UNECE 204
Mischverbindung
   Aluminium und Kupfer 310
Mitteleuropa 367
Mobilität
   Aktivitätsorte 29
   nachhaltige 88
   Ortswechsel 87
   Realisierung 30
   Substitutionspotenzial 98
   Teilnahme 29
   umweltfreundliche 88
   Verkehrsträger 30
Mobilitätsanforderung
   Kostengrenze, individuelle 139

Leistungsdaten, aktuelle 139
Umweltfreundlichkeit 139
Mobilitätsangebot
kompetenzgetriebenes 168
Kooperation 168
wertschöpfungsübergreifendes 168
Mobilitätsbedürfnis 6
anspruchsloses 6
Antriebstechnologie, alternative 133
einfaches 6
Geschäftspotenzial, neues 133
verändertes 133
Mobilitätsdienstleistung
Finanzdienstleistung 175
Markt, profitabler 175
Partnerschaft, ergänzende 175
Mobilitätsform
Carsharing 96
ÖPNV 96
Mobilitätskonzept 99
Angebot 47
Betriebskosten 99
Carsharing 101
Carsharing, stationsgebundenens 101
Dienstleistung 47
Energieversorgung 47
free-flow 101
Transportleistung 100
Wertschöpfungsstufe 47
Mobilitätsmanagement
Ladeinfrastruktur 42
Mobilitätskultur 42
Mobilitätsmuster
mobility on demand 91
rent for use 91
Mobilitätsverbund
Integration 102
Weiterentwicklung 103
Mobilitätsverhalten
Multimodale 95
Modularisierung
Antriebsstrang, elektrischer 315
Nachteil 237
Modularität 237
Modulaufbau
Vereinfachung 59
Montage 304
Montagereihenfolge 66
Montagetechnik 304

primäre 65
sekundäre 65
Montageprozess 305
Montageschritt
modularisierter 75
Montagefolge 76
Montage, skalierbare 77
Investitionsrisiko 77
kostengünstige 77
Marktanforderung, veränderte 77
reduzierte 77
Stückzahlkorridor 77
Montagestruktur, skalierbarer
Anpassung 76
Elektrofahrzeug 76
regelmäßige 76
Stückzahl, volatile 76
Montageveränderung 66
Änderung am Elektrofahrzeug 67
Motorkontrolleinheit 340, 342
Additivtechnik 340
Aufbautechnik 340
Semiadditivtechnik 340
Subtraktivtechnik 340
Motorleistung 232
Motortechnik 337

N
Nachfrageprognose 265
Nadelwickelverfahren 334
Nationale Plattform für
Elektromobilität 233, 234
NEFZ 366
Netzauslastungsplanung
Energiemanagementsystem 161
Nutzungsverhalten 162
Softwareplattform 161
Voraussetzung 162
Netzbelastung
Pilotversuch 114
Untersuchung 114
Verteilungsnetz, repräsentatives 114
Netzimpedanz
Netzkunden 112
Station. Einspeisende 112
Neuentwicklung 235
Neuer Europäischer Fahrzyklus
(NEFZ) 366

Nickel-Metall-Hybrid-(NiMH-) Batterie 346
NiMH-Batterie 259
Noise Vibration Harshness
   NVH 195
Norm
   IEC 234, 62196
Normentwurf
   ISO/IEC 234, 15118
Normen und Standards 246, 250
Normierungsinstitution 247
Normungsinstitution 246
Normungsinstitutionen 247
Nullserie
   Produktion, seriennahe 239
Nutzbarkeit
   Ladeinfrastruktur 92
   Schnellladepunkte 92
Nutzerperspektive 7
   Beherrschbarkeit 7
   Handhabbarkeit 7
   Spaßfaktor 7
   Zuverlässigkeit 7
Nutzkraftfahrzeug
   Drehzahl 314
Nutzungsdauer 264
Nutzungsgewohnheit
   Beurteilung 100
   leistungsabhängige 100
   Mobilitätskonzept 100
NVH 205
NVH-Konfliktsituation 198

O
Oberflächenmagnet 319
Öl
   als billige Energie 10
Ofen, pyrometallurgischer 261
Optimierungsziel
   Gesamtenergieverbrauch 382
   Gesamtwirkungsgrad 382
Ordnungsanalyse 200
Outsourcing-Grad 242

P
Package
   Anforderungen an die Bauräume 191
Packageanordnung
   Batterie 289

Packageentwurf 192
   CAD-Modell 192
   Komponente, geänderte 192
Packagevorteil 194
Partner
   Automobilindustrie 169
   Kooperationsmöglichkeit 170
   Wissenschaft 169
Partnerschaft
   Automobilhersteller 52
   Kooperation 52
   Liefervereinbarung 52
   Oligopolmarkt 52
   Recyclingpotenzial 52
Passagierflugzeug 250
Patent 236
PCM 380
   Schmelztemperatur 378
   Wärmeleitfähigkeit 378
Pegelreduktion 204
Permanentmagnet 323
Permanentmagneterregte Maschine (PM) 319
Permanetnmagnetwerkstoff 323
Personenbeförderung 311
Phasen-Wechsel-Material 378
Pilotserienproduktion 240
PKW
   Abstellmöglichkeit 89
   Personenverkehr 89
   Platzbedarf 89
   Umwelteinwirkung 89
PKW-Anwendung 314
Planetengetriebe 312
Plattform für Elektromobilität 209
Polpaarzahl
   Elektromotor 201
Potenzial
   Erfordernis, städtebauliches, verkehrliches,
      ökologisches, wirtschaftliches 90
   Ladeinfrastruktur 90
   Mobilitätskonzept 90
Potenzialtrennung
   Schutzkonzept 330
Presse, kalt-isostatische 338
Pressverfahren 299
Primärbatterie 245, 253, 259
Problem
   Kosten 11
   Ladeinfrastruktur 11
   Reichweite 11

Produktarchitektur 237
Produkteigenschaft 303
Produktentstehung
    Abhängigkeit 69
    Freiheitsgrade auf Produkt- und
        Prozessseite 69
    Produktkomplexität, steigende 70
    validiertes 69
Produktentwicklungsprozess 244
Produktfamilie 237
Produktion
    Anzeigeprogramm 54
    Förderprogramm 53
    Skaleneffekt, fehlender 54
Produktionshochlauf 240
Produktionskapazität
    Absatzmärkte 23
    Absatzzahlen 23
Produktionskompetenz
    Automobilproduzenten 145
    Komponenten 145
    Wertschöpfungsaktivität 145
Produktionskosten 352
Produktionskreislauf 353
Produktionslinie
    Montagestruktur, alternative 78
    Skalierung 77
Produktionsmanagement 303
Produktionsplanung
    Baukastenlösung 72
    Herusforderung 72
    Modulbaukasten 72
    Skaleneffekt 72
Produktionsprozess 20, 297, 352
    Investition 20
    Karosseriestruktur, alternative 20
    Klimamodul 383
    Leichtbaukonzept 20
Produktionsskalierbarkeit 290
Produktionsstandort 241
Produktionsstart 245
Produktionssystem 245, 302
Produktionsverfahren 297
Produktplattform 235
Produkt- und Prozessentwicklung 230
Profilwalze 299
Programmable Gate Array
    Beispielarchitektur 331
Prozesskette 302

Prozesskette, operative 305
Prozessmodell
    V-Modell 188
Psychoakustik
    Fahrzeugakustik 196
Pumpendrehzahl 376
Purpose-Design-Ansatz 55
    Kosteninnovation 55
    Modularisierung 55
    Packageauslegung 55
Purpose-Desing-Elektrofahrzeug 294
    Werkstoffwahl 293
Purpose-Fahrzeug
    Aluminiumprofilbauweise 285
Pyrolyserest 254
Pyrolyseschritt 254, 255

Q
Qualität 303
Qualitätsanforderung 238, 332
Qualitätsmängel 244
Querträger 288

R
R100, 247
Radnaben-Antrieb 312
Rahmenbedingung
    besondere 185
    Regelungstechnologien 37
    Steuerungs 37
Rechtsabteilung 236
Recycling 252
Recyclingeffizienz 265
Recyclingmethode 260
Recyclingprozess 353
Recyclingverfahren 256, 262
    Lithium-Ionen-Batterie 262
    Prozessschritt, hydrometallurgischer 254
Reduktionsmittel
    Feuchtemenge 261
Reflow-Lötprozess 341
Refurbishing 264
Regeln und Prüfverfahren 232
Regelungsplattform 331
Reichweite 366
    Überzeugung, psychologische 140
    Erfolgskriterium 19

Mindestreichweite 140
Technologieentwicklung 19
Reichweitenrestriktion
   Batteriekapazität 36
   Fernreisefähigkeit 36
   Ladeinfrastruktur 36
Reifegrad 188
Rekuperation 328
Reluktanzmaschine, geschaltete 320
Remanufacturing 263, 268
   Batteriepack 267
   Güter, investionsintensive 264
   Lithium-Ionen-Batterie 264
Remanufacturing-Konzept 266
Remanufacturingprozess
   Schritte 264
Remanufacuring 266
Restkapazität 266
Reverse-Logistik-Netzwerk
   Kollektions-Lücke 267
Richtlinie 187
Rohmaterial 353
Rollprofil
   investitionsfreundliches 291
Rührreibschweißen 306
Rundzelle 352

S

Sandguss 300
Sandwich-Boden 193
Sandwichbodenintegration 192
Schalldruckpegel
   Geräuschphänomen 196
   Innenraum 202
Schalldruckpegelverlauf
   Hybridfahrzeug (HEV) 203
Schall- und Wärmedämmung 227
Scheibenheizung 368
Scheitern
   Aufbruchsstimmung 12
   Ursachen 12
Schlitzdüsenverfahren
   Beschichtungsverfahren 356
Schlüsselkunde 245
Schlüsselmaterial
   Elektromobilität 51
   Handelshemmniss 51
   Seltene Erden 51

Schnittstelle, standardisierte 267
Schulungskonzept
   Reparatur 127
   Wartung 127
Schutzmaßnahme 344
   ISO 232, 6463
Schweißen
   Kontaktfahne 359
Schweißverfahren 308
Schwellenländer
   Alltag der Menschen 141
   Elektromobilität 141
   Käuferschaft, potenzielle 140
Schwingungsempfindung
   Produktassoziation 196
Schwungrad 347
Scrum-Ansatz
   Backlog-Eintrag 74
   Entwicklungsprojekt 74
   Feedback-Schleife 74
   Sprints, zerlegte 74
Seating-Packages
   Komfort- und Sichtanforderung 192
Second-life-Konzept 266
Seebeck-Effekt 370
Seitencrash 194
Sekundärrohstoff
   Recyclingroute 254
Serienanlauf 241, 244
   Kosten- und Zeittreiber 244
Serienfahrzeug
   Brennstoffzellenantrieb 61
   Sicherheits- und
      Reichweiteneigenschaften 61
   Tank 61
Service
   Dienstleistung 119
   Kunden-/Reparaturservice 118
Servicekonzept 120, 126
   Dienstleistung 119
   Elektrofahrzeug 119
   Entsorgung der Produkt-Komponenten 121
   Entsorgungsservice 127
   Ergänzungsbedarf 121
   Finanzierungsmodell 120
   Mobilitätswunsch 119
   Servicepaket 119
   umfassendes 120
   umweltschädliches 127

Vertriebsnetz 120
Wartungskonzepte und Frühwarnsysteme,
   intellligente 121
Werkstätten bereitstellen 120
Wertstoffrückgewinnung 127
Serviceleistung
   GRS 252
Servicestruktur
   Reparaturarbeit 121
   Wartung 121
   Wettbewerb 121
Sicherheit, funktionale 232
Sicherheitsanforderung 245
Sicherheitsaspekt 368
Sicherheitsmaßnahme 232
Simulationsmodell 208, 377
Skaleneffekt
   Karosseriebau 287
Smart Grid
   überregionales 118
   Kommunikation 118
   Optimierung 118
   Verteilungsnetz 118
SMC-Pressen 298
SMD-Bauteil 341
Society of Automotive Engineers 247
Solvent-Extraktionsverfahren 261
Sound 198, 203
Sound-Engineering 200
   Verbrennunsgmotor 197
Spannungsklasse 316
Spannungslevel 316
Spannungswert 351
Speichersystem 354
Speichertechnologie 346
Speicher, thermischer 378
Spezialbatterie 258
Sportfahrzeug 312
Spritzgießen 298
Stadtentwicklungsforschung 39
   Straßenraum, öffentlicher 39
   Versorgungsinfrastruktur 39
Stadtfahrzeug 289
   i3 von BMW 293
Stahl-Karosseriebauweise 290
Stahl-Leichtbau 290
Standard-Bodenplatte 326
Standardisierung 233
Statorherstellung
   Spulensystem 333

Statorwicklung 324
Steifigkeitsverlust 288
Steuergerät\" \„Antriebselektronik
   Taktfrequenz 215
Steuergerät\" \„Gerät,
   elektronisches 209
Störeinfluss
   Taktfrequenz 219
Störgeräusch
   Geräuschmuster 202
Störgröße
   Kostenreduzierung 244
   Qualitätssteigerung 244
Störkopplungsmodell
   Störquelle, Kopplungspfad und
   Störsenke 215
Störsituation 218
Störung, gestrahlte 217
Strangpresse 299
Straßenfahrzeugtechnik 231
Straßenverkehrslärm
   innerstädtischer 203
Strombedarf
   Energie, erneuerbare 29
   Energieunternehmen 29
   Umsatzpotenzial 29
Stromerzeugungsmix
   Gesamtsystem 31
   Photovoltaikanlage 31
   Verteilungsnetz 31
   Windenergie 31
Stromleiterschiene 362
Stromnetz, intelligentes
   Ladegerät 330
Stromrichtergeräusch 204
Stromrichtung 328
Stromrihctergeräusch
   Fahrzeuginnengeräusch 198
Stromstärke
   Ladevorgang 351
Stromtankstelle
   Betrieb 117
   Mittelspannungsnetz 117
   Planung 117
   Verteilungsnetz 117
   Verteilungsnetztransformator 117
Strom-UV Verfahren 335
Stromverbraucher
   Verfügbarkeit 31
   Zuverlässigkeit 31

Stromversorgung
  Energieträger, alternativer 108
  Großkraftwerk 108
  Photovoltaik 108
  Wind 108
Struktur, modulare 315
Strukturschaum 294
Substitutionspotenzial 97
  Potenzial 98
  Steigerungsstrategie 98
Substratbeschichten
  Schlitzdüse 356
Supply-Chain-Strategie 236
Synchronmaschine 319
System, elektronisches 207
System, EMV-kritisches 218
Systemgestaltung 235, 237
Systemkombination, bedarfsorientierte 381
Systemkomplexität 236
Systemleistungsfähigkeit 369

T
Taktfrequenz 209
Technik & IT
  Information, technische 125
  Kundenbindung 126
  Neukundengewinnung 126
  Reparaturanleitung 125
  Zusatzgeschäft 126
Technikums-Maßstab 262
Technologieeinsatz, diversifizierter 332
Technologieentwicklung
  Batterie 18
  Lebensdauer 18
  Reichweite 18
Technologiereife 57
  Integration 58
  weiterentwickelte 57
Termintreue 303
Terminverzögerung 244
Test und Optimierung 238
Teufelskreis der Elektromobilität
  Kunde, ausbleibender 78
  Produktionskosten, hohe 78
  Systemkompetenz 78
  Technologieentwicklung 78
Thermochemische Speicher (TCS) 380
Thermoform 297, 298

Thermomanagement 363, 364, 366, 367, 373, 382
  Elektrofahrzeug 363
  Innenraumklimatisierung 384
  Klimatisierung 375
Thermomangement 380
Tiefziehen 300
  Umformprozess 300
Tiefziehwerkzeug 292
Time-to-Market 239
  kurze 72
  Produktentwicklungsprozess 72
  Produktkonzept 72
  Spezifikationsmanagement 72
Time-to-Volume 239
Topologie 288
Traktionsbatterie 246, 267
Transfermodell 201
Transmissionswärmeverlust
  Wärmedurchgangskoeffizient 381
Transportmedium 374
Transversalflussmaschine 321
Treibstoffkosten 344
Trockenpresse 338
Trocknung 356
T-Shape 192, 194

U
Überladung 351
Übertragungsnetz
  elektrisches Rückgrat der europäischen
    Energieversorgung 108
  vermaschtes 108
Übertragungsweg, parasitärer 217
Ultraschallschweißen
  NE-Metall 309
Umgebung, elektromagnetische 207
Umicore 261
Umluftanteil 377
Ummagnetisierungsfrequenz 322
Umrichtergeräusch 200
Umweltbewusstsein 25
  Mehrpreisbereitschaft 26
  Reichweitenvergrößerung 26
UN-Mitglied 250
Unsicherheitsfaktor
  Kundenerwartung 239
  Marktanforderung 239

Unternehmensgrenze 171
  Produktfokussierung 171
  Systemintegrator 171
  Veränderungsgrad 171
Unternehmen, unabhängiges 12
  Impulse 13
  innovatives 12
  Pionieren 13

V

Variantenvielfalt 220
  Antriebsalternative 45
  Fahrzeugumfang 45
42-V-Bordnetz
  Nebenaggregat 234
14-V-Bordnetzes
  Kostenreduzierung 234
Veränderung
  komponentenseitige 45
  Wertschöpfungsprozess, interner 45
Veränderungsansatz
  Mobilitätsparadigma 14
  Transformation 15
Verfügbarkeit 352
Verkehrskonzept
  emissionsfreies 10
  regeneratives 10
Verkehrsmittel
  emissionsarme 34
  Witterungsabhängigkeit 34
  Zweirad 34
Verkehrssicherheit
  leise 106
  negativ beeinflussen 106
  nicht mehr wahrgenommene 107
  Risikoabschätzung 107
Vermittlungssystem
  Fahrten 102
  Preisabsprache, individuelle 102
  Vermittlung 102
Versorgungsinfrastruktur 35
  Ladeinfrastruktur 36
Versuchsergebnis
  Erfahrungsaufbau 73
  Lernprozess 73
Verteilungsnetz
  Mittelspannung 111
  Niederspannungsnetz 111

Verwaltungsvorschrift
  Anforderung, spezielle 183
  Grenzwert 183
  Schadstoffemission 183
  technische 183
Vierkant-Hochprofil 299
Vollintegrator
  First-Mover 174
  Integration der gesamten
    Wertschöpfungskette 173
  Koordinationskompetenz, große 174
  Markenpräsenz, ausdauernde 174
Volumenproduktion 353
Volumenstrom 369
Vorkonditionierung 378, 380, 382
VPI-Verfahren 334
12-V-Verbraucher 316

W

Walzenauftragssystem 356
Wärmedämmung
  Dämmungsmaterial 380
Wärmekapazität 369
Wärmerückgewinnung 374
Wärmespeicher, konventioneller 380
Wasser-Glykol-Gemisch 376
Wechselrichter 328
Wechselspannung 206, 325
Wechselstrom 234
Weg, pyrometallurgischer 253
Wegzweck
  Freizeit 94
  Muster 94
  Separierung 94
Weichmagnet 321
Werbematerial 238
Werkstattkonzept
  Detailkonzept 123
  Full-Service-Konzepte 124
Werkstoffeigenschaft 308
Werkzeugbau 302
  Produktentwicklung 303
  Teileproduktion 303
Werkzeuginvestition 282
Werkzeugkosten 298
Werkzeugtechnologie 303
Wertschöpfung
  Eigenleistungskosten 43
  Gewinnpotenzial 43

Herausforderung 144
Mobilitätsbedürfnis 144
Produktionswert 43
Restrukturierung 144
Wertschöpfungsaktivität 164
   Überlappung 163
   Entwicklung der Kernkompetenzen 163
   Entwicklung, horizontale 164
   Finanzierung 164
   Kapitalisierung 163
   Wachstumsfeld 163
Wertschöpfungsanteil
   Lieferant 243
Wertschöpfungsarchitektur
   Kontrolle 163
   Orchestrator 163
   Pionier 163
   Schichtenspezialist 163
Wertschöpfungskette 302
   Geschäftsmodell, bisheriges 178
   Komplexitätsgrad 44
   Komponenten 44
   Kooperation mit Zulieferern 178
   Lern- und Gewinnpotenziale 178
   Module 44
   Systeme 44
   veränderte 178
Wertschöpfungsnetzwerk
   Arbeitsteilung, regionenspezifische 134
   asiatisches 135
   Batterieproduktion 135
Wertschöpfungspotenzial
   branchenferne 166
   Joint Venture 167
   Lithium-Ionen-Batteriesystem 166
Wertschöpfungsstufen
   Automobilproduzent 145
   Verbrennungsmotor 145
   Zulieferer 145
Wertschöpfungsumfeld
   Kapitel 170
   Potenzial 170
   Potenzialeinschätzung 171
   Risiko 170
Wertschöpfungsverteilung
   Elektromotorenproduktion 337
Wettbewerbsdruck
   erhöhter 49

Machtposition 49
Wettbewerbslandschaft
   downstream 48
   Ressourcenvorkommen 50
   Veränderung 48
   Zulieferer 50
Wettbewerbssituation 242
Wickeltechnik
   Investitionskosten 337
Wicklung, orthozyklische 333
Wicklungskonfiguration 324
Widerstandspunkt 306
Widerstandspunktschweißen
   Widerstanderwärmung 306
Widerstandsschweißen
   Schweißstrom 309
Wiedergewinnung 265
Wiederverschließen
   Batteriezelle 360
Wiederverwendung 264
Wirkungsgrad 350
   Leistungselektronik 325
Wirkzusammenhang 240
Wirtschaftlichkeit 268
Wirtschaftsverkehr
   Ladeinfrastruktur 92
   Lieferservice 92
   Wegeweite 92

Z

Zelldesign 351
Zellmodul
   Batteriemanagementsystem 58
   Batteriezelle 58
   Energiespeicher 58
Zentralplatte 296
Zentralrohrrahmen 296
Zielgeräusch 203
Zonierung 380
   Mehrzonenklimatisierung 380
Zulieferer
   Ersatzteil 122
   Just-in-Time 122
   Technologieführer 43
   Teilevertrieb 122
   Wertschöpfungsebene, nachgelagerte 43
Zwischenkreiskondensator 343

Printed by Printforce, the Netherlands